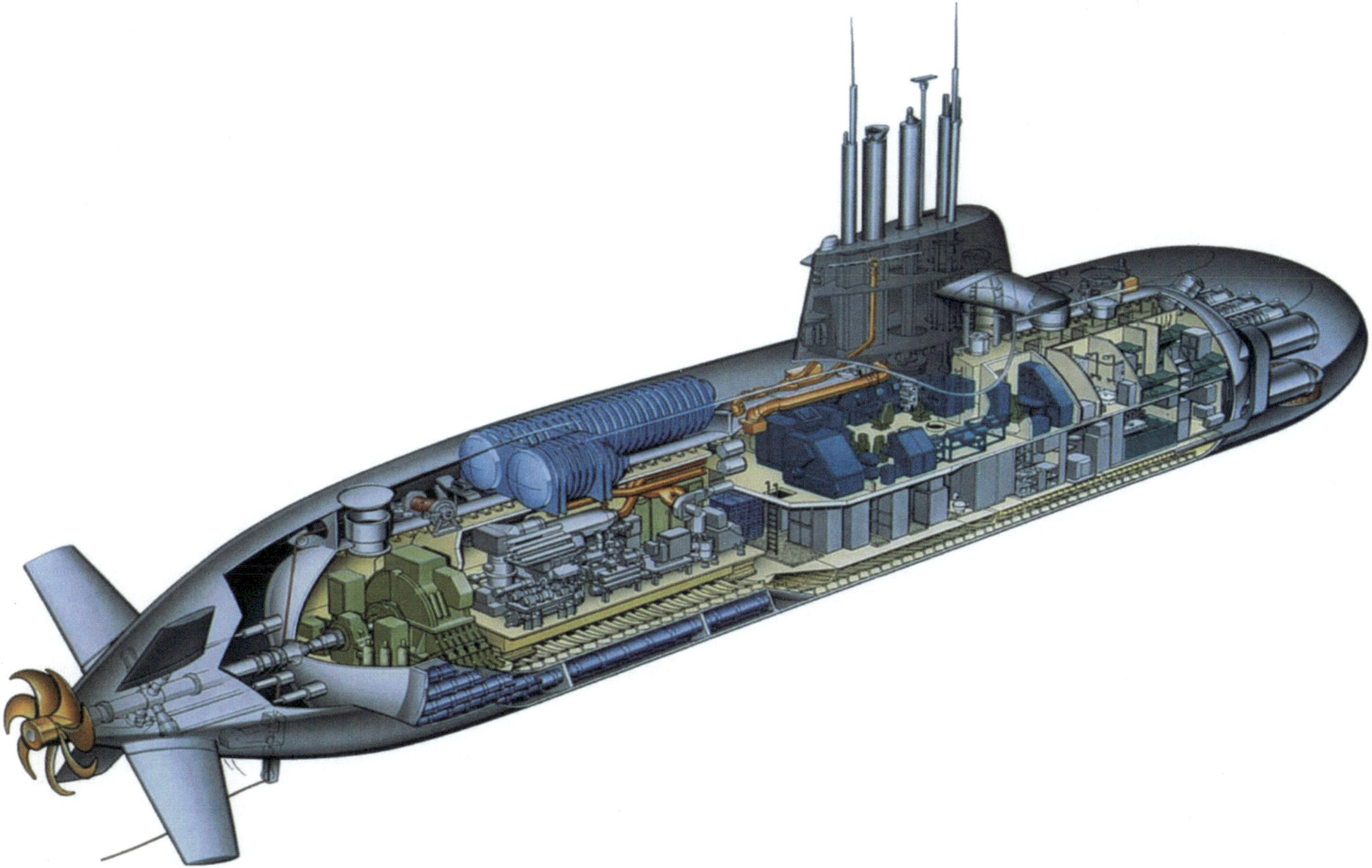

FLORIAN LIPSKY / STEFAN LIPSKY

Deutsche U-Boote
Hundert Jahre Technik und Entwicklung

Weltbild

Bildnachweis:

Bibliothek für Zeitgeschichte, Stuttgart: . . . . S. 16, S. 33, S. 40, S. 44, S. 47

Deutsche Marine, PIZ Marine: . . . . Titelseite, S. 6 (li.), S. 12 (li.), S. 54 (3x)

Deutsches Museum, München: . . . . S. 5 (li.), S. 14, S. 17, S. 76, Rückseite

Imperial War Museum, London: . . . . S. 43 (li.)

Hauck, Dr. Roland: . . . . S. 151

HDW, Kiel/YPS, Hamburg: . . . . S. 12 (re.), S. 53 (o.), S. 59 (o.), S. 62 (2x), S. 71,
S. 125, S. 133, S. 180–182

Museum of Science & Industry, Chicago: . . . . S. 42

Stadtarchiv Flensburg: . . . . S. 46

Stefan Lipsky: . . . . S. 6 (re.), S. 13 (re.), S. 13 (li.), S. 15 (3 x), S. 20 (u.),
S. 23 (3 x), S. 32, S. 39, S. 43 (re.), S. 45, S. 53 (u.),
S. 57, S. 59 (u.), S. 60, S. 176, S. 178 (o.), S. 179 (2x)

Sammlung Autoren: . . . . S. 5 re., S 20 oben, S. 22 li., S. 24, S. 48, S. 64 (2x),
S. 65 (2x), S. 66, S. 70, S. 95 (2x), S. 105, S. 175

Sammlung Gert Uwe Detlefsen, Bad Segeberg: . . . . . S. 22re., S. 29 (2x), S. 30

Sammlung Kirchspielarchiv Steinbergkirche: . . . . S. 11

Sammlung Wehrkundliches Ausbildungszentrum,
Marineschule Flensburg-Mürwik: . . . . S. 8, S. 10, S. 18, S. 26, S. 27, S. 28, S. 31, S. 35, S. 38,
S. 40, S. 50, S. 51, S. 73, S. 74 (2x), S. 79, S. 89, S. 177

Technikmuseum Speyer/Bas Klimbie: . . . . S. 178 unten

TNSW, Emden: . . . . S. 55

Genehmigte Lizenzausgabe für Verlagsgruppe Weltbild GmbH, Steinerne Furt, 86167 Augsburg
Copyright © 2006 by Verlag E.S. Mittler & Sohn GmbH, Hamburg; Berlin; Bonn
Einbandgestaltung: Atelier Seidel, Teising
Umschlagmotiv vorne: Deutsche Marine
Umschlagmotive hinten: (li.) Deutsches Museum, (re.) HDW, Kiel/YPS, Hamburg
Gesamtherstellung: TYPOS-Digital Print, Plzen
Printed in the EU

ISBN 978-3-8289-5411-3

2011   2010   2009   2008
Die letzte Jahreszahl gibt die aktuelle Lizenzausgabe an.

Einkaufen im Internet: *www.weltbild.de*

Inhaltsverzeichnis

U 1, das erste U-Boot der Kaiserlichen Marine, unternimmt im Winter 1906 Probefahrten auf der Kieler Förde.   *Am 29. Juni 1935 wird zum zweiten Mal ein deutsches U-Boot mit der Bezeichnung U 1 in Dienst gestellt.*

Inhaltsverzeichnis

Das dritte »U 1« (Klasse 201) kommt am 20. März 1962 bei HDW in Kiel für die Bundesmarine in Fahrt.

2003 geht U 31 als erstes Boot mit außenluftunabhängigem Antrieb auf der Kieler Förde in Erprobung.

Inhaltsverzeichnis

Das »legendäre« Boot U 9, mit dem Kommandant Weddigen drei britische Kreuzer an einem Tag versenkt.

Helden und Mythen, Technik und Niederlagen – hundert Jahre deutsche U-Boote

I.

Die hundertjährige Geschichte der deutschen Unterseeboote ist die Geschichte von bedeutenden technischen Entwicklungen, von verheerenden Niederlagen am Ende zweier Weltkriege und es ist die Geschichte von fünfzig Jahren friedlicher Einsätze in der NATO.

Hundert Jahre deutsche U-Boote ist aber auch eine Geschichte von Helden und Mythen, Legenden und Propaganda.

Das erste Buch über ein deutsches Unterseeboot veröffentlicht 1859 Ludwig Hauff, enger Vertrauter des legendären Brandtaucher-Konstrukteurs Wilhelm Bauer, unter dem Titel »Die unterseeische Schiffahrt«. Er will die Erfindungen des bayerischen Korporals und die technischen Möglichkeiten des Tauchboots einem breiten Publikum nahe bringen.

Ein Bestseller wird ein anderes Buch jener Zeit: Der französische Schriftsteller Jules Verne spricht 1870 mit »Zwanzigtausend Meilen unter den Meeren« seine Leser emotional an und nimmt sie zum ersten Mal mit auf eine fiktive Reise in die Tiefen des Meeres. Der erste U-Boot-Mythos ist geboren.

Technikbegeisterung und übersteigerter Nationalstolz sind der Nährboden, auf dem in den 1890er Jahren die deutsche Marineleitung mit gezielter Propagandaarbeit in Büchern und Zeitungsartikeln eine nationale Marine-Euphorie schürt. Für den Gedanken einer mächtigen deutschen Hochseeflotte wird agitiert. Durch Person und maritime Begeisterung des Kaisers erhält die Idee zusätzlichen Schub.

Im Vergleich zu anderen Seemächten beginnt Deutschland relativ spät mit der Planung und dem Bau von Unterseebooten. 1899 sind die Vorbehalte in den obersten Etagen der Marineleitung gegen diese technisch unausgereiften Fahrzeuge noch sehr groß. Vorbehalte auch in England: 1902 wird das U-Boot in der britischen Presse als »hinterlistig, unfair und unenglisch« betrachtet. Es gilt zu Zeiten des deutsch-britischen Schlachtschiff-Wettrüstens als Ersatzwaffe zweitrangiger Seemächte, vor allem zur defensiven Küstenverteidigung geeignet.

Erst 1905 werden im Marine-Etat Mittel (1,5 Millionen Reichsmark) für den Bau eines Unterseeboots eingestellt. Der Staatssekretär im Reichsmarineamt (RMA), der spätere Großadmiral Alfred von Tirpitz, erteilt auf öffentlichen Druck, unter dem Einfluss des Marine-Generalinspekteurs und Bruders von Kaiser Wilhelm II., Prinz Heinrich von Preußen, der Kieler Germaniawerft am 3. Dezember 1904 den Auftrag zum Bau eines Unterseebootes. Am 19. Dezember 1906 wird dort das erste in Deutschland industriell gefertigte Unterseeboot (Baunummer 119) mit militärischen Ehren in Dienst gestellt.

Nach Jahren im Hintergrund des öffentlichen Interesses tritt das Thema Unterseeboot mit U 1 in Deutschland auf die mediale Bühne –zahlreiche Unterseeboot-Artikel werden in Tageszeitungen veröffentlicht. Im Jahrbuch »Nauticus«, das vom Nachrichtendienst des Marineamtes gesteuert wird, erscheint ein Aufsatz über die aktuellen Entwicklungen im U-Boot-Bau. Die Zeitschrift »Die Flotte« des Deutschen Flotten-Vereins (1916: 1,13 Millionen Mitglieder) veröffentlicht 1905 einen Bericht über die neue Waffe unter der Überschrift »Von den Unterseebooten der Gegenwart«. Der U-Boot-Bau macht von 1906 bis 1914 schnelle Fortschritte: Die Zweihüllen-Tauchboote sind ab U 2 mit je zwei Bug- und Hecktorpedorohren bewaffnet. Sie führen insgesamt sechs Torpedos mit. Auf den Flotten-U-Booten werden Kreiselkompass (ab 1907/1908), Sehrohr, Funkanlage (ab U 5), zwei Diesel (je 850 PS) und zwei Elektromotoren (je 600 PS, ab U 19 im Jahr 1910) sowie Tauchretter für jedes der nunmehr 40 Besatzungsmitglieder (ab U 3) eingeführt. Diese Boote können bis zu 50 Meter tief tauchen und haben eine Reichweite von bis zu 7.600 Seemeilen.

II.

Nach nur acht Jahren wird diese junge, wenig erprobte und nicht ausgereifte Waffe in den Ersten Weltkrieg geschickt. Den Besatzungen fehlen Erfahrungen, dringend notwendige technische Nachrüstungen sind an der Tagesordnung. Erst nach Kriegsbeginn werden ein seefester Kommandostand im Turm eingerichtet, eine Schnelltaucheinrichtung (Reduzierung der Tauchzeit von sieben auf zwei Minuten) entwickelt, Geschütze (bis zu 15 cm Kaliber) an Deck installiert und die Boote mit bis zu 300 Granaten ausgerüstet.

Die Hauptwaffe der U-Boote bereitet erhebliche Sorgen: Die bis zu 40 Knoten schnellen Torpedos erreichen nur eine Trefferquote von 40–50 Prozent. So werden zum Beispiel von Februar bis Dezember 1917 über 2.680 Torpedos von deutschen U-Booten verschossen; nur 1.376 von ihnen treffen. Ein Phänomen, das sich im Zweiten Weltkrieg wiederholen wird.

Für die Einsätze in der U-Flottille Flandern werden die kleinen Küstenbootstypen UB und UC (Minenleger, ohne Torpedobewaffnung) entwickelt, die in ihrer ersten Version von 17 Einheiten technisch unzulänglich, zu langsam, zu schlecht bewaffnet (ohne Geschütz, nur zwei Bugtorpedorohre und zwei Torpedos) und mit einem zu geringen Aktionsradius versehen sind. Diese Mängel werden bei den vergrößerten Nachfolgeentwicklungen UB II und UC II (höhere Verdrängung, verbesserte Geschwindigkeit, größere Reichweite, Bewaffnung mit einem 5-cm-Geschütz) beseitigt.

Auch zu dieser Zeit wird über die Medien (Welt-)Politik gemacht: Drei Monate nach Kriegsbeginn, am 21. November 1914, lässt sich Großadmiral und Staatssekretär im Reichmarineamt, Alfred von Tirpitz, vom amerikanischen Journalisten Karl von Wiegand von der Presseagentur United Press (400 angeschlossene Zeitungen) interviewen. Seine in Frageform gekleideten Feststellungen finden hohes Interesse. Tirpitz: »Amerika hat keine Stimme zum Protest erhoben und wenig oder gar nichts unternommen gegen die Schließung der Nordsee für neutrale Schiffahrt seitens England. Was wird Amerika sagen, wenn Deutschland eine Unterseebootsblockade rund um England gegen alle Schiffahrt einrichtet?« Damit konfrontiert er die Öffentlichkeit mit (bis dahin streng geheimen) Gedanken eines U-Boot-Krieges gegen Handelsschiffe. Tirpitz droht: »England will uns aushungern; wir können dasselbe Spiel treiben.«

Statt der gigantischen Schlachtschiffe wird das Tauchboot zur wichtigsten Waffe der Marine. Die Flottenbaupolitik der vergangenen Jahrzehnte erweist sich als ein schwerwiegendes strategisches Debakel.

Besonders die Heldentaten von U 9-Kommandant Otto Weddigen und der Durchbruch des weltweit einzigartigen Unterseefrachtschiffes DEUTSCHLAND werden euphorisch und heroisierend in der Presse, in Büchern und den in großer Auflage erscheinenden Groschenheften sowie auf Postkarten »ausgeschlachtet«. Immer mit dem Ziel, die Kriegsbegeisterung in der öffentlichen Meinung zu festigen oder noch zu steigern. Es erscheinen Titel wie »Ran an den Feind – Vom Kampf und Tod auf See« (Graf Bernstorff, 1914), »Kreuzerfahrten und U-Bootstaten« (Otto von Gottberg, 1915), »Als U-Bootkommandant gegen England« (Freiherr von Forstner, 1916) oder »Unser Seeheld Weddigen: Sein Leben und seine Taten dem deutschen Volke erzählt«. Autor dieses Buches, das zwei Monate nach dem Tod des U-Boot-Kommandanten 1915 erscheint, ist sein jüngerer Bruder.

Sosehr die deutsche Öffentlichkeit für die Heldentaten der eigenen U-Boot-Fahrer begeistert wird, nach außen fehlt eine Propagandastrategie. Das Ausland erfährt wenig oder nichts über die Folgen der britischen »Hunger-Blockade« in Deutschland (760.000 Tote), während die Briten jede Möglichkeit nutzten, die »Brutalität« deutscher U-Boot-Angriffe propagandistisch international auszuschlachten.

In Deutschland wirkt sich der Streit zwischen Politik und Militär über den zukünftigen Einsatz der U-Boote negativ auf den U-Boot-Bau aus. Die zahlenmäßig zu geringen Bestellungen des Reichsmarineamtes können die Verluste der Flottenboote 1915 und 1916 gerade ausgleichen. Die Herstellung von großen Über-

Allerhöchster Befehl!

An Meine Marine.

In dem bevorstehenden Entscheidungskampfe fällt meiner Marine die Aufgabe zu, das englische Kriegsmittel der Aushungerung, mit dem unser gehässigster und hartnäckigster Feind das deutsche Volk niederzwingen will, gegen ihn und seine Verbündeten zu kehren durch Bekämpfung ihres Seeverkehrs mit allen zu Gebote stehenden Mitteln. Hierbei werden die Unterseeboote in erster Reihe stehen. Ich erwarte, daß diese in weiser Voraussicht technisch überlegen entwickelte, auf leistungsfähige und leistungsfreudige Werften gestützte Waffe, im Zusammenwirken mit allen anderen Kampfmitteln der Marine und getragen von dem Geiste, der sie im ganzen Verlaufe des Krieges zu glänzenden Taten befähigt hat, den Kriegswillen unserer Gegner brechen wird.

Großes Hauptquartier, den 1. Februar 1917.

Wilhelm.

wasserschiffen sowie der Bau der kleinen UB- und UC-Boote gehen zu Lasten der größeren Einheiten. Für einige Baureihen zieht sich die Bauzeit dadurch über 24 Monate hin. Zudem werden die Werften nach der Skagerrak-Schlacht mit langwierigen Reparaturaufträgen der beschädigten Schlachtschiffe belegt.

Später, im Jahr 1917, stoppen Reichsmarineamt und Admiralstab den U-Boot-Bau komplett – man will nach einem Sieg mit nicht zu vielen U-Booten dastehen (!). Schon am Ende desselben Jahres dreht sich der Wind, und das neu gebildete U-Boot-Amt erhält den Auftrag, ein größeres U-Boot-Programm aufzulegen. Bis zum Jahr 1920 sollen 340 Boote gebaut werden, die natürlich schon wegen des Kriegsendes 1918, aber auch wegen der ange-

spannten Rohstofflage und des Mangels an Facharbeitern nicht gefertigt und geliefert werden können.

Am Ende entgeht England knapp einer Niederlage durch den Handelskrieg deutscher Unterseeboote, aber über 300 deutsche U-Boote sind vernichtet oder müssen verschrottet werden. Über 5.000 deutsche U-Boot-Fahrer haben ihr Leben verloren.

III.

Nach dem Krieg entstehen zahllose Bücher, Artikel und Filme, um aus der Niederlage den »Sieg des Geistes« zu retten, um Traditionen, Legenden und Helden zu pflegen oder auch einfach nur, um das Geschehene zu bewältigen, wie zum Beispiel in dem Werk »Die deutschen U-Boote« von Konteradmiral Albert Gayer, in »Unterseebootskrieg und Hungerblockade« von Korvettenkapitän Friedrich Lützow, in »Der Handelskrieg mit U-Booten« von Admiral Arno Spindler oder in »Der U-Bootskrieg 1914–1918« von Vizeadmiral Andreas Michelsen.

Ab Mitte der zwanziger Jahre steigt das Interesse der breiten Bevölkerung an Weltkriegsdarstellungen wieder deutlich an, es findet eine Remilitarisierung der öffentlichen Meinung statt, die insbesondere von der Nationalsozialistischen Partei (NSDAP) gefördert wird.

Ende der zwanziger und in den dreißiger Jahren kommen Heldenepen auf den Markt, wie »Die Höllenmaschinen im U-Boot (Herbert Sauer, 1928), »U-Boot im Fegefeuer« (Edgar Freiherr von Spiegel, 1930), »Wir leben noch! Deutsche Seehelden im U-Bootkampf« (Karl Neureuther, 1930) und »Torpedo Achtung! Los!« (Wilhelm Marschall, 1938).

Auch der Kinofilm wird von der Propaganda genutzt: Die Streifen »U-9 Weddigen. Ein Heldenschicksal«, »Versenkung von UC-48« und »U-Boot in Gefahr« kommen in kurzer Folge in die Kinos.

Nicht einmal dreißig Jahre nach der Indienststellung von U 1 und nur 17 Jahre nach dem Ende des ersten U-Boot-Krieges der Geschichte beginnt im Jahr 1935 der Aufbau einer zweiten U-Boot-

Flotte, die keine vier Jahre später in den zweiten Krieg ziehen wird.

IV.

Wie im Ersten Weltkrieg mit Otto Weddigen wird Deutschland zu Beginn des zweiten Krieges ein neuer U-Boot-Held beschert: Günther Prien vernichtet in einer verwegenen Attacke ein Schlachtschiff in Scapa Flow, eben jenem Ort der »Schande«, an dem sich 1919 die deutsche Hochseeflotte selbst versenkte. Das Ereignis verarbeitet Prien selbst zu seinem Buch »Mein Weg nach Scapa Flow«. Die Schlagzeilen der deutschen Tageszeitungen überschlagen sich vor Begeisterung: »Unser Seeheld Prien und seine U-Bootmänner – Englands Seeherrschaft erschüttert«. Unterstützt werden die gedruckten Heldenverehrungen von Wochenschauen und weiteren Filmen.

Das Propagandaministerium des Dr. Joseph Goebbels stuft den 1941 mit Unterstützung des Befehlshabers der U-Boote, Admiral Karl Dönitz, gedrehten Film »U-Boote westwärts« mit Ilse Werner in der Hauptrolle als »wertvoll für die Volksbildung« ein.

Obwohl Deutschland zu Beginn des Zweiten Weltkriegs – fast wie im Ersten Weltkrieg – mit 32 hochseetauglichen Einheiten nur über eine geringe Anzahl von Booten verfügt, tragen gerade sie die Hauptlast der Auseinandersetzungen. Wieder führen sie meist von ausländischen Stützpunkten (im Ersten Weltkrieg Flandern, im Zweiten Weltkrieg die Basen an der französischen Atlantikküste und in Norwegen) vor allem gegen Großbritannien einen Tonnagekrieg, in dem sie Einsätze bis vor die amerikanische Ostküste, in die Karibik, ins Schwarze Meer und in den Fernen Osten fahren. Wieder haben sie den Erfolg zum Greifen nahe, als sich im Sommer 1943 in der »Schlacht im Atlantik« das Blatt für die meisten unerwartet schnell wendet.

Spätestens jetzt zeigt sich, dass die deutschen U-Boote technisch veraltet sind. Bereits 1938 hatte sich Dönitz bemüht, die U-Boot-Entwürfe des Ingenieurs und Erfinders Hellmuth Walter durchzusetzen. Die Marineführung hielt dieses sehr schnelle und mit nur einer Maschine für Über- wie Unterwasserfahrt ausgerüstete Boot jedoch für eine »Utopie«.

Nur zwei Testboote (Unterwasser-Geschwindigkeit über 23 Knoten) werden in Auftrag gegeben.

Im November 1943 wird auf Anregung von Professor Walter ein Zu- und Abluftmast (»Schnorchel«) für die Einsatzboote entwickelt, über den sich ein Boot während der Tauchfahrt mit Frischluft versorgen kann.

Nach dem Verlust zahlreicher U-Boot-Asse wird es für die Propaganda immer schwieriger, in der Bevölkerung, die selbst unter dem Bombenkrieg leidet, angesichts ausbleibender Erfolgsmeldungen weiterhin eine Begeisterung für den U-Boot-Krieg zu schüren.

Mit dem Einsatz vermeintlicher »Wunderwaffen« soll den Menschen neue Hoffnung auf einen siegreichen Kriegsausgang gemacht werden. Parallel zur Entwicklung der neuen Walter-Boote werden Ende des Jahres 1944 in immer größerer Zahl moderne Elektroboote der Typen XXI (Atlantikboot) und XXIII (Küstenboot) fertig gestellt. Mit dem Anlaufen der Bauprogramme für diese Boote erfolgt gleichzeitig das Bauende des Bootstyps VII C. Das erste neue Küsten-U-Boot vom Typ XXIII läuft mit U 2324 Ende Januar 1945 aus. Bis Kriegsende werden 123 Boote vom Typ XXI und 59 vom Typ XXIII gebaut. Beide Typen waren, im Gegensatz zu den bisher weltweit gebauten Booten, wirkliche U-Boote. Denn alle ihre Vorgänger waren tatsächlich nur tauchfähige Unterwasserschiffe. Sie waren technisch eine Revolution im U-Boot-Bau.

Der Untergang nach über sechs Jahren eines unerbittlichen Seekrieges bedeutet 1945 gerade für die U-Boote ein nicht vorstellbares Debakel – über tausend Boote mit 30.000 deutschen Soldaten werden vernichtet.

Auf der anderen Seite haben mehr als 30.000 Seeleute auf 2.900 versenkten alliierten Schiffen ihr Leben verloren.

Wie am Ende des Ersten Weltkrieges, als die deutsche Hochseeflotte von den eigenen Besatzungen versenkt wird, kommt es am Ende des zweiten Krieges wieder zu Aktionen dieser Art: Am 4. und 5. Mai gehen 225 U-Boote durch die eigenen Besatzungen in der Aktion »Regenbogen« vor allem in der Ostsee auf Grund. Bis Ende des Jahres 1945 versenken die Alliierten 130 in Deutschland erbeutete Boote (Operation »Deadlight«) vor Irland und Großbritannien im Atlantik.

V.

Durch den Verlauf der Nachkriegsgeschichte, dem Beginn des Kalten Krieges, entsteht bereits zwölf Jahre nach der Kapitulation die dritte deutsche U-Boot-Flotte, die bis heute, eingebunden in das internationale Bündnis der NATO, fünfzig Jahre ohne Kampfeinsatz im Dienst ist.

Wie nach dem Ersten Weltkrieg erscheint Anfang der 1950er Jahre eine Flut von Erinnerungswerken mehr oder weniger bedeutender U-Boot-Fahrer – zwei Veröffentlichungen aus dieser Zeit sind hervorzuheben:

Das Ende: Nach der Selbstversenkung von U 3015 im Mai 1945 in der Geltinger Bucht wird Oberleutnant (Ing) Vörkel von Kameraden an Land getragen.

Die Memoiren von Karl Dönitz, die er 1958 unter dem Titel »Zehn Jahre und zwanzig Tage« publiziert, geben die Gedanken und Einschätzungen jenes Mannes wieder, der den Einsatz der deutschen U-Boote gesteuert und verantwortet hat. Dönitz war während seiner zehnjährigen Haft so weit von der sich im Nachkriegs-Deutschland verändernden öffentlichen und veröffentlichten Meinung abgekoppelt, dass er sein Buch unabhängig von aktuellen Strömungen niederlegen konnte, was ihm einen authentischen Stellenwert zukommen lässt.

Der Historiker Jürgen Rohwer beginnt sein Nachwort wie folgt:

»Die Memoiren Karl Dönitz' … unterscheiden sich insofern von den meisten Veröffentlichungen früherer deutscher Generale und Admirale in einem wichtigen Punkt, als jene Autoren zumeist auf ihre eigenen Erinnerungen und eventuell persönliche Aufzeichnungen zurückgriffen, hingegen es dem Großadmiral bei der Niederschrift seiner Erinnerungen in den Jahren 1956 bis 1958 möglich war, auf die Kopie seines eigenen offiziellen Kriegstagebuches als Befehlshaber der Unterseeboote (BdU) zurückzugreifen.

Da er mit der Niederschrift unmittelbar nach seiner Entlassung aus dem Spandauer Gefängnis begann, waren seine Erinnerungen um das Gesche-hen in den verflossenen zehn bis zwanzig Jahren nicht besonders mit Hintergründen durch Unterhaltungen mit früheren Mitgliedern seines Stabes, U-Boot-Kommandanten oder Historikern bzw. dem Lesen von Büchern der ›anderen Seite‹ beeinflusst. Seine persönlichen Erinnerungen unterstrichen und bestätigen die Tatsachen, die im Kriegstagebuch standen.«

Ein überragender (und vielleicht auch überraschender) Welterfolg wird das Buch »Das Boot« (1973) des ehemaligen Kriegsberichterstatters Lothar Günther Buchheim, in dem er seine eigenen Erlebnisse an Bord von U 96 reflektiert, sowie der 1981 gedrehte Film. Buchheim, der bis 1945 selbst »linientreu« schrieb, räumt in einer eindrucksvollen, emotionalen Darstellung des Lebens und Leidens der U-Boot-Fahrer im Zweiten Weltkrieg mit den bis dahin immer noch gängigen Klischees der Helden unter Wasser auf.

VI.

Obwohl die Bundesmarine/Deutsche Marine ihr fünfzigjähriges Bestehen feiert und damit länger existiert als Reichs- und Kriegsmarine zusammen, wird vergleichsweise wenig und eher nüchtern über die Unterseeboote dieser Marine berichtet, es erscheinen eher selten Fachbücher – zu den Ausnahmen gehören »Die Ubootflottille der Deutschen Marine« von Hannes Ewerth und »Die neuen deutschen U-Boote« von Eberhard Rössler –, es kommen keine Filme in die Kinos und das, obwohl Deutschland mit den neuen U-Boot-Klassen 212A und 214 wieder Superlative im (konventionellen) U-Boot-Bau aufstellt.

»Die Bundesmarine … steht im Schatten einer komplizierten Vergangenheit, da das Publikum von Kriegserlebnissen, U-Boot-Assen und den alten, in Literatur und Presse gepflegten Klischees

U 33 vor der Werft HDW auf der Kieler Förde

U 24 im Einsatz: Das im Oktober 1974 in Dienst gestellte Boot während eines Manövers auf der Ostsee.

eher fasziniert ist«, erklärt der kanadische Historiker Michael L. Hadley in seinem Werk »Der Mythos der deutschen U-Boot-waffe« dieses Phänomen. Wenn heute Bürger in Uniform auf Tauchfahrt gehen, ist dieser Vorgang von Rationalität durchdrungen. Heldenmythen und vaterländische Propaganda hat die dritte deutsche U-Boot-Flotte durch Effizienz und – international anerkannte – Professionalität überwunden.

Der deutsche U-Boot-Bau ist in den vergangenen Jahrzehnten von kenntnisreichen und akribischen Autoren in umfassenden Standardwerken dokumentiert worden. Deshalb kann sich dieses Buch zur hundertjährigen Wiederkehr der Indienststellung des ersten kaiserlichen Unterseebootes auf eine journalistische Darstellung der wichtigsten Episoden der deutschen U-Boot-Geschichte konzentrieren.

Die Autoren danken allen, die ihnen geholfen haben und die Verständnis für ihre Arbeit aufbrachten. Unter ihnen im besonderen Maße Verleger Prof. Peter Tamm, Dr. Jürgen Rohweder, Kapitän zur See a.D. Hannes Ewerth und Fregattenkapitän Werner Hupfeld.

Florian und Stefan Lipsky
Oktober 2006

Eckernförde, 19. Oktober 2006: U 31 und U 32 werden feierlich in Dienst gestellt.

Das U-Bootehrenmal in Kiel-Möltenort.

Das erste deutsche Unterseeboot U 1

1906

U 1 wird in Dienst gestellt

Im Vergleich zu allen anderen Seemächten beginnt Deutschland relativ spät mit dem Bau von Unterseebooten. Noch 1899 überwiegen die Vorbehalte gegen diese technisch unausgereiften Fahrzeuge in der Marineleitung. Der Geheime Regierungsrat und Vorsitzende der Schiffbautechnischen Gesellschaft in Berlin, Professor C. Busley, stellt in Gegenwart von Kaiser Wilhelm II. fest:

»Auf keinem Gebiete des Schiffbaus haben sich Unberufene und gar Unwissende so breit gemacht, als auf dem des Entwerfens von unterseeischen Fahrzeugen … Sind doch nach von mir durchforschten Akten vom Jahre 1861 ab bis heute nicht weniger als 181 verschiedene Unterseeboote zur Ausführung angeboten worden, deren Erfinder vielfach für alle anderen Berufsarten, nur nicht für den Schiffbau ausgebildet waren. Es berührt doch etwas eigenthümlich, wenn man beim Durchblättern dieser Aktenhefte sieht, wie sich Pastoren, Lehrer, Seminaristen, Apotheker, Sparkassenbeamte, Stationsgehülfen und andere ganz friedliche Leute mit den verschiedensten Technikern vom einfachen Maschinenarbeiter bis zum ›sogennnten‹ Ingenieur im bunten Wandel ablösen, um eine schreckenerregende unterseeische Zerstörungsmaschine herzustellen … Dagegen ist es auffällig, wie wenige von den als Konstrukteure und Betriebsleiter auf den Werften beschäftigten Schiffbauern aller Länder sich in früheren Jahren an dem Bau von Unterseebooten betheiligt haben …«

Die Marine wird gelobt, dass sie auf kostspielige und gefährliche Experimente verzichtet. In späteren Jahren wird man von den auch misslichen Erfahrungen der Nachbarstaaten profitieren und kann sich daher etliche kostspielige Entwicklungsarbeiten ersparen.

So hat zum Beispiel Spanien bereits 1887 sein erstes Boot (PERAL) in Dienst gestellt, gefolgt von der Türkei (1887), Italien (1895), den USA (1900), Großbritannien (1902) und Schweden (1904).

Erst 1905 werden im Marine-Etat 1,5 Millionen Reichsmark für den Bau eines Unterseeboots eingestellt. Der Staatssekretär im Reichsmarineamt (RMA) Alfred von Tirpitz erteilt der Kieler Germaniawerft am 3. Dezember 1904 den Auftrag zum Bau eines Unterseebootes (Baunummer 119).

Bereits vor diesem ersten Auftrag hatte das Schiffbau-Unternehmen Erfahrungen beim Bau von Unterseebooten für Russland gesammelt: Das Versuchsboot FORELLE sowie die drei Tauchboote für die Kaiserlich Russische Marine KARP, KARAS, KAMBALA, dessen Turm noch heute in Sewastopol/Russland ausgestellt wird, werden fertig gestellt.

Nach 21-monatiger Bauzeit läuft am 4. August 1906 das Zweihüllen-Küstentauchboot U 1 vom Stapel. Bei anschließenden Werfttests wird es ohne Besatzung vom Hebeschiff OBERELBE auf 30 Meter Tiefe abgesenkt, ohne dass undichte Stellen oder Verformungen des Bootsrumpfes festgestellt werden. Im September desselben Jahres geht U 1 auf der Kieler Förde in die See-Erprobung, am 14. Dezember 1906 wird es feierlich von Kapitänleutnant von Boehm-Bezing in Kiel-Gaarden für die Kaiserliche Marine in Dienst gestellt. Dieser Tag gilt als die Geburtsstunde deutscher U-Boote.

Auf der Kieler Woche 1907 beweist U 1 seine technische und operative Perfektion bereits durch einen erfolgreichen Unterwasserangriff auf den Kleinen Kreuzer MÜNCHEN mit Kaiser Wilhelm II. an Bord. U 1 kann sich dem Kreuzer unbemerkt nähern und zwei Übungstorpedos auf das Schiff abschießen.

Im selben Jahr fordern deutsche Marineoffiziere eine Abkehr von der einseitig ausgerichteten Flottenrüstung; sie verlangen den Einsatz von leichteren Kräften, darunter den von U-Booten, gegen die britische Handelsschifffahrt. Die Mittel für den U-Boot-Bau werden bis zum Jahr 1912 auf 20 Millionen Reichsmark hochgeschraubt – verschwindend wenig im Vergleich zu den Kosten für einen einzigen Schlachtkreuzer (ca. 60 Millionen Reichsmark), auf

Das erste für eine deutsche Marine industriell gefertigte Unterseeboot wird am 14. Dezember 1906 auf der Kieler Germaniawerft in Dienst gestellt und hat die wechselnden Zeiten im Deutschen Museum in München überdauert – oben der Original-Tiefenmesser, unten links der Steuerstand, unten rechts Torpedorohre direkt neben dem einzigen WC an Bord …

Gut abgeschirmt vor neugierigen Blicken: U 1 wird 1906 in Kiel ausgerüstet.

Das erste deutsche Unterseeboot U 1

dem mit 1.200 Soldaten mehr Menschen Dienst tun, als zu dieser Zeit in der gesamten U-Boot-Flotte.

Vom 25. bis 29. September 1907 unternimmt das Boot bei schwerem Wetter seine erste erfolgreiche Hochseefahrt – es legt 587 Seemeilen von Wilhelmshaven um Skagen herum nach Kiel zurück. U 1 weist mit dieser Unternehmung seine Seetauglichkeit nach.

Am Boot werden im Laufe der Erprobungen zahlreiche technische Veränderungen vorgenommen. So wird zum Beispiel der Turm erhöht, um das Gesichtsfeld zu erweitern. Ein hochgezogener Steven verbessert zwar die Seeeigenschaften, reduziert aber die Unterwassergeschwindigkeit. Trotz dieser Maßnahmen ist U 1 bei Kriegsbeginn 1914 technisch veraltet und dient der Marine nur noch als Schulungsboot. Bis zum Kriegsende 1918 gehört das Boot der 1. U-Boot-Flottille der U-Boot-Schule in Eckernförde an und wird am 19. Februar 1921 außer Dienst gestellt.

Obwohl die Siegermächte des Ersten Weltkrieges die Zerstörung auch von U 1 verlangen, kann die Germaniawerft das bereits teilweise abgewrackte Boot am 22. Oktober 1921 zurückkaufen und dem Deutschen Museum in München als Exponat zur Verfügung stellen. Es wird im selben Jahr in drei Teile zerlegt von Kiel per Bahn an die Isar transportiert. Bis 1923 erfolgt der Aufbau im Museum. Das Boot war anfänglich durch den aufgeschnittenen Druckkörper von Besuchern zu betreten, was später zum Schutz des Bootes aufgegeben wird.

U 1 ist im Untergeschoß des Museums ausgestellt.

In einem stark demontierten Zustand erreicht U 1 im Jahr 1921 das Deutsche Museum, wo es seitdem ausgestellt wird.

Deutsche Unterseeboote im Ersten Weltkrieg

Der Krieg zieht herauf

Am 30. Juli 1914 erlässt Kaiser Wilhelm II. folgenden Operationsbefehl im Vorfeld des Ersten Weltkrieges:

»Seine Majestät der Kaiser haben für die Kriegsführung in der Nordsee befohlen:

Ziel der Operation soll sein, die englische Flotte durch offensive Vorstöße gegen die Bewachungs- und Blockade-Streitkräfte der Deutschen Bucht sowie durch eine bis an die britische Küste getragene, rücksichtslose Minen- und – wenn möglich – U-Bootsoffensive zu schädigen.

Nachdem durch diese Kriegsführung ein Kräfteausgleich geschaffen ist, soll nach Bereitschaft und Zusammenfassung aller Kräfte versucht werden, unsere Flotte unter günstigen Umständen zur Schlacht einzusetzen .... Handelskrieg ist gemäß Prisenordnung zu führen. In welchem Umfange er in den heimischen Gewässern zu betreiben ist, ordnet der Chef der Hochseeverbände an ...«

Der Kaiser will seine U-Boote vor allem zur »Schädigung« seiner Gegner und zur Herbeiführung einer alles entscheidenden Seeschlacht einsetzen.

Das aber erscheint angesichts der reinen Fakten eher übertrieben, denn Deutschland verfügt nur über 28 U-Boote, von denen ganze zehn hochseetüchtig sind. 16 Boote befinden sich in Bau. Einsatzklar sind 23 Boote. Großbritannien verfügt über 75 einsatzklare Boote, von denen 18 hochseetauglich sind, und Frankreich über 74 Einheiten.

Bis auf die Schlacht im Skagerrak am 31. Mai 1916 schonen beide Seiten ihre Hochseeflotten. Die U-Boote übernehmen in der deutschen Seekriegsftrategie die tragende Rolle.

Kriegsbeginn und erste Angriffe

Am 4. August 1914, dem Tag, an dem deutsche Truppen in das neutrale Belgien einmarschieren, erklärt Großbritannien Deutschland den Krieg.

Bereits am 6. August laufen zehn U-Boote von Helgoland nach Norden aus, um britische Überwassereinheiten anzugreifen. In aufgetauchter Fahrt bilden sie einen rund 70 Seemeilen breiten Suchstreifen. Erst am 8. August sichtet U 15 die drei Schlachtschiffe HMS AJAX, HMS MONARCH und HMS ORION. Das Boot taucht und fährt den ersten Angriff auf das Schlachtschiff HMS MONARCH – der Torpedo verfehlt sein Ziel. Die anderen beiden Schlachtschif-

fe ziehen sich zurück. U 15 wird am selben Abend vom Kreuzer HMS BIRMINGHAM während der Reparatur eines Maschinenschadens zweimal gerammt, unter Feuer genommen und schließlich versenkt – kein Besatzungsmitglied überlebt. Der U-Boot-Verband kehrt am 12. August von seiner ersten Unternehmung nach Helgoland zurück.

Vom 9. August 1914 an landen die Briten ein 100.000 Mann starkes Expeditionsheer in Frankreich, ohne dass diese Operation von deutschen Kräften gestört wird. Die Marineleitung sieht zunächst keine Notwendigkeit in einer Unterstützung des Heeres und setzt die Boote weiter zu Aufklärungsfahrten in der Nordsee ein.

Am 19. August geht U 13 aus unbekannten Gründen vor Helgoland mit 23 Mann Besatzung verloren.

Am 2. September erhalten zwei Boote den Befehl, gegnerische Kriegsschiffe im Firth of Forth zu versenken. Am 5. September sichtet U 21 den britischen Kreuzer HMS PATHFINDER (3.000 tons) und versenkt ihn mit einem Torpedoschuss, der das Schiff mittschiffs trifft – dies war der erste Erfolg eines deutschen Unterseeboots.

Brennpunkt Dardanellen – deutsche U-Boote im Mittelmeer

Schlachtkreuzer GOEBEN (Bauwerft: Blohm & Voss, Hamburg, Baujahr 1911, 25.400 tons, 186 Meter Länge, 1976 (!) verschrottet) und der Kleine Kreuzer BRESLAU (Bauwerft: Stettin, Baujahr 1911, 5.200 tons, 136 Meter Länge, am 20. Januar 1918 in der Ägäis nach Minentreffer mit 330 Mann gesunken) treffen am 10. August 1914 vor britischen Einheiten in Konstantinopel ein.

Für 80 Millionen Reichsmark werden beide Schiffe inklusive Besatzungen – darunter auf der BRESLAU Leutnant z. S. Karl Dönitz – an die Türkei verkauft. Briten und Franzosen versuchen den Seeweg nach Russland zu erkämpfen. Erster Seelord Winston Churchill: »Ich habe nur eine Furcht – die deutschen und österreichischen U-Boote. Wenn sie kommen, ist das Spiel aus.«

Aber erst ein Jahr später, ab September 1915, werden zwölf deutsche U-Boote im Mittelmeer stationiert: Sieben Boote sind in der Mittelmeerdivision Konstantinopel (Istanbul) zum Handelskrieg im Schwarzen Meer und der Ägäis stationiert.

Fünf Boote in der Halbflottille Pola mit Stützpunkten in Pola (Pula, heutiges Kroatien) und Cattaro (Kotor, heute Serbien-Montenegro).

U 9 – drei Kreuzer in 75 Minuten

Zum Schutz ihrer Truppentransporte nach Frankreich lassen die Briten Flotteneinheiten vor der belgischen Küste patrouillieren.

U 1 und U 2 machen bei gemeinsamen Übungen in der Ostsee an einem U-Boot-Dockschiff fest.

Am 22. September sichtet U 9 unter Kapitänleutnant Otto Weddigen zwanzig Seemeilen nordwestlich von Hoek van Holland die mit südwestlichem Kurs in Linie fahrenden britischen Panzerkreuzer HMS ABOUKIR, HMS HOGUE und HMS CRESSY (alle um 1899/1900 gebaut, mit je 750 Mann Besatzung, je 21.000 PS Maschinenleistung und 21 Knoten Geschwindigkeit).

U 9 setzt zum Unterwasserangriff an: HMS ABOUKIR, das mittlere Schiff, wird um 7.20 Uhr mit einem Torpedo versenkt. Danach stoppen die beiden anderen Schiffe an der Untergangsstelle, um Überlebende zu retten. Dadurch werden sie zu weiteren Opfern von U 9: Das Boot attackiert als nächsten den Kreuzer HMS HOGUE. Um 7.55 Uhr sinkt auch dieses Schiff nach zwei Treffern. Der dritte Kreuzer wird um 8.20 Uhr mit zwei Hecktorpedos angegriffen und kentert. Danach gibt U 9 seinen letzten Torpedoschuss auf das langsam sinkende Schiff ab.

Der gesamte Angriff dauert 75 Minuten, 1.460 britischen Seeleuten kostet er das Leben und 36.000 Tonnen Schiffsraum werden vernichtet.

In Deutschland löst dieser frühe Erfolg eine Welle der Begeisterung aus, vergleichbar der nach dem Angriff auf Scapa Flow von U 47 im Zweiten Weltkrieg. In den folgenden Jahren wird der 22. September in Deutschland als »Weddigen-Tag« gefeiert.

Großbritannien beklagt, durch ein U-Boot mehr Männer verloren zu haben, als Lord Nelson in all seinen Schlachten zusammen. Nachdem U 9 am 15. Oktober 1914 den britischen Kreuzer HMS HAWKE (7.400 tons) versenkt hat und am Tag darauf vor Scapa Flow Zerstörer angreift, lässt die britische Flottenführung den Hauptstützpunkt Scapa Flow für einige Zeit von allen Schlachtschiffen räumen.

Kommandant Otto Weddigen erhält den Orden »Pour le Mérite« und das Kommando über das moderne U 29, das am 18. März 1915 vom Linienschiff HMS DREADNOUGHT vor Scapa Flow gerammt und mit der gesamten Besatzung (32 Mann) versenkt wird.

Erfolge und Verluste

Am 18. Oktober torpediert U 27 bei Borkum-Riff das britische U-Boot E 3 und am 31. Oktober vor Calais den Wasserflugzeugträger HMS HERMES (5.650 tons).

Am 20. Oktober 1914 versenkt das Prisenkommando von U 17 mit dem englischen Dampfer GLITRA (866 BRT) das erste Handelsschiff im Ersten Weltkrieg. Vor der norwegischen Küste wird die GLITRA per Flaggensignal zum Stoppen aufgefordert, das Prisenkommando setzt mit einem Ruderboot über, um die Schiffspapiere zu kontrollieren. Nachdem die Besatzung des Frachters in die Rettungsboote gegangen ist, werden die Seeventile des Dampfers geöffnet und das Schiff wird versenkt. U 17 schleppt die Boote zur sieben Seemeilen entfernten Küste. Es gibt weder Tote noch Verwundete.

Am 11. November versenkt U12 das Kanonenboot HMS NIGER vor der englischen Küste.

U 18 wird am 23. November 1914 vor Scapa Flow durch Tiefenruderversagen und Grundberührung manövrierunfähig und vom

britischen HMS DOROTHY GREY und vom Zerstörer HMS GARRY gerammt. Danach versenkt die Besatzung das Boot selbst – ein Toter, 22 Überlebende.

U 5 sinkt am 18. Dezember 1914 nördlich von Zeebrugge nach einem Minentreffer mit 29 Mann Besatzung und U 11 am 9. Dezember 1914 vor der belgischen Küste vermutlich ebenfalls durch einen Minentreffer mit 26 Mann Besatzung.

Am 1. Januar 1915 vernichtet U 24 vor Plymouth das britische Schlachtschiff HMS FORMIDABLE (15.250 tons, 547 Tote) mit drei Torpedos.

In seinem Buch »Deutschlands Hochseeflotte im Weltkrieg« stellt Admiral Reinhard Scheer fest: »Der erste Beweis der Seeausdauer (der U-Boote) war geliefert, und mit äußerster Beharrlichkeit wurde auf diesem Wege fortgeschritten, so dass das U-Boot aus einem Küstenverteidigungswerkzeug, als das es ursprünglich gedacht war, zu der leistungsfähigen Waffe für Fernwirkung erhoben wurde.«

»Hungerblockade« und Handelskrieg

Die Seekriegsführung der feindlichen Mächte Deutschland und England ist geprägt von einer den deutschen Küsten fernen Seeblockade und dem eingeschränkten, ab 1917 uneingeschränkten U-Boot-Krieg.

Die Seeblockade, mit der der Ärmelkanal sowie die Linie Shetland-Inseln–Norwegen abgeriegelt werden, bedeutet von Kriegsbeginn an eine zunehmende Belastung des öffentlichen und wirtschaftlichen Lebens in Deutschland. Ein Ausgleich der Mangelsituation, besonders bei Rohstoffen, kann in den ersten zwei Kriegsjahren allein durch eine systematische Bewirtschaftung und die Entwicklung von Ersatzstoffen erreicht werden. Danach hat die britische Strategie verheerende Auswirkungen. Aber auch Großbritannien kann die eigene Krise durch die deutschen U-Boot-Erfolge 1917 nur mit Hilfe der USA bewältigen.

Im Handelskrieg unterliegen feindliche Schiffe und ihre Ladungen dem internationalen Seebeuterecht und dürfen deshalb vom Gegner einbehalten werden. Der Handelskrieg nach der deutschen Prisenordnung vom 30. September 1909 spielt sich nach folgenden Regeln ab (Prise: Ein von einer der kriegführenden Mächte beschlagnahmtes Schiff mit seiner Ladung):

- Alle Schiffe werden per Signal oder Schuss vor den Bug gestoppt.
- Feindliche Schiffe werden durch Torpedobeschuss oder mit Geschützfeuer versenkt.
- Bei neutralen Schiffen werden nach dem Anhalten die Schiffspapiere untersucht. Sollte die Schiffsführung gegen eine Durch-

suchung Widerstand leisten, sich an einem Blockadebruch beteiligen oder sich Kriegsware (Bannware) auf dem Schiff befinden, wird es versenkt oder mit einem Prisenkommando an Bord in heimische Häfen gefahren.

- Senden gestoppte Schiffe Funksignale oder schießen Signalraketen ab, werden sie sofort versenkt. Ansonsten erhalten Besatzung und Passagiere die Möglichkeit, in die Rettungsboote zu gehen.

U-Boot-Besatzungen sollten überprüfen, ob diese Boote ausreichend mit Proviant und Wasser versorgt sind. Außerdem wird der Kurs Richtung Land gewiesen oder ein neutrales Schiff angehalten, um die Schiffbrüchigen zu übernehmen. In Einzelfällen haben deutsche U-Boote auch Rettungsboote abgeschleppt oder die Besatzungen an Bord genommen:

U 19: Nach der Versenkung des britischen Dampfers DURWARD werden zwei voll besetzte Rettungsboote zur belgischen Küste geschleppt.

U 29: Die Rettungsboote des versenkten britischen Dampfers ARDENNEN werden einem neutralen Dampfer übergeben.

U 29: Die gesamte Besatzung des britischen Dampfers ANDALU-SIAN wird an Bord genommen.

U 44: Im März 1916 wird die zehnköpfige Besatzung eines russischen Dampfers an einen Fischkutter übergeben; im April darf die Besatzung, darunter eine Frau und ein Kind, des norwegischen Dampfers EDWARD GRIEG wegen zu hohen Seegangs wieder aus den Rettungsbooten auf ihr Schiff zurückkehren und weiterfahren.

U 84: Nach einer Versenkung werden 31 Briten wegen Schlechtwetters an Bord genommen.

U 70: Als nach der Versenkung des norwegischen Viermasters LINDFJELD (2.270 BRT) die Rettungsboote Wasser zu nehmen beginnen, werden alle 24 Norweger an Bord des U-Bootes genommen und nach vier Tagen qualvoller Enge an einen norwegischen Segler übergeben.

Der deutsche Admiralstab ist mit dieser Art der Kriegführung nicht einverstanden, da eine zu hohe Gefährdung der Boote damit verbunden sei und eine zu geringe Abschreckung auf den Gegner von diesem Verhalten ausgehe.

Kaiser Wilhelm II. stimmt am 4. Februar 1915 der Erklärung des Handelskrieges von U-Booten in den Gewässern um Großbritannien und Irland zu. Es sollen alle Handelsschiffe zerstört werden, »ohne dass es immer möglich sein wird, die dabei der Besatzung und den Passagieren drohenden Gefahren abzuwenden«. Noch ist dieser Handelskrieg lediglich ein Mittel, um Großbritannien zur Lockerung seiner Seeblockade zu bewegen, kein Vernichtungsfeldzug.

In den ersten beiden Monaten des Jahres werden elf Schiffe mit 24.860 BRT versenkt, U 31 geht verloren und U 7 wird irrtümlich von U 22 torpediert und versenkt. Zu Beginn des Handelskrieges stehen Deutschland 30 U-Boote zur Verfügung, weitere 29 sind in Bau.

Obwohl in den folgenden Monaten durchschnittlich nur sieben Boote zur Verfügung stehen, werden bis zum September 480 Frachtschiffe mit 790.000 BRT sowie zwölf britische Kriegsschiffe versenkt.

Deutsche Stützpunkte in Flandern – U-Boot-Krieg im Ärmelkanal

Als sich die Eroberung belgischer Hafenstädte und die Möglichkeit zur Schaffung von U-Boot-Stützpunkten in Oostende und Zeebrugge abzeichnen, plant die deutsche Admiralität zwei neue U-Boot-Typen – das kleine Küstenboot vom Typ UB, von dem 17 Einheiten noch im November 1914 in Auftrag gegeben werden, und den kleinen Minenleger Typ UC ohne Torpedobewaffnung mit 12 Minen.

Am 14. Oktober 1914 wird Brügge eingenommen, am 9. November trifft mit U 12 das erste Boot in Zeebrugge ein; die Briten lassen die Hafenanlagen unzerstört zurück, da sie mit ihrer kurzfristigen Rückkehr rechnen. Ab März 1915 wird die U-Flottille Flandern aufgestellt, und am 4. April 1915 läuft mit U 9 das erste Boot zum Einsatz im Zentrum des Ärmelkanals aus.

Am 1. Mai 1915 versenkt ein UB-Boot mit dem Zerstörer HMS RECRUIT das erste britische Kriegsschiff.

UC-Boote legen erfolgreich Minensperren in der Themsemündung und vor den französischen Kanalhäfen: Bis Februar 1916 sinken 78 Schiffe mit 44.400 BRT auf 950 ausgelegten Minen.

Im September 1916 versenken drei UB-Boote dreißig Schiffe im Ärmelkanal, obwohl sie von 49 britischen Zerstörern, 48 Torpedobooten, sieben U-Boot-Fallen (Q-Ships – siehe diese) und zahlreichen kleineren Hilfsfahrzeugen gejagt werden.

Von den Stützpunkten Zeebrugge und Oostende aus werden den alliierten Flotten schwere Verluste zugefügt: Allein im April 1917 versenken 75 deutsche Unterseeboote über 600.000 Tonnen gegnerischen Schiffsraum.

Bereits 1917 scheitern mehrere Landoffensiven der Engländer gegen die gefährlichen U-Boot-Basen. Auf Druck der Amerikaner versuchen die Briten im Frühjahr 1918, die deutschen U-Boot-Stützpunkte durch die Versenkung von Blockschiffen zu versperren.

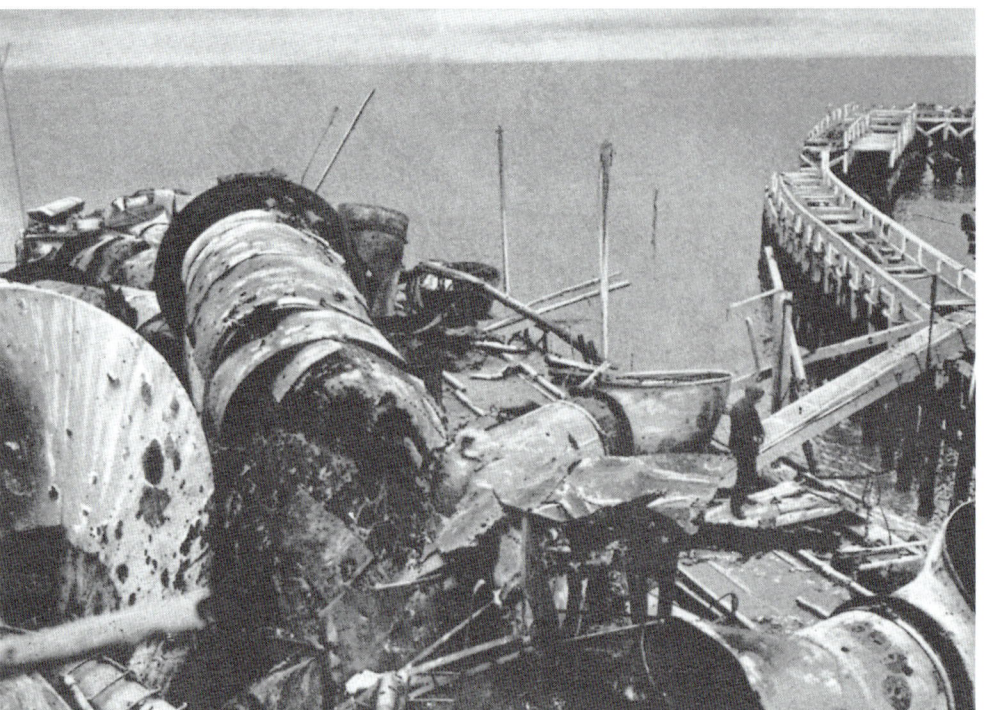

Deutsche Küstenbatterien verwandeln den britischen Kreuzer HMS VINDICTIVE in einen schwimmenden Schrotthaufen.
Bild unten: Der Bug des Kreuzers ist heute im belgischen Seebad Oostende als Mahnmal aufgestellt.

Am 23. April 1918 soll das betagte Schlachtschiff HMS VINDICTIVE als Blockschiff in der Hafeneinfahrt von Oostende gesprengt werden. Nach zwei fehlgeschlagenen Versuchen transportiert HMS VINDICTIVE (Geschützter Kreuzer, 5.750 tons, Arrogant-Klasse, 1899 in Chatham gebaut) Landungstruppen nach Zeebrugge, die die deutschen Truppen bekämpfen sollen, damit die Blockschiffe auf der geplanten Position versenkt werden können. Obwohl der Kreuzer bei dieser Unternehmung unter schwerem deutschen Artilleriebeschuss 60 Mann sowie die meisten seiner Aufbauten und Schornsteine verliert, kehrt das Schiff nach dem Gefecht nach England zurück. Drei Wochen später wird der schwimmende Torso auf seine letzte Reise geschickt. Unter schwerem deutschen Sperrfeuer steuert HMS VINDICTIVE die Hafeneinfahrt von Oostende an. Das Schiff erreicht die geplante Blockadeposition jedoch nicht und strandet östlich der Oostender Pier – ohne die Hafeneinfahrt zu blockieren. Nach dem Krieg soll HMS VINDICTIVE von der englischen Marine geborgen werden. Der Versuch wird aber aufgegeben, als der Rumpf in der Brandung auseinander bricht. Die Überreste des Wracks werden 1920 in den Hafen von Oostende geschleppt und abgebrochen. Allein der Bug des britischen Blockschiffs ist in der belgischen Hafenstadt als Mahnmal bis heute erhalten.

Ende September 1918 rückt die Front auf Flandern zu. Am 30. September müssen die Stützpunkte von den deutschen Truppen geräumt werden.

In Brügge verlassen sieben U-Boote ihre Basis. UB 59 wird in Brügge, UB 40 in Oostende, UB 10 und UC 4 werden in Zeebrugge versenkt.

Am 20. Oktober 1918 nehmen alliierte Truppen Brügge ein.

Die »Flandern-Boote« versenken während des Krieges 2.550 Schiffe mit 4,4 Millionen BRT, 80 Boote gehen mit 1.100 Mann verloren.

Funkaufklärung

Deutschland wie Großbritannien bemühen sich um Erkenntnisse über die Funkverschlüsselung der jeweils anderen Seite.

Bei dem Versuch, eine russische Signalstation auf der Ostseeinsel Oddensholm zu vernichten, strandet der Kleine Kreuzer MAGDEBURG am 27. August 1914 im Nebel und muss von seiner Besatzung gesprengt werden. Das Signalbuch, alle Chiffriertabellen und die Quadratkarte der Nordsee werden mit einem Bleimantel beschwert befehlsgemäß versenkt. Allerdings gelingt es russischen Tauchern, was der deutschen Seite verborgen bleibt, diese Unterlagen zu bergen. Russland stellt diese seinem Verbündeten Großbritannien zur Verfügung. Damit sind beide Nationen in der Lage, alle deutschen Funksprüche in Nord- und Ostsee zu dechiffrieren.

Außerdem gelingt es den Briten über das »Handelsverkehrsbuch« vom beschlagnahmten deutschen Frachter HOBERT und das »Verkehrsbuch« von einem vor Terschelling (Niederlande) gesunkenen Torpedoboot, in die Hand zu bekommen. Damit können die Engländer alle gefunkten Befehle, Standortmeldungen und Nachrichten der deutschen Marineleitung lesen. Auch bei Änderungen der deutschen Verschlüsselung ist die Gegenseite in der Lage zu folgen. Eine leistungsfähige Verschlüsselungsmaschine, wie die Enigma im Zweiten Weltkrieg, existiert nicht.

So gelingt es den Briten am 24. Januar 1915, aufgrund abgehörter deutscher Funksprüche einen Vorstoß der deutschen Flotte zur Doggerbank mit überlegenen Kräften abzufangen. In einem dreistündigen Seegefecht geht der deutsche Panzerkreuzer BLÜCHER (17.500 tons) verloren, Schlachtkreuzer SEYDLITZ (28.550 tons) wird beschädigt – 954 deutsche und 14 britische Soldaten sterben.

Allerdings ist es auch der deutschen Seite bereits 1914 möglich, den britischen Funkverkehr zu entschlüsseln. Im Juni 1917 wird auf U 66 eine Funkstation eingerichtet und ein Dechiffrierer an Bord genommen, um die Meldungen von Handelsschiffspositionen mithören zu können. Von 26 Dampfern können dadurch zehn gesichtet und sechs versenkt werden.

Britische U-Boot-Abwehr

Bei Kriegsbeginn stehen die Briten den deutschen U-Boot-Angriffen hilflos gegenüber, da sie die Wirksamkeit dieser Waffe total unterschätzt haben (zwischen Oktober 1916 bis Januar 1917 werden lediglich elf deutsche U-Boote versenkt).

Im November 1916 richtet der Erste Seelord, Admiral Sir John Jellicoe, eine U-Boot-Abwehrabteilung im britischen Admiralstab ein. Die zunehmende Wirksamkeit der U-Boot-Einsätze wird auf die gestiegene Zahl der Einheiten, ihre größere Seeausdauer, die sie auch in entfernten Gebieten operieren lässt, ihre verbesserte Bewaffnung und die Kenntnis der deutschen Seite über britische Abwehrmöglichkeiten zurückgeführt.

Um die U-Boote in See zu vernichten, wird eine ganze Armada von U-Boot-Jagdeinheiten aufgestellt: Gegen 178 deutsche U-Boote, die 1917 Handelskrieg führen, werden 227 britische Zerstörer, 30 Kanonenboote, 44 Patrouillenboote, 338 Motorboote, 849 Fischdampfer, 24 Minensucher, 194 Flugzeuge und 50 Luftschiffe eingesetzt – mit UB 32 wird aber nur ein deutsches Boot im Ersten Weltkrieg aus der Luft vernichtet.

Auch britische U-Boote werden jetzt auf Patrouillenfahrten gegen deutsche Unterseeboote geschickt – 12 U-Boot-Versenkungen in den Jahren 1917 und 1918 gehen auf ihr Konto.

Ab Ende des Jahres 1916 stehen dann rund 3.000 Schiffe zur U-Boot-Abwehr und U-Boot-Fallen (Q-Ships) zur Verfügung. Alle britischen Handelsschiffe werden bewaffnet. Die U-Boot-Abwehrabteilung sorgt für die technische Weiterentwicklung von Wasserbomben, Minen und Unterwasser-Horchgeräten.

Zur U-Boot-Abwehr gehören auch Minensperren: Eine »totale« Minensperre mit Fangnetzen errichten die Briten im Dezember 1917 im Ärmelkanal. Sie wird nachts von Scheinwerferbatterien beleuchtet und von über 100 Patrouillenfahrzeugen bewacht. Im März 1918 wird in der größten Seeminenaktion der Geschichte die 250 Seemeilen lange Linie Shetland-Inseln–Norwegen mit 71.000 Minen gesichert. Diese Maßnahme scheitert allerdings wegen der Länge der Strecke, des fehlenden Tiefganges der Sperre und zahlreicher Detonationen der Minen bei Seegang.

Zur Sicherung seiner Handelsschiffe beschließt Großbritannien am 27. April 1917, nach Beginn des uneingeschränkten U-Boot-Krieges, die Einführung von Geleitzügen. Am 10. Mai 1917 läuft der erste Konvoi von 15 Dampfern, geschützt von sechs Zerstörern, aus den USA aus und erreicht Plymouth unbeschädigt. Ab Juli 1917 werden kontinuierlich von über 80 US-Zerstörern gesicherte Konvois auf der Route USA und Großbritannien eingesetzt, ab September auch im Mittelmeer. Im Jahr 1917 sichten deutsche U-Boote nur 39 von 219 Konvois; von 16.540 Schiffen, die bis zum Kriegsende 1918 in Konvois gefahren sind, werden von U-Booten nur 154 versenkt.

Auf deutscher Seite sind zum ersten Mal »Gruppen-Angriffe« (die Vorläufer der »Rudel-Taktik« im Zweiten Weltkrieg) versucht worden, die aber wegen technischer Unzulänglichkeiten und zu schwacher Funkgeräte zu keinem Erfolg führen.

Im letzten Kriegsjahr werden zunehmend mehr Flugzeuge und Luftschiffe zur Ortung von U-Booten eingesetzt. Abwehrwaffen wie Horchgeräte und Wasserbomben werden technisch perfektioniert, was auf deutscher Seite zu erheblichen Aktivitäten zur Geräuschreduzierung der Boote führt.

Q-Ships – die U-Boot-Fallen

Britische Hilfskreuzer in der Tarnung harmloser Frachtschiffe, Segler oder Fischkutter täuschen deutsche U-Boote besonders zu Beginn des Krieges mit »Komödien zur See«, indem ihre Besatzungen sich bei Angriffen ergeben und in gespielter Panik in die Rettungsboote gehen. Kommt das U-Boot danach nahe genug an das scheinbar verlassene Schiff heran, werden von einer bis dahin verborgenen Truppe getarnte Geschütze klar gemacht, um das U-Boot anzugreifen.

Diese Q-Ships arbeiten auch mit ihren eigenen U-Booten zusammen. Diese werden auf Sehrohrtiefe getaucht hinter dem Q-Ship geschleppt; beide sind per Telefonkabel miteinander verbunden. Sobald ein deutsches U-Boot gesichtet wird, werden die Verbindungen gekappt und das britische U-Boot geht zum Torpedoangriff über. Großbritannien setzt rund 200 U-Boot-Fallen während des Krieges ein, von denen werden 27 von deutschen U-Booten versenkt. 14 deutsche U-Boote fallen den Q-Ships zum Opfer. Mit der Versenkung von U 36 ist das Q-Ship PRINCE CHARLES, ein umgebauter Küstendampfer mit 373 BRT, am 25. Juli 1915 zum ersten Mal erfolgreich.

1915

Die Versenkung der LUSITANIA und das Schicksal von U 20

Am 7. Mai 1915 spielt sich unmittelbar vor der irischen Südküste ein Ereignis ab, das Weltgeschichte schreibt:

Das britische Passagierschiff LUSITANIA (30.396 BRT, Heimathafen: Liverpool) wird vom deutschen U-Boot U 20 versenkt – 1.198 Menschen finden den Tod.

Trotz deutscher Warnungen in allen US-Tageszeitungen vor Schiffsreisen nach Großbritannien verlässt der Liner am 1. Mai 1915 mit 1.257 Passagieren (700 Männer, 557 Frauen und Kinder, 702 Mann Besatzung) den Hafen von New York. Unter den Passagieren des Flaggschiffs der britischen Cunard Line befinden sich 218 Amerikaner.

Bereits 1903 hat die britische Admiralität mit der Cunard-Reederei in einem Geheimabkommen vereinbart, dass das Unterneh-

18 Monate nach dem Angriff auf die LUSITANIA strandet U 20 vor der dänischen Westküste. Das Boot wird von seiner Besatzung aufgegeben und gesprengt. Das Wrack bleibt noch jahrelang ein Anziehungspunkt für Schaulustige.

Beim Untergang der LUSITANIA verlieren 1.198 Menschen ihr Leben. Die Umstände der Explosionen an Bord des Schiffes bleiben Jahrzehnte lang umstritten.

men zwei kriegsfähige Liner auf Regierungskosten baut. Eines der beiden ist die 239 Meter lange LUSITANIA, die am 7. Juni 1906 auf der schottischen Werft John Brown & Co. vom Stapel läuft. Bereits im Mai 1913 wird das Schiff in Erwartung eines Krieges in Liverpool umgerüstet: Die Armierung der Bordwände wird verstärkt, Munitionskammern und Pulvermagazine werden eingebaut, die Decks mit Panzerplatten verstärkt und zwölf 15-cm-Geschütze errichtet. Vom 17. September 1914 an wird die LUSITANIA im britischen Flottenregister als »bewaffneter Hilfskreuzer« geführt. Ihr Auftrag ist der Transport von Kriegsmaterial und (!) Passagieren unter neutraler US-Flagge über den Atlantik.

Am Morgen des 7. Mai 1915 läuft das Passagierschiff auf seiner 202. Atlantikpassage im dichten Nebel mit 15 Knoten auf die irische Küste zu, um den britischen Kreuzer HMS JUNO zu treffen und von ihm in den Zielhafen eskortiert zu werden. Um Kohle zu sparen, sind von den 25 Kesseln nur 19 befeuert, was die Geschwindigkeit des maximal 25 Knoten schnellen Turbinenschiffes auf 21 Knoten reduziert.

Der Liner ist außer mit normaler Fracht auch mit Munition beladen, was die britische Admiralität jahrzehntelang bestreiten wird. Amerikanische Hafenunterlagen belegen, dass es sich um

eine Ladung von 10,5 Tonnen Sprengstoff und Munition (darunter 1.248 Kisten 7,5-cm-Granaten, 4.927 Kisten Gewehrpatronen und 2.000 Kisten Pistolenmunition) handelt.

Die britische Admiralität verzichtet auf eine U-Boot-Warnung, obwohl genaue Informationen über Standorte und Kurse aller vier im westlichen Kanal operierenden deutschen U-Boote vorliegen. Darüber hinaus wird der geplante Geleitschutz durch HMS JUNO wegen der U-Boot-Gefahr für die LUSITANIA zurückgezogen, ohne dass das Schiff darüber Informationen erhält.

7. Mai 1915, 11.00 Uhr:
LUSITANIA: Der Nebel lichtet sich und Kapitän William Turner (59) geht mit der Fahrt wieder auf 18 Knoten hoch. Auf dem Passagierschiff wartet man weiter vergeblich auf das Eintreffen des Begleitschiffes.

U 20: Auf dem 1913 in Danzig gebauten Boot U 20 ergeht zur gleichen Zeit 22 Seemeilen vor der irischen Küste der Befehl zum Auftauchen. Es ist wegen Treibstoffmangels auf Heimatkurs – noch befinden sich allerdings drei Torpedos an Bord.

11.55 Uhr:
LUSITANIA: Der erfahrene Kapitän Turner erhält über Funk eine allgemeine U-Boot-Warnung.

12.20 Uhr:
U 20: Das Boot läuft ebenfalls auf die Küste bei Fastnet zu.

12.40 Uhr:
LUSITANIA: Ein weiterer Funkspruch der Admiralität geht ein: »U-Boot fünf Meilen südlich von Cape Clear, westlich ablaufend, als es um 10.00 Uhr gesichtet wurde.« Cape Clear liegt bereits viele Meilen hinter dem Passagierschiff, womit die Gefahr gebannt scheint. Der Kapitän erwartet kein weiteres U-Boot auf dem Kurs seines Schiffs.

13.20 Uhr:
U 20: Das weiterhin in Überwasserfahrt marschierende U-Boot sichtet eine Rauchfahne in 14 Seemeilen Entfernung und geht auf Sehrohrtiefe. Kommandant Kapitänleutnant Walther Schwieger beobachtet das große Schiff durch das Periskop: »Vier Schornsteine, zwei Masten, über 20.000 Tonnen groß und über 22 kn schnell.« Es muss sich um die LUSITANIA oder die MAURETANIA handeln, beide als Hilfskreuzer oder Truppentransporter klassifiziert. Die Vorbereitungen für den Angriff beginnen: Ein Torpedo wird in eines der Bugrohre geladen.

LUSITANIA: In diesem Moment legt Kapitän Turner seinen Kurs statt auf Liverpool – die Admiralität verschweigt ihm, dass der direkte Seeweg dorthin nach einer Sperrung wieder freigegeben ist – direkt auf den Hafen von Queenstown und läuft damit U 20 genau vor den Bug.

U 20: Aus einer Entfernung von 700 Metern feuert das Boot einen Torpedo ab, der mit 38 Knoten Geschwindigkeit in drei Metern Tiefe auf die LUSITANIA zuläuft.

14.10 Uhr:
LUSITANIA: Das Vierschrauben-Turbinenschiff wird unmittelbar vor der Brücke getroffen. Kurz darauf wird es von einer zweiten, weit schwereren Explosion erschüttert und erhält sofort Schlagseite.

14.11 Uhr:
Die LUSITANIA funkt SOS. Die »völlig überraschte« Admiralität schickt nun den Kreuzer HMS JUNO zur Hilfe. Kapitän Turner versucht die LUSITANIA auf Land zu steuern, um sie auf Grund zu setzen. Tatsächlich läuft das Schiff nach der Torpedierung noch zwei Seemeilen, bevor es untergeht.

14.28 Uhr:
Die LUSITANIA ist gesunken. Bei dem Untergang finden 1.198 Menschen den Tod. Von den 1.257 Passagieren gehen 785 (darunter 128 amerikanische Staatsbürger), von 702 Besatzungsmitgliedern 413 mit dem Schiff unter. Die Überlebenden werden überwiegend von Fischerbooten aus dem nahen Queenstown (Cobh) gerettet.

U 20: Das Boot dreht ab, läuft auf die offene See hinaus und kehrt am 13. Mai 1915 nach Wilhelmshaven zurück.

13. Mai 1915:
Der amerikanische Präsident Woodrow Wilson sendet die erste seiner vier LUSITANIA-Protestnoten an den deutschen Kaiser.

Der Angriff von U 20 löst starke Verärgerung in der amerikanischen Bevölkerung aus, so dass Kaiser Wilhelm II. einen Monat später die Torpedierung von feindlichen oder neutralen Passagierschiffen gegen den Widerstand der Marine verbietet.

Die Versenkung der LUSITANIA zählt mit zu den Auslösern, die die USA zwei Jahre später in den Ersten Weltkrieg eintreten lassen.

1. Februar 1917:
Achtzehn Monate später wird der Befehl des Kaisers nach der Ablehnung eines deutschen Friedensvorschlags wieder aufgehoben: Mit 150 Booten beginnt Deutschland den uneingeschränkten U-Boot-Krieg, woraufhin die USA die diplomatischen Beziehungen abbrechen.

6. April 1917:
Die USA treten in den Krieg gegen Deutschland ein.

4. November 1916:
U 20: Das Boot strandet bei dichtem Nebel und in Dunkelheit auf der Höhe des jütländischen Ortes Vrist während einer Hilfsaktion für U 30, das Maschinen- und Kompassprobleme gemeldet hat. Das Boot, das nur 20 Meter vom Strand entfernt in der Brandung liegt, sendet Hilfssignale an die deutsche Flottenleitung, die augenblicklich Torpedoboote zur Hilfe schickt.

5. November 1916:
Am Morgen erwarten der U-Boot-Kommandant und einige Männer seiner Besatzung auf dem Turm von U 20 die Hilfsaktion der Torpedoboote, die in einiger Entfernung kreuzen.

Zum Schutz des Bootes patrouilliert außerdem das Schlachtschiff KRONPRINZ WILHELM vor der Küste, um mögliche britische Angriffe abzuwehren. Hätten die britischen Gegner erkannt, dass es sich bei dem Havaristen um das LUSITANIA-Boot handelt, würden sie alles unternehmen, um des Bootes habhaft zu werden.

Am Strand versammeln sich die ersten Neugierigen. Das Ruderrettungsboot der nahen Station Lilleøre wird klargemacht. Von den Torpedobooten werden Beiboote zum U-Boot geschickt, um Unterlagen, Ausrüstung und den ersten Teil der Besatzung zu bergen. Eine Motorbarkasse bringt eine Trosse von den Torpedobooten zum Havaristen, um das U-Boot freizuschleppen.

Gegen 10.30 Uhr befiehlt der örtliche Polizeimeister Balthazar Christensen, so berichtet die Lokalzeitung »Lemvig Folkeblad«, das Rettungsboot solle zum U-Boot fahren, damit man mit dem Kommandanten reden könne. Als das Boot zu Wasser gelassen wird, ruft Kommandant Schwieger: »Ich warne Sie!« und winkt unmissverständlich mit den Armen.

Kurz darauf beginnt ein Torpedoboot an der Trosse zu ziehen, das U-Boot bewegt sich allerdings nicht einen Meter, und wenig später bricht die Trosse.

Daraufhin verlassen die letzten der 35 Mann Besatzung U 20 in Beibooten der Torpedoboote. Einer von ihnen zerschlägt mit einem schweren Eisenhammer Kompass und Steuereinrichtungen auf dem Turm.

12.00 Uhr: Der letzte Mann an Bord ist Kommandant Schwieger, der den 400 bis 500 Zuschauern an Land zuruft: »Wir torpedieren! Alle weg, alle weg!« Der Polizeimeister ruft: »In Deckung« und die Zuschauer flüchten in die Dünen.

12.15 Uhr: Schwieger setzt die deutsche Flagge und besteigt die Motorbarkasse, um sich zu einem der Torpedoboote übersetzen zu lassen.

12.30 Uhr: Eine gewaltige Explosion erschüttert den Strand. Schwarze Rauchsäulen steigen haushoch aus dem U-Boot auf,

Die Überreste von U 20 werden im Strandingsmuseum von Thorsminde an der dänischen Westküste bewahrt:
Der Turm des Bootes (Foto oben) und die Schraube (Foto unten) sind erst vor wenigen Jahren geborgen worden.
Kleines Foto: Diese Armatur haben Dänen nach der Explosion von U 20 in Sicherheit gebracht und hüten sie bis heute im Familienbesitz.

schwere Eisenteile prasseln auf die in den Dünen Schutz suchenden Dänen. Der Rumpf des Bootes ist mit einem eigenen Torpedo gesprengt worden.

1917:
Auf Anordnung der Orlogsvaerft Kopenhagen werden die Kanone, das Periskop, die Reste des Kompasses sowie mehrere tausend Kilo Kupferrohre aus U 20 geborgen.

1925:
Jahrelange Arbeit dänischer Bergungsfirmen ist erforderlich, bis das Wrack acht Jahre später weitgehend beseitigt ist.

1990:
Die Überreste des Turms, eine Schraube, die 88-mm-Panzerkanone sowie zahlreiche kleinere Artefakte werden geborgen und sind heute im Strandungsmuseum »St. George« an der dänischen Westküste in Thorsminde zu sehen, ebenso wie einzelne Teile der technischen Bordeinrichtung im Lemvig-Museum.

LUSITANIA-Kapitän William Turner wird vier Stunden nach dem Untergang seines Schiffes aus dem Wasser gerettet. Er erhält später das Kommando über den Truppentransporter IVERNIA, der am 1. Januar 1917 von UB 47 versenkt wird. Turner überlebt auch diesen Untergang, erhält aber kein eigenes Kommando mehr.

U 20-Kommandant Kapitänleutnant Walther Schwieger verliert sein Leben am 5. September 1917, als das von ihm geführte Boot U 88 vor Terschelling auf eine Mine läuft und mit der gesamten Besatzung verloren geht.

Angriffsverbot nach ARABIC-Versenkung

Da Kaiser und Reichskanzler es für unhaltbar halten, dass die politische Entwicklung und damit vor allem der Kriegseintritt der USA vom Verhalten einzelner U-Boot-Kommandanten abhängt, wird nach diesem Zwischenfall erneut ein generelles Angriffsverbot gegen Passagierschiffe erlassen. Damit war die erste U-Boot-Offensive gescheitert: Es hatten zu wenig Boote zur Verfügung gestanden, um Großbritannien zum Einlenken und zur Beendigung seiner Seeblockade zu bewegen. Außerdem schränkten politische Auflagen (Kriegführung nach Prisenordnung) die

militärischen Einsatzmöglichkeiten der Boote entscheidend ein. Was war geschehen? Sechzig Seemeilen südlich der irischen Küste versenkt U 24 am 19. August 1915 den britischen Passagier-Frachtdampfer ARABIC (15.801 BRT) mit einem Unterwasserangriff ohne Vorwarnung. Das torpedierte Schiff sinkt mit einer Fracht von 6.600 Kisten Munition, 150 Automobilen, 110 Lastwagen und 59 Flugzeugen (in Kisten verpackt). Obwohl 15 Rettungsboote zu Wasser gelassen werden können, sterben 40 Passagiere, darunter drei amerikanische Bürger.

224 Schiffe versenkt

Der erfolgreichste U-Boot Kommandant aller Nationen und Zeiten ist der 1886 in Posen geborene Kapitänleutnant Lothar von Arnault de la Perriere. Er übernimmt nach einer Tätigkeit als Adjutant im Admiralstab und einer Ausbildung auf der Kieler U-Boot-Schule in Pola das Kommando über U 35. Vom 26. Juli bis zum 20. August 1916 versenkt er zwischen der spanischen Grenze und Ligurien mit 390 Granaten und nur fünf Torpedos 54 Schiffe mit 90.350 BRT – das entspricht einem Drittel der bis

UB 67 in schwerer See auf Patrouillenfahrt vor Helgoland.

dahin insgesamt von deutschen U-Booten versenkten Tonnage. Diese Fahrt von U 35, auf der das Boot eine Distanz von 4.648 Seemeilen, davon nur 241 sm unter Wasser, zurücklegt, ist der erfolgreichste Einsatz eines U-Boots aller Marinen und Zeiten. Am 11. Oktober 1916 wird von Arnault vom Kaiser mit dem »Pour le Mérite« ausgezeichnet.

Danach führt er das Kommando über mehrere Boote und kehrt am 14. November 1918 nach Kiel zurück. Seine Bilanz: 224 versenkte Schiffe mit 535.900 BRT.

Vizeadmiral von Arnault kommt 1941 bei einem Flugzeugabsturz in der Nähe von Paris ums Leben.

1916

Die zweite Offensive

Großbritannien und Frankreich sollen nach Vorstellung des deutschen Generalstabes im Jahr 1916 »niedergerungen« werden – Frankreich durch eine Entscheidungsschlacht bei Verdun und Großbritannien durch die Wiederaufnahme eines »erbarmungslosen« U-Boot-Krieges, der am 29. Februar 1916 beginnen soll. 52 Frontboote stehen dafür zur Verfügung.

Den ersten Erfolg erzielt U 32 am 4. März mit der Versenkung des britischen Tankschiffs TEUTONION (4.830 BRT, 6.000 Tonnen Öl). Im März und April werden 152 Schiffe mit 347.800 BRT bei vier eigenen Verlusten versenkt.

Nach mehreren abgelehnten Rücktrittsangeboten und nach jahrelangem Streit mit Kaiser Wilhelm II. und Kanzler Theobald von Bethmann Hollweg über die deutsche Strategie im U-Boot-Krieg tritt Großadmiral und Marineminister Alfred von Tirpitz am 19. März 1916 – nach 19 Dienstjahren – zurück. Auslöser war die erneute Ablehnung des uneingeschränkten U-Boot-Krieges durch Kaiser und Reichskanzler aus Furcht vor einem Kriegseintritt der USA. Am 9. November schreibt der Journalist Theodor Wolff über den Einfluss von Tirpitz im »Berliner Tagblatt«: »… Bei den Flottenplänen wurde Tirpitz sein (Kaiser Wilhelms) Helfer, der die Politik in unheilvollster Weise beeinflusste und überdies unverwendbare Riesenschiffe statt der Unterseeboote schuf. Dieser Pläne wegen wurde die öffentliche Meinung gegen England aufgeregt, wurde das Bündnis mit England, das wir vor und noch nach neunzehnhundert haben konnten, zurückgewiesen, wurden England und Frankreich zusammengebracht.«

Am 24. März 1916 torpediert UB 29 ohne Vorwarnung die französische Kanalfähre SUSSEX (1.350 BRT) auf der Route Folkestone–Dieppe mit 300 Passagieren an Bord. 50 Personen werden getötet, darunter auch Amerikaner. Das beschädigte Schiff kann in den Hafen von Boulogne eingeschleppt werden. Der U-Boot-Kommandant hat die SUSSEX für einen feindlichen Minenleger gehalten. Wieder wird ausländische Kritik wegen des »rücksichtslosen U-Boot-Krieges« laut; die USA senden eine Protestnote an die deutsche Reichsregierung, in der zum ersten Mal mit dem Kriegseintritt der USA gedroht wird. Wegen des Verstoßes gegen die Zusatzbestimmung zum Schutz von Passagierschiffen und zur Besänftigung der öffentlichen Meinung in den USA lässt der Kaiser den U-Boot-Kommandanten bestrafen. Als sich die deutsche Regierung wieder auf den Handelskrieg nach Prisenordnung zurückzieht, beordert die Marineleitung die U-Boote komplett zurück. Der Rückruf über Funk vom 25. April wird von U 20 und U 45 nicht gehört: Beide Boote versenken bis zum 8. Mai noch acht Schiffe mit 26.750 BRT.

Damit ist die zweite Offensive ebenfalls erfolglos zum Erliegen gekommen.

Erfolglose U-Boote in der Skagerrakschlacht

Um die Seeblockade der Engländer bekämpfen zu können, muss aus deutscher Sicht das Kräfteverhältnis der Flotten zugunsten der deutschen Marine verbessert werden. Hierzu werden U-Bootangriffe auf die gegnerische Flotte zur Dezimierung der Grand Fleet und eine darauf folgende entscheidende Seeschlacht mit der Hochseeflotte geplant.

Im Februar 1916 beschäftigt sich die deutsche Marineführung mit der Strategie, die Flottenkräfte der Engländer durch Einsätze der Hochseeflotte unter Deckung der U-Boote zu zersplittern. Im Zusammenwirken von U-Booten, Zeppelinen und unter Einsatz von Minen soll die Hochseeflotte in Vorstößen gegen britische Einheiten in der Nordsee aktiv werden.

Dabei soll die gegnerische Flotte in einen U-Boot-Hinterhalt gelockt werden. Die deutsche Flotte selbst will nur kleinere britische Einheiten angreifen.

Vom 17. Mai 1916 an laufen deutsche U-Boote in die Nordsee aus, führen bis zum 22. Mai Aufklärungsfahrten durch und nehmen am 23. Mai ihre Aufstellungspositionen vor den gegnerischen Flottenstützpunkten ein. Eingesetzt werden U 19, U 22, U 24, U 32, U 43, U 44, U 46, U 47, U 51, U 52, U 53, U 63, U 64, U 66, U 70. Zwei Boote liegen vor Scapa Flow, sieben vor dem Firth of Forth, acht weitere Boote in Wartestellung, zwei Minenlegeboote (UB 21, UB 22) sollen Minensperren in die vermuteten britischen Aufmarschrouten verlegen. Beide scheitern allerdings wegen technischer Defekte. Allein U 75 legt 22 Minen vor den Orkney-Inseln, auf denen am 5. Juni der Panzerkreuzer HMS HAMPSHIRE mit Heeresminister Lord Kitchener an Bord sinkt. Das Auslaufen der Hochseeflotte verzögert sich auf den 31. Mai, so dass die U-Boote eine lange Standzeit zu überstehen haben. Durch die britische Funkaufklärung wird dieses Unternehmen aber frühzeitig enttarnt, so dass es zum – für die deutsche Flotte überraschenden – Aufeinandertreffen der beiden Flotten im Skagerrak kommt.

Nur vier Boote können das Funksignal vom Auslaufen der deutschen Flotte empfangen. Der Plan, mit einem U-Boot-Hinterhalt schnelle Erfolge zu erzielen, schlägt komplett fehl – nur zwei Boote sichten gegnerische Kräfte, allein U 32 kommt zum Torpedoschuss auf den Leichten Kreuzer HMS GALATEA, der fehl geht. Nach dem Scheitern des U-Boot-Vorhabens entwickelt sich die größte Seeschlacht der Geschichte – 252 Schiffe kämpfen bei schwerem Wetter gegeneinander, elf deutsche (61.180 t) und 14 englische Schiffe (115.025 t) werden versenkt, 2.551 deutsche und 6.094 britische Seeleute verlieren ihr Leben.

Zwei U-Booten gelingt nach dem Gefecht noch ein Angriff auf britische Schiffe – U 51 auf das Schlachtschiff HMS WARSPITE und U 46 auf das Schlachtschiff HMS MARLBOROUGH – beide verfehlen ihr Ziel.

Im August wird der Plan, die Grand Fleet durch einen Vorstoß der Hochseeflotte in einen U-Boot-Hinterhalt zu locken, wiederholt. Dieses Mal werden 24 Unterseeboote in der Nordsee – auf fünf Linien zwischen Minensperren verteilt – aufgestellt. Die Briten erhalten durch das Entschlüsseln deutscher Funksprüche wiederum Kenntnis von dem Vorhaben, durch Falschmeldungen der Zeppelin-Luftaufklärung wird die Grand Fleet von der deutschen Seite zudem auf einer falschen Position vermutet, und auch dieses Vorhaben wird – abgesehen von der Versenkung von zwei Leichten Kreuzern durch U-Boote (U 52 versenkt HMS NOTTINGHAM und U 63 den bereits von U 66 beschädigten Kreuzer HMS FALMOUTH) – zu einem erneuten Debakel für die Marineführung, die einen gemeinsamen wirkungsvollen Einsatz von Hochseeflotte und U-Booten nicht zustande bringt. Weitere gemeinsame Operationen werden nicht mehr durchgeführt.

Handels-U-Boot DEUTSCHLAND durchbricht die Seeblockade

Um den Handel mit Amerika aufrecht erhalten zu können, plant der Bremer Kaufmann Alfred Lohmann unter der Konsortial-führung des Norddeutschen Lloyds und der Deutschen Bank Anfang des Krieges den Bau und Einsatz von Handels-U-Booten. Am 8. November 1915 wird die »Deutsche Ozean-Rhederei« für den zivilen Unterwasserschiffsverkehr mit Amerika gegründet. Insgesamt ist der Bau von sieben Booten (Kosten pro Boot: 2,8 Millionen Mark) geplant, doch nur U-DEUTSCHLAND und U-BREMEN kommen zum Einsatz.

Gleichzeitig beschäftigt sich die Firma Krupp mit ähnlichen Plänen, um in den USA eingelagertes Nickel nach Deutschland zu transportieren.

Die Besatzung von U-DEUTSCHLAND wird unter freigestellten Marineangehörigen zusammengestellt.

Die Rümpfe der ersten drei Handels-Unterseeboote baut die Flensburger Schiffbaugesellschaft im Unterauftrag der Kieler Germaniawerft, die die Handels-U-Boote fertig stellt und ausrüstet. Alle anderen Boote dieser Klasse werden als Kampfboote gebaut und eingesetzt.

Das 791 BRT große Zweihüllenboot U-DEUTSCHLAND wird am 28. März 1916 auf der Kieler Germaniawerft fertig gestellt und geht am 16. Juni 1916 unter dem Kommando von Kapitän Paul König auf Jungfernfahrt. Das Boot erreicht am 9. Juli 1916 nach 3.800 Seemeilen den Hafen von Baltimore. Dort wird der Kapitän und seine 28 Mann Besatzung mit großem Aufsehen empfangen. Das Boot hat 700 Tonnen Fracht (Gewinn: 1,4 Millionen Dollar), darunter Farben, Chemikalien und Arzneimittel, geladen. Am 1. August geht U-DEUTSCHLAND mit einer Fracht von 348 Tonnen Kautschuk, 341 Tonnen Nickel und 93 Tonnen Zinn wieder auf die Rückreise, die sie am 23. August in Wilhelmshaven erfolgreich abschließt. Diese Leistung wird in Deutschland über alle Maßen gefeiert und heroisiert. Der Erlös aus dem Kautschuk beträgt 17, 4 Millionen Reichsmark und deckt den Rohstoffbedarf für ein halbes Jahr.

U-DEUTSCHLAND geht im Herbst 1916 auf eine zweite Reise, die ebenso erfolgreich wie eine dritte Tour verläuft. Bei der letzten Ausfahrt aus New York, am 17. November 1916, kommt es zu einer Havarie – U-DEUTSCHLAND rammt und versenkt den Schlepper T. D. SCOTT (fünf Tote). Nach einer kurzen Reparatur läuft das Boot am 20. November aus.

Als im Frühjahr 1917 der uneingeschränkte U-Boot-Krieg beginnt, und die USA in den Krieg eintreten, wird U-DEUTSCHLAND zu einem Kampfboot mit zwei Torpedorohren und einem Geschütz umgebaut und unter der Bezeichnung U 155 eingesetzt.

Am 23. Mai 1917 unternimmt U 155 auf seiner ersten militärischen Einsatzfahrt zu den Azoren die mit 104 Seetagen (10.200 Seemeilen), davon 620 Seemeilen unter Wasser, längste U-Boot-Unternehmung im Ersten Weltkrieg. Bei diesem Einsatz werden insgesamt 52.000 BRT Schiffsraum versenkt.

Im Frühjahr 1918 läuft U 155 mit fünf anderen Booten wieder in Richtung Amerika aus – dieses Mal, um amerikanische Frachtschiffe zu vernichten. Bei diesem Unternehmen werden vor der US-Ostküste 36 Schiffe mit 110.000 BRT versenkt.

Zur besseren Funkführung der U-Boote soll U 155 anschließend zur schwimmenden Funkzentrale umgerüstet werden, um die Einsätze vor der britischen Westküste von See aus leiten zu können. Der Admiralstab lehnt diesen Plan jedoch ab, da das Boot in überseeischen Gebieten eingesetzt werden soll.

Das Schwesterschiff U-BREMEN ist bereits auf seiner ersten Reise nach Baltimore im August 1916 bei den Orkney-Inseln verschollen.

Dritte U-Boot-Offensive beginnt

Zwischen Oktober 1916 und Januar 1917 versenken die technisch verbesserten UBII-Boote vor der englischen und französischen Küste 289 Schiffe mit 289.500 BRT. Auf den Minensperren der UCII-Boote sinken in diesem Zeitraum 60 Schiffe mit 82.380 BRT. In dieser Zeit gehen zehn eigene Boote verloren.

Von Oktober 1916 an beteiligen sich auch die Hochseeboote wieder am Handelskrieg nach Prisenordnung. Sie dehnen ihre Ein-

Jubel in Deutschland und Anerkennung in Amerika erntet das Handels-U-Boot DEUTSCHLAND mit seiner ersten Fahrt durch die britische Seeblockade.

U-Boots-Flottille in der Bucht von Cattaro.

Deutsche U-Boote operieren im Ersten Weltkrieg auch im Mittelmeer – hier ein Foto aus dem Stützpunkt in der Bucht von Cattaro.

Die wesentliche Basis für diese Entscheidung ist die Prognose der Marine, dass Großbritannien in fünf bis sechs Monaten durch eine Reduzierung seiner Transporttonnage um 40% (das bedeutet eine monatliche notwendige Versenkungsrate von mindestens 600.000 BRT) zu Friedensverhandlungen gezwungen werde.

In den ersten sechs Monaten der Offensive werden folgende Versenkungen – bei zehn eigenen Verlusten – erzielt:

Februar:	291 Schiffe	(499.430 BRT)
März:	355 Schiffe	(548.800 BRT)
April:	458 Schiffe	(841.118 BRT)
Mai:	357 Schiffe	(590.730 BRT)
Juni:	352 Schiffe	(669.200 BRT)
Juli:	262 Schiffe	(534.800 BRT).

Der ernsten Bedrohung durch die U-Boot-Erfolge begegnet man in Großbritannien mit der Intensivierung des Schiffbauprogrammes, einer verstärkten Verminung der Deutschen Bucht und der Einführung des Konvoi-Systems für Frachtschiffe.

1917

Kriegserklärung der USA – zwanzig deutsche Passagierschiffe beschlagnahmt

Nachdem die USA ihre Neutralität zugunsten einer massiven wirtschaftlichen und militärischen Unterstützung Großbritanniens praktisch aufgegeben haben und sich die antideutsche Stimmung in den Kriegsjahren – nach den Angriffen auf LUSITANIA, ARABIC und SUSSEX – verstärkt hat, erfolgt die amerikanische Kriegserklärung nach Beginn des uneingeschränkten U-Boot-Krieges. Danach werden zwanzig deutsche Passagierschiffe, die zum Teil seit Kriegsbeginn in US-Häfen liegen, beschlagnahmt und als Truppentransporter nach Europa eingesetzt. Darunter:

- VATERLAND (Hapag, 1914 gebaut, 54.282 BRT), die in LEVIATHAN umbenannt wird und in zehn Fahrten 96.800 Soldaten nach Frankreich transportiert,
- KAISER WILHELM (Norddeutscher Lloyd, 1903 gebaut, 19.361 BRT) als AGAMEMNON,
- KRONPRINZESSIN CECILIE (Norddeutscher Lloyd, 1907 gebaut, 19.360 BRT) als Truppentransporter MOUNT VERNON; das Schiff wird im September 1918 im Atlantik von einem deutschen U-Boot torpediert (37 Tote) und 1940 verschrottet,
- AMERIKA (Hapag, 1905 gebaut, 22.225 BRT) unternimmt als Truppentransporter AMERICA neun Überfahrten,

sätze vom Nordmeer bis nach Spanien, Portugal und in einem Fall sogar bis vor die US-Ostküste aus. Die Hochseeboote versenken in dieser Zeit 253 Schiffe mit 446.300 BRT – damit werden die deutschen U-Boote zu einer ernsten Gefahr für Großbritannien.

U 53 versenkt nach einer Treibstoffergänzung in einem (neutralen) US-Hafen im Oktober 1916 fünf Schiffe vor Long Island. Der amerikanische Präsident warnt den deutschen Botschafter, dass sich ein solcher Vorgang nicht wiederholen dürfe.

Am 31. Januar 1917 wird bekannt gegeben, dass der uneingeschränkte U-Boot-Krieg als Vergeltung für die britische Seeblockade erfolge – in Deutschland herrscht allgemeine Begeisterung; auch der Reichstag nimmt die Nachricht positiv auf.

Die Gefahr eines Krieges mit den USA wird in Deutschland heruntergespielt, da sowohl Regierung wie vor allem das Militär die gewaltige Wirtschafts- und Rüstungsmacht USA weit unterschätzen. Deutschland verfügt im Januar über 105 U-Boote, im März steigt die Zahl auf 117. Weitere 51 Boote werden in Auftrag gegeben. Vorangegangen sind zweijährige intensive Diskussionen zwischen Kaiser, Kanzler, Reichsregierung, Oberster Heeresleitung und Marine. Am 9. Januar 1917 erklärt Wilhelm II. den uneingeschränkten U-Boot-Krieg vor dem Kronrat für beschlossen. Dies geschieht vor dem Hintergrund der sich dramatisch verschlechterten militärischen Situation Deutschlands an allen Fronten sowie der Hungerkrise im Inneren. Der uneingeschränkte U-Boot-Krieg gilt als die letzte Karte des Kaisers.

- IMPERATOR (Hapag, 1913 gebaut, 52.226 BRT) wird als Truppentransporter unter demselben Namen eingesetzt,
- GROSSER KURFÜRST (Norddeutscher Lloyd, 1899 gebaut, 13.243 BRT) unternimmt als AEOLUS acht Überfahrten nach Frankreich,
- FRIEDRICH DER GROSSE (Norddeutscher Lloyd, 1896 gebaut, 10.531 BRT) fährt als Truppentransporter HURON,
- PRINZESSIN IRENE (Norddeutscher Lloyd, 1900 gebaut, 10.881 BRT) als Truppentransporter POCAHONTAS,
- PRINZ EITEL FRIEDRICH (Norddeutscher Lloyd, 1904 gebaut, 16.000 BRT) als Truppentransporter DE KALB.

Zusammen transportieren beschlagnahmte deutsche Schiffe mit 557.500 Männern über ein Viertel aller zwei Millionen US-Soldaten, die auf europäischen Schlachtfeldern kämpfen.

Nach nur sechs Monaten ist der uneingeschränkte U-Boot-Krieg gescheitert

Aufgrund der umfassenden Unterstützung durch die USA (z.B. durch die Stellung von Handelsschiffen, die Aufnahme des Emergency-Ship-Bauprogramms, mit dem zusätzlich 495 Schiffe in 16 Monaten gebaut werden) und die erfolgreiche Einführung des Konvoisystems für Frachtschiffe kann Großbritannien seine bedrohliche Lage (Schiffsverluste auf den Überseerouten von 25%, die Neubauquote sinkt unter die versenkte Tonnage, der Ölmangel legt die Flotte lahm, Lebensmittelknappheit) überstehen.

Trotz fortgesetzter Angriffe der U-Boote kann Großbritannien nicht gezwungen werden, Friedensverhandlungen aufzunehmen.

Die wesentliche Prognose der Marine (600.000 BRT versenkter Schiffsraum pro Monat) für den uneingeschränkten U-Boot-Krieg tritt nicht ein: Im August 1917 werden nur 472.000 BRT, im September 353.000 BRT, im Oktober 466.000 BRT, im November 302.000 BRT und im Dezember 414.000 BRT versenkt. Da sich unter diesen Versenkungen auch neutrale Schiffe befinden, wird die Prognose der Marine um 60 Prozent unterschritten.

Am 6. Juli 1917 werden der Regierung im Reichstag schwere Versäumnisse vorgeworfen und das Scheitern des uneingeschränkten U-Boot-Krieges festgestellt.

Reichskanzler Theobald von Bethmann Hollweg tritt am 13. Juli 1917 aufgrund dieses Fehlschlags, wegen der Rücktrittsdrohung der Obersten Heeresleitung und der daraus entstandenen politischen Lage zurück.

1918

Das Ende

Das letzte Kriegsjahr ist mit 45 Booten von schweren Verlusten, auch an erfahrenen Besatzungen, und von fehlenden Strategien gegen Geleitzüge gekennzeichnet. Allein im Mai wird aus 30 Konvois kein einziges Schiff versenkt, während drei eigene Boote verloren gehen.

In gesicherten Geleitzügen transportieren die Amerikaner Truppen nach Europa – nur ein Schiff wird torpediert (56 Tote). Die Lage kann auch nicht durch den Einsatz deutscher U-Boote vor der US-Ostküste verbessert werden: Nachdem U 53 im Herbst 1916 den ersten Ferneinsatz vor der US-Ostküste mit der Versenkung von fünf Frachtschiffen unternommen hat, stimmt der Kaiser einem Einsatz deutscher U-Boote zu. Sechs U-Boote (U 117, U 140, U 151, U 152, U 155 und U 156) versenken während dieses Einsatzes zwischen Mai und Oktober 36 Schiffe mit 110.000 BRT.

Um in Friedensverhandlungen mit den USA eintreten zu können, verfügt der Kaiser die Beendigung des U-Boot-Krieges. Am 20. Oktober ergeht der Befehl: »Sofort Rückmarsch antreten. Wegen im Gange befindlicher Verhandlungen jegliche Art von Handelskrieg verboten.«

Doch die Seekriegsleitung plant einen letzten Schlag: Die deutsche Hochseeflotte soll unterstützt von U-Booten zur Entscheidungsschlacht gegen die englische Flotte auslaufen. »Dies ist eine Ehren- und Existenzfrage der Marine«, heißt es.

Dreißig U-Boote haben bereits seit dem 22. Oktober ihre Positionen vor den englischen Küsten bezogen. Die Angriffspläne werden jedoch durch die Soldatenaufstände in Wilhelmshaven und Kiel vereitelt. In Wilhelmshaven weigern sich die Besatzungen am 28. Oktober 1918, mit ihren Schiffen auszulaufen. In Kiel meutern die Matrosen am 3. November 1918.

Wegen des drohenden Zusammenbruchs Österreich-Ungarns verlassen 16 einsatzklare Boote (zehn Einheiten müssen gesprengt werden) ihre Stützpunkte in Pola und Cattaro zum Rückmarsch nach Deutschland, das 13 Boote auch erreichen.

Am 11. November 1918 treten die Waffenstillstandsvereinbarungen zwischen den Alliierten und Deutschland in Kraft – der Krieg ist beendet.

Die Bilanz

Von 1914 bis 1918 versenken 344 eingesetzte deutsche U-Boote 6.394 (eine andere Quelle nennt die Zahl 5.282) Handelsschiffe mit 11.948.500 BRT (12.284.700) und 100 Kriegsschiffe mit 366.490 tons. Insgesamt gehen 229 deutsche U-Boote verloren, davon 178 im Kampfeinsatz.

5.132 U-Bootfahrer (über die Hälfte aller Besatzungen) und 25.000 alliierte Seeleute und Marineangehörige verlieren ihr Leben. 176 Boote werden bis zum 24. April 1919 an die Alliierten ausgeliefert.

Indienststellungen:

1914 – 11 Boote
1915 – 52 Boote
1916 – 108 Boote
1917 – 87 Boote
1918 – 88 Boote

Matrosenaufstand in Kiel: Im November 1918 verweigern Soldaten der Marine den Dienst – der Anfang vom Ende des Deutschen Kaiserreichs.

Verluste:
1914 – 5 Boote
1915 – 23 Boote
1916 – 23 Boote
1917 – 75 Boote
1918 – 103 Boote

Gegnerische U-Boote – von deutschen U-Booten versenkt

U 27 am 18. Oktober 1914 das britische Boot E 3 (Torpedo),
U 52 am 21. Juli 1917 das britische Boot C 34 (Torpedo),
UB 14 am 4. September die britischen Boote E 7 (Sprengung) und am 5. November 1915 E 20 (Torpedo),
UB 15 am 10. Juni 1915 das italienische Boot MEDUSA (Torpedo),
UB 18 am 25. April 1916 das britische Boot E 22 (Torpedo),
UB 73 am 28. Juni 1918 das britische Boot D 6 (Torpedo),
UC 5 am 26. Dezember das britische Boot E 6 (Mine),
UC 22 am 19. Juni 1917 das französische Boot ARIANE (Torpedo),
UC 76 am 12. März 1917 E 49 (Mine).

Deutsche U-Boote – von britischen U-Booten versenkt

U 6 (15. September 1915) von E 16
U 23 (20. Juli 1915) von C 27 und
Q-Ship PRINCESS MARIE-JOSE
U 40 (23. Juni 1916) von C 24 und Q-Ship TARANAKI
U 45 (12. September 1917) von D 7
U 51 (14. Juli 1916) von H 5
U 78 (28. Oktober 1918) von G 2
U 81 (1. Mai 1917) von E 54
U 99 (7. Juli 1917) von J 2
U 154 (11. Mai 1918) von E 35
UB 16 (10. Mai 1918) von E 34
UB 52 (23. Mai 1918) von H 4
UB 72 (12. Mai 1918) von D 4
UB 90 (16. Oktober 1918) von L 12
UC 10 (21. August 1916) von E 54
UC 24 (24. Mai 1917) von CIRCE
UC 43 (10. März 1917) von G 13
UC 62 (19. Oktober 1917) von E 45
UC 63 (1. November 1917) von E 52
UC 65 (3. November 1917) von C 15

Durch Kollisionen sinken:
U 7 kollidiert mit U 22 (21. Januar 1915)
UC 69 wird von U 96 gerammt (6. Dezember 1917)

1920

Vom U-Boot zum Tankschiff

Aus je zwei unfertigen U-Boot-Druckkörpern baut die Kieler Krupp-Germaniawerft nach dem Krieg auf eigene Rechnung zwei Tankschiffe (jeweils 3.000 Tonnen Tragfähigkeit), die später die Reederei Hugo Stinnes kauft.
Aus den Rümpfen der geplanten Boote U 183 und U 184 entsteht die OBERSCHLESIEN, die am 30. Juli 1921 vom Stapel läuft. Das Schiff fährt später als NAUTILUS unter italienischer Flagge, bis es 1941 von der italienischen Marine übernommen wird. 1943 kauft es die deutsche Kriegsmarine an und setzt es unter dem Namen LANGUSTE als Stützpunkt-Tanker ein. Am 13. Oktober

1943 wird der »U-Boot-Tanker« vor Sardinien vom britischen U-Boot HMS UTMOST versenkt.
Das Schwesterschiff OSTPREUSSEN entsteht aus den Rümpfen von U 187 und U 188. Auch dieses Schiff wird nach Italien verkauft und später von der italienischen Marine übernommen. Es übersteht den Zweiten Weltkrieg und wird 1951 verschrottet.

1993

UB 46 wird in einer türkischen Kohlengrube entdeckt

UB 46 wird im Mai 1916 zerlegt, mit der Eisenbahn zum Seearsenal Pola überführt und nach dem Zusammenbau am 12. Juni 1916 in Dienst gestellt.
Das Boot sinkt am 7. Dezember 1916 bei der Einfahrt in den Bosporus/Schwarzes Meer mit 20 Mann Besatzung durch Minentreffer, keine 300 Meter vom Land entfernt. Das Wrack von UB 46 wird nach 77 Jahren, Anfang September 1993, von türkischen Bergleuten in einem verlassenen Stollen eines Kohlebergwerkes im verlandeten Uferbereich entdeckt und ausgegraben. Teile des Rumpfes werden heute im Türkischen Marinemuseum in Istanbul ausgestellt.

Aus den Rümpfen der vier Boote U 183, U 184, U 187 und U 188 werden in Kiel die Tankschiffe OBERSCHLESIEN und OSTPREUSSEN gebaut.

Der Versailler Vertrag und der Neuanfang

Abdankung, Waffenstillstand und der Versailler Vertrag

Nach dem Thronverzicht des Kaisers am 9. November 1918 und der Ausrufung der Republik wird am 11. November 1918 ein Waffenstillstandsabkommen im Wald von Compiègne (bei Paris) vom Zentrumspolitiker Matthias Erzberger mit Vertretern der alliierten Siegermächte in einem Eisenbahnwagen unterschrieben.

Darin legt Artikel XXII fest:

»Den Alliierten und den Vereinigten Staaten sind alle zurzeit vorhandenen Unterseeboote (alle Unterwasserkreuzer und Minenleger einbegriffen) mit ihrer vollständigen Bewaffnung und Ausrüstung in den von den Alliierten und den Vereinigten Staaten bezeichneten Häfen auszuliefern. Diejenigen, welche nicht auslaufen können, werden, was Personal und Material betrifft, abgerüstet und bleiben unter der Bewachung der Alliierten und der Vereinigten Staaten. Die fahrbereiten Unterseeboote sollen seeklar gemacht werden, um die deutschen Häfen zu verlassen, sobald Befehl für ihre Reise nach den für ihre Auslieferung bestimmten Häfen durch Funkspruch eingegangen ist. Die übrigen folgen sobald als möglich …«

Die Übergabe beginnt am 20. November, bis zum 1. Dezember sind bereits 114 Boote nach Harwich ausgeliefert. Bis zum 24. April 1919 werden 176 teils unfertige U-Boote ausgeliefert – 105 an Großbritannien, 46 an Frankreich, zehn an Italien, sieben an Japan, sechs an die USA und zwei an Belgien. Frankreich übernimmt von diesen Booten zehn in die eigene Marine, alle anderen werden verschrottet.

Mit U 16, U 21, U 97, UB 89, UC 40, UC 71, UC 91 gehen sieben Einheiten auf der Übergabefahrt verloren.

149 in Bau befindliche Boote sowie zehn nicht mehr seetüchtige Einheiten müssen in Deutschland verschrottet werden.

Der am 28. Juni 1919 geschlossene Friedensvertrag von Versailles sieht ein vollständiges Produktionsverbot für U-Boote vor.

Tarnfirmen zum U-Boot-Bau

Mit Billigung der Marineleitung gründen deutsche Werften bereits 1922 eine Tarnfirma zur Umgehung der Restriktionen des Versailler Vertrages in den neutralen Niederlanden. Unter dem Namen »N.V. Ingenieurskantoor voor Scheepsbouw« (I.v.S.) entsteht unter der Leitung des ehemaligen Chefkonstrukteurs der Kieler Germaniawerft, Hans Techel, und eines Marineangehörigen ein geheimes U-Boot-Konstruktionsbüro. Dieses Unternehmen hat vor allem die Aufgabe, Deutschland die Kenntnisse des modernen U-Boot-Baus zu erhalten. Verbindungsglied zur Marineleitung ist eine weitere Scheinfirma in Berlin, die »Mentor Bilanz«. Dieses Unternehmen sowie ein Nachfolgeunternehmen planen die deutsche Wiederaufrüstung mit Unterseebooten.

Bereits im Jahr 1927 wird auf spanische Rechnung von der I.v.S. in Cadiz das 750-Tonnen-Boot E1 gebaut und von deutschen Marineoffizieren erprobt. Das Boot wird 1931 an die Türkei verkauft und unter dem Namen GÜR in Dienst gestellt. Für die Türkei werden außerdem in Rotterdam die Boote IKINCI INÖNÜ und BIRINCI INÖNÜ gebaut.

Das finnische U-Boot VESIKKO ist einer der Prototypen für die deutsche U-Boot-Entwicklung vor dem Zweiten Weltkrieg. Das Boot wird heute in Helsinki ausgestellt.

Im Jahr 1930 wird in Finnland ein Boot gebaut, das der Prototyp für die neuen deutschen U-Boote der Klassen II A und II B werden wird. Am 9. Oktober 1930 wird CV 707 (später VESIKKO) auf finnische Rechnung bestellt und läuft am 10. Mai 1933 auf der Werft Crichton-Vulkan in Abo (heute Turku) vom Stapel. Nach Erprobungen durch deutsche Mannschaften übernimmt die finnische Marine 1936 das Boot, das bis heute in Helsinki als Museumsboot erhalten wird.

Außerdem entstehen für finnische Rechnung die Unterseeboote VETEHINEN, VESEHISII, IKU TURSO und SAUKKO. Bereits 1933 werden in der Marineleitung konkrete Planungen zum Neuaufbau einer deutschen Unterseebootflotte angestellt, allerdings wegen der Bestimmungen des Versailler Vertrages noch nicht umgesetzt.

Das Deutsch-Britische Flottenabkommen

Am 16. März 1935 verkündet Adolf Hitler die Loslösung vom Versailler Vertrag und seinen Auflagen. Drei Monate später, am 18. Juni, wird das Deutsch-Britische Flottenabkommen geschlossen, in dem sich Deutschland verpflichtet, seine U-Boot-Waffe grundsätzlich nicht über 45% der britischen U-Boottonnage wachsen zu lassen. Es sei denn, Deutschland reduziert die bei den U-Booten mehr produzierte Tonnage in gleichem Umfang in anderen Schiffsklassen.

Schon drei Tage vor Vertragsschluss läuft mit U 1 das erste neue Boot vom Stapel. Und nur elf Tage nach Unterschrift dieses Abkommens wird dieses Boot am 29. Juni 1935 in Dienst gestellt. Der Deutsch-Britische Flottenvertrag wird von Hitler am 28. April 1939 in einer Reichstagsrede einseitig aufgekündigt und ein entsprechendes Dokument am selben Tag in London übergeben.

Deutsche Unterseeboote im Zweiten Weltkrieg

Erster Kampfeinsatz für die U-Boote

Mit dem Einmarsch deutscher Truppen nach Polen am 1. September 1939 um 4.45 Uhr und der gleichzeitigen Beschießung der Westerplatte bei Danzig durch das Linienschiff SCHLESWIG-HOLSTEIN beginnt der Zweite Weltkrieg.

Am 3. September 1939 erklären Großbritannien und Frankreich Deutschland den Krieg. Die britische Regierung verhängt – wie schon im Ersten Weltkrieg – eine Seeblockade über Deutschland. Deutsche U-Boote erhalten den Befehl zu Kampfeinsätzen gegen Handelsschiffe nach Prisenordnung – ebenfalls wie im Ersten Weltkrieg. Am 17. Oktober wird der Einsatz gegen alle feindlichen Handelsschiffe, am 29. Oktober auch der gegen Passagierschiffe freigegeben.

Deutschland verfügt über 57 U-Boote, von denen nur 32 hochseetauglich sind, der Rest sind Küsten-U-Boote (»Einbäume«, 250-Tonnen-Boote). Sechs Boote befinden sich im Bau und werden bis Dezember 1939 in Dienst gestellt. Der Führer der U-Boote, Karl Dönitz, fordert ein Bauprogramm von 300 Hochseebooten, das Hitler – allerdings ohne Priorität – genehmigt. So werden bis April 1940 nur 13 Boote fertiggestellt. Erst im Juli 1940 erhält das Programm den notwendigen Vorrang vor anderen Rüstungsprojekten.

Bereits am 3. September versenkt U 30 mit dem britischen Passagierschiff ATHENIA (13.581 BRT, Donaldson-Line) 250 Seemeilen westlich von Irland das erste Schiff im Zweiten Weltkrieg. Durch die britischen Zerstörer HMS ELECTRA und HMS ESCORT, das norwegische Motorschiff KNUTE NELSON, den US-Dampfer CITY OF FLINT und die schwedische Jacht SOUTHERN CROSS werden 1.300 Menschen gerettet, 112 Zivilisten kommen ums Leben. Der warnungslose Angriff erfolgt irrtümlich, da U 30 das Schiff für einen bewaffneten Hilfskreuzer hält, der abgeblendet mit Zickzackkursen zu entkommen versucht. Der Vorfall selbst wird streng geheim gehalten, die entsprechende Seite aus dem Kriegstagebuch entfernt und der Angriff in der Öffentlichkeit geleugnet.

Die britische Admiralität beschuldigt Deutschland, den uneingeschränkten U-Boot-Krieg begonnen zu haben. Tatsächlich werden auf deutscher Seite zunächst einschränkende Weisungen für die Handelskriegführung erlassen. Hitler verbietet alle Angriffe auf Passagierschiffe.

In Folge des ATHENIA-Zwischenfalls werden von den Briten Geleitzüge gebildet. In den ersten drei Kriegsmonaten werden aus 197 Konvois mit 3.722 Schiffen von und nach Großbritannien nur 18 Frachter versenkt.

Eine totale Blockade der Britischen Inseln wird am 17. August 1940 durch das Deutsche Reich verkündet. Die Versenkung aller Schiffe ohne Vorwarnung wird angeordnet, das Ende des Handelskriegs nach Prisenordnung.

Am 14. September wird U 39 der erste deutsche U-Boot-Verlust im Zweiten Weltkrieg: Das Boot greift den Flugzeugträger HMS ARK ROYAL nordwestlich von Irland an, drei Torpedos detonieren vorzeitig. Der Flugzeugträger bleibt unbeschädigt. U 39 wird anschließend von den britischen Zerstörern HMS FAULKNOR, HMS FIREDRAKE und HMS FOXHOUND zum Auftauchen gezwungen und versenkt – 44 Mann überleben.

Am 15. September greift mit U 31 das erste deutsche U-Boot im Zweiten Weltkrieg einen alliierten Konvoi an. Das Boot versenkt am Geleitzug OB.4 den britischen Dampfer AVIEMORE (4.060 BRT).

Am 17. September 1939 versenkt U 29 den britischen Flugzeugträger COURAGEOUS (22.500 tons) westlich von Irland (514 Tote)

Die U-Flottille »Weddigen« mit dem U-Boot-Mutterschiff SAAR in Kiel.

mit einem Dreierfächer in die Breitseite des Schiffes. Das Boot kann vor den folgenden Wasserbombenangriffen britischer Zerstörer fliehen. Um weitere Verluste zu vermeiden, zieht Großbritannien seine Flugzeugträger von der U-Boot-Jagd ab.

Der legendäre Angriff auf Scapa Flow

Zwei Mal enden deutsche U-Boot-Unternehmen gegen die britische Flottenbasis Scapa Flow im Ersten Weltkrieg mit dem Verlust der Boote. Zum Beginn des Zweiten Weltkrieges riskiert U-Boot-Führer Dönitz es zum dritten Mal.

Die Bucht von Scapa Flow auf den Orkney-Inseln ist einer der Hauptstützpunkte der britischen Flotte. Von dort kann sie jederzeit die Seegebiete vor Norwegen, die Nordsee und den östlichen Atlantik kontrollieren. Scapa Flow ist abgesehen von seinen extremen Strömungsverhältnissen durch Minen, U-Boot-Netze und Blockadeschiffe außerordentlich gut geschützt.

Aufklärungsergebnisse zeigen der deutschen U-Boot-Führung, dass der einzige Zugang zu den Liegeplätzen der Schlachtschiffe durch den Holmsund bei Nacht und Stillwasser gegeben ist. Der Holmsund ist ausschließlich durch zwei in der Fahrrinne versenkte Schiffe geschützt sowie durch ein weiteres Schiff am Nordufer. Südlich dieser Hindernisse gibt es eine 170 Meter breite Lücke von sieben Metern Tiefe.

Zur Beobachtung der Wetter- und Gezeitenverhältnisse wird U 14 in die Gewässer der Orkney-Inseln beordert. Das Boot kehrt mit wichtigen Informationen zurück.

Karl Dönitz darüber in seinen Erinnerungen:

»Aufgrund dieser Aufklärungsergebnisse entschied ich, dass ein Versuch gemacht werden müsste. Meine Wahl fiel auf Kapitänleutnant Günther Prien, den Kommandanten von U 47.«

Bis zum 4. Oktober werden alle anderen U-Boote aus dem Operationsgebiet rund um die Orkney-Inseln abgezogen.

Am 8. Oktober 1939 verlässt U 47 den Kieler Hafen, läuft durch den Nord-Ostsee-Kanal in die Nordsee. Ziel ist das 600 Seemeilen entfernte Scapa Flow. Der Auftrag findet unter höchster Geheimhaltung statt.

Am Abend des 13. Oktober erreicht U 47 seinen Zielort. Das Boot taucht um 19.30 Uhr auf. Es läuft langsam den Holmsund hinauf. Um 23.31 Uhr beginnt U 47 den Angriff auf die britische Flotte.

Kurz nach Mitternacht schreibt Günther Prien ins Logbuch: »Wir sind in Scapa Flow!«

Nach einer halben Stunde Suche sind zwei Schiffe zu erkennen, von denen das eine HMS ROYAL OAK und das andere von Prien als das Schlachtschiff HMS RENOWN erkannt wird. Es handelt sich allerdings tatsächlich um das ausgediente Mutterschiff für Wasserflugzeuge, HMS PEGASUS.

Prien gibt um 00.58 Uhr den ersten Feuerbefehl zu einem Torpedofächer aus den Bugrohren Eins und Zwei auf HMS ROYAL OAK. Aus den Rohren Drei und Vier wird auf das zweite Schiff gefeuert, wobei der vierte Torpedo im Rohr stecken bleibt. Nur eine Detonation wird »gehorcht« und Prien läßt U 47 wenden, um den Hecktorpedo klarzumachen, aber auch dieser Schuss bringt nicht den gewünschten Erfolg.

Nach kurzem Abwarten auf die – fehlende – Wirkung der Torpedos werden Bug- und Heckrohre nachgeladen. Prien feuert einen weiteren Dreierfächer aus den Rohren Eins, Zwei und Vier auf HMS ROYAL OAK, dieses Mal jedoch mit Erfolg.

Nach etwa drei Minuten, um 0.16 Uhr, werden schwere Explosionen beobachtet – Treffer am Bug, mittschiffs und auf der Höhe des achterlichen Geschützturmes. Der Rumpf des Schlachtschiffes wird aufgerissen. Nach weiteren fünf Minuten, um 01.21 Uhr, gibt es einen Blitz bis in Mastspitzenhöhe. Danach krängt das Schlachtschiff schnell. Nur dreizehn Minuten später ist es gesunken, wobei es 833 Seeleute mit in die Tiefe nimmt.

U 47 verlässt Scapa Flow auf gleichem Weg, wie es gekommen ist, das Chaos auf britischer Seite nutzend und mit großen Schwierigkeiten den Gegenstrom überwindend. Das Boot nimmt gegen 02.15 Uhr im Tiefwasser Kurs auf Wilhelmshaven. Bei der Ankunft am 17. Oktober wird Prien (»Stier von Scapa Flow«) und seiner Besatzung ein »Heldenwillkommen« zuteil, an dem nicht nur Großadmiral Erich Raeder und Kapitän Karl Dönitz, der bei dieser Gelegenheit zum Konteradmiral befördert wird, sondern auch eine Ehrenabteilung sowie eine große Volksmenge teilnehmen. Darauf folgt eine Einladung für Prien und die gesamte Besatzung per Sonderflugzeug nach Berlin zu einem gemeinsamen Abendessen mit Adolf Hitler, bei dem Prien als

Mit gewaltigen Bunkerbauten, wie hier in Bordeaux, werden die deutschen U-Boot-Stützpunkte an der französischen Atlantikküste gesichert.

erstem U-Boot-Kommandanten des Krieges das Ritterkreuz verliehen wird.

U 47 wird nach Angriffen auf den Konvoi OB 293 seit dem 7. März 1941 im Nordatlantik mit 45 Mann Besatzung vermisst.

Meldung im »Flensburger Nachrichten-Blatt« vom 2. Juli 1945: »Ein riesiger, fünf Meter breiter Fahrdamm wurde zwischen den Orkney-Inseln errichtet. Durch diesen Fahrdamm werden die östlichen Eingänge zur Bucht von Scapa Flow abgeriegelt ... und der Zugang für U-Boote unmöglich gemacht.«

1940

Die Torpedokrise

Bereits am 14. September 1939 hat U 39 den britischen Flugzeugträger HMS ARK ROYAL angegriffen – drei Fehlschüsse. Die Begleitzerstörer versenken das Boot im Gegenzug.

Während der Besetzung Dänemarks und Norwegens im März 1940 (Unternehmen »Weserübung«) werden 31 deutsche U-Boote eingesetzt. Sie kommen häufig in gute Schusspositionen, versenken kaum ein Schiff, da ihre Torpedos zu früh detonieren, die

Tiefensteuerung falsch eingestellt ist (bis zu 1,8 Meter zu tief) oder die Magnetzündungen versagen.

Bei 36 Angriffen auf britische Schiffe, darunter die Schlachtschiffe HMS NELSON (U 56), HMS RODNEY (U 56) und HMS WARSPITE (U 47), versagen alle verschossenen Torpedos. Vier U-Boote gehen bei diesen Unternehmungen verloren. Nach dem Abschluss des Norwegen-Feldzuges wird im April 1940 eine intensive Untersuchung dieser Vorfälle durch eine Torpedokommission durchgeführt, um die Ursachen für über 40 Prozent Torpedoversager festzustellen.

Dönitz notiert im Kriegstagebuch: »Ich glaube nicht, dass jemals in der Kriegsgeschichte Soldaten mit so einer unbrauchbaren Waffe gegen den Feind geschickt werden mussten.«

Aus französischen Stützpunkten in den Atlantik

Der Westfeldzug bringt der deutschen U-Boot-Waffe einen bedeutenden strategischen Vorteil – an der französischen Atlantikküste können U-Boot-Stützpunkte eingerichtet und befestigt werden.

Mit dem Überfall auf Belgien, Luxemburg und die Niederlande beginnt die deutsche Westoffensive.

Die Briten evakuieren ihre Expeditionsarmee aus Dünkirchen.

Aus Cherbourg, von der französischen Nordküste und der Biskaya werden im Juni weitere 145.000 Briten, 18.200 Franzosen, 24.350 Polen und 4.900 Tschechen nach Großbritannien zurückgeholt.

Im Wald von Compiègne bei Paris, in dem gleichen Salonwagen, in dem Deutschland 1918 am Ende des Ersten Weltkrieges das Waffenstillstandsabkommen akzeptieren musste, wird die deutsch-französische Waffenruhe am 22. Juni 1940 unterzeichnet. Frankreich wird zu zwei Dritteln besetzt, behält aber eine eigene Regierung im unbesetzten Landesteil (»Vichy-Regierung«).

Mit den französischen Atlantikhäfen Brest, Lorient, Saint-Nazaire, La Pallice und Bordeaux als U-Boot-Basen können treibstoffintensive Anmarschwege in den Atlantik erspart werden; dies bedeutet eine Erhöhung der Anzahl von Booten im Operationsgebiet um 25 Prozent. Am 7. Juli 1940 läuft U 30 als erstes Boot Lorient zur Torpedoausrüstung an. Zum Schutz gegen alliierte Luftangriffe werden in wenigen Monaten in den neuen Stützpunkten U-Boot-Bunker errichtet, die bis Kriegsende auch durch schwerste Luftangriffe mit Spezialbomben nicht zerstört werden.

Aufgrund des Drängens der U-Boot-Führung unterstellt Hitler im Januar 1941 der Marine zwölf viermotorige Langstreckenflugzeuge FW 200 »Condor« (I./K.G. 40), die in Bordeaux stationiert werden. Der Einsatz dieser Maschinen, die eine Reichweite von 1.700 Kilometern haben, gestaltet sich schwierig: Die

kuierungsflotte der Briten aus der eingeschlossenen nordfranzösischen Stadt Dünkirchen kaum U-Boote zum Einsatz kommen.

Bis zum 27. Mai rücken deutsche Panzereinheiten an den Stadtrand von Dünkirchen vor, erobern die Stadt aber nicht sofort. Die britische Armee, die bereits im Oktober 1939 nach Frankreich übergesetzt worden ist, wird aus der eingeschlossenen Hafenstadt über See evakuiert (Operation Dynamo vom 27. Mai bis 4. Juni 1940) – auf 848 Schiffen gelingt es, 338.000 Mann alliierter Truppen abzutransportieren. Während die hochseetüchtigen U-Boote in deutschen Werften überholt werden, kommen acht kleinere Küstenboote (Einbäume) in der Nordsee zum Einsatz. Von denen versenkt allein U 62 am 29. Mai 1940 den britischen Zerstörer HMS GRAFTON (1.350 tons) vor Dünkirchen.

Erfolgreiche Taktik

Der erste gelungene Angriff mit der von Dönitz entwickelten Rudeltaktik findet auf den Konvoi HX.72, 350 Seemeilen südlich von Irland, mit vier Booten statt. Sie versenken elf Schiffe mit 72.720 BRT und beschädigen zwei Einheiten mit 13.020 BRT. Mitte Oktober werden auf diese Weise sieben Boote gegen den Konvoi SC.7 (34 Schiffe, fünf Sicherungseinheiten) eingesetzt: Zwanzig Schiffe mit 79.640 BRT sinken.

Karl Dönitz vermerkt im Kriegstagebuch: »Die Operationen beweisen, daß das seit 1935 der Entwicklung der U-Boot-Taktik und der Ausbildung zugrunde gelegte Prinzip richtig ist, der Konzentration in Geleitzügen eine Konzentration der U-Bootangriffe entgegenzusetzen.«

Britische Gegenwehr

Großbritannien verlegt – wie im Ersten Weltkrieg – vom Oktober 1939 an im Ärmelkanal und in der Nordsee tiefreichende Minensperren (Dover-Sperre rund 10.000 Minen, Ostküsten-Sperre rund 35.000 Minen, Orkney-Färöer-Island-Sperre rund 81.000

Milchkühe

Die Reichweite der deutschen U-Boote wird durch den Einsatz spezieller U-Boot-Tanker (»Milchkühe«) erweitert. In den Jahren 1940 bis 1942 werden zehn solcher Boote (Bootsklasse XIV) mit einer Größe von 1.688 bis 1.932 Tonnen in Kiel gebaut. Diese Versorger mit einer Reichweite von maximal 12.350 Seemeilen sind selbst nur mit leichten Luftabwehrgeschützen bewaffnet (ohne Torpedorohre). Sie können bis zu 432 Tonnen Dieselöl transportieren.

Standortbestimmungen, die die Maschinen bei Sichtung feindlicher Schiffe abgeben, weichen oft erheblich vom tatsächlichen Ort ab und nützen den U-Booten zunächst wenig. Das Problem, alliierte Geleitzüge frühzeitig aufzuspüren, wird durch den Flugzeugeinsatz vorerst nicht gelöst.

Auch nach der Eroberung Frankreichs durch alliierte Truppen im August/September 1944 können die zu Festungen erklärten Stütz-

punkte zum Teil nicht eingenommen werden. Lorient, La Rochelle und Saint-Nazaire kapitulieren erst am 9. Mai 1945.

Dünkirchen und keine deutschen U-Boote in Sicht

Die gravierenden Torpedoausfälle, die demoralisierende Wirkung der Fehlschüsse und der technische Verschleiß der Boote im Norwegen-Einsatz haben zur Folge, dass gegen die Eva-

Minen). Im Ärmelkanal gehen im selben Monat drei deutsche U-Boote (U 12, U 16, U 40) verloren. Daraufhin untersagt die U-Boot-Führung das Durchfahren des Kanals. Im Winter 1939 führen deutsche U-Boote 33 Minenoperationen (330 Magnetminen) aus, auf denen 37 Frachtschiffe mit 129.400 BRT sinken.

Verbesserte U-Boot-Abwehr

In mehreren Schritten erreicht Großbritannien eine deutliche Verstärkung seiner U-Boot-Abwehrkräfte:
Zahlreiche zusätzliche Geleitfahrzeuge werden den Handelsschiffskonvois zur Seite gestellt, die bisher zur Abwehr einer erwarteten deutschen Invasion in den britischen Häfen zusammengezogen waren. Diese Schiffe erhalten neue, leistungsfähigere Peilanlagen, mit denen die Funksignale von U-Booten geortet werden können. Fünfzig ältere Zerstörer werden in einem Leihvertrag von den USA übernommen.
Im Gegensatz zur deutschen Seite beginnen die britische Marine und Luftwaffe im »Coastal Command« eine enge Zusammenarbeit, vor allem zur Abwehr deutscher U-Boote.
Ein Korvetten-Neubauprogramm zum Schutz der Konvois läuft an. Die Koordination innerhalb der Konvois und mit den Begleitfahrzeugen wird durch ein neues Bord-zu-Bord-Sprechfunk-System (TBS Radio Telephone) verbessert. Ein leistungsfähiges Radargerät wird eingeführt.

U-Boote beim Untergang des Schlachtschiffs BISMARCK

Für den ersten Atlantikeinsatz (Unternehmen »Rheinübung«) des größten deutschen Schlachtschiffs, der 1940 in Dienst gestellten BISMARCK (41.700 tons, 30 kn schnell), vereinbaren Flottenchef Günter Lütjens und der Chef der U-Boot-Flotte Karl Dönitz, dass Unterseeboote für gemeinsame Operationen im Atlantik zur Verfügung stehen sollen. Zur Koordination dieser Operationen soll ein erfahrener U-Boot-Offizier auf der BISMARCK eingeschifft und der gesamte Funkverkehr der U-Boote verfolgt werden.
Das 251 Meter lange Schiff läuft am 18. Mai 1941 in Begleitung des Schweren Kreuzers PRINZ EUGEN (18.400 tons) sowie drei Zerstörern aus Gotenhafen aus. Ein britischer Agent sichtet den Verband am 20. Mai im Kattegatt und meldet ihn an den britischen Geheimdienst. Am 23. Mai 1941 bricht der Kampfverband durch die Dänemarkstraße und versenkt dort das britische Schlachtschiff HMS HOOD (Baujahr: 1918, 46.200 tons, 1.490 Tote) und beschädigt HMS PRINCE OF WALES (Baujahr: 1939, 45.000 tons), die entkommen kann.

Zwei U-Boot-Streifen (U 43, U 46, U 66, U 93, U 94, U 557 sowie U 48, U 73, U 74, U 97, U 98, U 556) werden aufgestellt.
Am 24. Mai trennt sich die ebenfalls beschädigte BISMARCK von der PRINZ EUGEN und versucht sich von der britischen Flotte in den Atlantik abzusetzen.
Der britischen Zentrale für Funkentschlüsselung in Bletchley Park gelingt es, einen Funkspruch aufzufangen, in dem sich der Absender nach dem Schicksal eines Verwandten an Bord der BISMARCK erkundigt. Die Antwort, dass das Schiff auf dem Weg in den Hafen von Brest sei, wird aufgenommen und entschlüsselt.
Dönitz wartet auf die Entscheidung des an Bord der BISMARCK fahrenden Flottenchefs Lütjens, in welchem Gebiet die U-Boote nach der Kursänderung eingesetzt werden sollen. Lütjens bittet um 14.42 Uhr darum, dass diese südlich von Grönland zusammengezogen werden, um die ihn immer noch verfolgenden britischen Kampfschiffe in diese Richtung zu ziehen. Nur fünf Boote (U 43, U 46, U 57 U 66 und U 94) können kurzfristig bereitgestellt werden. U 73 und U 93 werden nördlicher in Position gebracht.
Dann wechselt die BISMARCK erneut ihren Kurs, vermutlich wegen zunehmenden Ölverlustes, nach Südosten in Richtung Biskaya, wo sechs U-Boote (U 48, U 97, U 98, U 108, U 552 und U 556) zur Unterstützung aufgestellt werden.
U 98 und U 556 haben nach längeren Einsätzen keine Torpedos mehr an Bord. U 74, durch Wasserbombenangriffe kampfunfähig, stellt sich ebenfalls nur als Aufklärer zur Verfügung.
U 556, das am Tag der Indienststellung der BISMARCK auf der Hamburger Bauwerft Blohm & Voss an derselben Pier lag und eine Patenschaft mit dem Schlachtschiff unterhält, soll am 26. Mai die Situation rund um die BISMARCK aufklären. Auf dem Weg dorthin laufen dem kampfunfähigen Boot der Flugzeugträger HMS ARK ROYAL und das Schlachtschiff HMS RENOWN direkt vor den Bug.
Am selben Tag, rund 400 Seemeilen westlich von Brest, wird die BISMARCK von vier britischen Schlachtschiffen, zwei Flugzeugträgern, vier Kreuzern und zwei Zerstörern angegriffen. Um 21.30 Uhr wird das Schiff vom Torpedo eines Flugzeugs in die Ruderanlage getroffen und damit steuerunfähig.
Um 21.42 Uhr geht ein Funkspruch an alle U-Boote, die noch Torpedos an Bord haben, sofort zur Position der BISMARCK zu laufen. Schweres Wetter behindert jedoch den Anmarsch der Boote, allein U 556 kann Fühlung an die in schwerem Gefecht liegende BISMARCK halten.
Am 27. Mai, gegen sechs Uhr morgens, übergibt U 556 diese Aufgabe an U 74. Als U 556 um 7.10 Uhr den Befehl erhält, das Kriegs-

tagebuch der BISMARCK zu bergen, muss es wegen Treibstoffmangels auch den Auftrag an U 74 weitergeben. Er kann aber nicht mehr ausgeführt werden.
Um 8.02 Uhr schweigen die Waffen der BISMARCK, um 9.36 Uhr sinkt das kampfunfähig geschossene Schlachtschiff.
Die britischen Kampfschiffe haben rund 2.900 Granaten und über 70 Torpedos auf das Schiff verschossen. Von den 2.029 Mann der Besatzung werden nur 116 gerettet – 86 Mann vom britischen Kreuzer HMS DORSETSHIRE, 25 Mann vom britischen Zerstörer HMS MAORI, drei Mann von U 74 und am Tag darauf zwei Mann vom deutschen Wetterbeobachtungsschiff SACHSENWALD.
U 74 sichtet um 19.30 Uhr am 27. Mai die Matrosen Manthey, Höntzsch und Herzog in einem Schlauchboot treibend. Das Boot sucht noch zwei weitere Tage erfolglos nach Überlebenden. Auf dem Rückmarsch nach Lorient wird U 74 von einem britischen U-Boot angegriffen, kann dessen Torpedos aber ausweichen.

1941

Einsatzgebiet Eismeer

Nach Beginn des Russland-Feldzuges am 22. Juni 1941 werden sechs Atlantikboote nach Norwegen für Operationen im Eismeer verlegt. Sie sollen die britischen Konvois in Richtung Sowjetunion bekämpfen. Die Boote operieren dort allerdings wenig erfolgreich: Zwischen August und Dezember wird bei Angriffen auf dreizehn Geleitzüge nur ein sowjetischer Frachter versenkt.

Aus U 570 wird HMS GRAPH

Nach schweren Angriffen eines britischen Bombers ergibt sich U 570 am 27. August 1941. Es treibt mehrere Stunden vom Flugzeug umkreist in der See. Nach Übernahme der Besatzung schleppen zwei Trawler U 570 nach Thorlakshafn auf Island – 43 Besatzungsmitglieder überleben. Am 19. September 1941 wird das Boot von den Briten als HMS GRAPH (P 715) in Dienst gestellt. Später wird es in N46 umbenannt. Am 20. März 1944 strandet es auf der schottischen Insel Islay, 1961 wird es verschrottet.

Sechs U-Boote im Schwarzen Meer

Im August 1941 erreicht die deutsche Ostfront das Schwarze Meer und nimmt in den folgenden zwölf Monaten die gesamte sowjetische Küste ein. Nach Verlusten im Winter 1941 wird eine Versorgung über See notwendig. Da die neutrale Türkei Deutschland die Durchfahrt von Seestreitkräften durch die Dardanellen und den Bosporus verweigert, beginnt die Kriegsmarine im Frühjahr 1942 mit dem Transport von über 300 Schiffen aus der Nord- und Ostsee über die Elbe bis nach Dresden, von dort per Tieflader über die Autobahn nach Regensburg und dann über die Donau ins Schwarze Meer.

Darunter befinden sich die sechs Küsten-U-Boote (Typ II B) U 9, U 18, U 19, U 20, U 23, U 24. Diese Zahl entspricht zehn Prozent der zu dieser Zeit überhaupt einsatzfähigen deutschen U-Boote! In 56 Einsätzen versenken die Boote zwischen Oktober 1942 und September 1944 26 Schiffe mit 45.426 BRT.

Neben ihren Versorgungsaufgaben müssen die Marine-Einheiten nach dem Fall von Stalingrad auch Heerestruppen über See evakuieren – über 100.000 Menschen, 45.000 Pferde und 7.000 Fahrzeuge werden im Frühjahr 1943 auf diese Weise gerettet. Als im Jahr 1944 die Krim von sowjetischen Truppen erobert wird, müssen noch einmal 116.000 Soldaten abtransportiert werden. Nachdem auch die rumänische Grenze von den Sowjets überrollt ist, treten Rumänien und Bulgarien auf die Seite der Sowjets über. Damit ist der Seekrieg im Schwarzen Meer beendet.

Bei einem Luftangriff am 20. August 1944 auf Constanza wird U 9 vernichtet, U 18, U 19 und U 24 werden beschädigt. U 18 und U 24 versenken sich darauf vor der Hafenstadt selbst – die Besatzungen werden gerettet und können sich nach Deutschland durchschlagen. U 18 wird am 25. August 1944 nach Bombenbeschädigungen vor Constanza/Schwarzes Meer versenkt und von den Sowjets wieder gehoben. Zusammen mit U 24 wird U 18 1947 bei einem Übungsschießen vom sowjetischen U-Boot M-120 vor Sewastopol wieder versenkt.

Nach dem Verbrauch ihres Treibstoffes versenken sich die drei noch einsatzklaren Boote U 19, U 20 und U 23 am 10. September 1944 vor der türkischen Küste selbst.

Erstes US-Kriegsschiff versenkt

Am Konvoi HX.156 versenkt U 552 mit dem amerikanischen Zerstörer USS REUBEN JAMES (1.190 tons) am 31. Oktober 1941 im Atlantik das erste amerikanische Kriegsschiff im Zweiten Weltkrieg.

»Falle« Mittelmeer

Durch schwere Angriffe britischer Truppen wird das deutsche Afrikakorps zum Rückzug gezwungen. Um die eigenen Truppen zu unterstützen und den britischen Nachschub zu stören, werden elf Boote ins Mittelmeer verlegt. Bis zum 15. Dezember kommen weitere neun Boote zur Verstärkung hinzu. Weitere 15 U-Boote werden im Seegebiet um Gibraltar eingesetzt.

Die Erfolge der U-Boote sind in diesem Seegebiet eher gering: Bis Ende Dezember werden nur zwölf Frachter mit 40.684 BRT versenkt, hinzu kommen die Versenkungen des Flugzeugträgers HMS ARK ROYAL (U 81), des Schlachtschiffs HMS BARHAM (U 331), der Sloop HMS PARRAMATTA (U 559), des Leichten Kreuzers HMS GALATEA (U 557) und der Korvette HMS SALVIA (U 568). Die drei Boote U 95, U 208 und U 451 gehen verloren.

414 Mann von U-Booten gerettet

Der deutsche Hilfskreuzer Schiff 16/ATLANTIS wird nach einer 21-monatigen Kaperfahrt, auf der 22 Schiffe versenkt werden, nördlich von Ascension bei der Versorgung von U 126 vom britischen Schweren Kreuzer HMS DEVONSHIRE überrascht, der deutsche Funksprüche mitgehört und entschlüsselt hat. Der Hilfskreuzer muss sich am 22. November 1941 selbst versenken.

Wachsende Flotte

Vom Mai 1940 bis Mai 1941 steigt der Bestand der deutschen U-Boote von 49 auf 139, bis zum August 1941 auf 184 und bis zum Dezember 1941 auf 250 Einheiten, von denen sich allerdings nur ein Drittel im Einsatz befindet (hier der Stapellauf von U 393 in Kiel). Die übrigen Boote sind in Ausrüstung, See-Erprobung oder Reparatur. Im Mai 1943 stehen 420 deutsche Boote zur Verfügung, von denen sich 53 Prozent im Einsatz befinden. Die Zahl der von den Briten eingesetzten Schiffe zur U-Boot-Abwehr steigt von 180 (1939) auf 695 Einheiten im Juni 1941. Gleichzeitig sinkt ab 1943 – nach dem Verlust von über 160 deutschen Booten – die Ausbildungszeit für die neuen Bootsführer und ihre noch unerfahrenen Besatzungen, weil immer mehr Boote immer schneller an die Front gebracht werden müssen.

U 126 nimmt nach dem Untergang von ATLANTIS die Rettungsboote mit 300 Schiffbrüchigen in Schlepp, die sie zwei Tage später an das U-Boot-Versorgungsschiff PYTHON abgibt. Kreuzer HMS DEVONSHIRE überrascht die PYTHON am 1. Dezember 1941 im Südatlantik bei der Versorgung von U A und U 68. Beide Boote tauchen sofort ab, und U A greift den Kreuzer mit fünf Torpedos an – ohne Erfolg. Die PYTHON wird beschädigt und muss ebenfalls selbst versenkt werden, alle Mann gehen in die Boote. Die Besatzungen von Schiff 16 und PYTHON, insgesamt 414 Mann, werden an den folgenden Tagen zunächst von U 68 und U A in Booten und Flößen geschleppt, zwei Tage später kommt U 129 hinzu und übernimmt die gesamte PYTHON-Besatzung. Am 5. Dezember trifft auch U 124 ein. Die italienischen U-Boote LUIGI TORELLI, ENRICO TAZZOLI, GIUSEPPE FINZI und PIETRO CALVI übernehmen zwischen dem 14. und 18. Dezember einen Teil der Besatzung von Schiff 16 und bringen ihn nach Saint-Nazaire, wo die Seeleute der beiden deutschen Schiffe zwischen dem 23. und 29. Dezember nach einer Odyssee über 5.000 Seemeilen wohlbehalten an Land gehen.

Vom deutschen Frachter HANNOVER zum britischen Flugzeugträger HMS AUDACITY

Der Frachter HANNOVER (5.537 BRT) läuft am 29. März 1939 auf der Werft Bremer Vulcan für den Norddeutschen Lloyd vom Stapel. Das Schiff wird am 8. März 1940 in der Karibik von einem Enterkommando des britischen Kreuzers HMS DUNEDIN aufgebracht und unter dem Namen SINDBAD in die Royal Navy eingegliedert. Anschließend wird das Frachtschiff zum ersten britischen Begleitflugzeugträger umgebaut, in EMPIRE AUDACITY umbenannt und am 30. Juli 1941 nun als HMS AUDACITY (D 10) mit acht Flugzeugen an Bord in Dienst gestellt. Bei der Sicherung des Konvois HG.76, auslaufend Gibraltar, wird das Schiff am 21. Dezember 1941 vor der Küste Portugals von U 751 mit drei Torpedos versenkt.

1942

Operation »Paukenschlag« – deutsche U-Boote vor der US-Ostküste

Nach dem japanischen Angriff auf den US-Flottenstützpunkt Pearl Harbour (Hawaii) am 7. Dezember 1941 und dem darauf folgenden Eintritt der USA in den Zweiten Weltkrieg dehnt die Marineführung die U-Boot-Angriffe Mitte Januar 1942 auf den westlichen Atlantik bis vor die US-Ostküste aus.

Am Anfang werden fünf Boote – vom Typ IX C (U 66, U 125, U 130) und vom Typ IX B (U109, U 123) – zur Operation »Paukenschlag« vor der amerikanischen Ostküste eingesetzt. Der Erfolg ist immens: Bis zum 6. Februar 1942 werden 55 Handelsschiffe mit 288.976 BRT versenkt. Der amerikanische Schiffsverkehr wird völlig unvorbereitet überrascht; eine organisierte See- oder Luftabwehr existiert noch nicht.

Darauf folgt eine zweite Welle von zwölf Booten vom Typ VII B (U 84, U 86, U 87) und VII C (U 135, U 203, U 333, U 552, U 553, U 582, U 654, U 701, U 754). Vor der Neufundland-Bank operieren zusätzlich U 575 und U 96. Die Fahrten dieser VIIer-Boote werden durch den Einsatz von U-Tankern (»Milchkühe«) möglich, die Dieselöl, Torpedos und Lebensmittel zur Versorgung der Boote und ihrer Besatzungen an Bord haben.

Bis Mitte 1942 zeigen sich die Amerikaner hilflos gegen die deutschen Angriffe vor den eigenen Küsten. Deutsche U-Boote können die Autolichter an den Küsten sehen. Es gibt Berichte darüber, dass Amerikaner nachts die Dieselmotoren der U-Boote hören, wenn sie ihre E-Motoren aufladen. Erst am 14. April 1942 wird mit U 85 das erste deutsche U-Boot vor der US-Ostküste vom Zerstörer USS ROPER versenkt.

Während der Operation »Paukenschlag« im Westatlantik und in der Karibik werden in der ersten Hälfte des Jahres 1942 531 Schiffe mit 2.730.229 BRT bei einem Verlust von 21 U-Booten versenkt. Rund 35.000 Männer, Frauen und Kinder fallen diesen Angriffen zum Opfer. Die Angriffe flauen im Mai/Juni 1942 ab, da die Amerikaner nun geschützte Konvois einsetzen.

U-Boot-Krieg in der Karibik

Um die Rohölversorgung aus Südamerika und die Ölverarbeitung auf den karibischen Inseln Curaçao und Aruba zu stören, stoßen deutsche U-Boote 1942 auch in die entfernten Gewässer um die Westindischen Inseln, die Karibik, zum Panamakanal und sogar bis vor die Küsten Brasiliens vor. Die Boote erzielen dort außergewöhnliche Erfolge: Bis April 1942 werden 147 Schiffe mit 722.000 BRT versenkt! Insgesamt verlieren die Alliierten in diesem Zeitraum 129 Tanker, was zu einer politischen Krise zwischen Briten, die um ihre Ölreserven fürchten, und Amerikanern führt.

In einer Denkschrift erklärt US-Generalstabschef George Marshall: »… wenn es so weitergeht, werden unsere Transportmittel so dezimiert sein, dass wir auf den wichtigsten Kriegsschauplätzen nicht mehr genügend Männer und Flugzeuge gegen den Feind führen können, um den Kriegsverlauf entscheidend zu beeinflussen«.

US-Admiral Ernest King verlangt in einer weiteren Analyse u.a., dass die deutschen Werften und Stützpunkte durch schwere Bombenangriffe zu zerstören seien. Eine Maßnahme, zu der er die Briten bisher nur mit bescheidenem Erfolg gedrängt habe.

Die USA stellen Großbritannien in der Folge 124 Tankschiffe mit 1,2 Millionen BRT zur Verfügung. Hilfreich für die Erfolge der deutschen Seite ist allerdings, dass die Alliierten im Frühjahr ein »Blackout« bei der Entschlüsselung der Enigma-Funksprüche (Schlüsselkreis Triton) haben.

Vor den amerikanischen Küsten, in der Karibik und dem Golf von Mexiko vernichten deutsche U-Boote zwischen Dezember 1941 und August 1942 auf 184 Einsatzfahrten 609 Schiffe mit 3,1 Millionen BRT – das ist ein Viertel des insgesamt im Zweiten Weltkrieg von deutschen Unterseebooten versenkten Schiffsraums. Dabei gehen 22 Boote mit 800 Mann Besatzung verloren.

Fünf Fernboote des Typs IX (U 67, U 129, U 161, U 156, U 502, Gruppe Neuland) werden als erste im Januar 1942 in die Karibik entsandt, um die Frachtschifffahrt mit Öl und Bauxit (Grundstoff für die Aluminiumherstellung) zu stören. Sie werden von fünf italienischen Booten östlich der Kleinen Antillen unterstützt, die 15 Schiffe mit 92.000 BRT vernichten. Zwölf Tanker werden bei dieser Unternehmung von der Gruppe Neuland versenkt, fünf weitere schwer beschädigt, und der Schiffsverkehr wird empfindlich behindert. Die 25 deutschen Boote, die Anfang 1942 in amerikanische Gewässer auslaufen, versenken 71 Schiffe mit 402.500 BRT. Mit U 82 geht nur ein Boot verloren.

Im März laufen wieder 26 Boote mit Ziel US-Ostküste aus; drei Fernboote sollen in der Karibik operieren, darunter U 130, das den Auftrag erhält, Raffinerien und Tanklager auf den Inseln zu beschießen, was aber wegen eines konzentrierten Abwehrfeuers zu keinen Ergebnissen führt. Insgesamt werden bei dieser Unternehmung 29 Schiffe mit 164.000 BRT auf den Grund geschickt.

Im April 1942 laufen 29 U-Boote Kurs West. Dreizehn Fernboote gehen in die Karibik und den Golf von Mexiko, wo sie 95 Schiffe mit 483.000 BRT versenken bei einem eigenen Verlust (U 502). Im Mai 1942 vernichten acht Fernboote in der Karibik und im Golf von Mexiko wieder 61 Schiffe mit 304.000 BRT bei nur zwei eigenen Verlusten (U 157, U 158).

Im Juni 1942 laufen zehn Boote des Typs IX Richtung Amerika aus, die »nur« 31 Schiffe mit 135.000 BRT versenken. Drei eigene Boote (U 1153, U 166, U171) gehen verloren. Die Abwehrmaßnahmen der Amerikaner machen die Unternehmungen auch in der Karibik schwieriger und erfolgloser.

Im Juli 1942 fahren zehn Einheiten (23 Schiffe mit 130.000 BRT versenkt, ein Verlust – U 162) in der Karibik Patrouille.

Im August 1942 wird wegen der starken Luft- und Seeüberwachung der amerikanischen Marine kein Boot mehr in dieses Seegebiet entsandt. Dieser Rückzug wird als Anfang vom Ende des U-Boot-Krieges gegen Amerika gewertet.

Trotz dieser Rückschläge will Dönitz die Angriffe in der Karibik nicht ganz aufgeben, schon um alliierte Überwasserkräfte dort weiterhin zu binden. Im November 1942 werden elf Boote eingesetzt, von denen nur sieben die Karibik erreichen. Dort vernichten sie 19 Schiffe mit 92.400 BRT bei drei eigenen Verlusten (U 164, U 507 und U 517). Durch die Ausweitung des amerikanischen Konvoisystems mit Luftsicherung gehen die Erfolge deutscher U-Boote weiter zurück.

In den ersten vier Monaten des Jahres 1943 werden 13 Fernboote in die Karibik geschickt, die dort 22 Schiffe mit 121.200 BRT torpedieren – ein deutlicher Rückgang im Vergleich zum Vorjahr. Vier der acht Boote, die im Mai 1943 in der Karibik eingesetzt werden, gehen verloren – bei nur elf vernichteten Schiffen mit 64.000 BRT.

Im Juni 1943 fällt die Bilanz noch verheerender aus: Von 13 Booten gehen acht verloren. Es werden nur drei Schiffe mit 17.000 BRT versenkt. Im Juli laufen 13 Boote aus, nur drei erreichen das Einsatzgebiet, wo Minen gelegt werden. Diese drei kehren auch zurück. Im ersten Halbjahr 1944 werden hin und wieder Boote in die Karibik geschickt: Fünf Boote versenken dort drei Schiffe mit 15.500 BRT. Dies waren die letzten Einsätze deutscher U-Boote in diesem Seegebiet, da die deutsche Marine über keine Tankschiffe oder Versorgungs-U-Boote auf dem Atlantik mehr verfügt.

Das Gold der EDINBURGH

U 456 beschädigt bei einem Angriff auf den Konvoi QP.11, der von Murmansk kommend durch die Barentssee Richtung Großbritannien läuft, den britischen Leichten Kreuzer HMS EDINBURGH (11.500 tons) am 30. April 1942 mit zwei Torpedotreffern schwer. Anschließend wird das 1939 bei Swan & Hunter gebaute, 187 Meter lange Schiff von drei deutschen Zerstörern beschossen und erhält einen weiteren Torpedotreffer. Der britische Zerstörer HMS FORESIGHT versenkt HMS EDINBURGH am Morgen des 2. Mai 1942, um zu verhindern, dass 5,5 Tonnen Gold (465 Barren, heutiger Wert etwa 90 Millionen Euro) deutschen Einheiten in die Hände fallen. Mit dem Gold wollte die Sowjetunion Kriegsmateriallieferungen der Alliierten bezahlen. Das im Bombenmagazin des Kreuzers gelagerte Edelmetall wird erst 1981 und 1986 bis auf fünf Barren von Tauchern aus dem in 260 Metern Tiefe liegenden Wrack geborgen.

Erste Unterwasser-Raketentests

Das erste U-Boot der Welt, von dem Raketen unter Wasser abgefeuert werden, ist U 511. Als Versuchsschiff für Raketenabschüsse unter Wasser wird das Boot der Versuchsstation Peenemünde zugeteilt. Es gelingen in der Ostsee mit dem »Wurfgerät 41« (6 x 30-cm-Raketen) aus Heeresbeständen Abschüsse aus zwölf Metern Wassertiefe.  Die Geschosse sind jedoch nicht weit genug entwickelt, um gegnerische Schiffe zielgerichtet bekämpfen zu können, und werden bis Kriegsende nicht einsatzfähig.

Im Sommer 1944 werden U 9, U 19 und U 24 der Schwarzmeer-Flottille mit diesen Raketenwerfern ausgerüstet, um Angriffe gegen sowjetische Häfen zu fahren.

Im Jahr 1943 beschäftigt man sich mit dem Projekt »Schwimmweste« – dabei soll eine V2-Rakete aus einem von einem U-Boot geschleppten schwimmfähigen Abschusskasten gestartet werden. Der 37 Meter lange Behälter soll in 30 Tagen vor die US-Ostküste geschleppt, geflutet und aufgerichtet werden, um dann die V2 abzuschießen. Das Ziel sollte die City von New York sein.

Aufgefischt

U 464 wird am 20. August 1942 südöstlich von Island von einem US-Bomber mit vier Wasserbomben schwer beschädigt (zwei Tote). Das Boot kann trotz Tauchunfähigkeit an der Oberfläche noch mit acht Knoten fahren. In Erwartung weiterer Angriffe versenkt die Besatzung U 464 und wird vom isländischen Fischtrawler SKAFTFELLINGUR aufgenommen. Noch am selben Tag werden die 52 Deutschen von zwei britischen Zerstörern übernommen und kommen in Kriegsgefangenschaft. Im Juli 1999 zeichnet die Deutsche Marine den Isländer, der die Deutschen gerettet hat, in Reykjavik aus.

Der LACONIA-Zwischenfall

U 156 versenkt den britischen Truppentransporter und ehemaligen Cunard-Passagierdampfer LACONIA (19.695 BRT) am 12. September 1942 vor der afrikanischen Westküste, 300 Seemeilen südlich von Gran Canaria. An Bord befinden sich 268 britische Urlauber, 436 Mann Besatzung, 160 Mann polnisches Wachpersonal und 1.800 italienische Kriegsgefangene. Das Boot beteiligt sich an der Rettungsaktion und bittet in einem offenen Funkspruch alle in der Nähe stehenden Schiffe um Hilfe.

U 507, U 506 und das italienische U-Boot CAPPELLINI treffen am 15. und 16. September ein.

Aus Freetown werden das britische Handelsschiff EMPIRE HAVEN und aus Takoradi der Hilfskreuzer CORINTHIAN in Marsch gesetzt.

Die U-Boote haben inzwischen eine große Zahl von Schiffbrüchigen an Bord und die Übrigen in Rettungsbooten in Schlepp genommen.

Ein auf einem Überführungsflug nach Afrika befindlicher Liberator-Bomber sichtet die U-Boote, erhält auf Rückfrage einen Angriffsbefehl und überzieht U 156 trotz deutlicher Rotkreuzflaggen mit Bomben. Das Boot muss zur eigenen Sicherheit die Schiffbrüchigen in Rettungsboote abgeben und tauchen. Daraufhin werden am 17. September von Dönitz alle deutschen U-Boote angewiesen, die Rettung Schiffbrüchiger von versenkten Schiffen in Zukunft zu unterlassen (»Laconia-Befehl«).

Am selben Tag treffen die französischen Kreuzer GLOIRE, Aviso DUMONT D'URVILLE und Minensucher ANNAMITE ein und übernehmen 1.041 Überlebende, DUMONT D'URVILLE nimmt am 16. September vom italienischen U-Boot CAPPELLINI weitere 42 Mann an Bord.

U-Boote gegen Landungsoperationen

Nach der überraschenden Nachricht von der alliierten Landung in Nordafrika (der deutsche Geheimdienst hatte keine Kenntnis), beordert Dönitz die in Reichweite stehenden 25 Boote zur marokkanischen Küste. Am 11. November 1942 treffen die ersten Boote ein. Trotz intensiven Schutzes der alliierten Operationen durch Überwassereinheiten, Flugzeuge und Küstenradarstationen greifen die U-Boote an. Allerdings zu spät, um die Landung verhindern zu können. Sie versenken bei zwei eigenen Verlusten acht Schiffe, darunter den britischen Flugzeugträger HMS AVENGER. Angesichts der geringen Erfolgsaussichten zieht Dönitz im Dezember die Boote in den Atlantik zurück.

1943

Kurs Fernost

In der zweiten Hälfte des Weltkrieges vereinbaren Deutschland und Japan den Austausch von kriegswichtigen Rohstoffen, technischem Wissen und Experten. Zu den seemännisch und nautisch größten Leistungen deutscher U-Boote gehören diese Unternehmungen nach Fernost. Die U-Boote müssen auf den Unternehmungen in weit entfernten Gebieten durch Tanker oder Versorgungs-U-Boote (»Milchkühe«) ihre Vorräte an Treibstoff und Lebensmitteln ergänzen.

Nach dem Erfolg des ersten Angriffs deutscher U-Boote Ende 1942/Anfang 1943 im Seegebiet vor Kapstadt mit 62 versenkten Schiffen (379.560 BRT) erfolgt Anfang 1943 ein zweiter Schlag mit fünf Booten bis in den Indischen Ozean hinein (20 versenkte Schiffe mit 123.000 BRT).

Im März und April schickt Dönitz sieben seiner großen Langstreckenboote der Typen IX D 1 und IX D 2 wieder in dieses Seegebiet. Das Ergebnis dieser Unternehmung: In über 1.200 Seetagen werden 36 Schiffe mit 210.000 BRT versenkt – nur ein deutsches Boot geht verloren. Der alliierte Schiffsverkehr muss unterbrochen, zusätzliche Kriegsschiffe müssen in dieses Seegebiet verlegt werden.

Im Juli 1943 wird die Gruppe »Monsun« mit neun Booten des Typs IX

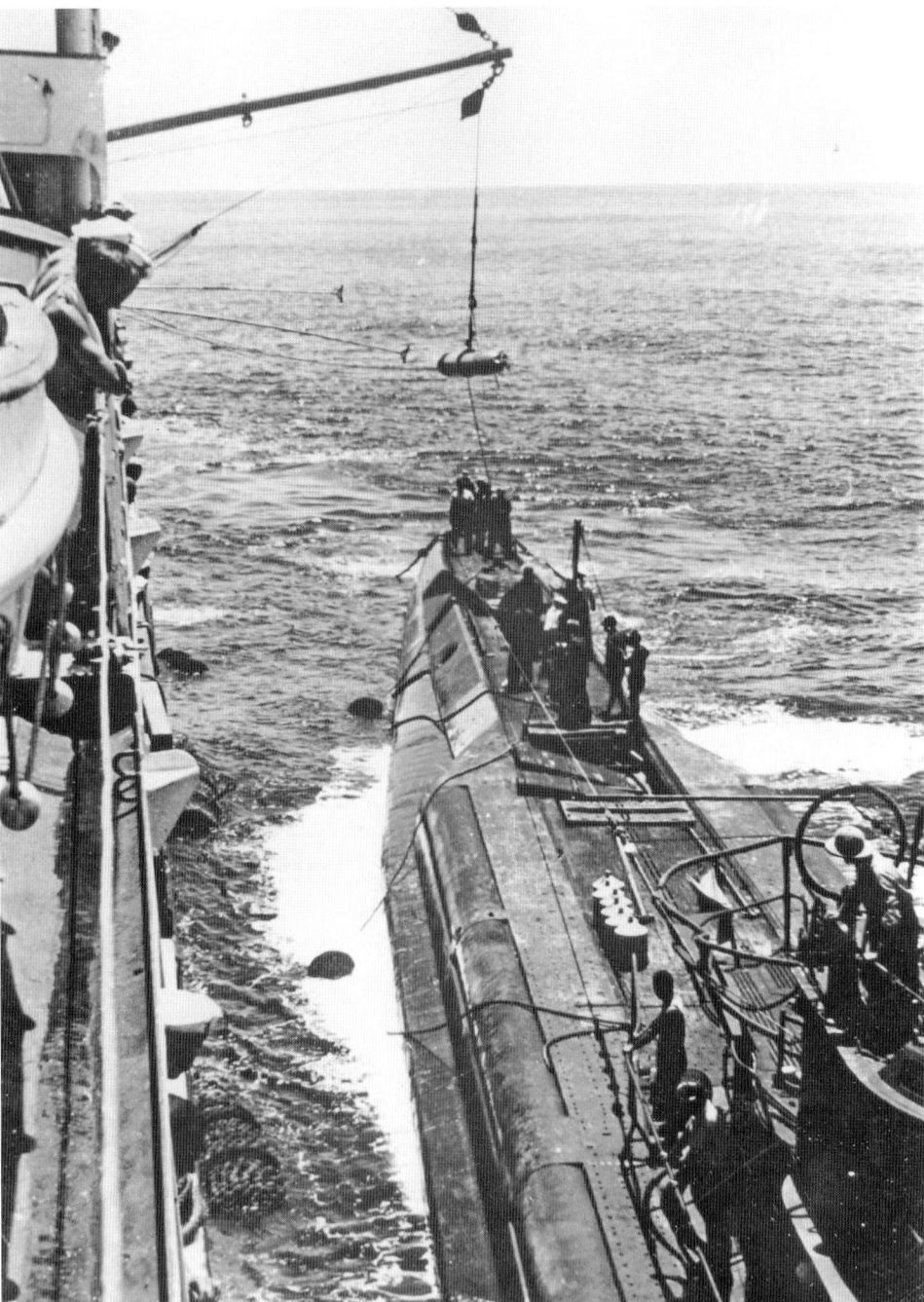

Torpedo-Übernahme auf hoher See: Hilfskreuzer PINGUIN gibt seine »Aale« an das Boot UA ab.

aufgestellt, jedoch nur fünf schaffen die Umrundung des Kaps der Guten Hoffnung. Nach der Versenkung von U 533 laufen die restlichen Boote den neuen Stützpunkt auf Penang/Malaysia an. Ihre Bilanz: Sechs Schiffe mit 33.800 BRT.

Britische Codeknacker verfolgen die Gruppe Monsun während der gesamten Reise und leiten die Handelsschifffahrt um: Dadurch kommt es zu relativ geringen Schiffsverlusten. Mit U 188 und U 532 gelingt nur zwei Booten später die Rückkehr nach Europa.

In der ersten Jahreshälfte 1944 werden weitere 16 Boote nach Fernost kommandiert, um Nachschub in den U-Boot-Stützpunkt Penang zu bringen (19 Schiffe mit 115.000 BRT versenkt). Acht Boote transportieren Rohstoffe, wie Wolfram, Zinn und Gummi, aus Fernost in die französischen Atlantikstützpunkte. Sie torpedieren auf diesen Fahrten 14 Schiffe mit 77.500 BRT.

Alliierten Kräften gelingt es allerdings durch das Abhören des deutschen Funkverkehrs, insgesamt elf dieser Boote sowie die beiden einzigen Versorgungstanker CHARLOTTE SCHLIEMANN und BRAKE zu orten und zu vernichten.

In der zweiten Jahreshälfte 1944 werden U 862, U 863 und U 871 nach Fernost geschickt, von denen nur U 862 Penang erreicht (fünf Schiffe mit 28.100 BRT versenkt), die anderen Boote werden aus der Luft bombardiert und vernichtet.

Auch im letzten Kriegsjahr 1945 laufen noch zwei U-Boote nach Asien aus. Ihr Ziel erreichen sie allerdings nicht mehr: U 864 wird am 9. Februar 1945, kurz nach dem Auslaufen in Bergen, vom britischen U-Boot HMS VENTURER torpediert – allein durch ASDIC-Peilung gelingt es diesem Boot in getauchtem Zustand, das deutsche Unterseeboot zu vernichten. 2003 entdeckt die norwegische Marine das Wrack dieses Bootes mit 65 bis 70 Tonnen Quecksilber an Bord. Es ist in zwei Teile zerbrochen, aber sonst gut erhalten.

Das U-Boot sollte Experten der Raketen- und Düsenflugzeug-Forschung sowie Teile der Flugzeuge Messerschmitt Me 163 und Me 262 nach Japan bringen. An Bord befanden sich 73 Personen. Es soll sich dabei um deutsche Flugzeugingenieure gehandelt haben.

U 234 verlässt am 16. April 1945 Norwegen mit Ziel Japan. An Bord wertvolle Fracht, zwei japanische Offiziere und zehn deutsche Rüstungsexperten. Außerdem ein in Teilen zerlegtes ME-262 Düsenflugzeug, Konstruktionszeichnungen, 560 Kilo Uranoxyd. Nach dem Befehl zur Kapitulation ändert das Boot seinen Kurs auf die USA, woraufhin sich die Japaner durch Einnahme von Gift das Leben nehmen. Die US-Marine übernimmt das Boot am 16.

Mai 1945 in Portsmouth, New Hampshire, und versenkt es am 20. November 1947 mit einem Torpedoschuss. Die ursprünglich für Japan bestimmte Uranladung soll nach unbestätigten Meldungen in das amerikanische Atombombenprogramm (»Manhattan-Projekt«) integriert worden sein.

Aus Fernost kehren U 510, U 532, U 861 zurück. Das zuletzt ausgelaufene U 183 wird am 23. April 1945 vor Surabaya vom US-Boot BESUGO versenkt – nur ein Überlebender. Bei der Kapitulation Deutschlands am 8. Mai 1945 werden die vier in Penang liegenden Boote U 181 (wieder in Dienst gestellt als I 501), U 195 (I 506), U 219 (I 505), U 862 (I 502) von Japan in die Kaiserliche Marine übernommen.

Flug der »Bachstelze«

Boote vom Typ IX führen den zerlegbaren Schlepptragschrauber »Bachstelze« (Fa 330, Focke-Achgelis, 200 Exemplare gebaut) in wasserdichten Behältern mit. Diese antriebslosen Fluggeräte, nach dem Autogiroprinzip funktionierende Drachen, werden an einem bis zu 300 Meter langen Kabel hinter dem fahrenden U-Boot in Höhen bis 220 Meter geschleppt. Damit erweitert sich das Gesichtsfeld von Turmhöhe (ca. 11 km) auf ca. 50 km in der Höhe. In das Schleppseil ist ein Telefonkabel eingearbeitet, über das der »Pilot« dem Kommandanten seine Beobachtungen mitteilt. Diese Geräte werden vor allem von Mon-

Die Fernostboote werden mit einem Vorläufer des Hubschraubers, dem Schlepptragschrauber BACHSTELZE, ausgerüstet, um das Gesichtsfeld der Boote zu erhöhen.

sunbooten im Südatlantik und Indischen Ozean eingesetzt, um allein fahrende Handelsschiffe ohne Begleitschutz auszumachen. Bei Sichtung von gegnerischen Einheiten allerdings musste das U-Boot alarmtauchen, ohne die »Bachstelze« wieder einholen zu können. Der Pilot sprang in diesem Fall mit dem Fallschirm ins Wasser. Eine Rettung des Piloten wäre kaum möglich gewesen und soll in den Dienstvorschriften auch nicht vorgesehen gewesen sein.

Niederlage in der Atlantikschlacht

Auf der alliierten Konferenz von Casablanca wird im Januar 1943 beschlossen, dass die deutschen U-Boote mit Vorrang vernichtet werden müssen, da der Verlust an Frachtraum ungeahnte Größenordnungen angenommen hat.

Im März 1943 entwickelt sich die aus deutscher Sicht erfolgreichste Geleitzugschlacht des Zweiten Weltkrieges: Den Angriffen von vierzig deutschen U-Booten gegen die Konvois HX 229 und SC 122, die dicht hintereinander auf gleichem Kurs laufen, fallen 22 Schiffe mit 146.596 BRT zum Opfer – bei einem Verlust von nur einem eigenen Boot. Die starke Massierung der Boote überfordert die alliierte Abwehr und ermöglicht die Erfolge der deutschen Boote.

Doch im Mai 1943 wendet sich das Blatt endgültig: Die technische Überlegenheit der alliierten Geleitsicherungen wird immer erdrückender. Die Schiffe operieren mit stark verbesserten Ortungsgeräten und verfügen jetzt über eigene Geleitflugzeugträger: Aus dem Konvoi ONS.5 werden von 60 U-Booten lediglich 13 Frachter (61.958 BRT) versenkt – bei acht eigenen Verlusten; vier Boote werden schwer beschädigt.

Vom Geleitzug HX.237 werden nur drei Schiffe versenkt bei einem Verlust von drei U-Booten. Aus dem Konvoi SC.129 wird von elf U-Booten kein Schiff vernichtet, aber weitere drei U-Boote gehen verloren.

Allein in diesem Monat werden 41 U-Boote vernichtet. Nach dem Scheitern der Rudeltaktik und den hohen Verlusten zieht Karl Dönitz, der am 31. Januar 1943 zum Großadmiral und Oberbefehlshaber der Kriegsmarine ernannt worden ist, im Mai 1943 die U-Boote aus dem Nordatlantik zurück.

Im August 1943 werden die Aktivitäten der deutschen U-Boote daraufhin in den Raum der Azoren verlegt, um der immer intensiver werdenden alliierten Luftüberwachung zu entgehen. Das jedoch erweist sich als eine Fehlkalkulation der U-Boot-Führung, denn Maschinen amerikanischer Geleitflugzeugträger versenken in diesem Seegebiet bis zum September 16 U-Boote.

Von Fischern gerettet

Nahe der Kanarischen Inseln wird U 167 am 6. April 1943 so schwer von Fliegern beschädigt, dass der Kommandant befiehlt, das Boot vor der Küste von Gran Canaria zu versenken. Fischer retten die Besatzung, die in Spanien interniert wird. Bereits einige Tage später übernimmt das VII C-Boot U 455 (48 Mann Besatzung) die 52-köpfige Besatzung von U 167. Auf dem Weg zur französischen Basis trifft U 455 die Boote U 154, U 159 und U 518 und verteilt seine »Gäste« auf diese Boote.

Codeknacker besiegen die Enigma

Ein Kampf im Verborgenen, von kriegsentscheidender Bedeutung, wird auf dem Gebiet der Nachrichtenverschlüsselung und dem Knacken dieser Codes auf beiden Seiten geführt.

Bereits am 20. September 1939 wird U 27 von den britischen Zerstörern HMS FORESTER und HMS FORTUNE aufgebracht, ein Enterkommando kann Geheimunterlagen sicherstellen.

U 33 wird am 12. Februar 1940 beim Versuch, in der Clyde-Mündung Minen zu legen, durch das britische Minensuchboot HMS GLEANER mit Wasserbomben zum Auftauchen gezwungen. Die Besatzung versenkt das Boot selbst. Den Engländern fallen drei Enigma-Walzen in die Hände, darunter die Walzen VI und VII – beide von großer Bedeutung für die Kryptologen in Bletchley Park, dem Ort, in dem die Briten ihre Entschlüsselungszentrale aufgebaut haben. Da es sich um zwei von drei speziellen Walzen handelt, die von den polnischen Kryptologen nicht rekonstruiert werden konnten, ist diese »Beute« von besonderer Bedeutung.

Am 17. Mai 1940 treffen drei intakte Enigma-Maschinen in Bletchley Park ein, die während des Kampfes um Norwegen von deutschen Heeres- und Luftwaffeneinheiten erbeutet werden.

Damit gelingt den Briten im März 1941 der erste Einbruch in den deutschen Funkverkehr.

Am 7. Mai 1941 werden vom Wetterbeobachtungsschiff MÜNCHEN weitere Schlüsselunterlagen und Enigma-Maschinen erbeutet.

Nur zwei Tage später, am 9. Mai, wird U 110 im Nordatlantik von den britischen Zerstörern HMS BULLDOG und HMS BROADWAY sowie der Korvette HMS AUBRIETIA zum Auftauchen gezwungen. Das Boot wird mit allen Geheimunterlagen und der Enigma von den Briten übernommen. Diese Unterlagen ermöglichen es der britischen Aufklärung, mit dem Code »Heimische Gewässer« verschlüsselte Funksprüche zu entziffern. Sie ist in der Lage, Geleitzüge um deutsche U-Boot-Aufstellungen herum zu leiten, da deren Standorte nun bekannt sind.

Bei der Kaperung von U 110 gerät wichtiges Geheimmaterial der Deutschen in die Hände der Briten.

Am 4. Juni 1941 werden von der GEDANIA und am 15. Juni von der LOTHRINGEN weitere wichtige Schlüsselunterlagen und Enigma-Maschinen erbeutet.

Im Februar 1942 wird die neue »M-4«-Enigma für alle Atlantik-U-Boote eingeführt. Das Gerät besitzt nun vier Verschlüsselungswalzen. Dies zwingt die Experten in Bletchley Park zu einem 26-fach höheren Einsatz ihrer Rechner, um den Code für nur einen Tag zu knacken. Gleichzeitig wird ein neuer »Wetterkurzschlüssel« eingeführt. Daraus resultiert für Bletchley Park eine elfmonatige Zwangspause bei der Entschlüsselung des gesamten deutschen Funkverkehrs mit dem Schlüssel »Triton«.

Diese Phase wird erst durch einen weiteren deutschen U-Boot-Verlust beendet: U-559 wird am 30. Oktober 1942 nordöstlich von Port Said zum Auftauchen gezwungen. Während das Boot zu sinken beginnt, werden Codebücher und der »Wetterkurzschlüssel« erbeutet. Die Dokumente kommen am 24. November 1942 in Bletchley Park an und verhelfen den Briten zum Einbruch in den U-Boot-Schlüsselkreis »Triton«.

U 205 wird am 17. Februar 1943 im Mittelmeer am Konvoi TX.1 durch einen britischen Bomber sowie Wasserbomben des Zerstörers HMS PALADIN zum Auftauchen gezwungen, ein Enterkommando sichert wichtiges Geheimmaterial und auch die Enigma, danach sinkt das Boot.

Am 8. März 1943 wird ein Funkspruch entschlüsselt, wonach der Einsatz eines neuen Kurzsignalbuchs befohlen wird. In Bletchley Park befürchtet man, vor einem erneuten ›Blackout‹ bei der Entschlüsselung von Funksprüchen zu stehen. In einem äußerst kritischen Moment der Atlantikschlacht wird es den Alliierten unmöglich, ihre Konvois um die ständig wachsende Zahl deutscher U-Boote herumzuführen. Den Kryptologen in Bletchley Park gelingt es jedoch in Tag- und Nachtarbeit, dieses Problem durch die Verwendung zahlreicher abgefangener Fühlungshaltersignale zu lösen. Am 19. März können die »Triton«-Meldungen wieder entschlüsselt werden.

In der Enigma M4 werden ab Juli 1943 technische Veränderungen durchgeführt, was in Bletchley Park zu einer erneuten Unterbrechung bei der Entzifferung des U-Boot-Schlüssels »Triton« führt. Anschließend gibt es Verzögerungen, weil britische Hochleistungsrechner nicht geliefert werden können. Erst ab August, als hundert neue Geräte aus den USA zur Verfügung stehen, entspannt sich die Lage. Ab November wird die Entschlüsselung des Schlüssels »Triton« von Bletchley Park nach Washington ins Marineaufklärungszentrum abgegeben.

Flak-U-Boote

Zum Schutz gegen Luftangriffe auf U-Boote, die die Atlantikbasen anlaufen oder verlassen, werden vier Boote im April 1943 zu Flak-U-Booten umgebaut. Das VII C-Boot U 441 wird mit der Bezeichnung U-Flak 1 als erstes eingesetzt. Es erhält verstärkte Flugabwehrgeschütze, darunter eine vierfache 2,2-cm-Schnellfeuer-Kanone. Durch diese Veränderungen kommen ca. 20 Mann zusätzliches Geschützpersonal an Bord.

Am 24. Mai 1943 schießt U-Flak 1 den ersten britischen Bomber ab. Am 11. Juli 1943 wird U-Flak 1 von drei britischen Kampfflugzeugen aus drei verschiedenen Richtungen angegriffen und schwer beschädigt (10 Tote, 13 Verwundete).

Nach dem Bombardement steht auf dem Boot kein nautischer Offizier mehr zur Verfügung, so dass der Bordarzt das Boot übernehmen muss. Er bringt U-Flak 1 nach Brest zurück.

U 256 wird als U-Flak 2 von August bis Dezember 1943, U 621 als U-Flak 3 am 7. Juli bis Dezember 1943 in Dienst gestellt.

Die geringen Erfolge veranlassen die Marineführung im November 1943, das Experiment der Flak-U-Boote abzubrechen.

Die Jagd auf U 66

U 66 wird auf seiner zehnten Feindfahrt am 3. August 1943 von einem Trägerflugzeug des US-Flugzeugträgers USS CARD angegriffen. Der 2. Wachoffizier wird getötet, der Kommandant und der 1. Wachoffizier sowie weitere sieben Mann werden verletzt. Am 7. August 1943 trifft U 66 das Versorgungsboot U 117. Ein Wachoffizier dieses Bootes übernimmt das Kommando auf U 66. Noch während dieses Treffens wird U 117 ebenfalls von Trägerflugzeugen von USS CARD mit 62 Mann Besatzung versenkt. Dem längsseits liegenden Boot U 66 gelingt die Flucht. In der Nacht vom 25. zum 26. April 1944 soll U 66 von U 488 versorgt werden, als auch U 488 mit Bombern versenkt wird. Vom 1. Mai an wird U 66 von Flugzeugen und Schiffen mit Wasserbomben und Artillerie gejagt, am 6. Mai wird das Boot westlich der Kapverdischen Inseln vom US-Zerstörer USS BUCKLEY gerammt. U 66 kann danach wieder Fahrt aufnehmen und rammt den Zerstörer seinerseits auf Höhe seines Maschinenraumes. Danach wird das Boot unter Beschuss genommen und von seiner Besatzung selbst versenkt – 24 Tote, 36 Überlebende.

Zwei Mal versenkt und doch überlebt

August 1943: U 604 wird im Südatlantik von einem US-Bomber schwer beschädigt und versenkt sich beim Anmarsch des US-Zerstörers USS MOFFETT selbst – 14 Tote und 31 Überlebende. Die Überlebenden werden von U 172 und von U 185 übernommen. U 185 wird dreizehn Tage später, am 24. August 1943, im Atlantik durch Flugzeuge des Geleitträgers USS CORE versenkt (29 Tote, 22 Überlebende). Unter den Überlebenden befinden sich neun Besatzungsmitglieder von U 604, die von amerikanischen Zerstörern gerettet werden und in Gefangenschaft gehen. 22 Besatzungsmitglieder von U 604 laufen mit U 172 am 24. September 1943 in Lorient ein.

Mai 1944: U 476 wird nordwestlich von Trondheim/Norwegen von einem britischen Bomber schwer beschädigt (34 Tote, 21 Überlebende). Am Tag darauf übernimmt U 990 die Überlebenden und versenkt U 476. U 990 wird selbst am folgenden Tag, dem 25. Mai, von einem britischen Bomber versenkt (20 Tote). Die 51 Überlebenden, darunter 18 Mann von U 476, werden vom deutschen Vorpostenboot V 5901 gerettet.

Neue U-Boot-Technik kommt nicht zum Einsatz

Spätestens 1943 wird deutlich, dass die deutschen U-Boot-Typen, die in ihrem Ursprung auf Entwürfe der zwanziger Jahre oder sogar noch früher zurückgehen, im Bereich Fahr- und Tauchleistung, Ortungs- und Navigationstechnik sowie Bewaffnung technisch veraltet sind. Bereits 1938 hatte sich Dönitz bemüht, die U-Boot-Entwürfe des Ingenieurs und Erfinders Hellmuth Walter durchzusetzen. Die Marineführung hielt dieses sehr schnelle und mit einer Maschine für Über- wie Unterwasserfahrt ausge-

rüstete Boot (in einer außenluftunabhängigen Turbine wird Wasserstoffperoxid verbrannt) jedoch für eine »Utopie«.

Im Jahr 1940 werden zwei Testboote auf der Basis der Entwürfe V 80 (Unterwassergeschwindigkeit über 23 Knoten) und V 300 in Auftrag gegeben.

Das erste Walter-Versuchsunterseeboot U 794 (Typ Wk 202) wird in Kiel in Dienst gestellt.

Technische Daten:

Verdrängung an der Oberfläche: 277 tons, getaucht: 309 tons, Abmessungen: 39,0 m x 4,5 m x 4,3 m, Antrieb: 230-PS-Diesel, 78-PS-E-Motoren, 5.000-PS-Walter-Turbine, Geschwindigkeit an der Oberfläche: 9,0 kn, getaucht: 5,0 kn, Walter-Turbine: 25 kn, Reichweite an der Oberfläche: 2.910 sm bei 8,5 kn, getaucht: 50 sm bei 2 kn, Walter-Turbine: 127 sm mit 20 kn, Besatzung: 22–24 Mann, Bewaffnung: 4 Torpedos.

Aufgrund der jahrelangen Diskussionen in der Marineführung und nicht erfolgter Antriebstests erreichen die Boote vor Kriegsende keine Einsatzreife.

Verbleib der Walter-Boote:

U 792 und U 793 werden am 4. Mai 1945 im Audorfer See bei Rendsburg selbst versenkt, später von den Engländern gehoben und für eigene Versuche genutzt.

U 794 wird am 5. Mai 1945 in der Geltinger Bucht versenkt, später gehoben und verschrottet.

U 795 wird am 3. Mai 1945 auf der Germaniawerft in Kiel durch eine Explosion zerstört.

U 1405

Bootsklasse: XVIIB

Technische Daten: Verdrängung an der Oberfläche: 312 tons, getaucht: 337 tons, Abmessungen: 41,5 m x 4,5 m x 4,3 m, Antrieb: 230-PS-Diesel, 78-PS-E-Motoren, Reichweite an der Oberfläche: 3.000 sm bei 8 kn, getaucht: 76 sm bei 2 kn, Geschwindigkeit an der Oberfläche: 8,8 kn, getaucht: 5,0 kn, Bewaffnung: 4 Torpedos.

U 1405 wird am 5. Mai 1945 in der Eckernförder Bucht selbst versenkt, später gehoben und verschrottet.

U 1406 wird am 7. Mai 1945 in Cuxhaven selbst versenkt, später gehoben und am 15. September 1945 in die USA verschifft. Nach Versuchsfahrten wird das Boot 1948 in New York verschrottet.

U 1407 wird am 5. Mai 1945 in Cuxhaven selbst versenkt, später gehoben und an England ausgeliefert, wo das Boot unter dem Namen METEORITE von 1946 bis 1949 wieder in Dienst gestellt und anschließend verschrottet wird.

U 1408 wird bei einem Bombenangriff am 30. März 1945 in Hamburg beschädigt und anschließend verschrottet.

U 1409 und U 1410 werden bei einem Bombenangriff am 30. März 1945 in Hamburg beschädigt und anschließend verschrottet.

Im November 1943 wird auf Anregung von Professor Hellmuth Walter ein Zu- und Abluftmast (»Schnorchel«) für die Einsatzboote entwickelt, über den sich ein Boot während der Tauchfahrt mit Frischluft versorgen kann.

U 539 ist das erste Boot, das am 2. Januar 1944 mit dem neuen »Schnorchel« ausläuft.

1944

U 505 gekapert

U 505 versenkt im ersten Einsatzjahr acht alliierte Konvoischiffe mit 44 962 BRT. Nach einem Bombentreffer und sechs Sabotageakten in der Werft kann das Boot erst 1944 wieder in See gehen und wird am 4. Juni – zwei Tage vor der alliierten Invasion in der Normandie – vom Flugzeugträger GUADALCANAL und seiner »Hunter-Killer«-Gruppe mit sechs Zerstörern vor der westafrikanischen Küste aufgebracht. Den Amerikanern gelingt es, die zur Selbstversenkung geöffneten Seeventile wieder zu schließen.

U 505 wird zu den Bahamas geschleppt, wo das Boot in USS NEMO umbenannt und bis 1953 zu Testfahrten eingesetzt wird. Seit 1954 liegt es in Chicago vor dem Museum of Science and Industry (über 23 Millionen Besucher seit Kriegsende). In den vergangenen Jahren wurde das Boot restauriert und hat einen überdachten neuen Liegeplatz im Museum erhalten.

U-Boote gegen die alliierte Invasion (D-Day)

Bereits im Mai werden fünf Schnorchelboote vor dem Eingang zum Ärmelkanal postiert – zur Abwehr einer möglichen Invasion.

In der Nacht zum 6. Juni 1944 beginnt die alliierte Invasion (Operation »Overlord«) in der Normandie: Nach schweren Luftangriffen mit über 12.000 Bombern landen mehrere alliierte Luftlandedivisionen im Hinterland. Am Morgen beginnt die Invasion über See: An fünf Strandabschnitten gehen mehrere Infanteriedivisionen mit rund 75.000 Soldaten an Land, wobei es sofort zu heftigen Kämpfen kommt. Die Operation »Overlord« wird von 1.213 alliierten Kriegsschiffen, darunter Schlachtschiffe und Kreuzer, gedeckt. Dieser Armada stehen auf deutscher Seite 249 leichte Boote gegenüber. Einzelne Vorstöße der deutschen Überwasserstreitkräfte bleiben bei eigenen Verlusten weitgehend erfolglos.

U 505 ist das erste deutsche U-Boot, das von amerikanischen Truppen in einer dramatischen Aktion aufgebracht und abgeschleppt wird. Dieses Boot wird heute in Chicago ausgestellt.

Neue U-Boote als »Wunderwaffen«

Parallel zu der Entwicklung neuer Walter-Boote und dem Einsatz des »Schnorchels« werden Ende des Jahres 1944 auf deutschen Werften und Produktionsstätten im Binnenland in immer größerer Zahl moderne Elektroboote der Typen XXI (Atlantikboot) und XXIII (Küstenboot) fertig gestellt. Die Boote der Klasse XXIII zeichnen sich durch zahlreiche technische Neuerungen aus: Ein stromlinienförmiger Rumpf sowie stark vergrößerte Batteriekapazitäten ermöglichen eine seinerzeit außergewöhnliche Unterwassergeschwindigkeit von 17 Knoten über 90 Minuten. Geräuscharme Motoren erschweren die Ortung, mit einer neuartigen Ladeeinrichtung können die Torpedorohre in zehn bis fünfzehn Minuten nachgeladen werden. Die Tauchtiefe dieser Boote liegt bei über 240 Metern.

Mit dem Anlaufen der Bauprogramme für Elektroboote in Sektionsbauweise wird gleichzeitig das Bauende des erfolgreichen Bootstyps VII C festgelegt. Mit U 2324 läuft das erste neue Küsten-U-Boot vom Typ XXIII Ende Januar 1945 zum Einsatz aus. Bis Kriegsende werden 123 Boote vom Typ XXI und 59 vom Typ XXIII gebaut.

Nach dem Krieg übernehmen alle Siegermächte wesentliche Merkmale dieser Konstruktion in ihre eigenen Unterseeboot-Bauprogramme.

Mit Klein-U-Booten gegen die Übermacht

Als eines der letzten Mittel gegen die alliierten Invasionsflotten wird der massenhafte Einsatz von Kleinkampfmitteln und Klein-Unterseebooten geplant. Neben dem Typ BIBER werden MOLCH, MARDER, NEGER und SEEHUND gebaut.

Bei hohen eigenen Verlusten können jedoch nur geringe Erfolge erzielt werden.

BIBER

Vom Bootstyp BIBER werden 324 Einheiten gebaut, die vor allem im Ärmelkanal Frachtschiffe angreifen sollen, um die Versorgung der in Nordfrankreich gelandeten alliierten Invasionstruppen zu stören. Der erste BIBER wird am 15. März 1944 bei den Lübecker Flenderwerken fertig gestellt (Baukosten: 29.000 Reichsmark).

Zum ersten Großeinsatz laufen am 29. August 1944 14 Boote von Fécamp (bei Le Havre/Frankreich) aus. Zwölf müssen den Einsatz wegen schlechten Wetters abbrechen. Es werden keine Erfolge gemeldet.

Am 22. Dezember 1944 laufen 18 BIBER zu Einsätzen gegen den Schiffsverkehr auf der Schelde aus – ein Frachter wird versenkt,

Gegen die deutsche U-Boot-Gefahr werden drei Geleitträger und mehrere Zerstörer- und Fregattengruppen mit 54 Schiffen vor dem Eingang des Ärmelkanals zum Schutz der Landungsflotten in Stellung gebracht. Sofort nach Auslaufen der alliierten Invasions-Flotten werden die deutschen U-Boote alarmiert: Aus Norwegen laufen 21 Boote, darunter fünf mit Schnorchel, aus. Sieben Boote ohne Schnorchel kommen aus Brest, 19 andere Boote verlassen die anderen französischen Atlantikstützpunkte Richtung Ärmelkanal.

Aufgrund der geringen Wassertiefen in diesem Seegebiet und der extrem scharfen Bewachung erweist es sich als unmöglich, U-Boote ohne Schnorchel für Einsätze gegen die Invasionsflotten

einzusetzen. Bereits am Tag nach Beginn der Landungsoperationen stehen acht Schnorchelboote bereit – in zahlreichen Angriffen wird aber keine Versenkung (Fehlschüsse, Frühdetonierer) erzielt. In mehreren Wellen bis Ende Juni werden nur fünf Invasionsschiffe durch U-Boote versenkt, bei elf eigenen Verlusten. Bis zum 2. Juli 1944 können die Alliierten 929.000 Soldaten mit 177.000 Fahrzeugen und 580.000 Tonnen Kriegsmaterial an Land setzen.

Die massive Abwehr durch Kampfschiffe und Flugzeuge vor dem Kanal fordert ihren Tribut: In den Monaten Juni und Juli 1944 gehen im Kampf gegen die Invasion 21 U-Boote mit 818 Mann verloren.

Klein-U-Boot BIBER mit »Tarnung«.

alle Einheiten gehen verloren. Am 23., 24. und 25. Dezember laufen weitere 14 BIBER aus, die aber ohne eigene Erfolge alle verloren gehen. Bei einer Torpedoexplosion in der Schleuse von Hellevoetsluis gehen am 27. Dezember 1944 elf von 14 BIBER verloren.

Bis Anfang 1945 kommen über 110 BIBER an der belgischen Scheldemündung zum Einsatz.

Am 5. Januar 1945 laufen U 295, U 716 und U 739 mit je zwei an Deck befestigten BIBERN von Norwegen aus, um das sowjetische Schlachtschiff ARCHANGELSK im Kolafjord anzugreifen. Wegen technischer Probleme bei den BIBERN muss der Angriff, trotz vorangegangener positiv verlaufener Tests in der Ostsee, abgebrochen werden.

Streng geheim gehalten werden auch Pläne, nach denen BIBER in den Suezkanal »geschmuggelt« werden sollen, um durch die Versenkung von Frachtschiffen die Wasserstraße zu blockieren.

Wieder andere Pläne sehen die Sprengung von Öl-Pipelines von England nach Frankreich durch BIBER vor.

Am 6. März 1945 werden 14 BIBER zerstört und neun beschädigt, als im Hafen von Rotterdam bei Vorbereitungen für einen Einsatz ein Torpedo explodiert. Am selben Tag laufen trotz des Unfalls 11 BIBER zu Einsätzen in der Scheldemündung aus – kein Boot kehrt zurück. Die letzten Einsätze von BIBERN finden am 21. April 1945 statt.

Technische Daten: Baujahr: 1944/45, Verdrängung an der Oberfläche: 6,2 tons, Abmessungen: 9,03 m x 1,57 m x 1,6 m, Antrieb: Sechs-Zylinder-Benzinmotor (32 PS)/Torpedo-E-Motor (13 PS), max. Aktionsradius an der Oberfläche: 130 sm bei 6 kn, getaucht: 8,6 sm bei 5 kn, Geschwindigkeit an der Oberfläche: 6,5 kn, getaucht: 5,3 kn, Tauchtiefe: 25 m, Besatzung: 1 Mann, Bewaffnung: 2 Torpedos.

HECHT

Das Klein-U-Boot HECHT wird wegen seiner schlechten See-Eigenschaften überwiegend zur Ausbildung verwendet. Nur drei Boote kommen zum Einsatz. Das seit 1990 im Militärhistorischen Museum in Dresden ausgestellte Boot wurde nach dem Krieg in der Neustädter Bucht gehoben. Bis 1986 ist es in Pelzerhaken an der Ostsee aufgestellt.

Technische Daten: Baujahr: 1944/45, Bauwerft: Germania-Werft, Kiel, Verdrängung an der Oberfläche: 11,8 tons, Abmessungen: 10,4 m x 1,3 m x 1,4 m, Antrieb: Elektromotor (12 PS), max. Aktionsradius an der Oberfläche: 78 sm bei 3 kn, 40 sm bei 6 kn, getaucht: 22 sm bei 6 kn, 45 sm bei 3 kn, Geschwindigkeit an der Oberfläche: 5,7 kn, getaucht: 6 kn, Tauchtiefe: 50 m, Besatzung: 2 Mann, Bewaffnung: 1 Torpedo oder 1 Mine.

MOLCH

Von diesem Typ werden 383 Stück abgeliefert, die in fünf Flottillen in Italien, im Englischen Kanal, vor der niederländischen Küste, vor Norwegen (Harstad) und von Helgoland aus eingesetzt werden.

Die erste Flottille mit 60 MOLCHEN wird 1944 in Italien stationiert. Ein Einsatz von neun Booten gegen alliierte Zerstörer vor San Remo/Italien schlägt am 30. September 1944 fehl – alle Boote gehen verloren, drei Fahrer können sich retten, zwei werden gefangen genommen.

Bei der zweiten Flottille in Holland gehen 1945 zahlreiche Boote verloren. Die für Norwegen vorgesehene Flottille läuft nicht mehr aus.

Technische Daten: Baujahr: 1944, Verdrängung an der Oberfläche: 11 tons, Abmessungen: 10,78 m x 1,82 m x 1,42 m, Antrieb: Torpedoelektromotor (13 PS), max. Aktionsradius an der Oberfläche: 50 sm bei 4,3 kn, getaucht: 45 sm bei 5,0 kn, Geschwindigkeit an der Oberfläche: 4,3 kn, getaucht: 5 kn, Tauchtiefe: 25–30 m, Besatzung: 1 Mann, Bewaffnung: 2 Torpedos.

Klein-U-Boot MOLCH im U-Boot-Stützpunkt Eckernförde.

Amerikanische Soldaten begutachten ein Kleinkampfmittel NEGER, das am Strand von Anzio (Italien) angetrieben ist.

NEGER/MARDER

Der Prototyp des NEGER wird im März 1944 erprobt. Dieses Kleinkampfmittel besteht aus zwei aneinander gekoppelten Standardtorpedos G7e. Beim Trägertorpedo wird die Sprengladung entfernt und Platz für einen Steuerer geschaffen, der unter der von innen lösbaren Plastikkuppel das Fahrzeug navigiert. NEGER können nicht tauchen und müssen deshalb knapp unter der Wasseroberfläche operieren, wobei die Plastikkuppel des Steuerers aus dem Wasser ragt. Dadurch sind diese Fahrzeuge leicht zu orten und werden deshalb vorzugsweise nachts eingesetzt.

Da der Einsatz von bemannten Torpedos gefährlich und oft erfolglos ist, unternimmt man kurz vor Kriegsende Tests, um diese Fahrzeuge mit U-Booten sicher in die Nähe ihrer Ziele zu transportieren. Erst die Weiterentwicklung zum Typ MARDER erlaubt es, mit dem Fahrzeug für kurze Zeit bis auf zehn Meter Wassertiefe zu tauchen. Rund 150 Einheiten vom Typ MARDER sollen vor Kriegsende zum Einsatz gekommen sein, die Zahl der verlorenen Einheiten ist nicht bekannt.

Der erste Einsatz von 37 NEGERN gegen alliierte Invasionskräfte bei Anzio und Nettuno/Italien am 20. und 21. April 1944 bringt keinen Erfolg: 14 NEGER stranden, 23 greifen an und nur 13 Boote kehren zurück.

Bei Aktionen von 26 MARDERN am 5. und 6. Juli 1944 gegen die alliierte Invasionsflotte in Villers-sur-Mer/Nordfrankreich können zwar die britischen Minensuchboote HMS CATO und HMS MAGIC versenkt werden, es gehen jedoch auf deutscher Seite 13 Einheiten verloren.

Bei einem zweiten Einsatz am 7. und 8. Juli mit 21 MARDERN wird der britische Minensucher HMS PYLADES versenkt und der polnische Kreuzer DRAGON schwer beschädigt. Alle Kleinkampfmittel gehen in dieser Nacht verloren.

Am 2. und 3. August 1944 werden zusammen mit Schnellbooten und Kampffliegern 58 MARDER eingesetzt. Abgesehen von der Verwirrung, die dieser massenhafte Einsatz stiftet, werden der britische Zerstörer HMS QUORN, der Trawler GAIRNSAY und das Landungsboot LCT 764 versenkt sowie zwei Frachtschiffe beschädigt, sieben MARDER sinken.

Am 15. und 16. August 1944 ist ein weiterer Einsatz von 53 MARDERN geplant, wegen schlechten Wetters können jedoch nur elf Einmanntorpedos auslaufen, fünf von ihnen werden vernichtet.

Am 16. und 17. August 1944 werden noch einmal 42 MARDER eingesetzt, drei Schiffe werden versenkt nur 16 Fahrzeuge kehren nach Le Havre zurück.

Am 5. September 1944 sollen fünf MARDER vor San Remo/Italien einen französischen Zerstörer vernichten. Der Einsatz schlägt fehl, nur ein MARDER kehrt zurück.

Insgesamt gehen 140 NEGER durch Feindeinwirkung verloren.

Technische Daten: Konstruktion: Torpedoversuchsanstalt, Eckernförde

NEGER: Verdrängung an der Oberfläche: 5 tons, davon Trägertorpedo 2,7 tons, Länge: 7,65 m, Antrieb: Torpedoelektromotor (12 PS), max. Aktionsradius an der Oberfläche: 30 sm bei 3 kn, Geschwindigkeit an der Oberfläche: 4,2 kn, getaucht: 3,2 kn, Besatzung: 1 Mann, Bewaffnung: 1 Torpedo.

MARDER: Verdrängung an der Oberfläche: 5,5 tons, davon Trägertorpedo 3 tons, Abmessungen: 8,3 m x 0,53 m, Antrieb: Torpedoelektromotor (12 PS), max. Aktionsradius an der Oberfläche: 30 sm bei 3 kn, Geschwindigkeit an der Oberfläche: 4,2 kn, getaucht: 3,2 kn, Besatzung: 1 Mann, Bewaffnung: 1 Torpedo.

SEEHUND

Von diesem Typ werden 285 Einheiten, davon 146 auf der Kieler Germaniawerft, gebaut. Etwa 50 Boote kommen zum Einsatz, von denen 35 verloren gehen.

Der SEEHUND ist das technisch am weitesten entwickelte deutsche Klein-U-Boot des Zweiten Weltkrieges. Es hat einen Diesel-Elektro-Antrieb sowie eine Bewaffnung mit zwei Torpedos. Dieser Typ löst das Klein-U-Boot BIBER ab. Die Besatzung besteht aus einem Kommandanten, der Sehrohr und Steuerknüppel bedient, sowie einem Ingenieur, der aus einer Angriffsentfernung von 300 bis 500 Metern die Torpedos abfeuert. Der SEEHUND ist in der Lage, im Notfall in 6–7 Sekunden auf fünf Meter Wassertiefe zu tauchen. Während der maximal fünf Tage dauernden Einsätze muss die Besatzung in ihrer Sitzposition verharren. Luftdicht verschließbare Fäkalienbehälter befinden sich an Bord. Etwa 90 SEEHUNDE werden Anfang Januar 1945 vom niederländischen IJmuiden aus zur Störung des alliierten Nachschubverkehrs eingesetzt. Vom ersten Einsatz am 1. Januar 1945 kehren nur zwei von achtzehn Booten zurück, ohne Feindberührung gehabt zu haben. Danach reduziert sich die Ausfallquote jedoch erheblich, und es werden in dieser Zeit insgesamt neun Handelsschiffe und ein Zerstörer durch SEEHUNDE versenkt.

Klein-U-Boot SEEHUND im Marinearsenal Wilhelmshaven.

Am 21. Januar 1945 werden 36 SEEHUNDE zu Angriffen vor der britischen Küste eingesetzt – ohne Erfolge. Die letzten SEEHUND-Einsätze aus niederländischen Häfen finden am 28. April 1945 statt, danach versorgen SEEHUNDE Dünkirchen bis zur Kapitulation. Bis Kriegsende ist jede dritte SEEHUND-Besatzung gefallen oder in Gefangenschaft geraten.
Technische Daten: Seehund XXVII B (127), Verdrängung an der Oberfläche: 14,9 tons, getaucht: 16,9 tons, Abmessungen:

11,87 m x 1,84 m x 1,85 m, Antrieb: Dieselmotor (60 PS)/AEG-Elektromotor (25 PS), max. Aktionsradius an der Oberfläche: 270 sm bei 7,7 kn, getaucht: 60 sm bei 2,2 kn/19 sm bei 6 kn, Geschwindigkeit an der Oberfläche: 7,7 kn, getaucht: 6,0 kn, Tauchtiefe: 30–70 m, Besatzung: 2 Mann, Bewaffnung: 2 Torpedos.

1945

Flucht über die Ostsee – im U-Boot

Über 2,4 Millionen Menschen werden von der Jahreswende 1944/45 an auf 1.080 Schiffen über die Ostsee vor den anrückenden russischen Truppen in den Westen evakuiert (Operation »Hannibal«). 45 U-Boote nehmen über 1.400 Flüchtlinge mit auf die gefährliche Fahrt durch die verminte Ostsee, ständig von russischen Kampfschiffen und Flugzeugen bedroht.
Zum Beispiel U 3505: Am Morgen des 28. März 1945 liegt Gotenhafen bereits unter Beschuss russischer Artillerie. Der Kommandant entschließt sich, eine Gruppe von 110 Kindern zwischen drei und 17 Jahren an Bord zu nehmen. Als letztes Boot verlässt U-3505 mit 170 Menschen an Bord Gotenhafen mit Kurs auf Travemünde. Nach 350 Seemeilen werden die Schützlinge wohlbehalten abgeliefert und mit Lastwagen in das Hamburger Krankenhaus Heidberg transportiert.

Schnorcheln und schweigen

Im Frühjahr 1945 liegt der Schwerpunkt der deutschen U-Boot-Aktivitäten direkt vor den britischen Küsten. Da die Boote fast ausschließlich unter Wasser fahren oder schnorcheln und zudem absolute Funkstille bewahren, können sie nicht mehr wie zu Zeiten atlantischer Konvoischlachten durch Funksprüche und Führungshaltermeldungen geortet und verfolgt werden. Die Briten sind wieder auf Meldungen von Sichtungen oder Angriffen angewiesen.

Die »Geisterfahrt« von U 869

Im September 1991 entdecken amerikanische Wracktaucher 65 Seemeilen vor der Küste des US-Bundesstaats New Jersey, vor Point Pleasant, in 70 Metern Tiefe das Wrack eines deutschen U-Bootes aus dem Zweiten Weltkrieg. Der Rumpf des Bootes liegt auf ebenem Kiel, der Turm ist abgesprengt, liegt neben dem Boot, und in der Bordwand klafft ein neun Meter langes Loch. Das Boot gibt Historikern und Tauchern sechs Jahre lang Rätsel über seine Identität auf, erst dann gelingt es, einen Ersatzteilkasten mit einer Beschriftung zu bergen, die beweist, dass es sich tatsächlich

um das 1944 auf der Bremer Werft Deschimag gebaute U 869 (Typ IX C/40) handelt. Die Untergangsstelle des Bootes wurde bisher vor Gibraltar vermutet. Tatsächlich hat das Boot den Funkspruch mit seinem Einsatzauftrag vor der afrikanischen Küste offensichtlich nie erhalten. Es wird vermutet, dass das Boot mit 56 Mann Besatzung Mitte Februar 1945 bei einem Angriff auf ein Frachtschiff vor der amerikanischen Küste durch seinen eigenen Torpedo (einen so genannten »Kreisläufer«) vernichtet wurde.

Irrtümliche Versenkung

U 190 bezieht am 16. April 1945 Position beim kanadischen Sambro-Feuerschiff, als das Radar des kanadischen Minensuchers HMCS ESQUIMAULT (J 272) das Boot erfasst. Die Kanadier nehmen das Signal nicht wahr. Die Besatzung von U 190 glaubt entdeckt worden zu sein, da der Minensucher direkt Kurs auf das Boot nimmt, und feuert einen Torpedo aus nächster Nähe ab, der HMCS ESQUIMAULT versenkt (44 Tote, 26 Überlebende) – als letztes kanadisches Schiff im Zweiten Weltkrieg. U 190 wird nach der Kapitulation am 12. Mai 1945 an Kanada übergeben, die Mannschaft kommt in Halifax in Kriegsgefangenschaft. Im Juni 1945 wird U 190 offiziell in die kanadische Marine übernommen und unternimmt im Sommer 1945 eine Präsentationstour durch die Häfen der Großen Seen. Danach dient das Boot bis Mitte 1947 als Trainingsfahrzeug. Am 21. Oktober 1947 wird es als Zielschiff vor Neufundland versenkt.

Selbstversenkungsaktion »Regenbogen«

Bereits vor Beginn des Zweiten Weltkriegs existiert in der Kriegsmarine eine Dienstanweisung, dass jedes deutsche Kriegsschiff, das in feindliche Hände zu fallen droht, selbst zu versenken sei. Für U-Boote soll diese Anweisung 1943 noch einmal ausgeweitet worden sein, dafür liegen allerdings heute keine Unterlagen mehr vor.
In den Wirren des Kriegsendes beginnen am 1. Mai 1945 die ersten Besatzungen, ihre U-Boote zu versenken – am 1. Mai drei Boote vor Warnemünde, am 2. Mai fünfzehn Boote vor Travemünde.
Am 3. Mai ergeht ein Funkspruch von der Seekriegsleitung an alle Einheiten: »... Alle Selbstversenkungsaktionen haben zu unterbleiben mit Rücksicht auf die Rückführung deutscher Soldaten und Flüchtlinge aus den deutschen Ostgebieten.«
Dieser Funkspruch ist für die U-Boot-Kommandanten äußerst verwirrend, da sich Großadmiral Karl Dönitz stets für Versenkungen ausgesprochen hat. Wegen dieser äußerst unklaren Befehls-

lage suchen mehrere U-Boot-Kommandanten Dönitz am Abend des 4. Mai in seinem Hauptquartier in Flensburg-Mürwik auf, um sich Klarheit zu verschaffen. Adjutant Lüdde-Neurath empfängt die Offiziere, lässt sie aber nicht zu Dönitz vor, da dieser angeblich schon zu Bett gegangen sei. »Wenn er Kommandant wäre, wüsste er, was er zu tun hätte«, gibt Lüdde-Neurath den Männern mit auf den Weg.

Daraufhin werden U-Boote im großen Umfang an Nord- und Ostsee in der Aktion »Regenbogen« von ihren eigenen Mannschaften versenkt, um sie dem Zugriff alliierter Truppen zu entziehen:

Am 3. Mai 86 Boote,
am 4. Mai fünf Boote,
am 5. Mai 105 Boote,
am 6. Mai zwei Boote,
am 7. Mai zwei Boote,
am 8. Mai sieben Boote,
am 9. Mai drei Boote,
am 16. Mai ein Boot,
am 20. Mai ein Boot,
am 24. Mai ein Boot,
am 3. Juni ein Boot.

Am Ende sind 225 meist der modernsten deutschen U-Boote vernichtet – die letzte kampffähige Waffengattung des Dritten Reichs.

Die Selbstversenkungen erfolgen an folgenden Orten:

- im Kattegatt (1),
- vor Göteborg (1),
- im Kleinen Belt (1),
- vor Århus (2),
- vor Ærø (1),
- vor Warnemünde (3),
- vor Travemünde (32),
- in der Flensburger Förde (18),
- vor Hørup Hav (5),
- in der Geltinger Bucht (47),
- vor Schleimünde (2),
- in der Eckernförder Bucht (5),
- in der Kieler Förde (47),
- in Neustadt/H. (2),
- im Fehmarnbelt (2),
- im Nord-Ostsee-Kanal (4),
- in Hamburg-Finkenwerder (11),
- in Cuxhaven (3),
- in Wesermünde (12),
- in Vegesack (1),
- in Wilhelmshaven (22),
- in Nordenham (1),
- vor Amrum (1),
- in Nazar (1),
- vor Oporto (1).

Karl Dönitz geht in seinen umfangreichen Memoiren »Zehn Jahre und zwanzig Tage« nur mit wenigen Worten auf die Aktion »Regenbogen« ein:

Flensburg 1945: Ein U-Boot flieht vor britischen Bombenangriffen Richtung Ostsee.

»… Versenkungen unterblieben daher, außer bei einem Teil der U-Boote, die von ihren Kommandanten noch vor Inkrafttreten des Waffenstillstandes in der Nacht vom 4. zum 5. Mai versenkt oder gesprengt wurden. Auf diesen U-Booten war die Vernichtung schon vorbereitet gewesen, als der Gegenbefehl der Seekriegsleitung eintraf. Die Kommandanten glaubten mit der Versenkung doch in meinem Sinne zu handeln. Sie waren überzeugt, daß ich einen solchen ›Übergabe-Befehl‹ nur unter Zwang gegeben haben könnte.«

Das Ende

Nach dem Selbstmord Adolf Hitlers am 30. April 1945 wird der Oberbefehlshaber der Kriegsmarine, Großadmiral Karl Dönitz, zu seinem Nachfolger als Reichskanzler ernannt. Neuer Oberbefehlshaber wird Generaladmiral Hans-Georg von Friedeburg.

Nach der bedingungslosen Kapitulation Deutschlands am 9. Mai 1945 bleibt die Regierung Dönitz in der Marineschule Flensburg bis zum 23. Mai im Amt, dann wird Dönitz an Bord des Wohnschiffs PATRIA in Flensburg verhaftet. Generaladmiral von Friedeburg begeht Selbstmord.

In den Nürnberger Prozessen wird Karl Dönitz, geboren 1891, U-Boot-Kommandant des Ersten Weltkrieges, am 1. Oktober 1939 zum Befehlshaber der U-Boote ernannt, vom Internationalen Militärtribunal in zwei von vier Anklagepunkten (Planung, Entfesselung und Durchführung eines Angriffskrieges und Verbrechen und Verstöße gegen das Kriegsrecht) zu zehn Jahren Haft verurteilt. Dönitz, der selbst zwei Söhne im Krieg verlor, wird am 1. Oktober 1956 aus der Haft entlassen und stirbt am 24. Dezember 1980 in Aumühle bei Hamburg.

Schlussstrich

Im Zweiten Weltkrieg versenken 1.149 deutsche U-Boote (zusätzlich 21 erbeutete Boote) 2.919 (andere Quellen sagen: 2.600) Schiffe, darunter 175 Kriegsschiffe, mit 14.232.747 tons (15.600.000 tons). 630 Boote gehen durch Feindeinwirkung, 42 durch Unfälle, 81

Kriegsende Mai 1945: Versenkte deutsche Boote in der Wilhelmshavener Raeder-Schleuse.

durch Bomben oder Minen verloren, 225 Boote werden bei Kriegsende von ihren Besatzungen selbst versenkt, 38 Boote wegen Defekte außer Dienst gestellt, elf Boote sind in ausländischen Häfen interniert.

153 Boote ergeben sich bei Kriegsende, davon versenken die Briten in der Operation »Deadlight« 130 Boote, eine weitere Zahl von Booten wird an verschiedene Marinen weitergegeben.

Von 40.900 auf deutschen U-Booten eingesetzten Soldaten sind 28.000 gefallen, 5.000 geraten in Kriegsgefangenschaft.

Auf Seiten der Alliierten verlieren 30.000 Seeleute ihr Leben.

Flucht nach Argentinien

Über zwei Monate nach der Kapitulation ergibt sich U 530 nach 15-wöchiger Fahrt am 10. Juli 1945 in Mar del Plata/Argentinien mit 54 vom Hunger geschwächten Männern an Bord. Die Besatzung wird verdächtigt, Adolf Hitler nach Südamerika gebracht zu haben.

Als zweites Boot setzt U 977 vor seiner Flucht nach Argentinien in norwegischen Gewässern 16 – meist verheiratete – Besatzungsmitglieder in Rettungsbooten ab. Nach einer 66-tägigen Reise – tagsüber wird getaucht gefahren, nachts zum Laden der Batterien geschnorchelt – wird die 32-köpfige Besatzung von U 977 am 17. August 1945 in Mar del Plata/Argentinien interniert. Am 13. November 1945 wird das Boot an die USA für Waffentests übergeben, am 20. November 1947 nordöstlich von Cape Cod/USA durch Torpedos des U-Bootes USS TORO versenkt.

Mit 68 Tagen absolviert U 978 die längste geschnorchelte Feindfahrt und übertrifft damit noch die 66-tägige Reise von U 977 nach Argentinien.

Versenkungsoperation »Deadlight«

Über 130 deutsche U-Boote werden im November 1945 nach der Kapitulation in schottische und nordirische Häfen beordert, um rund 100 Seemeilen nordwestlich von Irland versenkt zu werden. Über 50 Boote gehen bereits auf dem Weg zur Versenkung verloren.

27.11.1945:
U 2321, U 2322, U 2324, U 2328, U 2345, U 2354, U 2361

28.11.1945:
U 2325, U 2329, U 2334, U 2335, U 2337, U 2350, U 2363

29.11.1945:
U 298, U 312, U 968

30.11.1945:
U 170, U 281, U 328, U 369, U 481, U 868

1.12.1945:
U 826, U 1004, U 1061

3.12.1945:
U 776

4.12.1945:
U 218, U 299, U 539, U 778

5.12.1945:
U 994, U 1005

7.12.1945:
U 245, U 907, U 1019

8.12.1945:
U 485, U 773, U 775, U 1203, U 1271

9.12.1945:
U 532, U 1052, U 1307

Nach dem Krieg werden überall an deutschen Küsten, wie hier in der Flensburger Förde, U-Boot-Wracks geborgen und als »Rohstoff-Lieferanten« verwertet.

11.12.1945:
U 716, U 978, U 991, U 1163

13.12.1945:
U 249, U 255, U 293, U 760, U 997, U 1002

15.12.1945:
U 1009, U 1104

16.12.1945:
U 483, U 739, U 928, U 992, U 1301

17.12.1945:
U 295, U 368, U 779, U 956, U 1198, U 1230

21.12.1945:
U 149, U 150, U 155, U 291, U 318, U 427, U 637, U 720, U 806, U 1102, U 1110

22.12.1945:
U 143, U 145, U 1194

28.12.1945:
U 313, U 680
29.12.1945:
U 244, U 930, U 1022, U 1233
30.12.1945:
U 1103
31.12.1945:
U 278, U 294, U 363, U 668, U 802, U 861, U 874, U 875, U 883,
U 1165, U 2341
3.1.1946:
U 516, U 764, U 825, U 2336, U 2351, U 2502
5.1.1946:
U 541, U 2506
6.1.1946:
U 901, U 1109, U 2356
7.1.1946:
U 1010, U 1023, U 2511
10.2.1946:
U 975, U 3514

Kollisionen von deutschen U-Booten

U 222–U 626: U 222 sinkt am 2. September 1942 in der Ostsee vor Pillau nach einer Kollision mit U 626 – 42 Tote, drei Überlebende.

U 254–U 221: U 254 sinkt am 7. Dezember 1942 südöstlich von Grönland nach einer Kollision mit U 221 – 41 Tote, vier Überlebende.

U 272–U 664: U 272 sinkt am 12. November 1942 in der Ostsee vor Hela nach einer Kollision mit U 664 – 29 Tote, 12 Überlebende.

U 382–U 673: Am 24. Oktober 1944 kollidieren U 382 und U 673 nördlich von Stavanger/Norwegen. U 673 läuft auf Grund und sinkt. Das Boot wird am 9. November 1944 gehoben und in Norwegen verschrottet.

U 406–U 600: Am 5. Mai 1943 kollidieren U 406 und U 600 im Nordatlantik. Beide Boote können in ihre Stützpunkte zurückkehren.

U 439–U 659: Am 4. Mai 1943 kollidiert U 439 (40 Tote, neun Überlebende) westlich von Kap Ortegal/Spanien mit U 659 (44 Tote, drei Überlebende) – beide Boote sinken.

U 583–U 153: U 583 sinkt am 15. November 1941 in der Ostsee vor Danzig nach einer Kollision mit U 153 mit 45 Mann Besatzung.

U 612–U 444: U 612 sinkt nach einer Kollision mit U 444 am 6. August 1942 vor Gotenhafen – zwei Tote, 43 Überlebende. Das Boot wird im August 1942 gehoben und am 31. Mai 1943 wieder in Dienst gestellt.

U 649–U 232: U 649 sinkt am 24. Februar 1943 in der Ostsee nach einer Kollision mit U 232 – 35 Tote, elf Überlebende.

U 673–U 382: U 673 wird am 24. Oktober 1944 nördlich von Stavanger/Norwegen nach einer Kollision mit U 382 auf Grund gesetzt. Das Boot wird am 9. November 1944 gehoben und 1946 in Norwegen verschrottet.

U 718–U 476: U 476 rammt und versenkt am 18. November 1943 U 718 nordöstlich von Bornholm/Dänemark – 43 Tote, sieben Überlebende an Bord von U 718.

U 768–U 745: U 768 sinkt am 20. November 1943 vor Danzig nach einer Kollision mit U 745 – alle 44 Besatzungsmitglieder überleben.

U 983–U 988: U 983 sinkt am 8. September 1943 in der Ostsee nach einer Kollision mit U 988 – fünf Tote, 38 Überlebende.

U 1013–U 268: U 1013 sinkt am 17. März 1944 östlich von Rügen nach einer Kollision mit U 286 – 25 Tote, 26 Überlebende.

U 1015–U 1014: U 1014 rammt am 19. Mai 1944 das Schwesterboot U 1015 westlich von Pillau und versenkt es – 36 Tote, 14 Überlebende.

U 2344–U 2336: U 2344 sinkt am 18. Februar 1945 in der Ostsee nördlich von Heiligendamm nach einer Kollision mit U 2336 – elf Tote, drei Überlebende. Das Boot wird 1956 gehoben und 1958 in Rostock verschrottet.

Deutsche U-Boote – von gegnerischen U-Booten versenkt

U 36 vom britischen U-Boot HMS SALMON
U 51 vom britischen U-Boot HMS CACHELOT
U 95 vom niederländischen U-Boot O-21
U 144 vom sowjetischen U-Boot SC 307
U 168 vom niederländischen U-Boot ZWAARDFISH
U 183 vom US-Unterseeboot USS BESUGO
U 301 vom britischen Unterseeboot HMS SAHIB
U 303 vom britischen Unterseeboot HMS SICKLE
U 308 vom britischen HMS TRUCULENT
U 335 vom britischen U-Boot HMS SARACEN
U 374 vom britischen U-Boot HMS UNBEATEN
U 486 vom britischen U-Boot HMS TAPIR
U 537 vom US-U-Boot USS FLOUNDER
U 639 vom sowjetischen U-Boot S 101
U 644 vom britischen U-Boot HMS TUNA
U 771 vom britischen U-Boot HMS VENTURER
U 859 vom britischen U-Boot HMS TRENCHANT
U 864 vom britischen U-Boot HMS VENTURER
U 974 vom norwegischen U-Boot ULA
U 987 vom britischen U-Boot HMS SATYR
UIT 23 vom US-Boot USS TALLY-HO

Gegnerische U-Boote – von deutschen U-Booten versenkt

HMS THISTLE von U 4
DORIS (Frankreich) von U 9
HMS SPEARFISH von U 34
SFAX (Frankreich) von U 37
HMS CLYDE von U 67
P 615 von U 123
M 94 (Sowjetunion) von U 140
M 78 (Sowjetunion) von U 144
M 101 (Sowjetunion) von U 149
M 175 (Sowjetunion) von U 584

Deutsche U-Boote werden nach dem Krieg übernommen von …

- **Frankreich**
U 123, U 471, U 510, U 766, U 2326, U 2518
- **Großbritannien**
U 570, U 712, U 776, U 792/U 793, U 953, U 1108, U 1171, U 1407, U 2348
- **Japan**
U 181, U 195, U 219, U 862, UIT 24, UIT 25
- **Kanada**
U 190
- **den Niederlanden**
UD 5
- **Norwegen**
U 310, U 315, U 324, U 926, U 995, U 1202, U 4706
- **Schweden**
U 3503
- **Spanien**
U 573
- **der Sowjetunion**
U 9, U 250, U 1057, U 1058, U 1064, U 1231, U 1305, U 2353, U 2529, U 3035, U 3041, U 3515
- **den USA**
U 234, U 530, U 805, U 858, U 873, U 889, U 977, U 1105, U 1228, U 2513, U 3008

1953

Vom U-Boot ins Frachtschiff

In den ersten Jahren nach dem Krieg werden an allen deutschen Küsten hunderte von Kriegs- und Handelsschiffswracks geborgen, vor allem wegen wertvoller Edel- oder Buntmetalle, aber auch um Hindernisse für Schifffahrt und Fischerei aus dem Weg zu räumen.

So auch in der Geltinger Bucht: Drei fast neue U-Boot-Motoren (je 1.200 PS) werden dort von Bergungsunternehmen vom Grund der Flensburger Förde geholt. Die Flensburger Schiffbau-Gesellschaft lässt die Maschinen wieder aufarbeiten und baut sie in den 144 Meter langen Frachtschiffneubau PAUL HUNOLD (6.500 BRT) ein. Das 12 Knoten schnelle Schiff bleibt mit seinen MAN-Dieseln 26 Jahre, bis 1979, im Dienst.

U 534 im Jahr 1943 in Kiel (Foto oben) und fünfzig Jahre später bei der Bergung vor der dänischen Insel Anholt.

1993

Hoffnung auf einen Goldschatz

48 Jahre nach Kriegsende wird Dänemark von Spekulationen über einen sagenhaften »Nazischatz« bewegt: Immer neue Geschichten begleiten 1993 die Bergung von U 534, eines der 87 Boote der Klasse IXC/40. Selbsternannte Experten, Schatzsucher und Spekulanten rätseln über die geheimnisvolle Ladung des Bootes. War es als letztes Atlantikboot mit einem sagenhaften Hitler-Schatz oder den letzten Dokumenten des untergehenden Nazistaates auf dem Weg nach Argentinien versenkt worden?

Am 5. Mai 1945, drei Tage vor Kriegsende, wird das bei der Werft Deschimag AG Weser gebaute Boot von britischen Liberator-Bombern angegriffen und nahe der dänischen Insel Anholt versenkt. 49 Besatzungsmitglieder werden von Rettungsbooten eines nahen Feuerschiffs gerettet, drei ertrinken.

1993 lässt ein dänischer Verleger in der Hoffnung auf gute Gewinne das Boot heben. Die Bestandsaufnahme nach der Öffnung des Wracks ist enttäuschend: Weder wertvolle Gegenstände noch Goldbarren oder Geheimpapiere werden gefunden. Nach einigen Monaten Liegezeit in einer Abwrackwerft im dänischen Grenaa wird das Boot 1996 vom »Warship Preservation Trust« bei Liverpool übernommen und auf einem Ponton nach England geschleppt.

Unterseeboote der Bundesmarine/Deutsche Marine

Ein neuer Anfang

In der Bonner »Dienststelle Blank«, dem Vorläufer des Bundesverteidigungsministeriums, beginnt 1951 eine Arbeitsgruppe ihre Arbeit, um eine neue deutsche Marine aufzustellen.

1955

Nato-Mitglied

Nach Abschluss der Pariser Verträge 1954 wird die Bundesrepublik Deutschland am 9. Mai 1955 als 15. Mitglied in die Nato aufgenommen.

Bei der Aufstellung seiner neuen Marine soll Deutschland u.a. 12 Küsten-U-Boote in Dienst stellen.

Am 12. November 1955 überreicht Bundesverteidigungsminister Theodor Blank die ersten Ernennungsurkunden in der Bonner Ermekeil-Kaserne – die Geburtsstunde der neuen deutschen Streitkräfte. Am 1. März 1956 wird Vizeadmiral Friedrich Ruge zum ersten Abteilungsleiter Marine berufen, und am 1. April 1957 wird die Bezeichnung »Bundeswehr« mit Inkrafttreten des Soldatengesetzes eingeführt.

1957

U-HAI in Dienst gestellt

Als erste Einheiten der neuen U-Boot-Waffe werden drei Boote aus dem Zweiten Weltkrieg gehoben und reaktiviert. Das ehemalige U 2365 (Typ XXIII) wird als U-HAI (S 170) am 15. August 1957 zur Ausbildung

in Dienst gestellt. U-HECHT (S 171, ex U 2367) folgt im Oktober des selben Jahres, U 2540 (Typ XXI) am 1. September 1960 als WILHELM BAUER. Dieses Boot liegt seit dem 15. März 1982 als Technisches Museum in Bremerhaven.

U-HAI bei der Torpedoübernahme in Kiel.

Im Rahmen ihres Nato-Auftrages sollen die U-Boote der Bundesmarine vor allem in der Ostsee und zum Schutz der Ostsee-Zugänge eingesetzt werden.

Die besondere Herausforderung liegt in der Definition eines Bootstyps, der im Flachwasser und unter ständiger Bedrohung von U-Jagdmitteln der Marinen des Warschauer Paktes operieren soll. Diese Boote müssen schnell sein (17 kn unter Wasser, 12 kn an der Wasseroberfläche), sich leicht manövrieren lassen; sie benötigen eine hohe Seeausdauer und eine möglichst starke Bewaffnung.

1962

U 1 in Dienst gestellt

Die bereits 1955 begonnenen Planungen für die Bootsklasse 201, an der auch Schweden und Israel Interesse zeigen, sind erfolgreich: Am 16. März 1959 erhalten die Kieler Howaldtswerke den Bauauftrag für 12 Boote – U 1 wird als erstes Nachkriegsboot am 20. März 1962 in Dienst gestellt.

Die Stahlkrise

Berichte über Millionenschäden beim Bau der neuen U-Boote erschüttern die Republik im Sommer 1962. Umfangreiche Presse-Berichterstattung (»U-Boot-Misere«) und ein parlamentarisches Nachspiel bilden die Begleitmusik.

Was ist geschehen? Bei U 1 und U 2 zeigen sich wenige Monate nach Indienststellung Risse in den Rümpfen, wenig später werden diese auch bei U 3 und U 4 festgestellt. Untersuchungen ergeben, dass die Schäden durch Korrosion des amagnetischen Stahls entstanden sind. Bei der Materialauswahl sind aus Geheimhaltungsgründen keine wissenschaftlichen Institute oder staatlichen Prüfungsämter hinzugezogen worden.

Die sechs bereits fertig gestellten sowie zwei noch unfertige Boote müssen umgebaut werden. Aus ihnen entsteht die neue Klasse 205mod. Bei U 1 und U 2 wird beim Umbau auf amagnetischen Stahl verzichtet und die Tauchtiefe anschließend auf 40 Meter begrenzt. Die Boote werden nur noch als Schulboote eingesetzt. Das an Norwegen ausgeliehene U 3 wird ebenfalls umgebaut, zeigt sich aber bei Tauchversuchen bis über 100 Metern gewachsen.

1965

Die ungeliebte Klasse 202

Von der Streitkräfte-Administration wurden zunächst 12 Boote mit je 100 Tonnen (Klasse 202, ca. 22 Meter Länge, 300-PS-Diesel, 350-PS-E-Antrieb, max. Tauchtiefe 100 Meter, acht bis zehn Mann Besatzung und zwei Torpedos als Bewaffnung) geplant, deren Entwürfe 1958 von der Marine abgelehnt werden. Begründung: Wegen ihrer zu geringen Größe sind sie für Einsätze von drei Wochen Dauer ungeeignet. Trotzdem wird die Entwicklung der Klasse 202, des 100-Tonnen-Bootes mit 1.500 sm Reichweite an der Wasseroberfläche und getaucht 130 sm bei 3 kn,

Seltener Anblick: HANS TECHEL und FRIEDRICH SCHÜRER auf dem Trockenen.

weiter betrieben, wenn auch nur für zunächst drei Boote. Zwei Einheiten HANS TECHEL und FRIEDRICH SCHÜRER werden bei den Atlas-Werken in Bremen 1965 und 1966 gebaut und in Dienst gestellt. Diese Versuchsboote (VUB) galten als Vorstufe für ein Kampfboot. Das geplante dritte Boot wird nicht mehr gebaut. Bereits 1966 lässt die Marine wegen »Personalmangels« die beiden kleinen U-Boote wieder außer Dienst stellen. Sie werden später verschrottet.

1966

Das U-HAI-Unglück

Am 14. September 1966 sinkt U-HAI im Sturm bei einer Überwasserfahrt in der Nordsee vor Helgoland nach einem Wassereinbruch (19 Tote, ein Überlebender). Es wird am 19. September 1966 aus 47 Metern Wassertiefe gehoben und 1968 verschrottet.

1971

Die zweite Serie als neue Klasse

Das ursprünglich als zweites Los (12 Boote) geplante Bauprogramm der Klasse 201/205 wird – mit größerer Batteriekapazität, verringertem Ballast und neuem Schnorchel – als Klasse 206 in Auftrag gegeben. Die Werften HDW, Kiel, und Rheinstahl Nordseewerke, Emden, bauen je sechs Einheiten. Als erstes Boot wird U 13 am 28. September 1971 getauft und läuft am 14. März 1972 zur ersten Werftprobefahrt aus. Diese Boote erhalten im Laufe der Jahre erhebliche »Kampfwertsteigerungen« (z. B. neue Torpedos, verbesserte Feuerleit- und Ortungsanlagen mit verkürzten Reaktionszeiten, gesteigerte Angriffsfähigkeit auf größere Entfernungen sowie leistungsfähigere Batterien, mit denen die Boote mehrere Stunden 18 kn unter Wasser laufen konnten), so dass sie – jetzt als Klasse 206 A – auch mit über dreißig Dienstjahren noch im Einsatz sind und erfolgreich an Nato-Manövern teilnehmen.

2003

Der lange Weg zur Klasse 212

Fast 28 Jahre liegen zwischen dem letzten Stapellauf eines Bootes der Klasse 206 (U 30 am 4. April 1974) und dem von U 31 am 20. März 2003.

Dabei werden bereits in den sechziger Jahren des vorigen Jahrhunderts größere 1000-Tonnen-Boote als U-Jagd-Einheiten für Nordsee und Nordatlantik geplant. Dieses Vorhaben wird aber wegen der Stahlkrise der Klasse 206, den damit verbundenen Anforderungen an Haushaltsmittel und zeitlichen Verzögerungen zurückgestellt.

Ziel ist es, ein Boot mit hoher Unterwassergeschwindigkeit, großer Reichweite und einem außenluftunabhängigen Antrieb zu bauen, der aber zu jener Zeit noch nicht zur Verfügung steht. Gemeinsam mit Norwegen werden 1971 Planungen für ein solches Boot (Klasse 210/ULA-Klasse) aufgenommen; 1974 wird sogar ein Staatsvertrag abgeschlossen. Bereits 1977 wird dieses Projekt jedoch wieder zu den Akten gelegt.

Um den dringend benötigten Ersatz für die Klasse 206A zu beschaffen, sollen dann in den achtziger Jahren sechs 1.500-Tonnen-Boote mit konventionellem Antrieb (Klasse 211) in Emden gebaut werden. Auch dieses Vorhaben wird 1982 wegen der angespannten Haushaltslage des Bundes eingestellt.

Die Planungen werden 1987 wieder aufgenommen: Das Ingenieurkontor Lübeck erhält einen Entwicklungsauftrag für ein Boot mit außenluftunabhängigem Antrieb und geringen Signaturen in den Bereichen Akustik, Hydrodynamik, Magnetik und Wärmeabstrahlung. Das neue Boot wird eine Revolution in der U-Boot-Antriebstechnik sein.

Herzstück ist die Brennstoffzelle, in der Wasserstoff und Sauerstoff zu Elektrizität umgewandelt werden. Sie macht einen außenluftunabhängigen Antrieb möglich, der der besondere Wunsch der Marine war. Denn dieselelektrisch angetriebene Boote können getaucht nur so lange fahren, wie die Batteriekapazität reicht. Und ein Schnorchel ermöglicht nur sehr geringe Tauchtiefen. Ein Atomantrieb, über den wohl nachgedacht worden sein soll, verbot sich, weil Reaktoren eine erhebliche Menge an Kühlwasser benötigen und die dafür erforderlichen Pumpen zu starke Geräusche für ein U-Boot erzeugen, das möglichst geräuschlos operieren soll. In der Brennstoffzelle wird Strom dagegen in einem chemischen Prozess erzeugt, der lautlos erfolgt. Ideal für ein U-Boot. Mit diesem Antrieb haben die deutschen U-Boot-Bauer die Lücke zwischen dem dieselelektrischen und dem Atomantrieb geschlossen.

U 1 wird zum Versuchsboot für den Wasserstoff-Brennstoffzellen-Antrieb umgebaut und unternimmt von Mitte 1988 bis März 1989 erfolgreiche See-Erprobungen.

Im Juli 1995 erhalten HDW, Kiel, und TNSW, Emden, den Auftrag für den Bau von vier Booten der Klasse 212A, die sich gegenüber der Klasse 212 durch eine größere Tauchtiefe (Man spricht von deutlich mehr als 250 Metern!) und einen strömungsgünstigeren Turmaufbau auszeichnet.

Der Preis für ein Boot dieser Klasse liegt zwischen 450 und 500 Millionen Euro.

Baubeginn für U 31, das erste Boot dieser Klasse, ist der 1. Juli 1998, die Taufe findet am 20. März 2002 in Kiel statt, das Boot wird im Dezember 2005 in Dienst gestellt.

- Die Boote der Klasse 212A sind mit einem weltweit einmaligen Hybridantrieb (Dieselgenerator, Fahrbatterie, Brennstoffzelle und Fahrmotor) ausgerüstet, der sie in die Lage versetzt, unabhängig von der Außenluft Unterwassereinsätze von mehreren Wochen durchzuführen.
- Die Bewaffnung besteht aus sechs Torpedorohren.
- Das elektronische Führungs- und Waffeneinsatzsystem (FüWES) kann mehrere Ziele gleichzeitig verfolgen und angreifen. Für diese Boote ist ein neuer, schwerer, drahtgelenkter Torpedo DM2A4 »Seehecht« entwickelt worden.

Blick in die HDW-U-Boot-Produktion (von links): Ein Boot für Griechenland (Klasse 214), ein Boot für Südafrika (Klasse 209) und daneben das deutsche U 33 (Klasse 212A).

»Baustelle« U 31 auf der HDW-Pier in Kiel.

Das Herzstück der neuen U-Boote ist die Operationszentrale.

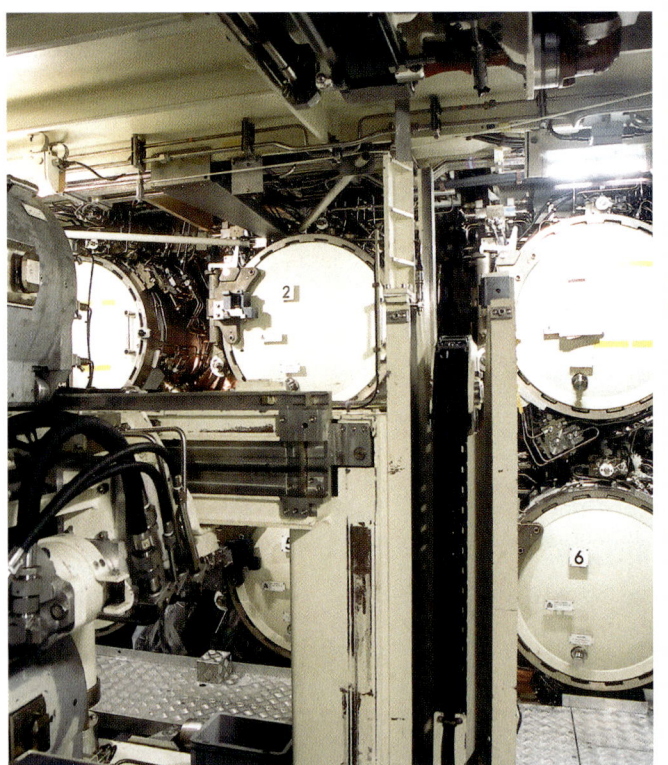

Sechs Torpedorohre der Klasse 212 A sind in einer Doppelreihe angeordnet.

Das deutsche U 32 (hinten) folgt dem baugleichen italienischen Boot SALVATORE TODARO in den Hafen von Tarent.

- Diese Klasse ist mit mehreren hochmodernen Sonaranlagen ausgerüstet, neu ist das Schleppsonar, das die Leistungsfähigkeit deutlich erhöht.
- Innerhalb des Bootes gibt es getrennte Wohn- und Arbeitsbereiche; jedes Mannschaftsmitglied hat eine eigene Koje!
- Durch die verbesserte Formgebung sind die Boote der Klasse 212A/214 schwer zu orten, sie können lange unter Wasser bleiben, zeichnen sich durch eine große Tauchtiefe und eine leistungsstarke Bewaffnung aus.

Zukünftige Entwicklungen und Perspektiven:

Dieser heute schon als weltweit führend beurteilte U-Boot-Entwurf wird in Planungsstäben und Ingenieurbüros bereits weiterentwickelt. Schon die nächsten Einheiten werden erhebliche Verbesserungen, wie eine vernetzte Operationsführung, Kommunikationsmöglichkeiten aus der Tiefe über eine Boje, weiter verbesserte Ortungsmöglichkeiten und der Einbau einer Schleuse für Kampfschwimmer, erhalten.

Da bei Exportbooten bereits Seezielflugkörper eingesetzt werden, könnte dies grundsätzlich auch von deutschen Booten aus geschehen. In Studien wird untersucht, ob von U-Booten drahtgelenkte Flugkörper gegen See- und Landziele, ob unbemannte Unterwasser- oder Flugdrohnen eingesetzt oder ob in den Ausfahrmast eine Maschinenkanone zur Terrorismusbekämpfung integriert werden kann.

Zwei weitere Boote der Klasse 212A lässt die italienische Marine nach den deutschen Plänen in Italien bauen.

Darüber hinaus entwickelt HDW die U-Boot-Klasse 214, ebenfalls mit Brennstoffzellenantrieb. Die 1.800-Tonnen-Boote gehen in den Export nach Griechenland, Südkorea und Portugal.

Die Unterseebootschule der DDR

Mit Unterstützung der sowjetischen Marine beginnen im Jahr 1952 unter strenger Geheimhaltung die Vorbereitungen zur Eröffnung einer U-Boot-Lehranstalt (1. ULA) in Sassnitz auf Rügen. Am 5. Januar 1953 nimmt die Einrichtung ihren Betrieb mit 53 Offizieren, 150 Unteroffizieren und 280 Mannschaften auf. Ehemalige U-Boot-Fahrer aus dem Zweiten Weltkrieg übernehmen, unterstützt von sowjetischen Offizieren, Lehraufträge.

Als erste Boote sollen fünf VII C-Boote aus sowjetischem Besitz sowie zwei Einheiten des Typs M/Serie XV »Maljutki« (283 Tonnen Wasserverdrängung, vier Torpedorohre und 24–26 Mann Besatzung) der Baltischen Flotte der Sowjetunion nach Sassnitz verlegt und der Schule unterstellt werden.

In das »Zeuthener Protokoll«, dem Marine-Aufbauplan der DDR jener Zeit, werden 14 U-Boot-Neubauten (je 750 Tonnen Wasserverdrängung) eingestellt. Dieser Typ soll dem Weltkriegstyp VII C/41 ähneln. Vermessungsarbeiten haben an dem vor Warnemünde gehobenen U 1308 (Objekt »U«) auf der Volkswerft Stralsund und der Neptunwerft Rostock bereits begonnen.

Am Jasmunder Bodden wird der Bau eines U-Boot-Hafens geplant.

Schon wenige Monate später kommt jedoch das Ende für die Schule: Nach dem Volksaufstand vom 17. Juni 1953 wird das Experiment am 1. Juli 1953 beendet, weil die DDR-Regierung unter dem Druck der Ereignisse die Rüstungsausgaben drastisch zurücknehmen muss. Die avisierten Boote sind in der DDR nie eingetroffen; U 1308 wird verschrottet. Die Soldaten werden in andere Einheiten abkommandiert.

1955 wird U 2344 (Typ XXIII) vor Heiligendamm geborgen und auf der Neptun-Werft untersucht. Aber auch dieses Boot weist so große Beschädigungen auf, dass es 1957 verschrottet werden muss.

Später werden in der DDR keine weiteren Versuche unternommen, eine eigene U-Boot-Flotte aufzustellen.

Deutsche Unterseeboote in alle Welt

Das erste Unterseeboot, das in Deutschland gebaut und an eine ausländische Marine verkauft wurde, war das Tauchboot FORELLE, das 1903 auf der Germaniawerft erstellt und an Russland abgegeben worden ist. Bis zum Ende des Zweiten Weltkrieges werden unter den unterschiedlichsten Vorzeichen 45 deutsche U-Boote an das Ausland abgegeben.

Anfang der 1960er Jahre, vor dem Auslaufen des ersten Loses der U-Boot-Produktion für Deutschland, beginnen die Werften HDW (zusammen mit Ferrostaal und IKL) den erweiterten U-Boot-Entwurf Klasse 207/209 und Rheinstahl Nordseewerke (RNSW) den Bootstyp TR 1700 zunächst Nato-Partnerländern anzubieten. Nach Norwegen (RNSW), Griechenland (HDW) und der Türkei bestellten auch Argentinien, Südkorea und zahlreiche andere Staaten deutsche Boote. Eine größere Zahl dieser Typen wird später im Lizenzbau auf ausländischen Werften gebaut. Seit 2002 werden zum Beispiel Boote für Griechenland auf der HDW-eigenen Werft Hellenic Shipyards hergestellt. Eine Besonderheit stellt die Verbindung zu Israel dar: Die ersten drei Boote werden 1976/77 nach deutschen Plänen bei Vickers in Großbritannien gebaut. Nach dem zweiten Golfkrieg finanziert und liefert Deutschland drei Einheiten der nach israelischen Wünschen konstruierten Dolphin-Klasse.

Als neue Exportversion, die weltweit einzige mit Brennstoffzellenantrieb, steht jetzt die aus den Klassen 209 und 212A weiterentwickelte Klasse 214 zur Verfügung, die bereits von Griechenland, Portugal und Südkorea geordert worden ist.

Gegenüber der Klasse 212A ist die Klasse 214 mit 1.750 Tonnen größer, besitzt zwei Diesel, einen Optronikmast, ein Aktivsonar und eine Kampfschwimmerschleuse, über die das erste Los der 212er nicht verfügt. Diese Boote können auch Flugkörper gegen See- und Landziele verschießen. Seit 1950 sind über 135 deutsche Unterseeboote exportiert worden.

Das argentinische Boot SANTA CRUZ läuft am 15. November 1984 aus Emden nach Argentinien aus.

ARGENTINIEN
Armada Argentina
www.ara.mil.ar

SALTA (S 31)
Typ: 209/1200, Baujahr: 1972, Bauwerft: Tandanor, Indienststellung: 9. November 1972
Technische Daten: Verdrängung an der Wasseroberfläche: 1.248 tons, getaucht: 1.140 tons, Abmessungen: 56,0 m x 6,3 m x 5,5 m, Antrieb: Vier Diesel (2.400 PS) und ein E-Motor, Geschwindigkeit an der Wasseroberfläche: 10 kn, getaucht: 20 kn, Reichweite an der Wasseroberfläche 6.000 sm bei 8 kn, getaucht 230 sm bei 8 kn, 400 sm bei 4 kn, Besatzung: 32 Mann, Bewaffnung: Acht Torpedorohre, Minen.

SAN LUIS (S 32)
Typ: 209/1200, Baujahr: 1973,
Bauwerft: Tandanor/Materiallieferung HDW,
Indienststellung: 3. April 1973
Außerdienstellung: 1996
Technische Daten – siehe SALTA

SANTA CRUZ (S 41)
Typ: TR 1700, Baujahr: 1982,
Bauwerft: Thyssen Nordseewerke, Emden,
Indienststellung: 28. September 1983
Technische Daten: Verdrängung an der Wasseroberfläche: 2.116 tons, getaucht: 2.264 tons, Abmessungen: 64,9 m x 7,3 m x 6,5 m, Antrieb: Vier Diesel (6.720 PS), ein E-Motor, Geschwindigkeit an der Wasseroberfläche: 13 kn, getaucht: 25 kn, Reichweite an der Wasseroberfläche 12.000 sm bei 8 kn, getaucht: 460 sm bei 6 kn, Besatzung: 26 Mann, Tauchtiefe: 300 m, Bewaffnung: Sechs Torpedorohre, Minen.
Indienststellung: 28. September 1983

SAN JUAN (S 42)
Typ: TR 1700, Baujahr: 1983,
Bauwerft: Thyssen Nordseewerke, Emden,
Indienststellung: 20. Juni 1983
Technische Daten – siehe SANTA CRUZ

BRASILIEN
Marinha do Brazil
www.mar.mil.br

TUPI (S 30)
Typ: 209/1400, Baujahr: 1987,
Bauwerft: HDW, Indienststellung: 6. Mai 1989
Technische Daten: Verdrängung an der Wasseroberfläche: 1.260 tons, getaucht: 1.440 tons, Abmessungen: 61,2 m x 6,3 m x 5,5 m, Geschwindigkeit an der Wasseroberfläche: 11 kn, getaucht: 21,5 kn, Reichweite an der Wasseroberfläche 8.200 sm bei 8 kn, getaucht 240 sm bei 8 kn, 400 sm bei 4 kn, Besatzung: 30 Mann, Bewaffnung: Acht Torpedorohre, 16 Torpedos oder Minen.

TAMOIO (S 31)
Typ: 209/1400, Baujahr: 1993,
Bauwerft: Arsenal do Marinha, Rio de Janeiro (Materiallieferung HDW),
Indienststellung: 12. Dezember 1994
Technische Daten – siehe TUPI

TIMBIRA (S 32)
Typ: 209/1400, Baujahr: 1995,
Bauwerft: Arsenal do Marinha, Rio de Janeiro (Materiallieferung HDW),
Indienststellung: 27. Dezember 1996
Technische Daten – siehe TUPI

TAPAJO (S 33)
Typ: 209/1400, Baujahr: 1998,
Bauwerft: Arsenal do Marinha, Rio de Janeiro (Materiallieferung HDW),
Indienststellung: 21. Dezember 1999
Technische Daten – siehe TUPI

TIKUNA (S 34)
Typ: 209/1400 (Tikuna Class), Baujahr: 2004,
Bauwerft: Arsenal do Marinha, Rio de Janeiro (Materiallieferung HDW),
Technische Daten: Verdrängung an der Wasseroberfläche: 2.425 tons, Abmessungen: 67,0 m x 6,2 m x 5,5 m, Geschwindigkeit an der Wasseroberfläche: 11 kn, getaucht: 21,5 kn, Besatzung: 39 Mann, Bewaffnung: Acht Torpedorohre, 16 Torpedos oder 32 Minen.

CHILE
Armada de Chile
www.armada.cl

THOMSON (S 20)
Typ: 209/1400, Baujahr: 1984,
Bauwerft: HDW, Indienststellung: 7. Mai 1984
Technische Daten: Verdrängung an der Wasseroberfläche: 1.260 tons, getaucht: 1.390 tons, Abmessungen: 59,5 m x 6,3 m x 5,5 m, Geschwindigkeit an der Wasseroberfläche: 11 kn, getaucht: 21,5 kn, Reichweite an der Wasseroberfläche 8.200 sm bei 8 kn, getaucht 16 sm bei 21,5 kn, 400 sm bei 4 kn, Besatzung: 32 Mann, Bewaffnung: Acht Torpedorohre, 14 Torpedos.

SIMPSON (S 21)
Typ: 209/1400, Baujahr: 1982,
Bauwerft: HDW, Indienststellung: 18. Juli 1985
Technische Daten – siehe THOMSON

COLUMBIEN
Armada Nacional
www.armada.mil.co

PIJAO (S 28)
Typ: 209/1200, Baujahr: 1975,
Bauwerft: HDW, Indienststellung: 14. Mai 1975
Technische Daten: Verdrängung an der Wasseroberfläche: 1.185 tons, getaucht: 1.356 tons, Abmessungen: 55,6 m x 6,3 m x 5,4 m, Geschwindigkeit an der Wasseroberfläche: 11 kn, getaucht: 22 kn, Reichweite an der Wasseroberfläche 8.000 sm bei 8 kn, getaucht: 400 sm bei 4 kn, Tauchtiefe: 250 m, Besatzung: 34 Mann, Bewaffnung: Acht Torpedorohre, 14 Torpedos, Minen.

TAYRONA (S 29)
Typ: 209/1200, Baujahr: 1975,
Bauwerft: HDW, Indienststellung: 18. Juli 1975
Technische Daten – siehe PIJAO

DÄNEMARK
Søværnets Operative Kommando
http://forsvaret.dk/sok

NARVHALEN (S 320)
Typ: 205i, Baujahr: 1969,
Bauwerft: Orlogsvaerft, Kopenhagen (Lizenz)
Indienststellung: 27. Februar 1970
Technische Daten: Verdrängung an der Wasseroberfläche: 370 tons, getaucht: 450 tons, Abmessungen: 44,0 m x 4,6 m x 3,8 m, Geschwindigkeit an der Wasseroberfläche: 10 kn, getaucht: 17,0 kn, Besatzung: 22 Mann, Bewaffnung: Acht Torpedorohre.

NORDKAPEREN (S 321)
Typ: 205i, Baujahr: 1969,
Bauwerft: Orlogsvaerft, Kopenhagen
Indienststellung: 14. Februar 1967
Außerdienststellung: 15. Dezember 1970
Technische Daten – siehe NARVHALEN

TUMLEREN (S 322)
Siehe UTVAER (S 303)/Norwegen

SAELEN (S 323)
Siehe UTHAUG (S 304)/Norwegen
Dieses Boot ist seit 2006 als Museumsboot auf dem Holmen in Kopenhagen aufgestellt.

SPRINGEREN (S 324)
Siehe KYA (S 317)/Norwegen
Dieses Boot ist seit 2006 als Museumsboot in Bagenkop/Langeland zu besichtigen.

ECUADOR
Armada del Ecuador
www.fuerzasarmadasecuador.org

SHYRI (S 101)
Typ: 209/1300, Baujahr: 1974,
Bauwerft: HDW, Indienststellung: November 1977
Technische Daten: Verdrängung an der Wasseroberfläche: 1.258 tons, getaucht: 1.390 tons, Abmessungen: 59,5 m x 6,3 m x

Das erste Boot der Klasse 214 für Griechenland: PAPANIKOLIS im Frühjahr 2004 bei HDW Kiel vor dem ersten Zuwasserlassen.

5,4 m, Antrieb: Vier Diesel- (5.000 PS) und ein Elektromotor, Geschwindigkeit an der Wasseroberfläche: 10 kn, getaucht: 21,0 kn, Reichweite an der Wasseroberfläche 8.200 sm bei 8 kn, getaucht 16 sm bei 21,5 kn, 400 sm bei 4 kn, Besatzung: 33 Mann, Bewaffnung: Acht Torpedorohre, 14 Torpedos

HUANCAVILCA (S 102)
Typ: 209/1300, Baujahr: 1974,
Bauwerft: HDW, Indienststellung: November 1978
Technische Daten – siehe SHYRI

GRIECHENLAND
Hellenic Navy
www.hellas.org

GLAFOS (S 110)
Typ: 209/1100, Baujahr: 1971,
Bauwerft: HDW, Indienststellung: 5. November 1971
Technische Daten: Verdrängung an der Wasseroberfläche: 1.105 tons, getaucht: 1.230 tons, Abmessungen: 54,4 m x 6,2 m x 5,9 m, Antrieb: Vier Diesel- (5.000 PS) und ein Elektromotor, Geschwindigkeit an der Wasseroberfläche: 11 kn, getaucht: 21,5 kn,

Reichweite an der Oberfläche: 8.600 sm bei 8 kn, getaucht: 380 sm bei 4 kn, Tauchtiefe: 250 m, Besatzung: 36 Mann, Bewaffnung: Acht Torpedorohre.

NIREFS (S 111)
Typ: 209/1100, Baujahr: 1971,
Bauwerft: HDW, Indienststellung: 10. Februar 1972
Technische Daten – siehe GLAVKOS

TRITON (S 112)
Typ: 209/1100, Baujahr: 1971,
Bauwerft: HDW, Indienststellung: 8. August 1972
Technische Daten – siehe GLAVKOS

PROTEFS (S 113)
Typ: 209/1100, Baujahr: 1971,
Bauwerft: HDW, Indienststellung: 8. August 1972
Technische Daten – siehe GLAVKOS

POSEIDON (S 116)
Typ: 209/1200, Baujahr: 1978,
Bauwerft: HDW, Indienststellung: 22. März 1979
Technische Daten: Verdrängung an der Wasseroberfläche: 1.180 tons, getaucht: 1.285 tons, Abmessungen: 55,9 m x 6,2 m x 5,9 m, Antrieb: Vier Diesel- (5.000 PS) und ein Elektromotor, Reichweite an der Oberfläche: 12.100 sm bei 4 kn, getaucht: 380 sm bei 4 kn, Tauchtiefe: 300 m, Geschwindigkeit an der Wasseroberfläche: 11 kn, getaucht: 21,5 kn, Besatzung: 31 Mann, Bewaffnung: Acht Torpedorohre, 14 Torpedos.

AMPHITRITI (S 117)
Typ: 209/1200, Baujahr: 1978,
Bauwerft: HDW, Indienststellung: 22. März 1979
Technische Daten – siehe POSEIDON.

OKEANOS (S 118)
Typ: 209/1200, Baujahr: 1978,
Bauwerft: HDW, Indienststellung: 15. November 1979
Technische Daten – siehe POSEIDON.

PONTOS (S 119)
Typ: 209/1200, Baujahr: 1978,
Bauwerft: HDW, Indienststellung: 29. April 1980
Technische Daten – siehe POSEIDON.

PAPANIKOLIS
Typ: 214 (Katsonis Class), Baujahr: 2004,
Bauwerft: HDW, Kiel, Baubeginn: Februar 2002
Taufe: 22. April 2004
Ablieferung: 30. September 2005
Technische Daten: Verdrängung an der Wasseroberfläche: 1.700 tons, Abmessungen: 65,0 m x 6,3 m, Antrieb: Dieselelektrisch, Brennstoffzelle, Besatzung: 35 Mann, Bewaffnung: Acht Torpedorohre

(–)
Typ 214,
Werft: Hellenic Shipyards, Skaramanga
Technische Daten – siehe PAPANIKOLIS

(–)
Typ 214,
Werft: Hellenic Shipyards, Skaramanga
Technische Daten – siehe PAPANIKOLIS

(–)
Typ 214,
Werft: Hellenic Shipyards, Skaramanga
Technische Daten – siehe PAPANIKOLIS

INDIEN
Indian Navy
www.indiannavy.nic.in

SHISHUMAR (S 44)
Typ: 209/1500, Baujahr: 1984,
Bauwerft: HDW, Indienststellung: 22. September 1986
Technische Daten: Verdrängung an der Wasseroberfläche: 1.700 tons, getaucht: 1.850 tons, Abmessungen: 64,4 m x 6,5 m x 6,0 m, Geschwindigkeit an der Wasseroberfläche: 11 kn, getaucht: 22 kn, Reichweite an der Wasseroberfläche 13.000 sm bei 6 kn, Tauchtiefe: 300 m, Besatzung: 39 Mann, Bewaffnung: Acht Torpedorohre, Minen.

SHANKUSH (S 45)
Typ: 209/1500, Baujahr: 1985,
Bauwerft: HDW, Indienststellung: 20. November 1986
Technische Daten – siehe SHISHUMAR

SHALKI (S 46)
Typ: 209/1500, Baujahr: 1991,
Bauwerft: Mazagon Dockyard, Indien (Materiallieferung HDW)
Indienststellung: 7. Februar 1992
Technische Daten – siehe SHISHUMAR

SHANKUL (S 47)
Typ: 209/1500,
Baujahr: 1993,
Bauwerft: Mazagon Dockyard, Indien/Materiallieferung HDW
Indienststellung: 28. Mai 1994
Technische Daten – siehe SHISHUMAR

INDONESIEN
TNI Angkatan Laut
http://www.tnial.mil.id/

CAKRA (S 101)
Typ: 209/1300, Baujahr: 1980,
Bauwerft: HDW, Indienststellung: 8. Juli 1980
Technische Daten: Verdrängung an der Wasseroberfläche: 1.285 tons, getaucht: 1.390 tons, Abmessungen: 59,5 m x 6,2 m x 5,4 m, Reichweite an der Wasseroberfläche: 8.200 sm bei 8 kn, Geschwindigkeit an der Wasseroberfläche: 11 kn, getaucht: 21,5 kn, Besatzung: 34 Mann, Bewaffnung: Acht Torpedorohre, 14 Torpedos.

NANGGALA (S 102)
Typ: 209/1300, Baujahr: 1980,
Bauwerft: HDW, Indienststellung: 21. Oktober 1980
Technische Daten – siehe CAKRA

ISRAEL
Israeli Sea Corps
www.1.idf.il

GAL
Typ: 540, Baujahr: 1976,
Bauwerft: Vickers (Lizenz HDW), Indienststellung: 1. Januar 1977
Außerdienststellung: 1999/2000
Technische Daten: Verdrängung an der Wasseroberfläche: 450 tons, getaucht: 600 tons, Abmessungen: 48,0 m x 4,7 m x

Das im Jahr 2000 in Dienst gestellte israelische Boot TEKUMA auf der Kieler Förde.

Die beiden ausgemusterten israelischen Boote GAL und TANIN (li. und M.) mit dem Boot U 21 im Jahr 2004 im Kieler HDW-Trockendock.

3,7 m, Geschwindigkeit an der Wasseroberfläche: 11 kn, getaucht: 17 kn, Besatzung: 22 Mann, Bewaffnung: Acht Torpedorohre.

TANIN

Typ: 540, Baujahr: 1976,
Bauwerft: Vickers (Lizenz HDW), Indienststellung: 1977,
Außerdienststellung: 1999/2000
Technische Daten – siehe GAL

RAHAV

Typ: 540, Baujahr: 1976,
Bauwerft: Vickers (Lizenz HDW),
Indienststellung: Dezember 1977, Außerdienststellung: 1999/2000
Technische Daten – siehe GAL

DOLPHIN

Typ: Dolphin-Class, Baujahr: 1998,
Bauwerft: HDW/Thyssen Nordseewerke,
Ablieferung: 29. März 1999, Indienststellung: 1999
Technische Daten: Verdrängung an der Wasseroberfläche: 1.640 tons, getaucht: 1.900 tons, Abmessungen: 57,3 m x 6,8 m x 6,2 m, Geschwindigkeit an der Wasseroberfläche: 11 kn, getaucht: 20 kn, Reichweite an der Wasseroberfläche 8.000 sm bei 8 kn, getaucht: 420 sm bei 8 kn, Besatzung: 35 Mann, Bewaffnung: Zehn Torpedorohre, Raketen.

LEVIATHAN

Typ: Dolphin-Class, Baujahr: 1998,
Bauwerft: HDW/Thyssen Nordseewerke,
Ablieferung: 29. Juni 1999, Indienststellung: 1999
Technische Daten – siehe DOLPHIN,

TEKUMA

Typ: Dolphin-Class, Baujahr: 1998,
Bauwerft: HDW/Thyssen Nordseewerke,
Ablieferung: 25. Juli 2000
Indienststellung: 2000
Technische Daten – siehe DOLPHIN.

?

Typ: Dolphin-AIT-Class, Baujahr: ?, Bauwerft: TKMS, Kiel

?

Typ: Dolphin-AIT-Class, Baujahr: ?, Bauwerft: TKMS, Kiel

ITALIEN
Marina Militare
www.marina.difesa.it/

SALVATORE TODARO (S 526)
Typ: 212 A, Baujahr: 1999/2000,
Bauwerft: Fincantieri, Muggiano/La Spezia
(Materiallieferung HDW), Taufe: Juni 2003
Übergabe an Marine: März 2006

SCIRE (S 527)
Typ: 212 A, Baujahr: 2000,
Bauwerft: Fincantieri, Muggiano/La Spezia
(Materiallieferung HDW)
Taufe: Juni 2003

NORWEGEN
Forsvarsnett
www.mil.no

KINN (S 316)
Typ: 207, Baujahr: 1963,
Bauwerft: Rheinstahl-Nordseewerke,
Indienststellung: 8. April 1964, Außerdienststellung: 20. Februar 1980

KYA (S 317)
Typ: 207, Baujahr: 1964,
Bauwerft: Rheinstahl-Nordseewerke
Indienststellung: 15. Juni 1964, Außerdienststellung: 7. August 1989

KOBBEN (S 318)
Typ: 207, Baujahr: 1964,
Bauwerft: Rheinstahl-Nordseewerke
Indienststellung: 17. August 1964, Außerdienststellung: 2000
Verkauf nach Polen, im Jahr 2000 als JASTRZAB wieder in Dienst gestellt.

KUNNA (S 319)
Typ: 207, Baujahr: 1964,
Bauwerft: Rheinstahl-Nordseewerke
Indienststellung: 29. Oktober 1964, Außerdienststellung: 2001
Verkauf nach Polen, als KONDOR 2001 wieder in Dienst gestellt.

Das 1990 bei HDW in Dienst gestellte norwegische Boot UREDD auf Flottenbesuch in Kiel.

KAURA (S 315)
Typ: 207, Baujahr: 1964,
Bauwerft: Rheinstahl-Nordseewerke
Indienststellung: 5. Februar 1965, Außerdienststellung: 31. Mai 1990

ULA (S 300)
Typ: 207, Baujahr: 1964,
Bauwerft: Rheinstahl-Nordseewerke
Indienststellung: 7. Mai 1965, Außerdienststellung: 26. Oktober 1990
Verkauf nach Dänemark, als KINN (S 316) wieder in Dienst gestellt.

UTSIRA (S 301)
Typ: 207, Baujahr: 1965,
Bauwerft: Rheinstahl-Nordseewerke
Indienststellung: 8. Juli 1965, Außerdienststellung: 12. Dezember 1991

UTSTEIN (S 302)
Typ: 207, Baujahr: 1965,
Bauwerft: Rheinstahl-Nordseewerke
Indienststellung: 15. September 1965
Außerdienststellung: 23. November 1990
UTSTEIN wird seit Juni 1998 im Marinemuseum Horten (Norwegen) ausgestellt.

UTVAER (S 303)
Typ: 207, Baujahr: 1965,
Bauwerft: Rheinstahl-Nordseewerke
Indienststellung: 1. Dezember 1965, Außerdienststellung: 30. Oktober 1987, Verkauf an Dänemark, 1989 als TUMLEREN (S 320) wieder in Dienst gestellt.

UTHAUG (S 304)
Typ: 207, Baujahr: 1966,
Bauwerft: Rheinstahl-Nordseewerke
Indienststellung: 16. Februar 1966
Außerdienststellung: 16. Dezember 1987
Verkauf an Dänemark, 1990 als SAELEN (S 323) wieder in Dienst gestellt.

SKLINNA (S 305)
Typ: 207/Kobben Class, Baujahr: 1966,
Bauwerft: Rheinstahl-Nordseewerke
Indienststellung: 27. Mai 1966, Außerdienststellung: 9. Januar 1989
Technische Daten: Verdrängung an der Wasseroberfläche: 459 tons, getaucht: 524 tons, Abmessungen: 47,4 m x 4,6 m x 4,3 m, Reichweite an der Wasseroberfläche: 5.000 sm bei 8 kn, Geschwindigkeit an der Wasseroberfläche: 12,0 kn, getaucht: 18,0 kn, Besatzung: 18 Mann, Bewaffnung: Acht Torpedorohre,

SKOLPEN (S 306)
Typ: 207/Kobben Class, Baujahr: 1966
Bauwerft: Rheinstahl-Nordseewerke
Indienststellung: 17. August 1966,
Außerdienststellung: 8. November 1989
Verkauf nach Polen, als SEP wieder in Dienst gestellt.

STADT (S 307)
Typ: 207/Kobben Class, Baujahr: 1966
Bauwerft: Rheinstahl-Nordseewerke
Indienststellung: 15. November 1966,
Außerdienststellung: 12. Mai 1987

STORD (S 308)
Typ: 207/Kobben Class, Baujahr: 1966
Bauwerft: Rheinstahl-Nordseewerke
Indienststellung: 14. Februar 1967
Außerdienststellung: 14. Februar 1967
Verkauf an Polen, als SOKOL wieder in Dienst gestellt.

SVENNER (S 309)
Typ: 207/Kobben Class, Baujahr: 1967
Bauwerft: Rheinstahl-Nordseewerke
Indienststellung: 12. Juni 1967
Verkauf nach Polen, als BIELIK wieder in Dienst gestellt.

ULA (S 300)
Typ: Ula Class, Baujahr: 1989,
Bauwerft: Thyssen Nordseewerke, Emden,
Indienststellung: 27. April 1989
Technische Daten: Verdrängung an der Wasseroberfläche:
1.040 tons, getaucht: 1.150 tons, Abmessungen: 59,0 m x 5,4 m x
4,6 m, Reichweite an der Wasseroberfläche: 5.000 sm bei 8 kn, Geschwindigkeit an der Wasseroberfläche: 11 kn, getaucht: 23,0 kn,
Besatzung: 21 Mann, Bewaffnung: Acht Torpedorohre.

UREDD (S 305)
Typ: Ula Class, Baujahr: 1990,
Bauwerft: Thyssen Nordseewerke, Emden,
Indienststellung: 3. Mai 1990
Technische Daten – siehe ULA

UTVAER (S 303)
Typ: Ula Class, Baujahr: 1990,
Bauwerft: Thyssen Nordseewerke, Emden,
Indienststellung: 8. November 1990
Technische Daten – siehe ULA

UTHAUG (S 304)
Typ: Ula Class, Baujahr: 1991,
Bauwerft: Thyssen Nordseewerke, Emden,
Indienststellung: 7. Mai 1991
Technische Daten – siehe ULA

UTSTEIN (S 302)
Typ: Ula Class, Baujahr: 1991,
Bauwerft: Thyssen Nordseewerke, Emden,
Indienststellung: 14. November 1991
Technische Daten – siehe ULA

UTSIRA (S 301)
Typ: Ula Class, Baujahr: 1992,
Indienststellung: 30. April 1992
Bauwerft: Thyssen Nordseewerke, Emden.

PERU
Marina del Guerra del Peru
www.marina.mil.pe

ANGAMOS (SS 31)/ex CASMA
Typ: 209/1200, Baujahr: 1979,
Bauwerft: HDW, Indienststellung: 19. Dezember 1980
Technische Daten: Verdrängung an der Wasseroberfläche: 1.185 tons,
getaucht: 1290 tons, Abmessungen: 56,0 m x 6,2 m x 5,5 m, Geschwindigkeit an der Wasseroberfläche: 11 kn, getaucht: 21,5 kn, Reichweite
an der Wasseroberfläche 8.000 sm bei 8 kn, getaucht: 240 sm bei 8 kn,
Besatzung: 35 Mann, Bewaffnung: Acht Torpedorohre.

ANTOFAGASTA (SS 32)
Typ: 209/1200, Baujahr: 1979,
Bauwerft: HDW, Indienststellung:19. Dezember 1980
Technische Daten – siehe ANGAMOS

PISAGUA (SS 33)
Typ: 209/1200, Baujahr: 1980,
Bauwerft: HDW, Indienststellung: 12. Juli 1983
Technische Daten – siehe ANGAMOS

CHIPANA (SS 34)
Typ: 209/1200, Baujahr: 1981,
Bauwerft: HDW, Indienststellung: 28. Oktober 1982
Technische Daten – siehe ANGAMOS

ISLAY (S 35)
Typ: 209/1200, Baujahr: 1973,
Bauwerft: HDW, Indienststellung: 29. August 1974
Technische Daten – siehe ANGAMOS

ARICA (S 36)
Typ: 209/1200,
Baujahr: 1974,
Bauwerft: HDW,
Indienststellung: 21. Januar 1975
Technische Daten – siehe ANGAMOS

POLEN
Marynarka Woyenna RP
www.mw.mil.pl

SEP
(siehe SKOLPEN (S 306)/Norwegen)

SOKOL
(siehe STORD (S 308)/Norwegen)

BIELIK
(siehe SVENNER (S 309)/Norwegen)

KONDOR
(siehe KUNNA (S 319)/Norwegen)

JASTRZAB
(siehe KOBBEN (S 318)/Norwegen)

PORTUGAL
Marinha Portugesa
www.marinha.pt

(–, zwei Einheiten)
Typ: 209 PN
Bauwerft: HDW, Kiel

SÜDAFRIKA
South Afraican Navy
www.navy.mil.za

MANTHATISI (S 101)
Typ 209/1400, Baujahr: 2004/2005,
Bauwerft: HDW, Taufe: 4. Mai 2005
Ablieferung: 20. September 2005,
Indienststellung: 3. November 2005
Technische Daten: Verdrängung an der Wasseroberfläche: 1.454 tons,
getaucht: 1.586 tons, Abmessungen: 62,0 m x 6,2 m x 5,5 m, Geschwindigkeit an der Wasseroberfläche: 10 kn, getaucht: 21,5 kn,
Reichweite an der Wasseroberfläche 8.000 sm bei 8 kn, getaucht:
240 sm bei 8 kn, Besatzung: 30 Mann, Bewaffnung: Acht Torpedorohre.

Feierliche Taufe in Kiel: Das südafrikanische Boot MANTHATISI

S 102
Typ 209/1400, Baujahr: 2005
Bauwerft: Nordseewerke, Emden
Taufe: 4. Mai 2005

S 103
Typ 209/1400, Baujahr: 2004/2005,
Bauwerft: NSWE, Emden

SÜD-KOREA
Republic of Korea Navy (ROKN)
www.navy.mil.kr

CHANG BOGO
Typ: 209/1200, Baujahr: 1992,
Bauwerft: HDW, Indienststellung: 2. Juni 1993
Technische Daten: Verdrängung an der Wasseroberfläche: 1.100 tons,
getaucht: 1.285 tons, Abmessungen: 56,0 m x 6,2 m x 5,5 m, Geschwindigkeit an der Wasseroberfläche: 11 kn, getaucht: 21,5 kn,
Reichweite an der Wasseroberfläche 8.000 sm bei 8 kn, getaucht:
240 sm bei 8 kn, Besatzung: 33 Mann, Bewaffnung: Acht Torpedorohre, Minen.

YI CHON
Typ: 209/1200, Baujahr: 1994,
Bauwerft: Daewoo (Material-Lieferung HDW),
Indienststellung: 2. Juni 1993
Technische Daten – siehe CHANG BOGO

CHOI MUSON
Typ: 209/1200, Baujahr: 1994,
Bauwerft: Daewoo (Material-Lieferung HDW),
Indienststellung: 27. Februar 1995
Technische Daten – siehe CHANG BOGO

PAKUI
Typ: 209/1200, Baujahr: 1995,
Bauwerft: Daewoo (Material-Lieferung HDW),
Indienststellung: 3. Februar 1996
Technische Daten – siehe CHANG BOGO

Nächtliches Auslaufen: CHANG BOGO für Südkorea

LEE JONGMU
Typ: 209/1200, Baujahr: 1995,
Bauwerft: Daewoo (Material-Lieferung HDW),
Indienststellung: 29. August 1996
Technische Daten – siehe CHANG BOGO

JEONGUN
Typ: 209/1200, Baujahr: 1996,
Bauwerft: Daewoo (Material-Lieferung HDW),
Indienststellung: 29. August 1997
Technische Daten – siehe CHANG BOGO

LEE SUNSIN
Typ: 209/1200, Baujahr: 1998,
Bauwerft: Daewoo (Material-Lieferung HDW),
Indienststellung: 15. Juni 1999
Technische Daten – siehe CHANG BOGO

NADAEYONG
Typ: 209/1200, Baujahr: 1999,
Bauwerft: Daewoo (Material-Lieferung HDW),
Indienststellung: Mai 2000
Technische Daten – siehe CHANG BOGO

LEE EOKGI
Typ: 209/1200, Baujahr: 2000
Bauwerft: Daewoo (Material-Lieferung HDW),
Indienststellung: November 2001
Technische Daten – siehe CHANG BOGO

(–, drei Einheiten)
Typ: 214, Baujahr: 2005–2009
Werft: Hyundai Heavy Industries (Materiallieferung HDW, Kiel)
Technische Daten: Verdrängung an der Wasseroberfläche: 1.700
tons, getaucht: 1.950 tons, Abmessungen: 65,0 m x 6,3 m x 6,6 m,
Antrieb: dieselelektrisch, Brennstoffzelle, Besatzung: 27 Mann,
Tauchtiefe: über 350 Meter, Bewaffnung: acht Torpedorohre, Sub
Harpoon

TÜRKEI
Türk Deniz Kuvvetleri
www.dzkk.tsk.mil.tr

ATILAY (S 347)
Typ: 209/1200, Baujahr: 1974,
Bauwerft: HDW, Indienststellung: 8. März 1975
Technische Daten: Verdrängung an der Wasseroberfläche: 980 tons,
getaucht: 1.185 tons, Abmessungen: 61,2 m x 6,2 m x 5,5 m, Geschwin-
digkeit an der Wasseroberfläche: 11 kn, getaucht: 21,5 kn, Reichweite
an der Wasseroberfläche 7.500 sm bei 8 kn, getaucht: 240 sm bei 8 kn,
Besatzung: 38 Mann, Bewaffnung: Acht Torpedorohre.

SALDIRAY (S 348)
Typ: 209/1200, Baujahr: 1975,
Bauwerft: HDW, Indienststellung: 23. Oktober 1975
Technische Daten – siehe ATILAY

BATIRAY (S 349)
Typ: 209/1200, Baujahr: 1977,
Bauwerft: HDW, Indienststellung: 6. März1978
Technische Daten – siehe ATILAY

YILDIRAY (S 350)
Typ: 209/1200, Baujahr: 1977,
Bauwerft: Gölcük (Material-Lieferung HDW),
Indienststellung: 21. März 1980
Technische Daten – siehe ATILAY

DAGONEY (S 351)
Typ: 209/1200, Baujahr: 1984,
Bauwerft: Gölcük (Material-Lieferung HDW),
Indienststellung: 16. November 1985
Technische Daten – siehe ATILAY

DOLUNAY (S 352)
Typ: 209/1200,
Baujahr: 1988,
Bauwerft: Gölcük (Material-Lieferung HDW),
Indienststellung: 21. Juli 1989
Technische Daten – siehe ATILAY

PREVEZE (S 353)
Typ: 209/1400, Baujahr: 1993,
Bauwerft: Gölcük (Material-Lieferung HDW),
Indienststellung: 28. Juli 1994
Technische Daten: Verdrängung an der Wasseroberfläche:
1.454 tons, getaucht: 1.586 tons, Abmessungen: 62,0 m x 6,2 m x
5,5 m, Geschwindigkeit an der Wasseroberfläche: 15 kn, getaucht:
21,5 kn, Reichweite an der Wasseroberfläche 8.200 sm bei 8 kn,
getaucht 240 sm bei 8,0 kn, Besatzung: 30 Mann, Bewaffnung:
Acht Torpedorohre, SSM-Raketen

SAKARYA (S 354)
Typ: 209/1400, Baujahr: 1994,
Bauwerft: Gölcük (Material-Lieferung HDW),
Indienststellung: 21. Dezember 1995
Technische Daten – siehe PREVEZE

18 MART (S 355)
Typ: 209/1400, Baujahr: 1997,
Bauwerft: Gölcük (Material-Lieferung HDW),
Indienststellung: 28. Juni 1998
Technische Daten – siehe PREVEZE

ANAFARTALAR (S 356)
Typ: 209/1400, Baujahr: 1998,
Bauwerft: Gölcük (Material-Lieferung HDW),
Indienststellung: 22. Juli 1999
Technische Daten – siehe PREVEZE

(–, vier Einheiten)
Typ: 209/1400,
Bauwerft: Gölcük (Material-Lieferung HDW),
Lieferung: bis 2009

VENEZUELA
Armada de la Republica Bolivariana de Venezuela
www.armada.mil.ve

SABALO (S 31/ex S 21)
Typ: 209/1300 (Sabalo Class), Baujahr: 1975
Bauwerft: HDW, Indienststellung: 1976
Technische Daten: Verdrängung an der Wasseroberfläche:
1.248 tons, getaucht: 1.600 tons, Abmessungen: 61,2 m x 6,3 m x
5,5 m, Geschwindigkeit an der Wasseroberfläche: 10 kn, getaucht:
20 kn, Reichweite an der Wasseroberfläche 7.500 sm bei 8 kn, Besatzung: 33 Mann, Bewaffnung: Acht Torpedorohre.

CARIBE (S 32/ex S 22)
Typ: 209/1300 (Sabalo Class), Baujahr: 1976
Bauwerft: HDW, Indienststellung: 1977
Technische Daten – siehe SABALO

Die Geschichte der Tauchfahrt

Vor Christi Geburt

Vom Beginn der Tauchfahrt sind sagenhafte Erzählungen überliefert – so soll bereits Alexander der Große um das Jahr 332 v. Chr. in einer gläsernen Glocke in die Tiefe getaucht sein.

1465

Deutschland

Der Nürnberger Kriegsbaumeister Kyeser soll ein Tauchboot entworfen haben.

1578

England

Wissenschaftliche Überlegungen sind vom englischen Mathematiker und Marineoffizier William Bourne (1535–1580) in seinem Buch »Inventions or Devices« überliefert. Bourne formuliert in seinem Werk das Prinzip des Tauchbootes. Im Jahr 1578 legt er Königin Elizabeth erste Pläne für ein Boot mit Ballasttanks vor, das unter Wasser gerudert werden sollte.

1604

Deutschland

Der Rostocker Magister Magnus Pegel (Pegelius) beschreibt in seinem Buch den Bau eines Tauchbootes.

1620

Niederlande

Das erste funktionsfähige Tauchboot baut der Holländer Cornelius van Drebbel (1572–1633) vermutlich um das Jahr 1620. Er lässt ein Ruderboot für 15 Mann Besatzung mit wasserabweisenden Tierhäuten überziehen, durch die zwölf Ruderriemen in das Bootsinnere geführt werden, und stattet sein Boot mit einem Schnorchel aus. Angeblich hat der in den Diensten der englischen Krone stehende Erfinder König James I. überzeugen können, an einer Tauchfahrt in der Themse teilzunehmen. Es heißt, dass damals drei Boote gebaut worden sind, die mehrere Stunden bis in eine Tiefe von vier oder fünf Meter tauchen können.

1648

Großbritannien

Bischof John Wilkins aus Chester veröffentlicht 1648 Thesen zur Unterwasserfahrt und Navigation.

1653

Niederlande

Der in Holland arbeitende Franzose de Son konstruiert das erste bewaffnete Tauchboot (»Rotterdam-Boot«) um das Jahr 1653. Er versieht ein mit Uhrwerkantrieb ausgestattetes Boot mit einer Sprengstoffspiere. Das Unternehmen bleibt jedoch ohne Erfolg, da der Antrieb bereits bei leichtem Seegang ausfällt.

1660

England

Der Engländer Day soll 1660 mit seinem Boot bei Yarmouth zwölf Stunden unter Wasser geblieben sein. Bei einem zweiten Tauchversuch geht das Boot mit seiner gesamten Mannschaft verloren und kann von der Fregatte ORPHEUS nicht mehr geortet werden.

1691

Frankreich

Der Franzose Denis Papin, Physikprofessor in Marburg, baut im Auftrag des Landgrafen Karl von Hessen ein ovales Tauchboot, das bereits eine Tauchzelle und eine Lenzpumpe besitzt und gerudert wird. 1692 soll er Tauchversuche in der Fulda bei Kassel unternommen haben.

Das Tauchboot von de Son (1653)

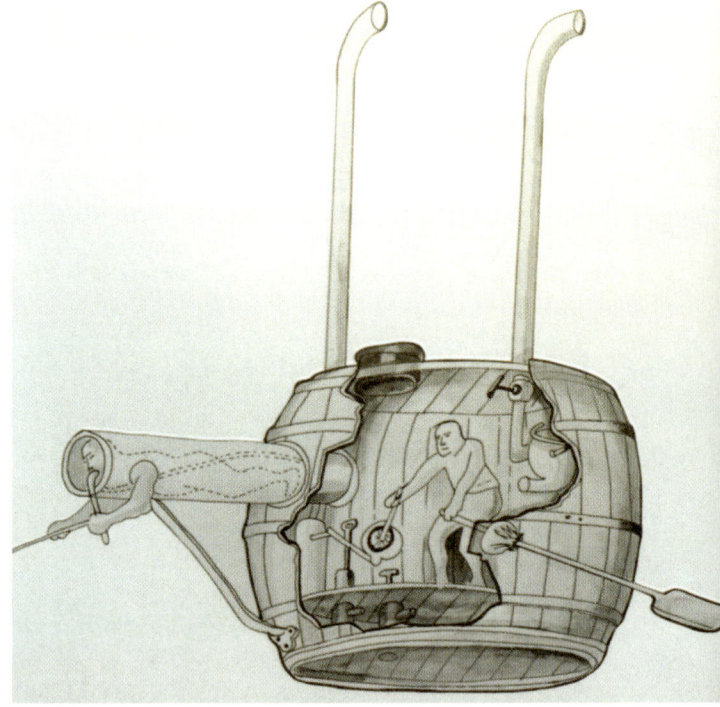

Mit Rudern unter Wasser – das Gefährt von Denis Papin (1691)

1730

England

Der Engländer John Lethbridge unternimmt um 1730 im Hafen von Marseille Tauchversuche mit einer Glocke.

1772

Deutschland

Im Dienste des Grafen Wilhelm I. von Schaumburg-Lippe stehend, legt Jakob Chrysostomus Praetorius, Ingenieur, Offizier, Militärschullehrer und Visionär, seinem Dienstherrn den Entwurf für ein Wasserfahrzeug vor – eine Eichenholzkonstruktion in der Form eines Fisches, den »Steinhuder Hecht«.

Das Fahrzeug soll bei Überwasserfahrten mit einer Schonertakelung segeln. In der Unterwasserfahrt soll eine bewegliche Schwanzflosse durch kräftigen Ausschlag dem Boot den Vorwärtsschub verleihen. Angetrieben wird diese mit der Muskelkraft von 30–40 Mann Besatzung. Die für einen Tauchgang notwendigen Tiefenruder werden als »Fittige« (Brustflossen) konzipiert. Für das Ballastwasser ist eine »Seele« (Schwimmblase) vorgesehen, die durch eine Pumpvorrichtung versorgt werden kann.

Unter militärischer Geheimhaltung wird 1771 der Bau einer einfachen Version (acht Mann Besatzung) des »Steinhuder Hecht« in Auftrag gegeben. Der erste Tauchversuch soll 12 Minuten gedauert haben.

1776

USA

Das erste erfolgreiche Tauchboot, von Hand und Fuß angetrieben, entwickelt und konstruiert der Amerikaner David Bushnell im Jahr 1776. Der Absolvent der Yale-Universität baut in Saybrook, Connecticut, ein eiförmiges Fahrzeug (2,5 m Durchschnitt) mit einem Holz-Eisenrumpf, das er TURTLE nennt. Das Boot trägt einen Mann, verfügt über eine Luftreserve für einen halbstündigen Tauchgang, wird über zwei Vertikalschrauben angetrieben, besitzt einen Tauchtank mit einer Wasserpumpe und kann eine 75-Kilo-Mine tragen.

Während der amerikanischen Revolution fährt Sergeant Ezra Lee am 6. September 1776 mit dem TURTLE den ersten Angriff eines Tauchboots auf ein Überwasserschiff. Um die Blockade des Hafens von New York zu durchbrechen, versucht er die englische 64-Kanonen-Fregatte EAGLE, das Flaggschiff von Lord Howe, zu versenken. Da sich die Sprengladung jedoch nicht am kupferbeschlagenen Schiffsrumpf befestigen läßt, schlägt der Angriff fehl und TURTLE geht verloren.

1792

Deutschland

Der Landshuter Medizinprofessor J. A. Schultes veröffentlicht Studien über die Lufterneuerung in Tauchbooten anhand von »Luftmagazinen«.

1799

Deutschland

Bergmeister Joseph von Baader entwickelt eine Tauchbootkonstruktion für zwei Mann Besatzung.

1800

Frankreich

Nachdem der damalige Konsul Napoleon die Gelder bewilligt hat, baut Robert Fulton, der Erbauer des ersten Dampfschiffes, das Drei-Mann-Tauchboot NAUTILUS und führt es am 24. Juli 1800 auf der Seine in Paris vor. Das zigarrenförmige Boot (6,48 Meter Länge, 1,94 Meter Durchmesser, rund acht Meter Tauchtiefe, angebliche Tauchdauer bis zu sieben Stunden) kann sich an der Wasseroberfläche unter Segeln fortbewegen. Zur Unterwasserfahrt wird das Tuch eingeholt und der Mast gelegt. Das Boot wird mit einer von Hand angetriebenen Schraube fortbewegt. Bewaffnet ist es mit einem Schlepptorpedo. Am 7. August 1801 führt Fulton der französischen Marine in Brest einen erfolgreichen Unterwasserangriff auf ein Zielschiff vor. Dabei bleibt er unter dem Einsatz von Pressluft vier Stunden und zwanzig Minuten unter Wasser. Dennoch zeigen weder die französische noch die englische oder amerikanische Marine Interesse am Ankauf der NAUTILUS.

1844

USA

Der Amerikaner Lodner Phillips hat weniger Glück mit seinen Entwürfen: Mehrere Boote, die er in Michigan aus Holz bauen lässt, gehen bei Tauchversuchen zwischen 1844 und 1864 im Eriesee verloren.

NAUTILUS, ein Tauchboot unter Segeln, von Robert Fulton (1800)

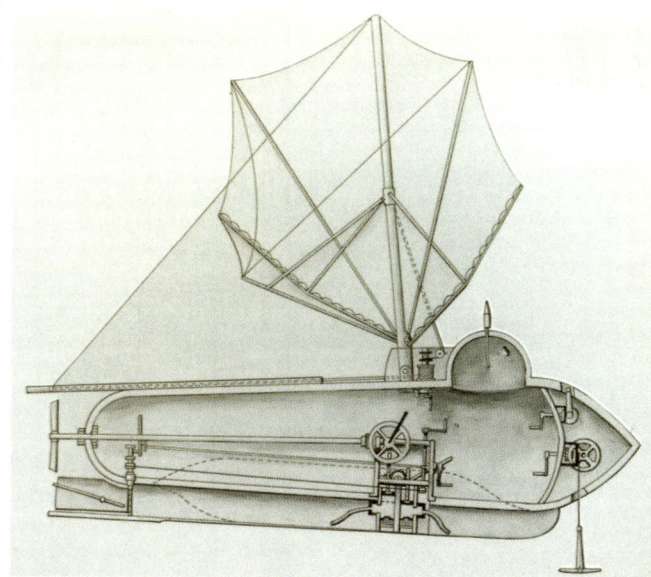

1850 am Ufer der Kieler Förde: Vor der Fabrik von Schweffel und Howaldt steht der von Wilhelm Bauer konstruierte BRANDTAUCHER bereit zum »Stapellauf«.

Deutschland

Der Halberstädter Regierungsgeometer Gustav Winkler konstruiert ein sechs Meter langes und ein Meter breites, von einer Dampfmaschine angetriebenes Tauchboot. Er legt den Entwurf der Frankfurter Nationalversammlung vor, es kommt aber nicht zur Ausführung seiner Pläne.

1850/51

Deutschland

Der gelernte Drechsler und bayerische Unteroffizier der Artillerie Wilhelm Bauer entwickelt als erster Deutscher Pläne zum Bau eines Tauchbootes, die auch in die Praxis umgesetzt werden. Während des Deutsch-Dänischen Krieges, am 13. April 1849 in der Schlacht von Düppel bei Sonderburg, hat Bauer die Vision, mit einem Tauchschiff – »so beweglich wie ein Seehund« – unbemerkt Sprengladungen an feindlichen Schiffen und Brücken befestigen und zur Explosion bringen zu können.

Bereits Anfang 1850, nach Beendigung seines Militärdienstes in Bayern, tritt der am 23. Dezember 1822 in Dillingen an der Donau geborene Sebastian Wilhelm Valentin Bauer in die Schleswig-Holsteinische Armee ein, wird in der Garnisonsstadt Rendsburg stationiert und legt dort einer Armeekommission seine ersten Tauchbootentwürfe sowie ein Modell vor. Beides wird positiv beurteilt, und nach einer landesweiten Spendenaktion kann das Tauchboot in Auftrag gegeben werden.

Der Rumpf des BRANDTAUCHER wird von der Kieler Maschinenfabrik Schweffel & Howaldt aus rund sechs Millimeter starkem Eisen genietet. Als Antrieb dienen Treträder, über die die Besatzung mit Muskelkraft eine Schraube bewegen soll.

Am 18. Dezember 1850 wird das Eisenschiff zu Wasser gelassen. Eine Gedenktafel an der Kieler Kaistraße, wo sich einst die Fabrik von Schweffel & Howaldt befand, weist noch heute auf diesen historischen Stapellauf hin. Schon die Nachricht von der Erprobung des BRANDTAUCHER veranlasst das dänische Blockadegeschwader in Sorge vor der neuen Unterseewaffe, sich aus der Kieler Förde zurückzuziehen.

Am 1. Februar 1851 startet Bauer mit seiner Mannschaft, dem Schmied Thomsen und dem Zimmermann Witt, im »Submarineapparat« zu seiner ersten Tauchfahrt. Zunächst verläuft dieses Unternehmen planmäßig, dann beginnen sich konstruktive Mängel verhängnisvoll auszuwirken. Umstritten ist, ob Planungsfehler oder Geldmangel zu folgenschweren Fehlplanungen, zum Verzicht auf Flut- und Reglerzellen und damit zu frei durch den Kielraum strömenden Ballastwasser, geführt haben. Rumpfplatten verformen sich unter wachsendem Wasserdruck, das Boot lässt sich nicht mehr steuern und sackt über das Heck auf den Grund der Kieler Förde. In etwa fünfzehn Metern Wassertiefe wartet Wilhelm Bauer mit seiner Mannschaft in Dunkelheit und Kälte auf den Druckausgleich. Erst nach Stunden soll es ihm gelungen sein, sich mit seiner Besatzung in einer Luftblase an die Wasseroberfläche zu retten.

Trotz dieses Fehlschlages entwickelt Bauer neue, technisch anspruchsvollere Tauchboote. Bereits im März 1852 führt er das Modell eines verbesserten BRANDTAUCHER dem österreichischen Kaiser Franz Joseph I. im Hafen von Triest vor. Im August präsentiert er seine Erfindung der englischen Königin Victoria und Prinz Albert auf der Isle of Wight. Aber erst drei Jahre später erhält er einen Auftrag: Großadmiral Großfürst Konstantin von Russland, Sohn von Zar Nikolaus I., bestellt ein Tauchboot – eine »Wunderwaffe« zum Einsatz im Krimkrieg gegen Großbritannien, Frankreich und die Türkei. Nach nur fünf Monaten Bauzeit wird der SEETEUFEL (siehe 1855 – Russland), der mit fast 16 Metern doppelt so lang wie der BRANDTAUCHER ist, in Dienst gestellt.

Nach seiner Rückkehr nach Bayern im Jahr 1858 beschäftigt sich Wilhelm Bauer mit Techniken für die Arbeit unter Wasser und mit Fragen der Schiffsbergung. Im März 1861 gelingt es ihm, den im Bodensee gesunkenen Postdampfer LUDWIG mit luftgefüllten Auftriebskörpern zu heben. König Ludwig II. setzt dem Erfinder einen Ehrensold auf Lebenszeit aus. Wilhelm Bauer stirbt am 20. Juni 1875 in München.

Der BRANDTAUCHER wird erst 36 Jahre nach seinem Untergang, im Jahr 1887, bei Baggerarbeiten in der Kieler Förde zufällig geortet, gehoben und auf Wunsch von Kaiser Wilhelm II. im Berliner Museum für Meereskunde ausgestellt. Dort wird das historische Tauchboot im Zweiten Weltkrieg durch Bombenschäden schwer in Mitleidenschaft gezogen. Die Universität Rostock restauriert das Boot in den Jahren 1964/65. Heute ist der BRANDTAUCHER Exponat im Dresdener Militärhistorischen Museum. Zum 150. Jubiläum seiner Jungfernfahrt kehrte das Tauchboot in den Jahren 1999–2002 nach Kiel zurück und wurde dort im Schifffahrtsmuseum ausgestellt.

Der BRANDTAUCHER ist heute das älteste im Original erhaltene Unterwasserfahrzeug der Erde.

Technische Daten: Verdrängung an der Wasseroberfläche: 28,2 tons, getaucht: 30,9 tons, Abmessungen: 8,07 m x 2,1 m x 2,6 m. Antrieb über zwei Treträder und Getriebe, Geschwindigkeit: ca. 3 kn, Reichweite: max. 1 sm, Tauchtiefe: 9 m vom Konstrukteur geplant, 27 m von der Marinekommission errechnet, Besatzung: 3 Mann, Geplante Bewaffnung: Sprengladung (50 kg Pulver), heutiger Eigner: Militärhistorisches Museum der Bundeswehr, Dresden.

1855

Russland

Der Konstrukteur Gern baut bei Frikke in St. Petersburg ein Vier-Mann-Tauchboot (5,0 m x 1,1 m) aus Eisen. Vier Männer sollen mit Muskelkraft über eine Schraube das acht Tonnen schwere Boot bewegen, das nach einem misslungenen Tauchversuch 1861 aufgelegt wird.

Nach den Brandtaucher-Plänen von Wilhelm Bauer wird der SEETEUFEL (russisch: »Morskoj cert«, Abmessungen: 15,8 m x 3,8 m x 3,4 m) auf der Herzog Leuchtenbergschen Maschinenfabrik in St. Petersburg gebaut, am 2. November 1855 von der russischen Admiralität übernommen und ab Mai 1856 erprobt. Dabei sinkt der aus Eisen gebaute SEETEUFEL, der an der Wasseroberfläche 39 Tonnen, getaucht 60 Tonnen wiegt, am 14. Oktober 1856 vor Kronstadt. Die 14-köpfige Besatzung kommt nicht zu Schaden. Das Boot wird am 2. März 1857 gehoben und in St. Petersburg, später in Ochta, aufgelegt. Es wird 1858 auf Befehl der Admiralität versenkt.

1859

Spanien

Um die Arbeit der Korallenfischer wirtschaftlicher zu machen, entwickelt der spanische Physiker und Erfinder Narciso Monturiol y Estarriol (1819–1885) mehrere Tauchboote mit Holzrümpfen und seitlich angebrachten Tauchtanks.

ICTINEO I wiegt acht Tonnen und hat Platz für fünf Mann Besatzung. Die Schraube wird über Handkurbeln von vier Mann angetrieben, der fünfte übernimmt das Ruder. Vom Jahr 1859 an taucht Monturiol mit diesem Boot über fünfzig Mal bis in zwanzig Meter Tiefe.

Die Weiterentwicklung ICTINEO II (20 Mann Besatzung, von denen 16 Mann eine Schraube über Handkurbeln bewegten) wird 1864 zu Wasser gelassen. Bereits zwei Jahre später erhält das Boot zwei Dampfmaschinen mit 6 und 2 PS Leistung und unternimmt in Barcelona und Alicante bis 1862 fünfzig Tauchfahrten bis in 30 Meter Tiefe. ICTINEO II wird 1868 abgebrochen.

Technische Daten: Baujahr: ICTINEO I: 1859/ICTINEO II: 1864
Bauwerft: Barrio de la Barceloneta, Barcelona
Verdrängung: ICTINEO I: 8 tons/ICTINEO II: 77 tons, Abmessungen: Länge: ICTINEO I: ca. 7 m/ICTINEO II: 17 m, Breite: ICTINEO I: ca. 2,5 m/ICTINEO II: 3,5 m.
Antrieb: ICTINEO I: Handangetriebene Schraube/ICTINEO II: 2 Dampfmaschinen, 6 und 2 PS, Reichweite: ICTINEO II: 396 sm bei 3 kn oder 132 sm bei 6 kn.
Geschwindigkeit ICTINEO II: an der Oberfläche: 3 kn/7,8 kn, getaucht: 2 kn/3 kn, Tauchtiefe: ICTINEO I: ca. 10 m/ICTINEO II: ca. 30 m, Besatzung: ICTINEO I: 5–8/ICTINEO II: 10–20.

1860

Frankreich

Der Franzose Brutus de Villeroi erhält 1860 einen amerikanischen Regierungsauftrag zum Bau eines »Submarine Propellor« mit dem Namen ALLIGATOR (elf Meter Länge).

USA

Ein mysteriöses Tauchboot, das vermutlich den Namen C.S.S. PIONEER getragen hat, beschäftigt die Historiker.
Die Identität dieses 1878 bei Baggerarbeiten zufällig entdeckten Bootes konnte bisher nicht eindeutig geklärt werden: Es wird vermutet, dass es sich um das erste Unterseeboot der konföderierten Truppen und den Prototypen für C.S.S. HUNLEY (s.d. –1863) handelt, das im April 1862 im Lake Pontchartrain, nördlich von New Orleans, versenkt worden ist, um nicht in die Hände der anrückenden Unionstruppen zu fallen. Zwischen 1909 und 1957 wird das Boot in Camp Nicolls am Bayou St. John aufgestellt. Es steht heute unter den Arkaden des früheren Presbyteriums der St. Louis Cathedral in New Orleans. Im Jahr 2000 hat eine umfassende Restaurierung begonnen.
Technische Daten: Baujahr: ca. 1860, Abmessungen: ca. 6 m x ca. 1 m x ca. 2 m, Antrieb: Fußantrieb über Kurbeln, Besatzung: 3 Mann, Bewaffnung: ein Lanzentorpedo.

1863

USA

Während des amerikanischen Bürgerkrieges verwenden beide Seiten den Spierentorpedo als Waffe. Der Norden setzt ihn lediglich auf Dampfbooten ein, der Süden, blockiert vom Norden und ohne eigene Marine, erprobt Tauchboote mit Spierentorpedos.
Dabei handelt es sich um von James McClintock und Howgate entwickelte kleine dampfgetriebene Boote, Davids genannt, und obwohl sie gut unter Wasser getrimmt sind, bis nur noch der Schornstein und der Kommandoturm zu sehen ist, können sie nicht vollständig untertauchen, weshalb sie auch nicht als wirkliche Unterseeboote angesehen werden. Am 6. Oktober 1863 beschädigt eines dieser Tauchboote das Linienschiff NEW IRONSIDES (3.486 tons) schwer.

USA

Von Horace L. Hunley ist eine von Hand angetriebene Konstruktion entwickelt worden.
Nach zwei Fehlschlägen sieht sein drittes Boot, angetrieben durch eine achtköpfige Besatzung mit einem Kommandoturm vorn, vielversprechend aus. Es sinkt jedoch bei Erprobungen zweimal (13 Tote), wobei sein Konstrukteur ertrinkt. Das Boot wird gehoben, nach Hunley benannt und mit einer Besatzung aus neun Freiwilligen gegen Kriegsschiffe der Nordstaaten eingesetzt. C.S.S. HUNLEY ist das letzte einer Dreierserie von Experimental-Tauchbooten, die in den Südstaaten zwischen 1861 und 1863 gebaut werden.
In der Nacht zum 17. Februar 1864 nimmt C.S.S. HUNLEY – über eine Kurbelwelle von Hand angetrieben – Kurs auf die Fregatte HOUSATONIC (1.400 tons), die vier Seemeilen vor der Hafeneinfahrt von Charleston ankert. Der Besatzung des Tauchboots gelingt es, einen Spierentorpedo mit 40 Kilo Schwarzpulver in das Heck des Holzschiffs zu rammen. Nach einer gewaltigen Explosion sinkt die HOUSATONIC innerhalb weniger Minuten. Allerdings drückt die Druckwelle auch C.S.S. HUNLEY mit ihren Männern auf den Grund, von denen keiner die Katastrophe überlebt.
Das Wrack wird 1996 in achtzehn Metern Wassertiefe geortet. 1999 werden bei Bauarbeiten die Gräber der ersten HUNLEY-Besatzung unter einem Football-Stadion in Charleston wieder entdeckt. Das Wrack ist im Sommer 2000 geborgen worden und wird im Hunley Museum, Charleston, SC, restauriert.
C.S.S. HUNLEY gilt als das erste Tauchboot der Marinegeschichte, das ein anderes Schiff versenkte.
Technische Daten: Baujahr: 1863, Bauwerft: Park and Lyons Machine Shop, Mobile, Abmessungen: 12,0 m x 1,2 m, Antrieb: Handantrieb über Kurbeln, Geschwindigkeit: 3–4 kn möglich, Besatzung: 9 Mann.

USA

Zum ersten Mal entwickelt der Amerikaner Alstitt 1863 ein Unterseeboot mit Dampf- und Elektromotorantrieb (Abmessungen: 21,0 m x 3,0 m).

Frankreich

Im Mai 1863 läuft das von Admiral Siméon Bourgois und Ingenieur Charles Brun entwickelte französische Tauchboot PLONGEUR (Länge: 44,5 Meter, Breite: 6,3 Meter, Verdrängung an der Wasseroberfläche: 450 tons, 80-PS-Druckluftantrieb, 12 Mann Besatzung) auf der Staatswerft in Rochefort vom Stapel.
Angetrieben durch Pressluft, die auch zum Ausblasen der Ballasttanks verwendet wird, ist das Boot achtern mit Tiefenrudern ausgestattet. Bewaffnet ist es mit einem Spierentorpedo. Die PLONGEUR-Konstruktion ist jedoch nicht ausgereift, das Boot schwer zu fahren, weshalb die Franzosen diesen Entwurf nicht weiter verfolgen.

1866

Russland

Obwohl das Aleksandrov'sche Boot (Baukosten: 140.000 Rubel) bei der Probefahrt am 16. Juni 1866 sinkt, wird es 1867 von der russischen Marine übernommen. Das aus Eisenblech gefertigte Tauchboot sinkt bei einem Tauchversuch 1871 ein zweites Mal. Die Bergungsversuche gestalten sich schwierig, das Unternehmen gelingt erst am 30. Mai 1873. Das Boot wird nach St. Petersburg geschleppt, dort aber nicht mehr repariert, als Landungsponton eingesetzt und 1901 verschrottet.
Technische Daten: Typ: Küstentauchboot, Baujahr: 1863/1866, Bauwerft: Karr, St. Petersburg, Verdrängung an der Oberfläche: 355 tons, getaucht: 363 tons, Abmessungen: 33,5 m x 2,87 m x 3,7 m, Antrieb: 2 Druckluftmotoren (234 PS), Geschwindigkeit an der Oberfläche: 6,0 kn, getaucht: 3,5 kn, Tauchtiefe: 25 m, Besatzung: 23 Mann, Bewaffnung: 1 Spierentorpedo.

1867

Deutschland

Von 1867 bis 1872 wird nach den Plänen des Konstrukteurs Friedrich Otto Vogel auf der Schlickschen Werft in Dresden ein 5,3 Meter langes, 1,3 Meter breites, mit einer Dampfmaschine ausgerüstetes Tauchboot gebaut. Über Taucherprobungen und den Verbleib des Bootes ist nichts mehr bekannt.

1869

USA

Das während des amerikanischen Bürgerkriegs gebaute Nordstaaten-Unterseeboot INTELLIGENT WHALE ist ein Experimentalprototyp der American Submarine Company.

Durch hölzerne Bodentüren können Taucher das Fahrzeug verlassen, um Minen an feindlichen Schiffen zu befestigen. INTELLIGENT WHALE wird 1869 von der US-Navy gekauft und für Tests zum Brooklyn Navy Yard gebracht. Bei seiner ersten offiziellen Präsentation im September 1872 sinkt das Boot nach einem Wassereinbruch. Obwohl sich die Mannschaft retten kann, verliert die Marine ihr Interesse.

Das Boot wird im Jahr 2000 vom Navy Museum, Washington, D.C. nach Sea Girt ausgeliehen.

Technische Daten: Baujahr: 1866, Bauwerft: American Submarine Company, Verdrängung: 2 tons, Abmessungen: 8,5 m x 2,1 m, Antrieb: Handgetriebene Schraube, Tauchtiefe: 5 m, Besatzung: 6–13 Mann, Bewaffnung: ein Torpedo.

1870

Frankreich

Der visionäre Roman »Zwanzigtausend Meilen unter dem Meer« des französischen Schriftstellers Jules Verne erscheint.

1878

USA

1876 konstruiert ein irischer Einwanderer, der Schullehrer John P. Holland (1841–1914), in New Jersey sein erstes Unterwasserfahrzeug.

Das Tauchboot HOLLAND No. 1 ist eine technische Konstruktion, die für Jahrzehnte wegweisend bleibt, obwohl dieses Boot nur vier Meter lang ist und über Fußpedale angetrieben wird. Nachdem die US-Navy Hollands Pläne 1875 als »absurd« zurückgewiesen hat, erhält er von der Irisch-Republikanischen Bruderschaft, die auf der Suche nach wirkungsvollen Waffen gegen die Engländer war, Unterstützung. Von New York wird das Boot 1878 zur Maschinenfabrik J. C. Todd nach Paterson zur Fertigstellung gebracht. Von einem Pferdefuhrwerk lässt man HOLLAND No. 1

am 22. Mai 1878 im Passaic-River zu Wasser. John P. Holland gelingen am 6. Juni 1878 mehrere Tauchgänge von bis zu einer Stunde Dauer und bis in vier Meter Tiefe. Seine irischen Auftraggeber sind so beeindruckt, dass sie ein zweites, größeres Boot bestellen. Nach langen Testreihen baut Holland alle wichtigen Teile aus dem Boot aus und versenkt den Rumpf im Oberlauf des Flusses. Erst 1927 wird es wieder entdeckt und steht seitdem im Heimatmuseum von Paterson.

Technische Daten: Baujahr: 1878, Bauwerft: Handrin & Ripley, Albany Iron Works, New York, N.Y., Verdrängung: 2,25 tons, Abmessungen: 4,4 m x 0,9 m x 0,7 m, Antrieb: Petroleum-Maschine (4 PS), Tauchtiefe: ca 4 m, Besatzung: 1 Mann, ohne Bewaffnung.

1879

England

Der 1852 in Moss Side bei Liverpool geborene Priester und studierte Techniker George Garrett erfindet 1877 einen Taucheranzug, den er der französischen Regierung anbot. Zur Entwicklung eines eigenen Tauchbootes gründet er die Garrett Submarine Navigation and Pneumataphore Company. Im Jahr 1878 baut er einen Prototyp unter dem Namen RESURGAM. Im Jahr darauf konstruiert er das zigarrenförmige Tauchboot RESURGAM II (lat.: »Ich werde auftauchen«), das mit einer »Kraftreserve« aus seiner Dampfmaschine (Konstruktion: Eugene Lamm) in einem geschlossenen System angetrieben wird. Die Royal Navy zeigt Interesse, weswegen Garrett das Boot nach Portsmouth verlegen will, um dort Tests durchzuführen. Auf der Überführungsfahrt muss die dreiköpfige Besatzung die RESURGAM II wegen eines heftigen Sturms verlassen. Da die Luke nicht rechtzeitig geschlossen werden kann oder durch Seeschlag beschädigt wird, nimmt das Boot so viel Wasser, dass es am 25. Februar 1888 vor der walisischen Küste sinkt. Mitte der achtziger Jahre wird das Wrack geortet und soll aus 18 Metern Wassertiefe gehoben werden.

Trotz dieses Fehlschlags erregt Garrett mit seinem Boot das Interesse des schwedischen Industriellen Torsten Nordenfelt, mit dem er zusammen ein Tauchboot für Griechenland und zwei Boote für die Türkei baut. Garrett wird Kommandant in der türkischen Marine, um die Probefahrten mit diesen Booten ausführen zu können. Ein weiteres Boot für Russland sinkt vor Jütland. Danach trennen sich Garrett und Nordenfelt – Garrett wandert in die USA aus und stirbt 1902 in New York.

Technische Daten: Bauwerft: Britannia Engine Works and Foundry, Birkenhead, Baujahr: 1879, Verdrängung an der Wasserober-

fläche: 30 tons, getaucht: 38 tons, Abmessungen: 13,8 m x 3,1 m, Antrieb: Dampfmaschine (für vier Stunden Einsatz), Reichweite: ca. 12 sm bei 2–3 kn möglich, Besatzung: 3 Mann, Tauchtiefe: 50 m (?), Bewaffnung: 2 Whitehead-Torpedos.

1881

Russland

Stepan Drzewiecki ist im ausgehenden 19. Jahrhundert einer der bekanntesten russischen Unterseeboot-Konstrukteure. Außerhalb Russlands entwickelt er seine Ideen mit anderen Konstrukteuren, z.B. mit dem Franzosen Claude Goubet, weiter.

1877 entwickelt er ein kleines Tauchboot von vier Metern Länge, das durch eine Schraube, die von dem einzigen Mann an Bord bewegt werden muss, angetrieben wird.

DRZEWIECKI No. 3, eine Weiterentwicklung von No. 2, das 1879 gebaut worden ist und heute in St. Petersburg im Museum zu sehen ist, erhält vor allem bessere hydrodynamische Eigenschaften als sein Vorgänger, eine neue Tiefensteuerung und einen verstellbaren Propeller, der über Fußpedale angetrieben wird. Dass fünfzig Einheiten dieses Typs 1881/82 als Beiboote für Panzerkreuzer gebaut worden sein sollen, ist nicht bestätigt.

Die in Kronstadt stationierten Boote, zu denen No. 3 gehört, werden in der Baltischen Flotte anfangs zum Küstenschutz eingesetzt. Als die Flottille 1886 dem Kriegsministerium unterstellt wird, stufen die Militärs die Klein-U-Boote bald als »untauglich« ein.

No. 3 wird 1882 noch einmal umgebaut, am 20. Juli 1891 aus dem Bestand der Marine gestrichen. Das Boot dient danach zur Erprobung von neuen Antrieben. Im Jahr 1929 wird No. 3 aus der Lehrabteilung für Unterwasserseefahrt an das Zentrale Marinemuseum in St. Petersburg abgegeben.

Technische Daten No. 3: Bootstyp: Einhüllenboot, Baujahr: 1881, Bauwerft: Newa-Werk, St. Petersburg, Oder Werk Platto, Paris. Verdrängung an der Oberfläche: 3,3 tons, getaucht: 11 tons, Abmessungen: 5,9 m x 1,1 m x 1,6 m, Antrieb: zuerst Pedalantrieb, später Versuche mit Dampfmaschinen.

Geschwindigkeit an der Oberfläche: 3,5 kn, getaucht: 2,5 kn, Reichweite an der Oberfläche:175 sm, Tauchtiefe: 12 m, Besatzung: 3 Mann, Bewaffnung: 2 x 50 Pfund Minen mit Elektrozünder.

USA

Nach dem Erfolg seines Bootes HOLLAND No. 1 bestellen Iren bei John P. Holland ein größeres Boot. HOLLAND No. 2 wird

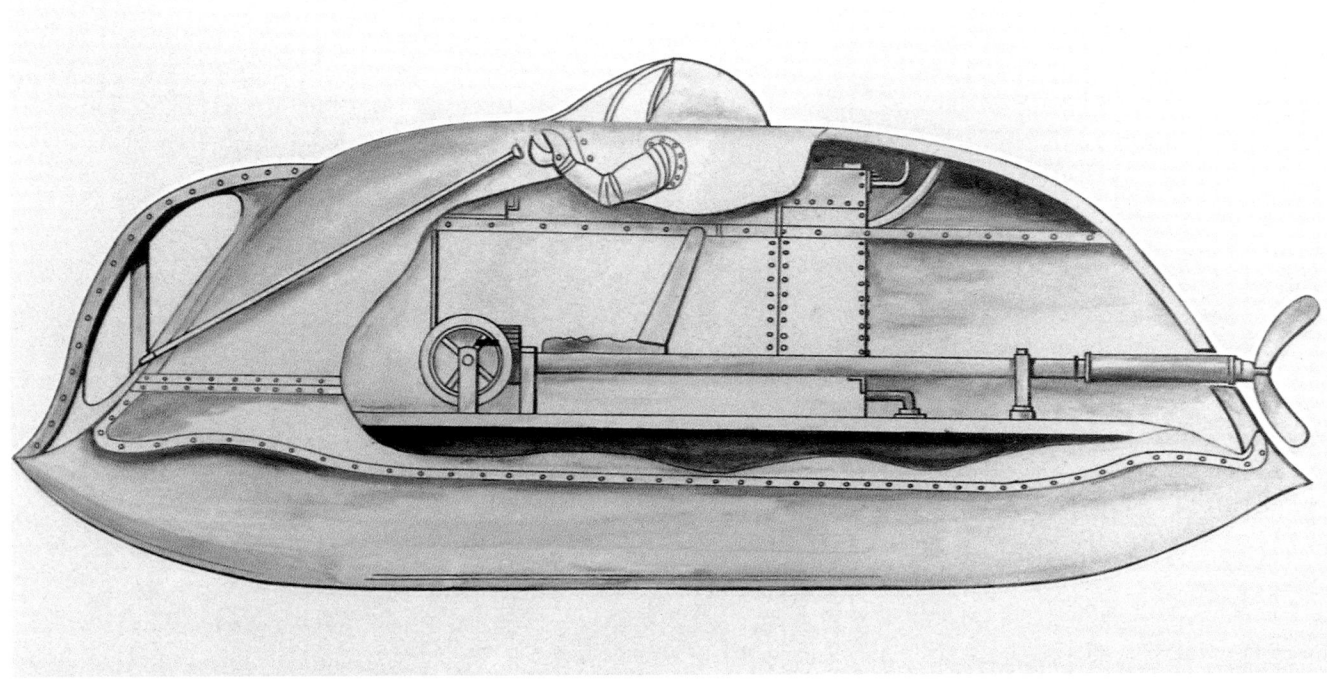

Ein Ein-Mann-Boot von Stepan Drzewiecki (1877).

zwischen 1879 und 1881 unter strenger Geheimhaltung in Manhattan, New York, gebaut. Dennoch findet der Stapellauf große Resonanz in der Presse, von der das Boot nach den heimlichen Geldgebern und ihren Absichten FENIAN RAM (Irisches Rammboot) getauft wird. John P. Holland absolviert mit diesem Boot zahlreiche erfolgreiche Tauchfahrten bis in 15 Meter Tiefe. Als die Iren – nach einem Streit um die Bezahlung des Baupreises – das Boot ohne Zustimmung Hollands nach Neuengland »entführen«, müssen sie feststellen, dass niemand außer dem Erbauer mit dem Tauchboot umgehen kann. Enttäuscht demontieren sie die Maschine und legen das Boot an das Ufer des Mill Rivers. Erst 1916 wird HOLLAND No. 2 nach New York zurückgebracht und im Madison Square Garden ausgestellt. 1927 kauft es ein Händler und präsentiert das Boot in einem Park in Paterson, von wo es 1980 in das dortige Heimatmuseum übersiedelt, wo es heute neben HOLLAND No. 1 ausgestellt wird.

Technische Daten: Baujahr: 1881, Bauwerft: Delameter-Robinson, Delameter Iron Works, New York, N.Y., Verdrängung an der Oberfläche: 19 tons, Abmessungen: 9,5 m x 1,8 m x 2,2 m, Antrieb: Petroleum-Motor (17 PS), Geschwindigkeit an der Oberfläche: 9 kn, Tauchtiefe: ca. 18 m, Besatzung: 3 Mann, Bewaffnung: ein Geschütz.

1885/86

Großbritannien

Das elektrisch angetriebene Unterseeboot NAUTILUS II (Abmessungen: 18,3 m x 2,4 m, Wasserverdrängung getaucht: 52 tons, 45-PS-Elektroantrieb, zwei Schrauben) wird von Campbell und Ash im Jahre 1885 gebaut und am 27. November 1886 in den Londoner West-India-Docks erprobt.

Schweden

Der schwedische Industrielle Torsten Nordenfelt baut 1885 nach den Ideen des Engländers Garrett (s. 1879 – RESURGAM) sein erstes Tauchboot NORDENFELT 1 (Abmessungen: 19,5 m x 2,7 m, Wasserverdrängung unter Wasser: 60 tons, Antrieb: 100-PS-Dampfmaschine, drei Mann Besatzung) und erprobt es im September 1885 in Landskrona. Das Boot erweist sich als außerordentlich schwierig zu kontrollieren, sobald es unter Wasser fährt. Seine wichtigste Bedeutung liegt darin, dass es ein Torpedorohr für einen Whitehead-Fischtorpedo führt.

Nach dem Modell des Versuchsbootes verkauft Nordenfelt 1886 zwei Tauchboote an Griechenland. Die Probefahrten im Frühjahr 1886 in der Bucht von Salamis sollen unbefriedigend verlaufen sein, da das Boot weniger als zwei Stunden tauchen kann und nicht mehr als zwei Knoten Fahrt macht.

USA

Der amerikanische Professor Tuck baut in New York das Boot PEACEMAKER (Abmessungen: 9,5 m x 2,7 m x 1,8 m, 14-PS-Dampfmaschine, 8 kn Geschwindigkeit über Wasser). Trotz erfolgreicher Tauchdemonstrationen wird dieser Entwurf nicht weiter verfolgt.

Großbritannien

Der Erfinder Waddington präsentiert 1886 auf einer Ausstellung in Liverpool das über elf Meter lange Vier-Schrauben-Tauchboot PORPOISE, das von einem Elektromotor (acht Knoten Überwasserfahrt) angetrieben und mit zwei Whitehead-Torpedos bewaffnet wird. Die Probefahrten über Wasser sollen erfolgreich verlaufen sein, über die Ergebnisse von Tauchfahrten ist nichts bekannt. Auch dieser Entwurf wird nicht weiter verfolgt.

1887

Spanien

Dieses erste in Spanien gebaute Unterseeboot wird von Leutnant zur See Isaac Peral y Caballero (1851–1895) konstruiert und gilt seinerzeit als außergewöhnlich leistungsfähig. Es ist mit 420 eingesetzten Batterien das erste außenluftunabhängige Boot, das zum Einsatz kommt.

Das Boot, das bereits über ein Periskop, einen mechanischen Geschwindigkeitsmesser, Außenscheinwerfer und eine chemische Luftreinigungsanlage verfügt, absolviert im Golf von Cadiz zahlreiche Tauchfahrten, darunter einen simulierten Angriff auf den Kreuzer CRISTOBAL COLON. Bis 1909 ist PERAL im Einsatz. Das Boot wird seit 1965 als nationales Monument in Cartagena ausgestellt.

Technische Daten: Baujahr: 1887/88, Bauwerft: La Carraca, Cadiz, Verdrängung an der Oberfläche: 78 tons, getaucht: 85 tons, Abmessungen: 21,3 m x 2,87 m x 2,76 m, Antrieb: 2 E-Motoren

(2 x 30 PS), Aktionsradius an der Oberfläche: 396 sm bei 3 kn, Geschwindigkeit an der Oberfläche: 7,8 kn, getaucht: 3 kn, Tauchtiefe: 30 m, Besatzung: 6 Mann, Bewaffnung: 1 Torpedorohr, 3 Torpedos.

Türkei

Zwei Nordenfelt-Boote werden 1887 unter den Namen ABD-UL-HAMID und ABD-UL-MESCHID (Abmessungen: 30,5 m x 3,7 m, Wasserverdrängung: 160 tons, Geschwindigkeit über Wasser: acht Knoten, unter Wasser: fünf Knoten) in England für die Türkei gebaut. Die Erprobungen am Goldenen Horn verlaufen zufriedenstellend. Die Boote sind nicht zum Einsatz gebracht worden.

1888

Frankreich

Das dreißig Tonnen schwere Zwei-Mann-Tauchboot GYMNOTE (Abmessungen: 17,2 m x 1,8 m, Wasserverdrängung: 30 tons, 52-PS-Elektromotor, Geschwindigkeit über Wasser: 10 kn, Konstrukteur: Gustave Zédé) wird am 20. April 1887 in Mourillon bei Toulon begonnen, im Herbst 1888 zu Wasser gelassen und 1889 erprobt.
Auch diese Konstruktion ist anfangs nicht besonders erfolgreich, aber sie verheißt genug, um ein größeres Fahrzeug, die GUSTAVE ZÉDÉ (s. 1892), in Auftrag zu geben.

Frankreich

Die französische Marine bestellt 1886 bei dem Ingenieur Goubet ein Tauchboot, das 1889 in Cherbourg vom Stapel lief (Abmessungen: 5,0 m x 1,0 m, zwei Mann Besatzung). Der Rumpf wird in einem Stück aus Bronze gegossen.

Russland

Der Typ NORDENFELT III (Abmessungen: 38,1 m x 3,7 m, Wasserverdrängung an der Oberfläche: 160 tons, getaucht: 250 tons) wird in England für Russland gebaut, läuft aber vor Jütland auf Grund und wird nach der Bergung verschrottet.

1892

Frankreich

Da auch die Konstruktion der GYMNOTE nicht besonders erfolgreich ist, sie aber dennoch eindrucksvoll genug ist, wird ein größeres Fahrzeug, die GUSTAVE ZÉDÉ (Abmessungen: 45,0 m x 3,3 m, Wasserverdrängung: 260 tons, 760-PS-Elektromotor, Geschwindigkeit über Wasser: 15 kn, getaucht: 8 kn), in Auftrag gegeben. Tiefenruder verleihen dem Boot eine größere Kontrollierbarkeit und zusätzlich wird eine Deckverkleidung angebracht, um eine sichere Überwasserfahrt zu gewährleisten. Während dieser Umbauten gibt man bereits ein drittes Fahrzeug, die MORSE, mit einem Periskop in Auftrag.

1895

Italien

DELFINO wird am 1. April 1895 als erstes italienisches Tauchboot (mit Periskop) in Dienst gestellt. Nach einer Reihe ausgedehnter Modernisierungen überdauert es bis 1919.

1896

Frankreich

Als verbesserter Nachbau der GUSTAVE ZÉDÉ wird MORSE (mit einem Periskop, Abmessungen: 36,0 m x 2,8 m, Bewaffnung: ein Torpedorohr, Wasserverdrängung: 146 tons, 350-PS-Elektromotor, 12,5 kn Geschwindigkeit unter Wasser) in Auftrag gegeben und läuft 1899 in Cherbourg vom Stapel.

1897

Deutschland

Karl Leps entwickelt ein Tauchbootprojekt (Howaldt-Boot No. 333, Leps'sches Boot), ein Versuchsboot mit elektrischem Antrieb (eine vierflügelige Schraube), das 1901 Kaiser Wilhelm II. vorgeführt worden und 1902 verschrottet worden sein soll.
Technische Daten: Bauwerft: Howaldt, Kiel, Baujahr 1897, Verdrängung: 40 tons, Abmessungen: 15,3 m x 2,4 m, Antrieb: 120-PS-Elektromotor, Geschwindigkeit an der Wasseroberfläche: ca. 7 kn, Besatzung: 3–4 Mann, Bewaffnung: 1 Torpedo (?).

USA

Der amerikanische Konstrukteur Simon Lake entwickelt Tauchboote mit Rädern und Kettenantrieben für die Fortbewegung auf dem Meeresgrund sowie Ausstiegsschleusen für Taucher. 1897

Wir wissen leider nicht, wer der Herr mit Hut ist – das Boot entsteht jedenfalls 1897 als Baunummer 333 bei Howaldt in Kiel.

entwickelt er das Boot ARGONAUT (Abmessungen: 11,0 m x 2,7 m, Wasserverdrängung getaucht: 57 tons, Antrieb: 30-PS-Benzinmotor).

1898

USA

Der Amerikaner Simon Lake entwickelt ein zweites Tauchboot unter demselben Namen ARGONAUT (Abmessungen: 20,0 m x 3,8 m, Wasserverdrängung getaucht: 100 tons, Antrieb: Zwei Benzinmotoren mit zusammen 60 PS), das 1898 mit sechs Knoten Geschwindigkeit auf Rädern über den Meeresgrund vor der amerikanischen Ostküste gerollt sein soll.

Spanien

Am 12. August 1898 wird ein von Hand angetriebenes Ein-Mann-Boot (Torpedo-Ausstoß-Boje) zum ersten Mal erfolgreich erprobt. Die Erfindung sollen Vigo gegen feindliche Attacken der nordamerikanischen Marine verteidigen. Spanien liegt zu dieser Zeit mit Amerika im Krieg um Kuba. Bei diesem Unterwasserfahrzeug handelt es sich um einen mit zwei Minen (je 100 Liter Sprengstoff) ausgerüsteten Prototypen, der bis zu zwanzig Meter tief tauchen kann. Da am Tag seiner ersten Vorführung Spanien einen Friedensvertrag mit den USA unterzeichnet – in dem Pariser Abkommen gewinnen die USA die Inselgruppe Guam und Puerto Rico –, kommt dieses Fahrzeug nicht mehr zum Einsatz. Technische Daten: Bootstyp: Boya Lanzatorpedos (minentragendes Unterwasserfahrzeug) Baujahr: 1898, Bauwerft: Astilleros Antonio Sanjurjo Badia, Verdrängung an der Oberfläche: 4,25 tons, Abmessungen: 5,2 m x 1,1 m x 3,7 m, Antrieb: Handgetriebener Propeller, Aktionsradius an der Oberfläche: 5 Std., Geschwindigkeit an der Oberfläche: 2 kn, Tauchtiefe: 20 m, Besatzung: 3 Mann, Bewaffnung: 2 Minen mit 100 Litern Sprengstoff.

1899

Frankreich

1899 läuft für die französische Marine ein weiteres Unterseeboot, die NARVAL, vom Stapel (Abmessungen: 34 Meter, Breite: 3,8 Meter, Verdrängung an der Wasseroberfläche: 117 tons, getaucht: 202 tons, Antrieb: 220-PS-Dampfmaschine, 80-PS-Elektromotor, Geschwindigkeit an der Wasseroberfläche: 9,9 kn, getaucht: 5,5 kn, Reichweite an der Wasseroberfläche: 345 sm bei 8,8 kn,

getaucht: 58 sm bei 2,2 kn). Ihr Konstrukteur, Maxime Laubeuf, hat einen offenen Wettbewerb für den Entwurf eines Unterseebootes gewonnen, das 200 Tonnen verdrängt und über Wasser eine Reichweite von 100 Meilen und getaucht eine von 10 Meilen haben soll.

Die entscheidenden Eigenschaften von Laubeufs Boot sind die getrennten Antriebssysteme (Dampf für die Überwasser- und Elektrizität für die Unterwasserfahrt) und einen Doppelhüllenrumpf.

Mit der Fertigstellung dieses Bootes im Jahre 1899 wird das Unterseeboot eine verwendbare Kriegswaffe, geeignet für den regulären Einsatz durch die Marine.

1900

USA

Die zukunftweisenden Konstruktionen des Lehrers John Philipp Holland erregen international Aufmerksamkeit:

In den Jahren 1900 und 1901 bestellen sowohl die amerikanische USS HOLLAND/SS-1 wie die englische Marine H.M. SUBMARINE TORPEDO BOAT No. 1 ihre ersten Unterseeboote bei Holland. Das erste Holland-Boot (USS HOLLAND, SS 1) der US-Navy wird für 150.000 Dollar angekauft und am 11. April 1900 in Dienst gestellt. Gleichzeitig werden sechs weitere Boote bestellt.

1902

Großbritannien

H. M. SUBMARINE TORPEDO BOAT No. 1 wird 1902 als erstes Tauchboot in Dienst gestellt.

Unter größter Geheimhaltung entwickelt der amerikanische Konstrukteur John P. Holland das erste Unterseeboot der britischen Marine.

Von diesem Typ, der praktisch identisch mit den amerikanischen Holland-Booten ist, werden fünf Einheiten hergestellt. Die rund 100 Tonnen schweren, zigarrenförmigen Boote (Baukosten: je 35.000 Pfund) können über 30 Meter tief tauchen. Sie werden mit einem Bugtorpedorohr ausgerüstet und mit drei Torpedos bewaffnet.

No. 1 läuft am 2. Oktober 1901 vom Stapel und wird, ohne einen einzigen Torpedotestschuss ausgeführt zu haben, von der Navy übernommen. Der Admiralität kommt es vor allem auf das Tauchvermögen und die Manövrierfähigkeit des Bootes an. Am 5. Feb-

ruar 1902 beginnen die ersten Tauchversuche. Dabei werden Abtauchzeiten von fünf Minuten erreicht sowie eine maximale Tauchtiefe von zwanzig Metern. Nach einem Jahr wird das Tauchboot zunächst als Trainingsboot für U-Boot-Besatzungen und als Zielschiff bei U-Boot-Abwehrübungen eingesetzt. Es blieb bis 1910 im Dienst und wird 1913 für 410 Pfund zum Verschrotten verkauft.

Auf der Schleppreise zur Abwrackwerft schlägt No.1 vier Seemeilen vor Plymouth leck und sinkt auf 80 Meter Tiefe. Erst im Jahr 1981 wird es von einem Minensuchboot geortet, anschließend gehoben und nach der Restaurierung im Royal Navy Submarine Museum in Gosport ausgestellt.

1995 muss das Boot zur weiteren Konservierung in einen mit Reinigungsflüssigkeit gefüllten Tank eingesetzt werden.

Technische Daten: Bootsklasse: Holland-Entwurf, Baujahr: 1901, Bauwerft: Vickers, Son & Maxim, Barrow-in-Furness, Verdrängung an der Oberfläche: 113 tons, getaucht: 122 tons, Abmessungen: 19,4 m x 3,4 m x 1,7 m, Antrieb: Petroleummotor (160 PS)/Elektromotor (74 PS), Aktionsradius an der Oberfläche: 355 sm bei 8 kn (in der Praxis nur ca. 35 sm), getaucht: 20 sm bei 5 kn, Geschwindigkeit an der Oberfläche: 8 kn, getaucht: 7 kn, Tauchtiefe: 20–30 m, Besatzung: 8 Mann, Bewaffnung: 1 Bugtorpedorohr, 3 Torpedos.

Deutschland

Der spanische Ingenieur Raimondo Lorenzo d'Equevilley stellt der Germaniawerft in Kiel seine Erfahrungen und Planungen zum Bau von Tauchbooten vor, die das Unternehmen veranlassen, am 28. Juli 1902 den Bau des Versuchsbootes FORELLE (Projekt: Leuchtboje) auf eigene Rechnung in Auftrag zu geben. Die Kiellegung erfolgt am 19. Februar 1903, der Stapellauf am 8. Juni desselben Jahres. Das Boot geht bis zum Dezember 1903 in Erprobung. In der Eckernförder Bucht lässt sich Prinz Heinrich das Boot vorführen und nimmt an einer Tauchfahrt teil.

Die FORELLE wird 1904 für 100.000 Rubel nach Russland als Bestandteil eines Lieferauftrages über drei U-Boote (s. 1904) verkauft und am 20. Juni 1904 mit der Eisenbahn nach St. Petersburg und am 7. September 1904 nach Wladiwostok verladen. Im selben Jahr erhält die Werft aus Russland weitere Aufträge zum Bau von U-Booten (siehe Seite 74). Das Boot ist am 30. Mai 1910 während einer Schleppfahrt in der Novik-Bucht gesunken, wird am 2. Juni 1910 gehoben und in Wladiwostok aufgelegt. Die FORELLE wird am 13. Juni 1911 aus der Flottenliste gestrichen und soll 1921 nach China zum Verschrotten verkauft worden sein.

Das in Kiel gebaute Tauchboot FORELLE, das später nach Russland verkauft wird.

Ingenieur Raimondo Lorenzo d'Equevilley bei einer Probefahrt mit der FORELLE.

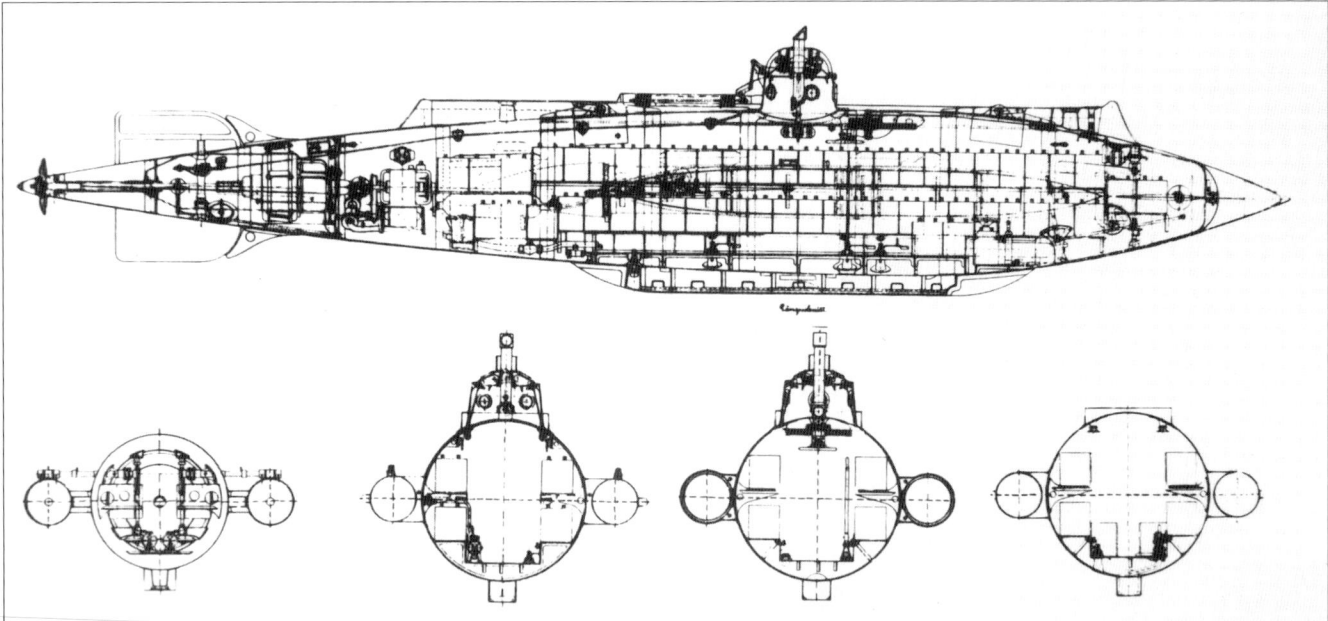

Tauchboot FORELLE (1902)

Technische Daten: Verdrängung an der Wasseroberfläche: 15,5 tons, getaucht: 16,3 tons, Abmessungen: 13,0 m x 2,7 m x 1,7 m, Antrieb: 65-PS-Elektromotor, Geschwindigkeit an der Wasseroberfläche: 10,0 kn, getaucht: 6,5 kn, Reichweite ca. 3,5 sm, Besatzung: vier Mann, Tauchtiefe: 30 m, Bewaffnung: zwei Torpedorohre, zwei Torpedos.

1904

Russland

Die Kaiserlich Russische Marine bestellt am 20. April 1904 bei der Germaniawerft in Kiel drei Tauchboote (Baunummern 109–111) zum Preis von je 200.000 Mark, die zwischen 1905 und 1907 vom Stapel laufen, bis September 1907 ihre Probefahrten absolvieren, im Oktober 1907 in Libau abgeliefert und auf die Namen KARP, KARASS und KAMBALA getauft werden. Die Boote werden per Eisenbahn im Mai 1908 ins Schwarze Meer verlegt.

KAMBALA wird 1907 in Dienst gestellt und am 22. April 1908 per Eisenbahn nach Sewastopol transportiert, wo es als Trainingseinheit eingesetzt worden ist.

Während eines Übungsschießens rammt das Schlachtschiff ROSTISLAV am 11. Juni 1909 vor Sewastopol das Unterseeboot und versenkt es. 19 Mann der Besatzung kommen ums Leben, allein der Kapitän überlebt. Während der anschließenden Versuche, das Boot aus 58 Metern Wassertiefe zu heben, kommt ein Taucher ums Leben.

Der vordere Teil des Rumpfes wird am 21. September 1909 gehoben und der Turm am 2. Februar 1911 in Sewastopol als Denkmal auf einem Friedhof bei den Gräbern der ersten russischen U-Boot-Fahrer aufgestellt.

KARAS wird am 25. Februar 1917 außer Dienst gestellt, in Sewastopol aufgelegt und am 1. Mai 1918 deutsche Beute. Im November 1918 wird das Boot zurückgegeben und im April 1919 von Briten versenkt.

KARP wird am 25. Februar 1917 außer Dienst gestellt, in Sewastopol aufgelegt und am 1. Mai 1918 deutsche Beute. Im November 1918 wird das Boot zurückgegeben und im April 1919 von Briten versenkt. KARP wird am 26. März 1926 gehoben und verschrottet.

Technische Daten: Verdrängung an der Wasseroberfläche: 205 tons, getaucht: 236 tons, Abmessungen: 39,9 m x 3,1 m x 2,6 m, Antrieb: zwei Petroleummotoren (400 PS), zwei Elektromotoren (400 PS), Geschwindigkeit an der Wasseroberfläche: 10,8 kn, getaucht: 8,8 kn, Reichweite an der Oberfläche: 1.800 sm bei 8,5 kn, getaucht: 40 sm bei 7,8 kn, Besatzung: 14 Mann, Tauchtiefe: 30 m, Bewaffnung: ein Torpedorohr.

Schweden

Schwedens erstes Unterseeboot wird am 18. November 1904 unter dem Namen HAJEN (Ubåt No. 1) in Dienst gestellt. Das Boot wird ebenfalls nach Unterlagen des amerikanischen Konstrukteurs John P. Holland auf der Stockholmer Örlogsvarvet gebaut. 1903 bewilligt der schwedische Reichstag 400.000 Kronen zum Bau des ersten Unterseebootes des Landes. In den Jahren 1909 und 1910 werden drei weitere Boote dieses Typs (No. 2 bis No. 4) gebaut. Nach dreizehn Dienstjahren muss HAJEN 1916 umgerüstet werden: Statt des technisch überholten Avance-Fotogenmotors, der nur eine Fahrgeschwindigkeit von neun Knoten und eine Einsatzdauer von 10,5 Stunden ermöglichte, erhält das Boot einen seinerzeit modernen 135-PS-Dieselantrieb, für den der Rumpf um 1,8 Meter verlängert sowie neue Akkumulatorenbatterien eingesetzt werden. Sechs Jahre später, im Jahr 1922, wird das Boot außer Dienst gestellt und für zehn Jahre aufgelegt. Seit 1932 liegt es als Museumsschiff im Marinemuseum in Karlskrona.

Technische Daten: Bootsklasse: Holland, Baujahr: 1904, Bauwerft: Orlogsvarvet, Stockholm, Verdrängung an der Oberfläche: 111 tons, Abmessungen: 23,4 m x 3,6 m x 3,0 m, Antrieb: Avance-Petroleum-Motor (200 PS)/später Dieselmotor (135 PS)/Elektromotor (70 PS), Aktionsradius an der Oberfläche: 640 sm, Geschwindigkeit an der Oberfläche: 9,5 kn, getaucht: 6,5 kn, Tauchtiefe: 30 m, Besatzung: 12 Mann, Bewaffnung: 1 Torpedorohr, 3 Torpedos.

Frankreich

Als eines von neunzehn Booten der Naiade-Klasse, die vom französischen Marineingenieur Romazotti (1885–1915) entworfen wird, ist ALOSE 1905 in Dienst gestellt und zu Tauchtests und Waffenerprobungen eingesetzt.

Nach nur zehn Jahren Dienstzeit wird das Boot 1914 aus der Schiffsliste der Marine gestrichen. Ab 1917 dient es als schwimmendes Übungsziel für Bombardements der Marineflieger von Saint-Raphael. Von zwei 35-Kilo-Bomben getroffen, sinkt ALOSE am 28. März 1918 in der Bucht von Fréjus.

Am 27. Mai 1975 wird das Boot vom französischen Marinearchäologen Jean Pierre Joncheray entdeckt und im Oktober 1976 aus 56 Metern Tiefe gehoben. Seitdem liegt es in Marseille auf dem Firmengelände der Comex S.A., die es von der französischen Marine erworben hat.

Technische Daten: Bootsklasse: Naiade-Klasse, Baujahr: 1904, Bauwerft: Arsenal de Toulon, Verdrängung an der Oberfläche: 68 tons, getaucht: 73,6 tons, Abmessungen: 23,5 m x 2,26 m x 2,41 m, Antrieb: Gasoline-(70 PS)/Elektromotor (60 PS), max. Aktionsradius an der Oberfläche: 60 sm bei 5,5 kn, getaucht: 20 sm bei 7,5 kn oder 40 sm bei 2,9 kn, Geschwindigkeit an der Oberfläche: 5 kn, getaucht: 2 kn, Besatzung: 12 Mann, max. Tauchtiefe: 30 m, Bewaffnung: 2 Torpedorohre.

Japan

Die japanische Marine bestellt ihr erstes Unterseeboot in den USA.

1906

Deutschland

Die Reichsmarine bestellt ihr erstes Unterseeboot U 1 am 3. Dezember 1904 (geplante Baukosten: 1,5 Millionen Reichsmark).

Niederlande

Mit dem Boot LUCTOR ET EMERGO (O 1) stellen die Niederlande am 21. Dezember 1906 ihr erstes Tauchboot in Dienst. Anfang des Jahrhunderts baut die De Schelde-Werft auf eigenes Risiko nach Plänen des amerikanischen U-Boot-Pioniers John P. Holland das erste niederländische Unterseeboot.

Unter dem Namen LUCTOR ET EMERGO (Baukosten: 430.000 Gulden) läuft das Boot am 10. Juli 1906 vom Stapel und wird von der Marine unter dem Namen ONDERZEEBOOT 1 in Dienst gestellt. O 1, wie es später bezeichnet wird, läuft zur ersten Fahrt von Vlissingen nach Den Helder aus. Nach der offiziellen Indienststellung beginnt das Boot seine See-Erprobung unter Kapitän P. Koster. Bereits 1920 wird O 1 wieder außer Dienst gestellt. Der Turm von diesem Boot ist heute vor dem Gebäude des Koninklijke Marine Onderzeedienst in Den Helder ausgestellt.

Technische Daten: Bootsklasse: Holland Type IX/EB 7 P (Patrouillen-Unterseeboot), Baujahr: 1905, Bauwerft: Koninklijke Maatschappij De Schelde, Vlissingen, Verdrängung an der Oberfläche: 105 tons, getaucht: 124 tons, Abmessungen: 20,4 m x 4,8 m x 2,7 m, Antrieb: bis 1914 Petroleummotor (160 PS), danach Dieselmotor (200 PS), Aktionsradius an der Oberfläche: 200 sm bei 8 kn, getaucht: 24 sm bei 6 kn, Geschwindigkeit an der Oberfläche: 8,5 kn, getaucht: 7 kn, Tauchtiefe: 25–30 m, Besatzung: 10 Mann, Bewaffnung: 1 Torpedorohr, 3 Torpedos.

1907

Norwegen

Vom ersten norwegischen Unterseeboot KOBBEN (A 1), das 1907 auf der Kieler Germaniawerft (Baukosten: 936.000 norwegische Kronen) vom Stapel läuft und das dem ersten deutschen U-Boot U1 stark ähnelt, ist der Turm in der Marineschule von Horten erhalten. Das Boot wird 1933 verschrottet.

Technische Daten: Bootsklasse: A-Klasse, Baujahr: 1907, Bauwerft: Germaniawerft, Kiel

Verdrängung an der Oberfläche: 256 tons, Abmessungen: 34,2 m x 3,7 m x 2,9 m, Antrieb: 2 Körting-Petroleum- (450 PS)/2 Elektromotoren (300 PS), Geschwindigkeit an der Oberfläche: 11,9 kn, getaucht: 9 kn, Tauchtiefe: 50 m, Besatzung: 12 Mann, Bewaffnung: 2 Torpedorohre vorn, 1 Rohr achtern, 4 Torpedos.

1909

Dänemark

Am 3. Oktober 1909 wird das erste dänische Tauchboot DYKKEREN in Dienst gestellt.

S. M. Unterseeboot I in voller Fahrt.

U-Boot-Register 1906–1918

U 1

- Petroleumboot, Germaniawerft, Kiel, Kiellegung: 10.10.1905, Stapellauf: 4. 8.1906, Indienststellung: 14.12.1906.
- Technische Daten: Verdrängung über Wasser: 238 tons, getaucht: 283 tons, Abmessungen: 42,4 m x 3,8 m x 3,2 m, Antrieb: 2 x 200-PS-Petroleummotoren (Körting-Zweitaktmotoren mit sechs Zylindern), 2 x 200-PS-Elektromotoren, Geschwindigkeit über Wasser: 10,8 kn, getaucht: 8,7 kn, Reichweite über Wasser: 1.500 sm bei 10 kn, getaucht: 50 sm bei 5 kn, max. Tauchtiefe: 30 m, Bewaffnung: 3 Torpedos, 1 Bugtorpedorohr, Besatzung: 12 Mann.
- Die Reichsmarine bestellt ihr erstes Unterseeboot U 1 am 3. 12. 1904.
  Am 4. 8. 1906 läuft das Zweihüllen-Küstentauchboot U 1 vom Stapel. Im September desselben Jahres geht U 1 in die See-Erprobung, am 14. 12. 1906 wird es feierlich in Dienst gestellt. Obwohl die Siegermächte des Ersten Weltkrieges die Zerstörung auch von U 1 verlangen, kann die Germaniawerft das Boot zurückkaufen und dem Deutschen Museum in München als Exponat zur Verfügung stellen.

U 2

- Zweihüllen-Küstentauchboot, Projekt 7, Kaiserliche Werft Danzig, Stapellauf: 18. 6. 1908, Indienststellung: 18. 7. 1908.
- Technische Daten: Verdrängung an der Oberfläche: 341 tons, getaucht: 430 tons, Abmessungen: 45,4 m x 5,5 m x 3,1 m, Antrieb: 2 x 300-PS-Petroleummotoren (Daimler Viertakt Sechszylinder)/2 x 315-PS-Elektro-Motoren, Geschwindigkeit an der Oberfläche: 13,2 kn, getaucht: 9,0 kn, Reichweite an der Oberfläche: 1.600 sm bei 13 kn, getaucht: 50 sm bei 5 kn, Besatzung: 22 Mann, Tauchtiefe: 30 m, Bewaffnung: 6 Torpedos, 2 Bug- und 2 Hecktorpedorohre.
- U 2 wird vom 1. 8. 1914 bis zum 11. 11. 1918 von der U-Boot-Schule genutzt, im Februar 1919 aus der Schiffsliste gestrichen und bei Stinnes abgewrackt.

U 3

- Zweihüllen-Küstentauchboot, Projekt 12, Kaiserliche Werft Danzig, Stapellauf: 27. 3. 1909, Indienststellung: 29. 5. 1909.
- Technische Daten: Verdrängung an der Oberfläche: 421 tons, getaucht: 510 tons, Abmessungen: 51,3 m x 5,6 m x 3,1 m, Antrieb: 2 x 275-PS-Petroleummotoren/2 x 300-PS-Elektromotoren, Geschwindigkeit an der Oberfläche: 11,8 kn, getaucht: 9,4 kn, Reichweite an der Oberfläche: 1.800 sm bei 12 kn, 3.000 sm bei

9 kn, getaucht: 55 sm bei 4,5 kn, Besatzung: 22 Mann, Tauchtiefe: 30 m, Bewaffnung: 6 Torpedos, 2 Bug- und 2 Hecktorpedorohre, Geschütz.
- Das Boot wird ab 1911 als Schulboot eingesetzt. U 3 sinkt am 17. 11. 1911 nach einem Tauchunfall im Kieler Hafen und wird vom U-Boot-Hebeschiff VULKAN geborgen – drei Tote. Nach Kriegsende wird das Boot an Großbritannien ausgeliefert und sinkt am 1. 12. 1918 bei der Überführung zur Abwrackwerft in Preston.

U 4

- Zweihüllen-Küstentauchboot, Projekt 12, Kaiserliche Werft, Danzig, Stapellauf: 18. 5. 1909, Indienststellung: 1. 7. 1909.
- Technische Daten – siehe U 3.
- U 4 wird als Schulboot eingesetzt, am 27. 1. 1919 aus der Flottenliste gestrichen und in der Kaiserlichen Werft Kiel verschrottet.

U 5

- Zweihüllen-Küstentauchboot, 505-Tonnen-Boot, Germaniawerft Kiel, Kiellegung: 24.8. 1908, Stapellauf: 8. 1. 1910, Indienststellung: 2. 7. 1910.
- Technische Daten: Verdrängung an der Wasseroberfläche: 505 tons, getaucht: 636 tons, Abmessungen: 57,3 m x 5,6 m x 3,6 m, Antrieb: 2 x 450-PS-Petroleummotoren, 2 x 520-PS-Elektromotoren, Geschwindigkeit an der Wasseroberfläche: 13,4 kn, getaucht: 10,2 kn, Reichweite: 1.900 sm bei 13 kn, 3.300 sm bei 9 kn, getaucht: 80 sm bei 5 kn, Besatzung: 28 Mann, Tauchtiefe: 30 m, Bewaffnung: 2 Bug-, 2 Hecktorpedorohre, 6 Torpedos.
- Zwei Einsatzfahrten. U 5 sinkt am 18. 12. 1914 nördlich von Zeebrugge nach einem Minentreffer mit 29 Mann Besatzung. Das Wrack wird gehoben und verschrottet.

U 6

- Zweihüllen-Küstentauchboot, 505-Tonnen-Boot, Germaniawerft Kiel, Kiellegung: 24. 8.1908, Stapellauf: 18. 5. 1910, Indienststellung: 12. 8. 1910.
- Technische Daten – siehe U 5.
- U 6 absolviert vier Einsatzfahrten, auf denen 16 Schiffe mit 9.222 BRT versenkt werden. Das Boot wird am 15. 9. 1915 vor der norwegischen Küste vom britischen Unterseeboot E 16 mit einem Torpedo versenkt – 24 Tote, 5 Überlebende.

U 7

- Zweihüllen-Küstentauchboot, 505-Tonnen-Boot, Germaniawerft, Kiel, Kiellegung: 6. 5. 1909, Stapellauf: 28. 7. 1910, Indienststellung: 18. 7. 1911.
- Technische Daten – siehe U 5.
- Drei Einsatzfahrten. U 7 wird am 21. 1. 1915 vor Ameland/Niederlande irrtümlich von einem Torpedo von U 22 versenkt – 26 Tote, ein Überlebender.

U 8

- Zweihüllen-Küstentauchboot, 505-Tonnen-Boot, Germaniawerft, Kiel, Kiellegung: 19. 5. 1909, Stapellauf: 14. 3. 1911, Indienststellung: 18. 6. 1911.
- Technische Daten – siehe U 5.
- Eine Einsatzfahrt, fünf Schiffe mit 15.049 BRT versenkt. U 8 muss am 4. 3. 1915 im Ärmelkanal nach Kontakt mit einem Sprengschleppgerät auftauchen und wird von den britischen Zerstörern HMS GHURKA und HMS MAORI versenkt. Das Boot wird gehoben, am 26. 11. 1918 an Großbritannien ausgeliefert und 1919 in Morecambe verschrottet.

U 9

- Zweihüllen-Hochseeboot, Kaiserliche Werft Danzig, Stapellauf: 22. 2. 1910, Indienststellung: 18. 4. 1910.
- Technische Daten:
- Verdrängung an der Wasseroberfläche: 493 tons, getaucht: 611 tons, Abmessungen: 57,4 m x 6,0 m x 3,1 m, Antrieb: 2 x 525-PS-Petroleummotoren, 2 x 580-PS-Elektro-Maschinen, Geschwindigkeit über Wasser: 14,2 kn, getaucht: 8,1 kn, Reichweite über Wasser: 1.850 sm bei 14 kn, 3.250 sm bei 9 kn, getaucht: 80 sm bei 5 kn, Tauchtiefe: 50 m, Besatzung: 29 Mann, Bewaffnung: 2 Bug- und 2 Hecktorpedorohre, 6 Torpedos, Geschütz.
- Sieben Einsatzfahrten, 18 Schiffe mit 8.636 BRT versenkt. U 9 versenkt am 22. 9. 1914 die drei britischen Panzerkreuzer HMS ABOUKIR, HMS HOGUE und HMS CRESSY. Am 15. 10. 1914 versenkt das Boot mit dem britischen Kreuzer HMS HAWKE ein weiteres britisches Kriegsschiff und 5. 11. 1915 das russische Minensuchboot Nr. 4. Am 26. 11. 1918 wird U 9 an Großbritannien ausgeliefert und 1919 in Morecambe verschrottet.

U 10

- Zweihüllen-Hochseeboot, Kaiserliche Werft, Danzig, Stapellauf: 24. 1. 1911, Indienststellung: 31. 8. 1911.
- Technische Daten – siehe U 9.
- 15 Einsatzfahrten, sieben Schiffe mit 1.625 BRT versenkt. U 10 sinkt nach dem 27. 5. 1916 im Finnischen Meerbusen vermutlich durch einen Minentreffer mit 29 Mann Besatzung.

U 11

- Zweihüllen-Hochseeboot, Kaiserliche Werft Danzig, Stapellauf: 2. 4. 1910, Indienststellung: 21. 9. 1910.
- Technische Daten – siehe U 9.
- Zwei Einsatzfahrten. U 11 sinkt am 9. 12. 1914 vor der belgischen Küste vermutlich durch einen Minentreffer mit 26 Mann Besatzung.

U 12

- Zweihüllen-Hochseeboot, Kaiserliche Werft Danzig, Stapellauf: 6. 5. 1910, Indienststellung: 13. 8. 1911.
- Technische Daten – siehe U 9.
- Vier Einsatzfahrten, zwei Schiffe mit 3.738 BRT versenkt. U 12 versenkt am 11. 11. 1914 das britische Kanonenboot HMS NIGER (820 tons). U12 wird am 10. 3. 1915 von einem bewaffneten Trawler vor Fife Ness angegriffen und mit Artilleriefeuer und Rammstößen des britischen Zerstörers ARIEL bekämpft. Die Besatzung versenkt das Boot selbst – 20 Tote, zehn Überlebende.

U 13

- Zweihüllen-Hochseeboot, Kaiserliche Werft Danzig, Stapellauf: 16. 12. 1910, Indienststellung: 25. 4. 1912.
- Technische Daten: Verdrängung an der Wasseroberfläche: 516 tons, getaucht: 644 tons, Abmessungen: 57,9 m x 6,0 m x 3,4 m, Antrieb: 2 x 600-PS-Petroleummotoren, 2 x 580-PS-Elektromotoren, Geschwindigkeit an der Wasseroberfläche: 14,8 kn, getaucht: 10,7 kn, Reichweite an der Wasseroberfläche: 4.000 sm bei 9 kn, getaucht: 90 sm bei 5 kn, Tauchtiefe: 50 m, Besatzung: 29 Mann, Bewaffnung: 2 Bug-, 2 Heckrohre, 6 Torpedos, 1 MG.
- Eine Einsatzfahrt ohne Versenkungen. U 13 geht am 19. 8. 1914 vor Helgoland nach einem Minentreffer mit 23 Mann Besatzung verloren.

U 14

- Zweihüllen-Hochseeboot, Kaiserliche Werft Danzig, Stapellauf: 11. 7. 1911, Indienststellung: 25. 4. 1912.
- Technische Daten – U 13.

- Eine Einsatzfahrt ohne Versenkungen.
U 14 wird am 5. 6. 1915 vom bewaffneten Trawler OCEANIC II mit Geschützfeuer vor Peterhead versenkt – ein Toter, 27 Überlebende.

U 15
- Zweihüllen-Hochseeboot, Kaiserliche Werft Danzig, Stapellauf: 18. 9. 1911, Indienststellung: 7. 7. 1912.
- Technische Daten – siehe U 13.
- Eine Einsatzfahrt ohne Versenkungen.
U 15 wird am 9. 8. 1914 vom britischen Kreuzer HMS BIRMINGHAM vor Fair Isle mit 23 Mann Besatzung versenkt.

U 16
- Zweihüllen-Küstentauchboot, 488-Tonnen-Boot, Germaniawerft Kiel, Kiellegung: 10. 5. 1910, Stapellauf: 29. 8. 1911, Indienststellung: 28. 12. 1911.
- Technische Daten: Verdrängung an der Wasseroberfläche: 489 tons, getaucht: 627 tons, Abmessungen: 57,8 m x 6,0 m x 3,4 m, Antrieb: 2 x 600-PS-Petroleummotoren, 2 x 580-PS-Elektromotoren, Geschwindigkeit an der Wasseroberfläche: 14,8 kn, getaucht: 10,7 kn, Reichweite an der Wasseroberfläche: 4.500 sm bei 9 kn, getaucht: 90 sm bei 5 kn, Besatzung: 29 Mann, Tauchtiefe: 50 m, Bewaffnung: 2 Bug-, 2 Heckrohre, 6 Torpedos, ein Geschütz.
- 13 Einsatzfahrten, elf Schiffe mit 11.785 BRT versenkt. U 16 sinkt am 8. 2. 1919 in der Nordsee auf der Auslieferungsfahrt nach England.

U 17
- Zweihüllen-Küstentauchboot, Projekt 20, Kaiserliche Werft, Danzig, Kiellegung: 1. 10. 1910, Stapellauf: 16. 4. 1912, Indienststellung: 3. 11. 1912.
- Technische Daten: Verdrängung an der Wasseroberfläche: 564 tons, getaucht: 691 tons, Abmessungen: 62,4 m x 6,0 m x 3,4 m, Antrieb: 2 x 700-PS-Petroleummotoren, 2 x 560-PS-Elektromotoren, Geschwindigkeit an der Wasseroberfläche: 14,9 kn, getaucht: 9,5 kn, Reichweite an der Wasseroberfläche: 6.700 sm bei 8 kn, getaucht: 75 sm bei 5 kn, Tauchtiefe: 50 m, Besatzung: 29 Mann, Bewaffnung: 2 Bug- und 2 Heckrohre, 6 Torpedos.
- Fünf Einsatzfahrten, zwölf versenkte Schiffe mit 16.635 BRT. Von U 17 wird am 20. 10. 1914 mit dem englischen Dampfer GLITRA (866 BRT) das erste Handelsschiff im Ersten Weltkrieg versenkt. Das Boot wird am 27. 1. 1919 aus der Flottenliste gestrichen und in der Kaiserlichen Werft, Kiel abgebrochen.

U 18
- Zweihüllen-Küstenboot, Projekt 20, Kaiserliche Werft, Danzig, Kiellegung: 27. 10. 1910, Stapellauf: 25. 4. 1912, Indienststellung: 17. 11. 1912.
- Technische Daten – siehe U 17.
- U 18 wird am 23. 11. 1914 vor Scapa Flow durch Tiefenruderversagen und Grundberührung manövrierunfähig und vom britischen HMS DOROTHY GREY und vom Zerstörer HMS GARRY gerammt. Danach versenkt die Besatzung das Boot selbst – ein Toter, 22 Überlebende.

U 19
- Zweihüllen-Hochseeboot, Kaiserliche Werft, Danzig, Kiellegung: 20. 10. 1911, Stapellauf: 10. 10. 1912, Indienststellung: 6. 7. 1913.
- Technische Daten: Verdrängung an der Wasseroberfläche: 650 tons, getaucht: 837 tons, Abmessungen: 64,2 m x 6,1 m x 3,6 m, Antrieb: 2 x 850-PS-Dieselmotoren, 2 x 600-PS-Elektromotoren, Reichweite an der Wasseroberfläche: 7.600 sm bei 8 kn, getaucht: 80 sm bei 5 kn, Geschwindigkeit an der Wasseroberfläche: 15,4 kn, getaucht: 9,5 kn, Besatzung: 35 Mann, Bewaffnung: 2 Bug- und 2 Hecktorpedorohre, 6 Torpedos, Geschütz.
- Zwölf Einsatzfahrten, 46 Schiffe mit 64.816 BRT versenkt. U 19 versenkt am 1. 3. 1918 den britischen Hilfskreuzer CALGARIAN (17.500 BRT) vor Irland. Das Boot wird am 24. 11. 1918 an Großbritannien ausgeliefert und in Blyth 1920 verschrottet.

U 20
- Zweihüllen-Hochseeboot, Kaiserliche Werft, Danzig, Kiellegung: 7. 11. 1911, Stapellauf: 18. 12. 1912, Indienststellung: 5. 8. 1913.
- Technische Daten – siehe U 19.
- Sieben Einsatzfahrten, 36 Schiffe mit 144.300 BRT versenkt. U 20 versenkt am 7. 5. 1915 das britische Passagierschiff LUSITANIA (30.390 BRT) vor Irland, am 4. 9. den britischen Frachter HESPERIAN (10.920 BRT), am 8. 5. 1916 die britische CYMRIC (13.400 BRT) vor Süd-Irland. Am 5. 11. 1916 strandet U 20 bei dichtem Nebel vor der jütländischen Küste bei Vrist, muss aufgegeben und am Strand gesprengt werden – 35 Überlebende.

U 21
- Zweihüllen-Hochseeboot, Kaiserliche Werft, Danzig, Kiellegung: 27. 10. 1911, Stapellauf: 8. 2. 1913, Indienststellung: 22. 10. 1913.
- Technische Daten – siehe U 19.
- Elf Einsatzfahrten, 36 Schiffe mit 78.712 BRT versenkt. U 21 (k.u.k. U 36) wird im Mittelmeer von Pola

aus eingesetzt. Das Boot versenkt den Kreuzer HMS PATHFINDER (5. 9. 1914), das Linienschiff HMS TRIUMPH (25. 5. 1915), das Linienschiff HMS MAJESTIC (27. 5. 1915) und den französischen Panzerkreuzer AMIRAL CHARMER (11. 2. 1916). Das Boot sinkt am 22. 2. 1919 auf der Auslieferungsfahrt nach Großbritannien.

U 22
- Zweihüllen-Hochseeboot, Kaiserliche Werft, Danzig, Kiellegung: 14. 11. 1911, Stapellauf: 6. 3. 1913, Indienststellung: 25. 11. 1913.
- Technische Daten – siehe U 19.
- 14 Einsatzfahrten, 43 Schiffe mit 46.687 BRT versenkt. Am 21. 1. 1915 versenkt U 22 im Ärmelkanal irrtümlich U 7 mit einem Torpedo – 26 Tote, ein Überlebender. U 22 wird am 1. 12. 1918 an Großbritannien übergeben und in Blyth verschrottet.

U 23
- Zweihüllen-Hochseeboot, Germaniawerft, Kiel, Kiellegung: 21. 12. 1911, Stapellauf: 12. 4. 1912, Indienststellung: 11. 9. 1913.
- Technische Daten: Verdrängung an der Oberfläche: 669 tons, getaucht: 864 tons, Abmessungen: 64,7 m x 6,3 m x 3,5 m, Antrieb: 2 x 900-PS-Dieselmotoren, 2 x 600-PS-Elektromotoren, Reichweite an der Wasseroberfläche: 7.620 sm bei 8 kn, getaucht: 85 sm bei 5 kn, Geschwindigkeit an der Oberfläche: 16,7 kn, getaucht: 10,3 kn, Besatzung: 35 Mann, Bewaffnung: 2 Bug- und 2 Hecktorpedorohre, 6 Torpedos.
- Drei Einsatzfahrten, sieben Schiffe mit 8.822 BRT versenkt. U 23 wird überwiegend als Schulboot eingesetzt. Das Boot wird am 20. 7. 1915 in der Nordsee von einer britischen U-Boot-Falle, dem Trawler PRINCESS LOUISE mit dem U-Boot C 27 im Schlepp (s. auch U 40), durch Torpedos versenkt – 24 Tote, zehn Überlebende.

U 24
- Zweihüllen-Hochseeboot, Germaniawerft, Kiel, Kiellegung: 5. 2. 1912, Stapellauf: 24. 5. 1913, Indienststellung: 6. 12. 1913.
- Technische Daten – siehe U 23.
- Sieben Einsatzfahrten, 33 Schiffe mit 105.732 BRT versenkt. U 24 versenkt am 1. 1. 1915 das britische Linienschiff HMS FORMIDABLE und am 19. 8. 1915 den britischen Dampfer ARABIC (15.801 BRT) vor Irland. Das Boot wird am 22. 11. 1918 an Großbritannien übergeben und 1922 in Swansea verschrottet.

U 25
- Zweihüllen-Hochseeboot, Germaniawerft, Kiel, Kiellegung: 7. 5. 1912, Stapellauf: 12. 7. 1913, Indienststellung: 9. 5. 1914.
- Technische Daten – siehe U 23.
- Drei Einsatzfahrten, 21 Schiffe mit 14.126 BRT versenkt. U 25 wird am 23. 2. 1919 an Frankreich ausgeliefert und 1922 in Cherbourg verschrottet.

U 26
- Zweihüllen-Hochseeboot, Germaniawerft, Kiel, Kiellegung: 31. 5. 1912, Stapellauf: 16. 10. 1913, Indienststellung: 20. 5. 1914.
- Technische Daten – siehe U 23.
- Eine Einsatzfahrt, drei Schiffe versenkt. U 26 versenkt am 11. 10. 1914 den russischen Panzerkreuzer PALLADA, am 4. 6. 1915 den russischen Minenleger JENNISEI und am 16. 8. 1915 den russischen Minensucher Nr. 1. Das Boot geht im August 1915 im Finnischen Meerbusen mit 30 Mann Besatzung verloren.

U 27
- Zweihüllen-Hochseeboot, Kaiserliche Werft, Danzig, Stapellauf: 14. 7. 1913, Indienststellung: 8. 5. 1914.
- Technische Daten: Verdrängung an der Oberfläche: 675 tons, getaucht: 867 tons, Abmessungen: 64,7 m x 6,3 m x 3,5 m, Antrieb: 2 x 1.000-PS-Dieselmotoren, 2 x 600-PS-Elektromotoren, Reichweite an der Oberfläche: 9.770 sm bei 8 kn, getaucht: 85 sm bei 5 kn, Geschwindigkeit an der Oberfläche: 16,7 kn, getaucht: 9,8 kn, Besatzung: 35 Mann, Bewaffnung: 2 Bug- und 2 Heckrohre, 6 Torpedos, Geschütz.
- Drei Einsatzfahrten, neun Schiffe mit 29.402 BRT versenkt. U 27 versenkt am 18. 10. 1914 das britische U-Boot E 3 und am 31. 10. 1914 das britische Flugzeugmutterschiff HMS HERMES. Das Boot wird am 19. 8. 1915 vor den Scilly-Inseln von der britischen U-Boot-Falle BARALONG mit 37 Mann Besatzung versenkt.

U 28
- Zweihüllen-Hochseeboot, Kaiserliche Werft, Danzig, Stapellauf: 30. 8. 1913, Indienststellung: 26. 6. 1914.
- Technische Daten – siehe U 27.
- Fünf Einsatzfahrten, 39 Schiffe mit 93.782 BRT versenkt. U 28 wird am 2. 9. 1917 im Nordmeer durch die explodierende Ladung des Frachters OLIVE BRANCH mit 39 Mann Besatzung versenkt.

S. M. Unterseeboot 17

U 29
- Zweihüllen-Hochseeboot, Kaiserliche Werft, Danzig, Stapellauf: 11. 10. 1913, Indienststellung: 1. 8. 1914.
- Technische Daten – siehe U 27.
- Eine Einsatzfahrt, vier Schiffe mit 12.934 BRT versenkt. U 29 wird am 18. 3. 1915 beim Angriff auf die britische Flotte vom Linienschiff HMS DREADNOUGHT (Kommandant: Otto Weddigen) vor Scapa Flow gerammt und mit 32 Mann Besatzung versenkt.

U 30
- Zweihüllen-Hochseeboot, Kaiserliche Werft, Danzig, Stapellauf: 15. 11. 1913, Indienststellung: 26. 8. 1914.
- Sechs Einsatzfahrten, 26 Schiffe mit 47.383 BRT versenkt. U 30 sinkt am 22. 6. 1915 in der Emsmündung (Tauchunfall, 31 Tote), wird am 27. 8. 1915 gehoben und als Schulboot wieder in Dienst gestellt. Das Boot wird am 22. 11. 1918 an Großbritannien ausgeliefert und 1919 in Blyth verschrottet.

U 31
- Zweihüllen-Hochseeboot, Germaniawerft, Kiel, Kiellegung: 12. 10. 1912, Stapellauf: 7. 1. 1914, Indienststellung: 18. 9. 1914.
- Technische Daten: Verdrängung an der Oberfläche: 685 tons, getaucht: 878 tons, Abmessungen: 64,7 m x 6,3 m x 3,6 m, Antrieb: 2 x 925-PS-Dieselmotoren, 2 x 600-PS-Elektromotoren, Reichweite an der Wasseroberfläche: 8.790 sm bei 8 kn, getaucht: 80 sm bei 5 kn, Geschwindigkeit an der Oberfläche: 16,4 kn, getaucht: 9,7 kn, Besatzung: 35 Mann, Bewaffnung: 2 Bug- und 2 Heckrohre, 6 Torpedos.
- Eine Einsatzfahrt ohne Versenkungen. U 31 geht nach dem 13. 1. 1915 vor der britischen Ostküste aus unbekannten Gründen mit 31 Mann Besatzung verloren.

U 32
- Zweihüllen-Hochseeboot, Germaniawerft, Kiel, Kiellegung: 8. 11. 1912, Stapellauf: 28. 1. 1914, Indienststellung: 3. 9. 1914.
- Technische Daten – siehe U 31.
- Elf Einsatzfahrten, 37 Schiffe mit 105.740 BRT versenkt. U 32 (k.u.k. U 37) versenkt am 9. 1. 1917 das britische Linienschiff HMS CORNWALLIS. Das Boot wird am 8. 5. 1918 im Mittelmeer vor Malta durch Wasserbomben vom britischen Trawler HMS WALLFLOWER mit 41 Mann Besatzung versenkt.

U 33
- Zweihüllen-Hochseeboot, Germaniawerft, Kiel, Kiellegung: 7. 11. 1912, Stapellauf: 19. 5. 1914, Indienststellung: 27. 9. 1914.
- Technische Daten – siehe U 31.
- 16 Einsatzfahrten, 84 Schiffe mit 229.598 BRT versenkt. U 33 (k.u.k. U 33) wird im Mittelmeer eingesetzt und versenkt am 15. 4. 1917 den britischen Frachter CAMERONIA (10.960 BRT) vor Malta. Das Boot wird am 16. 1. 1919 an Großbritannien ausgeliefert und 1919 in Blyth verschrottet.

U 34
- Zweihüllen-Hochseeboot, Germaniawerft, Kiel, Kiellegung: 7. 11. 1912, Stapellauf: 9. 5. 1914, Indienststellung: 5. 10. 1914.
- Technische Daten – siehe U 31.
- 17 Einsatzfahrten, 121 Schiffe mit 262.889 BRT versenkt. U 34 (k.u.k. U 34) wird seit 1915 im Mittelmeer eingesetzt und wird nach dem 18. 10. 1918 mit 34 Mann Besatzung vermisst.

U 35
- Zweihüllen-Hochseeboot, Germaniawerft, Kiel, Kiellegung: 20. 12. 1912, Stapellauf: 18. 4. 1914, Indienststellung: 3. 11. 1914.
- Technische Daten – siehe U 31.
- 17 Einsatzfahrten, 224 Schiffe mit 539.741 BRT versenkt. U 35 (k.u.k. U 35) wird seit 1915 im Mittelmeer eingesetzt. Es versenkt am 26. 2. 1916 den französischen Hilfskreuzer LA PROVENCE (13.750 BRT) vor Matapan, am 29. 2. 1916 die britische Sloop HMS PRIMULA, am 23. 3. 1916 das britische Frachtschiff MINNEAPOLIS (13.500 BRT) vor Malta, am 2. 10. 1916 das französische Kanonenboot RIGEL und am 4. 10. 1916 den französischen Hilfskreuzer GALLIA (14.900 BRT). Das Boot entkommt bei Kriegsende nach Barcelona und wird am 26. 11. 1918 an Großbritannien ausgeliefert und in Blyth 1919 verschrottet.

U 36
- Zweihüllen-Hochseeboot, Germaniawerft, Kiel, Kiellegung: 2. 1. 1913, Stapellauf: 6. 6. 1914, Indienststellung: 14. 11. 1914.
- Technische Daten – siehe U 31.
- Zwei Einsatzfahrten, 14 Schiffe mit 12.688 BRT versenkt. U 36 wird am 24. 7. 1915 von der britischen U-Boot-Falle PRINCE CHARLES (Q-Schiff) vor den Hebriden versenkt – 18 Tote, 15 Überlebende.

U 37
- Zweihüllen-Hochseeboot, Germaniawerft, Kiel, Kiellegung: 2. 1. 1913, Stapellauf: 25. 8. 1914, Indienststellung: 9. 12. 1914.
- Technische Daten – siehe U 31.
- Eine Einsatzfahrt, zwei Schiffe mit 2.811 BRT versenkt. U 37 läuft wahrscheinlich am 30. 4. 1915 vor Zeebrugge auf eine Mine und sinkt mit 32 Mann Besatzung.

U 38
- Zweihüllen-Hochseeboot, Germaniawerft, Kiel, Kiellegung: 25. 2. 1913, Stapellauf: 9. 9. 1914, Indienststellung: 15. 12. 1914.
- Technische Daten – siehe U 31.
- 17 Einsatzfahrten, 137 Schiffe mit 299.983 BRT versenkt. U 38 (k.u.k. U 38) wird ab 1915 im Mittelmeer eingesetzt und versenkt am 21. 12. 1915 den japanischen Frachter YASAKA MARU (12.480 BRT) vor Port Said, am 3. 12. 1916 das französische Kanonenboot SURPRISE. Das Boot wird am 23. 2. 1919 an Frankreich ausgeliefert und im 7. 1921 in Brest verschrottet.

U 39
- Zweihüllen-Hochseeboot, Germaniawerft, Kiel, Kiellegung: 27. 3. 1913, Stapellauf: 26. 9. 1914, Indienststellung: 13. 1. 1915.
- Technische Daten – siehe U 31.
- 19 Einsatzfahrten, 154 Schiffe mit 404.478 BRT versenkt. U 39 (k.u.k. U 39) wird ab 1915 im Mittelmeer von Kriegsschiffen und Kampfflugzeugen schwer beschädigt (zwei Tote), muss den spanischen Hafen Cartagena anlaufen und wird dort interniert. Am 22. 3. 1919 wird das Boot an Frankreich ausgeliefert und 1923 in Toulon verschrottet.

U 40
- Zweihüllen-Hochseeboot, Germaniawerft, Kiel, Kiellegung: 3. 4. 1913, Stapellauf: 22. 10. 1914, Indienststellung: 14. 2. 1915.
- Technische Daten – siehe U 31.
- Eine Einsatzfahrt ohne Versenkungen. U 40 wird am 23. 6. 1915 in der Nordsee vor Aberdeen von einer britischen U-Boot-Falle, dem Fischdampfer TARANAKI mit dem geschleppten U-Boot C 24, torpediert und versenkt (s. U 23) – 29 Tote, drei Überlebende.

U 41
- Zweihüllen-Hochseeboot, Germaniawerft, Kiel, Kiellegung: 22. 4. 1913, Stapellauf: 10. 10. 1914, Indienststellung: 1. 2. 1915.
- Technische Daten – siehe U 31.
- Vier Einsatzfahrten, 28 Schiffe mit 58.949 BRT versenkt. U 41 wird am 24. 9. 1915 von der britischen U-Boot-Falle WYANDRA (ex BARALONG) vor der britischen Westküste versenkt – 35 Tote, zwei Überlebende.

U 42
- Zweihüllen-Küstenboot, Societá Fiat San Giorgio, La Spezia-Muggiano, Kiellegung: 18. 8. 1913, Stapellauf: 8. 8. 1915.
- Technische Daten: Verdrängung an der Oberfläche: 728 tons, getaucht: 875 tons, Abmessungen: 65,0 m x 6,1 m x 4,2 m, Antrieb: 2 x 1.300-PS-Dieselmotoren, 2 x 450-PS-Elektromotoren, Geschwindigkeit an der Oberfläche: 14,0 kn, getaucht: 9,0 kn, Reichweite an der Oberfläche: 3.500 sm bei 10 kn, getaucht: 85 sm bei 3 kn, Tauchtiefe: 50 m, Besatzung: 38 Mann, Bewaffnung: 3 Bug- und 2 Heckrohre.
- U 42 wird von Deutschland in Italien bestellt, nach Lieferungsverzögerungen erfolgt am 23. 5. 1915 die Beschlagnahme durch Italien und das Boot wird als BALLILA am 8. 8. 1915 in Dienst gestellt. Es wird am 20. 1. 1919 an Großbritannien ausgeliefert und 1922 in Swansea verschrottet.

U 43
- Zweihüllen-Hochseeboot, Projekt 25, Kaiserliche Werft, Danzig, Stapellauf: 26. 9. 1914, Indienststellung: 30. 4. 1915.
- Technische Daten: Verdrängung an der Oberfläche: 725 tons, getaucht: 940 tons, Abmessungen: 65,0 m x 6,2 m x 3,7 m, Antrieb: 2 x 1.000-PS-Dieselmotoren, 2 x 600-PS-Elektromotoren, Reichweite an der Wasseroberfläche: 11.400 sm bei 8 kn, getaucht: 51 sm bei 5 kn, Geschwindigkeit an der Oberfläche: 15,2 kn, getaucht: 9,7 kn, Besatzung: 36 Mann, Bewaffnung: 4 Bug- und 2 Hecktorpedorohre, 8 Torpedos.
- Elf Einsatzfahrten, 44 Schiffe mit 116.590 BRT versenkt. U 43 versenkt am 20. 4. 1917 den britischen Dampfer SAN HILIARIO im Atlantik. Das Boot wird am 20. 11. 1918 an Großbritannien ausgeliefert und 1922 in Swansea verschrottet.

U 44
- Zweihüllen-Hochseeboot, Projekt 25, Kaiserliche Werft, Danzig, Stapellauf: 15. 10. 1914, Indienststellung: 7. 5. 1915.
- Technische Daten – siehe U 43.
- Sechs Einsatzfahrten, 21 Schiffe mit 72.331 BRT versenkt. U 44 wird am 12. 8. 1917 vor Südnorwegen vom britischen Zerstörer HMS ORACLE gerammt und mit 44 Mann Besatzung versenkt.

U 45
- Zweihüllen-Hochseeboot, Projekt 25, Kaiserliche Werft, Danzig, Stapellauf: 15. 4. 1915, Indienststellung: 9. 10. 1915.
- Technische Daten – siehe U 43.
- Sieben Einsatzfahrten, 24 Schiffe mit 45.622 BRT versenkt. U 45 wird am 12. 9. 1917 vom britischen U-Boot D 7 vor den Shetland-Inseln versenkt – 43 Tote, zwei Überlebende.

U 46
- Zweihüllen-Hochseeboot, Projekt 25, Kaiserliche Werft, Danzig, Stapellauf: 18. 5. 1915, Indienststellung: 17. 12. 1915.
- Technische Daten – siehe U 43.
- Elf Einsatzfahrten, 55 Schiffe mit 150.399 BRT versenkt. U 46 versenkt am 28. 1. 1918 den britischen Frachter ANDANIA (13.400 BRT) vor der englischen Küste. Das Boot wird am 26. 11. 1918 an Japan übergeben und von den Japanern als O 2 bis 1921 in Dienst gestellt. Anschließend wird es bei Tests für U-Boot-Rettungseinrichtungen eingesetzt. Es ist am 21. 4. 1925 vor Kure gesunken.

U 47
- Zweihüllen-Hochseeboot, Projekt 25, Kaiserliche Werft, Danzig, Stapellauf: 16. 8. 1915, Indienststellung: 28. 2. 1916.
- Technische Daten – siehe U 43.
- Zwei Einsatzfahrten, 14 Schiffe mit 24.075 BRT versenkt. U 47 (k.u.k. U 36) kann wegen seiner Maschinenprobleme ab Juni 1917 im Mittelmeer nicht mehr eingesetzt werden. Das Boot wird am 28. 10. 1918 während der Evakuierungsmaßnahmen vor Pola selbst versenkt.

U 48
- Zweihüllen-Hochseeboot, Projekt 25, Kaiserliche Werft, Danzig, Stapellauf: 3. 10. 1915, Indienststellung: 22. 4. 1916.
- Technische Daten – siehe U 43.
- Acht Einsatzfahrten, 34 Schiffe mit 103.552 BRT versenkt. U 48 versenkt am 7. 9. 1917 den britischen Frachter MINNEHAHA (13.710 BRT) vor der irischen Küste. Das Boot läuft am 24. 11. 1917 bei Goodwin Sands auf Grund, Patrouillenfahrzeuge eröffnen das Feuer, woraufhin die Mannschaft das Boot sprengt – 19 Tote, 22 Überlebende.

U 49
- Zweihüllen-Hochseeboot, Projekt 25, Kaiserliche Werft, Danzig, Stapellauf: 26. 11. 1915, Indienststellung: 31. 5. 1916.
- Technische Daten – siehe U 43.
- Sechs Einsatzfahrten, 38 Schiffe mit 86.433 BRT versenkt. U 49 wird am 11. 9. 1917 vom britischen Dampfer BRITISH TRANSPORT in der Biskaya mit Artilleriefeuer bekämpft, gerammt und mit 43 Mann Besatzung versenkt.

U 50
- Zweihüllen-Hochseeboot, Projekt 25, Kaiserliche Werft, Danzig, Stapellauf: 31. 12. 1915, Indienststellung: 4. 7. 1916.
- Technische Daten – siehe U 43.
- Fünf Einsatzfahrten, 26 Schiffe mit 92.764 BRT versenkt. U 50 versenkt am 25. 2. 1917 die britische LACONIA (18.100 BRT) vor der englischen Küste. Das Boot ist nach dem 31. 8. 1917 vor Terschelling vermutlich auf eine Mine gelaufen und mit 44 Mann Besatzung gesunken.

U 51
- Zweihüllen-Hochseeboot, Germaniawerft, Kiel, Kiellegung: 19. 12. 1914, Stapellauf: 25. 11. 1915, Indienststellung: 24. 2. 1916.
- Technische Daten: Verdrängung an der Wasseroberfläche: 715 tons, getaucht: 902 tons, Abmessungen: 65,2 m x 6,4 m x 3,6 m, Antrieb: 2 x 1.200-PS-Dieselmotoren, 2 x 600-PS-Elektromotoren, Reichweite an der Wasseroberfläche: 9.400 sm bei 8 kn, getaucht: 55 sm bei 5 kn, Geschwindigkeit an der Wasseroberfläche: 17,1 kn, getaucht: 9,1 kn, Besatzung: 35 Mann, Bewaffnung: 2 Bug- und 2 Hecktorpedorohre, 8 Torpedos, Geschütz.
- Eine Einsatzfahrt ohne Versenkungen. U 51 wird am 14. 7. 1916 beim Auslaufen aus der Ems vom britischen U-Boot H 5 mit einem Torpedo versenkt – 34 Tote, vier Überlebende. Das Wrack des Bootes wird 1968 gehoben und verschrottet.

U 52
- Zweihüllen-Hochseeboot, Germaniawerft, Kiel, Kiellegung: 13. 3. 1915, Stapellauf: 8. 12. 1915, Indienststellung: 16. 3. 1916.
- Technische Daten – siehe U 51.
- Vier Einsatzfahrten, 30 Schiffe mit 71.875 BRT versenkt. U 52 versenkt am 19. 8. 1916 den britischen Kreuzer HMS NOTTINGHAM, am 26. 11. 1916 das französische Linienschiff SUFFREN und am 17. 7. 1917 das britische U-Boot C 34. Das Boot sinkt am 29. 10. 1917 in der Kaiserlichen Werft, Kiel, nach einer Explosion an Bord (fünf Tote). Es wird zwei Tage später gehoben, am 21. 11. 1918 an Großbritannien ausgeliefert und 1922 in Swansea verschrottet.

U 53
- Zweihüllen-Hochseeboot, Germaniawerft, Kiel, Kiellegung: 17. 3. 1915, Stapellauf: 1. 2. 1916, Indienststellung: 22. 4. 1916.
- Technische Daten – siehe U 51.
- 13 Einsatzfahrten, 90 Schiffe mit 215.730 BRT versenkt. U 53 versenkt am 8. 10. 1916 fünf Frachtschiffe vor der US-Ostküste. Am 27. 6. 1917 versenkt es die britische ULTONIA (10.400 BRT) vor Irland, am 21. 8. 1917 die britische DEVONIAN und am 6. 12. 1917 den amerikanischen Zerstörer USS JACOB JONES. Das Boot wird am 1. 12. 1918 an Großbritannien ausgeliefert und 1922 in Swansea verschrottet.

U 54
- Zweihüllen-Hochseeboot, Germaniawerft, Kiel, Kiellegung: 18. 3. 1915, Stapellauf: 22. 2. 1916, Indienststellung: 25. 5. 1916.
- Technische Daten – siehe U 51.
- Zwölf Einsatzfahrten, 29 Schiffe mit 90.927 BRT versenkt. U 54 versenkt am 16. 7. 1918 die britische Sloop HMS ANCHUSA. Das Boot wird am 24. 11. 1918 an Italien ausgeliefert und im 5. 1919 in Tarent verschrottet.

U 55
- Zweihüllen-Hochseeboot, Germaniawerft, Kiel, Kiellegung: 28. 12. 1914, Stapellauf: 18. 3. 1916, Indienststellung: 8. 6. 1916.
- Technische Daten – siehe U 51.
- 14 Einsatzfahrten, 65 Schiffe mit 145.010 BRT versenkt. U 55 versenkt am 17. 7. 1918 das britische Frachtschiff CARPATHIA (13.600 BRT), jenes Schiff, das 1912 an der Rettungsaktion der TITANIC beteiligt war. Das Boot wird am 26. 11. 1918 an Japan übergeben und von den Japanern als O 3 bis 1921 in Dienst gestellt. Es wird bis 1923 als Unterstützungsboot Nr. 2538 eingesetzt und 1922 in Sasebo verschrottet.

U 56
- Zweihüllen-Hochseeboot, Germaniawerft, Kiel, Kiellegung: 28. 12. 1914, Stapellauf: 18. 4. 1916, Indienststellung: 23. 6. 1916.
- Technische Daten – siehe U 51.
- Eine Einsatzfahrt, vier Schiffe mit 5.374 BRT versenkt. U 56 wird nach dem 2. 11. 1916 vor Norwegen mit 35 Mann Besatzung vermisst.

U 57
- Zweihüllen-Hochseeboot, AG Weser, Bremen, Kiellegung: 28. 5. 1915, Stapellauf: 29. 4. 1916, Indienststellung: 6. 7. 1916.
- Technische Daten: Verdrängung an der Wasseroberfläche: 786 tons, getaucht: 954 tons, Abmessungen: 67,0 m x 6,3 m x 3,8 m, Antrieb: 2 x 900-PS-Dieselmotoren, 2 x 600-PS-Elektromotoren, Geschwindigkeit an der Wasseroberfläche: 14,7 kn, getaucht: 8,7 kn, Reichweite an der Wasseroberfläche: 7.730 sm bei 8,0 kn, getaucht: 55 sm bei 5,0 kn, Tauchtiefe: 50 m, Besatzung: 35 Mann, Bewaffnung: 2 Bug- und 2 Heckrohre, 7 Torpedos, Geschütz.
- Sieben Einsatzfahrten, 58 Schiffe mit 115.190 BRT versenkt. U 57 versenkt am 23. 10. 1916 die britische Sloop HMS GENISTA und am 26. 10. 1916 den britischen Frachter ROWANMORE (10.320 BRT) vor der englischen Küste. Das Boot wird am 24. 11. 1918 an Frankreich ausgeliefert und 1921 in Cherbourg verschrottet.

U 58
- Zweihüllen-Hochseeboot, AG Weser, Bremen, Kiellegung: 8. 6. 1915, Stapellauf: 31. 5. 1916, Indienststellung: 9. 8. 1916.
- Technische Daten – siehe U 57.
- Acht Einsatzfahrten, 21 Schiffe mit 30.901 BRT versenkt. Erster Erfolg der US-Navy gegen ein deutsches U-Boot im Ersten Weltkrieg: U 58 wird am 17. 11. 1917 im Bristol-Kanal vom amerikanischen Zerstörer USS FANNING mit Wasserbomben versenkt – zwei Tote, 36 Überlebende.

U 59
- Zweihüllen-Hochseeboot, AG Weser, Bremen, Kiellegung: 13. 7. 1915, Stapellauf: 20. 6. 1916, Indienststellung: 7. 9. 1916.
- Technische Daten – siehe U 57.
- Vier Einsatzfahrten, 13 Schiffe mit 18.763 BRT versenkt. U 59 läuft am 14. 5. 1917 in der Nordsee vor Horns Riff auf eine Mine, wird in zwei Teile gerissen und sinkt – 33 Tote, vier Überlebende. Im Jahr 2002 werden die 105-mm-Kanone und diverse Bootsteile (z.B. die Glocke) von dänischen Tauchern aus 36 Metern Tiefe geborgen und seitdem im Strandungsmuseum »St. George« im dänischen Thorsminde (Jütland) ausgestellt – siehe U 20.

U 60
- Zweihüllen-Hochseeboot, AG Weser, Bremen, Kiellegung: 22. 6. 1915, Stapellauf: 5. 7. 1916, Indienststellung: 1. 11. 1916.
- Technische Daten: Verdrängung an der Wasseroberfläche: 768 tons, getaucht: 956 tons, Abmessungen: 67,0 m x 6,3 m x 3,7 m, Antrieb: 2 x 1.200-PS-Dieselmotoren,

2 x 600-PS-Elektromotoren, Geschwindigkeit an der Wasseroberfläche: 16,5 kn, getaucht: 8,4 kn, Reichweite an der Wasseroberfläche: 8.600 sm bei 8 kn, getaucht 49 sm bei 5 kn, Tauchtiefe: 50 m, Besatzung: 36 Mann, Bewaffnung: 2 Bug- und 2 Heckrohre, 7 Torpedos.
- Zehn Einsatzfahrten, 52 Schiffe mit 108.191 BRT versenkt. U 60 wird am 21. 11. 1918 an Großbritannien ausgeliefert. Auf dem Weg zur Abwrackwerft läuft das Boot 1921 an der englischen Ostküste auf Grund und sinkt.

U 61
- Zweihüllen-Hochseeboot, AG Weser, Bremen, Kiellegung: 22. 6. 1915, Stapellauf: 22. 7. 1916, Indienststellung: 2. 12. 1916.
- Technische Daten – siehe U 60.
- Neun Einsatzfahrten, 36 Schiffe mit 90.773 BRT versenkt. U 61 wird am 26. 3. 1918 in der Irischen See mit 36 Mann Besatzung vom britischen Patrouillenboot PC 56 versenkt.

U 62
- Zweihüllen-Hochseeboot, AG Weser, Bremen, Kiellegung: 28. 6. 1915, Stapellauf: 2. 8. 1916, Indienststellung: 30. 12. 1916.
- Technische Daten – siehe U 60.
- Neun Einsatzfahrten, 48 Schiffe mit 133.000 BRT versenkt. U 62 versenkt am 30. 4. 1917 die britische Sloop HMS TULIP, am 18. 10. 1917 den britischen Hilfskreuzer ORAMA (12.927 BRT) vor der bretonischen Küste und am 7. 8. 1918 den französischen Panzerkreuzer DUPETIT THOUARS. Das Boot wird am 22. 11. 1918 an Großbritannien ausgeliefert und 1919 verschrottet.

U 63
- Zweihüllen-Hochseeboot, Germaniawerft, Kiel, Kiellegung: 30. 4. 1915, Stapellauf: 8. 2. 1916, Indienststellung: 11. 3. 1916.
- Technische Daten: Verdrängung an der Wasseroberfläche: 810 tons, getaucht: 927 tons, Abmessungen: 68,3 m x 6,3 m x 4,0 m, Antrieb: 2 x 1.100-PS-Dieselmotoren, 2 x 600-PS-Elektromotoren, Geschwindigkeit an der Wasseroberfläche: 16,5 kn, getaucht: 9,0 kn, Reichweite an der Wasseroberfläche: 9.100 sm bei 8 kn, getaucht: 60 sm bei 5 kn, Tauchtiefe: 50 m, Besatzung: 35 Mann, Bewaffnung: 2 Bug- und 2 Heckrohre, 8 Torpedos, Geschütz.
- Fünfzehn Einsatzfahrten, 71 Schiffe mit 198.000 BRT versenkt.
U 63 (k.u.k. U 63) wird ab 1916 im Mittelmeer eingesetzt. Es versenkt am 20. 8. 1916 den britischen Kreuzer

HMS FALMOUTH und am 4. 5. 1917 den britischen Dampfer TRANSYLVANIA (14.310 BRT) vor Malta. Das Boot wird am 16. 1. 1919 an Großbritannien ausgeliefert und 1919 in Blyth verschrottet.

U 64
- Zweihüllen-Hochseeboot, Germaniawerft, Kiel, Kiellegung: 19. 5. 1915, Stapellauf: 29. 2. 1916, Indienststellung: 15. 4. 1916.
- Technische Daten – siehe U 63.
- Fünfzehn Einsatzfahrten, 46 Schiffe mit 139.000 BRT versenkt. U 64 (k.u.k. U 64) versenkt am 19. 3. 1917 das französische Linienschiff DANTON und am 30. 1. 1918 die britische MINNETONKA (13.500 BRT) vor Malta. Das Boot wird am 17. 6. 1918 im Mittelmeer von den britischen Sloops HMS LYCHNIS und HMS PARTRIDGE II durch Rammstoß und Geschützfeuer versenkt – 38 Tote, fünf Überlebende.

U 65
- Ms-Typ, Germaniawerft, Kiel, Kiellegung: 4. 6. 1915, Stapellauf: 21. 3. 1916, Indienststellung: 11. 5. 1916.
- Technische Daten – siehe U 63.
- Elf Einsatzfahrten, 48 Schiffe mit 77.715 BRT versenkt. U 65 (k.u.k. U 65) wird ab 1916 im Mittelmeer eingesetzt und versenkt am 17. 2. 1917 den französischen Frachter ATHOS (12.520 BRT) vor Malta. Das Boot wird am 28. 10. 1918 bei den Evakuierungsmaßnahmen in Pola selbst versenkt.

U 66
- UD-Zweihüllen-Hochseeboot, Germaniawerft, Kiel, Kiellegung: 1. 11. 1913, Stapellauf: 22. 4. 1915, Indienststellung: 23. 7. 1915.
- Technische Daten: Verdrängung an der Wasseroberfläche: 791 tons, getaucht: 933 tons, Abmessungen: 69,5 m x 6,3 x 3,8 m, Antrieb: 2 x 1.150-PS-Dieselmotor, 2 x 620-PS-Elektromotor, Geschwindigkeit an der Wasseroberfläche: 16,8 kn, getaucht: 10,3 kn, Reichweite an der Wasseroberfläche: 6.500 sm bei 8 kn, getaucht: 115 sm bei 5 kn, Tauchtiefe: 50 m, Besatzung: 36 Mann, Bewaffnung: 4 Bug- und 2 Heckrohre, 12 Torpedos, Geschütz.
- Sieben Einsatzfahrten, 24 Schiffe mit 69.016 BRT versenkt. U 66 geht nach dem 3. 9. 1917 auf der Doggerbank mit 40 Mann Besatzung verloren.

* Die von der k.u.k. Marine 1913 bestellten Boote k.u.k. U 7–U 11 werden am 10. 11. 1914 von Deutschland zurückgekauft und als U 66 – U 70 in Dienst gestellt.

U 67
- UD-Zweihüllen-Hochseeboot, Germaniawerft, Kiel, Kiellegung: 1. 11. 1913, Stapellauf: 15. 5. 1915, Indienststellung: 4. 8. 1915.
- Technische Daten – siehe U 66.
- 13 Einsatzfahrten, 19 Schiffe mit 49.693 BRT versenkt. U 67 wird am 20. 11. 1918 an Großbritannien ausgeliefert und 1921 in Fareham verschrottet.

U 68
- UD-Zweihüllen-Hochseeboot, Germaniawerft, Kiel, Kiellegung: 31. 12. 1913, Stapellauf: 1. 6. 1915, Indienststellung: 17. 8. 1915.
- Technische Daten – siehe U 66.
- Eine Einsatzfahrt, keine Versenkungen.
- U 68 wird am 22. 3. 1916 von der britischen U-Boot-Falle FARNBOROUGH (Q 5) südwestlich von Irland durch Artilleriefeuer mit 38 Mann Besatzung versenkt (s. U 83).

U 69
- UD-Zweihüllen-Hochseeboot, Germaniawerft, Kiel, Kiellegung: 7. 2. 1914, Stapellauf: 24. 6. 1915, Indienststellung: 4. 9. 1915.
- Technische Daten – siehe U 66.
- Zehn Einsatzfahrten, 30 versenkte Schiffe mit 104.771 BRT. U 69 versenkt am 14. 6. 1917 den britischen Hilfskreuzer AVENGER (14.999 BRT) vor den Shetland-Inseln. Das Boot wird nach dem 11. 7. 1917 in der Nordsee mit 40 Mann Besatzung vermisst.

U 70
- UD-Zweihüllen-Hochseeboot, Germaniawerft, Kiel, Kiellegung: 11. 2. 1914, Stapellauf: 20. 7. 1915, Indienststellung: 22. 9. 1915.
- Technische Daten – siehe U 66.
- Zwölf Einsatzfahrten, 52 versenkte Schiffe mit 137.717 BRT. U 70 versenkt am 4. 6. 1917 den britischen Dampfer SOUTHLAND (11.900 BRT) vor der englischen Küste und am 5. 5. 1918 die britische Sloop HMS RHODODENDRON. Das Boot wird am 20. 11. 1918 an Großbritannien ausgeliefert und 1920 verschrottet.

U 71
- UE-I-Minenleger, Vulcan-Werft, Hamburg, Stapellauf: 31. 10. 1915, Indienststellung: 20. 12. 1915.
- Technische Daten: Verdrängung an der Wasseroberfläche: 755 tons, getaucht: 832 tons, Abmessungen: 56,8 m x 5,9 m x 4,9 m, Antrieb: 900-PS-Dieselmotor, 900-PS-Elektromotor, Geschwindigkeit an der Wasser-

oberfläche: 10,6 kn, getaucht: 7,9 kn, Reichweite an der Wasseroberfläche: 7.880 sm bei 7 kn, getaucht: 83 sm bei 4 kn, Tauchtiefe: 50 m, Besatzung: 32 Mann, Bewaffnung: 1 Bug- und 1 Heckrohr, 4 Torpedos, 38 Minen, Geschütz.
- Zwölf Einsatzfahrten, 17 Schiffe mit 11.653 BRT versenkt. U 71 wird am 23. 2. 1919 an Frankreich ausgeliefert und 1921 in Cherbourg verschrottet.

U 72
- UE-I-Minenleger, Vulcan-Werft, Hamburg, Stapellauf: 31. 10. 1915, Indienststellung: 26. 1. 1916.
- Technische Daten – siehe U 71
- Vier Einsatzfahrten, 18 Schiffe mit 38.571 BRT versenkt. U 72 (k.u.k. U 72) wird ab 1916 im Mittelmeer eingesetzt und am 1. 11. 1918 bei der Räumung von Cattaro selbst versenkt.

U 73
- UE-I-Minenleger, Kaiserliche Werft, Danzig, Stapellauf: 16. 6. 1915, Indienststellung: 9. 10. 1915.
- Technische Daten – siehe U 71.
- Zwei Einsatzfahrten, 16 Schiffe mit 83.721 BRT versenkt. U 73 (k.u.k. U 73) wird ab 1916 im Mittelmeer eingesetzt, versenkt am 14. 11. 1916 den französischen Frachter BURDIGALA (12.000 BRT) und am 21. 11. 1916 das britische Passagierschiff/Lazarettschiff BRITANNIC (48.150 BRT). Das Boot wird am 30. 10. 1918 bei der Räumung von Pola selbst versenkt.

U 74
- UE-I-Minenleger, Kaiserliche Werft, Danzig, Stapellauf: 10. 8. 1915, Indienststellung: 24. 11. 1915.
- Technische Daten – siehe U 71.
- Zwei Einsatzfahrten, ein Schiff mit 2.802 BRT versenkt. U 74 wird am 27. 5. 1916 von den Trawlern HMS KIMBERLEY, HMS OKU, HMS RODINO und HMS SEA RANGER vor Peterhead mit 34 Mann Besatzung versenkt.

U 75
- UE-I-Minenleger, Vulcan AG, Hamburg, Stapellauf: 30. 1. 1916, Indienststellung: 26. 3. 1916.
- Technische Daten: Verdrängung an der Wasseroberfläche: 755 tons, getaucht: 832 tons, Abmessungen: 56,8 m x 5,9 m x 4,8 m, Antrieb: 2 x 450-PS-Dieselmotor, 2 x 450-PS-Elektromotor, Geschwindigkeit an der Wasseroberfläche: 9,9 kn, getaucht: 7,9 kn, Reichweite an der Wasseroberfläche: 7.880 sm bei 7 kn, getaucht: 83 sm bei 4 kn, Tauchtiefe: 50 m, Besatzung: 32 Mann, Bewaffnung: 1 Bugtorpedorohr backbord, 1 Hecktorpedorohr steuerbord, 4 Torpedos, 2 Heckminenrohre, 38 Minen, Geschütz.

- Sieben Einsatzfahrten, neun versenkte Schiffe mit 13.618 BRT. U 75 wird am 13. 12. 1917 durch einen Minentreffer vor Terschelling versenkt – 23 Tote, acht Überlebende.

U 76
- UE-I-Minenleger, Vulcan AG, Hamburg, Stapellauf: 12. 3. 1916, Indienststellung: 11. 5. 1916.
- Technische Daten – siehe U 75.
- Vier Einsatzfahrten, ein versenktes Schiff mit 1.146 BRT. U 76 wird am 27. 1. 1917 am Nordkap von einem russischen Trawler gerammt und versenkt – ein Toter, 32 Überlebende, die von einem norwegischen Fischkutter gerettet werden. Das Boot wird im Juli 1971 gehoben und verschrottet.

U 77
- UE-I-Minenleger, Vulcan AG, Hamburg, Stapellauf: 9. 1. 1916, Indienststellung: 10. 3. 1916.
- Technische Daten – siehe U 75.
- Zwei Einsatzfahrten, keine Versenkungen. U 77 wird ab Juli 1916 in der Nordsee mit 33 Mann Besatzung vermisst.

U 78
- UE-I-Minenleger, Vulcan AG, Hamburg, Stapellauf: 27. 2. 1916, Indienststellung: 20. 4. 1916.
- Technische Daten – siehe U 75.
- Zwölf Einsatzfahrten, 17 versenkte Schiffe mit 26.678 BRT. U 78 wird am 28. 10. 1918 in der Nordsee vom britischen U-Boot G 2 durch einen Torpedotreffer mit 40 Mann Besatzung versenkt.

U 79
- UE-I-Minenleger, Vulcan AG, Hamburg, Stapellauf: 9. 4. 1916, Indienststellung: 25. 5. 1916.
- Technische Daten – siehe U 75.
- Elf Einsatzfahrten, 21 Schiffe mit 33.731 BRT versenkt. U 79 versenkt am 2. 10. 1917 den britischen Panzerkreuzer HMS DRAKE. Das Boot wird am 21. 11. 1918 an Frankreich ausgeliefert und bis zum 7. 1935 als VICTOR REVEILLE wieder in Dienst gestellt und im selben Jahr verschrottet.

U 80
- UE-I-Minenleger, Vulcan AG, Hamburg, Stapellauf: 22. 4. 1916, Indienststellung: 6. 6. 1916.
- Technische Daten – siehe U 75.
- 17 Einsatzfahrten, 26 versenkte Schiffe mit 48.880 BRT. U 80 versenkt am 25. 1. 1917 die britische LAUREBTIC

(14.890 BRT) vor der englischen Küste. Das Boot wird am 16. 1. 1919 an Großbritannien ausgeliefert und 1922 in Swansea verschrottet.

U 81
- Zweihüllen-Hochseeboot, Germaniawerft, Kiel, Kiellegung: 31. 8. 1915, Stapellauf: 24. 6. 1916, Indienststellung: 22. 8. 1916.
- Technische Daten: Verdrängung an der Wasseroberfläche: 808 tons, getaucht: 946 tons, Abmessungen: 70,1 m x 6,3 m x 4,0 m, Antrieb: 2 x 1.200-PS-Dieselmotoren, 2 x 600-PS-Elektromotoren, Reichweite an der Wasseroberfläche: 11.200 sm bei 8 kn, getaucht: 56 sm bei 5 kn, Geschwindigkeit an der Wasseroberfläche: 16,8 kn, getaucht: 9,1 kn, Besatzung: 35 Mann, Bewaffnung: 2 Bug- und 2 Heckrohre, 8 Torpedos.
- Vier Einsatzfahrten, 31 Schiffe mit 89.005 BRT versenkt. U 81 wird am 1. 5. 1917 vom britischen U-Boot E 54 vor Irland versenkt – 24 Tote, sieben Überlebende.

U 82
- Zweihüllen-Hochseeboot, Germaniawerft, Kiel, Kiellegung: 31. 8. 1915, Stapellauf: 1. 7. 1916, Indienststellung: 16. 9. 1916.
- Technische Daten – U 81.
- Elf Einsatzfahrten, 35 Schiffe mit 108.630 BRT versenkt. U 82 wird am 16. 1. 1919 an Großbritannien ausgeliefert und 1920 in Blyth verschrottet.

U 83
- Zweihüllen-Hochseeboot, Germaniawerft, Kiel, Kiellegung: 23. 10. 1915, Stapellauf: 13. 7. 1916, Indienststellung: 6. 9. 1916.
- Technische Daten – U 81.
- Zwei Einsatzfahrten, fünf Schiffe mit 6.286 BRT versenkt. U 83 wird am 17. 2. 1917 von der britischen U-Boot-Falle FARNBOROUGH (Q 5) durch Geschützfeuer vor Irland versenkt (s. U 68) – 36 Tote, zwei Überlebende.

U 84
- Zweihüllen-Hochseeboot, Germaniawerft, Kiel, Kiellegung: 25. 10. 1915, Stapellauf: 22. 7. 1916, Indienststellung: 7. 10. 1916.
- Technische Daten – U 81.
- Acht Einsatzfahrten, 27 Schiffe mit 82.946 BRT versenkt. U 84 versenkt am 13. 8. 1917 die britische Sloop HMS BERGAMOT. Das Boot wird am 26. 1. 1918 vor England vom Patrouillenboot PC 62 gerammt und mit 40 Mann Besatzung versenkt.

U 85
- Zweihüllen-Hochseeboot, Germaniawerft, Kiel, Kiellegung: 29. 11. 1915, Stapellauf: 22. 8. 1916, Indienststellung: 23. 10. 1916.
- Technische Daten – U 81.
- Zwei Einsatzfahrten, fünf Schiffe mit 23.127 BRT versenkt.U 85 wird am 12. 3. 1917 von der britischen U-Boot-Falle PRIVET (Q 19) mit 38 Mann Besatzung im Ärmelkanal versenkt.

U 86
- Zweihüllen-Hochseeboot, Germaniawerft, Kiel, Kiellegung: 5. 11. 1916, Stapellauf: 7. 11. 1916, Indienststellung: 30. 11. 1916.
- Technische Daten – U 81.
- Zwölf Einsatzfahrten, 33 Schiffe mit 125.590 BRT versenkt. U 86 versenkt die britische LLANDOVERY CASTLE (11.420 BRT) vor der englischen Küste und am 1. 7. 1918 die US-amerikanische COVINGTON (16.400 BRT) im Atlantik. Das Boot wird am 20. 11. 1918 an Großbritannien ausgeliefert und sinkt 1921 an der englischen Ostküste auf dem Weg zur Abwrackwerft.

U 87
- Zweihüllen-Hochseeboot, Projekt 25, Germaniawerft, Kiel, Kiellegung: 28. 10. 1915, Stapellauf: 22. 5. 1916, Indienststellung: 26. 2. 1917.
- Technische Daten: Verdrängung an der Wasseroberfläche: 757 tons, getaucht 998 tons, Abmessungen: 65,8 m x 6,2 m x 3,9 m, Antrieb: 2 x 1.200-PS-Dieselmotoren, 2 x 600-PS-Elektromotoren, Reichweite an der Wasseroberfläche: 11.300 sm bei 8 kn, getaucht: 56 sm bei 5 kn, Geschwindigkeit an der Wasseroberfläche: 15,6 kn, getaucht: 8,6 kn, Bewaffnung: 4 Bug- und 2 Hecktorpedorohre, 12 Torpedos, Geschütz.
- Fünf Einsatzfahrten, 21 Schiffe mit 59.178 BRT versenkt. U 87 wird am 25. 12. 1917 in der Irischen See von der britischen Sloop HMS BUTTERCUP gerammt, mit Wasserbomben angegriffen und vom Patrouillenboot PC 56 mit 44 Mann Besatzung versenkt.

U 88
- Zweihüllen-Hochseeboot, Projekt 25, Germaniawerft, Kiel, Kiellegung: 20. 11. 1915, Stapellauf: 22. 6. 1916, Indienststellung: 7. 4. 1917.
- Technische Daten – U 87.
- Vier Einsatzfahrten, 13 Schiffe mit 39.580 BRT versenkt. U 88 sinkt am 5. 9. 1917 vor Terschelling nach einem Minentreffer mit 43 Mann Besatzung.

U 89
- Zweihüllen-Hochseeboot, Projekt 25, Germaniawerft, Kiel, Kiellegung: 15. 12. 1915, Stapellauf: 6. 10. 1916, Indienststellung: 21. 6. 1917.
- Technische Daten – U 87.
- Drei Einsatzfahrten, sechs Schiffe mit 15.380 BRT versenkt. U 89 wird am 12. 2. 1918 in der Nordsee vom britischen Panzerkreuzer HMS ROXBURGH zwei Mal gerammt und mit 43 Mann Besatzung versenkt.

U 90
- Zweihüllen-Hochseeboot, Projekt 25, Germaniawerft, Kiel, Kiellegung: 29. 12. 1915, Stapellauf: 12. 1. 1917, Indienststellung: 2. 8. 1917.
- Technische Daten – U 87.
- Sieben Einsatzfahrten, 35 Schiffe mit 104.510 BRT versenkt. U 90 versenkt am 31. 5. 1918 den amerikanischen Truppentransporter PRESIDENT LINCOLN (18.167 BRT) im Atlantik. Das Boot wird am 20. 11. 1918 an Großbritannien ausgeliefert und 1920 verschrottet.

U 91
- Zweihüllen-Hochseeboot, Projekt 25, Germaniawerft, Kiel, Kiellegung: 1. 8. 1916, Stapellauf: 14. 4. 1917, Indienststellung: 17. 9. 1917.
- Technische Daten – U 87.
- Acht Einsatzfahrten, 40 Schiffe mit 96.250 BRT versenkt. U 91 wird am 26. 11. 1918 an Frankreich ausgeliefert und im Juli 1921 in Brest verschrottet.

U 92
- Zweihüllen-Hochseeboot, Projekt 25, Germaniawerft, Kiel, Kiellegung: 20. 8. 1916, Stapellauf: 12. 5. 1917, Indienststellung: 22. 10. 1917.
- Technische Daten – U 87.
- Fünf Einsatzfahrten, acht Schiffe mit 19.790 BRT versenkt. U 92 geht nach dem 9. 9. 1918 mit 42 Mann Besatzung in der Nordsee verloren.

U 93
- Zweihüllen-Hochseeboot, Germaniawerft, Kiel, Kiellegung: 12. 1. 1916, Stapellauf: 15. 12. 1916, Indienststellung: 10. 2. 1917.
- Technische Daten: Verdrängung an der Wasseroberfläche: 838 tons, getaucht: 1.000 tons, Abmessungen: 71,6 m x 6,3 m x 3,9 m, Antrieb: 2 x 12.00-PS-Dieselmotoren, 2 x 600-PS-Elektromotoren, Reichweite an der Wasseroberfläche: 9.020 sm bei 8 kn, getaucht 52 sm bei 5 kn, Geschwindigkeit an der Wasseroberfläche: 16,8 kn, getaucht: 8,6 kn, Besatzung: 36 Mann,

Bewaffnung: 4 Bug- und 2 Hecktorpedorohre, 12 Torpedos, Geschütz.
- Fünf Einsatzfahrten, 30 Schiffe mit 78.820 BRT versenkt. U 93 wird nach dem 16. 1. 1918 im Ärmelkanal mit 43 Mann Besatzung vermisst.

U 94
- Zweihüllen-Hochseeboot, Germaniawerft, Kiel, Kiellegung: 25. 3. 1916, Stapellauf: 5. 1. 1917, Indienststellung: 3. 3. 1917.
- Technische Daten – U 93.
- 13 Einsatzfahrten, 20 Schiffe mit 57.640 BRT versenkt. U 94 versenkt am 20. 6. 1917 die britische Sloop HMS SALVIA und am 18. 5. 1918 die britische HURUNDI (10.640 BRT) in der Biskaya. Das Boot wird am 20. 11. 1918 an Großbritannien ausgeliefert und 1920 verschrottet.

U 95
- Zweihüllen-Hochseeboot, Germaniawerft, Kiel, Kiellegung: 29. 3. 1916, Stapellauf: 20. 1. 1917, Indienststellung: 19. 4. 1917.
- Technische Daten – U 93.
- Sechs Einsatzfahrten, 14 Schiffe mit 37.930 BRT versenkt. U 95 wird am 7. 1. 1918 vom britischen Dampfer BRAENEIL vor Lizzard gerammt und mit 36 Mann Besatzung versenkt.

U 96
- Zweihüllen-Hochseeboot, Germaniawerft, Kiel, Kiellegung: 12. 1. 1916, Stapellauf: 15. 2. 1917, Indienststellung: 11. 4. 1917.
- Technische Daten: Verdrängung an der Wasseroberfläche: 837 tons, getaucht: 998 tons, Abmessungen: 71,5 m x 6,3 m x 3,9 m, Antrieb: 2 x 1.150-PS-Dieselmotoren, 2 x 600-PS-Elektromotoren, Geschwindigkeit an der Wasseroberfläche: 16,9 kn, getaucht: 8,6 kn, Reichweite an der Wasseroberfläche: 8.290 sm bei 8 kn, getaucht: 47 sm bei 5 kn, Besatzung: 36 Mann, Bewaffnung: 4 Bug- und 2 Hecktorpedorohre, 12 Torpedos.
- Neun Einsatzfahrten, 32 Schiffe mit 101.530 BRT versenkt. U 96 rammt UC 69 am 6. 12. 1917 im Ärmelkanal – 11 Tote, 18 Überlebende. Das Boot wird am 20. 11. 1918 an Großbritannien ausgeliefert und 1920 verschrottet.

U 97
- Zweihüllen-Hochseeboot, Germaniawerft, Kiel, Kiellegung: 5. 3. 1916, Stapellauf: 4. 4. 1917, Indienststellung: 16. 5. 1917.

- Technische Daten – U 96.
- Fünf Einsatzfahrten, vier Schiffe mit 5.400 BRT versenkt. U 97 sinkt am 21. 11. 1918 auf der Auslieferungsfahrt nach Großbritannien in der Nordsee.

U 98
- Zweihüllen-Hochseeboot, Germaniawerft, Kiel, Stapellauf: 28. 2. 1917, Indienststellung: 31. 5. 1917.
- Technische Daten – U 96.
- Fünf Einsatzfahrten, drei Schiffe mit 9.120 BRT versenkt. U 98 wird am 16. 1. 1919 an Großbritannien ausgeliefert und 1920 in Blyth verschrottet.

U 99
- Zweihüllen-Hochseeboot, AG Weser, Bremen, Kiellegung: 30. 11. 1915, Stapellauf: 27. 1. 1917, Indienststellung: 28. 3. 1917.
- Technische Daten: Verdrängung an der Wasseroberfläche: 750 tons, getaucht: 952 tons, Abmessungen: 67,6 m x 6,3 m x 3,7 m, Antrieb: 2 x 1.200-PS-Dieselmotoren, 2 x 600-PS-Elektromotoren, Geschwindigkeit an der Wasseroberfläche: 16,5 kn, getaucht: 8,8 kn, Reichweite an der Wasseroberfläche: 10.100 sm bei 8 kn, getaucht: 45 sm bei 5 kn, Besatzung: 36 Mann, Bewaffnung: 2 Bug- und 2 Heckrohre, 12 Torpedos.
- Eine Einsatzfahrt, eine Versenkung.
  U 99 versenkt am 6. 7. 1917 den britischen Zerstörer HMS ITCHEN. Das Boot wird am folgenden Tag, dem 7. 7. 1917, vom britischen U-Boot J 2 in der Nordsee mit 40 Mann Besatzung versenkt.

U 100
- Zweihüllen-Hochseeboot, AG Weser, Bremen, Kiellegung: 30. 11. 1915, Stapellauf: 25. 2. 1917, Indienststellung: 16. 4. 1917.
- Technische Daten – U 99.
- Acht Einsatzfahrten, zwölf Schiffe mit 56.210 BRT versenkt. U 100 wird am 27. 11. 1918 an Großbritannien ausgeliefert und 1922 in Swansea verschrottet.

U 101
- Zweihüllen-Hochseeboot, AG Weser, Bremen, Kiellegung: 30. 11. 1915, Stapellauf: 1. 4. 1917, Indienststellung: 15. 5. 1917.
- Technische Daten – U 99.
- Acht Einsatzfahrten, 28 Schiffe mit 13.250 BRT versenkt. U 101 wird am 21. 11. 1918 an Großbritannien ausgeliefert und im 6. 1920 in Morecambe verschrottet.

U 102
- Zweihüllen-Hochseeboot, AG Weser, Bremen,

Kiellegung: 12. 8. 1916, Stapellauf: 12. 5. 1917, Indienststellung: 18. 6. 1917.
- Technische Daten – U 99.
- Sieben Einsatzfahrten, fünf Schiffe mit 13.240 BRT versenkt. U 102 sinkt am 30. 9. 1918 nach einem Minentreffer in der Nordsee mit 42 Mann Besatzung.

U 103
- Zweihüllen-Hochseeboot, AG Weser, Bremen, Kiellegung: 8. 8. 1916, Stapellauf: 9. 6. 1917, Indienststellung: 15. 7. 1917.
- Technische Daten – U 99.
- Fünf Einsatzfahrten, acht Schiffe mit 22.250 BRT versenkt. U 103 wird am 12. 5. 1918 im Ärmelkanal vom als Truppentransporter eingesetzten Passagierschiff OLYMPIC (24 kn schnell), dem Schwesterschiff der TITANIC, gerammt und versenkt – zehn Tote, 35 Überlebende.

U 104
- Zweihüllen-Hochseeboot, AG Weser, Bremen, Kiellegung: 4. 8. 1916, Stapellauf: 3. 7. 1917, Indienststellung: 12. 8. 1917.
- Technische Daten – U 99.
- Vier Einsatzfahrten, zwölf Schiffe mit 36.710 BRT versenkt. U 104 wird am 25. 4. 1918 durch Wasserbomben der britischen Sloop HMS JESSAMINE vor der englischen Westküste versenkt – 41 Tote, ein Überlebender.

U 105
- Zweihüllen-Hochseeboot, Germaniawerft, Kiel, Stapellauf: 16. 5. 1917, Indienststellung: 4. 7. 1917.
- Technische Daten: Verdrängung an der Wasseroberfläche: 798 tons, getaucht: 1.000 tons, Abmessungen: 71,5 m x 6,3 m x 3,9 m, Antrieb: 2 x 1.200-PS-Dieselmotoren, 2 x 600-PS-Elektromotoren, Reichweite an der Oberfläche: 9.200 sm bei 8,0 kn, getaucht: 50 sm bei 5,0 kn, Geschwindigkeit an der Wasseroberfläche: 16,4 kn, getaucht: 8,4 kn, Besatzung: 36 Mann, Bewaffnung: 4 Bug- und 2 Hecktorpedorohre, 12 Torpedos.
- Sechs Einsatzfahrten, 20 Schiffe mit 55.880 BRT versenkt. U 105 wird am 20. 11. 1918 an Frankreich ausgeliefert, als JEAN AUTRIC bis zum 27. 1. 1937 wieder in Dienst gestellt und 1938 verschrottet.

U 106
- Zweihüllen-Hochseeboot, Germaniawerft, Kiel, Stapellauf: 12. 6. 1917, Indienststellung: 28. 7. 1917.
- Technische Daten – U 105.
- Eine Einsatzfahrt ohne Versenkungen.
  U 106 sinkt am 7. 10. 1917 in einem Minenfeld vor Helgoland mit 41 Mann Besatzung.

U 107
- Zweihüllen-Hochseeboot, Germaniawerft, Kiel, Stapellauf: 28. 6. 1917, Indienststellung: 18. 8. 1917.
- Technische Daten – U 105.
- Fünf Einsatzfahrten, sechs Schiffe mit 24.570 BRT versenkt. U 107 wird am 20. 11. 1918 an Großbritannien ausgeliefert und 1922 in Swansea verschrottet.

U 108
- Zweihüllen-Hochseeboot, Germaniawerft, Kiel, Stapellauf: 11. 10. 1917, Indienststellung: 5. 12. 1917.
- Technische Daten – U 105.
- Drei Einsatzfahrten, zwei Schiffe mit 8.440 BRT versenkt. U 108 wird am 20. 11. 1918 an Frankreich ausgeliefert, als LEON MIGNOT bis zum 24. 7. 1935 wieder in Dienst gestellt und danach verschrottet.

U 109
- Zweihüllen-Hochseeboot, Germaniawerft, Kiel, Stapellauf: 25. 9. 1917, Indienststellung: 7. 11. 1917.
- Technische Daten – U 105.
- Eine Einsatzfahrt ohne Versenkungen.
  U 109 sinkt am 26. 1. 1918 nach einem Minentreffer im Ärmelkanal vor Dover mit 43 Mann Besatzung.

U 110
- Zweihüllen-Hochseeboot, Germaniawerft, Kiel, Stapellauf: 28. 7. 1917, Indienststellung: 25. 9. 1917.
- Technische Daten – U 105.
- Drei Einsatzfahrten, acht Schiffe mit 32.140 BRT versenkt. U 110 versenkt am 15. 3. 1918 den Frachter AMAZON (10.030 BRT) vor der englischen Küste. Das Boot wird am selben Tag von den britischen Zerstörern HMS MICHAEL und HMS MORESBY mit Wasserbomben versenkt – 39 Tote, vier Überlebende.

U 111
- Zweihüllen-Hochseeboot, Germaniawerft, Kiel, Fertigung der Bootskörper beim Bremer Vulkan in Vegesack. Stapellauf: 5. 9. 1917, Indienststellung: 30. 12. 1917.
- Technische Daten: Verdrängung an der Wasseroberfläche: 798 tons, getaucht: 996 tons, Abmessungen: 71,5 m x 6,3 m x 3,8 m, Antrieb: 2 x 1.150-PS-Dieselmotoren, 2 x 600-PS-Elektromotoren, Reichweite an der Oberfläche: 8.300 sm bei 8,0 kn, getaucht: 50 sm bei 5,0 kn, Geschwindigkeit an der Wasseroberfläche: 16,4 kn, getaucht: 8,4 kn, Besatzung: 36 Mann, Bewaffnung: 4 Bug- und 2 Hecktorpedorohre, 12 Torpedos.
- Vier Einsatzfahrten, drei Schiffe mit 3.010 BRT versenkt. U 111 wird am 20. 11. 1918 an die USA ausgelie-

fert, wo das Boot als schwimmende Ausstellung an der Neuengland-Küste präsentiert wird. Später wird U 111 vor Cape Charles, Virginia, versenkt.

U 112
- Zweihüllen-Hochseeboot, Germaniawerft, Kiel, Stapellauf: 26. 10. 1917, Indienststellung: 30. 6. 1918.
- Technische Daten – U 111.
- U 112 läuft zu keinen Einsatzfahrten vor Kriegsende mehr aus. Das Boot wird am 20. 11. 1918 an Großbritannien ausgeliefert und 1922 in Rochester verschrottet.

U 113
- Zweihüllen-Hochseeboot, Germaniawerft, Kiel, Stapellauf: 29. 9. 1917, Indienststellung: 23. 2. 1918.
- Technische Daten – U 111.
- Drei Einsatzfahrten, vier Schiffe mit 6.734 BRT versenkt. U 113 wird am 20. 11. 1918 an Frankreich ausgeliefert und im Juli 1921 in Brest verschrottet.

U 114
- Zweihüllen-Hochseeboot, Germaniawerft, Kiel, Stapellauf: 27. 11. 1917, Indienststellung: 19. 6. 1918.
- Technische Daten – U 111.
- Eine Einsatzfahrt ohne Versenkungen.
- U 114 wird am 26. 11. 1918 an Italien ausgeliefert und im Juli 1919 in La Spezia verschrottet.

U 115
- UE-II-Zweihüllen-Hochseeboot, Projekt 43, Schichau Werft, Danzig, Fertigung des Bootskörpers beim Bremer Vulkan in Vegesack.
- Technische Daten: Verdrängung an der Wasseroberfläche: 882 tons, getaucht: 1.233 tons, Abmessungen: 72,3 m x 6,5 m x 4,0 m, Antrieb: 2 x 1200-PS-Dieselmotoren, 2 x 600-PS-Elektromotoren, Reichweite an der Wasseroberfläche: 11.470 sm bei 8 kn, getaucht: 60 sm bei 5 kn, Geschwindigkeit an der Wasseroberfläche: 16,0 kn, getaucht: 9,0 kn, Besatzung: 36 Mann, Bewaffnung: 4 Bug- und 2 Heckrohre, 12 Torpedos, Geschütz.
- Das Boot wird vor Kriegsende nicht fertiggestellt und auf der Werft abgebrochen.

U 116
- UE-II-Zweihüllen-Hochseeboot, Projekt 43, Schichau Werft, Danzig.
- Technische Daten – U 115.
- Das Boot wird vor Kriegsende nicht fertiggestellt und auf der Werft abgebrochen.

U 117
- UE-II-Zweihüllen-Hochseeboot, Projekt 45. Bauwerft: Vulcan AG, Hamburg, Stapellauf: 10. 12. 1917, Indienststellung: 28. 3. 1918.
- Technische Daten: Verdrängung an der Wasseroberfläche: 1.164 tons, getaucht: 1.512 tons, Abmessungen: 81,5 m x 7,4 m x 4,2 m, Antrieb: 2 x 1.200-PS-Dieselmotoren, 2 x 600-PS-Elektromotoren, Reichweite an der Wasseroberfläche: 13.900 sm bei 8 kn, getaucht: 35 sm bei 5 kn, Geschwindigkeit an der Wasseroberfläche: 14,7 kn, getaucht: 7,0 kn, Besatzung: 40 Mann, Bewaffnung: 4 Bugrohre, 14 Torpedos, 2 Minenschächte, 42 Minen, Geschütz.
- Eine Einsatzfahrt, 24 Schiffe mit 46.890 BRT versenkt. U 117 wird am 21. 11. 1918 an die USA ausgeliefert und als Ausstellungsboot an der Atlantikküste genutzt. Das Boot wird am 21. 6. 1921 vor Cape Charles, Virginia, mit Fliegerbomben versenkt.

U 118
- UE-II-Zweihüllen-Hochseeboot, Projekt 45. Vulcan AG, Hamburg, Stapellauf: 23. 2. 1918, Indienststellung: 8. 5. 1918.
- Technische Daten – siehe U 117.
- Eine Einsatzfahrt, zwei Schiffe mit 10.440 BRT versenkt. U 118 wird am 23. 2. 1919 an Frankreich ausgeliefert. Auf der Schleppreise nach Cherbourg reißt sich das Boot in einem schweren Sturm los und strandet an der Promenade von Hastings. Als zwei britische Matrosen in das Boot eindringen, werden sie durch Chlorgas getötet. U 118 wird im Juli 1921 verschrottet.

U 119
- UE-II-Zweihüllen-Hochseeboot, Projekt 45. Vulcan AG, Hamburg, Stapellauf: 4. 4. 1918, Indienststellung: 20. 6. 1918.
- Technische Daten – siehe U 117.
- Eine Einsatzfahrt ohne Versenkungen.
- U 119 wird am 20. 11. 1918 an Frankreich ausgeliefert, als RENE AUDRY bis zum 7. 10. 1937 wieder in Dienst gestellt und später verschrottet.

U 120
- UE-II-Zweihüllen-Hochseeboot, Projekt 45. Vulcan AG, Hamburg, Stapellauf: 20. 6. 1918, Indienststellung: 31. 8. 1918.
- Technische Daten – siehe U 117.
- Keine Einsatzfahrten. U 120 wird am 22. 11. 1918 an Italien ausgeliefert und im 4. 1919 in La Spezia verschrottet.

U 121
- UE-II-Zweihüllen-Hochseeboot, Projekt 45. Vulcan AG, Hamburg.
- Technische Daten – siehe U 117.
- U 121 wird am 9. 3. 1919 an Frankreich ausgeliefert und am 1. 7. 1921 als Zielschiff vor Cherbourg versenkt.

U 122
- UE-II-Zweihüllen-Hochseeboot, Projekt 45. Blohm & Voss, Hamburg, Stapellauf: 9. 12. 1917, Indienststellung: 4. 5. 1918.
- Technische Daten: Verdrängung an der Wasseroberfläche: 1.163 tons, getaucht: 1.468 tons, Abmessungen: 82,0 m x 7,4 m x 4,2 m, Antrieb: 2 x 1.200-PS-Dieselmotoren, 2 x 615-PS-Elektromotoren, Reichweite an der Wasseroberfläche: 11.470 sm bei 8 kn, getaucht: 35 sm bei 5 kn, Geschwindigkeit an der Wasseroberfläche: 14,7 kn, getaucht: 7,2 kn, Besatzung: 40 Mann, Bewaffnung: 4 Bugrohre, 14 Torpedos, 2 Minenschächte, 42 Minen, Geschütz.
- Eine Einsatzfahrt, ein Schiff mit 278 BRT versenkt. U 122 wird am 26. 11. 1918 an Großbritannien ausgeliefert, läuft auf der Übergabefahrt auf Grund und wird verschrottet.

U 123
- UE-II-Zweihüllen-Hochseeboot, Projekt 45. Blohm & Voss, Hamburg, Stapellauf: 26. 1. 1918, Indienststellung: 20. 7. 1918.
- Technische Daten – siehe U 122.
- Das Boot unternimmt vor Kriegsende keine Einsatzfahrten mehr. U 123 wird am 22. 11. 1918 an Großbritannien ausgeliefert, läuft auf der Übergabefahrt auf Grund und wird 1921 verschrottet.

U 124
- UE-II-Zweihüllen-Hochseeboot, Projekt 45. Blohm & Voss, Hamburg, Stapellauf: 28. 3. 1918, Indienststellung: 12. 7. 1918.
- Technische Daten – siehe U 122.
- Das Boot unternimmt vor Kriegsende keine Einsatzfahrten mehr. U 124 wird am 13. 11. 1918 in Karlskrona interniert, am 1. 12. 1918 an Großbritannien ausgeliefert und 1922 in Swansea verschrottet.

U 125
- UE-II-Zweihüllen-Hochseeboot, Projekt 45. Blohm & Voss, Hamburg, Stapellauf: 26. 5. 1918, Indienststellung: 4. 9. 1918.
- Technische Daten – siehe U 122.

U 121
- UE-II-Zweihüllen-Hochseeboot, Projekt 45. Vulcan AG, Hamburg.
- Technische Daten – siehe U 117.

- Das Boot unternimmt vor Kriegsende keine Einsatzfahrten mehr. U 125 wird am 26. 11. 1918 an Japan ausgeliefert, als O 1 bis 1921 in Dienst gestellt. Der Rumpf wird bis 1925 in der U-Boot-Schule von Kure eingesetzt. Bis 1931 wird U 125 als Testfahrzeug für U-Boot-Bergungen verwendet und bis 1935 als Hilfsschiff No. 2900 eingesetzt.

U 126
- UE-II-Zweihüllen-Hochseeboot, Projekt 45. Blohm & Voss, Hamburg, Stapellauf: 16. 6. 1918, Indienststellung: 7. 10. 1918.
- Technische Daten – siehe U 122.
- Das Boot unternimmt vor Kriegsende keine Einsatzfahrten mehr. U 126 wird am 22. 11. 1918 an Großbritannien übergeben und 1923 in Upnor verschrottet.

U 127
- Zweihüllen-Hochseeboot, Projekt 43. Germaniawerft, Kiel 0.
- Technische Daten: Verdrängung an der Wasseroberfläche: 1.221 tons, getaucht: 1.649 tons, Abmessungen: 82,3 m x 7,5 m x 4,2 m, Antrieb: 2 x 1.750-PS-Dieselmotoren, 2 x 845-PS-Elektromotoren, Reichweite an der Wasseroberfläche: 10.000 sm bei 8 kn, 50 sm bei 5 kn, Geschwindigkeit an der Wasseroberfläche: 17,0 kn, getaucht: 8,1 kn, Besatzung: 46 Mann, Bewaffnung: 4 Bug- und 2 Heckrohre, 14 Torpedos.
- U 127 wird vor Kriegsende nicht fertig gestellt und 1918 auf der Werft in Oslebshausen abgebrochen. Die Motoren werden an Großbritannien abgeliefert.

U 128
- Zweihüllen-Hochseeboot, Projekt 42, Germaniawerft, Kiel.
- Technische Daten – U 128.
- U 128 wird vor Kriegsende nicht fertig gestellt und 1918 auf der Werft abgebrochen.

U 129
- Zweihüllen-Hochseeboot, Projekt 42, Germaniawerft, Kiel.
- Technische Daten – U 128.
- U 129 wird vor Kriegsende nicht fertig gestellt und 1920 auf der Werft abgebrochen.

U 130
- Zweihüllen-Hochseeboot, Projekt 42, Germaniawerft, Kiel.
- Technische Daten – U 128.
- U 130 wird vor Kriegsende nicht fertig gestellt und 1920 auf der Werft abgebrochen.

U 131

- Zweihüllen-Hochseeboot, Projekt 42, AG Weser, Bremen.
- Technische Daten: Verdrängung an der Wasseroberfläche: 1.160 tons, getaucht: 1.527 tons, Abmessungen: 82,5 m x 7,5 m x 4,2 m, Antrieb: 2 x 1.750-PS-Dieselmotoren, 2 x 845-PS-Elektromotoren, Reichweite an der Wasseroberfläche: 10.000 sm bei 8 kn, getaucht: 50 sm bei 5 kn, Geschwindigkeit an der Wasseroberfläche: 17,0 kn, getaucht: 8,1 kn, Besatzung: 46 Mann, Bewaffnung: 4 Bug- und 2 Heckrohre, 14 Torpedos.
- U 131 wird vor Kriegsende nicht fertig gestellt und 1918 abgebrochen.

U 132

- Zweihüllen-Hochseeboot, Projekt 42, AG Weser, Bremen.
- Technische Daten – U 132.
- U 132 wird vor Kriegsende nicht fertig gestellt und 1918 abgebrochen.

U 133

- Zweihüllen-Hochseeboot, Projekt 42, AG Weser, Bremen.
- Technische Daten – U 132.
- U 133 wird vor Kriegsende nicht fertig gestellt und 1918 abgebrochen.

U 134

- Zweihüllen-Hochseeboot, Projekt 42, AG Weser, Bremen.
- Technische Daten – U 132.
- U 134 wird vor Kriegsende nicht fertig gestellt und 1918 abgebrochen.

U 135

- Zweihüllen-Hochseeboot, Projekt 42, Kaiserliche Werft, Danzig, Stapellauf: 8. 9. 1917, Indienststellung: 20. 6. 1918.
- Technische Daten: Verdrängung an der Wasseroberfläche: 1.175 tons, getaucht: 1.534 tons, Abmessungen: 83,5 m x 7,5 m x 4,3 m, Antrieb: 2 x 1.750-PS-Dieselmotoren, 2 x 845-PS-Elektromotoren, Reichweite an der Oberfläche: 12.000 sm bei 8 kn, getaucht: 50 sm bei 4 kn, Geschwindigkeit an der Wasseroberfläche: 17,5 kn, getaucht: 8,1 kn, Besatzung: 46 Mann, Bewaffnung: 4 Bug- und 2 Hecktorpedorohre, 14 Torpedos, Geschütz.
- Das Boot unternimmt vor Kriegsende keine Einsatzfahrten. U 135 wird am 20. 11. 1918 an Großbritannien ausgeliefert und sinkt 1921 auf der Reise zum Abbrecher.

U 136

- Zweihüllen-Hochseeboot, Projekt 42, Kaiserliche Werft, Danzig, Stapellauf: 7. 11. 1917, Indienststellung: 15. 8. 1918.
- Technische Daten – siehe U 135.
- Das Boot unternimmt vor Kriegsende keine Einsatzfahrten. U 136 wird am 23. 2. 1919 an Frankreich ausgeliefert und 1921 in Cherbourg verschrottet.

U 137

- Zweihüllen-Hochseeboot, Projekt 42, Kaiserliche Werft, Danzig, Stapellauf: 16. 12. 1916, Indienststellung: 8. 1. 1918.
- Technische Daten – siehe U 135.
- Das Boot wird vor Kriegsende nicht fertig gestellt und auf der Werft abgebrochen.

U 138

- Zweihüllen-Hochseeboot, Projekt 42, Kaiserliche Werft, Danzig, Stapellauf: 12. 1. 1917, Indienststellung: 26. 3. 1918.
- Technische Daten – siehe U 135.
- Das Boot wird vor Kriegsende nicht fertig gestellt und auf der Werft abgebrochen.

U 139

- U-Kreuzer, Projekt 46, Germaniawerft, Kiel, Stapellauf: 3. 12.1917, Indienststellung: 18. 5. 1918.
- Technische Daten: Verdrängung an der Wasseroberfläche: 1.930 tons, getaucht: 2.483 tons, Abmessungen: 92,0 m x 9,1 m x 5,3 m, Antrieb: 2 x 1.650-PS-Dieselmotoren, 2 x 845-PS-Elektromotoren, Reichweite an der Wasseroberfläche: 12.630 sm bei 8,0 kn, getaucht: 53 sm bei 5 kn, Geschwindigkeit an der Wasseroberfläche: 15,3 kn, getaucht: 7,6 kn, Tauchtiefe: 75 m, Besatzung: 62 Mann (+ 21 Mann Prisenkommando), Bewaffnung: 4 Bug- und 2 Hecktorpedorohre, 19–24 Torpedos, Geschütz.
- Eine Einsatzfahrt, sechs versenkte Schiffe mit 7.008 BRT. U 139 wird am 24. 11. 1918 an Frankreich ausgeliefert, als HALBRONN bis zum 24. 7. 1935 wieder in Dienst gestellt und anschließend verschrottet.

U 140

- U-Kreuzer, Projekt 46, Germaniawerft, Kiel, Stapellauf: 4. 11. 1917, Indienststellung: 28. 3. 1918.
- Technische Daten – siehe U 139.
- Eine Einsatzfahrt, sieben versenkte Schiffe mit 30.612 BRT. U 140 versenkt am 4. 8. 1918 den amerikanischen Frachter O. B. JENNINGS (10.280 BRT) vor der US-Ostküste. Das Boot wird am 23. 2. 1919 an die

USA als Versuchsboot ausgeliefert und am 22. 7. 1922 vom Zerstörer USS DICKERSON vor Cape Charles versenkt.

U 141

- U-Kreuzer, Projekt 46, Germaniawerft, Kiel, Stapellauf: 9. 1. 1918, Indienststellung: 24. 6. 1918.
- Technische Daten – siehe U 139.
- Das Boot unternimmt vor Kriegsende keine Einsatzfahrten. U 141 wird am 26. 11. 1918 an Großbritannien ausgeliefert und 1923 in Upnor verschrottet.

U 142

- U-Kreuzer, Projekt 46, Germaniawerft, Kiel, Stapellauf: 4. 3. 1918, Indienststellung: 10. 11. 1918.
- Technische Daten: Verdrängung an der Wasseroberfläche: 2.158 tons, getaucht: 2.785 tons, Abmessungen: 97,5 m x 9,1 m x 5,4 m, Antrieb: 2 x 3.000-PS-Dieselmotoren, 2 x 1.300-PS-Elektromotoren, Reichweite an der Wasseroberfläche: 20.000 sm bei 6,0 kn, getaucht: 70 sm bei 4,5 kn, Geschwindigkeit an der Wasseroberfläche: 17,5 kn, getaucht: 8,5 kn, Tauchtiefe: 75 m, Besatzung: 62 Mann (+ 21 Mann Prisenkommando), Bewaffnung: 4 Bug- und 2 Heckrohre, 19–24 Torpedos, Geschütz.
- Das Boot unternimmt vor Kriegsende keine Einsatzfahrten. U 142 wird am 10. 11. 1918 direkt nach der Indienststellung wieder an die Werft verholt, demilitarisiert und 1919 in Bremen-Oslebshausen verschrottet.

U 143

- Bootstyp: U-Kreuzer, Zweihüllen-Hochseeboot, Projekt 46A, Germaniawerft, Kiel, Stapellauf: 20. 4. 1918,
- Technische Daten – siehe U 142.
- Verbleib:
  Das Boot wird vor Kriegsende nicht mehr in Dienst gestellt und 1920 auf der Werft in Oslebshausen abgebrochen.

U 144

- Bootstyp: U-Kreuzer, Zweihüllen-Hochseeboot, Projekt 46A, Germaniawerft, Kiel, Stapellauf: 25. 5. 1918,
- Technische Daten – siehe U 142.
- Verbleib:
  Das Boot wird vor Kriegsende nicht mehr in Dienst gestellt und 1920 auf der Werft in Oslebshausen abgebrochen.

U 145

- Bootstyp: U-Kreuzer, Zweihüllen-Hochseeboot, Projekt 46A, Bauwerft: Vulcan, Hamburg, Stapellauf: 4. 3. 1918, Indienststellung: 10. 11. 1918.
- Technische Daten: Verdrängung an der Wasseroberfläche: 2.173 tons, getaucht: 2.789 tons, Abmessungen: 97,5 m x 9,1 m x 5,4 m, Antrieb: 2 x 3.000-PS-Dieselmotoren, 2 x 1.300-PS-Elektromotoren, Reichweite an der Wasseroberfläche: 20.000 sm bei 6,0 kn, getaucht: 70 sm bei 4,5 kn, Geschwindigkeit an der Wasseroberfläche: 17,5 kn, getaucht: 8,5 kn, Tauchtiefe: 75 m, Besatzung: 62 Mann (+ 21 Mann Prisenkommando), Bewaffnung: 4 Bug- und 2 Heckrohre, 24 Torpedos.
- Verbleib:
  Das Boot wird auf der Werft abgebrochen.

U 146

- U-Kreuzer, Projekt 46A. Vulcan, Hamburg.
- Technische Daten – siehe U 145.
- Das Boot wird vor Kriegsende nicht mehr in Dienst gestellt und auf der Werft abgebrochen.

U 147

- U-Kreuzer, Projekt 46A, Vulcan, Hamburg.
- Technische Daten – siehe U 145.
- Das Boot wird vor Kriegsende nicht mehr in Dienst gestellt und auf der Werft abgebrochen.

U 148

- U-Kreuzer, Projekt 46A, Weser AG, Bremen.
- Technische Daten: Verdrängung an der Wasseroberfläche: 2.153 tons, getaucht: 2.766 tons, Abmessungen: 97,5 m x 9,1 m x 5,4 m, Antrieb: 2 x 3.000-PS-Dieselmotoren, 2 x 1.300-PS-Elektromotoren, Reichweite an der Wasseroberfläche: 20.000 sm bei 6,0 kn, getaucht: 70 sm bei 4,5 kn, Geschwindigkeit an der Wasseroberfläche: 17,5 kn, getaucht: 8,5 kn, Tauchtiefe: 75 m, Besatzung: 62 Mann (+ 21 Mann Prisenkommando), Bewaffnung: 4 Bug- und 2 Heckrohre, 24 Torpedos.
- Das Boot wird vor Kriegsende nicht mehr in Dienst gestellt und auf der Werft abgebrochen.

U 149

- U-Kreuzer, Projekt 46A, Weser AG, Bremen, Stapellauf: 4. 6. 1917, Indienststellung: 28. 9. 1917
- Technische Daten – siehe U 148.
- Das Boot wird vor Kriegsende nicht mehr in Dienst gestellt und auf der Werft abgebrochen.

U 150

- U-Kreuzer, Projekt 46A, Weser AG, Bremen, Kiellegung: 9. 6. 1917.

- Technische Daten – siehe U 148.
- Das Boot wird vor Kriegsende nicht mehr in Dienst gestellt.

U 151 (ex U OLDENBURG)

- Zweihüllen-Hochseeboot, umgebautes Handelsboot, Germaniawerft, Kiel, Stapellauf: 4. 4. 1917, Indienststellung: 21. 7. 1917.
- Technische Daten: Verdrängung an der Wasseroberfläche: 1.512 tons, getaucht: 1.875 tons, Abmessungen: 65,0 m x 8,9 m x 5,3 m, Antrieb: 2 x 400-PS-Dieselmotoren, 2 x 400-PS-Elektromotoren, Reichweite an der Oberfläche: 25.000 sm bei 5 kn, 12.000 sm bei 10,0 kn, getaucht: 65 sm bei 3 kn, Geschwindigkeit an der Wasseroberfläche: 12,4 kn, getaucht: 6,7 kn, Tauchtiefe: 50 m, Besatzung: 56 Mann (+ 20 Mann Prisenkommando), Bewaffnung: 2 Bugtorpedorohre, 18 Torpedos, Geschütz.
- Vier Einsatzfahrten, 36 versenkte Schiffe mit 82.143 BRT. U 151 wird am 24. 11. 1918 an Frankreich ausgeliefert und am 7. 6. 1921 als Zielschiff vor Cherbourg versenkt.

U 152

- Zweihüllen-Hochseeboot, umgebautes Handelsboot, Germaniawerft, Kiel, Stapellauf: 20. 5. 1917, Indienststellung: 17. 10. 1917.
- Technische Daten – siehe U 151.
- Drei Feindfahrten, 18 Schiffe mit 37.210 BRT versenkt. U 152 wird am 24. 11. 1918 an England ausgeliefert und ist 1921 auf dem Weg zum Abwracken gesunken.

U 153

- Zweihüllen-Hochseeboot, umgebautes Handelsboot, Germaniawerft, Kiel, Stapellauf: 19. 7. 1917, Indienststellung: 17. 11. 1917.
- Technische Daten – siehe U 151.
- Eine Feindfahrt, vier Schiffe mit 12.742 BRT versenkt. U 153 wird am 24. 11. 1918 an England ausgeliefert und ist am 30. 6. 1921 auf der Fahrt zum Abwracken gesunken.

U 154

- Zweihüllen-Hochseeboot, umgebautes Handelsboot, Germaniawerft, Kiel, Stapellauf: 10. 9. 1917, Indienststellung: 12. 12. 1917.
- Technische Daten – siehe U 151.
- Eine Feindfahrt, vier Schiffe mit 8.160 BRT versenkt. U 154 trifft U 153 am 20. 2. 1918 an der afrikanischen Nordwestküste, um gemeinsam vor Dakar und Sierra Leone zu operieren. Fünf Tage später sichtet U 154

einen südlich fahrenden Dampfer und verständigt U 153 per Funk. U 153 hält auf das Schiff zu und erzielt mit seinem 15-cm-Geschütz Treffer. U 154 kann am Kampf nicht teilnehmen, da ein Kampf nicht teilnehmen, da einer Munitions-Explosion acht Tote und fünf Schwerverletzte an Bord sind. Nachdem U 153 das Schiff versenkt hat, hilft es U 154 bei der Versorgung der Verletzten und gibt vier Mann seiner Besatzung ab. U 154 ist am 11. 5. 1918 westlich von Gibraltar durch das britische U-Boot E 35 mit 77 Mann Besatzung versenkt worden.

U 155 (ex U DEUTSCHLAND/U 200)

- Zweihüllen-Hochseeboot, umgebautes Handelsboot, Germaniawerft, Kiel, Stapellauf: 28. 3. 1916, Indienststellung: 18. 2. 1917.
- Technische Daten – siehe U 151.
- Vier Feindfahrten, 66 Schiffe mit 188.373 BRT versenkt. Am 23. 5. 1917 unternimmt U 155 auf seiner ersten Einsatzfahrt die mit 104 Seetagen (10.200 Seemeilen), davon 620 Seemeilen unter Wasser, längste U-Boot-Unternehmung im Ersten Weltkrieg. Auf dieser Reise werden insgesamt 52.000 BRT Schiffsraum versenkt. U 155 wird am 24. 11. 1918 an England ausgeliefert und dort als Ausstellungsschiff verwendet. Das Boot wird während einer Schleppreise schwer beschädigt und muss 1922 in Morecombe abgewrackt werden. Dabei ereignet sich – wahrscheinlich durch Öldämpfe – eine schwere Explosion – fünf Tote.

U 156

- Zweihüllen-Hochseeboot, umgebautes Handelsboot, Germaniawerft, Kiel, Stapellauf: 17. 4. 1917, Indienststellung: 22. 8. 1917.
- Technische Daten – siehe U 151.
- Drei Einsatzfahrten, 56 Handelsschiffe mit 63.790 BRT und der US-Panzerkreuzer SAN DIEGO am 19. 7. 1918 werden versenkt.
  U 156 sinkt am 25. 9. 1918 auf der Rückreise in der Nordsee wahrscheinlich durch einen Minentreffer mit 77 Mann Besatzung.

U 157 (ex U BAYERN)

- Zweihüllen-Hochseeboot, umgebautes Handelsboot, Stülcken, Hamburg, Stapellauf: 23. 5. 1917, Ablieferung: 22. 9. 1917.
- Technische Daten – siehe U 151.
- Drei Einsatzfahrten, 15 Schiffe mit 15.905 BRT versenkt. U 157 wird am 11. 11. 1918 in Trondheim/Norwegen interniert, am 8. 2. 1919 an Frankreich ausgeliefert und im Juli 1921 in Brest abgewrackt.

U 158

- Zweihüllen-Hochseeboot, Projekt 25, Kaiserliche Werft, Danzig, Kiellegung: 1. 6. 1917, Stapellauf: 16. 4. 1918.
- Technische Daten: Verdrängung an der Wasseroberfläche: 811 tons, getaucht: 1.034 tons, Abmessungen: 71,0 m x 6,2 m x 3,9 m, Antrieb: 2 x 1.200-PS-Dieselmotoren, 2 x 600-PS-Elektromotoren, Reichweite an der Oberfläche: 12.370 sm bei 8 kn, getaucht: 55 sm bei 5 kn, Geschwindigkeit an der Wasseroberfläche: 16,0 kn, getaucht: 9,0 kn, Besatzung: 39 Mann, Bewaffnung: 4 Bug- und 2 Heckrohre, 12 Torpedos, Geschütz.
- Das Boot ist bei Kriegsende zu 95% fertig gestellt, kann nicht mehr in Dienst gestellt werden und wird auf der Werft abgebrochen.

U 159

- Zweihüllen-Hochseeboot, Projekt 25, Kaiserliche Werft, Danzig, Kiellegung: 1. 6. 1917, Stapellauf: 25. 5. 1918.
- Technische Daten – s. U 158.
- Das Boot wird vor Kriegsende nicht mehr in Dienst gestellt und auf der Werft abgebrochen.

U 160

- Zweihüllen-Hochseeboot, Bremer Vulkan, Vegesack, Stapellauf: 27. 2. 1918, Indienststellung: 26. 5. 1918.
- Technische Daten: Verdrängung an der Wasseroberfläche: 821 tons, getaucht: 1.002 tons, Abmessungen: 71,6 m x 6,3 m x 3,9 m, Antrieb: 2 x 1.200-PS-Dieselmotoren, 2 x 615-PS-Elektromotoren, Reichweite an der Wasseroberfläche: 8.500 sm bei 8 kn, getaucht: 50 sm bei 5 kn, Geschwindigkeit an der Wasseroberfläche: 16,2 kn, getaucht: 8,2 kn, Besatzung: 39 Mann, Bewaffnung: 4 Bug- und 2 Heckrohre, 14 Torpedos, Geschütz.
- Eine Einsatzfahrt ohne Versenkungen.
  U 160 wird am 20. 11. 1918 an Frankreich ausgeliefert und 1922 in Cherbourg verschrottet.

U 161

- Zweihüllen-Hochseeboot, Bremer Vulkan, Vegesack, Stapellauf: 23. 3. 1918, Indienststellung: 29. 6. 1918.
- Technische Daten – siehe U 160.
- Eine Einsatzfahrt ohne Versenkungen.
  U 161 wird am 20. 11. 1918 an Großbritannien ausgeliefert, läuft auf der Übergabefahrt auf Grund und wird verschrottet.

U 162

- Zweihüllen-Hochseeboot, Bremer Vulkan, Vegesack, Stapellauf: 20. 4. 1918, Indienststellung: 31. 7. 1918.

- Technische Daten – siehe U 160.
- Eine Einsatzfahrt ohne Versenkungen.
  U 162 wird am 20. 11. 1918 an Frankreich ausgeliefert, als PIERRE MARRAST bis zum 31. 7. 1937 wieder in Dienst gestellt und anschließend verschrottet.

U 163

- Zweihüllen-Hochseeboot, Bremer Vulkan, Vegesack, Stapellauf: 1. 6. 1918, Indienststellung: 21. 8. 1918.
- Technische Daten – siehe U 160.
- Das Boot unternimmt vor Kriegsende keine Einsatzfahrten. U 163 wird am 22. 11. 1918 an Italien ausgeliefert und im 8. 1919 in La Spezia verschrottet.

U 164

- Zweihüllen-Hochseeboot, Bremer Vulkan, Vegesack, Stapellauf: 7. 8. 1918, Indienststellung: 17. 10. 1918.
- Technische Daten – siehe U 160.
- Das Boot unternimmt vor Kriegsende keine Einsatzfahrten mehr. U 164 wird am 22. 11. 1918 an Großbritannien ausgeliefert und 1922 in Swansea verschrottet.

U 165

- Zweihüllen-Hochseeboot, Bremer Vulkan, Vegesack, Stapellauf: 21. 8. 1918, Indienststellung: 6. 11. 1918.
- Technische Daten – siehe U 160.
- Das Boot unternimmt vor Kriegsende keine Einsatzfahrten mehr. U 165 sinkt am 18. 11. 1918 auf der Weser, wird gehoben und 1919 verschrottet.

U 166

- Zweihüllen-Hochseeboot, Bremer Vulkan, Vegesack, Stapellauf: 6. 9. 1918, Indienststellung: 21. 3. 1919.
- Technische Daten – siehe U 160.
- Das Boot unternimmt vor Kriegsende keine Einsatzfahrten mehr. U 166 wird am 21. 3. 1919 an Frankreich ausgeliefert und wird als JEAN ROULIER bis zum 24. 7. 1935 in Dienst gestellt und später verschrottet.

U 167

- Zweihüllen-Hochseeboot, Bremer Vulkan, Vegesack, Stapellauf: 28. 9. 1918, Indienststellung: 18. 4. 1919.
- Technische Daten – siehe U 160.
- Das Boot unternimmt vor Kriegsende keine Einsatzfahrten mehr. U 167 wird am 18. 4. 1919 an Großbritannien ausgeliefert und 1921 in Grays verschrottet.

U 168

- Zweihüllen-Hochseeboot, Bremer Vulkan, Vegesack, Stapellauf: 19. 10. 1918.
- Technische Daten – siehe U 160.

- Das Boot wird vor Kriegsende nicht mehr in Dienst gestellt und auf der Werft abgebrochen.

U 169

- Zweihüllen-Hochseeboot, Bremer Vulkan, Vegesack.
- Technische Daten – siehe U 160.
- Das Boot wird vor Kriegsende nicht mehr in Dienst gestellt und auf der Werft abgebrochen.

U 170

- Zweihüllen-Hochseeboot, Bremer Vulkan, Vegesack.
- Technische Daten – siehe U 160.
- Das Boot wird vor Kriegsende nicht mehr in Dienst gestellt und auf der Werft abgebrochen.

U 171

- Zweihüllen-Hochseeboot, Bremer Vulkan, Vegesack.
- Technische Daten – siehe U 160.
- Das Boot wird vor Kriegsende nicht mehr in Dienst gestellt und auf der Werft abgebrochen.

U 172

- Zweihüllen-Hochseeboot, Bremer Vulkan, Vegesack.
- Technische Daten – siehe U 160.
- Das Boot wird vor Kriegsende nicht mehr in Dienst gestellt und auf der Werft abgebrochen.

U 173

- Zweihüllen-Hochseeboot, U-Kreuzer, Projekt 46, Germaniawerft, Kiel.
- Technische Daten: Verdrängung an der Wasseroberfläche: 2.115 tons, getaucht: 2.790 tons, Abmessungen: 97,5 m x 9,1 m x 5,4 m, Antrieb: 2 x 3.000-PS-Dieselmotoren, 2 x 600-PS-Elektromotoren, Geschwindigkeit an der Wasseroberfläche: 17,5 kn, getaucht: 8,5 kn, Besatzung: 62 Mann, 21 Mann Prisenkommando, Bewaffnung: 4 Bug- und 2 Heckrohre, 24 Torpedos, Geschütz.
- Das Boot wird vor Kriegsende nicht mehr in Dienst gestellt und auf der Werft abgebrochen.

U 174

- Zweihüllen-Hochseeboot, U-Kreuzer, Projekt 46, Germaniawerft, Kiel.
- Technische Daten – siehe U 173
- Das Boot wird vor Kriegsende nicht mehr in Dienst gestellt und auf der Werft abgebrochen.

U 175

- Zweihüllen-Hochseeboot, U-Kreuzer, Projekt 46, Germaniawerft, Kiel.
- Technische Daten – siehe U 173.
- Das Boot wird vor Kriegsende nicht mehr in Dienst gestellt und auf der Werft abgebrochen.

U 176

- Zweihüllen-Hochseeboot, U-Kreuzer, Projekt 46, Germaniawerft, Kiel.
- Technische Daten – siehe U 173.
- Das Boot wird vor Kriegsende nicht mehr in Dienst gestellt und auf der Werft abgebrochen.

U 177–U 182

- Die Boote werden vor Kriegsende nicht mehr in Dienst gestellt und auf der Werft abgebrochen.

U 183–U 190

- Zweihüllen-Hochseeboote, Germaniawerft, Kiel. Diese Boote werden ebenfalls vor Kriegsende nicht mehr in Dienst gestellt und auf der Werft abgebrochen. Aus den unfertigen Rümpfen von U 183 und U 184 entsteht auf der Kieler Krupp-Germaniawerft das Tankschiff OBERSCHLESIEN, das am 30. 7. 1921 vom Stapel läuft. Das Schwesterschiff OSTPREUSSEN entsteht aus den Rümpfen von U 187 und U 188.

U 191–U 195

- Zweihüllen-Hochseeboote, Blohm & Voss, Hamburg. Diese Boote werden vor Kriegsende nicht mehr in Dienst gestellt und auf der Werft abgebrochen.

U 196–U 200

- Der Bau dieser Boote wird nicht mehr begonnen.

U 201–U 210

- Zweihüllen-Hochseeboote, Bremer Vulkan. Diese Boote werden vor Kriegsende nicht mehr in Dienst gestellt und auf der Werft abgebrochen.

U 210–U 218

- Zweihüllen-Hochseeboote, Projekt 42A. Die Bauaufträge werden 1919 annulliert.

U 225–U 228

- Zweihüllen-Hochseeboote, Projekt 42A. Blohm & Voss, Hamburg. Diese Boote werden vor Kriegsende nicht mehr in Dienst gestellt und auf der Werft abgebrochen.

U 247–U 262

- Zweihüllen-Hochseeboote, Bremer Vulkan. Die Bauaufträge werden 1919 annulliert.

U 263–U 276

- Zweihüllen-Hochseeboote, Projekt 42A. Die Bauaufträge werden 1919 annulliert.

UB 1

- UB-I-Einhüllen-Küstenboot, Projekt 34, Germaniawerft, Kiel, Kiellegung 1. 11. 1914, Stapellauf: 22. 1. 1915, Indienststellung: 29. 1. 1915.
- Technische Daten: Verdrängung an der Wasseroberfläche: 127 tons, getaucht: 142 tons, Abmessungen: 28,1 m x 3,2 m x 3,0 m, Antrieb: 2 x 30-PS-Dieselmotoren, 2 x 60-PS-Elektromotoren, Reichweite an der Wasseroberfläche: 1.650 sm bei 5 kn, getaucht: 45 sm bei 4 kn, Geschwindigkeit an der Wasseroberfläche: 6,5 kn, getaucht: 5,5 kn, Besatzung: 14 Mann, Tauchtiefe 50 m, Bewaffnung: 2 Bugrohre, 2 Torpedos, ein MG.
- UB 1 wird im 5. 1915 zerlegt mit der Eisenbahn zum Seearsenal Pola überführt und nach dem Zusammenbau am 29. 5. 1915 zu Wasser gelassen, am 4. 6. 1915 an die Marine Österreich-Ungarns übergeben und am 12. 7. 1915 als k.u.k. U 10 in Dienst gestellt. UB 1 versenkt das italienische Torpedoboot 5-P-N. Das Boot läuft am 9. 7. 1918 vor Caorle auf eine Mine und wird im seichten Wasser auf Grund gesetzt. Am 25. 7. 1918 wird k.u.k. U 10 geborgen, jedoch nicht mehr repariert und 1920 zum Abbruch an Italien abgeliefert.

UB 2

- UB-I-Einhüllen-Küstenboot, Germaniawerft, Kiel, Kiellegung: 1. 11. 1914, Stapellauf: 13. 2. 1915, Indienststellung: 10. 5. 1915.
- Technische Daten – siehe UB 1.
- 40 Einsatzfahrten, 11 Schiffe mit 1.378 BRT versenkt. UB 2 wird ab 1916 auch als Schulboot eingesetzt, nach Kriegsende am 19. 2. 1919 aus der Flottenliste gestrichen und am 3. 2. 1920 bei Stinnes abgewrackt.

UB 3

- UB-I-Einhüllen-Küstenboot, Germaniawerft, Kiel, Kiellegung: 3. 11. 1914, Stapellauf: 5. 3. 1915, Indienststellung: 14. 3. 1915.
- Technische Daten – siehe UB 1.
- Eine Einsatzfahrt ohne Versenkungen. UB 3 (k.u.k. U 9) wird im 4. 1915 zerlegt mit der Eisenbahn zum Seearsenal Pola überführt und nach dem Zusammenbau zu Wasser gelassen. Es ist das erste deutsche U-Boot, das im Mittelmeer verloren geht. Es läuft am 23. 5.1915 von Cattaro aus in Richtung Bosporus. Der k.u.k. Kreuzer NOVARA schleppt UB 3 bis zur Straße von Otranto, dann läuft es mit eigener Kraft weiter. Etwa 80 Seemeilen von Smyrna entfernt gibt das Boot noch einen Funkspruch ab und gilt seitdem mit 14 Mann Besatzung als verschollen.

UB 4

- UB-I-Einhüllen-Küstenboot, Germaniawerft, Kiel, Kiellegung: 3. 11. 1914, Indienststellung: 23. 3. 1915.
- 14 Einsatzfahrten, drei Schiffe mit 10.883 BRT versenkt. UB 4 wird am 15. 8. 1915 vor Yarmouth von einer britischen U-Boot-Falle, dem Fischdampfer INVERLYON, mit 15 Mann Besatzung versenkt.

UB 5

- UB-I-Einhüllen-Küstenboot, Germaniawerft, Kiel, Kiellegung: 22. 11. 1914, Indienststellung: 25. 3. 1915.
- Technische Daten – siehe UB 1.
- 24 Einsatzfahrten, fünf Schiffe mit 5.996 BRT versenkt. UB 5 wird am 19. 2. 1919 aus der Flottenliste gestrichen und 1919 bei Dräger in Lübeck verschrottet.

UB 6

- UB-I-Einhüllen-Küstenboot, Germaniawerft, Kiel, Kiellegung: 22. 11. 1914, Indienststellung: 8. 4. 1915.
- Technische Daten – siehe UB 1.
- 60 Einsatzfahrten, 17 Schiffe mit 9.096 BRT versenkt. UB 6 versenkt am 1. 5. 1915 den britischen Zerstörer HMS RECRUIT. Das Boot strandet am 12. 3. 1917 vor der niederländischen Küste und sinkt am 18. 3. 1917 während der Internierung in Hellevoetsluis/Niederlande. Es wird gehoben, 1919 an Frankreich übergeben und im Juli 1921 in Brest verschrottet.

UB 7

- UB-I-Einhüllen-Küstenboot, Germaniawerft, Kiel, Kiellegung: 30. 11. 1914, Indienststellung: 6. 5. 1915.
- Technische Daten – siehe UB 1.
- 15 Einsatzfahrten, ein Schiff mit 6.011 BRT versenkt. UB 7 geht aus unbekannter Ursache am 27. 9. 1916 im Schwarzen Meer mit 15 Mann Besatzung verloren.

UB 8

- UB-I-Einhüllen-Küstenboot, Germaniawerft, Kiel, Kiellegung: 4. 12. 1914, Indienststellung: 23. 4. 1915.
- Technische Daten – siehe UB 1.
- 14 Einsatzfahrten, ein Schiff mit 19.380 BRT versenkt. UB 8 versenkt am 30. 5. 1915 den britischen Frachter MERION im Mittelmeer. Das Boot wird an die bulgarische Marine abgegeben, als U 18 vom 25. 5. 1916 bis Kriegsende wieder in der Kriegsmarine eingesetzt. Am 25. 2. 1919 wird UB 8 an Frankreich ausgeliefert und im August 1921 verschrottet.

UB 9
- UB-I-Einhüllen-Küsten-Boot, AG Weser, Bremen, Kiellegung: 6. 11. 1914, Stapellauf: 6. 2. 1915, Indienststellung: 18. 2. 1915.
- Technische Daten: Verdrängung an der Wasseroberfläche: 127 tons, getaucht: 141 tons, Abmessungen: 27,9 m x 3,2 m x 3,0 m, Antrieb: 2 x 30-PS-Dieselmotoren, 2 x 60-PS-Elektromotoren, Reichweite an der Wasseroberfläche: 1.500 sm bei 5 kn, getaucht: 45 sm bei 4 kn, Geschwindigkeit an der Wasseroberfläche: 7,5 kn, getaucht: 6,2 kn, Besatzung: 14 Mann, Tauchtiefe 50 m, Bewaffnung: 2 Bugrohre, 2 Torpedos, ein MG.
- Keine Einsatzfahrten, Schulboot. UB 9 wird am 19. 2. 1919 aus der Flottenliste gestrichen und im selben Jahr bei Dräger in Lübeck verschrottet.

UB 10
- UB-I-Einhüllen-Küstenboot, AG Weser, Bremen, Kiellegung: 7. 11. 1914, Stapellauf: 20. 2. 1915, Indienststellung: 15. 3. 1915.
- Technische Daten – siehe UB 9.
- 115 Einsatzfahrten, 36 Schiffe mit 22.583 BRT versenkt. UB 10 versenkt am 13. 8. 1915 den britischen Zerstörer HMS LASSOO. Das Boot wird am 5. 10. 1918 bei der Evakuierung deutscher Truppen aus Belgien selbst versenkt.

UB 11
- UB-I-Einhüllen-Küstenboot, AG Weser, Bremen, Kiellegung: 7. 11. 1914, Stapellauf: 2. 3. 1915, Indienststellung: 4. 3. 1915.
- Technische Daten – siehe UB 9.
- Keine Einsatzfahrten, Schulboot. UB 11 wird am 19. 2. 1919 aus der Flottenliste gestrichen und 1920 bei Stinnes verschrottet.

UB 12
- UB-I-Einhüllen-Küstenboot, AG Weser, Bremen, Kiellegung: 7. 11. 1914, Stapellauf: 2. 3. 1915, Indienststellung: 29. 3. 1915.
- Technische Daten – siehe UB 9.
- 98 Einsatzfahrten, 21 Schiffe mit 10.142 BRT versenkt. UB 12 wird nach dem 19. 8. 1918 mit 19 Mann Besatzung in der Nordsee vermisst.

UB 13
- UB-I-Einhüllen-Küstenboot, AG Weser, Bremen, Kiellegung: 7. 11. 1914, Stapellauf: 8. 3. 1915, Indienststellung: 6. 4. 1915.
- Technische Daten – siehe UB 9.

- 36 Einsatzfahrten, 10 Schiffe mit 3.763 BRT versenkt. UB 13 versenkt den niederländischen Frachter TUBANTIA (13.900 BRT) im Ärmelkanal. Das Boot sinkt am 24. 4. 1916 nach einem Minentreffer vor der belgischen Küste mit 17 Mann Besatzung.

UB 14
- UB-I-Einhüllen-Küstenboot, AG Weser, Bremen, Kiellegung: 9. 11. 1914, Stapellauf: 23. 3. 1915, Indienststellung: 25. 3. 1915.
- Technische Daten – siehe UB 9.
- 22 Einsatzfahrten, vier Schiffe mit 13.662 BRT versenkt. Das Boot versenkt den italienischen Panzerkreuzer AMALFI am 7. 7. 1915, den britischen Frachter ROYAL EDWARD (11.110 BRT) am 13. 8. 1915, das britische U-Boot E 7 am 4.9. 1915 und das britische U-Boot E 20 am 5. 11. 1915 im Mittelmeer. Nach der Kapitulation der Türkei am 30. 10. 1918 flieht UB 14 (k. u. k. U 26) nach Sewastopol. Das Boot wird dort am 25. 11. 1918 entwaffnet, 1919 an Großbritannien ausgeliefert und 1920 auf Malta verschrottet.

UB 15
- UB-I-Einhüllen-Küstenboot, AG Weser, Bremen, Kiellegung: 9. 11. 1914, Stapellauf: 26. 4. 1915, Indienststellung: 11. 4. 1915.
- Technische Daten – siehe UB 9.
- UB 15 (k. u. k. U 11) wird am 18. 6. 1915 an Österreich-Ungarn abgegeben, versenkt am 10. 6. 1915 das italienische U-Boot MEDUSA und wird 1919 in Pola verschrottet.

UB 16
- UB-I-Einhüllen-Küstenboot, AG Weser, Bremen, Kiellegung: 21. 2. 1921, Stapellauf: 26. 4. 1915, Indienststellung: 12. 5. 1915.
- Technische Daten – siehe UB 9.
- 87 Einsatzfahrten, 25 Schiffe mit 18.825 BRT versenkt. UB 16 wird am 10. 5. 1918 vom britischen U-Boot E 34 in der Nordsee torpediert und versenkt – 15 Tote, ein Überlebender.

UB 17
- UB-I-Einhüllen-Küstenboot, AG Weser, Bremen, Kiellegung: 21. 2. 1914, Stapellauf: 21. 4. 1915, Indienststellung: 4. 5. 1915.
- Technische Daten – siehe UB 9.
- 91 Einsatzfahrten, 13 Schiffe mit 2.274 BRT versenkt. UB 17 wird nach dem 15. 3. 1918 mit 21 Mann Besatzung in der Nordsee vermisst.

UB 18
- UB-II-Einhüllen-Küstenboot, Blohm & Voss, Hamburg, Stapellauf: 21. 5. 1915, Indienststellung: 11. 12. 1915.
- Technische Daten: Verdrängung an der Wasseroberfläche: 263 tons, getaucht: 292 tons, Abmessungen: 36,1 m x 4,4 m x 3,7 m, Antrieb: 2 x 142-PS-Dieselmotoren, 2 x 140-PS-Elektromotoren, Reichweite an der Wasseroberfläche: 6.650 sm bei 5 kn, getaucht: 45 sm bei 4 kn, Geschwindigkeit an der Wasseroberfläche: 9,2 kn, getaucht: 5,8 kn, Besatzung: 23 Mann, Tauchtiefe 50 m, Bewaffnung: 2 Bugrohre, 2–6 Torpedos, Geschütz.
- 31 Einsatzfahrten, 126 Schiffe mit 128.555 BRT versenkt. UB 18 versenkt am 25. 4. 1916 das britische U-Boot E 22. Das Boot wird am 9. 12. 1917 im Ärmelkanal vom britischen Trawler BEN LAWERS mit 24 Mann Besatzung gerammt und versenkt.

UB 19
- UB-II-Einhüllen-Küstenboot, Blohm & Voss, Hamburg, Stapellauf: 2. 9. 1915, Indienststellung: 17. 12. 1915.
- Technische Daten – siehe UB 18.
- 15 Einsatzfahrten, 14 Schiffe mit 11.558 BRT versenkt. UB 19 wird am 30. 11. 1916 von der britischen U-Boot-Falle PENSHURST (Q 7) versenkt (s.UB 37) – acht Tote, 16 Überlebende.

UB 20
- UB-II-Einhüllen-Küstenboot, Blohm & Voss, Hamburg, Stapellauf: 26. 9. 1915, Indienststellung: 8. 2. 1916.
- Technische Daten: Verdrängung an der Wasseroberfläche: 263 tons, getaucht: 292 tons, Abmessungen: 36,1 m x 4,4 m x 3,7 m, Antrieb: 2 x 142-PS-Dieselmotoren, 2 x 140-PS-Elektromotoren, Reichweite an der Wasseroberfläche: 6.450 sm bei 5 kn, getaucht: 45 sm bei 5 kn, Geschwindigkeit an der Wasseroberfläche: 9,2 kn, getaucht: 5,8 kn, Besatzung: 23 Mann, Bewaffnung: 2 Bugtorpedorohre, 4 Torpedos, Geschütz.
- 15 Einsatzfahrten, 13 Schiffe mit 9.915 BRT versenkt. UB 20 sinkt auf einer technischen Werftprobefahrt am 28. 7. 1917 nach einem Minentreffer vor Zeebrugge mit 13 Mann Besatzung.

UB 21
- UB-II-Einhüllen-Küstenboot, Blohm & Voss, Hamburg, Stapellauf: 26. 9. 1915, Indienststellung: 18. 2. 1916.
- Technische Daten – siehe UB 20.
- 26 Einsatzfahrten, 34 Schiffe mit 39.920 BRT versenkt. UB 21 wird am 24. 11. 1918 an Großbritannien ausgeliefert und sinkt 1920 auf der Schleppreise zur Abwrackwerft.

UB 22
- UB-II-Einhüllen-Küstenboot, Blohm & Voss, Hamburg, Stapellauf: 9. 10. 1915, Indienststellung: 1. 3. 1916.
- 18 Einsatzfahrten, 27 Schiffe mit 16.640 BRT versenkt. UB 22 läuft am 19. 1. 1918 in der Deutschen Bucht auf eine Mine und sinkt mit 22 Mann Besatzung.

UB 23
- UB-II-Einhüllen-Küstenboot, Blohm & Voss, Hamburg, Stapellauf: 9. 10. 1915, Indienststellung: 11. 3. 1916.
- Technische Daten – UB 20.
- 21 Einsatzfahrten, 51 Schiffe mit 34.340 BRT versenkt. UB 23 wird am 29. 7. 1917 in La Coruña/Spanien interniert, nachdem es vom Patrouillenboot PC 60 schwere Beschädigungen mit Wasserbomben erhalten hat. Das Boot wird am 22. 2. 1919 an Frankreich ausgeliefert und im 7. 1921 in Brest verschrottet.

UB 24
- UB-II-Einhüllen-Küstenboot, AG Weser, Bremen, Kiellegung: 29. 6. 1915, Stapellauf: 18. 10. 1915, Indienststellung: 18. 11. 1915.
- Technische Daten: Verdrängung an der Wasseroberfläche: 265 tons, getaucht: 291 tons, Abmessungen: 36,1 m x 4,4 m x 3,7 m, Antrieb: 2 x 135-PS-Dieselmotoren, 2 x 140-PS-Elektromotoren, Geschwindigkeit an der Wasseroberfläche: 8,9 kn, getaucht: 5,7 kn, Besatzung: 23 Mann, Bewaffnung: 2 Bugtorpedorohre, 4 Torpedos, Geschütz.
- Keine Einsatzfahrten, Schulboot. UB 24 wird am 24. 11. 1918 an Frankreich ausgeliefert und im Juli 1921 in Brest verschrottet.

UB 25
- UB-II-Einhüllen-Küstenboot, AG Weser, Bremen, Kiellegung: 30. 6. 1915, Stapellauf: 22. 11. 1915, Indienststellung: 11. 12. 1915.
- Technische Daten – UB 24.
- Keine Einsatzfahrten, Schulboot. UB 25 kollidiert am 19. 3. 1917 mit dem Torpedoboot V 26 in Kiel, sinkt und wird vom Dockschiff VULKAN am 22. 3. 1917 geborgen. Das Boot wird am 26. 11. 1918 an Großbritannien ausgeliefert und 1922 in Canning Town verschrottet.

UB 26
- UB-II-Einhüllen-Küstenboot, AG Weser, Bremen, Kiellegung: 30. 6. 1915, Stapellauf: 14. 12. 1915, Indienststellung: 27. 12. 1915.
- Technische Daten – UB 24.

- Zwei Einsatzfahrten, keine Versenkungen.
UB 26 gerät am 5. 4. 1916 vor Le Havre in ein U-Boot-Sperrnetz, wird vom französischen Zerstörer TOMBE beschossen, muss auftauchen und wird von der Besatzung selbst versenkt – alle 21 Mann überleben. Französische Taucher bergen aus dem Boot Geheimmaterial, anschließend wird UB 26 gehoben, als ROLAND MORILLOT in Dienst gestellt und 1931 in Cherbourg verschrottet.

UB 27
- UB-II-Einhüllen-Küstenboot, AG Weser, Bremen, Kiellegung: 8. 7. 1915, Stapellauf: 20. 12. 1915, Indienststellung: 23. 2. 1916.
- Technische Daten – UB 24.
- 17 Einsatzfahrten, zwölf Schiffe mit 16.660 BRT versenkt. UB 27 wird am 29. 7. 1917 vom britischen Torpedoboot HMS HALCYON vor der Ostküste Englands gerammt und mit 22 Mann Besatzung versenkt.

UB 28
- UB-II-Einhüllen-Küstenboot, AG Weser, Bremen, Kiellegung: 12. 7. 1915, Stapellauf: 31. 12. 1915, Indienststellung: 7. 1. 1916.
- Technische Daten – UB 24.
- Keine Einsätze, Schulboot. UB 28 wird am 24. 11. 1918 an Großbritannien ausgeliefert und verschrottet.

UB 29
- UB-II-Einhüllen-Küstenboot, AG Weser, Bremen, Kiellegung: 15. 7. 1915, Stapellauf: 31. 12. 1915, Indienststellung: 18. 1. 1916.
- Technische Daten – UB 24.
- 17 Einsatzfahrten, 29 Schiffe mit 39.370 BRT versenkt. UB 29 wird am 13. 12. 1916 vom Schleppsprengnetz des britischen Zerstörers HMS LANDRAIL im Ärmelkanal mit 22 Mann Besatzung versenkt.

UB 30
- UB-II-Einhüllen-Küstenboot, Blohm & Voss, Hamburg, Stapellauf: 16. 11. 1915, Indienststellung: 16. 3. 1916.
- Technische Daten: Verdrängung an der Wasseroberfläche: 274 tons, getaucht: 303 tons, Abmessungen: 36,9 m x 4,4 m x 3,8 m, Antrieb: 2 x 135-PS-Dieselmotoren, 2 x 140-PS-Elektromotoren, Reichweite an der Wasseroberfläche: 7.030 sm bei 5 kn, getaucht: 45 sm bei 5 kn, Geschwindigkeit an der Wasseroberfläche: 9,0 kn, getaucht: 5,7 kn, Besatzung: 23 Mann, Bewaffnung: 2 Bugtorpedorohre, 4 Torpedos, Geschütz.
- 19 Einsatzfahrten, 22 Schiffe mit 36.270 BRT versenkt. UB 30 strandet am 23. 2. 1917 vor der holländischen

Küste und wird am 8. 8. 1917 an Deutschland zurückgegeben. Das Boot wird am 13. 8. 1918 vor Whitby/England von den vier britischen Fischdampfern JOHN GILMAN, FLORIO, JOHN BROOKER und VIOLA durch Wasserbomben mit 26 Mann Besatzung versenkt. Das Wrack ist in 43 Metern Wassertiefe geortet worden.

UB 31
- UB-II-Einhüllen-Küstenboot, Blohm & Voss, Hamburg, Stapellauf: 16. 11. 1915, Indienststellung: 24. 3. 1916.
- Technische Daten – UB 30.
- 25 Einsatzfahrten, 29 Schiffe mit 84.350 BRT versenkt. UB 31 versenkt am 28. 4. 1917 den britischen Frachter MEDINA (12.350 BRT) vor der englischen Küste. Das Boot wird am 2. 5. 1918 vor Dover durch einen Minentreffer mit 26 Mann Besatzung versenkt.

UB 32
- UB-II-Einhüllen-Küstenboot, Blohm & Voss, Hamburg, Stapellauf: 4. 12. 1915, Indienststellung: 10. 4. 1916.
- Technische Daten – UB 30.
- 16 Einsatzfahrten, 22 Schiffe mit 42.890 BRT versenkt. UB 32 versenkt am 25. 4. 1917 den britischen Frachter BALLARAT (11.120 BRT) vor Landsend. Das Boot wird am 22 9. 1917 durch britische Fliegerbomben vor Dover mit 23 Mann Besatzung versenkt.

UB 33
- UB-II-Einhüllen-Küstenboot, Blohm & Voss, Hamburg, Stapellauf: 5. 12. 1915, Indienststellung: 20. 4. 1916.
- Technische Daten – UB 30.
- 17 Einsatzfahrten, 15 Schiffe mit 14.150 BRT versenkt. UB 33 sinkt am 11. 4. 1918 vor Dover durch Minentreffer mit 28 Mann Besatzung.

UB 34
- UB-II-Einhüllen-Küstenboot, Blohm & Voss, Hamburg, Stapellauf: 28. 12. 1915, Indienststellung: 17. 5. 1916.
- Technische Daten – UB 30.
- 16 Einsatzfahrten, 34 Schiffe mit 48.739 BRT versenkt. UB 34 wird am 26. 11. 1918 an Großbritannien ausgeliefert und 1922 in Canning Town verschrottet.

UB 35
- UB-II-Einhüllen-Küstenboot, Blohm & Voss, Hamburg, Stapellauf: 28. 12. 1915, Indienststellung: 17. 4. 1916.
- Technische Daten – UB 30.
- 26 Einsatzfahrten, 39 Schiffe mit 47.218 BRT versenkt. UB 35 wird am 26. 1. 1918 im Ärmelkanal vom britischen Zerstörer HMS LEVEN mit Wasserbomben versenkt – 21 Tote, sechs Überlebende.

UB 36
- UB-II-Einhüllen-Küstenboot, Blohm & Voss, Hamburg, Stapellauf: 15. 1. 1916, Indienststellung: 22. 5. 1916.
- Technische Daten – UB 30.
- 12 Einsatzfahrten, elf Schiffe mit 6.250 BRT versenkt. UB 36 wird am 21. 5. 1917 vor der bretonischen Küste vom französischen Dampfer MOLIÈRE gerammt und mit 23 Mann Besatzung versenkt.

UB 37
- UB-II-Einhüllen-Küstenboot, Blohm & Voss, Hamburg, Stapellauf: 28. 12. 1915, Indienststellung: 17. 5. 1916.
- Technische Daten – UB 30.
- 10 Einsatzfahrten, 30 Schiffe mit 20.550 BRT versenkt. UB 37 wird am 14. 1. 1917 im Ärmelkanal von der britischen U-Boot-Falle PENSHURST (Q 7) mit 21 Mann Besatzung versenkt (s. UB 19).

UB 38
- UB-II-Einhüllen-Küstenboot, Blohm & Voss, Hamburg, Stapellauf: 1. 4. 1916, Indienststellung: 18. 7. 1916.
- Technische Daten – UB 30.
- 21 Einsatzfahrten, 49 Schiffe mit 53.990 BRT versenkt. UB 38 sinkt am 8. 2. 1918 im Ärmelkanal nach Minentreffer mit 27 Mann Besatzung.

UB 39
- UB-II-Einhüllen-Küstenboot, Blohm & Voss, Hamburg, Stapellauf: 29. 12. 1915, Indienststellung: 28. 4. 1916.
- Technische Daten – UB 30.
- 14 Einsatzfahrten, 93 Schiffe mit 89.810 BRT versenkt. UB 39 wird seit April 1917 im Ärmelkanal mit 24 Mann Besatzung vermisst.

UB 40
- UB-II-Einhüllen-Küstenboot, Blohm & Voss, Hamburg, Stapellauf: 25. 4. 1916, Indienststellung: 18. 8. 1916.
- Technische Daten – UB 30.
- 28 Einsatzfahrten, 103 Schiffe mit 133. 360 BRT versenkt. UB 40 wird am 5. 10. 1918 in Oostende/Belgien bei der Evakuierung der deutschen Truppen selbst versenkt.

UB 41
- UB-II-Einhüllen-Küstenboot, Blohm & Voss, Hamburg, Stapellauf: 6. 5. 1916, Indienststellung: 25. 8. 1916.
- Technische Daten – UB 30.
- 13 Einsatzfahrten, acht Schiffe mit 8. 288 BRT versenkt. UB 41 sinkt am 5. 10. 1917 vor der englischen Ostküste durch Minentreffer mit 24 Mann Besatzung.

UB 42
- UB-II-Einhüllen-Küstenboot, AG Weser, Bremen, Kiellegung: 3. 9. 1915, Stapellauf: 4. 3. 1916, Indienststellung: 23. 3. 1916.
- Technische Daten: Verdrängung: 279 tons, getaucht: 305 tons, Abmessungen: 36,9 m x 4,4 m x 3,8 m, Antrieb: 2 x 142-PS-Dieselmotoren, 2 x 140-PS-Elektromotoren, Geschwindigkeit an der Wasseroberfläche: 8,8 kn, getaucht: 6,2 kn, Reichweite an der Wasseroberfläche: 6.940 sm bei 5 kn, getaucht: 45 sm bei 4 kn, Tauchtiefe: 50 m, Besatzung: 43 Mann, Bewaffnung: 2 Bugrohre, 4 Torpedos.
- 21 Einsatzfahrten, 13 versenkte Schiffe mit 22.574 BRT. UB 42 (k. u. k. U 42) wird im 3. 1916 zerlegt, mit der Eisenbahn zum Seearsenal Pola überführt und nach dem Zusammenbau am 23. 3. 1916 in Dienst gestellt. Das Boot flieht nach der Kapitulation der Türkei am 30. 10. 1918 nach Sewastopol und wird dort am 16. 11. 1918 an Großbritannien ausgeliefert und 1920 in Malta abgewrackt.

UB 43
- UB-II-Einhüllen-Küstenboot, AG Weser, Bremen, Kiellegung: 3. 9. 1915, Stapellauf: 8. 4. 1916, Indienststellung: 24. 4. 1916.
- Technische Daten – UB 42.
- Zehn Feindfahrten, 22 versenkte Schiffe mit 99.202 BRT. UB 43 wird im 3. 1916 zerlegt, mit der Eisenbahn zum Seearsenal Pola überführt und nach dem Zusammenbau am 24. 4. 1916 in Dienst gestellt. UB 43 wird am 15. 7. 1917 außer Dienst gestellt und am 30. 7. 1917 als k.u.k. U 43 in Dienst gestellt. Nach Kriegsende wird das Boot am 6. 11. 1918 an Frankreich abgeliefert und 1920 in Venedig abgewrackt.

UB 44
- UB-II-Einhüllen-Küstenboot, AG Weser, Bremen, Kiellegung: 3. 9. 1915, Stapellauf: 20. 4. 1916, Indienststellung: 11. 5. 1916.
- Technische Daten – UB 42.
- Zwei Feindfahrten, ein versenktes Schiff mit 3.409 BRT. UB 44 (k. u. k. U 44) wird im 4. 1916 zerlegt, mit der Eisenbahn zum Seearsenal Pola überführt und nach dem Zusammenbau am 11. 5. 1916 in Dienst gestellt. Das Boot wird am 4. 8. 1916 im Mittelmeer vermutlich durch die britischen Patrouillenboote HMS QUARRIE, HMS KNOWE und HMS GARRIGH mit 24 Mann Besatzung versenkt.

UB 45
- UB-II-Einhüllen-Küstenboot, AG Weser, Bremen, Kiellegung: 3. 9. 1915, Stapellauf: 12. 5. 1916, Indienststellung: 26. 5. 1916.
- Technische Daten – UB 42.
- Fünf Feindfahrten, vier versenkte Schiffe mit 15.367 BRT. UB 45 (k. u. k. U 45) wird im 5. 1916 zerlegt, mit der Eisenbahn zum Seearsenal Pola überführt und nach dem Zusammenbau am 26. 5. 1916 in Dienst gestellt. Das Boot ist am 6. 11. 1916 im Schwarzen Meer vor Varna nach Minentreffer gesunken – 14 Tote, fünf Überlebende. Es wird im 1. 1936 von Bulgarien gehoben und abgewrackt, die sterblichen Überreste der Besatzung werden in Varna am 26. 2. 1936 beigesetzt.

UB 46
- UB-II-Einhüllen-Küstenboot, AG Weser, Bremen, Kiellegung: 4. 9. 1915, Stapellauf: 31. 5. 1916, Indienststellung: 12. 6. 1916.
- Technische Daten – UB 42.
- Fünf Feindfahrten, vier versenkte Schiffe mit 8.099 BRT. UB 46 wird im 5. 1916 zerlegt, mit der Eisenbahn zum Seearsenal Pola überführt und nach dem Zusammenbau am 12. 6. 1916 in Dienst gestellt. UB 46 versenkt am 7. 11. 1916 den Dreimastschoner MALANIYA. Das Boot sinkt am 7. 12. 1916 bei der Einfahrt in den Bosporus/Schwarzes Meer mit 20 Mann Besatzung durch Minentreffer, keine 300 Meter vom Land entfernt. Das Wrack von UB 46 wird nach 77 Jahren, Anfang September 1993, von türkischen Bergleuten in einem Kohlebergwerk im verlandeten Uferbereich entdeckt und ausgegraben. Teile des Rumpfes werden im Türkischen Marinemuseum in Istanbul erhalten.

UB 47
- UB-II-Einhüllen-Küstenboot, AG Weser, Bremen, Kiellegung: 4. 9. 1915, Stapellauf: 17. 6. 1916, Indienststellung: 4. 7. 1916.
- Technische Daten – UB 42.
- Sieben Feindfahrten, 20 versenkte Schiffe mit 75.834 BRT. UB 47 (k. u. k. U 47) wird im 6. 1916 zerlegt, mit der Eisenbahn zum Seearsenal Pola überführt und nach dem Zusammenbau am 4. 7. 1916 in Dienst gestellt. Am 4. 10. 1916 versenkt UB 47 das britische Frachtschiff FRANKONIA (18.150 BRT) im Mittelmeer, am 27. 12. 1916 das französische Linienschiff GAULOIS (11.300 tons) und am 1. 1. 1917 die britische IVERNIA (14.200 BRT), am 27. 6. 1917 den griechischen Zerstörer DOXA. Das Boot wird am 21. 7. 1917 außer Dienst gestellt und am 30. 7. 1917 als k.u.k. U 47 wieder in Dienst gestellt. Am 6. 11. 1918 erfolgt die Auslieferung an Italien, 1919 wird UB 47 in Venedig verschrottet.

UB 48
- UB III, Blohm & Voss, Hamburg, Stapellauf: 6. 1. 1917, Indienststellung: 11. 6. 1917.
- Technische Daten: Verdrängung an der Wasseroberfläche: 516 tons, getaucht: 651 tons, 55,3 m x 5,8 m x 3,7 m, Antrieb: 2 x 550-PS-Dieselmotoren, 2 x 394-PS-Elektromotoren, Reichweite an der Wasseroberfläche: 9.040 sm bei 6 kn, getaucht: 55 sm bei 4 kn, Geschwindigkeit an der Wasseroberfläche: 13,6 kn, getaucht: 8,0 kn, Besatzung: 34 Mann, Bewaffnung: 4 Bug- und 1 Heckrohr, 10 Torpedos, Geschütz.
- Neun Einsatzfahrten, 36 Schiffe mit 109.732 BRT versenkt. UB 48 (k.u.k. U 79) wird am 28. 10. 1918 bei der Kapitulation von Österreich-Ungarn in Pola gesprengt.

UB 49
- UB III, Blohm & Voss, Hamburg, Stapellauf: 6. 1. 1917, Indienststellung: 28. 6. 1917.
- Technische Daten – UB 48.
- Acht Einsatzfahrten, 44 Schiffe mit 97.713 BRT versenkt. UB 49 (k.u.k. U 80) wird am 16. 1. 1919 an Großbritannien ausgeliefert und 1922 in Swansea verschrottet.

UB 50
- UB III, Blohm & Voss, Hamburg, Stapellauf: 6. 1. 1917, Indienststellung: 12. 7. 1917.
- Technische Daten – UB 48.
- Sieben Einsatzfahrten, 41 Schiffe mit 109.190 BRT versenkt. Am 26. 3. versenkt UB 50 (k.u.k. U 81) den italienischen Frachter VOLTURNO (11.496 BRT) und am 9. 11. 1918 vor Kap Trafalgar das britische Schlachtschiff HMS BRITTANNIA mit einem Torpedo. Das Boot wird am 16. 1. 1919 an Großbritannien ausgeliefert und 1922 in Swansea verschrottet.

UB 51
- UB III, Blohm & Voss, Hamburg, Stapellauf: 8. 3. 1917, Indienststellung: 26. 7. 1917.
- Technische Daten – UB 48.
- Sechs Einsatzfahrten, 20 Schiffe mit 53.528 BRT versenkt. UB 51 (k.u.k. U 82) wird am 16. 1. 1919 an Großbritannien ausgeliefert und 1922 in Swansea verschrottet.

UB 52
- UB III, Blohm & Voss, Hamburg, Stapellauf: 8. 3. 1917, Indienststellung: 9. 8. 1917.
- Technische Daten – UB 48.

Vier Einsatzfahrten, 14 Schiffe mit 42.636 BRT versenkt. UB 52 (k.u.k. U 83) wird am 23. 5. 1918 vom britischen U-Boot H 4 in der Straße von Otranto mit einem Torpedo versenkt – 32 Tote, zwei Überlebende.

UB 53
- UB III, Blohm & Voss, Hamburg, Stapellauf: 9. 3. 1917, Indienststellung: 21. 8. 1917.
- Technische Daten – UB 48.
- Fünf Einsatzfahrten, 20 Schiffe mit 51.180 BRT versenkt. UB 53 (k.u.k. U 84) sinkt am 3. 8. 1918 in der Straße von Otranto nach zwei Minentreffern – zehn Tote, 27 Überlebende.

UB 54
- UB-III-Zweihüllen-Hochseeboot, AG Weser, Bremen. Kiellegung: 5. 9. 1916, Stapellauf: 18. 4. 1917, Indienststellung: 12. 6. 1917.
- Technische Daten: Verdrängung an der Wasseroberfläche: 516 tons, getaucht: 646 tons, Abmessungen: 55,8 m x 5,8 m x 3,7 m, Antrieb: 2 x 530-PS-Dieselmotoren, 2 x 394-PS-Elektromotoren, Reichweite an der Wasseroberfläche: 9.020 sm bei 8,0 kn, getaucht: 55 sm bei 5,0 kn, Geschwindigkeit an der Wasseroberfläche: 13,6 kn, getaucht: 7,9 kn, Besatzung: 34 Mann, Bewaffnung: 4 Bug- und 1 Heckrohr, 10 Torpedos, Geschütz.
- Sechs Einsatzfahrten, 16 Schiffe mit 9.883 BRT versenkt. UB 54 wird nach dem 31. 3. 1918 mit 29 Mann Besatzung im Ärmelkanal vermisst.

UB 55
- UB III, AG Weser, Bremen, Kiellegung: 5. 9. 1916, Stapellauf: 20. 4. 1917, Indienststellung: 1. 7. 1917.
- Technische Daten – siehe UB 54.
- Sieben Einsatzfahrten, 20 Schiffe mit 25.178 BRT versenkt. UB 55 läuft am 22. 4. 1918 in der Straße von Dover auf eine Mine und sinkt – 23 Tote, sechs Überlebende.

UB 56
- UB III, AG Weser, Bremen, Kiellegung: 5. 9. 1916, Stapellauf: 11. 5. 1917, Indienststellung: 19. 7. 1917.
- Technische Daten – siehe UB 54.
- Vier Einsatzfahrten, vier Schiffe mit 5.405 BRT versenkt. UB 56 läuft am 19. 12. 1918 in der Straße von Dover auf eine Mine und sinkt mit 37 Mann Besatzung.

UB 57
- UB III, AG Weser, Bremen, Kiellegung: 13. 9. 1916, Stapellauf: 20. 6. 1917, Indienststellung: 30. 7. 1917.

- Technische Daten – siehe UB 54.
- Elf Einsatzfahrten, 53 Schiffe mit 153.512 BRT versenkt. UB 57 läuft am 14. 8. 1918 vor der belgischen Küste auf eine Mine und sinkt mit 34 Mann Besatzung.

UB 58
- UB III, AG Weser, Bremen, Kiellegung: 13. 9. 1916, Stapellauf: 22. 6. 1917, Indienststellung: 10. 8. 1917.
- Technische Daten – siehe UB 54.
- Sechs Einsatzfahrten, acht Schiffe mit 8.190 BRT versenkt. UB 58 läuft am 10. 3. 1918 in der Straße von Dover auf eine Mine und sinkt mit 35 Mann Besatzung.

UB 59
- UB III, AG Weser, Bremen, Kiellegung: 13. 9. 1916, Stapellauf: 7. 7. 1917, Indienststellung: 25. 8. 1917.
- Technische Daten – siehe UB 54.
- Fünf Einsatzfahrten, sieben Schiffe mit 10.970 BRT versenkt. UB 59 wird am 5. 10. 1918 beim Rückzug der deutschen Truppen aus Zeebrugge selbst versenkt.

UB 60
- UB III, Vulcan, Hamburg, Stapellauf: 14. 4. 1917, Indienststellung: 6. 6. 1917.
- Technische Daten: Verdrängung an der Wasseroberfläche: 508 tons, getaucht: 639 tons, Abmessungen: 55,5 m x 5,8 m x 3,7 m, Antrieb: 2 x 550-PS-Dieselmotoren, 2 x 394-PS-Elektromotoren, Reichweite an der Wasseroberfläche: 8.420 sm bei 8,0 kn, getaucht: 55 sm bei 5,0 kn, Geschwindigkeit an der Wasseroberfläche: 13,6 kn, getaucht: 7,8 kn, Besatzung: 34 Mann, Bewaffnung: 4 Bug- und 1 Heckrohr, 10 Torpedos, Geschütz.
- Keine Einsatzfahrten, Schulboot. UB 60 wird am 26. 11. 1918 an Großbritannien ausgeliefert, läuft bei der Überführung vor der englischen Küste auf Grund und wird 1921 verschrottet.

UB 61
- UB III, Vulcan, Hamburg, Stapellauf: 28. 4. 1917, Indienststellung: 23. 6. 1917.
- Technische Daten – siehe UB 60.
- Drei Einsatzfahrten, zwei Schiffe mit 12.920 BRT versenkt. UB 61 läuft am 29. 11. 1917 in der Nordsee auf eine Mine und sinkt – 25 Tote, neun Überlebende.

UB 62
- UB III, Vulcan, Hamburg, Stapellauf: 11. 5. 1917, Indienststellung: 9. 7. 1917.
- Technische Daten – siehe UB 60.

- Sieben Einsatzfahrten, acht Schiffe mit 22.520 BRT versenkt. UB 62 wird am 21. 11. 1918 an Großbritannien ausgeliefert und 1922 in Swansea verschrottet.

UB 63

- UB III, Vulcan, Hamburg, Stapellauf: 26. 5. 1917, Indienststellung: 23. 7. 1917.
- Technische Daten – siehe UB 60.
- Drei Einsatzfahrten, sechs Schiffe mit 18.410 BRT versenkt. UB 63 wird nach dem 14. 1. 1918 mit 33 Mann Besatzung in der Nordsee vermisst.

UB 64

- UB III, Vulcan, Hamburg, Stapellauf: 9. 6. 1917, Indienststellung: 5. 8. 1917.
- Technische Daten – siehe UB 60.
- Acht Einsatzfahrten, 30 Schiffe mit 40.205 BRT versenkt. UB 64 versenkt am 23. 7. 1918 den britischen Hilfskreuzer MARMORA (10.500 BRT) vor der irischen Küste. Das Boot wird am 21. 11. 1918 an Großbritannien ausgeliefert und 1921 in Fareham verschrottet.

UB 65

- UB III, Vulcan, Hamburg, Stapellauf: 26. 6. 1917, Indienststellung: 18. 8. 1917.
- Technische Daten – siehe UB 60.
- Sechs Einsatzfahrten, neun Schiffe mit 22.460 BRT versenkt. UB 65 versenkt am 15. 12. 1917 die britische Sloop HMS ARBUTUS. Das Boot sinkt am 10. 7. 1918 nach einer Torpedoexplosion mit 37 Mann Besatzung im Ärmelkanal.

UB 66

- UB III, Germaniawerft, Kiel, Stapellauf: 31. 5. 1917, Indienststellung: 1. 8. 1917.
- Technische Daten: Verdrängung an der Wasseroberfläche: 513 tons, getaucht: 647 tons, Abmessungen: 55,7 m x 5,8 m x 3,7 m, Antrieb: 2 x 550-PS-Dieselmotoren, 2 x 394-PS-Elektromotoren, Reichweite an der Wasseroberfläche: 9.090 sm bei 8,0 kn, getaucht: 55 sm bei 5,0 kn, Geschwindigkeit an der Wasseroberfläche: 13,4 kn, getaucht: 7,5 kn, Besatzung: 34 Mann, Bewaffnung: 4 Bug- und 1 Heckrohr, 10 Torpedos, Geschütz.
- Zwei Einsatzfahrten, ein Schiff mit 3.693 BRT versenkt. UB 66 (k.u.k. U 66) wird nach dem 18. 1. 1918 im östlichen Mittelmeer mit 30 Mann Besatzung vermisst. Das Boot wurde vermutlich von der britischen Sloop HMS CAMPANULA mit Wasserbomben versenkt.

UB 67

- UB III, Germaniawerft, Kiel, Stapellauf: 16. 6. 1917, Indienststellung: 23. 8. 1917.
- Technische Daten – siehe UB 66.
- Drei Einsatzfahrten, ein Schiff mit 13.930 BRT versenkt. UB 67 (k.u.k. U 67) versenkt am 4. 2. 1918 den britischen Frachter AURANIA (13.930 BRT) vor der britischen Küste und am 10. 11. 1918 den britischen Minensucher HMS ASCOT als letztes Kriegsschiff im Ersten Weltkrieg. Das Boot wird am 24. 11. 1918 an Großbritannien ausgeliefert und 1922 in Swansea verschrottet.

UB 68

- UB III, Germaniawerft, Kiel, Stapellauf: 4. 7. 1917, Indienststellung: 5. 10. 1917.
- Technische Daten – siehe UB 66.
- Fünf Einsatzfahrten, sieben Schiffe mit 16.993 BRT versenkt. UB 68 (k.u.k. U 68, Kommandant Karl Dönitz) muss am 4. 10. 1918 östlich von Malta nach Artilleriefeuer des britischen Dampfers QUEENSLAND auftauchen und sinkt – ein Toter, 33 Überlebende.

UB 69

- UB III, Germaniawerft, Kiel, Stapellauf: 7. 8. 1917, Indienststellung: 12. 10. 1917.
- Technische Daten – siehe UB 66.
- Eine Einsatzfahrt. UB 69 (k.u.k. U 69) sinkt am 9. 1. 1918 im Mittelmeer nach dem Kontakt mit dem Sprengschleppgeschirr der britischen Sloop HMS CYCLAMEN mit 31 Mann Besatzung.

UB 70

- UB III, Germaniawerft, Kiel, Stapellauf: 17. 8. 1917, Indienststellung: 29. 10. 1917.
- Technische Daten – siehe UB 66.
- Zwei Einsatzfahrten, ein Schiff mit 1.794 BRT versenkt. UB 70 (k.u.k. U 70) wird nach dem 5. 5. 1918 mit 33 Mann Besatzung im Mittelmeer vermisst.

UB 71

- UB III, Germaniawerft, Kiel, Stapellauf: 12. 7. 1917, Indienststellung: 23. 11. 1917.
- Technische Daten – siehe UB 66.
- Eine Einsatzfahrt. UB 71 (k.u.k. U 71) wird am 21. 4. 1918 im Mittelmeer vor Menorca mit 32 Mann Besatzung durch Wasserbomben des britischen Patrouillenbootes ML 413 versenkt.

UB 72

- UB III, Vulcan AG, Hamburg, Stapellauf: 30. 7.1917, Indienststellung: 9. 9. 1917.
- Technische Daten: Verdrängung an der Wasseroberfläche: 508 tons, getaucht: 639 tons, Abmessungen: 55,2 m x 5,8 m x 3,7 m, Antrieb: 2 x 550-PS-Dieselmotoren, 2 x 394-PS-Elektromotoren, Reichweite an der Wasseroberfläche: 8.420 sm bei 6 kn, getaucht: 55 sm bei 4 kn, Geschwindigkeit an der Wasseroberfläche: 13,4 kn, getaucht: 7,5 kn, Tauchtiefe: 75 m, Besatzung: 34 Mann, Bewaffnung: 4 Bug- und 1 Heckrohr, 10 Torpedos, Geschütz.
- Fünf Einsatzfahrten, vier Schiffe mit 8.715 BRT versenkt. UB 72 wird am 12. 5. 1918 im Ärmelkanal vom britischen U-Boot D 4 versenkt – 34 Tote, drei Überlebende.

UB 73

- UB III, Vulcan AG, Hamburg, Stapellauf: 11. 8. 1917, Indienststellung: 2. 10. 1917.
- Technische Daten – siehe UB 72.
- Sechs Einsatzfahrten, neun Schiffe mit 19.823 BRT versenkt. UB 73 versenkt am 24. 6. 1918 das britische Unterseeboot D 6. Das Boot wird am 21. 11. 1918 an Frankreich ausgeliefert und 1921 in Brest verschrottet.

UB 74

- UB III, Vulcan AG, Hamburg, Stapellauf: 13. 9. 1917, Indienststellung: 24. 10. 1917.
- Technische Daten – siehe UB 72.
- Vier Einsatzfahrten, sechs Schiffe mit 11.669 BRT versenkt. UB 74 wird am 26. 5. 1918 in der Lyme Bay von der Yacht LORNA mit 35 Mann Besatzung versenkt.

UB 75

- UB III, Blohm & Voss, Hamburg, Stapellauf: 5. 5. 1917, Indienststellung: 11. 9. 1917.
- Technische Daten: Verdrängung an der Wasseroberfläche: 516 tons, getaucht: 648 tons, Abmessungen: 55,3 m x 5,8 m x 3,7 m, Antrieb: 2 x 550-PS-Dieselmotoren, 2 x 394-PS-Elektromotoren, Reichweite an der Wasseroberfläche: 8.680 sm bei 6 kn, getaucht: 55 sm bei 4 kn, Geschwindigkeit an der Wasseroberfläche: 13,4 kn, getaucht: 7,8 kn, Tauchtiefe: 75 m, Besatzung: 34 Mann, Bewaffnung: 4 Bug- und 1 Heckrohr, 10 Torpedos, Geschütz.
- Zwei Einsatzfahrten, fünf Schiffe mit 9.529 BRT versenkt. UB 75 läuft am 10. 12. 1917 vor der englischen Küste auf eine Mine und sinkt mit 34 Mann Besatzung. Das Wrack wird 2003 zehn Meilen vor Scarborough in 60 Metern Tiefe entdeckt.

UB 76

- UB III, Blohm & Voss, Hamburg, Stapellauf: 5. 5. 1917, Indienststellung: 23. 9. 1917.
- Technische Daten – siehe UB 75.
- Keine Einsatzfahrten, Schulboot. UB 76 wird am 12. 2. 1919 an Großbritannien ausgeliefert und 1922 in Rochester verschrottet.

UB 77

- UB III. Blohm & Voss, Hamburg, Stapellauf: 5. 5. 1917, Indienststellung: 2. 10. 1917.
- Technische Daten – siehe UB 75.
- Sieben Einsatzfahrten, zwei Schiffe mit 15.450 BRT versenkt. UB 77 versenkt am 5. 2. 1918 den britischen Frachter TUSCANIA (14.350 BRT) vor der englischen Küste. Das Boot wird am 16. 1. 1919 an Großbritannien ausgeliefert und 1922 in Swansea verschrottet.

UB 78

- UB III, Blohm & Voss, Hamburg, Stapellauf: 2. 6. 1917, Indienststellung: 20. 10. 1917.
- Technische Daten – siehe UB 75.
- Fünf Einsatzfahrten, drei Schiffe mit 1.500 BRT versenkt. UB 78 wird am 9. 5. 1918 im Ärmelkanal durch Rammstoß des britischen Truppentransporters QUEEN ALEXANDRA mit 35 Mann Besatzung versenkt.

UB 79

- UB III, Blohm & Voss, Hamburg, Stapellauf: 3. 6. 1917, Indienststellung: 27. 10. 1917.
- Technische Daten – siehe UB 75.
- Keine Einsatzfahrten, Schulboot. UB 79 sinkt am 4. 1. 1918 in Kiel, wird gehoben, am 26. 11. 1918 an Großbritannien ausgeliefert und 1922 in Swansea verschrottet.

UB 80

- UB III, AG Weser, Bremen, Kiellegung: 12. 5. 1917, Stapellauf: 6. 1. 1918, Indienststellung: 14. 2. 1918.
- Technische Daten: Verdrängung an der Wasseroberfläche: 516 tons, getaucht: 647 tons, Abmessungen: 55,8 m x 5,8 m x 3,7 m, Antrieb: 2 x 530-PS-Dieselmotoren, 2 x 394-PS-Elektromotoren, Reichweite an der Wasseroberfläche: 8.180 sm bei 6 kn, getaucht: 55 sm bei 4 kn, Geschwindigkeit an der Wasseroberfläche: 13,4 kn, getaucht: 7,8 kn, Tauchtiefe: 75 m, Besatzung: 34 Mann, Bewaffnung: 4 Bug- und 1 Heckrohr, 10 Torpedos, Geschütz.
- Zehn Einsatzfahrten, 19 Schiffe mit 41.275 BRT versenkt. UB 80 wird am 26. 11. 1918 an Italien ausgeliefert und 1919 in La Spezia verschrottet.

UB 81
- UB III, AG Weser, Bremen, Kiellegung: 5. 1. 1917, Stapellauf: 4. 8. 1917, Indienststellung: 18. 9. 1917.
- Technische Daten – siehe UB 80.
- Zwei Einsatzfahrten, ein Schiff mit 3.218 BRT versenkt. UB 81 läuft am 2. 12. 1917 vor der englischen Küste auf eine Mine und sinkt – 29 Tote, sechs Überlebende.

UB 82
- UB III, AG Weser, Bremen, Kiellegung: 10. 1. 1917, Stapellauf: 1. 9. 1917, Indienststellung: 2. 10. 1917.
- Technische Daten – siehe UB 80.
- Drei Einsatzfahrten, ein Schiff mit 1.920 BRT versenkt. UB 82 wird am 17. 4. 1918 in der Irischen See von den britischen Fischdampfern PILOT ME und YOUNG FRED mit 32 Mann Besatzung versenkt.

UB 83
- UB III, AG Weser, Bremen, Kiellegung: 15. 1. 1917, Stapellauf: 18. 9. 1917, Indienststellung: 15. 10. 1917.
- Technische Daten – siehe UB 80.
- Sechs Einsatzfahrten, zwei Schiffe mit 1.771 BRT versenkt. UB 83 wird am 10. 9. 1918 vor den Orkney-Inseln vom britischen Zerstörer HMS OPHELIA mit 37 Mann Besatzung versenkt.

UB 84
- UB III, AG Weser, Bremen, Kiellegung: 21. 1. 1917, Stapellauf: 3. 10. 1917, Indienststellung: 31. 10. 1917.
- Technische Daten – siehe UB 80.
- Keine Einsatzfahrten, Schulboot. UB 84 sinkt am 7. 12. 1917 nach einer Kollision in Oostende, wird vom Dockschiff VULKAN gehoben, am 26. 11. 1918 an Frankreich ausgeliefert und 1921 in Brest verschrottet.

UB 85
- UB III, AG Weser, Bremen, Kiellegung: 24. 1. 1917, Stapellauf: 26. 10. 1917, Indienststellung: 24. 11. 1917.
- Technische Daten – siehe UB 80.
- Zwei Einsatzfahrten. UB 85 wird am 30. 4. 1918 in der Irischen See vom Fischdampfer COREOPSIS zum Auftauchen gezwungen und von der Besatzung selbst versenkt – 34 Überlebende.

UB 86
- UB III, AG Weser, Bremen, Kiellegung: 25. 1. 1917, Stapellauf: 10. 10. 1917, Indienststellung: 10. 11. 1917.
- Technische Daten – siehe UB 80.
- Fünf Einsatzfahrten, sieben Schiffe mit 13.350 BRT versenkt. UB 86 wird am 24. 11. 1918 an Großbritan-

nien ausgeliefert und 1921 nach einer Strandung in Falmouth verschrottet.

UB 87
- UB III, AG Weser, Bremen, Kiellegung: 23. 2. 1917, Stapellauf: 10. 11. 1917, Indienststellung: 27. 12. 1917.
- Technische Daten – siehe UB 80.
- Fünf Einsatzfahrten, sieben Schiffe mit 34.380 BRT versenkt. UB 87 versenkt am 9. 9. 1918 den Frachter MISSANABIE (12.500 BRT) vor der englischen Küste. Das Boot wird am 20. 11. 1918 an Frankreich ausgeliefert und 1921 in Brest verschrottet.

UB 88
- UB III, Vulcan, Hamburg, Stapellauf: 11. 12. 1917, Indienststellung: 26. 1. 1918.
- Technische Daten: Verdrängung an der Wasseroberfläche: 510 tons, getaucht: 640 tons, Abmessungen: 55,5 m x 5,8 m x 3,7 m, Antrieb: 2 x 550-PS-Dieselmotoren, 2 x 394-PS-Elektromotoren, Reichweite an der Wasseroberfläche: 7.120 sm bei 6 kn, getaucht: 55 sm bei 4 kn, Geschwindigkeit an der Wasseroberfläche: 13,0 kn, getaucht: 7,8 kn, Tauchtiefe: 75 m, Besatzung: 34 Mann, Bewaffnung: 4 Bug- und 1 Heckrohr, 10 Torpedos, Geschütz.
- Fünf Einsatzfahrten, 13 Schiffe mit 32.333 BRT versenkt. UB 88 wird am 26. 11. 1918 als Ausstellungsboot, später für Waffentests an die USA ausgeliefert. Es wird am 3. 1. 1921 als Zielschiff vom amerikanischen Zerstörer USS WILKES vor San Pedro/Kalifornien versenkt. Das Wrack wird 2003 von Tauchern entdeckt.

UB 89
- UB III, Vulcan, Hamburg, Stapellauf: 22. 12. 1917, Indienststellung: 25. 2. 1918.
- Technische Daten – siehe UB 88.
- Drei Einsatzfahrten. UB 89 sinkt am 21. 10. 1918 in der Kieler Förde nach einer Kollision mit dem Kleinen Kreuzer FRANKFURT (sieben Tote), wird am 30. 10. 1918 vom Hebeschiff CYCLOP gehoben, wird nach IJmuiden/Niederlande geschleppt und 1920 in Dordrecht verschrottet.

UB 90
- UB III, Vulcan, Hamburg, Stapellauf: 12. 2. 1918, Indienststellung: 21. 3. 1918.
- Technische Daten – siehe UB 88.
- Zwei Einsatzfahrten, ein Schiff mit 1.420 BRT versenkt. UB 90 wird am 16. 10. 1918 im Skagerrak vom britischen U-Boot L 12 mit 38 Mann Besatzung versenkt.

UB 91
- UB III, Vulcan, Hamburg, Stapellauf: 7. 3. 1918, Indienststellung: 11. 4. 1918.
- Technische Daten – siehe UB 88.
- Zwei Einsatzfahrten, fünf Schiffe mit 16.450 BRT versenkt. UB 91 versenkt am 26. 9. 1918 das amerikanische Patrouillenboot USS TAMPA. Das Boot wird am 21. 11. an Großbritannien ausgeliefert und 1921 in Briton Ferry verschrottet.

UB 92
- UB III, Vulcan, Hamburg, Stapellauf: 25. 3. 1918, Indienststellung: 27. 4. 1918.
- Technische Daten – siehe UB 88.
- Zwei Einsatzfahrten, sieben Schiffe mit 16.458 BRT versenkt. UB 92 wird am 21. 11. 1918 an Großbritannien ausgeliefert und 1920 verschrottet.

UB 93
- UB III, Vulcan, Hamburg, Stapellauf: 12. 4. 1918, Indienststellung: 15. 5. 1918.
- Technische Daten – siehe UB 88.
- Zwei Einsatzfahrten. UB 93 wird am 21. 11. 1918 an Großbritannien ausgeliefert und 1922 in Rochester verschrottet.

UB 94
- UB III, Vulcan, Hamburg, Stapellauf: 29. 4. 1918, Indienststellung: 1. 6. 1918.
- Technische Daten – siehe UB 88.
- Zwei Einsatzfahrten, zwei Schiffe mit 3.260 BRT versenkt. UB 94 wird am 22. 11. 1918 an Frankreich ausgeliefert, unter französischer Flagge als TRINITÉ SCHILLEMANS bis 1935 eingesetzt und später verschrottet.

UB 95
- UB III, Vulcan, Hamburg, Stapellauf: 10. 5. 1918, Indienststellung: 20. 6. 1918.
- Technische Daten – siehe UB 88.
- Eine Einsatzfahrt, zwei Schiffe mit 5.282 BRT versenkt. UB 95 wird am 21. 11. 1918 an Italien ausgeliefert und 1919 in La Spezia verschrottet.

UB 96
- UB III, Vulcan, Hamburg, Stapellauf: 31. 5. 1918, Indienststellung: 2. 7. 1918.
- Technische Daten – siehe UB 88.
- Eine Einsatzfahrt. UB 96 wird am 21. 11. 1918 an Großbritannien ausgeliefert und 1920 verschrottet.

UB 97
- UB III, Vulcan, Hamburg, Stapellauf: 13. 6. 1918, Indienststellung: 26. 7. 1918.
- Technische Daten – siehe UB 88.
- UB 97 wird am 21. 11. 1918 an Großbritannien ausgeliefert und 1921 in Falmouth verschrottet.

UB 98
- UB III, Vulcan, Hamburg, Stapellauf: 5. 7. 1918, Indienststellung: 8. 8. 1918.
- Technische Daten – siehe UB 88.
- Eine Einsatzfahrt. UB 98 wird am 21. 11. 1918 an Großbritannien ausgeliefert und 1922 in Portmadoc verschrottet.

UB 99
- UB III, Vulcan, Hamburg, Stapellauf: 29. 7. 1918, Indienststellung: 4. 9. 1918.
- Technische Daten – siehe UB 88.
- UB 99 wird am 26. 11. 1918 an Frankreich ausgeliefert, wird bis zum 24. 7. 1935 unter dem Namen CARISSAN eingesetzt und danach verschrottet.

UB 100
- UB III, Vulcan, Hamburg, Stapellauf: 13. 8. 1918, Indienststellung: 17. 9. 1918.
- Technische Daten – siehe UB 88.
- Schulboot UB 100 wird am 22. 11. 1918 an Großbritannien ausgeliefert und 1922 in Dordrecht verschrottet.

UB 101
- UB III, Vulcan, Hamburg, Stapellauf: 28. 8. 1918, Indienststellung: 30. 10. 1918.
- Technische Daten – siehe UB 88.
- Schulboot UB 101 wird am 26. 11. 1918 an Großbritannien ausgeliefert und 1920 in Felixtowe verschrottet.

UB 102
- UB III, Vulcan, Hamburg, Stapellauf: 13. 9. 1918, Indienststellung: 17. 10. 1918.
- Technische Daten – siehe UB 88.
- Schulboot UB 102 wird am 22. 11. 1918 an Italien ausgeliefert und 1919 in La Spezia verschrottet.

UB 103
- UB III, Blohm & Voss, Hamburg, Stapellauf: 7. 7. 1917, Indienststellung: 5. 12. 1917.
- Technische Daten: Verdrängung an der Wasseroberfläche: 519 tons, getaucht: 649 tons, Abmessungen: 55,3 m x 5,8 m x 3,7 m, Antrieb: 2 x 550-PS-Diesel-

Zur Unterstützung der U-Bootwaffe läuft 1907 bei HDW in Kiel das Dock- und Hebeschiff VULKAN, hier bei einer Passage durch den Kaiser-Wilhelm-Kanal, vom Stapel. Das 85 Meter lange Schiff sinkt 1919 bei seiner Überführungsfahrt nach Großbritannien.

motoren, 2 x 394-PS-Elektromotoren, Reichweite an der Wasseroberfläche: 7.420 sm bei 6 kn, getaucht: 55 sm bei 4 kn, Geschwindigkeit an der Wasseroberfläche: 13,4 kn, getaucht: 7,8 kn, Tauchtiefe: 75 m, Besatzung: 34 Mann, Bewaffnung: 4 Bug- und 1 Heckrohr, 10 Torpedos, Geschütz.

- Sechs Einsatzfahrten, 15 Schiffe mit 28.746 BRT versenkt. UB 103 läuft am 14. 8. 1918 vor der belgischen Küste auf eine Mine und sinkt mit 37 Mann Besatzung.

UB 104

- UB III, Blohm & Voss, Hamburg, Stapellauf: 1. 9. 1917, Indienststellung: 15. 3. 1918.
- Technische Daten – siehe UB 103.
- Drei Einsatzfahrten, sieben Schiffe mit 14.440 BRT versenkt. UB 104 geht am 21. 9. 1918 in der Nordsee mit 36 Mann Besatzung verloren.

UB 105

- UB III, Blohm & Voss, Hamburg, Stapellauf: 7. 7. 1917, Indienststellung: 5. 1. 1918.
- Technische Daten – siehe UB 103.
- Fünf Einsatzfahrten, 25 Schiffe mit 69.640 BRT versenkt. UB 105 (k.u.k. U 97) versenkt am 25. 4. 1918 die britische Sloop HMS COWSLIP. Das Boot wird am 16. 1. 1919 an Großbritannien ausgeliefert und 1922 in Felixtowe verschrottet.

UB 106

- UB III, Blohm & Voss, Hamburg, Stapellauf: 21. 7. 1917, Indienststellung: 7. 2. 1918.
- Technische Daten – siehe UB 103.
- UB 106 sinkt am 15. 3. 1918 mit 35 Mann Besatzung bei einem Tauchunfall in der Ostsee, wird am 18. 3. 1918 vom Dockschiff VULKAN gehoben, am 26. 11. 1918 an Großbritannien ausgeliefert und 1921 in Falmouth verschrottet.

UB 107

- UB III, Blohm & Voss, Hamburg, Stapellauf: 21. 7. 1917, Indienststellung: 16. 2. 1918.
- Technische Daten – siehe UB 103.
- Vier Einsatzfahrten, zwölf Schiffe mit 28.740 BRT versenkt. UB 107 wird am 27. 7. 1918 vor der ostenglischen Küste von dem britischen Zerstörer HMS VANESSA und dem Fischdampfer CALVIA mit 38 Mann Besatzung versenkt.

UB 108

- UB III, Blohm & Voss, Hamburg, Stapellauf: 21. 7. 1917, Indienststellung: 1. 3. 1918.

- Technische Daten – siehe UB 103.
- Drei Einsatzfahrten, zwei Schiffe mit 2.655 BRT versenkt. UB 108 wird nach dem 2. 7. 1918 vor der belgischen Küste mit 36 Mann Besatzung vermisst.

UB 109

- UB III, Blohm & Voss, Hamburg, Stapellauf: 7. 7. 1917, Indienststellung: 31. 12. 1917.
- Technische Daten – siehe UB 103.
- Drei Einsatzfahrten, fünf Schiffe mit 13.610 BRT versenkt. UB 109 läuft am 29. 8. 1918 im Ärmelkanal auf eine Mine – 28 Tote, acht Überlebende.

UB 110

- UB III, Blohm & Voss, Hamburg, Stapellauf: 1. 9. 1917, Indienststellung: 23. 3. 1918.
- Technische Daten – siehe UB 103.
- Zwei Einsatzfahrten, ein Schiff mit 3.710 BRT versenkt. UB 110 wird am 19. 7. 1918 in der Nordsee vom britischen Zerstörer HMS GARRY mit Rammstoß versenkt – 13 Tote, 21 Überlebende. Das Wrack wird am 4. 10. 1918 gehoben und verschrottet.

UB 111

- UB III, Blohm & Voss, Hamburg, Stapellauf: 1. 9. 1917, Indienststellung: 5. 4. 1918.
- Technische Daten – siehe UB 103.
- Drei Einsatzfahrten, acht Schiffe mit 1.570 BRT versenkt. UB 111 wird am 21. 11. 1918 an Großbritannien ausgeliefert und 1920 verschrottet.

UB 112

- UB III, Blohm & Voss, Hamburg, Stapellauf: 15. 9. 1917, Indienststellung: 16. 4. 1918.
- Technische Daten – siehe UB 103.
- Drei Einsatzfahrten, neun Schiffe mit 9.237 BRT versenkt. UB 112 wird am 21. 11. 1918 an Großbritannien ausgeliefert und 1921 in Falmouth verschrottet.

UB 113

- UB III, Blohm & Voss, Hamburg, Stapellauf: 23. 9. 1917, Indienststellung: 25. 4. 1918.
- Technische Daten – siehe UB 103.
- Zwei Einsatzfahrten, zwei Schiffe mit 1.830 BRT versenkt. UB 113 wird nach dem 14. 9. 1918 im Ärmelkanal mit 39 Mann Besatzung vermisst.

UB 114

- UB III, Blohm & Voss, Hamburg, Stapellauf: 23. 9. 1917, Indienststellung: 4. 5. 1918.
- Technische Daten – siehe UB 103.

- UB 114 sinkt am 13. 5. 1918 bei einer Trimmfahrt in der Kieler Förde – sieben Tote. Das Boot wird gehoben und am 26. 11. 1918 an Frankreich ausgeliefert, zu Unterwassertests eingesetzt und 1921 in Toulon verschrottet.

UB 115

- UB III, Blohm & Voss, Hamburg, Stapellauf: 4. 11. 1917, Indienststellung: 28. 5. 1918.
- Technische Daten – siehe UB 103.
- Zwei Einsatzfahrten, ein Schiff mit 337 BRT versenkt. UB 115 wird am 29. 9. 1918 in der Nordsee vom britischen Zerstörer HMS OUSE mit 39 Mann Besatzung versenkt.

UB 116

- UB III, Blohm & Voss, Hamburg, Stapellauf: 4. 11. 1917, Indienststellung: 24. 5. 1918.
- Technische Daten – siehe UB 103.
- Vier Einsatzfahrten. UB 116 läuft am 28. 10. 1918 vor Scapa Flow auf eine Mine und sinkt mit 36 Mann Besatzung. Das Boot wird gehoben und 1919 verschrottet. UB 116 ist das letzte deutsche U-Boot, das im Ersten Weltkrieg verloren geht.

UB 117

- UB III, Blohm & Voss, Hamburg, Stapellauf: 21. 11. 1917, Indienststellung: 6. 6. 1918.
- Technische Daten – siehe UB 103.
- Drei Einsatzfahrten, sechs Schiffe mit 11.587 BRT versenkt. UB 117 wird am 22. 11. 1918 an Großbritannien ausgeliefert und 1920 in Felixtowe verschrottet.

UB 118

- UB III, AG Weser, Bremen, Kiellegung: 4. 4. 1917, Stapellauf: 13. 12. 1917, Indienststellung: 22. 1. 1918.
- Technische Daten: Verdrängung an der Wasseroberfläche: 512 tons, getaucht: 643 tons, Abmessungen: 55,8 m x 5,8 m x 3,7 m, Antrieb: 2 x 550-PS-Dieselmotoren, 2 x 394-PS-Elektromotoren, Reichweite an der Wasseroberfläche: 8.420 sm bei 6 kn, getaucht: 55 sm bei 4 kn, Geschwindigkeit an der Wasseroberfläche: 13,9 kn, getaucht: 7,8 kn, Tauchtiefe: 75 m, Besatzung: 34 Mann, Bewaffnung: 4 Bug- und 1 Heckrohr, 10 Torpedos, Geschütz.
- Fünf Einsatzfahrten, fünf Schiffe mit 23.965 BRT versenkt. UB 118 wird am 20. 11. 1918 an Großbritannien ausgeliefert und sinkt am 21. 11. 1918 auf der Schleppreise.

UB 119

- UB III, AG Weser, Bremen, Kiellegung: 10. 4. 1917, Stapellauf: 22. 12. 1917, Indienststellung: 9. 2. 1918.

- Technische Daten – siehe UB 117.
- Eine Einsatzfahrt. UB 119 wird nach dem 5. 1918 mit 34 Mann Besatzung in der Nordsee vermisst.

UB 120

- UB III, AG Weser, Bremen, Kiellegung: 17. 4. 1917, Stapellauf: 23. 2. 1918, Indienststellung: 23. 3. 1918.
- Technische Daten – siehe UB 117.
- Zwei Einsatzfahrten, zwei Schiffe mit 7.220 BRT versenkt. UB 120 wird am 24. 11. 1918 an Großbritannien ausgeliefert und 1922 in Swansea verschrottet.

UB 121

- UB III, AG Weser, Bremen, Kiellegung: 12. 5. 1917, Stapellauf: 6. 1. 1918, Indienststellung: 10. 2. 1918.
- Technische Daten – siehe UB 117.
- Drei Einsatzfahrten. UB 121 wird am 20. 11. 1918 an Frankreich ausgeliefert und im 7. 1921 in Toulon verschrottet.

UB 122

- UB III, AG Weser, Bremen, Kiellegung: 21. 5. 1917, Stapellauf: 2. 2. 1918, Indienststellung: 4. 3. 1918.
- Technische Daten – siehe UB 117.
- Zwei Einsatzfahrten, ein Schiff mit 3.150 BRT versenkt. UB 122 wird am 24. 11. 1918 an Großbritannien ausgeliefert und sinkt auf der Schleppreise zur Abbruchwerft 1921.

UB 123

- UB III, AG Weser, Bremen, Kiellegung: 13. 7. 1917, Stapellauf: 2. 3. 1918, Indienststellung: 6. 4. 1918.
- Technische Daten – siehe UB 117.
- Zwei Einsatzfahrten, fünf Schiffe mit 4.490 BRT versenkt. UB 123 versenkt den bewaffneten britischen Passagierdampfer LEINSTER (2.646 BRT) am 12. 10. 1918 – 600 Menschen finden den Tod. UB 123 wird am 19. 10. 1918 in der Nordsee durch einen Minentreffer mit 36 Mann Besatzung versenkt.

UB 124

- UB III, AG Weser, Bremen, Kiellegung: 10. 7. 1917, Stapellauf: 19. 3. 1918, Indienststellung: 22. 4. 1918.
- Technische Daten – siehe UB 117.
- Eine Einsatzfahrt. UB 124 wird am 20. 7. 1918 in der Irischen See nach Versenkung des Dampfers JUSTICIA (32.120 BRT), eines der größten und schnellsten Schiffe seiner Zeit, das am Tage zuvor von UB 46 bereits beschädigt worden ist, von einer britischen Zerstörer-Gruppe mit HMS MARNE, HMS MILBROOK und HMS PIGEON mit 50 Wasserbomben zum Auftauchen

gezwungen, die Besatzung versenkt ihr Boot selbst – zwei Tote, 32 Überlebende.

UB 125
- UB III, AG Weser, Bremen, Kiellegung: 19. 7. 1917, Stapellauf: 16. 4. 1918, Indienststellung: 18. 5. 1918.
- Technische Daten – siehe UB 117.
- Zwei Einsatzfahrten, sechs Schiffe mit 10.963 BRT versenkt. UB 125 wird am 20. 11. 1918 an Japan ausgeliefert, als O 6 bis 1921 in Dienst gestellt und später in Kure verschrottet.

UB 126
- UB III, AG Weser, Bremen, Kiellegung: 25. 7. 1917, Stapellauf: 12. 3. 1918, Indienststellung: 20. 4. 1918.
- Technische Daten – siehe UB 117.
- Drei Einsatzfahrten, zwei Schiffe mit 3.078 BRT versenkt. UB 126 wird am 24. 11. 1918 an Frankreich ausgeliefert und 1921 in Toulon verschrottet.

UB 127
- UB III, AG Weser, Bremen, Kiellegung: 17. 7. 1917, Stapellauf: 27. 4. 1918, Indienststellung: 1. 6. 1918.
- Technische Daten – siehe UB 117.
- Eine Einsatzfahrt. UB 127 läuft am 30. 9. 1918 in der Nordsee auf eine Mine und sinkt mit 34 Mann Besatzung.

UB 128
- UB III, AG Weser, Bremen, Kiellegung: 20. 7. 1917, Stapellauf: 10. 4. 1918, Indienststellung: 11. 5. 1918.
- Technische Daten – siehe UB 117.
- Zwei Einsatzfahrten, ein Schiff mit 7.420 BRT versenkt. UB 128 (k.u.k. U 54) wird am 5. 2. 1919 an Großbritannien ausgeliefert und 1921 in Falmouth verschrottet.

UB 129
- UB III, AG Weser, Bremen, Kiellegung: 21. 8. 1917, Stapellauf: 11. 5. 1918, Indienststellung: 11. 6. 1918.
- Technische Daten – siehe UB 117.
- Eine Einsatzfahrt, ein Schiff mit 9.217 BRT versenkt. UB 129 (k.u.k. U 55) wird am 31. 10. 1918 nach der österreichisch-ungarischen Kapitulation in Fiume gesprengt.

UB 130
- UB III, AG Weser, Bremen, Kiellegung: 14. 9. 1917, Stapellauf: 27. 5. 1918, Indienststellung: 28. 6. 1918.
- Technische Daten – siehe UB 117.
- Eine Einsatzfahrt. UB 130 wird am 26. 11. 1918 an Frankreich ausgeliefert und 1921 in Toulon verschrottet.

UB 131
- UB III, AG Weser, Bremen, Kiellegung: 14. 11. 1917, Stapellauf: 4. 6. 1918, Indienststellung: 4. 7. 1918.
- Technische Daten – siehe UB 117.
- UB 131 wird am 24. 11. 1918 an Großbritannien ausgeliefert, läuft vor Hastings am 9. 1. 1921 auf Grund und wird verschrottet.

UB 132
- UB III, AG Weser, Bremen. Kiellegung: 22. 10. 1917, Stapellauf: 22. 6. 1918, Indienststellung: 25. 7. 1918.
- Technische Daten – siehe UB 117.
- UB 132 wird am 21. 11. 1918 an Großbritannien ausgeliefert und 1920 in Swansea verschrottet.

UB 133
- UB III, Germaniawerft, Kiel, Stapellauf: 27. 9. 1918, Indienststellung: 20. 4. 1919.
- Technische Daten: Verdrängung an der Wasseroberfläche: 533 tons, getaucht: 656 tons, Abmessungen: 55,8 m x 5,8 m x 3,8 m, Antrieb: 2 x 550-PS-Dieselmotoren, 2 x 394-PS-Elektromotoren, Reichweite an der Wasseroberfläche: 9.090 sm bei 8,0 kn, getaucht: 50 sm bei 5,0 kn, Geschwindigkeit an der Wasseroberfläche: 13,5 kn, getaucht: 7,6 kn, Tauchtiefe: 75 m, Besatzung: 34 Mann, Bewaffnung: 4 Bug- und 1 Heckrohr, 10 Torpedos, Geschütz.
- UB 133 wird nicht mehr in Dienst gestellt.

UB 134
- UB III, Germaniawerft, Kiel.
- Technische Daten – siehe UB 133.
- UB 134 wird 1918 auf der Werft abgebrochen.

UB 135
- UB III, Germaniawerft, Kiel.
- Technische Daten – siehe UB 133.
- UB 135 wird 1918 auf der Werft abgebrochen.

UB 136
- UB III, Germaniawerft, Kiel, Stapellauf: 27. 9. 1918, Fertigstellung: 16. 4. 1919.
- Technische Daten – siehe UB 133.
- UB 136 wird nicht in Dienst gestellt.

UB 137
- UB III, Germaniawerft, Kiel, Stapellauf: 27. 9. 1918.
- Technische Daten – siehe UB 133.
- Nicht in Dienst gestellt. Die Maschinen werden an Großbritannien ausgeliefert.

UB 138
- UB III, Germaniawerft, Kiel.
- Technische Daten – siehe UB 133.
- UB 138 wird 1919 abgebrochen.

UB 139
- UB III, Germaniawerft, Kiel.
- Technische Daten – siehe UB 133.
- UB 139 wird 1919 abgebrochen.

UB 140
- UB III, Germaniawerft, Kiel.
- Technische Daten – siehe UB 133.
- UB 140 wird 1919 abgebrochen.

UB 141
- UB III, AG Weser, Bremen.
- Technische Daten: Verdrängung an der Wasseroberfläche: 523 tons, getaucht: 653 tons, Abmessungen: 55,8 m x 5,8 m x 3,7 m, Antrieb: 2 x 530-PS-Dieselmotoren, 2 x 394-PS-Elektromotoren, Reichweite an der Wasseroberfläche: 7.280 sm bei 8,0 kn, 50 sm bei 5,0 kn, Geschwindigkeit an der Wasseroberfläche: 13,5 kn, getaucht: 7,6 kn, Tauchtiefe: 75 m, Besatzung: 34 Mann, Bewaffnung: 4 Bug- und 1 Heckrohr, 10 Torpedos, Geschütz.
- UB 141 wird 1919 abgebrochen.

UB 142
- UB III, AG Weser, Bremen, Kiellegung: 30. 10. 1917, Stapellauf: 20. 8. 1918, Indienststellung: 31. 8. 1918.
- Technische Daten – siehe UB 141.
- UB 142 wird am 22. 11. 1918 an Frankreich ausgeliefert und 1921 in Landerneau verschrottet.

UB 143
- UB III, AG Weser, Bremen, Kiellegung: 27. 10. 1917, Stapellauf: 21. 8. 1918, Indienststellung: 3. 10. 1918.
- Technische Daten – siehe UB 141.
- UB 143 wird am 13. 11. 1918 in Karlskrona interniert, am 1. 12. 1918 an Japan ausgeliefert, als O 7 bis 1921 in Dienst gestellt und 1921 in Yokosuka verschrottet.

UB 144
- UB III, AG Weser, Bremen, Kiellegung:14. 1. 1918, Stapellauf: 5. 10. 1918, Indienststellung: 2. 3. 1919.
- Technische Daten – siehe UB 141.
- UB 144 wird am 27. 3. 1919 an Großbritannien ausgeliefert und 1922 in Rochester verschrottet.

UB 145
- UB III, AG Weser, Bremen, Kiellegung: 15. 4. 1918, Stapellauf: 5. 11. 1918, Indienststellung: 27. 3. 1919.
- Technische Daten – siehe UB 141.
- UB 145 wird am 27. 3. 1919 an Großbritannien ausgeliefert und 1922 in Rochester verschrottet.

UB 146
- UB III, AG Weser, Bremen.
- Technische Daten – siehe UB 141.
- Das Boot wird vor Kriegsende nicht mehr fertiggestellt und auf der Werft abgebrochen.

UB 147
- UB III, AG Weser, Bremen.
- Technische Daten – siehe UB 141.
- Das Boot wird vor Kriegsende nicht mehr fertiggestellt und auf der Werft abgebrochen.

UB 148
- UB III, AG Weser, Bremen, Kiellegung: 27. 10. 1917, Stapellauf: 7. 8. 1918, Indienststellung: 19. 9. 1918.
- Technische Daten – siehe UB 141.
- UB 148 wird am 13. 11. 1918 in Karlskrona interniert, am 26. 11. 1918 an die USA ausgeliefert und vom Zerstörer USS SICARD vor Cape Charles/Virginia versenkt.

UB 149
- UB III, AG Weser, Bremen, Kiellegung: 27. 10. 1917, Stapellauf: 19. 9. 1918, Indienststellung: 22. 10. 1918.
- Technische Daten – siehe UB 141.
- UB 149 wird am 22. 11. 1918 an Großbritannien ausgeliefert und 1922 in Swansea verschrottet.

UB 150
- UB III, AG Weser, Bremen, Kiellegung: 20. 11. 1917, Stapellauf: 19. 10. 1918, Indienststellung: 27. 3. 1919.
- Technische Daten – siehe UB 141.
- UB 150 wird am 20. 4. 1919 an Großbritannien ausgeliefert und 1922 in Rochester verschrottet.

UB 151
- UB III, AG Weser, Bremen. Kiellegung: 30. April 1918.
- Technische Daten – siehe UB 141.
- Das Boot wird vor Kriegsende nicht mehr fertiggestellt und auf der Werft abgebrochen.

UB 152
- UB III, AG Weser, Bremen. Kiellegung: 30.4. 1918.
- Technische Daten – siehe UB 141.

- Das Boot wird vor Kriegsende nicht mehr fertiggestellt und auf der Werft abgebrochen.

UB 153
- UB III, AG Weser, Bremen.
- Technische Daten – siehe UB 141.
- Das Boot wird vor Kriegsende nicht mehr fertig gestellt und auf der Werft abgebrochen.

UB 154
- UB III, Vulcan AG, Hamburg.
- Technische Daten: Verdrängung an der Wasseroberfläche: 539 tons, getaucht: 656 tons, Abmessungen: 55,5 m x 5,8 m x 3,9 m, Antrieb: 2 x 550-PS-Dieselmotoren, 2 x 394-PS-Elektromotoren, Reichweite an der Wasseroberfläche: 7.120 sm bei 8,0 kn, getaucht: 50 sm bei 5,0 kn, Geschwindigkeit an der Wasseroberfläche: 13,5 kn, getaucht: 7,6 kn, Tauchtiefe: 75 m, Besatzung: 34 Mann, Bewaffnung: 4 Bug- und 1 Heckrohr, 10 Torpedos, Geschütz.
- UB 154 wird am 14. 12. 1918 fertiggestellt, am 9. 3. 1919 an Frankreich ausgeliefert und 1921 in Brest verschrottet.

UB 155
- UB III, Vulcan AG, Hamburg.
- Technische Daten – siehe UB 154.
- UB 155 wird am 26. 2. 1919 fertiggestellt, am 9. 3. 1919 an Frankreich ausgeliefert und bis 1936 als JEAN CORRE eingesetzt. Das Boot wird am 7. 10. 1937 verschrottet.

UB 156 – UB 175
- Die Boote werden vor Kriegsende nicht mehr fertig gestellt und auf der Werft abgebrochen.

UB 176 – UB 177
- Die Bauaufträge werden 1919 annulliert.

UB 178 – UB 183
- Die Boote werden noch zu Wasser gelassen und anschließend verschrottet.

UB 184–UB 195
- Die Bauaufträge werden 1919 annulliert.

UB 196–UB 205
- Die Boote werden vor Kriegsende nicht mehr fertig gestellt und 1919 auf der Werft abgebrochen.

UB 206–UB 249
- Die Bauaufträge werden 1919 annulliert.

UC 1
- UC I, Vulcan AG, Hamburg, Kiellegung: 1914, Stapellauf: 26. 4. 1915, Indienststellung: 7. 5. 1915.
- Technische Daten: Verdrängung an der Wasseroberfläche: 168 tons, getaucht: 183 tons, Abmessungen: 33,9 m x 3,2 m x 3,0 m, Antrieb: 90-PS-Dieselmotor, 175-PS-Elektromotor, Geschwindigkeit an der Wasseroberfläche: 6,2 kn, getaucht: 5,2 kn, Reichweite an der Wasseroberfläche: 780 sm bei 5 kn, getaucht: 50 sm bei 4 kn, Tauchtiefe: 50 m, Besatzung: 14 Mann, Bewaffnung: 6 Minenschächte, 12 Minen, 1 MG.
- 79 Einsatzfahrten (Minen-Operationen), 42 versenkte Schiffe mit 59.088 BRT. UC 1 rettet Ende 1916 eine abgestürzte deutsche Fliegerbesatzung in der Nordsee. Das Boot ist vermutlich am 18. 7. 1917 vor Nieuwpoort/Belgien nach einem Minentreffer mit 17 Mann Besatzung gesunken.

UC 2
- UC I, Vulcan AG, Hamburg, Kiellegung: 1914, Stapellauf: 12. 5. 1915, Indienststellung: 17. 5. 1915.
- Technische Daten – UC 1.
- Zwei Einsatzfahrten. UC 2 sinkt am 2. 7. 1915 in der Nordsee durch die Explosion einer eigenen Mine – 15 Tote. Das Boot wird im selben Jahr gehoben und verschrottet.

UC 3
- UC I, Vulcan AG, Hamburg, Kiellegung: 1914, Stapellauf: 28. 5. 1915, Indienststellung: 1. 6. 1915.
- Technische Daten – UC 1.
- 29 Feindfahrten, 19 versenkte Schiffe mit 28.266 BRT. UC 3 sinkt am 27. 5. 1916 vor der belgischen Küste nach Minentreffer mit 18 Mann Besatzung.

UC 4
- UC I, Vulcan AG, Hamburg, Kiellegung: 1914, Stapellauf: 6. 6. 1915, Indienststellung: 10. 6. 1915.
- Technische Daten – UC 1.
- 73 Einsatzfahrten, 28 versenkte Schiffe mit 27.135 BRT. UC 4 wird am 2. 10. 1918 bei der Räumung von Zeebrugge gesprengt.

UC 5
- UC I, Vulcan AG, Hamburg, Kiellegung: 1914, Stapellauf: 13. 6. 1915, Indienststellung: 19. 6. 1915.
- Technische Daten – UC 1.
- 29 Einsatzfahrten, 29 versenkte Schiffe mit 36 288 BRT. UC 5 versenkt am 26. 12. 1915 das britische U-Boot E 6. Das Boot soll am 27. 4. 1916 in der Themsemündung nach der Strandung von seiner Besatzung selbst

versenkt werden (15 Überlebende). Die Sprengladungen zünden jedoch nicht, das Boot wird vom britischen Zerstörer HMS FIREDRAKE eingeschleppt, anschließend zu Ausstellungstouren an den Küsten genutzt.

UC 6
- UC I, Vulcan AG, Hamburg, Kiellegung: 1914, Stapellauf: 20. 6. 1915, Indienststellung: 24. 6. 1915.
- Technische Daten – UC 1.
- 89 Einsatzfahrten, 55 versenkte Schiffe mit 65.085 BRT. UC 6 versenkt am 27. 2. 1916 den britischen Frachter MALOJA (12.431 BRT) vor Dover. Das Boot wird seit September 1917 in der Nordsee mit 16 Mann Besatzung vermisst.

UC 7
- UC I, Vulcan AG, Hamburg, Kiellegung: 1914, Stapellauf: 6. 7. 1915, Indienststellung: 9. 7. 1915.
- Technische Daten – UC 1.
- 34 Einsatzfahrten, 29 versenkte Schiffe mit 45.267 BRT. UC 7 sinkt um den 5. 7. 1916 vor Zeebrugge mit 18 Mann Besatzung (Mine).

UC 8
- UC I, Vulcan AG, Hamburg, Kiellegung: 1914, Stapellauf: Juli 1915, Indienststellung: 5. 7. 1915.
- Technische Daten – UC 1.
- Eine Einsatzfahrt, Schulboot. Das Boot wird am 4. 11. 1915 nach einer Strandung vor der niederländischen Küste in Den Helder/Holland interniert, als niederländisches M 1 von 1917 bis 1932 in Dienst gestellt und danach verschrottet.

UC 9
- UC I, Vulcan AG, Hamburg, Kiellegung: 1914, Stapellauf: 11. 7. 1915, Indienststellung: 15. 7. 1915.
- Technische Daten – UC 1.
- Zwei Einsatzfahrten, Schulboot. UC 9 wird seit Oktober 1915 in der Nordsee mit 14 Mann Besatzung vermisst.

UC 10
- UC I, Vulcan AG, Hamburg, Kiellegung: 1914, Stapellauf: 15. 7. 1915, Indienststellung: 17. 7. 1915.
- Technische Daten – UC 1.
- 30 Einsatzfahrten, 16 versenkte Schiffe mit 30.078 BRT. UC 10 wird am 21. 8. 1916 im Ärmelkanal vom britischen U-Boot E 54 mit 18 Mann Besatzung versenkt.

UC 11
- UC I, AG Weser, Bremen, Kiellegung: 26. 1. 1915, Stapellauf: 11. 4. 1915, Indienststellung: 23. 4. 1915.
- Technische Daten: Verdrängung an der Wasseroberfläche: 168 tons, getaucht: 182 tons, Abmessungen: 33,9 m x 3,2 m x 3,0 m, Antrieb: 80-PS-Dieselmotor, 175-PS-Elektromotor, Geschwindigkeit an der Wasseroberfläche: 6,5 kn, getaucht: 5,7 kn, Reichweite an der Wasseroberfläche: 910 sm bei 5 kn, getaucht: 50 sm bei 4 kn, Tauchtiefe: 50 m, Besatzung: 14 Mann, Bewaffnung: 1 Hecktorpedorohr, 1 Torpedo, 6 Minenschächte, 12 Minen, 1 MG
- 83 Einsatzfahrten, 29 versenkte Schiffe mit 38.188 BRT. UC 11 sinkt am 26. 6. 1918 im Ärmelkanal nach einem Minentreffer – 18 Tote, ein Überlebender.

UC 12
- UC I, AG Weser, Bremen, Kiellegung: 27. 1. 1915, Stapellauf: 29. 4. 1915, Indienststellung: 2. 5. 1915.
- Technische Daten – siehe UC 11.
- Sieben Einsatzfahrten, fünf versenkte Schiffe mit 3.039 BRT. UC 12 (k.u.k. U 24) wird zerlegt nach Pola transportiert und dort in Dienst gestellt. Das Boot sinkt am 16. 3. 1916 im Mittelmeer nach einer Minenexplosion mit 15 Mann Besatzung. Es wird 1916 von Italienern gehoben, von 1917 bis 1919 als X 1 in Dienst gestellt und am 6. 5. 1919 verschrottet.

UC 13
UC I, AG Weser, Bremen, Kiellegung: 28. 1. 1915, Stapellauf: 11. 5. 1915, Indienststellung: 15. 5. 1915.
- Technische Daten – siehe UC 11.
- Neun Einsatzfahrten, drei versenkte Schiffe mit 387 BRT. UC 13 (k.u.k. U 25) wird zerlegt nach Pola transportiert und dort in Dienst gestellt. Das Boot strandet am 29. 11. 1915 bei einem schweren Sturm im Schwarzen Meer, die Besatzung kann sich retten. Das Boot wird am 3. 12. 1915 von russischen Zerstörern vernichtet.

UC 14
- UC I, AG Weser, Bremen, Kiellegung: 28. 1. 1915, Stapellauf: 13. 5. 1915, Indienststellung: 5. 6. 1915.
- Technische Daten – siehe UC 11.
- 38 Einsatzfahrten, vierzehn versenkte Schiffe mit 9.415 BRT. UC 14 wird zerlegt nach Pola transportiert und dort in Dienst gestellt. Das Boot wird nach 14 Monaten zerlegt nach Oostende transportiert und am 11. 1. 1917 wieder in Dienst gestellt. Es sinkt am 3. 10. 1917 vor Zeebrugge nach einem Minentreffer mit 17 Mann Besatzung.

UC 15

- UC I, AG Weser, Bremen, Kiellegung: 28. 1. 1915, Stapellauf: 19. 5. 1915, Indienststellung: 28. 6. 1915.
- Technische Daten – siehe UC 11.
- Acht Einsatzfahrten, zwei versenkte Schiffe mit 4.255 BRT. UC 15 (k.u.k. U 19) wird zerlegt nach Pola transportiert und dort in Dienst gestellt. Das Boot wird seit November 1916 im Schwarzen Meer mit 15 Mann Besatzung vermisst.

UC 16

- UC II, Blohm & Voss, Hamburg, Kiellegung: 1. 2. 1916, Stapellauf: 1. 2. 1916, Indienststellung: 26. 6. 1916.
- Technische Daten: Verdrängung an der Wasseroberfläche: 417 tons, getaucht: 493 tons, Abmessungen: 49,4 m x 5,2 m x 3,7 m, Antrieb: 2 x 250-PS-Dieselmotoren, 2 x 230-PS-Elektromotoren, Reichweite an der Wasseroberfläche: 9.430 sm bei 8,0 kn, getaucht: 55 sm bei 5,0 kn, Geschwindigkeit an der Wasseroberfläche: 11,5 kn, getaucht: 7,0 kn, Besatzung: 26 Mann, Bewaffnung: 2 Bug- und 1 Hecktorpedorohr, 7 Torpedos, 6 Minenschächte, 18 Minen, 1 MG.
- 13 Einsatzfahrten, 42 versenkte Schiffe mit 43.076 BRT. UC 16 versenkt am 19. 10. 1916 das britische Frachtschiff ALAUNIA (13.400 BRT) vor der englischen Küste. Das Boot wird seit Oktober 1917 in der Nordsee mit 27 Mann Besatzung vermisst.

UC 17

- UC II, Blohm & Voss, Hamburg, Stapellauf: 19. 2. 1916, Indienststellung: 23. 7. 1916.
- Technische Daten – siehe UC 16.
- 21 Einsatzfahrten, 94 versenkte Schiffe mit 143.870 BRT. UC 17 versenkt am 21. 3. 1917 den britischen Frachter ROTORUA (11.100 BRT). Das Boot wird am 25. 11. 1918 an Großbritannien nach Harwich ausgeliefert und 1921 in Preston verschrottet.

UC 18

- UC II, Blohm & Voss, Hamburg, Stapellauf: 4. 3. 1916, Indienststellung: 15. 8. 1916.
- Technische Daten – siehe UC 16.
- Sechs Einsatzfahrten, 34 versenkte Schiffe mit 33.616 BRT. UC 18 wird am 19. 2. 1917 im Gebiet der Kanalinseln durch die britische U-Boot-Falle LADY OLIVE (Q 18) mit 28 Mann Besatzung versenkt. Die U-Boot-Falle wird in diesem Gefecht ebenfalls versenkt.

UC 19

- UC II, Blohm & Voss, Hamburg, Stapellauf: 15. 3. 1916, Indienststellung: 22. 8. 1916.
- Technische Daten – siehe UC 16.
- Drei Einsatzfahrten, drei Schiffe mit 3.355 BRT versenkt. UC 19 wird seit Dezember 1916 in der Nordsee mit 25 Mann Besatzung vermisst. Vermutlich ist das Boot auf das Sprengschleppgerät des britischen Zerstörers HMS ARIEL gelaufen.

UC 20

- UC II, Blohm & Voss, Hamburg, Stapellauf: 1. 4. 1916, Indienststellung: 8. 9. 1916.
- Technische Daten – siehe UC 16.
- 13 Einsatzfahrten, 24 Schiffe mit 30.114 BRT versenkt. UC 20 (k.u.k. U 60) verlegt von Helgoland nach Cattaro/Mittelmeer vom 18. 10. bis zum 11. 12. 1916 (6.021 sm in 54 Tagen). Das Boot wird am 16. 1. 1919 an Großbritannien nach Harwich ausgeliefert und 1920 in Preston verschrottet.

UC 21

- UC II, Blohm & Voss, Hamburg, Stapellauf: 1. 4. 1916, Indienststellung: 15. 9. 1916.
- Technische Daten – siehe UC 16.
- 11 Einsatzfahrten, 95 Schiffe mit 129.502 BRT versenkt. UC 21 wird seit Oktober 1917 in der Nordsee mit 27 Mann Besatzung vermisst.

UC 22

- UC II, Blohm & Voss, Hamburg, Stapellauf: 1. 2. 1916, Indienststellung: 30. 6. 1916.
- Technische Daten – siehe UC 16.
- 15 Einsatzfahrten, 24 Schiffe mit 52.703 BRT versenkt. UC 22 (k.u.k. U 62) versenkt am 20. 6. 1917 das französische U-Boot ARIANE mit Torpedoschuss im Mittelmeer. Das Boot verlegt vom 29. 10. bis zum 29. 11. 1918 von Pola nach Kiel. Es wird am 3. 2. 1919 an Frankreich ausgeliefert und im 7. 1922 in Landerneau verschrottet.

UC 23

- UC II, Blohm & Voss, Hamburg, Stapellauf: 19. 2. 1916, Indienststellung: 28. 7. 1916.
- Technische Daten – siehe UC 16.
- 17 Einsatzfahrten, 66 Schiffe mit 40.170 BRT versenkt. UC 23 (k.u.k. U 63) versenkt am 29. 11. 1916 den britischen Frachter MINNEWASKA (14.310 BRT) vor Kreta. Das Boot flieht nach der Kapitulation der Türkei am 30. 10. 1918 nach Sewastopol und wird dort am 25. 11. 1918 interniert, am 14. 11. 1918 außer Dienst gestellt, 1919 an Frankreich ausgeliefert und 1921 in Bizerta verschrottet.

UC 24

- UC II, Blohm & Voss, Hamburg, Stapellauf: 4. 3. 1916, Indienststellung: 17. 8. 1916.
- Technische Daten – siehe UC 16.
- Vier Einsatzfahrten, vier Schiffe mit 9.516 BRT versenkt. UC 24 (k.u.k. U 88) wird am 24. 5. 1917 in der Adria vom französischen U-Boot CIRCE mit Torpedo versenkt – 24 Tote, zwei Überlebende.

UC 25

- UC II, Vulcan, Hamburg, Stapellauf: 10. 6. 1916, Indienststellung: 28. 6. 1916.
- Technische Daten: Verdrängung an der Wasseroberfläche: 400 tons, getaucht: 480 tons, Abmessungen: 49,4 m x 5,2 m x 3,7 m, Antrieb: 2 x 250-PS-Dieselmotoren, 2 x 230-PS-Elektromotoren, Reichweite an der Wasseroberfläche: 9.260 sm bei 8,0 kn, getaucht: 53 sm bei 5,0 kn, Geschwindigkeit an der Wasseroberfläche: 11,6 kn, getaucht: 6,7 kn, Besatzung: 26 Mann, Bewaffnung: 2 Bug- und 1 Hecktorpedorohr, 7 Torpedos, 6 Minenschächte, 18 Minen.
- 13 Einsatzfahrten, 17 Schiffe mit 27.730 BRT versenkt. UC 25 (k.u.k. U 89) versenkt das britische Werkstattschiff CYCLOPS vor Sizilien sowie den französischen Zerstörer BOUTEFEU (15. 5. 1917) und die britische Sloop HMS ASTER (4. 7. 1917). Das Boot wird am 29. 10. 1918 bei der Räumung von Pola gesprengt.

UC 26

- UC II, Vulcan, Hamburg, Stapellauf: 22. 6. 1916, Indienststellung: 18. 7. 1916.
- Technische Daten – siehe UC 25.
- Neun Einsatzfahrten, 35 Schiffe mit 56.333 BRT versenkt. UC 26 wird am 9. 5. 1917 vor der französischen Kanalküste bei Cap Gris Nez durch Rammstoß und Wasserbomben des britischen Zerstörers HMS MILNE versenkt – 24 Tote, zwei Überlebende.

UC 27

- UC II, Vulcan, Hamburg, Stapellauf: 28. 6. 1916, Indienststellung: 25. 7. 1916.
- Technische Daten – siehe UC 25.
- 14 Einsatzfahrten, 53 Schiffe mit 67.990 BRT versenkt. UC 27 (k.u.k. U 90) wird am 3. 2. 1919 an Frankreich ausgeliefert und 1921 in Landerneau verschrottet.

UC 28

- UC II, Vulcan, Hamburg, Stapellauf: 8. 7. 1916, Indienststellung: 6. 8. 1916.
- Technische Daten – siehe UC 25.
- Schulboot UC 28 wird am 12. 2. 1919 an Frankreich ausgeliefert und verschrottet.

UC 29

- UC II, Vulcan, Hamburg, Stapellauf: 15. 7. 1916, Indienststellung: 15. 8. 1916.
- Technische Daten – siehe UC 25.
- Sieben Einsatzfahrten, 17 Schiffe mit 20.765 BRT versenkt. UC 29 wird am 7. 6. 1917 vor Irland von der britischen U-Boot-Falle PARGUST versenkt – 23 Tote, zwei Überlebende, die von PARGUST gerettet werden.

UC 30

- UC II, Vulcan, Hamburg, Stapellauf: 27. 7. 1916, Indienststellung: 22. 8. 1916.
- Technische Daten – siehe UC 25.
- Vier Einsatzfahrten, neun Schiffe mit 5.867 BRT versenkt. UC 30 sinkt im Juni 1918 in der Nordsee nach einem Minentreffer mit 27 Mann Besatzung.

UC 31

- UC II, Vulcan, Hamburg, Stapellauf: 7. 8. 1916, Indienststellung: 2. 9. 1916.
- Technische Daten – siehe UC 25.
- 13 Einsatzfahrten, 37 Schiffe mit 53.628 BRT versenkt. UC 31 verlegt im Oktober 1918 von Zeebrugge nach Brunsbüttel, wird am 26. 11. 1918 an Großbritannien ausgeliefert und 1922 in Preston verschrottet.

UC 32

- UC II, Vulcan, Hamburg, Stapellauf: 12. 8. 1916, Indienststellung: 13. 9. 1916.
- Technische Daten – siehe UC 25.
- Drei Einsatzfahrten, sechs Schiffe mit 6.847 BRT versenkt. UC 32 sinkt am 23. 2. 1917 in der Nordsee bei der Explosion einer eigenen Mine – 19 Tote, drei Überlebende.

UC 33

- UC II, Vulcan, Hamburg, Stapellauf: 26. 8. 1916, Indienststellung: 25. 9. 1916.
- Technische Daten – siehe UC 25.
- Sieben Einsatzfahrten, 35 Schiffe mit 20.557 BRT versenkt. UC 33 wird am 26. 9. 1917 vor Irland durch Rammstoß des britischen Patrouillenbootes P 61 versenkt – 27 Tote, ein Überlebender.

UC 34

- UC II, Blohm & Voss, Hamburg, Stapellauf: 6. 5. 1916, Indienststellung: 25. 9. 1916.
- Technische Daten: Verdrängung an der Wasseroberfläche: 427 tons, getaucht: 509 tons, Abmessungen: 50,4 m x 5,2 m x 3,7 m, Antrieb: 2 x 300-PS-Dieselmotoren, 2 x 230-PS-Elektromotoren, Reichweite an der

Wasseroberfläche: 10.100 sm bei 8,0 kn, 54 sm bei 5,0 kn, Geschwindigkeit an der Wasseroberfläche: 11,9 kn, getaucht: 6,7 kn, Besatzung: 26 Mann, Bewaffnung: 2 Bug- und 1 Hecktorpedorohr, 7 Torpedos, 6 Minenschächte, 18 Minen.

- Neun Einsatzfahrten, 19 Schiffe mit 65.540 BRT versenkt. UC 34 (k.u.k. U 74) versenkt am 30. 12. 1917 den britischen Zerstörer HMS ATTACK im Mittelmeer. Das Boot wird am 30. 10. 1918 bei der Räumung von Pola gesprengt.

UC 35
- UC II, Blohm & Voss, Hamburg, Stapellauf: 6. 5. 1916, Indienststellung: 4. 10. 1916.
- Technische Daten – siehe UC 34.
- Elf Einsatzfahrten, 42 Schiffe mit 65.589 BRT versenkt. UC 35 (k.u.k. U 75) wird am 16. 5. 1918 im Mittelmeer vom französischen Wachboot AILLY versenkt – 20 Tote, ein Überlebender.

UC 36
- UC II, Blohm & Voss, Hamburg, Stapellauf: 25. 6. 1916, Indienststellung: 3. 11. 1916.
- Technische Daten – siehe UC 34.
- Fünf Einsatzfahrten, 18 Schiffe mit 28.348 BRT versenkt. UC 36 wird seit Mai 1917 in der Nordsee mit 27 Mann Besatzung vermisst.

UC 37
- UC II, Blohm & Voss, Hamburg, Stapellauf: 5. 6. 1916, Indienststellung: 17. 10. 1916.
- Technische Daten – siehe UC 34.
- 13 Einsatzfahrten, 66 Schiffe mit 78.158 BRT versenkt. UC 37 (k.u.k. U 77) flieht nach der Kapitulation aus der Türkei am 30. 10. 1918 nach Sewastopol, wo das Boot am 25. 11. 1918 interniert, am 14. 11. 1918 außer Dienst gestellt, 1919 an Großbritannien ausgeliefert und 1920 auf Malta verschrottet wird.

UC 38
- UC II, Blohm & Voss, Hamburg, Stapellauf: 5. 6. 1916, Indienststellung: 19. 10. 1916.
- Technische Daten – siehe UC 34.
- Neun Einsatzfahrten, 36 Schiffe mit 52.252 BRT versenkt. UC 38 (k.u.k. U 78) versenkt am 11. 11. 1917 den britischen Monitor M 15 und den britischen Zerstörer HMS STAUNCH. Nach der Versenkung des französischen Kreuzers CHATEAURENAULT (15 Tote, 1.162 Überlebende) am 14. 12. 1917 wird das Boot im Golf von Korinth von den französischen Zerstörern SAPHI, LANSQUENET und MAMELUK versenkt – 25 Überlebende, 9 Tote.

UC 39
- UC II, Blohm & Voss, Hamburg, Stapellauf: 25. 6. 1916, Indienststellung: 19. 10. 1916.
- Technische Daten – siehe UC 34.
- Eine Einsatzfahrt, drei Schiffe mit 5.329 BRT versenkt. UC 39 wird am 8. 2. 1917 vor Flandern vom britischen Zerstörer HMS THRASHER versenkt – 19 Überlebende, sechs Tote.

UC 40
- UC II, Vulcan, Hamburg, Stapellauf: 5. 9. 1916, Indienststellung: 1. 10. 1916.
- Technische Daten: Verdrängung an der Wasseroberfläche: 400 tons, getaucht: 480 tons, Abmessungen: 49,5 m x 5,2 m x 3,7 m, Antrieb: 2 x 260-PS-Dieselmotoren, 2 x 230-PS-Elektromotoren, Reichweite an der Wasseroberfläche: 9.410 sm bei 8,0 kn, getaucht: 60 sm bei 5,0 kn, Geschwindigkeit an der Wasseroberfläche: 11,9 kn, getaucht: 6,7 kn, Besatzung: 26 Mann, Bewaffnung: 2 Bug- und 1 Hecktorpedorohr, 7 Torpedos, 6 Minenschächte, 18 Minen, 1 MG.
- 17 Einsatzfahrten, 32 Schiffe mit 46.934 BRT versenkt. UC 40 ist am 20. 2. 1919 auf der Überführungsfahrt nach England gesunken – ein Toter.

UC 41
- UC II, Vulcan, Hamburg, Stapellauf: 11. 10. 1916, Indienststellung: 22. 8. 1916.
- Technische Daten – siehe UC 40.
- Sieben Einsatzfahrten, 18 Schiffe mit 18.233 BRT versenkt. UC 41 ist am 21. 8. 1917 in der Nordsee nach der Explosion einer eigenen Mine mit 27 Mann Besatzung gesunken.

UC 42
- UC II, Vulcan, Hamburg, Stapellauf: 21. 9. 1916, Indienststellung: 18. 11. 1916.
- Technische Daten – siehe UC 40.
- Sechs Einsatzfahrten, 13 Schiffe mit 24.727 BRT versenkt. UC 42 sinkt am 10. 9. 1917 vor der irischen Küste nach der Explosion einer eigenen Mine mit 27 Mann Besatzung.

UC 43
- UC II, Vulcan, Hamburg, Stapellauf: 5. 10. 1916, Indienststellung: 25. 10. 1916.
- Technische Daten – siehe UC 40.
- Zwei Einsatzfahrten, 13 Schiffe mit 24.727 BRT versenkt. UC 43 wird am 10. 3. 1917 vor den Shetland-Inseln vom britischen U-Boot G 13 mit 26 Mann Besatzung versenkt.

UC 44
- UC II, Vulcan, Hamburg, Stapellauf: 10. 10. 1916, Indienststellung: 4. 11. 1916.
- Technische Daten – siehe UC 40.
- Sechs Einsatzfahrten, 27 Schiffe mit 24.270 BRT versenkt. UC 44 sinkt am 4. 8. 1917 vor der irischen Küste nach einem Minentreffer – 28 Tote, ein Überlebender. Das Wrack wird am 26.9.1917 an Land gespült und verschrottet.

UC 45
- UC II, Vulcan, Hamburg, Stapellauf: 20. 10. 1916, Indienststellung: 18. 11. 1916.
- Technische Daten – siehe UC 40.
- Fünf Einsatzfahrten, 12 Schiffe mit 16.809 BRT versenkt. UC 45 sinkt am 17. 9. 1917 in der Nordsee bei einem Tauchunfall. Das Boot wird vom Bergungsschiff OBERELBE am 14. 4. 1918 gehoben, am 24. 10. 1918 wieder in Dienst gestellt, am 24. 11. 1918 an Großbritannien ausgeliefert und 1920 in Preston verschrottet.

UC 46
- UC II, AG Weser, Bremen, Kiellegung: 1. 2. 1916, Stapellauf: 8. 8. 1916, Indienststellung: 15. 9. 1916.
- Technische Daten: Verdrängung an der Wasseroberfläche: 420 tons, getaucht: 502 tons, Abmessungen: 51,8 m x 5,2 m x 3,7 m, Antrieb: 2 x 300-PS-Dieselmotoren, 2 x 230-PS-Elektromotoren, Reichweite an der Wasseroberfläche: 7.280 sm bei 7 kn, getaucht: 54 sm bei 4 kn, Tauchtiefe: 50 m, Geschwindigkeit an der Wasseroberfläche: 11,7 kn, getaucht: 6,9 kn, Besatzung: 26 Mann, Bewaffnung: 2 Bug- und 1 Hecktorpedorohr, 7 Torpedos, 6 Minenschächte, 18 Minen, 1 MG.
- Vier Einsatzfahrten, zehn versenkte Schiffe mit 10.660 BRT. UC 46 wird am 8. 2. 1917 im Ärmelkanal vom britischen Zerstörer HMS LIBERTY gerammt und mit 23 Mann Besatzung versenkt.

UC 47
- UC II, AG Weser, Bremen, Kiellegung: 1. 2. 1916, Stapellauf: 30. 8. 1916, Indienststellung: 13. 10. 1916.
- Technische Daten – siehe UC 46.
- 13 Einsatzfahrten, 53 versenkte Schiffe mit 65.884 BRT. UC 47 wird am 18. 11. 1917 in der Nordsee vom britischen Patrouillenboot P 57 mit 28 Mann Besatzung versenkt.

UC 48
- UC II, AG Weser, Bremen, Kiellegung: 1. 2. 1916, Stapellauf: 27. 9. 1916, Indienststellung: 6. 11. 1916.
- Technische Daten – siehe UC 46.
- 13 Einsatzfahrten, 36 versenkte Schiffe mit 67.801 BRT. UC 48 wird am 24. 3. 1918 in El Ferrol/Spanien interniert und sinkt am 15. 3. 1919 auf der Übergabefahrt nach England.

UC 49
- UC II, Germaniawerft, Kiel, Stapellauf: 7. 11. 1916, Indienststellung: 12. 12. 1916.
- Technische Daten: Verdrängung an der Wasseroberfläche: 434 tons, getaucht: 511 tons, Abmessungen: 52,7 m x 5,2 m x 3,6 m, Antrieb: 2 x 300-PS-Dieselmotoren, 2 x 310-PS-Elektromotoren, Reichweite an der Wasseroberfläche: 8.820 sm bei 8,0 kn, getaucht: 56 sm bei 5,0 kn, Geschwindigkeit an der Wasseroberfläche: 11,7 kn, getaucht: 7,2 kn, Besatzung: 26 Mann, Bewaffnung: 2 Bug- und 1 Hecktorpedorohr, 7 Torpedos, 6 Minenschächte, 18 Minen, 1 MG.
- 13 Einsatzfahrten, 23 Schiffe mit 63.195 BRT versenkt. UC 49 versenkt am 23. 7. 1917 den britischen Hilfskreuzer OTWAY (12.100 BRT) vor den Hebriden. Das Boot wird am 8. 8. 1918 vor der englischen Küste vom britischen Zerstörer HMS OPOSSUM mit 31 Mann Besatzung versenkt.

UC 50
- UC II, Germaniawerft, Kiel, Stapellauf: 23. 11. 1916, Indienststellung: 21. 4. 1917.
- Technische Daten – siehe UC 49.
- Neun Einsatzfahrten, 29 Schiffe mit 45.822 BRT versenkt. UC 50 wird am 4. 2. 1918 in der Biscaya vom britischen Zerstörer HMS ZUBIAN mit 29 Mann Besatzung versenkt.

UC 51
- UC II, Germaniawerft, Kiel, Stapellauf: 5. 12. 1916, Indienststellung: 6. 1. 1917.
- Technische Daten – siehe UC 49.
- Sieben Einsatzfahrten, 29 Schiffe mit 34.394 BRT versenkt. UC 51 sinkt am 17. 11. 1917 im Ärmelkanal durch einen Minentreffer mit 29 Mann Besatzung.

UC 52
- UC II, Germaniawerft, Kiel, Stapellauf: 23. 1. 1917, Indienststellung: 15. 3. 1917.
- Technische Daten – siehe UC 49.
- Sieben Einsatzfahrten, 20 Schiffe mit 27.673 BRT versenkt. UC 52 (k.u.k. U 94) wird nach Einsätzen im Mittelmeer am 16. 1. 1919 an Großbritannien ausgeliefert und 1920 in Morecambe versenkt.

UC 53

- UC II, Germaniawerft, Kiel, Stapellauf: 27. 2. 1917, Indienststellung: 5. 4. 1917.
- Technische Daten – siehe UC 49.
- Acht Einsatzfahrten, 53 Schiffe mit 64.022 BRT versenkt. UC 53 (k.u.k. U 95) wird am 29. 10. 1918 bei der Räumung von Pola gesprengt.

UC 54

- UC II, Germaniawerft, Kiel, Stapellauf: 20. 3. 1917, Indienststellung: 10. 5. 1917.
- Technische Daten – siehe UC 49.
- Acht Einsatzfahrten, 19 Schiffe mit 69.359 BRT versenkt. UC 54 (k.u.k. U 96) wird am 28. 10. 1918 bei der Räumung von Triest gesprengt.

UC 55

- UC II, Kaiserliche Werft, Danzig, Stapellauf: 2. 8. 1916, Indienststellung: 5. 11. 1916.
- Technische Daten: Verdrängung an der Wasseroberfläche: 415 tons, getaucht: 498 tons, Abmessungen: 50,6 m x 5,2 m x 3,6 m, Antrieb: 2 x 300-PS-Dieselmotoren, 2 x 310-PS-Elektromotoren, Reichweite an der Wasseroberfläche: 8.660 sm bei 8,0 kn, getaucht: 52 sm bei 5,0 kn, Geschwindigkeit an der Wasseroberfläche: 11,7 kn, getaucht: 7,2 kn, Besatzung: 26 Mann, Bewaffnung: 2 Bug- und 1 Hecktorpedorohr, 7 Torpedos, 6 Minenschächte, 18 Minen, 1 MG.
- Sechs Einsatzfahrten, neun Schiffe mit 12.988 BRT versenkt. UC 55 geht am 29. 9. 1917 vor Schottland verloren – 10 Tote.

UC 56

- UC II, Kaiserliche Werft, Danzig, Stapellauf: 26. 8. 1916, Indienststellung: 18. 12. 1916.
- Technische Daten – siehe UC 55.
- Sechs Einsatzfahrten, zwei Schiffe mit 9.824 BRT versenkt. UC 56 wird am 24. 5. 1918 in Santander/Spanien interniert, am 26. 3. 1919 an Frankreich ausgeliefert und 1923 in Rochefort verschrottet.

UC 57

- UC II, Kaiserliche Werft, Danzig, Stapellauf: 7. 9. 1916, Indienststellung: 22. 1. 1917.
- Technische Daten – siehe UC 55.
- Sieben Einsatzfahrten, ein Schiff mit 88 BRT versenkt. UC 57 wird nach dem 17. 11. 1917 im Finnischen Meerbusen mit 27 Mann Besatzung vermisst.

UC 58

- UC II, Kaiserliche Werft, Danzig, Stapellauf: 21. 10. 1916, Indienststellung: 12. 3. 1917.
- Technische Daten – siehe UC 55.
- Zwölf Einsatzfahrten, 20 Schiffe mit 20.755 BRT versenkt. UC 58 wird am 24. 11. 1918 an Frankreich ausgeliefert und 1921 in Cherbourg verschrottet.

UC 59

- UC II, Kaiserliche Werft, Danzig, Stapellauf: 28. 9. 1916, Indienststellung: 12. 5. 1917.
- Technische Daten – siehe UC 55.
- Neun Einsatzfahrten, acht Schiffe versenkt mit 8.330 BRT. UC 59 kollidiert am 22. 10. 1917 mit UC 56 vor der Küste Estlands. Das Boot wird am 21. 11. 1918 an Großbritannien ausgeliefert und 1920 verschrottet.

UC 60

- UC II, Kaiserliche Werft, Danzig, Stapellauf: 8. 11. 1916, Indienststellung: 25. 6.1917.
- Technische Daten – siehe UC 55.
- Eine Einsatzfahrt, ein Schiff mit 1.426 BRT versenkt. UC 60 kollidiert am 12. 10. 1917 mit UC 58 vor der Küste Estlands, das Boot wird anschließend als Schulboot in Kiel eingesetzt. UC 60 wird am 23. 2. 1919 an Großbritannien ausgeliefert und 1921 in Rainham verschrottet.

UC 61

- UC II, AG Weser, Bremen, Kiellegung: 3. 4. 1916, Stapellauf: 11. 11. 1916, Indienststellung: 13. 12. 1916.
- Technische Daten: Verdrängung an der Wasseroberfläche: 422 tons, getaucht: 504 tons, Abmessungen: 51,8 m x 5,2 m x 3,7 m, Antrieb: 2 x 300-PS-Dieselmotoren, 2 x 230-PS-Elektromotoren, Reichweite an der Wasseroberfläche: 8.000 sm bei 7 kn, getaucht: 59 sm bei 4 kn, Tauchtiefe: 50 m, Geschwindigkeit an der Wasseroberfläche: 11,7 kn, getaucht: 7,2 kn, Besatzung: 26 Mann, Bewaffnung: 2 Bug- und 1 Hecktorpedorohr, 7 Torpedos, 6 Minenschächte, 12 Minen, 1 MG.
- Fünf Einsatzfahrten, elf Schiffe mit 13.819 BRT versenkt. UC 61 versenkt den britischen Zerstörer HMS ETTRICK am 7. 7. 1917. Das Boot wird am 26. 7. 1917 nach einer Strandung vor Boulogne/Frankreich selbst gesprengt – 26 Überlebende, die in Gefangenschaft gehen.

UC 62

- UC II, AG Weser, Bremen, Kiellegung: 3. 4. 1916, Stapellauf: 9. 12. 1916, Indienststellung: 8. 1. 1917.
- Technische Daten – siehe UC 61.
- Neun Einsatzfahrten, zwölf versenkte Schiffe mit 20.035 BRT. UC 62 wird seit Oktober 1917 im Ärmelkanal mit 30 Mann Besatzung vermisst.

UC 63

- UC II, AG Weser, Bremen, Kiellegung: 3. 4. 1916, Stapellauf: 6. 1. 1917, Indienststellung: 30. 1. 1917.
- Technische Daten – siehe UC 61.
- Neun Einsatzfahrten, 36 versenkte Schiffe mit 36.404 BRT. UC 63 wird am 1. 11. 1917 im Ärmelkanal vom britischen U-Boot E 52 versenkt – 26 Tote, ein Überlebender.

UC 64

- UC II, AG Weser, Bremen, Kiellegung: 3. 4. 1916, Stapellauf: 23. 1. 1917, Indienststellung: 22. 2. 1917.
- Technische Daten – siehe UC 61.
- 15 Einsatzfahrten, 25 versenkte Schiffe mit 24.635 BRT. UC 64 sinkt am 20. 6. 1918 im Ärmelkanal mit 30 Mann Besatzung (Mine).

UC 65

- UC II, Blohm & Voss, Hamburg, Stapellauf: 8. 7. 1916, Indienststellung: 10. 11. 1916.
- Technische Daten: Verdrängung an der Wasseroberfläche: 427 tons, getaucht: 508 tons, Abmessungen: 50,4 m x 5,2 m x 3,6 m, Antrieb: 2 x 300-PS-Dieselmotoren, 2 x 310-PS-Elektromotoren, Reichweite an der Wasseroberfläche: 10.420 sm bei 8,0 kn, getaucht: 52 sm bei 5,0 kn, Geschwindigkeit an der Wasseroberfläche: 12,0 kn, getaucht: 7,2 kn, Besatzung: 26 Mann, Bewaffnung: 2 Bug- und 1 Hecktorpedorohr, 7 Torpedos, 6 Minenschächte, 18 Minen, 1 MG.
- Elf Einsatzfahrten, 103 Schiffe mit 112.859 BRT versenkt. UC 65 versenkt am 26. 7. 1917 den britischen Minenkreuzer HMS ARIADNE. Das Boot wird am 3. 11. 1917 im Ärmelkanal vom britischen U-Boot C 15 versenkt – 22 Tote, 5 Überlebende.

UC 66

- UC II, Blohm & Voss, Hamburg, Stapellauf: 15. 7. 1916, Indienststellung: 18. 11. 1916.
- Technische Daten – siehe UC 65.
- Fünf Einsatzfahrten, 33 Schiffe mit 47.152 BRT versenkt. UC 66 versenkt am 12. 2. 1917 die Dampfer AFRIC (11.900 BRT) und am 1. 3. 1917 DRINA sowie die britische Sloop HMS MIGNONETTE (17. 3. 1917) vor der englischen Küste. Das Boot wird am 12. 6. 1917 im Ärmelkanal vom britischen Trawler SEA KING mit 23 Mann Besatzung versenkt.

UC 67

- UC II, Blohm & Voss, Hamburg, Stapellauf: 6. 8. 1916, Indienststellung: 10. 12. 1916.
- Technische Daten – siehe UC 65.
- Elf Einsatzfahrten, 53 Schiffe mit 98.310 BRT versenkt. UC 67 (k.u.k. U 91) verlässt Pola am 29. 10. 1918 und trifft in Kiel am 29. 11. 1918 ein. Das Boot wird am 16. 1. 1919 an Großbritannien ausgeliefert und 1920 in Briton Ferry verschrottet.

UC 68

- UC II, Blohm & Voss, Hamburg, Stapellauf: 12. 8. 1916, Indienststellung: 7. 12. 1916.
- Technische Daten – siehe UC 65.
- Zwei Einsatzfahrten. UC 68 wird seit März 1917 – nach der Explosion einer eigenen Mine – im Ärmelkanal mit 27 Mann Besatzung vermisst.

UC 69

- UC II, Blohm & Voss, Hamburg, Stapellauf: 7. 8. 1916, Indienststellung: 23. 12. 1916.
- Technische Daten – siehe UC 65.
- Neun Einsatzfahrten, 50 Schiffe mit 88.130 BRT versenkt. UC 69 wird am 6. 12. 1917 im Ärmelkanal von U 96 gerammt und versenkt – 18 Überlebende, die von U 96 gerettet werden, 11 Tote.

UC 70

- UC II, Blohm & Voss, Hamburg, Stapellauf: 7. 8. 1916, Indienststellung: 22. 11. 1916.
- Technische Daten – siehe UC 65.
- Zehn Einsatzfahrten, 33 Schiffe mit 26.923 BRT versenkt. UC 70 wird am 5. 6. 1917 durch Geschützfeuer britischer Monitore in der Werft von Oostende versenkt und am 22. 6. 1917 gehoben. Das Boot wird am 28. 8. 1918 in der Nordsee vom britischen Zerstörer HMS OUSE mit 31 Mann Besatzung versenkt.

UC 71

- UC II, Blohm & Voss, Hamburg. Stapellauf: 12. 8. 1916, Indienststellung: 28. 11. 1916.
- Technische Daten – siehe UC 65.
- 19 Einsatzfahrten, 69 Schiffe mit 143.925 BRT versenkt. UC 71 sinkt am 20. 2. 1919 vor Helgoland auf der Überführungsfahrt nach England (Wassereinbruch) – keine Toten. Das Boot wird 1997 in 34 Metern Tiefe geortet.

UC 72

- UC II, Blohm & Voss, Hamburg, Stapellauf: 12. 8. 1916, Indienststellung: 5. 12. 1916.
- Technische Daten – siehe UC 65.
- Acht Einsatzfahrten, 37 Schiffe mit 64.323 BRT versenkt. UC 72 wird am 20. 8. 1917 in der Biscaya von der britischen U-Boot-Falle ACTON mit 31 Mann Besatzung versenkt. UC 72 ist das letzte Opfer einer britischen U-Boot-Falle im Ersten Weltkrieg.

UC 73

- UC II, Blohm & Voss, Hamburg, Stapellauf: 26. 8. 1916, Indienststellung: 24. 12. 1916.
- Technische Daten – siehe UC 65.
- Zehn Einsatzfahrten, 18 Schiffe mit 26.420 BRT versenkt. UC 73 (k.u.k. U 92) wird nach Einsätzen im Mittelmeer am 16. 1. 1919 an Großbritannien ausgeliefert und 1920 in Briton Ferry verschrottet.

UC 74

- UC II, Vulcan, Hamburg, Stapellauf: 19. 10. 1916, Indienststellung: 26. 11. 1916.
- Technische Daten: Verdrängung an der Wasseroberfläche: 410 tons, getaucht: 493 tons, Abmessungen: 50,4 m x 5,2 m x 3,7 m, Antrieb: 2 x 300-PS-Dieselmotoren, 2 x 310-PS-Elektromotoren, Reichweite an der Wasseroberfläche: 10.230 sm bei 8,0 kn, getaucht: 52 sm bei 5,0 kn, Geschwindigkeit an der Wasseroberfläche: 12,0 kn, getaucht: 7,2 kn, Besatzung: 26 Mann, Bewaffnung: 2 Bug- und 1 Hecktorpedorohr, 7 Torpedos, 6 Minenschächte, 18 Minen, 1 MG.
- Zehn Einsatzfahrten, 37 Schiffe versenkt mit 96.899 BRT. UC 74 (k.u.k. U 93) wird am 21. 11. 1918 in Barcelona interniert, am 26. 3. 1919 an Frankreich ausgeliefert und im 7. 1921 in Toulon verschrottet.

UC 75

- UC II, Vulcan, Hamburg, Stapellauf: 6. 11. 1916, Indienststellung: 6. 12. 1916.
- Technische Daten – siehe UC 74.
- 13 Einsatzfahrten, 56 Schiffe mit 89.074 BRT versenkt. UC 75 wird am 31. 5. 1918 in der Nordsee vom britischen Zerstörer HMS FAIRY durch zwei Rammstöße versenkt – 19 Tote, 14 Überlebende. Dabei wird das britische Schiff so schwer beschädigt, dass es sinkt.

UC 76

- UC II, Vulcan, Hamburg, Stapellauf: 25. 11. 1916, Indienststellung: 17. 12. 1916.
- Technische Daten – siehe UC 74.
- Zwei Einsatzfahrten, 14 Schiffe mit 6.004 BRT versenkt. UC 76 versenkt am 12. 3. 1917 das britische U-Boot E 49. UC 76 selbst sinkt am 10. 5. 1917 vor Helgoland nach der Explosion einer eigenen Mine – 15 Tote, 4 Überlebende. Es wird am 10. 5. 1917 vom Bergungsschiff OBERELBE gehoben, ab 11. 7. 1918 als Schulboot in Kiel verwendet, am 13. 11. 1918 in Karlskrona/Schweden interniert, am 26. 11. 1918 an Großbritannien ausgeliefert und 1920 in Briton Ferry verschrottet.

UC 77

- UC II, Vulcan, Hamburg, Stapellauf: 2. 12. 1916, Indienststellung: 29. 12. 1916.
- Technische Daten – siehe UC 74.
- 13 Einsatzfahrten, 32 Schiffe mit 49.062 BRT versenkt. UC 77 wird seit Mai 1918 in der Nordsee mit 30 Mann Besatzung vermisst.

UC 78

- UC II, Vulcan, Hamburg, Stapellauf: 8. 12. 1916, Indienststellung: 10. 1. 1917.
- Technische Daten – siehe UC 74.
- Zwölf Einsatzfahrten, zwei Schiffe versenkt. UC 78 wird seit Mai 1918 im Ärmelkanal mit 29 Mann Besatzung vermisst.

UC 79

- UC II, Vulcan, Hamburg, Stapellauf: 19. 12. 1916, Indienststellung: 22. 1. 1917.
- Technische Daten – siehe UC 74.
- Elf Einsatzfahrten, zehn Schiffe mit 22.347 BRT versenkt. UC 79 wird seit April 1918 im Ärmelkanal mit 30 Mann Besatzung vermisst.

UC 80

- UC III, Kaiserliche Werft, Danzig.
- Technische Daten: Verdrängung an der Wasseroberfläche: 474 tons, getaucht: 560 tons, Abmessungen: 56,4 m x 5,5 m x 3,8 m, Antrieb: 2 x 300-PS-Dieselmotoren, 2 x 385-PS-Elektromotoren, Geschwindigkeit an der Wasseroberfläche: 11,0 kn, getaucht: 6,6 kn, Besatzung: 32 Mann, Bewaffnung: 2 Bug- und 1 Hecktorpedorohr, 7 Torpedos, 6 Minenschächte, 14 Minen, 1 MG.
- UC 80 wird vor Kriegsende nicht mehr in Dienst gestellt und auf der Werft verschrottet.

UC 81

- UC III, Kaiserliche Werft, Danzig.
- Technische Daten – siehe UC 80.
- UC 81 wird vor Kriegsende nicht mehr in Dienst gestellt und auf der Werft verschrottet.

UC 82

- UC III, Kaiserliche Werft, Danzig.
- Technische Daten – siehe UC 80.
- UC 82 wird vor Kriegsende nicht mehr in Dienst gestellt und auf der Werft verschrottet.

UC 83

- UC III, Kaiserliche Werft, Danzig.
- Technische Daten – siehe UC 80.
- UC 83 wird vor Kriegsende nicht mehr in Dienst gestellt und auf der Werft verschrottet.

UC 84

- UC II, Kaiserliche Werft, Danzig.
- Technische Daten – siehe UC 80.

UC 84 (Fortsetzung)

- UC 84 wird vor Kriegsende nicht mehr in Dienst gestellt und auf der Werft verschrottet.

UC 85

- UC III, Kaiserliche Werft, Danzig.
- Technische Daten – siehe UC 80.
- UC 85 wird vor Kriegsende nicht mehr in Dienst gestellt und auf der Werft verschrottet.

UC 86

- UC III, Kaiserliche Werft, Danzig.
- Technische Daten – siehe UC 80.
- UC 86 wird vor Kriegsende nicht mehr in Dienst gestellt und auf der Werft verschrottet.

UC 87

- UC III, AG Weser, Bremen. Kiellegung: 15. 8. 1918.
- Technische Daten: Verdrängung an der Wasseroberfläche: 480 tons, getaucht: 566 tons, Abmessungen: 56,1 m x 5,5 m x 3,7 m, Antrieb: 2 x 290-PS-Dieselmotoren, 2 x 385-PS-Elektromotoren, Reichweite an der Wasseroberfläche: 9.850 sm bei 7 kn, getaucht: 40 sm bei 4,5 kn, Tauchtiefe: 75 m, Geschwindigkeit an der Wasseroberfläche: 11,5 kn, getaucht: 6,6 kn, Besatzung: 32 Mann, Bewaffnung: 2 Bug- und 1 Hecktorpedorohr, 7 Torpedos, 6 Minenschächte, 14 Minen, 1 MG.
- UC 87 wird vor Kriegsende nicht mehr in Dienst gestellt und auf der Werft verschrottet.

UC 88

- UC III, AG Weser, Bremen. Kiellegung: 30. 7. 1918.
- Technische Daten – siehe UC 87.
- UC 88 wird vor Kriegsende nicht mehr in Dienst gestellt und auf der Werft verschrottet.

UC 89

- UC III, AG Weser, Bremen. Kiellegung: 30. 8. 1918.
- Technische Daten – siehe UC 87.
- UC 89 wird vor Kriegsende nicht mehr in Dienst gestellt und auf der Werft verschrottet.

UC 90

- UC III, Blohm & Voss, Hamburg, Stapellauf: 19. 1. 1918, Indienststellung: 15. 7. 1918.
- Technische Daten: Verdrängung an der Wasseroberfläche: 491 tons, getaucht: 571 tons, Abmessungen: 56,5 m x 5,5 m x 3,8 m, Antrieb: 2 x 300-PS-Dieselmotoren, 2 x 385-PS-Elektromotoren, Reichweite an der Wasseroberfläche: 9.850 sm bei 8,0 kn, getaucht: 40 sm bei 5,0 kn, Geschwindigkeit an der Wasseroberfläche: 11,5 kn, getaucht: 6,6 kn, Besatzung: 32 Mann, Bewaffnung: 2 Bug- und 1 Hecktorpedorohr, 7 Torpedos, 6 Minenschächte, 14 Minen, 1 MG.
- Schulboot UC 90 wird am 13. 11. 1918 in Karlskrona/Schweden interniert und am 1. 12. 1918 an Japan ausgeliefert. Dort als O 4 bis 1921 wieder in Dienst gestellt, bis 1926 als Zielschiff verwendet und anschließend verschrottet.

UC 91

- UC III, Blohm & Voss, Hamburg, Stapellauf: 19. 1. 1918, Indienststellung: 31. 7. 1918.
- Technische Daten – siehe UC 90.
- Schulboot UC 91 kollidiert am 5. 9. 1918 in der Eckernförder Bucht mit dem deutschen Dampfer ALEXANDRA WOERMANN (16 Tote), wird am 6. 9. 1918 vom Dockschiff VULKAN gehoben und ist am 10. 2. 1919 in der Nordsee auf der Überführungsfahrt nach England zum zweiten Mal gesunken.

UC 92

- UC III, Blohm & Voss, Hamburg, Stapellauf: 19. 1. 1918, Indienststellung: 14. 8. 1918.
- Technische Daten – siehe UC 90.
- UC 92 wird am 24. 11. 1918 an Großbritannien ausgeliefert und 1921 in Falmouth verschrottet.

UC 93

- UC III, Blohm & Voss, Hamburg, Stapellauf: 19. 2. 1918, Indienststellung: 22. 8. 1918.
- Technische Daten – siehe UC 90.
- UC 93 wird am 26. 11. 1918 an Italien ausgeliefert und 1919 in La Spezia verschrottet.

UC 94

- UC III, Blohm & Voss, Hamburg, Stapellauf: 19. 2. 1918, Indienststellung: 31. 8. 1918.
- Technische Daten – siehe UC 90.
- UC 94 wird am 26. 11. 1918 an Italien ausgeliefert und im 4. 1919 in Tarent verschrottet.

UC 95

- UC III, Blohm & Voss, Hamburg, Stapellauf: 19. 2. 1918, Indienststellung: 16. 9.1918.
- Technische Daten – siehe UC 90.
- UC 95 wird am 22. 11. 1918 an Großbritannien ausgeliefert und 1922 in Farham verschrottet.

UC 96

- UC III, Blohm & Voss, Hamburg, Stapellauf: 17. 3. 1918, Indienststellung: 25. 9. 1918.

- Technische Daten – siehe UC 90.
- UC 96 wird am 24. 11. 1918 an Großbritannien ausgeliefert und 1920 in Morecambe verschrottet.

UC 97
- UC III, Blohm & Voss, Hamburg, Stapellauf: 17. 3. 1918, Indienststellung: 3. 9. 1918.
- Technische Daten – siehe UC 90.
- UC 97 wird am 22. 11. 1918 an die USA ausgeliefert, als Ausstellungsboot in New York und auf den Großen Seen genutzt und am 7. 6. 1921 vom Schulschiff USS WILMETTE mit Artillerie auf dem Michigan-See versenkt.

UC 98
- UC III, Blohm & Voss, Hamburg, Stapellauf: 17. 3. 1918, Indienststellung: 10. 9. 1918.
- Technische Daten – siehe UC 90.
- UC 98 wird am 24. 11. 1918 an Italien ausgeliefert und 1919 in La Spezia verschrottet.

UC 99
- UC III, Blohm & Voss, Hamburg, Stapellauf: 17. 3. 1918, Indienststellung: 20. 9. 1918.
- Technische Daten – siehe UC 90.
- UC 99 wird am 22. 11. 1918 an Japan ausgeliefert, als O 5 1921 in Dienst gestellt und in Sasebo verschrottet.

UC 100
- UC III, Blohm & Voss, Hamburg, Stapellauf: 14. 4. 1918, Indienststellung: 8. 10. 1918.
- Technische Daten – siehe UC 90.
- UC 100 wird am 22. 11. 1918 an Frankreich ausgeliefert und 1922 in Cherbourg verschrottet.

UC 101
- UC III, Blohm & Voss, Hamburg, Stapellauf: 14. 4. 1918, Indienststellung: 8. 10. 1918.
- Technische Daten – siehe UC 90.
- UC 101 wird am 24. 11. 1918 an Großbritannien ausgeliefert und 1922 in Dordrecht/Niederlande verschrottet.

UC 102
- UC III, Blohm & Voss, Hamburg, Stapellauf: 14. 4. 1918, Indienststellung: 14. 10. 1918.
- Technische Daten – siehe UC 90.
- UC 102 wird am 22. 11. 1918 an Großbritannien ausgeliefert und 1922 in Dordrecht/Niederlande verschrottet.

UC 103
- UC III, Blohm & Voss, Hamburg, Stapellauf: 14. 4. 1918, Indienststellung: 21. 10. 1918.
- Technische Daten – siehe UC 90.
- UC 103 wird am 22. 11. 1918 an Frankreich ausgeliefert und 1921 in Cherbourg verschrottet.

UC 104
- UC III, Blohm & Voss, Hamburg, Stapellauf: 25. 5. 1918, Indienststellung: 18. 10. 1918.
- Technische Daten – siehe UC 90.
- UC 104 wird am 24. 11. 1918 an Frankreich ausgeliefert und im 7. 1921 in Brest verschrottet.

UC 105
- UC III, Blohm & Voss, Hamburg, Stapellauf: 25. 5. 1918, Indienststellung: 28. 10. 1918.
- Technische Daten – siehe UC 90.
- UC 105 wird am 22. 11. 1918 an Großbritannien ausgeliefert und 1922 in Swansea verschrottet.

UC 106
- UC III, Blohm & Voss, Hamburg.
- Technische Daten – siehe UC 90.
- UC 106 – UC 138 werden vor Kriegsende nicht mehr fertig gestellt und in Hamburg-Moorburg verschrottet. Die Rümpfe von UC 106 bis UC 114 werden – ohne Maschinen und Torpedoausrüstung – nach Großbritannien zum Verschrotten geschleppt.

UC 107
- Das Boot wird in Brest abgebrochen.

UC 110
- Gesunken auf der Schleppreise nach Großbritannien.

UC 139–UC 192
- Die Bauaufträge werden 1918 annulliert.

UF 1–UF 48
- UF-Einhüllen-Küstenboot, Projekt 48.
- Technische Daten: Verdrängung an der Wasseroberfläche: 364 tons, getaucht: 381 tons, Abmessungen: 44,6 m x 4,4 m x 4,0 m, Antrieb: 2 x 300-PS-Dieselmotoren, 2 x 310-PS-Elektromotoren, Geschwindigkeit an der Wasseroberfläche: 11,0 kn, getaucht: 7,3 kn, Reichweite an der Wasseroberfläche: 3.500 sm bei 7 kn, getaucht: 64 sm bei 4 kn, Tauchtiefe: 75 m, Besatzung: 25 Mann, Bewaffnung: 4 Bug- und 1 Heckrohr, 7 Torpedos; Geschütz.

- UF 1–UF 48 sind für den Flandern-Einsatz bestimmt und werden vor Kriegsende nicht mehr in Dienst gestellt. UF 1–UF 20 werden auf der Werft verschrottet, alle anderen Bauaufträge werden annulliert.

UF 49–UF 92
- UF-Einhüllen-Küstenboot, Projekt 48A.
- Technische Daten: Verdrängung an der Wasseroberfläche: 364 tons, getaucht: 480 tons, Abmessungen: 44,6 m x 4,4 m, Antrieb: 2 x 450-PS-Dieselmotoren, 2 x 310-PS-Elektromotoren, Geschwindigkeit an der Wasseroberfläche: 13,0 kn, getaucht: 7,3 kn, Reichweite an der Wasseroberfläche: 3.500 sm bei 7 kn, getaucht: 64 sm bei 4 kn, Tauchtiefe: 75 m, Besatzung: 25 Mann, Bewaffnung: 4 Bug- und 1 Heckrohr, 7 Torpedos, Geschütz.
- UF 49–UF 92 sind für den Flandern-Einsatz bestimmt und die Bauaufträge werden annulliert.

Von Deutschland im Ersten Weltkrieg erbeutete Unterseeboote:

U A (ex A 5, Norwegen)
- Zweihüllen-Hochseeboot, Germaniawerft, Kiel, Kiellegung: 4. 4. 1913, Stapellauf: 9. 5. 1914, Indienststellung: 14. 8. 1914.
- Technische Daten: Verdrängung an der Wasseroberfläche: 270 tons, getaucht: 342 tons, Abmessungen: 46,7 m x 4,8 m, Antrieb: 2 x 450-PS-Diesel, 2 x 190-PS-Elektromotoren, Geschwindigkeit an der Oberfläche: 14,2 kn, getaucht: 7,2 kn, Reichweite an der Oberfläche: 945 sm bei 10 kn, getaucht: 76 sm bei 3 kn, Tauchtiefe: 50 m, Besatzung: 21 Mann, Bewaffnung: 2 Bug- und 1 Heckrohr, Geschütz.
- Im Jahr 1911 bestellte die norwegische Marine vier U-Boote bei der Kieler Germaniawerft. Die ersten drei Einheiten (A 2, A 3, A 4) werden abgeliefert, das vierte Boot (A 5) wird am 5. 8. 1914 beschlagnahmt und als U-0 von der Kaiserlichen Marine übernommen. Vom 28. 8.1914 an wird es als U A eingesetzt. Das Boot wird am 24. 11. 1918 an Frankreich ausgeliefert und 1921 in Toulon abgebrochen.

US-1 (ex BUREVESTNIK)
- Zweihüllen-Hochseeboot, Russud, Nikolaev, Kiellegung: 1915, Stapellauf: 1916.
- Technische Daten: Verdrängung an der Wasseroberfläche: 650 tons, getaucht: 785 tons, Abmessungen: 67,7 m x 4,4 m, Antrieb: 2 x 1.350-PS-Diesel, 2 x 450-PS-Elektromotoren, Geschwindigkeit an der

Oberfläche: 17,2 kn, getaucht: 8,2 kn, Reichweite an der Oberfläche 900 sm bei 17 kn, getaucht: 25 sm bei 8 kn, Tauchtiefe: 50 m, Bewaffnung: 4 Bugrohre.
- Das russische Boot BUREVESTNIK wird am 2. 5. 1918 bei der Besetzung Sewastopols erbeutet, erhält die Bezeichnung US-1. Ohne von der Kaiserlichen Marine eingesetzt worden zu sein, wird es im November 1918 wieder an Russland zurückgegeben.

US-2 (ex ORLAN)
- Zweihüllen-Hochseeboot, Russud, Nikolaev, Kiellegung: 1915, Stapellauf: 1916.
- Technische Daten – siehe US-1.
- Das russische Boot ORLAN wird am 2. 5. 1918 bei der Besetzung Sewastpols erbeutet, erhält die Bezeichnung US-2. Ohne von der kaiserlichen Marine eingesetzt worden zu sein, wird es im November 1918 wieder an Russland zurückgegeben.

US-3 (ex UTKA)
- Zweihüllen-Hochseeboot, Petrograd, Kiellegung: 1916, Stapellauf: 1917, Indienststellung: 1. 8. 1918.
- Technische Daten: Verdrängung an der Wasseroberfläche: 920 tons, getaucht: 1.150 tons, Abmessungen: 67,9 m x 4,5 m, Antrieb: 2 x 250-PS-Diesel, 2 x 450-PS-Elektromotoren, Geschwindigkeit an der Oberfläche: 10,2 kn, getaucht: 8,5 kn, Reichweite an der Oberfläche: 3.000 sm bei 10 kn, getaucht: 25 sm bei 8 kn, Bewaffnung: 4 Bugrohre.
- Das russische Boot UTKA wird am 2. 5. 1918 bei der Besetzung Sewastopols erbeutet, erhält die Bezeichnung US-3. Das Boot unternimmt am 13. 6. 1918 eine Probefahrt und wird im November 1918 wieder an Russland zurückgegeben.

US-4 (ex GAGARA)
- Zweihüllen-Hochseeboot, Petrograd, Kiellegung: 7. 10. 1916, Stapellauf: 1917, Indienststellung: 6. 1918.
- Technische Daten: Verdrängung an der Wasseroberfläche: 650 tons, getaucht: 785 tons, Abmessungen: 67,9 m x 4,5 m, Antrieb: 2 x 250-PS-Diesel, 2 x 450-PS-Elektromotoren, Geschwindigkeit an der Oberfläche: 10,2 kn, getaucht: 8,5 kn, Reichweite an der Oberfläche: 3.000 sm bei 10 kn, getaucht: 25 sm bei 8 kn, Bewaffnung: 4 Bugrohre.
- Das russische Boot UTKA wird am 2. 5. 1918 bei der Besetzung Sewastopols erbeutet, erhält die Bezeichnung US-3. Das Boot unternimmt am 17. und 25. 5. 1918 Probefahrten und wird im November 1918 wieder an Russland zurückgegeben.

U-Boot-Register 1935–1945

U 1
- II A, Deutsche Werke, Kiel, Kiellegung: 11. 2. 1935, Stapellauf: 15. 6. 1935, Indienststellung: 29. 6. 1935.
- Technische Daten: Verdrängung an der Oberfläche: 254 tons, getaucht: 303 tons, Maße: 40,90 m x 4,08 m x 3,83 m, Antrieb über Wasser: 700-PS-Diesel, getaucht: 360-PS-Elektro-Motor, Geschwindigkeit über Wasser: 13,0 kn, getaucht: 6,9 kn, Reichweite über Wasser: 1.600 sm bei 8 kn, getaucht: 35 sm bei 4 kn, maximale Tauchtiefe: 150 m, Bewaffnung: fünf Torpedos oder 12 Minen, drei Bugtorpedorohre, Besatzung: 25 Mann.
- U 1 geht in der Nordsee am 8. 4. 1940 im Minenfeld No. 7 vor Terschelling mit 24 Besatzungsmitgliedern verloren.

U 2
- II A, Deutsche Werke, Kiel, Kiellegung: 11. 2. 1935, Stapellauf: 1. 7. 1935, Indienststellung: 25. 7. 1935.
- Technische Daten – siehe U 1.
- U 2 sinkt am 8. 4.1944 westlich von Pillau nach einer Kollision mit dem deutschen Dampffischkutter HELMI SÖHLE – 17 Tote, 18 Überlebende. Das Boot wird am 9. 4. 1944 gehoben und verschrottet.

U 3
- II A, Deutsche Werke, Kiel, Kiellegung: 11. 2. 1935, Stapellauf: 19. 7. 1935, Indienststellung: 6. 8. 1935.
- Technische Daten – siehe U 1.
- Zwei Schiffe mit 2.348 BRT versenkt.
  U 3 wird am 1. 8. 1944 in Gotenhafen außer Dienst gestellt und 1945 verschrottet.

U 4
- II A, Deutsche Werke, Kiel, Kiellegung 11. 2. 1935, Stapellauf: 31. 7. 1935, Indienststellung: 17. 8. 1935.
- Technische Daten – siehe U 1.
- Vier Schiffe mit 6.223 BRT versenkt.
- Das Boot versenkt am 12. 4. 1940 das britische U-Boot HMS THISTLE. U 4 wird am 1. 8. 1944 in Gotenhafen außer Dienst gestellt und 1945 verschrottet.

U 5
- II A, Deutsche Werke, Kiel, Kiellegung: 11. 2. 1935, Stapellauf: 14. 8. 1935, Indienststellung: 31. 8. 1935.
- Technische Daten – siehe U 1.
- U 5 sinkt nach einem Tauchunfall am 19. 3. 1943 westlich von Pillau – 21 Tote, 16 Überlebende.

U 6
- II A, Deutsche Werke, Kiel, Kiellegung: 11. 2. 1935, Stapellauf: 21. 8. 1935, Indienststellung: 7. 9. 1935.
- Technische Daten – siehe U 1.
- U 6 wird am 7. 8. 1944 in Gotenhafen außer Dienst gestellt.

U 7
- II B, Germaniawerft, Kiel, Kiellegung: 11. 3. 1935, Stapellauf: 29. 6. 1935, Indienststellung: 18. 7. 1935.
- Technische Daten: Verdrängung an der Oberfläche: 279 tons, getaucht: 328 tons, Abmessungen: 42,7 m x 4,1 m x 3,9 m, Antrieb über Wasser: 700 PS, getaucht: 360 PS, Geschwindigkeit über Wasser: 13,0 kn, getaucht: 7,0 kn, Reichweite über Wasser: 3.100 sm bei 8 kn, getaucht: 43 sm bei 4 kn, Tauchtiefe: 150 m, Bewaffnung: fünf Torpedos, drei Bugtorpedorohre, 12 Minen, Besatzung: 25 Mann.
- Zwei Schiffe mit 4.524 BRT versenkt.
  U 7 sinkt am 18. 2. 1944 westlich von Pillau durch einen Tauchunfall mit 29 Mann.

U 8
- II B, Germaniawerft, Kiel, Kiellegung: 25. 3. 1935, Stapellauf: 16. 7. 1935, Indienststellung: 5. 8. 1935.
- Technische Daten – siehe U 7.
- U 8 wird am 31. 3. 1945 außer Dienst gestellt, am 5. 5. 1945 in der Raederschleuse in Wilhelmshaven selbst versenkt und von britischen Truppen gesprengt.

U 9
- II B, Germaniawerft, Kiel, Kiellegung: 8. 4. 1935, Stapellauf: 30. 7. 1935, Indienststellung: 21. 8. 1935.
- Technische Daten – siehe U 7.
- Acht Schiffe mit 17.221 BRT versenkt, ein Schiff beschädigt.
  Das Boot versenkt am 9. 5. 1940 das französische U-Boot DORIS. U 9 wird im Stützpunkt Constanza/Schwarzes Meer von sowjetischen Bombern versenkt (26 Überlebende). Im Oktober 1944 wird das Boot von den Sowjets gehoben und in die Werft nach Nikolajev geschleppt, 1945 als TS-16 in Dienst gestellt und 1946 verschrottet.

U 10
- II B, Germaniawerft, Kiel, Kiellegung: 22. 4. 1935, Stapellauf: 13. 8. 1935, Indienststellung: 9. 9. 1935.
- Technische Daten – siehe U 7.
- Zwei Schiffe mit 6.356 BRT versenkt.

U 10 wird am 1. 8. 1944 in Danzig außer Dienst gestellt und verschrottet.

U 11
- II B, Germaniawerft, Kiel, Kiellegung: 6. 5. 1935, Stapellauf: 27. 8. 1935, Indienststellung: 21. 9. 1935.
- Technische Daten – siehe U 7.
- U 11 wird am 14. 12. 1944 in Gotenhafen außer Dienst gestellt, am 3. 5. 1945 im Kieler Arsenal gesprengt und 1947 verschrottet.

U 12
- II B, Germaniawerft, Kiel, Kiellegung: 20. 5. 1935, Stapellauf: 11. 9. 1935, Indienststellung: 30. 9. 1935.
- Technische Daten – siehe U 7.
- U 12 sinkt am 5. 10. 1939 im Kanal nahe Dover durch einen Minentreffer mit 27 Mann Besatzung.

U 13
- II B, Deutsche Werke, Kiel, Kiellegung: 20. 6. 1935, Stapellauf: 9. 11. 1935, Indienststellung: 30. 11. 1935.
- Technische Daten – siehe U 7.
- Neun Schiffe mit 28.056 BRT versenkt, zwei Schiffe mit 17.901 BRT beschädigt.
  U 13 wird am 31. 5. 1940 von der britischen Sloop HMS WESTON vor Lowestoft zum Auftauchen gezwungen und selbst versenkt – alle 26 Besatzungsmitglieder überleben.

U 14
- II B, Deutsche Werke, Kiel, Kiellegung: 6. 7. 1935, Stapellauf: 28. 12. 1935, Indienststellung: 18. 1. 1936.
- Technische Daten – siehe U 7.
- Neun Schiffe mit 12.344 BRT versenkt.
- U 14 wird am 3. 3. 1945 außer Dienst gestellt, am 5. 5. 1945 in Wilhelmshaven in der Raederschleuse von der Besatzung selbst versenkt und von den Briten gesprengt.

U 15
- II B, Deutsche Werke, Kiel, Kiellegung: 24. 9. 1935, Stapellauf: 15. 2. 1936, Indienststellung: 7. 3. 1936.
- Technische Daten – siehe U 7.
- Drei Schiffe mit 4.532 BRT versenkt.
- U 15 sinkt am 30. 1. 1940 in der Nordsee westlich von Helgoland nach einer Kollision mit dem deutschen Torpedoboot ILTIS mit 25 Mann Besatzung.

U 16
- II B, Deutsche Werke, Kiel, Kiellegung: 5. 8. 1935, Stapellauf: 28. 4. 1936, Indienststellung: 16. 5. 1936.
- Technische Daten – siehe U 7.
- Zwei Schiffe mit 3.435 BRT versenkt.
- U 16 wird am 25. 10. 1939 im Ärmelkanal vor Dover von den britischen U-Boot-Jägern HMS CAYTON WYKE und HMS PUFFIN mit 28 Mann Besatzung versenkt. Aus dem Wrack, das 14 Tage später bei Goodwin Sand angetrieben wird, bergen die Engländer zwölf Leichen und Geheimmaterial.

U 17
- II B, Germaniawerft, Kiel, Kiellegung: 1. 7. 1935, Stapellauf: 14. 11. 1935, Indienststellung: 3. 12. 1935.
- Technische Daten – siehe U 7.
- Zwei Schiffe mit 1.615 BRT versenkt.
- U 17 wird am 6. 2. 1945 außer Dienst gestellt, am 5. 5. 1945 in Wilhelmshaven in der Raederschleuse selbst versenkt und von britischen Truppen gesprengt.

U 18
- II B, Germaniawerft, Kiel, Kiellegung: 10. 7. 1935, Stapellauf: 7. 12. 1935, Indienststellung: 4. 1. 1936.
- Technische Daten – siehe U 7.
- Sechs Schiffe mit 7.521 BRT versenkt und zwei Schiffe mit 7.801 BRT beschädigt.
- U 18 sinkt am 20. 11. 1936 nach einer Kollision mit dem Torpedoboot T 156 in der Lübecker Bucht – acht Tote, 12 Überlebende. Nach der Bergung am 28. 11. 1936 wird das Boot am 30. 9. 1937 wieder in Dienst gestellt. Es wird am 25. 8. 1944 nach Bombenschäden vor Constanza/Schwarzes Meer versenkt und von den Sowjets wieder gehoben. Zusammen mit U 24 wird U 18 1947 vom sowjetischen U-Boot M-120 vor Sewastopol zum dritten Mal versenkt.

U 19
- II B, Germaniawerft, Kiel, Kiellegung: 20. 7. 1935, Stapellauf: 21. 12. 1935, Indienststellung: 16. 1. 1936.
- Technische Daten – siehe U 7.
- 16 Schiffe mit 40.519 BRT versenkt.
- U 19 wird am 10. 9. 1944 vor der türkischen Küste im Schwarzen Meer selbst versenkt. Die Besatzung wird in der Türkei interniert.

U 20
- II B, Germaniawerft, Kiel, Kiellegung: 1. 8. 1935, Stapellauf: 14. 1. 1936, Indienststellung: 1. 2. 1936.
- Technische Daten – siehe U 7.
- 14 Schiffe mit 38.326 BRT versenkt, ein Schiff mit 1.846 BRT beschädigt.

Neun U-Boote werden im Zweiten Weltkrieg von deutschen Booten versenkt – U 9 torpediert 1940 das französische U-Boot DORIS.

- U 20 wird am 10. 9. 1944 vor der türkischen Küste selbst versenkt (siehe U 19). Die Besatzung wird in der Türkei interniert.

U 21
- II B, Germaniawerft, Kiel, Kiellegung: 4. 3. 1936, Stapellauf: 31. 7. 1936, Indienststellung: 3. 8. 1936.
- Technische Daten – siehe U 7.
- Sechs Schiffe mit 8.328 BRT versenkt, ein Schiff mit 11.500 BRT beschädigt.
  U 21 strandet am 27. 3. 1940 vor Mandal/Norwegen nach einer Grundberührung. Das Boot wird im August 1944 außer Dienst gestellt und im 2. 1945 verschrottet.

U 22
- II B, Germaniawerft, Kiel, Kiellegung: 4. 3. 1936, Stapellauf: 29. 7. 1936, Indienststellung: 20. 8. 1936.
- Technische Daten – siehe U 7.
- Neun Schiffe mit 10.775 BRT versenkt.
  U 22 wird nach dem 23. 3. 1940 in der Nordsee mit 27 Mann Besatzung vermisst.

U 23
- II B, Germaniawerft, Kiel, Kiellegung: 11. 4. 1936, Stapellauf: 28. 8. 1936, Indienststellung: 24. 9. 1936.
- Technische Daten – siehe U 7.
- 12 Schiffe mit 30.807 BRT versenkt, zwei Schiffe mit 1.061 BRT beschädigt.
  U 23 wird am 10. 9. 1944 vor der türkischen Küste selbst versenkt (siehe U 19). Die Besatzung wird in der Türkei interniert.

U 24
- II B, Germaniawerft, Kiel, Kiellegung: 21. 4. 1936, Stapellauf: 24. 9. 1936, Indienststellung: 10. 10. 1936.
- Technische Daten – siehe U 7.
- Sieben Schiffe mit 9.418 BRT versenkt, ein Schiff mit 7.661 BRT beschädigt.
  U 24 wird am 25. 8. 1944 vor Constanza/Schwarzes Meer versenkt und Anfang 1945 von den Sowjets gehoben. Zusammen mit U 18 wird U 24 1947 vom sowjetischen U-Boot M-120 vor Sewastopol versenkt.

U 25
- I A, AG Weser, Bremen, Kiellegung, 28. 6. 1935, Stapellauf: 14. 2. 1936, Indienststellung: 6. 4. 1936.
- Technische Daten: Verdrängung an der Oberfläche: 862 tons, getaucht: 983 tons, 72,4 m x 6,2 m x 4,3 m, Leistung über Wasser: 3.080 PS, getaucht: 1.000 PS, Geschwindigkeit an der Oberfläche: 18,6 kn, getaucht: 8,3 kn, Reichweite an der Oberfläche: 7.900 sm bei

10 kn, getaucht: 78 sm bei 4 kn, Tauchtiefe: 200 m, Besatzung: 46–49 Mann, Bewaffnung: Sechs Torpedorohre (vier vorne, zwei achtern), 14 Torpedos, 28 Minen, ein Deckgeschütz
- Acht Schiffe mit 50.255 BRT versenkt.
  U 25 geht auf einer Minensperre am 1. 8. 1940 in der Nordsee vor Terschelling mit 49 Mann Besatzung verloren.

U 26
- I A, AG Weser, Bremen, Kiellegung: 1. 8. 1935, Stapellauf: 14. 3. 1936, Indienststellung: 6. 5. 1936.
- Technische Daten – siehe U 25.
- Elf Schiffe mit 48.644 BRT versenkt, zwei Schiffe mit 5.401 BRT beschädigt.
  U 26 wird am 1. 7. 1940 im Nordatlantik nach der Torpedierung des Dampfers ZARIAN beim Angriff auf den Konvoi OA.175 von der britischen Korvette HMS GLADIOLUS und einem australischen Sunderland-Bomber versenkt. Die 48-köpfige Besatzung wird von der britischen Sloop HMS ROCHESTER gerettet.

U 27
- VII A, AG Weser, Bremen, Kiellegung: 11. 11. 1935, Stapellauf: 24. 6. 1936, Indienststellung: 12. 8. 1936.
- Technische Daten: Verdrängung an der Oberfläche: 626 tons, getaucht: 745 tons, 64,5 m x 5,9 m x 4,4 m, Antrieb: 2.310-PS-Diesel, 750-PS-Elektromotoren, Geschwindigkeit an der Oberfläche: 17 kn, getaucht: 8,0 kn, Reichweite an der Oberfläche: 6.200 sm bei 10 kn, getaucht: 94 sm bei 4 kn, Tauchtiefe: 220 m, Besatzung: 42–46 Mann, Bewaffnung: 11 Torpedos, fünf Torpedorohre (vier vorne, eins achtern), 22 Minen, Geschütz.
- Zwei Schiffe mit 624 BRT versenkt.
  U 27 wird am 20. 9. 1939 westlich von Schottland durch die britischen Zerstörer HMS FORTUNE und HMS FORESTER zum Auftauchen gezwungen. Nachdem die 38 Besatzungsmitglieder das Boot verlassen haben, gelingt es einem Enterkommando, geheime Unterlagen in Besitz zu nehmen.

U 28
- VII A, AG Weser, Bremen, Kiellegung: 2. 12. 1935, Stapellauf: 14. 7. 1936, Indienststellung: 12. 9. 1936.
- Technische Daten – siehe U 27.
- 13 Schiffe mit 56.272 BRT versenkt, zwei Schiffe mit 10.067 BRT beschädigt.
  U 28 sinkt am 17. 3. 1944 an der U-Boot-Pier in Neustadt/Holstein, wird im März 1944 gehoben, außer Dienst gestellt und verschrottet.

U 29
- VII A, AG Weser, Bremen, Kiellegung: 2. 1. 1936, Stapellauf: 29. 8. 1936, Indienststellung: 16. 11. 1936.
- Technische Daten – siehe U 27.
- 12 Schiffe mit 85.265 BRT versenkt.
  U 29 versenkt am 17. 9. 1939 den britischen Flugzeugträger HMS COURAGEOUS (22 500 tons, 514 Tote). Am 17. 4. 1944 wird das Boot außer Dienst gestellt und am 5. 5. 1945 in der Flensburger Förde/Wasserslebener Bucht selbst versenkt. Das Wrack wird 1948 gehoben und verschrottet.

U 30
- VII A, AG Weser, Bremen, Kiellegung: 24. 1. 1936, Stapellauf: 4. 8. 1936, Indienststellung: 8. 10. 1936.
- Technische Daten – siehe U 27.
- 17 Schiffe mit 86.490 BRT versenkt, zwei Schiffe mit 36.742 BRT beschädigt.
  U 30 versenkt am 3. 9. 1939 mit dem Passagierschiff ATHENIA (13.581 BRT) das erste Schiff im Zweiten Weltkrieg. Der Angriff erfolgt versehentlich, weil U 30 das Schiff für einen bewaffneten Handelskreuzer hält. Das Boot wird am 5. 5. 1945 in der Flensburger Förde versenkt, das Wrack 1948 gehoben und abgebrochen.

U 31
- VII A, Bauwerft: AG Weser, Bremen, Kiellegung: 1. 3. 1936, Stapellauf: 25. 9. 1936, Indienststellung: 28. 12. 1936.
- Technische Daten – siehe U 27.
- 13 Schiffe mit 30.894 BRT versenkt, ein Schiff mit 33.950 BRT beschädigt.
  U 31 versenkt als erstes deutsches U-Boot mit dem Frachter AVIEMORE (4.060 BRT) ein Schiff aus einem Konvoi (OB.4). Das Boot wird am 11. 3. 1940 von einem britischen Bomber im Jadebusen mit 58 Mann Besatzung versenkt, im selben Monat gehoben und wieder in Dienst gestellt. Am 2. 11. 1940 wird es vom britischen Zerstörer HMS ANTELOPE nordwestlich von Irland zum zweiten Mal versenkt – zwei Tote, 44 Überlebende.

U 32
- VII A, AG Weser, Bremen, Kiellegung: 1. 3. 1936, Stapellauf: 25. 2. 1937, Indienststellung: 15. 4. 1937.
- Technische Daten – siehe U 27.
- 20 Schiffe mit 116.836 BRT versenkt, fünf Schiffe mit 40.274 BRT beschädigt.
  U 32 versenkt das Passagierschiff EMPRESS OF BRITAIN (42.350 BRT) am 28. 10. 1940, zwei Tage bevor es selbst von den britischen Zerstörern HMS HAR-

VESTER und HMS HIGHLANDER nordwestlich von Irland versenkt wird – 9 Tote und 33 Überlebende.

U 33
- VII A, Germaniawerft, Kiel, Kiellegung: 1. 9. 1935, Stapellauf: 11. 6. 1936, Indienststellung: 25. 7. 1936.
- Technische Daten – siehe U 27.
- Ein Schiff mit 22.931 BRT versenkt.
  U 33 wird am 12. 2. 1940 beim Versuch, in der Clyde-Mündung Minen zu legen, vom britischen Minensuchboot HMS GLEANER zum Auftauchen gezwungen. Die Besatzung versenkt das Boot selbst – 25 Tote, 17 Überlebende. Den Engländern fallen drei Enigma-Walzen in die Hände, darunter die Walzen VI und VII – beide von großer Bedeutung für Bletchley Park.

U 34
- VII A, Germaniawerft, Kiel, Kiellegung: 15 9. 1935, Stapellauf: 17. 7. 1936, Indienststellung: 12. 9. 1936.
- Technische Daten – siehe U 27.
- 24 Schiffe mit 99.311 BRT versenkt.
  Das Boot versenkt am 2. 8. 1940 das britische U-Boot HMS SPEARFISH. U 34 sinkt am 5. 8. 1943 vor Memel nach einer Kollision mit dem U-Boot-Tender LECH – vier Tote, 39 Überlebende. Das Boot wird nach seiner Bergung am 24. 8. 1943 außer Dienst gestellt. Auf der Schleppreise nach Warnemünde sinkt U 34, wird 1953 gehoben und in der DDR verschrottet.

U 35
- VII A, Germaniawerft, Kiel, Kiellegung: 2. 3. 1936, Stapellauf: 24. 9. 1936, Indienststellung: 3. 11. 1936.
- Technische Daten – siehe U 27.
- Vier Schiffe mit 7.850 BRT versenkt, ein Schiff mit 6.014 BRT beschädigt.
  U 35 wird am 29. 11. 1939 in der Nordsee von den britischen Zerstörern HMS ICARUS, HMS KASHMIR und HMS KINGSTON zum Auftauchen gezwungen und selbst versenkt – alle 43 Besatzungsmitglieder überleben.

U 36
- VII A, Germaniawerft, Kiel, Kiellegung: 2. 3. 1936, Stapellauf: 4. 11. 1936, Indienststellung: 16. 12. 1936.
- Technische Daten – siehe U 27.
- Drei Schiffe versenkt mit 4.430 BRT.
  U 36 ist das erste U-Boot, das im Zweiten Weltkrieg durch ein feindliches U-Boot vernichtet wird: Es wird am 4. 12. 1939 südwestlich von Kristiansand/Norwegen vom britischen U-Boot HMS SALMON mit 40 Mann Besatzung versenkt.

U 37

- IX, AG Weser, Bremen, Kiellegung: 15. 3. 1937, Stapellauf: 14. 5. 1938, Indienststellung: 4. 8. 1938.
- Technische Daten: Verdrängung an der Oberfläche: 1.032 tons, getaucht: 1.152 tons, Abmessungen: 76,6 m x 6,5 m x 4,7 m, Antrieb: 4.400-PS-Diesel, 1.000-PS-E-Motoren, Geschwindigkeit an der Oberfläche: 18,2 kn, getaucht: 7,7 kn, Reichweite an der Oberfläche: 10.500 sm bei 10, kn, getaucht: 78 sm bei 4 kn, Tauchtiefe: ca. 230 m, Besatzung: 48-56 Mann, Bewaffnung: 22 Torpedos, sechs Torpedorohre (4 vorne, 2 achtern), 44 Minen, ein Geschütz.
- 55 Schiffe mit 202.529 BRT versenkt, ein Schiff mit 9.494 BRT beschädigt.
  Das Boot versenkt am 19. 12. 1940 das französische U-Boot SFAX. U 37 wird am 8. 5. 1945 in der Bucht von Sonderburg selbst versenkt, später gehoben und verschrottet.

U 38

- IX, AG Weser, Bremen, Kiellegung: 15. 4. 1937, Stapellauf: 9. 8. 1938, Indienststellung: 24. 10. 1938.
- Technische Daten – siehe U 37.
- 35 Schiffe mit 188.967 BRT versenkt, ein Schiff mit 3.670 BRT beschädigt.
  U 38 wird am 5. 5. 1945 vor Wesermünde selbst versenkt, später gehoben und 1948 verschrottet.

U 39

- IX, AG Weser, Bremen, Kiellegung: 2. 6. 1937, Stapellauf: 22. 9. 1938, Indienststellung: 10. 12. 1938.
- Technische Daten – siehe U 37.
- U 39 ist der erste deutsche U-Boot-Verlust im Zweiten Weltkrieg: Das Boot greift am 14. 9. 1939 den Flugzeugträger ARK ROYAL nordwestlich von Irland an, der Torpedo detoniert vorzeitig. U 39 wird daraufhin von den britischen Zerstörern HMS FAULKNOR, HMS FIREDRAKE und HMS FOXHOUND zum Auftauchen gezwungen und versenkt – 44 Überlebende.

U 40

- IX, AG Weser, Bremen, Kiellegung: 1. 7. 1937, Stapellauf: 9. 11. 1938, Indienststellung: 11. 2. 1939.
- Technische Daten – siehe U 37.
- U 40 sinkt am 13. 10. 1939 im Ärmelkanal (Mine) – 45 Tote, zwei Überlebende.

U 41

- IX, AG Weser, Bremen, Kiellegung: 27. 11. 1937, Stapellauf: 28. 1. 1939, Indienststellung: 22. 4. 1939.
- Technische Daten – siehe U 37.

- Sieben Schiffe mit 24.987 BRT versenkt, ein Schiff mit 8.096 BRT beschädigt.
  U 41 wird am 5. 2. 1940 südlich von Irland nach einem Angriff auf den Konvoi OA.84 durch den britischen Zerstörer HMS ANTELOPE mit 49 Mann Besatzung versenkt.

U 42

- IX, AG Weser, Bremen, Kiellegung: 21. 12. 1937, Stapellauf: 16. 2. 1939, Indienststellung: 15. 7. 1939.
- Technische Daten – siehe U 37.
- Ein Schiff mit 4.803 BRT beschädigt.
  U 42 wird am 13. 10. 1939 südwestlich von Irland am Konvoi OB.17 von den britischen Zerstörern HMS ILEX, HMS IMOGEN, HMS INGLEFIELD und HMS IVANHOE zum Auftauchen gezwungen und versenkt – 26 Tote, 20 Überlebende.

U 43

- IX, AG Weser, Bremen, Kiellegung: 15. 8. 1938, Indienststellung: 26. 8. 1939.
- Technische Daten – siehe U 37.
- 22 Schiffe mit 126.167 BRT versenkt, ein Schiff mit 10.350 BRT beschädigt.
  U 43 wird am 30. 7. 1943 südwestlich der Azoren am Konvoi GUS.10 von einem Trägerflugzeug des US-Geleitträgers USS SANTEE mit 55 Mann Besatzung versenkt.

U 44

- IX, AG Weser, Bremen, Kiellegung: 15. 9. 1938, Stapellauf: 5.8. 1939, Indienststellung: 4. 11. 1939.
- Technische Daten – siehe U 37.
- Acht Schiffe mit 30.885 BRT versenkt.
  U 44 wird am 13. 3. 1940 vor Terschelling mit 47 Mann Besatzung versenkt (Mine).

U 45

- VII B, Germaniawerft, Kiel, Kiellegung: 23. 2. 1937, Stapellauf: 27. 4. 1938, Indienststellung: 25. 6. 1938.
- Technische Daten: Verdrängung an der Oberfläche: 753 tons, getaucht: 857 tons, Abmessungen: 66,5 m x 6,2 m x 4,7 m, Antrieb: 3.200-PS-Diesel, 750-PS-Elektromotoren, Geschwindigkeit an der Oberfläche: 17,9 kn, getaucht: 8,0 kn, Reichweite an der Oberfläche: 8.700 sm bei 10 kn, getaucht: 90 sm bei 4 kn, Tauchtiefe: 220 m, Besatzung: 44–48 Mann, Bewaffnung: 14 Torpedos, fünf Torpedorohre (4 vorne, 1 achtern), 26 Minen, ein Geschütz.
- Zwei Schiffe mit 19.313 BRT versenkt.
  U 45 wird am 14. 10. 1939 südwestlich von Irland

von den britischen Zerstörern HMS INGLEFIELD, HMS INTREPID und HMS IVANHOE mit 38 Mann Besatzung versenkt.

U 46

- VII B, Germaniawerft, Kiel, Kiellegung: 24. 2. 1937, Stapellauf: 10. 9. 1938, Indienststellung: 2. 11. 1938.
- Technische Daten – siehe U 45.
- 24 Schiffe mit 127.772 BRT versenkt, vier Schiffe mit 25.491 BRT beschädigt.
  U 46 wird im Oktober 1943 außer Dienst gestellt und am 5. 5. 1945 vor Flensburg-Kupfermühle selbst versenkt.

U 47

- VII B, Germaniawerft, Kiel, Kiellegung: 27. 2. 1937, Stapellauf: 29. 10. 1938, Indienststellung: 17. 12. 1938.
- Technische Daten – siehe U 45.
- 31 Schiffe mit 191.918 BRT versenkt, acht Schiffe mit 62.751 BRT beschädigt.
  U 47 greift am 14. 10. 1939 die britische Flotte in Scapa Flow an und versenkt das Schlachtschiff HMS ROYAL OAK. Das Boot wird nach dem 7. 3. 1941 im Nordatlantik mit 45 Mann Besatzung vermisst.

U 48

- VII B, Germaniawerft, Kiel, Kiellegung: 10. 3. 1937, Stapellauf: 8. 3. 1939, Indienststellung: 22. 4. 1939.
- Technische Daten – siehe U 45.
- 52 Schiffe mit 307.935 BRT versenkt, drei Schiffe mit 20.480 BRT beschädigt.
  U 48 wird am 2. 4. 1941 durch die Explosion des sinkenden Handelsschiffs BEAVERDALE schwer beschädigt und muss in die Basis zurückkehren. Das Boot wird am 3. 5. 1945 vor Neustadt/Holstein selbst versenkt.

U 49

- VII B, Germaniawerft, Kiel, Kiellegung: 15. 9. 1938, Stapellauf: 24. 6. 1939, Indienststellung: 12. 8. 1939.
- Technische Daten – siehe U 45.
- Ein Schiff mit 4.258 BRT versenkt.
  U 49 wird am 15. 4. 1940 von den Zerstörern HMS BRAZEN und HMS FEARLESS vor dem Vaagsfjord/Narvik versenkt, dabei werden aus auftreibenden Trümmern Geheimunterlagen, darunter eine Marinequadratkarte mit U-Boot-Positionen, geborgen – ein Toter, 41 Überlebende. Das Wrack wird 1993 in 300 m Tiefe geortet.

U 50

- VII B, Germaniawerft, Kiel, Kiellegung: 3. 11. 1938, Stapellauf: 1. 11. 1939, Indienststellung: 12. 12. 1939.
- Technische Daten – siehe U 45.
- Vier Schiffe mit 16.089 BRT versenkt.
  U 50 sinkt am 7. 4. 1940 vor Terschelling/Niederlande mit 44 Mann Besatzung (Mine).

U 51

- VII B, Germaniawerft, Kiel, Kiellegung: 26. 2. 1937, Stapellauf: 11. 6. 1938, Indienststellung: 6. 8. 1938.
- Technische Daten – siehe U 45.
- Sechs Schiffe mit 31.020 BRT versenkt.
  U 51 wird am 20. 8. 1940 vor Nantes vom britischen Unterseeboot HMS CACHALOT mit 43 Mann Besatzung versenkt.

U 52

- VII B, Germaniawerft, Kiel, Kiellegung: 9. 3. 1937, Stapellauf: 21. 12. 1938, Indienststellung: 4. 2. 1939.
- Technische Daten – siehe U 45.
- 13 Schiffe mit 56.333 BRT versenkt.
  Das erste Aufeinandertreffen amerikanischer und deutscher Marineeinheiten im Zweiten Weltkrieg: Am 10. 4. 1941 greift der US-Zerstörer USS NIBLACK U 52 mit Wasserbomben an, nachdem das Boot das niederländische Handelsschiff SALEIER versenkt hat. U 52 wird im 10. 1943 in Danzig außer Dienst gestellt, vor Neustadt am 3. 5. 1943 selbst versenkt und 1947 verschrottet.

U 53

- VII B, Germaniawerft, Kiel, Kiellegung: 13. 3. 1937, Stapellauf: 6. 5. 1939, Indienststellung: 24. 6. 1939.
- Technische Daten – siehe U 45.
- Sieben Schiffe mit 27.316 BRT versenkt, ein Schiff mit 8.022 BRT beschädigt.
  U 53 wird am 23. 2. 1940 südlich der Faröer vom britischen Zerstörer HMS GURKHA mit 42 Mann Besatzung versenkt.

U 54

- VII B, Germaniawerft, Kiel, Kiellegung: 13. 9. 1938, Stapellauf: 15. 8. 1939, Indienststellung: 23. 9. 1939.
- Technische Daten – siehe U 45.
- U 54 wird nach dem 14. 2. 1940 in der Nordsee mit 41 Mann vermisst.

U 55

- VII B, Germaniawerft, Kiel, Kiellegung: 2. 11. 1938, Stapellauf: 19. 10. 1939, Indienststellung: 21. 11. 1939.
- Technische Daten – siehe U 45.

- 6 Schiffe mit 15.853 BRT versenkt.
  U 55 greift am 30. 1. 1940 90 Seemeilen südwestlich der Scilly-Inseln den Konvoi OA.80 an und wird von der britischen Korvette HMS FOWEY zum Auftauchen gezwungen. Als auch die Zerstörer HMS WHITSTED, HMS VALMY und HMS GEPARD das Feuer eröffnen, versenkt sich U 55 selbst – ein Toter, 41 Überlebende.

U 56
- II C, Deutsche Werke, Kiel, Kiellegung: 21. 9. 1937, Stapellauf: 3. 9. 1938, Indienststellung: 26. 11. 1938.
- Technische Daten: Verdrängung an der Oberfläche: 291 tons, getaucht: 341 tons, Abmessungen: 43,9 m x 4,1 m x 3,8 m, Antrieb: 700-PS-Diesel, 410-PS-Elektromotoren, Geschwindigkeit an der Oberfläche: 12,0 kn, getaucht: 7,0 kn, Reichweite an der Oberfläche: 3.800 sm bei 8 kn, getaucht: 42 sm bei 4 kn, Besatzung: 24 Mann, Tauchtiefe: 150 m, Bewaffnung: 5 Torpedos oder 12 Minen, 3 Bug-Torpedorohre.
- Vier Schiffe mit 25.783 BRT versenkt, ein Schiff mit 3.829 BRT beschädigt.
  U 56 wird am 28. 4. 1945 außer Dienst gestellt und am 3. 5. 1945 versenkt.

U 57
- II C, Deutsche Werke, Kiel, Kiellegung: 14. 9. 1937, Stapellauf: 3. 9. 1938, Indienststellung: 29. 12. 1938.
- Technische Daten – siehe U 56.
- 13 Schiffe mit 66.484 BRT versenkt, zwei Schiffe mit 10.403 BRT beschädigt.
  U 57 sinkt am 3. 9. 1940 vor Brunsbüttel nach einer Kollision mit dem norwegischen Dampfschiff RONA – sechs Tote, 19 Überlebende. Nach der Bergung wird das Boot im Januar 1941 wieder in Dienst gestellt, am 30. 4. 1945 in Kiel außer Dienst gestellt und dort am 3. 5. 1945 selbst versenkt.

U 58
- II C, Deutsche Werke, Kiel, Kiellegung: 29. 9. 1937, Stapellauf: 3. 9. 1938, Indienststellung: 4. 2. 1939.
- Technische Daten – siehe U 56.
- Sieben Schiffe mit 24.549 BRT versenkt.
  U 58 wird am 3. 5. 1945 in Kiel selbst versenkt, gehoben und verschrottet.

U 59
- II C, Deutsche Werke, Kiel, Kiellegung: 5. 10. 1937, Stapellauf: 12. 10. 1938, Indienststellung: 4. 3. 1939.
- Technische Daten – siehe U 56.
- 19 Schiffe mit 35.351 BRT versenkt, ein Schiff mit 8.009 BRT beschädigt.

U 59 wird im 4. 1945 in Kiel außer Dienst gestellt, im Kieler Arsenal selbst versenkt, später gehoben und 1945 verschrottet.

U 60
- II C, Deutsche Werke, Kiel, Kiellegung: 1. 10. 1938, Stapellauf: 1. 6. 1939, Indienststellung: 22. 7. 1939.
- Technische Daten – siehe U 56.
- Drei Schiffe mit 7.561 BRT versenkt, ein Schiff mit 15.434 BRT beschädigt.
  U 60 wird am 5. 5. 1945 in Wilhelmshaven selbst versenkt.

U 61
- II C, Deutsche Werke, Kiel, Kiellegung: 1. 10. 1938, Stapellauf: 15. 6. 1939, Indienststellung: 12. 8. 1939.
- Technische Daten – siehe U 56.
- Fünf Schiffe mit 19.668 BRT versenkt, ein Schiff mit 4.434 BRT beschädigt.
  U 61 wird am 5. 5. 1945 in Wilhelmshaven selbst versenkt.

U 62
- II C, Deutsche Werke, Kiel, Kiellegung: 2. 1. 1939, Stapellauf: 16. 11. 1939, Indienststellung: 21. 12. 1939.
- Technische Daten – siehe U 56.
- Zwei Schiffe mit 5.931 BRT versenkt.
  U 62 wird am 5. 5. 1945 in Wilhelmshaven selbst versenkt.

U 63
- II C, Deutsche Werke, Kiel, Kiellegung: 2. 1. 1939, Stapellauf: 6. 12. 1939, Indienststellung: 18. 1. 1940.
- Technische Daten – siehe U 56.
- Ein Schiff mit 3.840 BRT versenkt.
  U 63 wird von britischen U-Boot HMS NARWHAL südlich der Shetland-Inseln gesichtet und von den britischen Zerstörern HMS ESCORT, HMS IMOGEN und HMS INGLEFIELD zum Auftauchen gezwungen. Die Besatzung versenkt das Boot selbst – ein Toter, 24 Überlebende.

U 64
- IX B, AG Weser, Bremen, Kiellegung: 15. 12. 1938, Stapellauf: 20. 9. 1939, Indienststellung: 16. 12. 1939.
- Technische Daten: Verdrängung an der Oberfläche: 1.051 tons, getaucht: 1.178 tons, Abmessungen: 76,5 m x 6,7 m x 4,7m, Antrieb: 4.400-PS-Diesel, 1.000-PS-Elektromotoren, Geschwindigkeit an der Oberfläche: 18,2 kn, getaucht: 7,3 kn, Reichweite an der Oberflä-che: 12.000 sm bei 10 kn, getaucht: 64 sm bei 4 kn, Be-

satzung: 56 Mann, Tauchtiefe: 230 m, Bewaffnung: 22 Torpedos, sechs Torpedorohre (4 vorne, 2 achtern), 44 Minen, Geschütz.
- U 64 wird am 13. 4. 1940 im Herjangsfjord nahe Nar-vik/Norwegen von einem Bordflugzeug des britischen Schlachtschiffs HMS WARSPITE versenkt – acht Tote, 38 Überlebende. Das Wrack wird 1957 gehoben, sinkt aber auf der Schleppreise zur Verschrottung vor Nor-wegen erneut.

U 65
- IX B, AG Weser, Bremen, Kiellegung: 6. 12. 1938, Stapellauf: 6. 11. 1939, Indienststellung: 15. 2. 1940.
- Technische Daten – siehe U 64.
- 13 Schiffe mit 68.738 BRT versenkt, drei Schiffe mit 22.490 BRT beschädigt.
  U 65 wird am 28. 4. 1941 südöstlich von Island am Konvoi HX.121 vom britischen Zerstörer HMS DOUGLAS mit 50 Mann Besatzung versenkt.

U 66
- IX C, AG Weser, Bremen, Kiellegung: 20. 3. 1940, Stapellauf: 10. 10. 1940, Indienststellung: 2. 1. 1941.
- Technische Daten: Verdrängung an der Oberfläche: 1.120 tons, getaucht: 1.232 tons, Abmessungen: 76,7 m x 6,7 m x 4,7 m, Antrieb: 4.400-PS-Diesel, 1.000-PS-Elektromotoren, Geschwindigkeit an der Oberfläche: 18,3 kn, getaucht: 7,3 kn, Reichweite an der Oberflä-che: 13.450 sm bei 10 kn, getaucht: 63 sm bei 4 kn, Besatzung: 56 Mann, Tauchtiefe: 230 m, Bewaffnung: 22 Torpedos, sechs Torpedorohre (4 vorne, 2 achtern), 44 Minen, Geschütz.
- 33 Schiffe mit 200.021 BRT versenkt, vier Schiffe mit 22.738 BRT beschädigt.
  U 66 gehört zu den Booten, mit denen die »Operation Paukenschlag« vor der US-Ostküste beginnt. In der Nacht vom 25. zum 26. 4. 1944 soll U 66 von U 488 versorgt werden, als U 488 versenkt wird. Vom 1. 5. an wird U 66 von Flugzeugen und Schiffen mit Wasser-bomben und Artillerie gejagt, am 6. 5. wird das Boot westlich der Kapverdischen Inseln vom US-Zerstörer USS BUCKLEY gerammt. U 66 kann danach wieder Fahrt aufnehmen und rammt den Zerstörer seinerseits. Danach wird das Boot unter Beschuss genommen und von seiner Besatzung selbst versenkt – 24 Tote, 36 Überlebende.

U 67
- IX C, AG Weser, Bremen, Kiellegung: 5. 4. 1940, Stapellauf: 30. 10. 1940, Indienststellung: 22. 1. 1941.
- Technische Daten – siehe U 66.

- 13 Schiffe mit 72.138 BRT versenkt, fünf Schiffe mit 29.795 BRT beschädigt.
  Das Boot versenkt am 2. 10. 1942 das britische U-Boot HMS CLYDE mit Rammstoß. U 67 wird am 16. 7. 1943 in der Sargassosee durch ein Kampfflugzeug des US-Trägers USS CORE versenkt – 48 Tote, drei Überle-bende.

U 68
- IX C, AG Weser, Bremen, Kiellegung: 20. 4. 1940, Stapellauf: 22. 11. 1940, Indienststellung: 11. 2. 1941.
- Technische Daten – siehe U 66.
- 33 Schiffe mit 197.953 BRT versenkt.
  U 68 wird am 10. 4. 1944 nordwestlich von Madeira von Trägerflugzeugen des US-Trägers USS GUADAL-CANAL versenkt – 56 Tote, ein Überlebender, bei dem es sich um den Ausguck auf der Brücke handelt.

U 69
- VII C, Germaniawerft, Kiel, Kiellegung: 11. Nov 1939, Stapellauf: 19. 9. 1939, Indienststellung: 2. 11. 1940.
- Technische Daten: Verdrängung an der Oberfläche: 769 tons, getaucht: 871 tons, Abmessungen: 67,1 m x 6,2 m x 4,7 m, Antrieb: 3.200-PS-Diesel, 750-PS-E-Motoren, Geschwindigkeit an der Oberfläche: 17,7 kn, getaucht: 7,6 kn, Reichweite an der Oberfläche: 8.500 sm bei 10 kn, getaucht: 80 sm bei 4 kn, Besatzung: 44–52 Mann, Tauchtiefe: 220 m, Bewaffnung: 14 Torpedos, 4 Bug-, ein Hecktorpedorohr, 26 Minen, Geschütz.
- 17 Schiffe mit 70.181 BRT versenkt, ein Schiff mit 4.887 BRT beschädigt.
  U 69 wird am 17. 2. 1943 östlich von Neufundland am Konvoi ONS.165 vom britischen Zerstörer HMS FAME durch Rammstoß mit 46 Mann Besatzung versenkt.

U 70
- VII C, Germaniawerft, Kiel, Kiellegung: 19. 12. 1939, Stapellauf: 12. 10. 1940, Indienststellung: 23. 11. 1940.
- Technische Daten – siehe U 69.
- Ein Schiff mit 820 BRT versenkt, drei Schiffe mit 20.484 BRT beschädigt.
  U 70 wird am 7. 3. 1941 südöstlich von Island am Konvoi OB.293 von den britischen Korvetten HMS CAMELIA und HMS ARBUTUS versenkt – 20 Tote, 25 Überlebende.

U 71
- VII C, Germaniawerft, Kiel, Kiellegung: 21. 12. 1939, Stapellauf: 30. 10. 1940, Indienststellung: 14. 12. 1940.
- Technische Daten – siehe U 69.

- Fünf Schiffe mit 38.894 BRT versenkt.
  Am 17. 4. 1943 kollidieren U 71 und U 631 im Nordatlantik – beide Boote können ihre Stützpunkte wieder erreichen. U 71 wird am 5. 5. 1945 in Wilhelmshaven selbst versenkt.

U 72
- VII C, Germaniawerft, Kiel, Kiellegung: 28. 12. 1939, Stapellauf: 22. 11. 1940, Indienststellung: 4. 1. 1941.
- Technische Daten – siehe U 69.
  U 72 wird am 30. 3. 1945 auf der Bremer Deschimag-Werft von amerikanischen Fliegerbomben vernichtet, das Wrack wird am 2. 5. 1945 gesprengt.

U 73
- VII B, Bremer Vulkan, Bremen-Vegesack, Kiellegung: 5. 11. 1939, Stapellauf: 27. 7. 1940, Indienststellung: 30. 9. 1940.
- Technische Daten – siehe U 45.
- 12 Schiffe mit 66.763 BRT versenkt, drei Schiffe mit 22.928 BRT beschädigt.
  U 73 versenkt am 11. 8. 1942 den britischen Flugzeugträger HMS EAGLE. Das Boot wird am 16. 12. 1943 am Konvoi GUS.24 von den US-Zerstörern USS EDISON, USS LUDLOW, USS NIBLACK, USS TRIPPE und USS WOOLSEY vor der algerischen Küste zum Auftauchen gezwungen und von der Besatzung selbst versenkt – 16 Tote, 34 Überlebende.

U 74
- VII B, Bremer Vulkan, Bremen-Vegesack, Kiellegung: 5. 11. 1939, Stapellauf: 31. 8. 1940, Indienststellung: 31. 10. 1940.
- Technische Daten – siehe U 45.
- Fünf Schiffe mit 25.619 BRT versenkt, zwei Schiffe mit 11.499 BRT beschädigt.
  U 74 wird am 2. 5. 1942 östlich von Cartagena/Spanien von den britischen Zerstörern HMS WISHART und HMS WRESTLER und einem Bomber mit 47 Besatzungsmitgliedern versenkt.

U 75
- VII B, Bremer Vulkan, Bremen-Vegesack, Kiellegung: 15. 12. 1939, Stapellauf: 18. 10. 1940, Indienststellung: 19. 12. 1940.
- Technische Daten – siehe U 45.
- Neun Schiffe mit 38.628 BRT versenkt.
  U 75 wird am 28. 12. 1941 im Mittelmeer vom britischen Zerstörer HMS KIPLING versenkt – 14 Tote, 30 Überlebende.

U 76
- VII B, Bremer Vulkan, Bremen-Vegesack, Kiellegung: 28. 12. 1939, Stapellauf: 3. 10. 1940, Indienststellung: 3. 12. 1940.
- Technische Daten – siehe U 45.
- Zwei Schiffe mit 7.290 BRT versenkt.
  U 76 wird am 5. 4. 1941 südlich von Island am Konvoi SC.26 vom Zerstörer HMS WOLVERINE, der Korvette HMS ARBUTUS und der Sloop HMS SCARBOROUGH zum Auftauchen gezwungen. Die Besatzung versenkt das Boot selbst – ein Toter, 42 Überlebende.

U 77
- VII C, Bremer Vulkan, Bremen-Vegesack, Kiellegung: 28. 3. 1940, Stapellauf: 23. 11. 1940, Indienststellung: 18. 1. 1941.
- Technische Daten – siehe U 69.
- 15 Schiffe mit 37.340 BRT versenkt, vier Schiffe mit 8.264 BRT beschädigt.
  U 77 wird am 28. 3. 1943 östlich von Cartagena/Spanien von zwei britischen Bombern angegriffen und von der Besatzung selbst versenkt – 38 Tote, neun Überlebende, die von spanischen Fischern gerettet werden.

U 78
- VII C, Bremer Vulkan, Bremen-Vegesack, Kiellegung: 28. 3. 1940, Stapellauf: 7. 12. 1940, Indienststellung: 15. 2. 1941.
- Technische Daten – siehe U 69.
- U 78 wird am 16. 4. 1945 im Hafen von Pillau, wo das Boot als Stromversorger dient, von sowjetischer Artillerie versenkt – 36 Überlebende.

U 79
- VII C, Bremer Vulkan, Bremen-Vegesack, Kiellegung: 17. 4. 1940, Stapellauf: 25. 1. 1941, Indienststellung: 13. 3. 1941.
- Technische Daten – siehe U 69.
- Drei Schiffe mit 3.608 BRT versenkt, ein Schiff mit 10.356 BRT beschädigt.
  U 79 wird am 23. 12. 1941 im Mittelmeer von den britischen Zerstörern HMS HASTY und HMS HOTSPUR zum Auftauchen gezwungen und von der Besatzung selbst versenkt – alle 44 Besatzungsmitglieder überleben.

U 80
- VII C, Bremer Vulkan, Bremen-Vegesack, Kiellegung: 17. 4. 1940, Stapellauf: 11. 2. 1941, Indienststellung: 8. 4. 1941.

- Technische Daten – siehe U 69.
- U 80 ist am 28. 11. 1944 westlich von Pillau mit 50 Mann Besatzung gesunken (Unfall).

U 81
- VII C, Bremer Vulkan, Bremen-Vegesack, Kiellegung: 11. 5. 1940, Stapellauf: 22. 2. 1941, Indienststellung: 26. 4. 1941.
- Technische Daten – siehe U 69.
- 25 Schiffe mit 69.242 BRT versenkt, zwei Schiffe mit 14.143 BRT beschädigt.
  U 81 versenkt den britischen Flugzeugträger HMS ARK ROYAL am 13. 11. 1941 im Mittelmeer. Am 2. 6. 1942 versenkt U 81 das durch britische Kampfflugzeuge schwer beschädigte U 652 – alle 46 Mann von U 652 werden übernommen.
  U 81 wird am 9. 1. 1944 vor Pola von US-Bombern versenkt – zwei Tote. Das Boot wird am 22. 4. 1944 gehoben und verschrottet.

U 82
- VII C, Bremer Vulkan, Bremen-Vegesack, Kiellegung: 15. 5. 1940, Stapellauf: 15. 3. 1941, Indienststellung: 14. 5. 1941.
- Technische Daten – siehe U 69.
- U 82 wird am 6. 2. 1942 nördlich der Azoren am Konvoi OS.18 von der britischen Sloop HMS ROCHESTER und der britischen Korvette HMS TAMARISK mit 45 Mann Besatzung versenkt.

U 83
- VII B, Flender-Werke, Lübeck, Stapellauf: 9. 12. 1940, Kiellegung: 5. 10. 1939, Indienststellung: 8. 2. 1941.
- Technische Daten – siehe U 45.
- Sieben Schiffe mit 10.548 BRT versenkt, zwei Schiffe mit 9.336 BRT beschädigt.
  U 83 wird am 4. 3. 1943 südöstlich von Cartagena/Spanien von einem britischen Bomber mit 50 Mann Besatzung versenkt.

U 84
- VII B, Flender-Werke, Lübeck, Kiellegung: 9. 11. 1939, Stapellauf: 27. 2. 1942, Indienststellung: 29. 4. 1942.
- Technische Daten – siehe U 45.
- U 84 wird nach dem 7. 8. 1943 im Nordatlantik mit 46 Mann Besatzung vermisst.

U 85
- VII B, Flender-Werke, Lübeck, Kiellegung: 18. 12. 1939, Stapellauf: 10. 4. 1941, Indienststellung: 7. 6. 1941.
- Technische Daten – siehe U 45.

- Drei Schiffe mit 15.060 BRT versenkt.
  U 85 wird am 14. 4. 1942 vor der US-Ostküste, nahe Cape Hatteras, als erstes Boot, das an der »Operation Paukenschlag« teilnimmt, vom amerikanischen Zerstörer USS ROPER mit 46 Mann Besatzung versenkt.

U 86
- VII B, Flender-Werke, Lübeck, Kiellegung: 20. 1. 1940, Stapellauf: 10. 5. 1941, Indienststellung: 8. 7. 1941.
- Technische Daten – siehe U 45.
- Drei Schiffe mit 9.614 BRT versenkt, ein Schiff mit 8.627 BRT beschädigt.
  U 86 wird nach Operationen am Konvoi MKS.31/SL.140 (68 Schiffe) nach dem 28. 11. 1943 im Nordatlantik mit 50 Mann vermisst.

U 87
- VII B, Flender-Werke, Lübeck, Kiellegung: 18. 4. 1940, Stapellauf: 21. 6. 1941, Indienststellung: 19. 8. 1941.
- Technische Daten – siehe U 45.
- Fünf Schiffe mit 38.014 BRT versenkt.
  U 87 wird am 4. 3. 1943 vor Portugals Küste am Konvoi KMS.10 von der kanadischen Korvette HMCS SHEDIAC und dem kanadischen Zerstörer HMCS ST. CROIX mit 49 Mann Besatzung versenkt.

U 88
- VII C, Flender-Werke, Lübeck, Kiellegung: 1. 7. 1940, Stapellauf: 16. 8. 1941, Indienststellung: 15. 10. 1941.
- Technische Daten – siehe U 69.
- Zwei Schiffe mit 12.304 BRT versenkt.
  U 88 wird am 12. 9. 1942 vor Spitzbergen vom britischen Zerstörer HMS FAULKNOR mit 46 Mann Besatzung versenkt.

U 89
- VII C, Flender-Werke, Lübeck, Kiellegung: 20. 8. 1940, Stapellauf: 20. 9. 1941, Indienststellung: 19. 11. 1941.
- Technische Daten – siehe U 69.
- Vier Schiffe mit 13.815 BRT versenkt.
  U 89 wird am 12. 5. 1943 im Nordatlantik am Konvoi HX.237 vom britischen Zerstörer HMS BROADWAY, der Fregatte HMS LAGAN und einem britischen Bomber mit 48 Mann Besatzung versenkt.

U 90
- VII C, Flender-Werke, Lübeck, Kiellegung: 1. 10. 1940, Stapellauf: 25. 10. 1941, Indienststellung: 20. 12. 1941.
- Technische Daten – siehe U 69.
- U 90 wird am 24. 7. 1942 im Nordatlantik vom kanadischen Zerstörer HMCS ST. CROIX mit 44 Mann Besatzung versenkt.

U 91

- VII C, Flender-Werke, Lübeck, Kiellegung: 12. 11. 1940, Stapellauf: 30. 11. 1941, Indienststellung: 28. 1. 1942.
- Technische Daten – siehe U 69.
- Fünf Schiffe mit 27.569 BRT versenkt.
  U 91 wird am 26. 2. 1944 im Nordatlantik von den britischen Zerstörern HMS AFFLECK, HMS GORE und HMS GOULD zum Auftauchen gezwungen und von der Besatzung selbst versenkt – 36 Tote, 16 Überlebende.

U 92

- VII C, Bauwerft: Flender-Werke, Lübeck, Kiellegung: 25. 11. 1940, Stapellauf: 10. 1. 1942, Indienststellung: 3. 3. 1942.
- Technische Daten – siehe U 69.
- Drei Schiffe mit 19.237 BRT versenkt, ein Schiff mit 9.348 BRT beschädigt.
  U 92 wird am 4. 10. 1944 in Bergen/Norwegen bei Luftangriffen schwer beschädigt, am 12. 10. 1944 außer Dienst gestellt und in Norwegen verschrottet.

U 93

- VII C, Germaniawerft, Kiel, Kiellegung: 9. 9. 1939, Stapellauf: 8. 6. 1940, Indienststellung: 30. 7. 1940.
- Technische Daten – siehe U 69.
- Acht Schiffe mit 43.392 BRT versenkt.
  U 93 wird am 15. 1. 1942 im Nordatlantik vom britischen Zerstörer HMS HESPERUS durch Rammstoß versenkt – sechs Tote, 40 Überlebende.

U 94

- VII C, Germaniawerft, Kiel, Kiellegung: 9. 9. 1939, Stapellauf: 12. 6. 1940, Indienststellung: 10. 8. 1940.
- Technische Daten – siehe U 69.
- 25 Schiffe mit 137.395 BRT versenkt, zwei Schiffe mit 12.480 BRT beschädigt.
  U 94 wird am 28. 8. 1942 in der Karibik von einem US-Bomber und durch drei Rammstöße der kanadischen Korvette HMCS OAKVILLE versenkt – 19 Tote, 26 Überlebende.

U 95

- VII C, Germaniawerft, Kiel, Kiellegung: 16. 9. 1939, Stapellauf: 18. 7. 1940, Indienststellung: 31. 8. 1940.
- Technische Daten – siehe U 69.
- Sieben Schiffe mit 26.507 BRT versenkt, fünf Schiffe mit 32.458 BRT beschädigt.
  U 95 wird am 28. 11. 1941 südwestlich von Almeria/Spanien vom niederländischen U-Boot O-21 versenkt – 35 Tote, 12 Überlebende, die von O-21 gerettet werden.

U 96

- VII C, Germaniawerft, Kiel, Kiellegung: 16. 9. 1939, Stapellauf: 1. 8. 1940, Indienststellung: 14. 9. 1940.
- Technische Daten – siehe U 69.
- 28 Schiffe mit 190.094 BRT versenkt, vier Schiffe mit 33.043 BRT beschädigt.
  Der Kriegsberichterstatter und spätere Erfolgsautor Lothar-Günther Buchheim beschreibt eine Feindfahrt auf U 96 in seinem Bestseller »Das Boot«. U 96 wird am 30. 3. 1945 in Wilhelmshaven durch amerikanische Fliegerbomben versenkt.

U 97

- VII C, Germaniawerft, Kiel, Kiellegung: 27. 9. 1939, Stapellauf: 15. 8. 1940, Indienststellung: 28. 9. 1940.
- Technische Daten – siehe U 69.
- 16 Schiffe mit 71.237 BRT versenkt, ein Schiff mit 9.718 BRT beschädigt.
  U 97 wird am 16. 6. 1943 westlich von Haifa von einem australischen Kampfflieger versenkt – 27 Tote, 21 Überlebende.

U 98

- VII C, Germaniawerft, Kiel, Kiellegung: 27. 9. 1939, Stapellauf: 31. 8. 1940, Indienststellung: 12. 10. 1940.
- Technische Daten – siehe U 69.
- 11 Schiffe mit 59.427 BRT versenkt, ein Schiff mit 185 BRT beschädigt.
  U 98 wird am 15. 11. 1942 im Atlantik westlich von Gibraltar vom britischen Zerstörer HMS WRESTLER mit 46 Mann Besatzung versenkt.

U 99

- VII B, Germaniawerft, Kiel, Kiellegung: 31. 3. 1939, Stapellauf: 10. 4. 1940, Indienststellung: 18. 4. 1940.
- Technische Daten – siehe U 45.
- 39 Schiffe mit 246.794 BRT versenkt, fünf Schiffe mit 37.965 BRT beschädigt.
  U 99 greift am 3. 11. 1940 den britischen Hilfskreuzer HMS LAURENTIC zunächst ohne Erfolg an. Eine halbe Stunde später feuert das Boot einen zweiten Torpedo auf das Schiff ab – wieder Fehlschuss, worauf der Kreuzer seinerseits das U-Boot unter Beschuss nimmt. Nach vier Stunden gelingt es U 99, das Schiff zu versenken. U 99 wird am 17. 3. 1941 südöstlich von Island bei Rettungsarbeiten für Besatzungsmitglieder von U 100 vom britischen Zerstörer HMS WALKER entdeckt, nach sechs Wasserbomben-Angriffen zum Auftauchen gezwungen und selbst versenkt – 3 Tote, 40 Überlebende.

U 100

- VII B, Germaniawerft, Kiel, Kiellegung: 22. 5. 1939, Stapellauf: 10. 4. 1940, Indienststellung: 30. 5. 1940.
- Technische Daten – siehe U 45.
- 26 Schiffe mit 137.819 BRT versenkt, vier Schiffe mit 17.229 BRT beschädigt.
  U 100 wird nach Radarortung am 17. 3. 1941 südöstlich von Island durch Wasserbomben-Angriffe und Rammstoß der britischen Zerstörer HMS VANOC und HMS WALKER versenkt – 38 Tote, sechs Überlebende.

U 101

- VII B, Germaniawerft, Kiel, Kiellegung: 31. 3. 1939, Stapellauf: 13. 1. 1940, Indienststellung: 11. 3. 1940.
- Technische Daten – siehe U 45.
- 23 Schiffe mit 113.808 BRT versenkt, zwei Schiffe mit 9.113 BRT beschädigt.
  U 101 wird in Neustadt/Holstein am 21. 10. 1943 außer Dienst gestellt und am 3. 5. 1945 selbst versenkt, später gehoben und verschrottet.

U 102

- VII B, Germaniawerft, Kiel, Kiellegung: 22. 5. 1939, Stapellauf: 21. 3. 1940, Indienststellung: 27. 4. 1940.
- Technische Daten – siehe U 45.
- Zwei Schiffe mit 5.430 BRT versenkt.
  U 102 wird am 1. 7. 1940 südwestlich von Irland am Konvoi SL.36 vom britischen Zerstörer HMS VANSITTART mit 43 Mann Besatzung versenkt.

U 103

- IX B, AG Weser, Bremen, Kiellegung: 6. 9. 1939, Stapellauf: 12. 4. 1940, Indienststellung: 5. 7. 1940.
- Technische Daten – siehe U 64.
- 45 Schiffe mit 237.596 BRT versenkt, drei Schiffe mit 28.158 BRT beschädigt.
  U 103 wird im März 1944 außer Dienst gestellt, im Januar 1945 von Gotenhafen über Hamburg nach Kiel verlegt und dort am 15. 4. 1945 bei Bombenangriffen versenkt – ein Toter.

U 104

- IX B, AG Weser, Bremen, Kiellegung: 10. 11. 1939, Stapellauf: 25. 5. 1940, Indienststellung: 19. 8. 1940.
- Technische Daten – siehe U 64.
- Ein Schiff mit 8.240 BRT versenkt, ein Schiff mit 10.516 BRT beschädigt.
  U 104 wird nach dem 28. 11. 1940 nordwestlich von Irland noch Operationen am Konvoi HX.87 mit 49 Besatzungsmitgliedern vermisst.

U 105

- IX B, AG Weser, Bremen, Kiellegung: 16. 11. 1939, Stapellauf: 15. 6. 1940, Indienststellung: 10. 9. 1940.
- Technische Daten – siehe U 64.
- 23 Schiffe mit 125.470 BRT versenkt.
  U 105 wird am 2. 6. 1943 vor Dakar von einem französischen Bomber mit 53 Mann Besatzung versenkt.

U 106

- IX B, AG Weser, Bremen, Kiellegung: 26. 11. 1939, Stapellauf: 17. 6. 1940, Indienststellung: 24. 9. 1940.
- Technische Daten – siehe U 64.
- 22 Schiffe mit 138.578 BRT versenkt, vier Schiffe mit 51.980 BRT beschädigt.
  U 106 wird am 2. 8. 1943 vor der spanischen Atlantikküste von britischen und australischen Bombern versenkt – 22 Tote, 36 Überlebende.

U 107

- IX B, AG Weser, Bremen, Kiellegung: 6. 12. 1939, Stapellauf: 2. 7. 1940, Indienststellung: 8. 10. 1940.
- Technische Daten – siehe U 64.
- 39 Schiffe mit 217.786 BRT versenkt, drei Schiffe mit 17.392 BRT beschädigt.
  U 107 beginnt am 29. 3. 1941 die erfolgreichste Feindfahrt eines deutschen Unterseebootes im Zweiten Weltkrieg: Das Boot versenkt auf dieser Fahrt 14 Schiffe mit 86.699 BRT. U 107 wird am 18. 8. 1944 in der Biskaya westlich von La Rochelle von einem britischen Bomber mit 58 Mann Besatzung versenkt.

U 108

- IX B, AG Weser, Bremen, Kiellegung: 27. 12. 1939, Stapellauf: 15. 7. 1940, Indienststellung: 22. 10. 1940.
- Technische Daten – siehe U 64.
- 26 Schiffe mit 135.166 BRT versenkt.
  U 108 wird am 11. 4. 1944 in Stettin durch Bombentreffer versenkt, anschließend gehoben und am 17. 7. 1944 außer Dienst gestellt. Am 24. 4. 1945 wird das Boot vor Swinemünde selbst versenkt, 1946 von Sowjets gehoben und verschrottet.

U 109

- IX B, AG Weser, Bremen, Kiellegung: 9. 3. 1940, Stapellauf: 14. 9. 1940, Indienststellung: 5. 12. 1940.
- Technische Daten – siehe U 64.
- 14 Schiffe mit 86.606 BRT versenkt, ein Schiff mit 6.548 BRT beschädigt.
  U 109 wird am 4. 5. 1943 südlich von Irland am Konvoi HX.236 von einem britischen Bomber mit 52 Mann Besatzung versenkt.

U 110

- IX B, AG Weser, Bremen, Kiellegung: 1. 2. 1940, Stapellauf: 6. 9. 1940, Indienststellung: 21. 11. 1940.
- Technische Daten – siehe U 64.
- Drei Schiffe mit 10.056 BRT versenkt, zwei Schiffe mit 8.675 BRT beschädigt.
  U 110 wird am 9. 5. 1941im Nordatlantik am Konvoi OB.318 von den britischen Zerstörern HMS BULL-DOG und HMS BROADWAY sowie der Korvette HMS AUBRIETIA mit Wasserbomben angegriffen und zum Auftauchen gezwungen. Das Boot wird von HMS BULLDOG in Schlepp genommen, sinkt jedoch am 11. 5. auf dem Weg nach Island. Bei der Aktion verlieren 15 Mann ihr Leben, 32 Besatzungsmitglieder überleben.

U 111

- IX B, AG Weser, Bremen, Kiellegung: 20. 2. 1940, Stapellauf: 6. 9. 1940, Indienststellung: 19. 12. 1940.
- Technische Daten – siehe U 64.
- Vier Schiffe mit 24.176 BRT versenkt, ein Schiff mit 13.037 BRT beschädigt.
  U 111 wird am 4. 10. 1941 südwestlich von Teneriffa vom britischen U-Boot-Jäger HMS LADY SHIRLEY angegriffen und versenkt sich selbst – acht Tote, 44 Überlebende.

U 112–U 115

- Die Bauaufträge werden im September 1939 annulliert.

U 116

- X B, Germaniawerft, Kiel, Kiellegung: 1. 7. 1939, Stapellauf: 3. 5. 1941, Indienststellung: 26. 7. 1941.
- Technische Daten: Verdrängung an der Oberfläche: 1.763 tons, getaucht: 2.177 tons, Abmessungen: 89,8 m x 9,2 m x 4,7 m, Antrieb: 4.800-PS-Diesel, 1.100-PS-Elektromotoren, Geschwindigkeit an der Oberfläche: 17,0 kn, getaucht: 7,0 kn, Reichweite an der Oberfläche: 18.450 sm bei 10 kn, getaucht: 93 sm bei 4 kn, Besatzung: 48–60 Mann, Tauchtiefe: 220 m, Bewaffnung: 15 Torpedos, 66 Minen, Geschütz.
- Ein Schiff mit 4.284 BRT versenkt, ein Schiff mit 7.093 BRT beschädigt.
  U 116 wird nach dem 6. 10. 1942 mit 56 Besatzungsmitgliedern im Nordatlantik vermisst.

U 117

- X B, Germaniawerft, Kiel, Kiellegung: 1. 7. 1939, Stapellauf: 26. 7. 1941, Indienststellung: 25. 10. 1941.
- Technische Daten – siehe U 116.
- Zwei Schiffe mit 14.269 BRT versenkt.

- U 117 wird am 7. 8. 1943 im Nordatlantik während der Versorgung von U 66 von fünf Flugzeugen des US-Geleitträgers USS CARD versenkt – 62 Tote, zwei Überlebende.

U 118

- X B, Germaniawerft, Kiel, Kiellegung: 1. 3. 1940, Stapellauf: 23. 9. 1941, Indienststellung: 6. 12. 1941.
- Technische Daten – siehe U 116.
- Vier Schiffe mit 14.989 BRT versenkt, zwei Schiffe mit 11.945 BRT beschädigt.
  U 118 (U-Tanker) wird am 12. 6. 1943 im Atlantik von acht Flugzeugen des US-Geleitträgers USS BOGUE versenkt – 43 Tote, 16 Überlebende.

U 119

- X B, Germaniawerft, Kiel, Kiellegung: 15. 5. 1940, Stapellauf: 6. 1. 1942, Indienststellung: 2. 4. 1942.
- Technische Daten – siehe U 116.
- Ein Schiff mit 2.937 BRT versenkt, ein Schiff mit 17.176 BRT beschädigt.
  U 119 wird am 24. 6. 1943 in der Biskaya durch Rammstoß der britischen Sloop HMS STARLING mit 57 Mann Besatzung versenkt.

U 120

- II B, Flender-Werke, Lübeck, Kiellegung: 31. 3. 1938, Stapellauf: 16. 3. 1940, Indienststellung: 20. 4. 1940.
- Technische Daten – siehe U 7.
  U 120 wird am 2. 5. 1945 vor Wesermünde selbst versenkt, im 11. 1950 gehoben und verschrottet.

U 121

- II B, Flender-Werke, Lübeck, Kiellegung: 16. 4. 1938, Stapellauf: 20. 4. 1940, Indienststellung: 28. 5. 1940.
- Technische Daten – siehe U 7.
- U 121 wird am 2. 5. 1945 vor Wesermünde selbst versenkt, im 11. 1950 gehoben und verschrottet.

U 122

- IX B, AG Weser, Bremen, Kiellegung: 5. 3. 1939, Stapellauf: 30. 12. 1939, Indienststellung: 30. 3. 1940.
- Technische Daten – siehe U 64.
- Ein Schiff mit 5.911 BRT versenkt.
  U 122 wird am 23. 6. 1940 vermutlich von der Korvette HMS ARABIS im Nordatlantik versenkt – 49 Tote.

U 123

- IX B, AG Weser, Bremen, Kiellegung: 15. 4. 1939, Stapellauf: 2. 3. 1940, Indienststellung: 30. 5. 1940.
- Technische Daten – siehe U 64.

- 45 Schiffe mit 227.174 BRT versenkt, sechs Schiffe mit 53.568 BRT beschädigt.
  U 123 versenkt am 18. 4. 1983 das britische Patrouillenboot P 615. Das Boot wird am 17. 6. 1944 in Lorient außer Dienst gestellt und am 19. 8. d. J. selbst versenkt. 1945 gehoben und in die französische Marine unter dem Namen BLAISON, später Q-165, übernommen. Das Boot wird am 18. 8. 1959 außer Dienst gestellt.

U 124

- IX B, AG Weser, Bremen, Kiellegung: 11. 8. 1939, Stapellauf: 9. 3. 1940, Indienststellung: 11. 6. 1940.
- Technische Daten – siehe U 64.
- 48 Schiffe mit 224.953 BRT versenkt, vier Schiffe mit 30.067 BRT beschädigt.
  U 124 wird am 2. 4. 1943 vor der portugiesischen Küste am Konvoi OS.45 von der britischen Korvette HMS STONECROP und der Sloop HMS BLACK SWAN mit 53 Besatzungsmitgliedern versenkt.

U 125

- IX C, AG Weser, Bremen, Kiellegung: 10. 5. 1940, Stapellauf: 10. 12. 1940, Indienststellung: 3. 3. 1941.
- Technische Daten – siehe U 66.
- 17 Schiffe mit 82.873 BRT versenkt.
  U125 wird am 6. 5. 1943 vom britischen Zerstörer HMS ORIBI östlich von Neufundland im dichten Nebel geortet. Der Zerstörer rammt das Boot mit voller Fahrt. Zunächst glauben die Briten, das Boot versenkt zu haben, bis am nächsten Morgen die britische Korvette HMS SNOWFLAKE U 125 erneut ortet und das Boot nochmals zu rammen versucht. In dieser Situation versenkt die Besatzung, in der Erwartung, von der Korvette aufgenommen zu werden, ihr Boot mit fünf Sprengladungen. Die britischen Schiffe drehen jedoch ab, ohne einen der Schiffbrüchigen aufzunehmen. Alle 54 Besatzungsmitglieder verlieren ihr Leben.

U 126

- IX C, AG Weser, Bremen, Kiellegung: 1. 6. 1940, Stapellauf: 31. 12. 1940, Indienststellung: 22. 3. 1941.
- Technische Daten – siehe U 66.
- 26 Schiffe mit 125.837 BRT versenkt, fünf Schiffe mit 37.501 BRT beschädigt.
  U 126 wird am 3. 7. 1943 vor der spanischen Küste von einem britischen Bomber mit 55 Mann Besatzung versenkt.

U 127

- IX C, AG Weser, Bremen, Kiellegung: 20. 6. 1940, Stapellauf: 4. 2. 1942, Indienststellung: 24. 4. 1942.

- Technische Daten – siehe U 66.
- U 127 wird am 15. 12. 1941 westlich von Gibraltar vom australischen Zerstörer HMAS NESTOR mit 51 Mann Besatzung versenkt.

U 128

- IX C, AG Weser, Bremen, Kiellegung: 10. 7. 1940, Stapellauf: 20. 2. 1942, Indienststellung: 12. 5. 1942.
- Technische Daten – siehe U 66.
- 12 Schiffe mit 83.639 BRT versenkt.
  U 128 wird am 17. 5. 1943 vor der brasilianischen Küste von zwei US-Kampfflugzeugen beschädigt und versenkt sich bei Annäherung der US-Zerstörer USS MOFFET und USS JOUETT selbst – sieben Tote, 47 Überlebende.

U 129

- IX C, AG Weser, Bremen, Kiellegung: 30. 7. 1940, Stapellauf: 28. 2. 1941, Indienststellung: 21. 5. 1941.
- Technische Daten – siehe U 66.
- 29 Schiffe mit 143.748 BRT versenkt.
  U 129 wird am 4. 7. 1944 in Lorient außer Dienst gestellt, am 18. 8. 1944 selbst versenkt, 1946 gehoben und verschrottet.

U 130

- IX C, AG Weser, Bremen, Kiellegung: 20. 8. 1940, Stapellauf: 14. 3. 1941, Indienststellung: 11. 6. 1941.
- Technische Daten – siehe U 66.
- 24 Schiffe mit 162.015 BRT versenkt, ein Schiff mit 6.986 BRT beschädigt.
- U 130 wird am 12. 3. 1943 westlich der Azoren am Konvoi UGS.6 vom Zerstörer USS CHAMPLAIN mit 53 Mann Besatzung versenkt.

U 131

- IX C, AG Weser, Bremen, Kiellegung: 1. 9. 1940, Stapellauf: 1. 4. 1941, Indienststellung: 1. 7. 1941.
- Technische Daten – siehe U 66.
- Ein Schiff mit 4.016 BRT versenkt.
  U 131 wird am 17. 12. 1941 vor Madeira/Portugal von den britischen Zerstörern HMS BLANKNEY, HMS EXMOOR und HMS STANLEY, der Korvette HMS PENTSTEMON und der Sloop HMS STORK zum Auftauchen gezwungen – alle 47 Besatzungsmitglieder werden gerettet. Unmittelbar vor seiner Versenkung kann U 131 noch ein britisches Marlet-Trägerflugzeug vom britischen Flugzeugträger HMS AUDACITY (ex HANNOVER) abschießen.

U 132

- VII C, Bremer Vulkan, Bremen-Vegesack, Kiellegung: 10. 8. 1940, Stapellauf: 10. 4. 1941, Indienststellung: 29. 5. 1941.
- Technische Daten – siehe U 69.
- Neun Schiffe mit 38.939 BRT versenkt, ein Schiff mit 6.690 BRT beschädigt.
  U 132 geht im Nordatlantik vermutlich durch die Explosion des Munitionsdampfers HATIMURA am Konvoi SC.107 mit 47 Besatzungsmitgliedern verloren.

U 133

- VII C, Bremer Vulkan, Bremen-Vegesack, Kiellegung: 21. 8. 1940, Stapellauf: 28. 4. 1941, Indienststellung: 5. 7. 1941.
- Technische Daten – siehe U 69.
- Ein Schiff mit 1.920 BRT versenkt.
  U 133 wird am 14. 3. 1942 im Mittelmeer vor Salamis/Griechenland durch eine Mine mit 45 Mann Besatzung versenkt.

U 134

- VII C, Bremer Vulkan, Bremen-Vegesack, Kiellegung: 6. 9. 1940, Stapellauf: 17. 5. 1941, Indienststellung: 26. 7. 1941.
- Technische Daten – siehe U 69.
- Drei Schiffe mit 12.147 BRT versenkt.
  U 134 wird am 24. 8. 1943 vor Vigo/Spanien von einem britischen Bomber mit 48 Mann Besatzung versenkt.

U 135

- VII C, Bremer Vulkan, Bremen-Vegesack, Kiellegung: 16. 9. 1940, Stapellauf: 12. 6. 1941, Indienststellung: 16. 8. 1941.
- Technische Daten – siehe U 69.
- Drei Schiffe mit 21.302 BRT versenkt, ein Schiff mit 4.762 BRT beschädigt.
  U 135 wird am 15. 7. 1943 im Atlantik von der britischen Sloop HMS ROCHESTER, den Korvetten HMS BALSAM und HMS MIGNETTE und einem US-Bomber zum Auftauchen gezwungen und von HMS MIGNETTE mit einem Rammstoß versenkt – fünf Tote, 41 Verletzte.

U 136

- VII C, Bremer Vulkan, Bremen-Vegesack, Kiellegung: 2. 10. 1940, Stapellauf: 5. 7. 1941, Indienststellung: 30. 8. 1941.
- Technische Daten – siehe U 69.
- Sieben Schiffe mit 25.499 BRT versenkt, ein Schiff mit 8.955 BRT beschädigt.

U 136 wird am 11. 7. 1942 westlich von Madeira/Portugal vom französischen Zerstörer LEOPARD, der britischen Fregatte HMS PELICAN und der Sloop HMS SPY mit 45 Mann Besatzung versenkt.

U 137

- II D, Deutsche Werke, Kiel, Kiellegung: 16. 11. 1939, Stapellauf: 18. 5. 1940, Indienststellung: 15. 6. 1940.
- Technische Daten: Verdrängung an der Oberfläche: 314 tons, getaucht: 364 tons, Abmessungen: 43,9 m x 4,9 m x 3,9 m, Antrieb: 700-PS-Diesel, 410-PS-Elektromotoren, Geschwindigkeit an der Oberfläche: 12,7 kn, getaucht: 7,4 kn, Reichweite an der Oberfläche: 5.650 sm bei 8 kn, getaucht: 56 sm bei 4 kn, Besatzung: 22–24 Mann, Tauchtiefe: 150 m, Bewaffnung: 5 Torpedos, 3 Torpedorohre vorn, 12 Minen.
- Sechs Schiffe mit 24.136 BRT versenkt, zwei Schiffe mit 15.469 BRT beschädigt.
  U 137 wird am 5. 5. 1945 in der Raederschleuse in Wilhelmshaven selbst versenkt, später gehoben und verschrottet.

U 138

- II D, Deutsche Werke, Kiel, Kiellegung: 16. 11. 1939, Stapellauf: 18. 5. 1940, Indienststellung: 27. 6. 1940.
- Technische Daten – siehe U 137.
- Sechs Schiffe mit 48.564 BRT versenkt, ein Schiff mit 6.993 BRT beschädigt.
  U 138 wird am 18. 6. 1941 westlich von Cadiz/Spanien von den britischen Zerstörern HMS FAULKNOR, HMS FEARLESS, HMS FORESTER, HMS FORESIGHT und HMS FOXHOUND zum Auftauchen gezwungen und versenkt sich selbst – alle 28 Besatzungsmitglieder überleben.

U 139

- II D, Deutsche Werke, Kiel, Kiellegung: 20. 11. 1939, Stapellauf: 28. 6. 1940, Indienststellung: 24. 7. 1940.
- Technische Daten – siehe U 137.
- U 139 wird am 5. 5. 1945 in der Raederschleuse in Wilhelmshaven selbst versenkt, später gehoben und verschrottet.

U 140

- II D, Deutsche Werke, Kiel, Kiellegung: 16. 11. 1939, Stapellauf: 28. 6. 1940, Indienststellung: 7. 8. 1940.
- Technische Daten – siehe U 137.
- Vier Schiffe mit 12.594 BRT versenkt.
  U 140 versenkt am 27. 7. 1941 das sowjetische U-Boot M 94 in der Ostsee. U 140 wird am 5. 5. 1945 in der Raederschleuse in Wilhelmshaven selbst versenkt, später gehoben und verschrottet.

U 141

- II D, Deutsche Werke, Kiel, Kiellegung: 12 .12. 1939, Stapellauf: 27. 7. 1940, Indienststellung: 21. 8. 1940.
- Technische Daten – siehe U 137.
- Vier Schiffe mit 6.801 BRT versenkt, ein Schiff mit 5.133 BRT beschädigt.
  U 141 wird am 5. 5. 1945 in der Raederschleuse in Wilhelmshaven selbst versenkt, später gehoben und verschrottet.

U 142

- II D, Deutsche Werke, Kiel, Kiellegung: 12. 12. 1939, Stapellauf: 27. 7. 1940, Indienststellung: 4. 9. 1940.
- Technische Daten – siehe U 137.
- U 142 wird am 5. 5. 1945 in der Raederschleuse in Wilhelmshaven selbst versenkt, später gehoben und verschrottet.

U 143

- II D, Deutsche Werke, Kiel, Kiellegung: 3. 1. 1940, Stapellauf: 10. 8. 1940, Indienststellung: 18. 9. 1940.
- Technische Daten – siehe U 137.
- Ein Schiff mit 1.409 BRT versenkt.
  U 143 kapituliert in Wilhelmshaven am 8. 5. 1945, wird nach Loch Ryan/Schottland am 30. 6. 1945 zur Versenkungsoperation »Deadlight« geschleppt und am 22. 12. 1945 versenkt.

U 144

- II D, Deutsche Werke, Kiel, Kiellegung: 10. 1. 1940, Stapellauf: 24. 8. 1940, Indienststellung: 2. 10. 1940.
- Technische Daten – siehe U 137.
- U 144 versenkt am 23. 6. 1941 das sowjetische U-Boot M 78 in der Ostsee. U 144 selbst wird durch Torpedotreffer des sowjetischen U-Bootes SC 307 (TRESKA) am 10. 8. 1941 im Finnischen Meerbusen mit 28 Besatzungsmitgliedern versenkt.

U 145

- II D, Deutsche Werke, Kiel, Kiellegung: 29. 3. 1940, Stapellauf: 21. 9. 1940, Indienststellung: 16. 10. 1940.
- Technische Daten – siehe U 137.
- U 145 kapituliert in Wilhelmshaven am 8. 5. 1945, wird am 30. 6. 1945 nach Loch Ryan/Schottland zur Versenkungsoperation »Deadlight« geschleppt und am 22. 12. 1945 versenkt.

U 146

- II D, Deutsche Werke, Kiel, Kiellegung: 30. 3. 1940, Stapellauf: 21. 9. 1940, Indienststellung: 30. 10. 1940.
- Technische Daten – siehe U 137.
- Ein Schiff mit 3.496 BRT versenkt.
  U 146 wird am 5. 5. 1945 in der Raederschleuse in Wilhelmshaven selbst versenkt, später gehoben und verschrottet.

U 147

- II D, Deutsche Werke, Kiel, Kiellegung: 10. 4. 1940, Stapellauf: 16. 11. 1940, Indienststellung: 11. 12. 1940.
- Technische Daten – siehe U 137.
- Drei Schiffe mit 8.636 BRT versenkt, ein Schiff mit 4.996 BRT beschädigt.
  U 147 wird am 2. 6. 1941 nordwestlich von Irland vom britischen Zerstörer HMS WANDERER und der Korvette HMS PERIWINKLE mit 26 Mann Besatzung versenkt.

U 148

- II D, Deutsche Werke, Kiel, Kiellegung: 10. 4. 1940, Stapellauf: 16. 11. 1940, Indienststellung: 28. 12. 1940.
- Technische Daten – siehe U 137.
- U 148 wird am 5. 5. 1945 in der Raederschleuse in Wilhelmshaven selbst versenkt, später gehoben und verschrottet.

U 149

- II D, Deutsche Werke, Kiel, Kiellegung: 25. 5. 1940, Stapellauf: 19. 10. 1940, Indienststellung: 13. 11. 1940.
- Technische Daten – siehe U 137.
- U 149 versenkt am 28. 6. 1941 das sowjetische U-Boot M 101 in der Ostsee.
  U 149 kapituliert am 8. 5. 1945 in Wilhelmshaven, wird nach Loch Ryan/Schottland am 30. 6. 1945 zur Versenkungsoperation »Deadlight« geschleppt und am 21. 12. 1945 versenkt.

U 150

- II D, Deutsche Werke, Kiel, Kiellegung: 25. 5. 1940, Stapellauf: 19. 10. 1940, Indienststellung: 27. 11. 1940.
- Technische Daten – siehe U 137.
- U 150 kapituliert am 8. 5. 1945 in Wilhelmshaven, wird am 30. 6. 1945 nach Loch Ryan/Schottland zur Versenkungsoperation »Deadlight« geschleppt und am 22. 10. 1947 bei Manövern der kanadischen Marine versenkt.

U 151

- II D, Deutsche Werke, Kiel, Kiellegung: 6. 7. 1940, Stapellauf: 14. 12. 1940, Indienststellung: 15. 1. 1941.
- Technische Daten – siehe U 137.
- U 151 wird am 5. 5. 1945 in der Raederschleuse in Wilhelmshaven selbst versenkt, später gehoben und verschrottet.

U 152
- II D, Deutsche Werke, Kiel, Kiellegung: 6. 7. 1940, Stapellauf: 14. 12. 1940, Indienststellung: 29. 1. 1941.
- Technische Daten – siehe U 137.
- U 152 wird am 5. 5. 1945 in der Raederschleuse in Wilhelmshaven selbst versenkt, später gehoben und verschrottet.

U 153
- IX C, AG Weser, Bremen, Kiellegung: 12. 9. 1940, Stapellauf: 5. 4. 1941, Indienststellung: 19. 7. 1941.
- Technische Daten – siehe U 66.
- Drei Schiffe mit 16.186 BRT versenkt.
  U 153 wird am 13. 7. 1942 vor Colon/Panama vom US-Zerstörer USS LANDSDOWNE mit 52 Mann Besatzung versenkt.

U 154
- IX C, AG Weser, Bremen, Kiellegung: 21. 9. 1940, Stapellauf: 21. 4. 1941, Indienststellung: 2. 8. 1941.
- Technische Daten – siehe U 66.
- Zehn Schiffe mit 54.882 BRT versenkt, zwei Schiffe mit 15.771 BRT beschädigt.
  U 154 wird am 3. 7. 1944 westlich von Madeira/Portugal von den US-Zerstörern USS FORST und USS INCH mit 57 Besatzungsmitgliedern versenkt.

U 155
- IX C, AG Weser, Bremen, Kiellegung: 1. 10. 1940, Stapellauf: 12. 5. 1941, Indienststellung: 23. 8. 1941.
- Technische Daten – siehe U 66.
- 26 Schiffe mit 140.449 BRT versenkt, ein Schiff mit 6.736 BRT beschädigt.
  U 155 kapituliert am 8. 5. 1945 in Wilhelmshaven, wird am 30. 6. 1945 nach Loch Ryan/Schottland zur Versenkungsoperation »Deadlight« geschleppt und am 21. 12. 1945 versenkt.

U 156
- IX C, AG Weser, Bremen, Kiellegung: 11. 10. 1940, Stapellauf: 21. 5. 1941, Indienststellung: 4. 9. 1941.
- Technische Daten – siehe U 66.
- 20 Schiffe mit 97.205 BRT versenkt, vier Schiffe mit 20.001 BRT beschädigt.
  U 156 versenkt am 12. 9. 1942 das Passagierschiff LACONIA vor der afrikanischen Westküste. Das Boot wird am 8. 3. 1943 vor Barbados von einem amerikanischen Kampfflugzeug mit 53 Besatzungsmitgliedern versenkt.

U 157
- IX C, AG Weser, Bremen, Kiellegung: 21. 10. 1940, Stapellauf: 5. 6. 1941, Indienststellung: 15. 9. 1941.
- Technische Daten – siehe U 66.
- Ein Schiff mit 6.402 BRT versenkt.
  U 157 wird am 13. 6. 1942 vor Havanna/Cuba vom US-Küstenwachkutter USS THETIS mit 52 Besatzungsmitgliedern versenkt.

U 158
- IX C, AG Weser, Bremen, Kiellegung: 1. 11. 1940, Stapellauf: 21. 6. 1941, Indienststellung: 25. 9. 1941.
- Technische Daten – siehe U 66.
- 17 Schiffe mit 101.321 BRT versenkt, zwei Schiffe mit 15.264 BRT beschädigt.
- U 158 wird am 30. 6. 1942 westlich der Bermudas von einem US-Flugzeug mit 54 Besatzungsmitgliedern versenkt.

U 159
- IX C, AG Weser, Bremen, Kiellegung: 11. 11. 1940, Stapellauf: 1. 7. 1941, Indienststellung: 4. 10. 1941.
- Technische Daten – siehe U 66.
- 23 Schiffe mit 119.684 BRT versenkt, ein Schiff mit 265 BRT beschädigt.
  U 159 wird am 28. 7. 1943 südlich von Haiti von einem amerikanischen Kampfflugzeug mit 53 Besatzungsmitgliedern versenkt.

U 160
- IX C, AG Weser, Bremen, Kiellegung: 21. 11. 1940, Stapellauf: 12. 7. 1941, Indienststellung: 16. 10. 1941.
- Technische Daten – siehe U 66.
- 26 Schiffe mit 156.082 BRT versenkt, fünf Schiffe mit 34.419 BRT beschädigt.
  Am 14. 12. 1941 sterben sieben Besatzungsmitglieder von U 160 in Danzig bei einem Feuer an Bord. U 160 wird am 14. 7. 1943 südlich der Azoren von Kampfflugzeugen des amerikanischen Geleitträgers USS SANTEE mit 57 Besatzungsmitgliedern versenkt.

U 161
- IX C, Seebeck, Bremen, Kiellegung: 23. 3. 1940, Stapellauf: 1. 3. 1941, Indienststellung: 8. 7. 1941.
- Technische Daten – siehe U 66.
- Fünf Schiffe mit 64.842 BRT versenkt, sechs Schiffe mit 41.122 BRT beschädigt.
  U 161 wird am 27. 9. 1943 vor Bahia von einem US-Kampfflugzeug mit 53 Besatzungsmitgliedern versenkt.

U 162
- IX C, Seebeck, Bremen, Kiellegung: 19. 4. 1940, Stapellauf: 1. 3. 1941, Indienststellung: 9. 9. 1941.
- Technische Daten – siehe U 66.
- 14 Schiffe mit 82.027 BRT versenkt.
- U 162 wird am 3. 9. 1942 vor Trinidad von den britischen Zerstörern HMS PATHFINDER, HMS QUENTIN und HMS VIMY zum Auftauchen gezwungen und versenkt sich selbst – zwei Tote, 49 Überlebende.

U 163
- IX C, Seebeck, Bremen, Kiellegung: 8. 5. 1940, Stapellauf: 1. 3. 1941, Indienststellung: 21. 10. 1941.
- Technische Daten – siehe U 66.
- Vier Schiffe mit 17.011 BRT versenkt.
  U 163 wird am 13. 3. 1943 nordwestlich von Kap Finisterre am Konvoi MKS.9 von der kanadischen Korvette HMCS PRESCOTT mit 57 Besatzungsmitgliedern versenkt.

U 164
- IX C, Seebeck, Bremen, Kiellegung: 20. 6. 1940, Stapellauf: 1. 5. 1941, Indienststellung: 28. 11. 1941.
- Technische Daten – siehe U 66.
- Drei Schiffe mit 8.133 BRT versenkt.
  U 164 wird am 6. 1. 1943 westlich von Pernambuco von einem US-Kampfflugzeug versenkt – 54 Tote, 2 Überlebende.

U 165
- IX C, Seebeck, Bremen, Kiellegung: 30. 8. 1940, Stapellauf: 15. 8. 1941, Indienststellung: 3. 2. 1942.
- Technische Daten – siehe U 66.
- Drei Schiffe mit 8.754 BRT versenkt, vier Schiffe mit 21.751 BRT beschädigt.
  U 165 ist am 27. 9. 1942 in der Biskaya vermutlich nach einem Minentreffer mit 51 Besatzungsmitgliedern gesunken.

U 166
- IX C, Seebeck, Bremen, Kiellegung: 6. 12. 1940, Stapellauf: 1. 11. 1941, Indienststellung: 23. 3. 1942.
- Technische Daten – siehe U 66.
- Vier Schiffe mit 7.593 BRT versenkt.
  U 166 wird am 1. 8. 1942 im Golf von Mexiko vom US-Patrouillenboot PC-566 mit 52 Besatzungsmitgliedern versenkt. Das Wrack wird am 10. 6. 2001 rund 45 Seemeilen südlich der Mississippi-Mündung bei der Suche nach neuen Ölfeldern entdeckt. Es liegt auf dem Meeresgrund in unmittelbarer Nähe zum US-Frachtschiff ROBERT E. LEE, das U 166 kurz vor seiner eigenen Versenkung torpedierte.

U 167
- IX C/40, Seebeck, Bremen, Kiellegung: 12. 3. 1941, Stapellauf: 5. 3. 1942, Indienststellung: 4. 7. 1942.
- Technische Daten: Verdrängung an der Oberfläche: 1.144 tons, getaucht: 1.257 tons, Abmessungen: 76,7 m x 6,8 m x 4,7 m, Antrieb: 4.400-PS-Diesel, 1.000-PS-Elektromotoren, Geschwindigkeit an der Oberfläche: 18,3 kn, getaucht: 7,3 kn, Reichweite an der Oberfläche: 13.850 sm bei 10 kn, getaucht: 63 sm bei 4 kn, Besatzung: 48–56 Mann, Tauchtiefe 230 m, Bewaffnung: 22 Torpedos, sechs Torpedorohre (4 vorne, 2 achtern), 44 Minen, Geschütz.
- Ein Schiff mit 4.621 BRT versenkt, ein Schiff mit 7.200 BRT beschädigt.
  U 167 wird am 5. 4. 1943 nahe der Kanarischen Inseln so schwer durch Fliegerangriffe beschädigt, dass der Kommandant befiehlt, das Boot zu versenken. Fischer retten die Besatzung, die anschließend an Bord des deutschen Frachtschiffes CORRIENTES interniert wird. Bereits einige Tage später übernimmt U 455 (48 Mann Besatzung) die 52-köpfige Besatzung von U 167. Auf dem Weg zur französischen Basis trifft U 455 die Boote U 154, U 159 und U 518 und verteilt seine »Gäste« auf diese Boote.
  U 167 wird 1951 gehoben, zum spanischen Festland geschleppt und für Filmaufnahmen verwendet. Später wird das Boot verschrottet.

U 168
- IX C/40, Seebeck, Bremen, Kiellegung: 15. 3. 1941, Stapellauf: 5. 3. 1942, Indienststellung: 10. 9. 1942.
- Technische Daten – siehe U 167.
- Drei Schiffe mit 8.008 BRT versenkt, ein Schiff mit 9.804 BRT beschädigt.
  U 168 wird am 6. 10. 1944 in der Javasee durch einen Torpedo des niederländischen U-Bootes ZWAARDVISCH versenkt – 23 Tote, 26 Überlebende.

U 169
- IX C/40, Seebeck, Bremen, Kiellegung: 15. 5. 1941, Stapellauf: 6. 6. 1942, Indienststellung: 16. 11. 1942.
- Technische Daten – siehe U 167.
- U 169 wird am 27. 3. 1943 südlich von Island am Konvoi SC.123 von einem britischen Bomber mit 54 Besatzungsmitgliedern versenkt.

U 170
- IX C/40, Seebeck, Bremen, Kiellegung: 21. 5. 1941, Stapellauf: 6. 6. 1942, Indienststellung: 19. 1. 1943.
- Technische Daten – siehe U 167.
- Ein Schiff mit 4.663 BRT versenkt.

U 170 kapituliert am 8. 5. 1945 in Horten/Norwegen, wird nach Loch Ryan/Schottland am 29. 5. 1945 zur Versenkungsoperation »Deadlight« verlegt und am 30. 11. 1945 versenkt.

U 171
- IX C, AG Weser, Bremen, Kiellegung: 1. 12. 1940, Stapellauf: 22. 7. 1941, Indienststellung: 25. 10. 1941.
- Technische Daten – siehe U 66.
- Drei Schiffe mit 17.641 BRT versenkt.
  U 171 sinkt am 9. 10. 1942 vor Lorient/Frankreich nach einem Minentreffer – 22 Tote, 30 Überlebende.

U 172
- IX C, AG Weser, Bremen, Kiellegung: 11. 12. 1940, Stapellauf: 31. 7. 1942, Indienststellung: 5. 11. 1942.
- Technische Daten – siehe U 66.
- 26 Schiffe mit 152.778 BRT versenkt.
  U 172 wird am 13. 12. 1943 westlich der Kanarischen Inseln von Kampfflugzeugen des US-Geleitträgers USS BOGUE sowie von den Zerstörern USS GEORGE E. BADGER, USS CLEMSON, USS OSMOND INGRAM und USS DU PONT zum Auftauchen gezwungen und selbst versenkt – 13 Tote, 46 Überlebende.

U 173
- IX C, AG Weser, Bremen, Kiellegung: 21. 12. 1940, Stapellauf: 11. 8. 1941, Indienststellung: 15. 11. 1941.
- Technische Daten – siehe U 66.
- Ein Schiff mit 9.359 BRT versenkt, drei Schiffe mit 20.343 BRT beschädigt.
  U 173 wird am 16. 11. 1942 vor Casablanca durch Wasserbomben der Zerstörer USS QUICK, USS SWANSON und USS WOOLSEY mit 57 Besatzungsmitgliedern versenkt.

U 174
- IX C, AG Weser, Bremen, Kiellegung: 2. 1. 1941, Stapellauf: 21. 8. 1941, Indienststellung: 26. 11. 1941.
- Technische Daten – siehe U 66.
- Fünf Schiffe mit 30.813 BRT versenkt.
  U 174 wird am 27. 4. 1943 südlich von Neufundland von einem US-Bomber mit 53 Besatzungsmitgliedern versenkt.

U 175
- IX C, AG Weser, Bremen, Kiellegung: 30. 1. 1941, Stapellauf: 2. 9. 1941, Indienststellung: 5. 12. 1941.
- Technische Daten – siehe U 66.
- Zehn Schiffe mit 40.603 BRT versenkt.

U 175 wird am 17. 4. 1943 südwestlich von Irland am Konvoi HX.233 vom Küstenwachkutter USS SPENCER zum Auftauchen gezwungen und selbst versenkt – 13 Tote, 41 Überlebende.

U 176
- IX C, AG Weser, Bremen, Kiellegung: 6. 2. 1941, Stapellauf: 12. 9. 1941, Indienststellung: 15. 12. 1941.
- Technische Daten – siehe U 66.
- Elf Schiffe mit 53.307 BRT versenkt.
  U 176 wird am 15. 5. 1943 nordöstlich von Havanna/Kuba von einem US-Kampfflugzeug und dem kubanischen Patrouillenboot SC 13 mit 53 Besatzungsmitgliedern versenkt.

U 177
- IX D, AG Weser, Bremen, Kiellegung: 25. 11. 1940, Stapellauf: 1. 10. 1941, Indienststellung: 14. 3. 1942.
- Technische Daten: Verdrängung an der Oberfläche: 1.616 tons, getaucht: 1.804 tons, Abmessungen: 87,6 m x 7,5 m x 5,4 m, Antrieb: 4.400-PS-Diesel, 1.000-PS-Elektromotoren, Geschwindigkeit an der Oberfläche: 19,2 kn, getaucht: 6,9 kn, Reichweite an der Oberfläche: 23.700 sm bei 12 kn, getaucht: 57 sm bei 4 kn, Besatzung: 55–63 Mann, Tauchtiefe: 230 m, Bewaffnung: 24 Torpedos, 6 Torpedorohre (4 vorne, 2 achtern), 48 Minen, Geschütz.
- 14 Schiffe mit 87.388 BRT versenkt, ein Schiff mit 2.588 BRT beschädigt.
  U 177 wird am 6. 2. 1944 westlich von Ascension von einem US-Kampfflugzeug versenkt – 50 Tote, 15 Überlebende.

U 178
- IX D, AG Weser, Bremen, Kiellegung: 24. 12. 1940, Stapellauf: 25. 10. 1941, Indienststellung: 14. 2. 1942.
- Technische Daten – siehe U 177.
- 13 Schiffe mit 87.030 BRT versenkt, ein Schiff mit 6.348 BRT beschädigt.
  U 178 wird am 20. 8. 1944 außer Dienst gestellt, am 25. 8. 1944 im U-Boot-Bunker von Bordeaux selbst versenkt, 1947 gehoben und verschrottet.

U 179
- IX D, AG Weser, Bremen, Kiellegung: 15. 1. 1941, Stapellauf: 18. 11. 1941, Indienststellung: 7. 3. 1942.
- Technische Daten – siehe U 177.
- Ein Schiff mit 6.558 BRT versenkt.
  U 179 wird am 8. 10. 1942 vor Kapstadt/Südafrika vom britischen Zerstörer HMS ACTIVE mit 61 Mann Besatzung versenkt.

U 180
- IX D, AG Weser, Bremen, Kiellegung: 25. 2. 1941, Stapellauf: 10. 12. 1941, Indienststellung: 16. 5. 1942.
- Technische Daten – siehe U 177.
- Zwei Schiffe mit 13.298 BRT versenkt.
  U 180 wird nach dem 24. 8. 1944 in der Biskaya mit 56 Besatzungsmitgliedern vermisst.

U 181
- IX D, AG Weser, Bremen, Kiellegung: 15. 3. 1941, Stapellauf: 30. 12. 1941, Indienststellung: 9. 5. 1942.
- Technische Daten – siehe U 177.
- 27 Schiffe mit 138.779 BRT versenkt.
  U 181 wird am 6. 5. 1945 von Japan übernommen und als I-501 am 15. 7. 1945 in Dienst gestellt. Es kapituliert im August 1945 in Singapur und wird am 16. 2. 1946 von den britischen Fregatten HMS LOCH GLENDHU und HMS LOCH LOMOND versenkt.

U 182
- IX D, AG Weser, Bremen, Kiellegung: 27. 4. 1941, Stapellauf: 3. 3. 1942, Indienststellung: 30. 6. 1942.
- Technische Daten – siehe U 177.
- Fünf Schiffe mit 53.071 BRT versenkt.
  U 182 wird am 16. 5. 1943 nordwestlich von Madeira vom Zerstörer USS MACKENZIE mit 61 Mann Besatzung versenkt.

U 183
- IX C/40, AG Weser, Bremen, Kiellegung: 28. 5. 1941, Stapellauf: 9. 1. 1942, Indienststellung: 1. 4. 1942.
- Technische Daten – siehe U 167.
- Fünf Schiffe mit 26.253 BRT versenkt.
  U 183 wird am 23. 4. 1945 in der Javasee durch einen Torpedo des amerikanischen Unterseebootes USS BESUGO versenkt – 54 Tote, ein Überlebender.

U 184
- IX C/40, AG Weser, Bremen, Kiellegung: 10. 6. 1941, Stapellauf: 21. 2. 1942, Indienststellung: 29. 5. 1942.
- Technische Daten – siehe U 167.
- Ein Schiff mit 3.192 BRT versenkt.
  U 184 wird mit 50 Mann Besatzung nach dem 20. 11. 1942 im Nordatlantik vermisst.

U 185
- IX C/40, AG Weser, Bremen, Kiellegung: 1. 7. 1941, Stapellauf: 2. 3. 1942, Indienststellung: 13. 6. 1942.
- Technische Daten – siehe U 167.
- Neun Schiffe mit 62.761 BRT versenkt, ein Schiff mit 6.840 BRT beschädigt.

U 185 wird am 24. 8. 1943 im Atlantik von Flugzeugen des amerikanischen Geleitträgers USS CORE versenkt – 29 Tote, 22 Überlebende. Unter den Toten 14 Besatzungsmitglieder von U 604, die U 185 am 11. 8. 1943 im Südatlantik nach der Selbstversenkung des Bootes aufgenommen hat.

U 186
- IX C/40, AG Weser, Bremen, Kiellegung: 24. 7. 1941, Stapellauf: 11. 3. 1942, Indienststellung: 10. 7. 1942.
- Technische Daten – siehe U 167.
- Drei Schiffe mit 18.782 BRT versenkt.
  U 186 wird am 12. 5. 1943 nördlich der Azoren am Konvoi SC.129 vom britischen Zerstörer HMS HESPERUS mit 53 Mann Besatzung versenkt.

U 187
- IX C/40, AG Weser, Bremen, Kiellegung: 6. 8. 1941, Stapellauf: 16. 3. 1942, Indienststellung: 23. 7. 1942.
- Technische Daten – siehe U 167.
- U 187 wird am 4. 2. 1943 im Nordatlantik am Konvoi SC.118 von den britischen Zerstörern HMS BEVERLEY und HMS VIMY zum Auftauchen gezwungen und versenkt sich selbst – neun Tote, 45 Überlebende.

U 188
- IX C/40, AG Weser, Bremen, Kiellegung: 18. 8. 1941, Stapellauf: 31. 3. 1942, Indienststellung: 5. 8. 1942.
- Technische Daten – siehe U 167.
- Neun Schiffe mit 50.915 BRT versenkt, ein Schiff mit 9.977 BRT beschädigt.
  U 188 wird am 20. 8. 1944 in der U-Boot-Basis Bordeaux selbst versenkt, 1947 gehoben und verschrottet.

U 189
- IX C/40, AG Weser, Bremen, Kiellegung: 12. 9. 1941, Stapellauf: 1. 5. 1942, Indienststellung: 15. 8. 1942.
- Technische Daten – siehe U 167.
- U 189 wird am 23 4. 1943 östlich von Grönland von einem britischen Bomber mit 54 Mann Besatzung versenkt.

U 190
- IX C/40, AG Weser, Bremen, Kiellegung: 7. 10. 1941, Stapellauf: 8. 6. 1942, Indienststellung: 24. 9. 1942.
- Technische Daten – siehe U 167.
- Zwei Schiffe mit 7.605 BRT versenkt.
  U 190 kapituliert am 12. 5. 1945 in Kanada, die Mannschaft kommt in Halifax in Kriegsgefangenschaft. Im Juni 1945 wird U 190 offiziell in die kanadische Marine übernommen und unternimmt im Sommer 1945 eine

Präsentationstour durch die Häfen der Großen Seen. Danach dient das Boot bis Mitte 1947 als Trainingsfahrzeug. Am 21. 10. 1947 wird es als Zielschiff vor Neufundland versenkt.

U 191
- IX C/40, AG Weser, Bremen, Kiellegung: 2. 11. 1941, Stapellauf: 3. 7. 1942, Indienststellung: 20. 10. 1942.
- Technische Daten – siehe U 167.
- Ein Schiff mit 3.025 BRT versenkt.
  U 191 wird am 23. 4. 1943 vor Grönland am Konvoi ONS.4 vom britischen Zerstörer HMS HESPERUS und der britischen Korvette HMS CLEMATIS mit 55 Mann Besatzung versenkt.

U 192
- IX C/40, AG Weser, Bremen, Kiellegung: 27. 11. 1941, Stapellauf: 30. 7. 1942, Indienststellung: 16. 11. 1942.
- Technische Daten – siehe U 167.
- U 192 wird am 6. 5. 1943 im Nordatlantik von der britischen Korvette HMS LOOSESTRIFE mit 55 Mann Besatzung versenkt.

U 193
- IX C/40, AG Weser, Bremen, Kiellegung: 22. 12. 1941, Stapellauf: 24. 8. 1942, Indienststellung: 10. 12. 1942.
- Technische Daten – siehe U 167.
- Ein Schiff versenkt mit 10.172 BRT.
  U 193 wird nach dem 23. 4. 1944 mit 59 Mann Besatzung in der Biskaya vermisst.

U 194
- IX C/40, AG Weser, Bremen, Kiellegung: 17. 1. 1942, Stapellauf: 22. 9. 1942, Indienststellung: 8. 1. 1943.
- Technische Daten – siehe U 167.
- U 194 wird am 24. 6. 1943 im Nordatlantik von einem US-Bomber mit 54 Mann Besatzung versenkt.

U 195
- IX D, AG Weser, Bremen, Kiellegung: 15. 5. 1941, Stapellauf: 8. 4. 1942, Indienststellung: 5. 9. 1942.
- Technische Daten – siehe U 177.
- Zwei Schiffe mit 14.391 BRT versenkt, ein Schiff mit 6.797 BRT beschädigt.
- U 195 wird im 5. 1945 von Japan als I-506 übernommen, in Djakarta im August 1945 von den Alliierten beschlagnahmt und am 16. 2. 1946 von der britischen Navy versenkt.

U 196
- IX D, AG Weser, Bremen, Kiellegung: 10. 6. 1941, Stapellauf: 24. 4. 1942, Indienststellung: 11. 9. 1942.

- Technische Daten – siehe U 177.
- Drei Schiffe mit 17.739 BRT versenkt.
  U 196 wird nach dem 30. 11. 1944 mit 65 Mann Besatzung südlich von Java vermisst.

U 197
- IX D, AG Weser, Bremen, Kiellegung: 5. 7. 1941, Stapellauf: 21. 5. 1942, Indienststellung: 10. 10. 1942.
- Technische Daten – siehe U 177.
- Drei Schiffe mit 21.267 BRT versenkt, ein Schiff mit 7.181 BRT beschädigt.
  U 197 wird am 20. 8. 1943 südlich von Madagaskar von zwei britischen Bombern mit 67 Mann Besatzung versenkt.

U 198
- IX D, AG Weser, Bremen, Kiellegung: 1. 8. 1941, Stapellauf: 15. 6. 1942, Indienststellung: 3. 11. 1942.
- Technische Daten – siehe U 177.
- Elf Schiffe mit 59.690 BRT versenkt.
  U 198 wird am 12. 8. 1944 vor den Seychellen von der britischen Fregatte HMS FINDHORN und der indischen Sloop HMIS GODAVARI mit 66 Mann esatzung versenkt.

U 199
- IX D, AG Weser, Bremen, Kiellegung: 10. 10. 1941, Stapellauf: 11. 7. 1942, Indienststellung: 28. 11. 1942.
- Technische Daten – siehe U 177.
- Ein Schiff versenkt mit 4.161 BRT.
  U 199 wird am 31. 7. 1943 östlich von Rio de Janeiro/Brasilien von US-Bombern versenkt – 49 Tote, 12 Überlebende.

U 200
- IX D, AG Weser, Bremen, Kiellegung: 23. 11. 1941, Stapellauf: 10. 8. 1942, Indienststellung: 22. 12. 1942.
- Technische Daten – siehe U 177.
- U 200 wird am 24. 6. 1943 südwestlich von Island von einem britischen Bomber mit 68 Mann Besatzung – darunter sieben Mann der Spezialeinheit »Brandenburg« – versenkt.

U 201
- VII C, Germaniawerft, Kiel, Kiellegung: 20. 1. 1940, Stapellauf: 7. 12. 1940, Indienststellung: 25. 1. 1941.
- Technische Daten – siehe U 69.
- 25 Schiffe mit 111.073 BRT versenkt, zwei Schiffe mit 13.386 BRT beschädigt.
  U 201 wird am 17. 2. 1943 im Nordatlantik am Konvoi ONS.165 vom britischen Zerstörer HMS VISCOUNT mit 49 Mann Besatzung versenkt.

U 202
- VII C, Germaniawerft, Kiel, Kiellegung: 18. 3. 1940, Stapellauf: 10. 2. 1941, Indienststellung: 22. 3. 1941.
- Technische Daten – siehe U 69.
- Neun Schiffe mit 34.615 BRT versenkt, fünf Schiffe mit 42.618 BRT beschädigt.
  U 202 landet am 12. 6. 1942 eine vierköpfige Spionagegruppe in Long Island/USA an, eine zweite Gruppe wird von U 584 abgesetzt.
  U 202 wird am 1. 6. 1943 südöstlich von Grönland von der britischen Sloop HMS STARLING versenkt – 18 Tote, 30 Überlebende.

U 203
- VII C, Germaniawerft, Kiel, Kiellegung: 28. 3. 1940, Stapellauf: 4. 1. 1941, Indienststellung: 18. 2. 1941.
- Technische Daten – siehe U 69.
- 22 Schiffe mit 94.660 BRT versenkt, drei Schiffe mit 17.052 BRT beschädigt.
  U 203 wird am 25. 4. 1943 südlich von Grönland von Kampfflugzeugen des britischen Geleitträgers HMS BITER und vom Zerstörer HMS PATHFINDER zum Auftauchen gezwungen und versenkt sich selbst – zehn Tote, 38 Überlebende.

U 204
- VII C, Germaniawerft, Kiel, Kiellegung: 22. 4. 1940, Stapellauf: 23. 1. 1941, Indienststellung: 8. 3. 1941.
- Technische Daten – siehe U 69.
- Fünf Schiffe mit 18.420 BRT versenkt.
  U 204 wird am 19. 10. 1941 vor Tanger in der Straße von Gibraltar von der britischen Korvette HMS MALLOW und der Sloop HMS ROCHESTER mit 46 Mann Besatzung versenkt.

U 205
- VII C, Germaniawerft, Kiel, Kiellegung: 19. 6. 1940, Stapellauf: 20. 3. 1941, Indienststellung: 3. 5. 1941.
- Technische Daten – siehe U 69.
- Zwei Schiffe mit 8.073 BRT versenkt.
  U 205 wird am 17. 2. 1943 im Mittelmeer am Konvoi TX.1 von einem britischen Bomber sowie dem Zerstörer HMS PALADIN zum Auftauchen gezwungen, ein Enterkommando sichert wichtiges Geheimmaterial und angeblich die Verschlüsselungsmaschine Enigma, danach sinkt das Boot – acht Tote, 42 Überlebende.

U 206
- VII C, Germaniawerft, Kiel, Kiellegung: 17. 6. 1940, Stapellauf: 4. 4. 1941, Indienststellung: 17. 5. 1941.
- Technische Daten – siehe U 69.

- Drei Schiffe mit 4.208 BRT versenkt.
  U 206 wird nach dem 29. 11. 1941 in der Biskaya mit 46 Mann Besatzung vermisst.

U 207
- VII C, Germaniawerft, Kiel, Kiellegung: 14. 8. 1940, Stapellauf: 24. 4. 1941, Indienststellung: 7. 6. 1941.
- Technische Daten – siehe U 69.
- Drei Schiffe mit 11.285 BRT versenkt.
  U 207 wird am 11. 9. 1941 südöstlich von Grönland von den britischen Zerstörern HMS LEAMINGTON und HMS VETERAN mit 41 Mann Besatzung versenkt.

U 208
- VII C, Germaniawerft, Kiel, Kiellegung: 5. 8. 1940, Stapellauf: 21. 5. 1941, Indienststellung: 5. 7. 1941.
- Technische Daten – siehe U 69.
- Ein Schiff versenkt mit 3.872 BRT.
  U 208 wird am 7. 12. 1941 westlich von Gibraltar von den britischen Zerstörern HMS HARVESTER und HMS HESPERUS mit 45 Mann Besatzung versenkt.

U 209
- VII C, Germaniawerft, Kiel, Kiellegung: 28. 11. 1940, Stapellauf: 28. 8. 1941, Indienststellung: 11. 10. 1941.
- Technische Daten – siehe U 69.
- Vier Schiffe mit 1.356 BRT versenkt.
  U 209 wird am 6. 5. 1943 zuletzt von U 954 mit schweren Beschädigungen nach Bombenangriffen gesichtet. Das Boot wird nach dem 7. 5. 1943 im Nordatlantik mit 46 Mann Besatzung vermisst.

U 210
- VII C, Germaniawerft, Kiel, Kiellegung: 15. 3. 1941, Stapellauf: 23. 12. 1941, Indienststellung: 21. 2. 1942.
- Technische Daten – siehe U 69.
- U 210 wird am 6. 8. 1942 südlich von Grönland durch Artillerie, Wasserbomben und Rammstoß des kanadischen Zerstörers HMCS ASSINIBOINE versenkt – sechs Tote, 37 Überlebende.

U 211
- VII C, Germaniawerft, Kiel, Kiellegung: 29. 3. 1941, Stapellauf: 15. 1. 1942, Indienststellung: 7. 3. 1942.
- Technische Daten – siehe U 69.
- Zwei Schiffe mit 12.587 BRT versenkt, zwei Schiffe mit 20.646 BRT beschädigt.
  U 211 wird am 18. 11. 1943 östlich der Azoren von einem britischen Bomber mit 54 Mann Besatzung versenkt.

U 212

- VII C, Germaniawerft, Kiel, Kiellegung: 17. 5. 1941, Stapellauf: 11. 3. 1942, Indienststellung: 25. 4. 1942.
- Technische Daten – siehe U 69.
- U 212 wird am 21. 7. 1944 im Ärmelkanal von den britischen Fregatten HMS CURZON und HMS EKINS mit 49 Mann Besatzung versenkt.

U 213

- VII D, Germaniawerft, Kiel, Kiellegung: 1. 10. 1940, Stapellauf: 24. 7. 1941, Indienststellung: 30. 8. 1941.
- Technische Daten: Verdrängung an der Oberfläche: 965 tons, getaucht: 1.080 tons, Abmessungen: 76,9 m x 6,4 m x 5,0 m, Antrieb: 3.200-PS-Diesel, 750-PS-Elektromotoren, Geschwindigkeit an der Oberfläche: 16,7 sm, getaucht: 7,3 sm, Reichweite an der Oberfläche: 11.200 sm bei 10 kn, getaucht: 69 sm bei 4 kn, Tauchtiefe: 200 m, Besatzung: 52 Mann, Bewaffnung: 14 Torpedos, 4 Heck-, ein Bugtorpedorohr, 15 Minen, Geschütz.
- U 213 wird am 31. 7. 1942 östlich der Azoren von den britischen Sloops HMS ERNE, HMS ROCHESTER und HMS SANDWICH mit 50 Mann Besatzung versenkt.

U 214

- VII D, Germaniawerft, Kiel, Kiellegung: 5. 10. 1940, Stapellauf: 18. 9. 1941, Indienststellung: 1. 11. 1941.
- Technische Daten – siehe U 213.
- Vier Schiffe mit 19.791 BRT versenkt, zwei Schiffe mit 17.059 BRT beschädigt.
  U 214 wird am 26. 7. 1944 im Ärmelkanal von der britischen Fregatte HMS COOKE mit 48 Mann Besatzung versenkt.

U 215

- VII D, Germaniawerft, Kiel, Kiellegung: 15. 11. 1940, Stapellauf: 9. 10. 1941, Indienststellung: 22. 11. 1941.
- Technische Daten – siehe U 213.
- Ein Schiff versenkt mit 7.191 BRT.
  U 215 wird am 3. 7. 1942 vor der US-Ostküste vom britischen U-Jagd-Trawler LE TIGRE mit 48 Mann Besatzung versenkt. Das Boot wird im Sommer 2004 rund 200 Kilometer vor der Küste Neu-Schottlands geortet.

U 216

- VII D, Germaniawerft, Kiel, Kiellegung: 1. 1. 1941, Stapellauf: 23. 10. 1941, Indienststellung: 15. 12. 1941.
- Technische Daten – siehe U 213.
- Ein Schiff mit 4.989 BRT versenkt.
  U 216 wird am 20. 10. 1942 südwestlich von Irland von einem britischen Bomber mit 45 Mann Besatzung versenkt.

U 217

- VII D, Germaniawerft, Kiel, Kiellegung: 30. 1. 1941, Stapellauf: 15. 11. 1941, Indienststellung: 31. 1. 1942.
- Technische Daten – siehe U 213.
- Drei Schiffe mit 10.651 BRT versenkt.
  U 217 wird am 5. 6. 1943 im Atlantik von Kampfflugzeugen des amerikanischen Geleitträgers USS BOGUE mit 50 Mann Besatzung versenkt.

U 218

- VII D, Germaniawerft, Kiel, Kiellegung: 17. 3. 1941, Stapellauf: 5. 12. 1941, Indienststellung: 24. 1. 1942.
- Technische Daten – siehe U 213.
- Drei Schiffe mit 698 BRT versenkt, zwei Schiffe mit 14.538 BRT beschädigt.
  U 218 kapituliert am 8. 5. 1945 in Bergen/Norwegen, wird zur Versenkungsoperation »Deadlight« nach Loch Ryan/Schottland verlegt und am 4. 12. 1945 versenkt.

U 219

- X B, Germaniawerft, Kiel, Kiellegung: 31. 5. 1941, Stapellauf: 6. 10. 1942, Indienststellung: 12. 12. 1942.
- Technische Daten – siehe U 116.
- U 219 wird am 8. 5. 1945 in Batavia von Japan übernommen und als I-505 am 15. 7. 1945 in Dienst gestellt. Das Boot kapituliert im August 1945 in Djakarta und wird am 16. 2. 1946 von der britischen Marine versenkt.

U 220

- X B, Germaniawerft, Kiel, Kiellegung: 16. 6. 1941, Stapellauf: 6. 1. 1943, Indienststellung: 27. 3. 1943.
- Technische Daten – siehe U 116.
- Zwei Schiffe mit 7.199 BRT versenkt.
  U 220 wird am 28. 10. 1943 im Nordatlantik von drei Kampfflugzeugen des amerikanischen Geleitträgers USS BLOCK ISLAND mit 56 Mann Besatzung versenkt.

U 221

- VII C, Germaniawerft, Kiel, Kiellegung: 16. 6. 1941, Stapellauf: 14. 3. 1942, Indienststellung: 9. 5. 1942.
- Technische Daten – siehe U 69.
- 12 Schiffe mit 69.732 BRT versenkt, ein Schiff mit 7.197 BRT beschädigt.
  U 221 ist am 8. 12. 1942 südöstlich von Grönland an einer Kollision mit U 254 beteiligt – 41 Tote, vier Überlebende auf U 254, das nach dem Unfall sinkt. Die Überlebenden werden von U 221 gerettet.
  U 221 wird am 27. 9. 1943 südwestlich von Irland von einem britischen Bomber, der bei diesem Angriff abgeschossen wird, mit 50 Mann Besatzung versenkt.

U 222

- VII C, Germaniawerft, Kiel, Kiellegung: 16. 6. 1941, Stapellauf: 28. 3. 1942, Indienststellung: 23. 5. 1942.
- Technische Daten – siehe U 69.
- U 222 sinkt am 2. 9. 1942 in der Ostsee vor Pillau nach einer Kollision mit U 626 – 42 Tote, drei Überlebende.

U 223

- VII C, Germaniawerft, Kiel, Kiellegung: 15. 7. 1941, Stapellauf: 16. 4. 1942, Indienststellung: 6. 6. 1942.
- Technische Daten – siehe U 69.
- Fünf Schiffe mit 20.761 BRT versenkt.
  U 223 wird am 12. 5. 1943 vom britischen Zerstörer HMS HESPERUS gerammt und so schwer beschädigt, dass das Boot nicht mehr tauchen kann. U 359 und U 377 unterstützen U 223, damit das Boot in den Stützpunkt zurückkehren kann.
  U 223 wird am 30. 3. 1944 nördlich von Palermo von den britischen Einheiten HMS BLENCATHRA, HMS HAMBLEDON, HMS LAFOREY und HMS TUMULT zum Auftauchen gezwungen und versenkt sich selbst – 23 Tote, 27 Überlebende.

U 224

- VII C, Germaniawerft, Kiel, Kiellegung: 15. 7. 1941, Stapellauf: 7. 5. 1942, Indienststellung: 20. 6. 1942.
- Technische Daten – siehe U 69.
- Zwei Schiffe versenkt mit 9.535 BRT.
  U 224 wird am 13. 1. 1943 westlich von Algier von der kanadischen Korvette HMCS VILLE DE QUEBEC TUMULT zum Auftauchen gezwungen und durch Rammstoß versenkt – 45 Tote, ein Überlebender.

U 225

- VII C, Germaniawerft, Kiel, Kiellegung: 3. 9. 1941, Stapellauf: 28. 5. 1942, Indienststellung: 11. 7. 1942.
- Technische Daten – siehe U 69.
- Ein Schiff versenkt mit 5.273 BRT, vier Schiffe mit 24.672 BRT beschädigt.
  U 225 wird am 15. 2. 1943 im Nordatlantik von einem britischen Bomber mit 46 Mann Besatzung versenkt.

U 226

- VII C, Germaniawerft, Kiel, Kiellegung: 1. 8. 1941, Stapellauf: 18. 6. 1942, Indienststellung: 1. 8. 1942.
- Technische Daten – siehe U 69.
- Ein Schiff mit 7.134 BRT versenkt.
  U 226 wird am 6. 11. 1943 östlich von Neufundland von den britischen Sloops HMS KITE, HMS STARLING und HMS WOODCOCK mit 51 Mann Besatzung versenkt.

U 227

- VII C, Germaniawerft, Kiel, Kiellegung: 18. 10. 1941, Stapellauf: 9. 7. 1942, Indienststellung: 22. 8. 1942.
- Technische Daten – siehe U 69.
- U 227 wird am 30. 4. 1943 nördlich der Färöer von einem australischen Bomber mit 49 Mann Besatzung versenkt.

U 228

- VII C, Germaniawerft, Kiel, Kiellegung: 18. 10. 1941, Stapellauf: 30. 7. 1942, Indienststellung: 12. 9. 1942.
- Technische Daten – siehe U 69.
- U 228 sinkt am 4. 10. 1944 in Bergen/Norwegen nach Bombentreffern, wird gehoben, außer Dienst gestellt und verschrottet.

U 229

- VII C, Germaniawerft, Kiel, Kiellegung: 3. 11. 1941, Stapellauf: 20. 8. 1942, Indienststellung: 3. 10. 1942.
- Technische Daten – siehe U 69.
- Zwei Schiffe mit 8.352 BRT versenkt, ein Schiff mit 3.670 BRT beschädigt.
  U 229 wird am 22. 9. 1943 südöstlich von Grönland vom britischen Zerstörer HMS KEPPEL mit 50 Mann Besatzung versenkt.

U 230

- VII C, Germaniawerft, Kiel, Kiellegung: 25. 11. 1941, Stapellauf: 10. 9. 1942, Indienststellung: 24. 10. 1942.
- Technische Daten – siehe U 69.
- Vier Schiffe mit 6.453 BRT versenkt.
  U 230 läuft am 21. 8. 1944 vor Toulon/Frankreich auf Grund – 50 Überlebende, nach der Havarie wird das Boot von seiner Mannschaft gesprengt.

U 231

- VII C, Germaniawerft, Kiel, Kiellegung: 30. 1. 1942, Stapellauf: 1. 10. 1942, Indienststellung: 14. 11. 1942.
- Technische Daten – siehe U 69.
- U 231 wird am 13. 1. 1944 nordöstlich der Azoren von einem britischen Bomber zum Auftauchen gezwungen und versenkt sich selbst – sieben Tote, 43 Überlebende.

U 232

- VII C, Germaniawerft, Kiel, Kiellegung: 17. 1. 1942, Stapellauf: 15. 10. 1942, Indienststellung: 28. 11. 1942.
- Technische Daten – siehe U 69.
- Am 24. 2. 1943 kollidiert U 232 mit U 649 während einer Ausbildungsfahrt vor Danzig – U 649 sinkt – 35 Tote, 11 Überlebende.

U 232 wird am 8. 7. 1943 vor der portugiesischen Küste von einem US-Bomber mit 46 Mann Besatzung versenkt.

U 233
- X B, Germaniawerft, Kiel, Kiellegung: 15. 8. 1941, Stapellauf: 8. 5. 1943, Indienststellung: 22. 9. 1943.
- Technische Daten – siehe U 116.
- U 233 wird am 5. 7. 1944 vor Halifax/Kanada von den Zerstörern USS BAKER und USS THOMAS versenkt – 32 Tote, 29 Überlebende.

U 234
- X B, Germaniawerft, Kiel, Kiellegung: 1. 10. 1941, Stapellauf: 23. 12. 1943, Indienststellung: 2. 3. 1944.
- Technische Daten – siehe U 116.
- U 234 wird als Japan-Transportboot eingesetz. Am 16. 4. 1945 verlässt das Boot Norwegen mit Ziel Fernost. An Bord wertvolle Rohstoffe, Rüstungsgüter, zwei japanische Offiziere und deutsche Rüstungsexperten. Nach dem Befehl zur Kapitulation ändert das Boot seinen Kurs auf die USA, woraufhin sich die Japaner durch Einnahme von Gift das Leben nehmen. Die US-Marine übernimmt das Boot am 16. 5. 1945 in Portsmouth, New Hampshire, und versenkt es am 20. 11. 1947.

U 235
- VII C, Germaniawerft, Kiel, Kiellegung: 25. 2. 1942, Stapellauf: 9. 11. 1942, Indienststellung: 19. 12. 1942.
- Technische Daten – siehe U 69.
- U 235 wird am 14. 5. 1943 auf der Germaniawerft, Kiel, durch Bomben versenkt und später gehoben – zwei Tote. Am 14. 4. 1945 wird das Boot irrtümlich vom deutschen Torpedoboot T 17 im Kattegat mit 47 Mann Besatzung versenkt.

U 236
- VII C, Germaniawerft, Kiel, Kiellegung: 23. 3. 1942, Stapellauf: 24. 11. 1942, Indienststellung: 9. 1. 1943.
- Technische Daten – siehe U 69.
- U 236 wird am 4. 5. 1945 in der Ostsee nördlich der Insel Fünen von britischen Kampfflugzeugen beschädigt und am 6. 5. 1945 vor Schleimünde selbst versenkt.

U 237
- VII C, Germaniawerft, Kiel, Kiellegung: 23. 4. 1942, Stapellauf: 17. 12. 1942, Indienststellung: 30. 1. 1943.
- Technische Daten – siehe U 69.
- U 237 wird am 14. 5. 1943 auf der Germaniawerft in Kiel durch Angriffe von US-Bombern beschädigt. Das

Boot wird repariert, wieder in Dienst gestellt und am 4. 4. 1945 auf der Werft Deutsche Werke, Kiel, durch britische Kampfflugzeuge versenkt.

U 238
- VII C, Germaniawerft, Kiel, Kiellegung: 21. 4. 1942, Stapellauf: 7. 1. 1943, Indienststellung: 20. 2. 1943.
- Technische Daten – siehe U 69.
- Vier Schiffe mit 23.048 BRT versenkt, ein Schiff mit 7.176 BRT beschädigt. U 238 wird am 9. 2. 1944 südwestlich von Irland von den britischen Sloops HMS KITE, HMS MAGPIE und HMS STARLING mit 50 Mann Besatzung versenkt.

U 239
- VII C, Germaniawerft, Kiel, Kiellegung: 14. 5. 1942, Stapellauf: 28. 1. 1943, Indienststellung: 13. 3. 1943.
- Technische Daten – siehe U 69.
- U 239 wird am 24. 7. 1944 auf der Werft Deutsche Werke, Kiel, bei Angriffen von britischen Bombern beschädigt, am 5. 8. 1944 außer Dienst gestellt und verschrottet.

U 240
- VII C, Germaniawerft, Kiel, Kiellegung: 14. 5. 1942, Stapellauf: 18. 2. 1943, Indienststellung: 3. 4. 1943.
- Technische Daten – siehe U 69.
- U 240 wird nach dem 14. 5. 1944 in der Nordsee mit 50 Mann Besatzung vermisst.

U 241
- VII C, Germaniawerft, Kiel, Kiellegung: 4. 9. 1942, Stapellauf: 25. 6. 1943, Indienststellung: 24. 7. 1943.
- Technische Daten – siehe U 69.
- U 241 wird am 18. 5. 1944 nordöstlich der Färöer von einem britischen Bomber mit 51 Mann Besatzung versenkt.

U 242
- VII C, Germaniawerft, Kiel, Kiellegung: 30. 9. 1942, Stapellauf: 20. 7. 1943, Indienststellung: 14. 8. 1943.
- Technische Daten – siehe U 69.
- Drei Schiffe mit 2.595 BRT versenkt. U 242 läuft am 5. 4. 1945 in der Nordsee auf eine Mine und sinkt mit 44 Mann Besatzung.

U 243
- VII C, Germaniawerft, Kiel, Kiellegung: 28. 10. 1942, Stapellauf: 2. 9. 1943, Indienststellung: 2. 10. 1943.
- Technische Daten – siehe U 69.

U 243 wird am 8. 7. 1944 in der Biskaya von einem australischen Bomber versenkt – 11 Tote, 38 Überlebende.

U 244
- VII C, Germaniawerft, Kiel, Kiellegung: 24. 10. 1942, Stapellauf: 2. 9. 1943, Indienststellung: 9. 10. 1943.
- Technische Daten – siehe U 69.
- U 244 kapituliert am 14. 5. 1945 in Nordirland und wird auf dem Weg zur Versenkungsoperation »Deadlight« am 29. 12. 1945 vom polnischen Zerstörer PIORUN mit Artillerie versenkt.

U 245
- VII C, Germaniawerft, Kiel, Kiellegung: 18. 11. 1942, Stapellauf: 25. 11. 1943, Indienststellung: 18. 12. 1943.
- Technische Daten – siehe U 69.
- Drei Schiffe mit 17.087 BRT versenkt. U 245 kapituliert am 8. 5. 1945 in Bergen/Norwegen, wird nach Loch Ryan/Schottland am 30. 5. 1945 zur Versenkungsoperation »Deadlight« überführt und am 7. 12. 1945 versenkt.

U 246
- VII C, Germaniawerft, Kiel, Kiellegung: 30. 11. 1942, Stapellauf: 7. 12. 1943, Indienststellung: 11. 1. 1944.
- Technische Daten – siehe U 69.
- U 246 wird nach dem 14. 3. 1945 in der Irischen See mit 48 Mann Besatzung vermisst.

U 247
- VII C, Germaniawerft, Kiel, Kiellegung: 16. 12. 1942, Stapellauf: 23. 9. 1943, Indienststellung: 23. 10. 1943.
- Technische Daten – siehe U 69.
- Ein Schiff versenkt mit 207 BRT. U 247 wird am 1. 9. 1944 im Ärmelkanal von den kanadischen Fregatten HMCS ST. JOHN und HMCS SWANSEA mit 52 Mann Besatzung versenkt.

U 248
- VII C, Germaniawerft, Kiel, Kiellegung: 19. 12. 1942, Stapellauf: 7. 10. 1943, Indienststellung: 6. 11. 1943.
- Technische Daten – siehe U 69.
- U 248 wird am 16. 1. 1945 im Nordatlantik von den Zerstörern USS HAYTER, USS OTTER, USS VARIAN und USS HUBBARD mit 47 Mann Besatzung versenkt.

U 249
- VII C, Germaniawerft, Kiel, Kiellegung: 23. 1. 1943, Stapellauf: 23. 10. 1943, Indienststellung: 20. 11. 1943.
- Technische Daten – siehe U 69.

U 249 kapituliert am 9. 5. 1945 in Portland/USA, wird nach Loch Ryan/Schottland zur Operation »Deadlight« verlegt und am 13. 12. 1945 versenkt.

U 250
- VII C, Germaniawerft, Kiel, Kiellegung: 9. 1. 1943, Stapellauf: 11. 11. 1943, Indienststellung: 12. 12. 1943.
- Technische Daten – siehe U 69.
- Ein Schiff mit 56 tons versenkt. U 250 versenkt am 30. 7. 1944 in der Ostsee vor Finnland den sowjetischen U-Boot-Jäger MO-105 (19 Tote). Dabei wird das Boot vom sowjetischen U-Boot-Jäger MO-103 geortet und versenkt (46 Tote, sechs Überlebende, darunter geht der Kommandant als erster deutscher U-Boot-Kommandant in sowjetische Kriegsgefangenschaft). Das Boot wird im 9. 1944 von den Sowjets trotz ständiger deutscher Angriffe und finnischem Artilleriefeuers aus 27 Metern Wassertiefe gehoben, als TS-14 bis zum 20. 8. 1945 wieder in Dienst gestellt und später verschrottet.

U 251
- VII C, Bremer Vulkan, Bremen-Vegesack, Kiellegung: 18. 10. 1940, Stapellauf: 26. 7. 1941, Indienststellung: 20. 9. 1941.
- Technische Daten – siehe U 69.
- Zwei Schiffe versenkt mit 11.408 BRT. U 251 wird am 19. 4. 1945 im Kattegat von acht britischen Bombern versenkt – 39 Tote, vier Überlebende, die von U 2502 gerettet werden.

U 252
- VII C, Bremer Vulkan, Bremen-Vegesack, Kiellegung: 1. 11. 1940, Stapellauf: 14. 8. 1941, Indienststellung: 4. 10. 1941.
- Technische Daten – siehe U 69.
- Ein Schiff versenkt mit 1.355 BRT. U 252 wird am 14. 4. 1942 südwestlich von Irland von der britischen Sloop HMS STORK und der kanadischen Korvette HMCS VETCH mit 44 Besatzungsmitgliedern versenkt.

U 253
- VII C, Bremer Vulkan, Bremen-Vegesack, Kiellegung: 15. 11. 1940, Stapellauf: 30. 8. 1941, Indienststellung: 21. 10. 1941.
- Technische Daten – siehe U 69.
- U 253 sinkt am 25. 9. 1942 nordwestlich von Island mit 45 Mann Besatzung (Mine).

U 254

- VII C, Bremer Vulkan, Bremen-Vegesack,
  Kiellegung: 14. 12. 1940, Stapellauf: 20. 9. 1941,
  Indienststellung: 8. 11. 1941.
- Technische Daten – siehe U 69.
- Drei Schiffe versenkt mit 18.967 BRT.
  U 254 sinkt am 7. 12. 1942 südöstlich von Grönland
  am Konvoi HX.217 nach einer Kollision mit U 221 –
  41 Tote, vier Überlebende.

U 255

- VII C, Bremer Vulkan, Bremen-Vegesack,
  Kiellegung: 21. 12. 1940, Stapellauf: 8. 10. 1941,
  Indienststellung: 29. 11. 1941.
- Technische Daten – siehe U 69.
- Zwölf Schiffe mit 55.920 BRT versenkt.
  U 255 bleibt als einziges Boot in U-Boot-Stützpunkt
  Saint-Nazaire zurück und kapituliert dort am 8. 5.
  1945. Am 14. 5. 1945 wird es nach Loch Ryan/Schott-
  land zur Versenkungsoperation »Deadlight« beordert
  und am 13. 12. 1945 versenkt.

U 256

- VII C, Bremer Vulkan, Bremen-Vegesack,
  Kiellegung: 15. 2. 1941, Stapellauf: 28. 10. 1941,
  Indienststellung: 18. 12. 1941.
- Technische Daten – siehe U 69.
- Ein Schiff mit 1.300 BRT versenkt.
  U 256 wird am 31. 8. 1942 durch Bomben schwer beschädigt und im November 1942 außer Dienst gestellt.
  Anschließend zu U-Flak 2 umgebaut und ab August
  1943 wieder in Dienst gestellt. Nach dem Ende dieses
  erfolglosen Einsatzes ist das Boot wieder von Dezember 1943 an als U 256 im Dienst. Es wird am 23. 10.
  1944 in Bergen/Norwegen außer Dienst gestellt und
  dort später verschrottet.

U 257

- VII C, Bremer Vulkan, Bremen-Vegesack,
  Kiellegung: 22. 2. 1941, Stapellauf: 19. 11. 1941,
  Indienststellung: 14. 1. 1942.
- Technische Daten – siehe U 69.
- U 257 wird am 24. 2. 1944 im Nordatlantik von der
  britischen Fregatte HMS NENE und der kanadischen
  Fregatte HMCS WASKESIU zum Auftauchen gezwun-
  gen und versenkt sich selbst – 30 Tote, 19 Überlebende.

U 258

- VII C, Bremer Vulkan, Bremen-Vegesack,
  Kiellegung: 20. 3. 1941, Stapellauf: 13. 12. 1941,
  Indienststellung: 4. 2. 1942.
- Technische Daten – siehe U 69.
- Ein Schiff mit 6.198 BRT versenkt.
  U 258 wird am 20. 5. 1943 im Nordatlantik von einem
  britischen Bomber mit 49 Mann Besatzung versenkt.

U 259

- VII C, Bremer Vulkan, Bremen-Vegesack,
  Kiellegung: 25. 3. 1941, Stapellauf: 30. 12. 1941,
  Indienststellung: 18. 2. 1942.
- Technische Daten – siehe U 69.
- U 259 wird am 15. 11. 1942 vor Algier von einem
  britischen Kampfflugzeug mit 48 Mann Besatzung
  versenkt.

U 260

- VII C, Bremer Vulkan, Bremen-Vegesack,
  Kiellegung: 7. 5. 1941, Stapellauf: 9. 2. 1942,
  Indienststellung: 14. 3. 1942.
- Technische Daten – siehe U 69.
- Ein Schiff mit 4.893 BRT versenkt.
  U 260 wird am 12. 3. 1945 südlich von Irland nach Be-
  schädigungen durch einen Minentreffer selbst versenkt
  – alle 48 Besatzungsmitglieder werden gerettet und in
  Irland interniert.

U 261

- VII C, Bremer Vulkan, Bremen-Vegesack,
  Kiellegung: 17. 5. 1941, Stapellauf: 16. 2. 1942,
  Indienststellung: 28. 3. 1942.
- Technische Daten – siehe U 69.
- U 261 wird am 15. 9. 1942 westlich der Shetland-Inseln
  von einem britischen Bomber mit 43 Mann Besatzung
  versenkt.

U 262

- VII C, Bremer Vulkan, Bremen-Vegesack,
  Kiellegung: 29. 5. 1941, Stapellauf: 10. 3. 1942,
  Indienststellung: 15. 4. 1942.
- Technische Daten – siehe U 69.
- Vier Schiffe versenkt mit 13.935 BRT.
  U 262 wird im 12. 1944 in Gotenhafen durch Bomben
  beschädigt, in Kiel am 2. 4. 1945 außer Dienst gestellt
  und 1947 verschrottet.

U 263

- VII C, Bremer Vulkan, Bremen-Vegesack,
  Kiellegung: 8. 6. 1941, Stapellauf: 18. 3. 1942,
  Indienststellung: 6. 5. 1942.
- Technische Daten – siehe U 69.
- Zwei Schiffe versenkt mit 12.376 BRT.
  U 263 sinkt am 20. 1. 1944 in der Biskaya (Tauchun-
  fall) mit 51 Mann Besatzung.

U 264

- VII C, Bremer Vulkan, Bremen-Vegesack,
  Kiellegung: 21. 6. 1941, Stapellauf: 2. 4. 1942,
  Indienststellung: 22. 5. 1942.
- Technische Daten – siehe U 69.
- Drei Schiffe versenkt mit 16.843 BRT.
  Am 4. 10. 1943 werden nördlich der Azoren das Versor-
  gungs-U-Boot U 460 (»Milchkuh«) sowie U 422 und
  U 264 von Kampffliegern des amerikanischen Geleit-
  trägers USS CARD angegriffen. U 422 und U 460
  werden versenkt, U 264 entkommt schwer beschädigt
  seiner Vernichtung.
  U 264 wird am 19. 2. 1944 im Nordatlantik von den
  britischen Sloops HMS WILD GOOSE, HMS KITE,
  HMS STARLING, HMS WOODPECKER und HMS
  WREN zum Auftauchen gezwungen und versenkt sich
  selbst – alle 52 Besatzungsmitglieder überleben.

U 265

- VII C, Bremer Vulkan, Bremen-Vegesack,
  Kiellegung: 3. 7. 1941, Stapellauf: 23. 4. 1942,
  Indienststellung: 6. 6. 1942.
- Technische Daten – siehe U 69.
- U 265 wird am 3. 2. 1943 südlich von Island am Kon-
  voi HX.224 von einem britischen Kampfflugzeug mit
  46 Mann Besatzung versenkt.

U 266

- VII C, Bremer Vulkan, Bremen-Vegesack,
  Kiellegung: 1. 8. 1941, Stapellauf: 11. 5. 1942,
  Indienststellung: 24. 6. 1942.
- Technische Daten – siehe U 69.
- Vier Schiffe versenkt mit 16.089 BRT.
  U 266 wird am 15. 5. 1943 im Nordatlantik am Konvoi
  SC.129 von einem britischen Kampfflugzeug mit 47
  Mann Besatzung versenkt.

U 267

- VII C, Bremer Vulkan, Bremen-Vegesack,
  Kiellegung: 9. 8. 1941, Stapellauf: 23. 5. 1942,
  Indienststellung: 11. 7. 1942.
- Technische Daten – siehe U 69.
- U 267 ist das letzte Boot, das den französischen
  U-Boot-Stützpunkt Saint-Nazaire am 23. 9. 1944
  verlässt. Das Boot wird von seiner Mannschaft am
  4. 5. 1945 in der Geltinger Bucht selbst versenkt, später
  gehoben und verschrottet.

U 268

- VII C, Bremer Vulkan, Bremen-Vegesack,
  Kiellegung: 4. 9. 1941, Stapellauf: 9. 6. 1942,
  Indienststellung: 29. 7. 1942.
- Technische Daten – siehe U 69.
- Vier Schiffe versenkt mit 14.976 BRT.
  U 268 wird am 19. 2. 1943 in der Biskaya mit 45 Mann
  Besatzung von einem britischen Bomber versenkt.

U 269

- VII C, Bremer Vulkan, Bremen-Vegesack,
  Kiellegung: 18. 9. 1941, Stapellauf: 24. 6. 1942,
  Indienststellung: 19. 8. 1942.
- Technische Daten – siehe U 69.
- U 269 wird am 25. 6. 1944 im Ärmelkanal von der bri-
  tischen Fregatte HMS BICKERTON zum Auftauchen
  gezwungen und versenkt sich selbst – 13 Tote, 39 Über-
  lebende. Das Wrack wird 1951 geortet.

U 270

- VII C, Bremer Vulkan, Bremen-Vegesack,
  Kiellegung: 15. 10. 1941, Stapellauf: 11. 7. 1942,
  Indienststellung: 5. 9. 1942.
- Technische Daten – siehe U 69.
- Ein Schiff mit 1.370 BRT versenkt.
  U 270 wird am 13. 8. 1944 in der Biskaya von einem
  australischen Bomber zum Auftauchen gezwungen
  und versenkt sich selbst – alle 71 Mann der Besatzung,
  darunter 30 Mann Werftpersonal, werden gerettet.

U 271

- VII C, Bremer Vulkan, Bremen-Vegesack,
  Kiellegung: 21. 10. 1941, Stapellauf: 29. 7. 1942,
  Indienststellung: 23. 9. 1942.
- Technische Daten – siehe U 69.
- U 271 wird am 21. 1. 1944 in der Nordsee von einem
  US-Bomber mit 51 Mann Besatzung versenkt.

U 272

- VII C, Bremer Vulkan, Bremen-Vegesack,
  Kiellegung: 28. 11. 1941, Stapellauf: 15. 8. 1942,
  Indienststellung: 7. 10. 1942.
- Technische Daten – siehe U 69.
- U 272 sinkt am 12. 11. 1942 in der Ostsee vor Hela
  nach einer Kollision mit U 664 – 29 Tote, 12 Überle-
  bende.

U 273

- VII C, Bremer Vulkan, Bremen-Vegesack,
  Kiellegung: 5. 12. 1941, Stapellauf: 2. 9. 1942,
  Indienststellung: 21. 10. 1942.
- Technische Daten – siehe U 69.
- U 273 wird am 19. 5. 1943 südwestlich von Island am
  Konvoi ONS.7 mit 46 Mann Besatzung von einem bri-
  tischen Bomber versenkt.

U 274
- VII C, Bremer Vulkan, Bremen-Vegesack, Kiellegung: 9. 1. 1942, Stapellauf: 19. 9. 1942, Indienststellung: 7. 11. 1942.
- Technische Daten – siehe U 69.
- U 274 wird am 23. 10. 1943 südwestlich von Island von den britischen Zerstörern HMS DUNCAN und HMS VEDETTE sowie von einem britischen Bomber mit 48 Mann Besatzung versenkt.

U 275
- VII C, Bremer Vulkan, Bremen-Vegesack, Kiellegung: 18. 1. 1942, Stapellauf: 8. 10. 1942, Indienststellung: 25. 11. 1942.
- Technische Daten – siehe U 69.
- Zwei Schiffe versenkt mit 6.024 BRT.
- U 275 sinkt am 10. 3. 1945 im Ärmelkanal mit 48 Mann Besatzung (Mine).

U 276
- VII C, Bremer Vulkan, Bremen-Vegesack, Kiellegung: 24. 2. 1942, Stapellauf: 24. 10. 1942, Indienststellung: 9. 12. 1942.
- Technische Daten – siehe U 69.
- U 276 wird in Neustadt/Holstein am 29. 9. 1944 außer Dienst gestellt, als schwimmende Kraftstation verwendet und am 3. 5. 1945 selbst versenkt.

U 277
- VII C, Bremer Vulkan, Bremen-Vegesack, Kiellegung: 3. 3. 1942, Stapellauf: 7. 11. 1942, Indienststellung: 21. 12. 1942.
- Technische Daten – siehe U 69.
- U 277 wird am 1. 5. 1944 im Nordmeer vor Norwegen mit 50 Mann Besatzung von einem britischen Bomber versenkt.

U 278
- VII C, Bremer Vulkan, Bremen-Vegesack, Kiellegung: 26. 3. 1942, Stapellauf: 2. 12. 1942, Indienststellung: 16. 1. 1943.
- Technische Daten – siehe U 69.
- Zwei Schiffe versenkt mit 8.987 BRT. U 278 wird am 19. 5. 1945 nach Loch Eriboll/Schottland zur Versenkungsoperation »Deadlight« beordert und am 31. 12. 1945 versenkt.

U 279
- VII C, Bremer Vulkan, Bremen-Vegesack, Kiellegung: 31. 3. 1942, Stapellauf: 16. 12. 1942, Indienststellung: 3. 2. 1943.
- Technische Daten – siehe U 69.
- U 279 wird am 4. 10. 1943 südwestlich von Island von einem US-Bomber mit 48 Mann Besatzung versenkt.

U 280
- VII C, Bremer Vulkan, Bremen-Vegesack, Kiellegung: 30. 4. 1942, Stapellauf: 4. 1. 1943, Indienststellung: 13. 2. 1943.
- Technische Daten – siehe U 69.
- U 280 wird am 16. 11. 1943 südwestlich von Island am Konvoi HX.265 von einem britischen Bomber mit 49 Mann Besatzung versenkt.

U 281
- VII C, Bremer Vulkan, Bremen-Vegesack, Kiellegung: 7. 5. 1942, Stapellauf: 16. 1. 1943, Indienststellung: 27. 2. 1943.
- Technische Daten – siehe U 69.
- U 281 kapituliert am 8. 5. 1945 in Kristiansand/Norwegen, wird nach Loch Ryan/Schottland zur Versenkungsoperation »Deadlight« beordert und am 30. 11. 1945 versenkt.

U 282
- VII C, Bremer Vulkan, Bremen-Vegesack, Kiellegung: 2. 6. 1942, Stapellauf: 3. 2. 1943, Indienststellung: 13. 3. 1943.
- Technische Daten – siehe U 69.
- U 282 wird am 29. 10. 1943 südöstlich von Grönland von den britischen Zerstörern HMS DUNCAN und HMS VIDETTE sowie der Korvette HMS SUNFLOWER mit 48 Mann Besatzung versenkt.

U 283
- VII C, Bremer Vulkan, Bremen-Vegesack, Kiellegung: 10. 6. 1942, Stapellauf: 17. 2. 1943, Indienststellung: 31. 3. 1943.
- Technische Daten – siehe U 69.
- U 283 wird am 11. 2. 1944 südwestlich der Färöer mit 49 Besatzungsmitgliedern von einem kanadischen Bomber versenkt.

U 284
- VII C, Bremer Vulkan, Bremen-Vegesack, Kiellegung: 1. 7. 1942, Stapellauf: 6. 3. 1943, Indienststellung: 14. 4. 1943.
- Technische Daten – siehe U 69.
- U 284 wird am 21. 12. 1943 südöstlich von Grönland bei einer Kollision mit U 629 versenkt. Die 49 Mann Besatzung von U 284 werden von U 629 übernommen und in den Stützpunkt Brest/Frankreich zurückgebracht.

U 285
- VII C, Bremer Vulkan, Bremen-Vegesack, Kiellegung: 7. 7. 1942, Stapellauf: 3. 4. 1943, Indienststellung: 15. 5. 1943.
- Technische Daten – siehe U 69.
- U 285 wird am 15. 4. 1945 südwestlich von Irland von den britischen Fregatten HMS GRINDALL und HMS KEATS mit 44 Mann Besatzung versenkt.

U 286
- VII C, Bremer Vulkan, Bremen-Vegesack, Kiellegung: 3. 8. 1942, Stapellauf: 21. 4. 1943, Indienststellung: 5. 6. 1943.
- Technische Daten – siehe U 69.
- Zwei Schiffe mit 2.340 BRT versenkt. U 286 wird am 29. 4. 1945 nördlich von Murmansk/Sowjetunion von den britischen Fregatten HMS ANGUILLA, HMS COTTON und HMS LOCH INSH mit 51 Mann Besatzung versenkt.

U 287
- VII C, Bremer Vulkan, Bremen-Vegesack, Kiellegung: 8. 8. 1942, Stapellauf: 13. 8. 1943, Indienststellung: 22. 9. 1943.
- Technische Daten – siehe U 69.
- U 287 wird am 16. 5. 1945 in der Elbmündung, Altenbruch-Reede, selbst versenkt.

U 288
- VII C, Bremer Vulkan, Bremen-Vegesack, Kiellegung: 7. 9. 1942, Stapellauf: 15. 5. 1943, Indienststellung: 26. 6. 1943.
- Technische Daten – siehe U 69.
- U 288 wird am 3. 4. 1944 im Nordmeer von britischen Bombern mit 49 Mann Besatzung versenkt.

U 289
- VII C, Bremer Vulkan, Bremen-Vegesack, Kiellegung: 12. 9. 1942, Stapellauf: 25. 5. 1943, Indienststellung: 10. 7. 1943.
- Technische Daten – siehe U 69.
- U 289 wird am 31. 5. 1944 im Nordmeer mit 51 Mann Besatzung vom britischen Zerstörer HMS MILNE versenkt.

U 290
- VII C, Bremer Vulkan, Bremen-Vegesack, Kiellegung: 12. 10. 1942, Stapellauf: 16. 6. 1943, Indienststellung: 24. 7. 1943.
- Technische Daten – siehe U 69.
- U 290 wird am 5. 5. 1945 in der Flensburger Förde vor Kupfermühle selbst versenkt.

U 291
- VII C, Bremer Vulkan, Bremen-Vegesack, Kiellegung: 17. 10. 1942, Stapellauf: 30. 6. 1943, Indienststellung: 4. 8. 1943.
- Technische Daten – siehe U 69.
- U 291 wird am 24. 6. 1945 von Wilhelmshaven nach Loch Ryan/Schottland zur Versenkungsoperation »Deadlight« beordert und am 21. 12. 1945 versenkt.

U 292
- VII C/41, Bremer Vulkan, Bremen-Vegesack, Kiellegung: 12. 11. 1942, Stapellauf: 17. 7. 1943, Indienststellung: 25. 8. 1943.
- Technische Daten: Verdrängung an der Oberfläche: 1.144 tons, getaucht: 1.257 tons, Abmessungen: 76,8 m x 6,8 m x 4,7 m, Antrieb: 4.400-PS-Diesel, 740-PS-E-Motoren, Geschwindigkeit an der Oberfläche: 18,2 kn, getaucht: 7,3 kn, Reichweite an der Oberfläche: 13.850 sm bei 10 kn, getaucht: 63 sm bei 4 kn, Tauchtiefe: 250 m, Besatzung: 48 Mann, Bewaffnung: 22 Torpedos, vier Bug-, zwei Heck-Torpedorohre, bis zu 66 Minen, drei Geschütze.
- U 292 wird am 27. 5. 1944 westlich von Trondheim/Norwegen mit 51 Mann Besatzung von einem britischen Bomber versenkt.

U 293
- VII C/41, Bremer Vulkan, Bremen-Vegesack, Kiellegung: 17. 11. 1942, Stapellauf: 30. 7. 1943, Indienststellung: 8. 9. 1943.
- Technische Daten – siehe U 292.
- Ein Schiff mit 1.658 BRT beschädigt. U 293 kapituliert am 11. 5. 1945, wird nach Loch Ryan/Schottland zur Versenkungsoperation »Deadlight« beordert und am 13. 12. 1945 versenkt.

U 294
- VII C/41, Bremer Vulkan, Bremen-Vegesack, Kiellegung: 22. 12. 1942, Stapellauf: 27. 8. 1943, Indienststellung: 6. 10. 1943.
- Technische Daten – siehe U 292.
- U 294 kapituliert am 8. 5. 1945 in Narvik/Norwegen, wird nach Loch Eriboll/Schottland zur Versenkungsoperation »Deadlight« beordert und am 31. 12. 1945 versenkt.

U 295
- VII C/41, Bremer Vulkan, Bremen-Vegesack, Kiellegung: 31. 12. 1942, Stapellauf: 13. 9. 1943, Indienststellung: 20. 10. 1943.
- Technische Daten – siehe U 292.

- Ein Schiff mit 1.150 BRT beschädigt.
  U 295 kapituliert am 8. 5. 1945 in Narvik/Norwegen.
  Am 19. 5. 1945 wird das Boot nach Loch
  Eriboll/Schottland zur Versenkungsoperation »Deadlight« beordert und am 17. 12. 1945 versenkt.

U 296
- VII C/41, Bremer Vulkan, Bremen-Vegesack,
  Kiellegung: 23. 1. 1943, Stapellauf: 25. 9. 1943,
  Indienststellung: 3. 11. 1943.
- Technische Daten – siehe U 292.
- U 296 wird nach dem 12. 3. 1945 mit 42 Mann Besatzung in der Nordsee vermisst.

U 297
- VII C/41, Bremer Vulkan, Bremen-Vegesack,
  Kiellegung: 27. 1. 1943, Stapellauf: 9. 10. 1943,
  Indienststellung: 17. 11. 1943.
- Technische Daten – siehe U 292.
- U 297 wird nach dem 26. 11. 1944 westlich der
  Orkney-Inseln mit 50 Mann Besatzung vermisst.

U 298
- VII C/41, Bremer Vulkan, Bremen-Vegesack,
  Kiellegung: 23. 2. 1943, Stapellauf: 25. 10. 1943,
  Indienststellung: 1. 12. 1943.
- Technische Daten – siehe U 292.
- U 298 wird am 29. 5. 1945 von Bergen/Norwegen nach
  Loch Ryan/Schottland zur Versenkungsoperation
  »Deadlight« beordert und am 29. 11. 1945 versenkt.

U 299
- VII C/41, Bremer Vulkan, Bremen-Vegesack,
  Kiellegung: 11. 3. 1943, Stapellauf: 6. 11. 1943,
  Indienststellung: 15. 12. 1943.
- Technische Daten – siehe U 292.
- U 299 wird am 29. 5. von Bergen/Norwegen nach Loch
  Ryan/Schottland zur Versenkungsoperation »Deadlight« beordert und am 4. 12. 1945 versenkt.

U 300
- VII C/41, Bremer Vulkan, Bremen-Vegesack,
  Kiellegung: 9. 4. 1943, Stapellauf: 23. 11. 1943,
  Indienststellung: 29. 12. 1943.
- Technische Daten – siehe U 292.
- Vier Schiffe versenkt mit 17.379 BRT, ein Schiff mit
  7.176 BRT beschädigt.
  U 300 wird am 22. 2. 1945 westlich von Cadiz von den
  britischen Minensuchbooten HMS PINCHER und
  HMS RECRUIT sowie der Yacht EVADNE zum Auftauchen gezwungen und versenkt sich selbst– neun
  Tote, 41 Überlebende.

U 301
- VII C, Flender-Werke, Lübeck, Kiellegung: 12. 2. 1941,
  Stapellauf: 25. 3. 1942, Indienststellung: 9. 5. 1942.
- Technische Daten – siehe U 69.
- U 301 wird am 21. 1. 1943 im Mittelmeer durch Torpedos des britischen Unterseebootes HMS SAHIB versenkt – 45 Tote, ein Überlebender.

U 302
- VII C, Flender-Werke, Lübeck, Kiellegung: 2. 4. 1941,
  Stapellauf: 25. 4. 1942, Indienststellung: 16. 6. 1942.
- Technische Daten – siehe U 69.
- Drei Schiffe versenkt mit 12.697 BRT.
  U 302 wird am 6. 4. 1944 nordwestlich der Azoren
  am Konvoi SC.156 von der britischen Fregatte
  HMS SWALE mit 51 Mann Besatzung versenkt.

U 303
- VII C, Flender-Werke, Lübeck, Kiellegung: 14. 6. 1941,
  Stapellauf: 16. 5. 1942, Indienststellung: 7. 7. 1942.
- Technische Daten – siehe U 69.
- Ein Schiff mit 4.959 BRT versenkt.
  U 303 wird am 21. 5. 1943 vor Toulon/Frankreich
  durch Torpedos des britischen Unterseebootes
  HMS SICKLE versenkt – 20 Tote, 28 Überlebende.

U 304
- VII C, Flender-Werke, Lübeck, Kiellegung: 26. 6. 1941,
  Stapellauf: 13. 6. 1942, Indienststellung: 5. 8. 1942.
- Technische Daten – siehe U 69.
- U 304 wird am 28. 5. 1943 südöstlich von Grönland
  am Konvoi HX.240 von einem britischen Bomber mit
  46 Mann Besatzung versenkt.

U 305
- VII C, Flender-Werke, Lübeck, Kiellegung: 30. 8. 1941,
  Stapellauf: 25. 7. 1942, Indienststellung: 17. 9. 1942.
- Technische Daten – siehe U 69.
- Vier Schiffe mit 15.605 BRT versenkt.
  U 305 wird am 17. 1. 1944 südwestlich von Irland am
  Konvoi OS.65/KMS.39 von der britischen Fregatte
  HMS GLENARM und dem britischen Zerstörer
  HMS WANDERER mit 51 Mann Besatzung versenkt.

U 306
- VII C, Flender-Werke, Lübeck, Kiellegung: 16. 9. 1941,
  Stapellauf: 29. 8. 1942, Indienststellung: 21. 10. 1942.
- Technische Daten – siehe U 69.
- Ein Schiff versenkt mit 10.218 BRT, zwei Schiffe mit
  11.195 BRT beschädigt.
  U 306 wird am 31. 10. 1943 nordöstlich der Azoren am
  Konvoi MKS.28/SL.138 vom britischen Zerstörer HMS

WHITEHALL und der britischen Korvette HMS GERANIUM mit 51 Mann Besatzung versenkt.

U 307
- VII C, Flender-Werke, Lübeck, Kiellegung: 5. 11. 1941,
  Stapellauf: 30. 9. 1942, Indienststellung: 18. 11. 1942.
- Technische Daten – siehe U 69.
- Ein Schiff mit 411 BRT versenkt.
  Am 28. 9. 1944 setzt U 307 die Besatzung der Wetterstation »Haudegen« auf Spitzbergen ab, die am
  4. 9. 1945 als letzter deutscher Truppenteil kapituliert.
  U 307 wird am 29. 4. 1945 vor Murmansk/Sowjetunion
  von der britischen Fregatte HMS LOCH INSH zum
  Auftauchen gezwungen und versenkt sich selbst –
  37 Tote, 14 Überlebende.

U 308
- VII C, Flender-Werke, Lübeck, Kiellegung: 5. 11. 1941,
  Stapellauf: 31. 10. 1942, Indienststellung: 23. 12. 1942.
- Technische Daten – siehe U 69.
- U 308 wird am 4. 6. 1943 nordöstlich der Färöer durch
  Torpedos des britischen U-Bootes HMS TRUCULENT
  mit 44 Mann Besatzung versenkt.

U 309
- VII C, Flender-Werke, Lübeck, Kiellegung: 24. 1. 1942,
  Stapellauf: 5. 12. 1942, Indienststellung: 27. 1. 1943.
- Technische Daten – siehe U 69.
- Ein Schiff mit 7.219 BRT versenkt.
  U 309 wird am 16. 2. 1945 in der Nordsee von der kanadischen Fregatte HMCS ST. JOHN mit 47 Mann Besatzung versenkt. Das Wrack wird 2001 vor der Ostküste Schottlands geortet.

U 310
- VII C, Flender-Werke, Lübeck, Kiellegung: 30. 1. 1942,
  Stapellauf: 3. 1. 1943, Indienststellung: 24. 2. 1943.
- Technische Daten – siehe U 69.
- Zwei Schiffe mit 14.395 BRT versenkt.
  U 310 kapituliert am 8. 5. 1945 in Trondheim/Norwegen und wird im 3. 1947 verschrottet.

U 311
- VII C, Flender-Werke, Lübeck, Kiellegung: 21. 3. 1942,
  Stapellauf: 20. 1. 1943, Indienststellung: 23. 3. 1943.
- Technische Daten – siehe U 69.
- Ein Schiff mit 10.342 BRT versenkt.
  U 311 wird am 22. 4. 1944 südwestlich von Island von
  den kanadischen Fregatten HMCS MATANE und
  HMCS SWANSEA mit 51 Mann Besatzung versenkt.

U 312
- VII C, Flender-Werke, Lübeck, Kiellegung: 10. 4. 1942,
  Stapellauf: 27. 2. 1943, Indienststellung: 21. 4. 1943.
- Technische Daten – siehe U 69.
- U 312 kapituliert am 8. 5. 1945 in Narvik/Norwegen,
  wird am 19. 5. 1945 nach Loch Eriboll/Schottland zur
  Versenkungsoperation »Deadlight« beordert und am
  29. 11. 1945 versenkt.

U 313
- VII C, Flender-Werke, Lübeck, Kiellegung: 11. 5. 1942,
  Stapellauf: 27. 3. 1943, Indienststellung: 20. 5. 1943.
- Technische Daten – siehe U 69.
- U 313 kapituliert am 8. 5. 1945 in Narvik/Norwegen,
  wird nach Loch Eriboll/Schottland zur Versenkungsoperation »Deadlight« beordert und am 21. 12. 1945
  versenkt.

U 314
- VII C, Flender-Werke, Lübeck, Kiellegung: 9. 6. 1942,
  Stapellauf: 17. 4. 1943, Indienststellung: 10. 6. 1943.
- Technische Daten – siehe U 69.
- U 314 wird am 30. 1. 1944 südöstlich der Bäreninsel
  am Konvoi JW.56 von den britischen Zerstörern
  HMS METEOR und HMS WHITEHALL mit 49 Mann
  Besatzung versenkt.

U 315
- VII C, Flender-Werke, Lübeck, Kiellegung: 7. 7. 1942,
  Stapellauf: 29. 5. 1943, Indienststellung: 10. 7. 1943.
- Technische Daten – siehe U 69.
- Zwei Schiffe mit 8.366 BRT versenkt.
  U 315 wird in Trondheim/Norwegen am 1. 5. 1945
  außer Dienst gestellt und im 3. 1947 verschrottet.

U 316
- VII C, Flender-Werke, Lübeck, Kiellegung: 11. 8. 1942,
  Stapellauf: 19. 6. 1943, Indienststellung: 5. 8. 1943.
- Technische Daten – siehe U 69.
- U 316 wird vor Travemünde am 2. 5. 1945 selbst versenkt.

U 317
- VII C/41, Flender-Werke, Lübeck,
  Kiellegung: 12. 9. 1942, Stapellauf: 1. 9. 1943,
  Indienststellung: 23. 10. 1943.
- Technische Daten – siehe U 292.
- U 317 wird am 26. 6. 1944 nordöstlich der Shetland-Inseln von einem britischen Bomber mit 50 Mann Besatzung versenkt.

U 318

- VII C/41, Flender-Werke, Lübeck, Kiellegung: 14 10. 1942, Stapellauf: 25. 9. 1943, Indienststellung: 13. 11. 1943.
- Technische Daten – siehe U 292.
- U 318 kapituliert am 8. 5. 1945 in Narvik/Norwegen, wird nach Loch Eriboll/Schottland zur Versenkungsoperation »Deadlight« beordert und am 21. 12. 1945 versenkt.

U 319

- VII C/41, Flender-Werke, Lübeck, Kiellegung: 18. 11. 1942, Stapellauf: 16. 10. 1943, Indienststellung: 4. 12. 1943.
- Technische Daten – siehe U 292.
- U 319 wird am 15. 7. 1944 in der Nordsee vor der norwegischen Küste von einem britischen Bomber mit 51 Mann Besatzung versenkt.

U 320

- VII C/41, Flender-Werke, Lübeck, Kiellegung: 1. 12. 1942, Stapellauf: 16. 11. 1943, Indienststellung: 30. 12. 1943.
- Technische Daten – siehe U 292.
- U 320 wird am 8. 5. 1945 bei einem Bombenangriff schwer beschädigt, danach versenkt die Besatzung das Boot vor der norwegischen Küste selbst – 50 Überlebende.

U 321

- VII C/41, Flender-Werke, Lübeck, Kiellegung: 21. 1. 1943, Stapellauf: 27. 11. 1943, Indienststellung: 20. 1. 1944.
- Technische Daten – siehe U 292.
- U 321 wird am 2. 4. 1945 südwestlich von Irland von einem polnischen Kampfflugzeug mit 41 Mann Besatzung versenkt.

U 322

- VII C/41, Flender-Werke, Lübeck, Kiellegung: 13. 2. 1943, Stapellauf: 18. 12. 1943, Indienststellung: 5. 2. 1944.
- Technische Daten – siehe U 292.
- U 322 wird am 24. 11. 1944 bei einem Angriff norwegischer Bomber schwer beschädigt, am Tag darauf westlich der Shetland-Inseln von der britischen Fregatte HMS ASCENSION mit 52 Mann Besatzung versenkt.

U 323

- VII C/41, Flender-Werke, Lübeck, Kiellegung: 12. 3. 1943, Stapellauf: 12. 1. 1944, Indienststellung: 2. 3. 1944.

- Technische Daten – siehe U 292.
- U 323 wird am 3. 5. 1945 vor Nordenham selbst versenkt.

U 324

- VII C/41, Flender-Werke, Lübeck, Kiellegung: 24. 3. 1943, Stapellauf: 12. 2. 1944, Indienststellung: 5. 4. 1944.
- Technische Daten – siehe U 292.
- U 324 kapituliert am 8. 5. 1945 in Bergen/Norwegen und wird im 3. 1947 verschrottet. U 324 gehört mit U 926 und U 1202 zu den drei Booten, die in Norwegen nach Kriegsende abgebrochen wurden.

U 325

- VII C/41, Flender-Werke, Lübeck, Kiellegung: 13. 4. 1943, Stapellauf: 25. 3. 1944, Indienststellung: 6. 5. 1944.
- Technische Daten – siehe U 292.
- U 325 wird nach dem 7. 4. 1945 im Nordatlantik mit 52 Mann Besatzung vermisst.

U 326

- VII C/41, Flender-Werke, Lübeck, Kiellegung: 26. 4. 1943, Stapellauf: 22. 4. 1944, Indienststellung: 6. 6. 1944.
- Technische Daten – siehe U 292.
- U 326 wird am 25. 4. 1945 in der Biskaya von einem US-Bomber mit 43 Mann Besatzung versenkt.

U 327

- VII C/41, Flender-Werke, Lübeck, Kiellegung: 15. 4. 1943, Stapellauf: 27. 5. 1944, Indienststellung: 18. 7. 1944.
- Technische Daten – siehe U 292.
- U 327 wird nach dem 30. 1. 1945 mit 46 Mann Besatzung im Nordatlantik vermisst.

U 328

- VII C/41, Flender-Werke, Lübeck, Kiellegung: 15. 5. 1943, Stapellauf: 24. 6. 1944, Indienststellung: 19. 9. 1944.
- Technische Daten – siehe U 292.
- U 328 wird am 30. 5. 1945 von Bergen/Norwegen nach Loch Ryan/Schottland zur Versenkungsoperation »Deadlight« beordert und am 30. 11. 1945 versenkt.

U 329

- VII C/41, Flender-Werke, Lübeck, Kiellegung: 15. 7. 1943.
- Der Bauauftrag wird am 22. 7. 1944 storniert, das Boot anschließend verschrottet.

U 330

- VII C/41, Flender-Werke, Lübeck, Kiellegung: 3. 8. 1943.
- Der Bauauftrag wird am 22. 7. 1944 storniert, das Boot anschließend verschrottet.

U 331

- VII C, Nordseewerke, Emden, Kiellegung: 26. 1. 1940, Stapellauf: 20. 12. 1940, Indienststellung: 31. 3. 1941.
- Technische Daten – siehe U 69.
- Zwei Schiffe mit 40.235 BRT versenkt, ein Schiff mit 372 BRT beschädigt. Am 25. 11. 1941 versenkt U 331 das britische Schlachtschiff HMS BARHAM. U 331 wird am 17. 11. 1942 im Mittelmeer nordwestlich von Algier von einem Kampfflugzeug des Flugzeugträgers HMS FORMIDABLE schwer beschädigt. Obwohl es seine Kapitulation signalisiert, wird U 331 von weiteren Bombern angegriffen und versenkt – 32 Tote und 16 Überlebende, die von einem britischen Wasserflugzeug gerettet werden.

U 332

- VII C, Nordseewerke, Emden, Kiellegung: 16. 12. 1939, Stapellauf: 22. 3. 1941, Indienststellung: 7. 6. 1941.
- Technische Daten – siehe U 69.
- Acht Schiffe mit 46.729 BRT versenkt, ein Schiff mit 5.964 BRT beschädigt. U 332 wird am 29. 4. 1943 nördlich von Kap Finisterre/Spanien von einem britischen Kampfflugzeug mit 45 Mann Besatzung versenkt.

U 333

- VII C, Nordseewerke, Emden, Kiellegung: 11. 3. 1940, Stapellauf: 14. 6. 1941, Indienststellung: 25. 8. 1941.
- Technische Daten – siehe U 69.
- Sieben Schiffe mit 32.107 BRT versenkt, zwei Schiffe mit 9.252 BRT beschädigt. Im Gefecht mit der britischen Korvette HMS CROCUS am 6. 10. 1942 werden drei Mann getötet, darunter der I WO, der Kommandant wird schwer verwundet und das Boot schwer beschädigt. U 333 kann mit Hilfe eines Wachoffiziers von der »Milchkuh« U 459 zurück zur Basis gebracht werden. U 333 wird am 31. 7. 1944 westlich der Scilly-Inseln von der britischen Sloop HMS STARLING und der Fregatte HMS LOCH KILLIN mit 45 Mann Besatzung versenkt.

U 334

- VII C, Nordseewerke, Emden, Kiellegung: 16. 3. 1940, Stapellauf: 15. 8. 1941, Indienststellung: 9. 10. 1941.

- Technische Daten – siehe U 69.
- Zwei Schiffe versenkt mit 14.372 BRT. U 334 wird am 14. 6. 1943 südwestlich von Island am Konvoi ONS.10 von der britischen Fregatte HMS JED und der Sloop HMS PELICAN mit 47 Mann Besatzung versenkt.

U 335

- VII C, Nordseewerke, Emden, Kiellegung: 3. 1. 1941, Stapellauf: 15. 10. 1941, Indienststellung: 17. 12. 1941.
- Technische Daten – siehe U 69.
- U 335 wird am 3. 8. 1942 nordöstlich der Färöer vom britischen Unterseeboot HMS SARACEN torpediert und versenkt – 43 Tote, ein Überlebender.

U 336

- VII C, Nordseewerke, Emden, Kiellegung: 28. 3. 1941, Stapellauf: 4. 12. 1941, Indienststellung: 14. 2. 1942.
- Technische Daten – siehe U 69.
- Ein Schiff versenkt mit 4.919 BRT. U 336 wird am 5. 10. 1943 südwestlich von Island durch Raketenbeschuss eines britischen Kampfflugzeugs mit 50 Mann versenkt.

U 337

- VII C, Nordseewerke, Emden, Kiellegung: 1. 4. 1941, Stapellauf: 26. 3. 1942, Indienststellung: 6. 5. 1942.
- Technische Daten – siehe U 69.
- U 337 wird nach dem 3. 1. 1943 im Nordatlantik mit 47 Mann Besatzung vermisst.

U 338

- VII C, Nordseewerke, Emden, Kiellegung: 4. 4. 1941, Stapellauf: 20. 4. 1942, Indienststellung: 25. 6. 1942.
- Technische Daten – siehe U 69.
- Vier Schiffe mit 21.927 BRT versenkt, ein Schiff mit 7.134 BRT beschädigt. U 338 wird nach dem 20. 9. 1943 im Nordatlantik mit 51 Mann Besatzung vermisst.

U 339

- VII C, Nordseewerke, Emden, Kiellegung: 7. 7. 1941, Stapellauf: 30. 6. 1942, Indienststellung: 25. 8. 1942.
- Technische Daten – siehe U 69.
- U 339 wird am 5. 5. 1945 vor Wilhelmshaven selbst versenkt.

U 340

- VII C, Nordseewerke, Emden, Kiellegung: 1. 10. 1941, Stapellauf: 20. 8. 1942, Indienststellung: 16. 10. 1942.
- Technische Daten – siehe U 69.

- U 340 wird am 2. 11. 1943 im Mittelmeer vor Tanger von den britischen Zerstörern HMS ACTIVE, HMS FLEETWOOD, HMS WITHERINGTON und einem Bomber zum Auftauchen gezwungen und versenkt sich selbst – ein Toter, 48 Überlebende.

U 341

- VII C, Nordseewerke, Emden, Kiellegung: 28. 10. 1941, Stapellauf: 10. 10. 1942, Indienststellung: 28. 11. 1942.
- Technische Daten – siehe U 69.
- U 341 wird am 19. 9. 1943 südwestlich von Island am Konvoi ON.202 von einem kanadischen Kampfflugzeug mit 50 Mann Besatzung versenkt.

U 342

- VII C, Nordseewerke, Emden, Kiellegung: 7. 12. 1941, Stapellauf: 10. 11. 1942, Indienststellung: 12. 1. 1943.
- Technische Daten – siehe U 69.
- U 342 wird am 17. 4. 1944 südwestlich von Island von einem kanadischen Kampfflugzeug mit 51 Mann Besatzung versenkt.

U 343

- VII C, Nordseewerke, Emden, Kiellegung: 1. 4. 1942, Stapellauf: 21. 12. 1942, Indienststellung: 18. 2. 1943.
- Technische Daten – siehe U 69.
- U 343 wird am 10. 3. 1944 südlich von Sardinien vom britischen U-Jagd-Boot HMS MULL mit 51 Mann Besatzung versenkt.

U 344

- VII C, Nordseewerke, Emden, Kiellegung: 7. 5. 1942, Stapellauf: 29. 1. 1943, Indienststellung: 26. 3. 1943.
- Technische Daten – siehe U 69.
- Ein Schiff versenkt mit 1.350 BRT.
  U 344 wird am 22. 8. 1944 in der Barentssee von einem Kampfflugzeug des britischen Flugzeugträgers HMS VINDEX mit 50 Mann Besatzung versenkt.

U 345

- VII C, Nordseewerke, Emden, Kiellegung: 9. 7. 1942, Stapellauf: 11. 3. 1943, Indienststellung: 4. 5. 1943.
- Technische Daten – siehe U 69.
- U 345 wird am 13. 12. 1943 bei Bombenangriffen in Kiel beschädigt, am 23. 12. 1943 außer Dienst gestellt und später verschrottet.

U 346

- VII C, Nordseewerke, Emden, Kiellegung: 28. 10. 1942, Stapellauf: 13. 4. 1943, Indienststellung: 7. 6. 1943.
- Technische Daten – siehe U 69.

- U 346 sinkt am 20. 9. 1943 in der Ostsee vor Hela (Unfall) – 37 Tote, sechs Überlebende.

U 347

- VII C, Nordseewerke, Emden, Kiellegung: 19. 10. 1942, Stapellauf: 21. 5. 1943, Indienststellung: 7. 7. 1943.
- Technische Daten – siehe U 69.
- U 347 wird am 17. 7. 1944 westlich von Narvik/Norwegen von einem britischen Kampfflugzeug mit 49 Mann Besatzung versenkt.

U 348

- VII C, Nordseewerke, Emden, Kiellegung: 17. 11. 1942, Stapellauf: 25. 6. 1943, Indienststellung: 10. 8. 1943.
- Technische Daten – siehe U 69.
- U 348 wird am 30. 3. 1945 auf der Elbe bei Hamburg, vor dem U-Boot-Bunker Fink II, während eines Tagesangriffs von US-Bombern versenkt – mindestens zwei Tote.

U 349

- VII C, Nordseewerke, Emden, Kiellegung: 29. 12. 1942, Stapellauf: 22. 7. 1943, Indienststellung: 8. 9. 1943.
- Technische Daten – siehe U 69.
- U 349 wird am 5. 5. 1945 in der Flensburger Förde vor Høruphav selbst versenkt, 1948 gehoben und verschrottet.

U 350

- VII C, Nordseewerke, Emden, Kiellegung: 15. 2. 1943, Stapellauf: 17. 8. 1943, Indienststellung: 7. 10. 1943.
- Technische Daten – siehe U 69.
- U 350 wird am 30. 3. 1945 in Hamburg-Finkenwerder vor dem U-Boot-Bunker Fink II bei einem Bombenangriff versenkt.

U 351

- VII C, Flensburger Schiffbau Gesellschaft, Kiellegung: 4. 3. 1940, Stapellauf: 27. 3. 1941, Indienststellung: 20. 6. 1941.
- Technische Daten – siehe U 69.
- U 351 wird am 5. 5. 1945 auf der Flensburger Förde vor Høruphav selbst versenkt, 1948 gehoben und verschrottet.

U 352

- VII C, Flensburger Schiffbau Gesellschaft, Kiellegung: 11. 3. 1940, Stapellauf: 7. 5. 1941, Indienststellung: 28. 8. 1941.
- Technische Daten – siehe U 69.
- U 352 wird am 9. 5. 1942 südwestlich von Cape Hatte-

ras/USA vom Küstenwachschiff USS ICARUS versenkt – 15 Tote, 33 Überlebende.

U 353

- VII C, Flensburger Schiffbau Gesellschaft, Kiellegung: 30. 3. 1940, Stapellauf: 11. 11. 1941, Indienststellung: 31. 3. 1942.
- Technische Daten – siehe U 69.
- U 353 wird am 16. 10. 1942 im Nordatlantik am Konvoi SC.104 vom britischen Zerstörer HMS FAME zum Auftauchen gezwungen und durch Rammstoß versenkt – sechs Tote, 39 Überlebende.

U 354

- VII C, Flensburger Schiffbau Gesellschaft, Kiellegung: 15. 4. 1940, Stapellauf: 10. 1. 1942, Indienststellung: 22. 4. 1942.
- Technische Daten – siehe U 69.
- Drei Schiffe mit 19.899 BRT versenkt, ein Schiff mit 3.771 BRT beschädigt.
  U 354 wird am 24. 8. 1944 in der Barentssee am Konvoi JW.59 von den britischen Sloops HMS MERID und HMS PEACOCK, der Fregatte HMS LOCH DUNVEGAN und dem Zerstörer HMS KEPPEL mit 51 Mann Besatzung versenkt.

U 355

- VII C, Flensburger Schiffbau Gesellschaft, Kiellegung: 4. 5. 1940, Stapellauf: 5. 7. 1941, Indienststellung: 29. 10. 1941.
- Technische Daten – siehe U 69.
- Ein Schiff versenkt mit 5.082 BRT.
  U 355 wird nach dem 4. 4. 1944 mit 52 Mann Besatzung im Nordatlantik vermisst.

U 356

- VII C, Flensburger Schiffbau Gesellschaft, Kiellegung: 11. 5. 1940, Stapellauf: 17. 9. 1941, Indienststellung: 20. 12. 1941.
- Technische Daten – siehe U 69.
- Drei Schiffe mit 13.649 BRT versenkt, ein Schiff mit 7.051 BRT beschädigt.
  U 356 wird am 27. 12. 1942 nördlich der Azoren am Konvoi ONS.154 vom kanadischen Zerstörer HMCS ST. LAURENT sowie den kanadischen Korvetten HMCS BATTLEFORD, HMCS CHILLIWACK und HMCS NAPANEE mit 46 Mann Besatzung versenkt.

U 357

- VII C, Flensburger Schiffbau Gesellschaft, Kiellegung: 19. 5. 1940, Stapellauf: 31. 3. 1942, Indienststellung: 18. 6. 1942.

- Technische Daten – siehe U 69.
- U 357 wird am 26. 12. 1942 nordwestlich von Irland am Konvoi HX.219 von den britischen Zerstörern HMS HESPERUS und HMS VANESSA zum Auftauchen gezwungen und versenkt sich selbst – 36 Tote, sechs Überlebende.

U 358

- VII C, Flensburger Schiffbau Gesellschaft, Kiellegung: 25. 6. 1940, Stapellauf: 30. 4. 1942, Indienststellung: 15. 8. 1942.
- Technische Daten – siehe U 69.
- Fünf Schiffe versenkt mit 18.945 BRT.
  U 358 wird am 1. 3. 1944 nördlich der Azoren von den britischen Sloops HMS AFFLECK, HMS GARLIES, HMS GORE und HMS GOULD zum Auftauchen gezwungen und versenkt – 50 Tote, ein Überlebender.

U 359

- VII C, Flensburger Schiffbau Gesellschaft, Kiellegung: 9. 6. 1941, Stapellauf: 11. 6. 1942, Indienststellung: 5. 10. 1942.
- Technische Daten – siehe U 69.
- U 359 wird am 26. 7. 1943 in der Karibik südlich von Santo Domingo von einem US-Bomber mit 47 Mann Besatzung versenkt.

U 360

- VII C, Flensburger Schiffbau Gesellschaft, Kiellegung: 9. 8. 1941, Stapellauf: 28. 7. 1942, Indienststellung: 12. 11. 1942.
- Technische Daten – siehe U 69.
- Zwei Schiffe versenkt mit 8.693 BRT.
  U 360 wird am 2. 4. 1944 im Nordmeer vom britischen Zerstörer HMS KEPPEL mit 51 Mann Besatzung versenkt.

U 361

- VII C, Flensburger Schiffbau Gesellschaft, Kiellegung: 12. 9. 1941, Stapellauf: 9. 9. 1942, Indienststellung: 18. 12. 1942.
- Technische Daten – siehe U 69.
- U 361 wird am 17. 7. 1944 westlich von Narvik/Norwegen von einem britischen Kampfflugzeug mit 52 Mann Besatzung versenkt.

U 362

- VII C, Flensburger Schiffbau Gesellschaft, Kiellegung: 9. 11. 1941, Stapellauf: 21. 10. 1942, Indienststellung: 4. 2. 1943.
- Technische Daten – siehe U 69.

- U 362 wird am 5. 9. 1944 in der Karasee vom sowjetischen Minenjäger T-116 mit 51 Mann Besatzung versenkt.

U 363
- VII C, Flensburger Schiffbau Gesellschaft, Kiellegung: 23. 12. 1941, Stapellauf: 17. 12. 1942, Indienststellung: 18. 3. 1943.
- Technische Daten – siehe U 69.
- U 363 kapituliert am 8. 5. 1945 in Narvik/Norwegen, wird nach Loch Eriboll/Schottland zur Versenkungsoperation »Deadlight« beordert und am 31. 12. 1945 versenkt.

U 364
- VII C, Flensburger Schiffbau Gesellschaft, Kiellegung: 12. 2. 1942, Stapellauf: 21. 1. 1943, Indienststellung: 3. 5. 1943.
- Technische Daten – siehe U 69.
- U 364 wird in der Biskaya nach dem 31. 1. 1944 mit 49 Mann Besatzung vermisst.

U 365
- VII C, Flensburger Schiffbau Gesellschaft, Kiellegung: 21. 4. 1942, Stapellauf: 9. 3. 1943, Indienststellung: 8. 6. 1943.
- Technische Daten – siehe U 69.
- Vier Schiffe mit 10.438 BRT versenkt, ein Schiff mit 1.710 BRT beschädigt.
  U 365 wird am 13. 12. 1944 im Nordmeer am Konvoi RA.62 von zwei Kampfflugzeugen des britischen Flugzeugträgers HMS CAMPANIA mit 50 Mann Besatzung versenkt.

U 366
- VII C, Flensburger Schiffbau Gesellschaft, Kiellegung: 22. 5. 1942, Stapellauf: 16. 4. 1943, Indienststellung: 16. 7. 1943.
- Technische Daten – siehe U 69.
- U 366 wird am 5. 3. 1944 nordwestlich von Hammerfest/Norwegen am Konvoi RA.57 von einem Kampfflugzeug des britischen Flugzeugträgers HMS CHASER mit 50 Mann Besatzung versenkt.

U 367
- VII C, Flensburger Schiffbau Gesellschaft, Kiellegung: 6. 7. 1942, Stapellauf: 11. 6. 1943, Indienststellung: 27. 8. 1943.
- Technische Daten – siehe U 69.
- U 367 sinkt am 15. 3. 1945 in der Ostsee vor Hela mit 43 Mann Besatzung (Mine).

U 368
- VII C, Flensburger Schiffbau Gesellschaft, Kiellegung: 20. 8. 1942, Stapellauf: 16. 11. 1943, Indienststellung: 7. 1. 1944.
- Technische Daten – siehe U 69.
- U 368 kapituliert am 8. 5. 1945 in Wilhelmshaven, wird nach Loch Ryan/Schottland zur Versenkungsoperation »Deadlight« beordert und am 17. 12. 1945 versenkt.

U 369
- VII C, Flensburger Schiffbau Gesellschaft, Kiellegung: 6. 10. 1942, Stapellauf: 17. 8. 1943, Indienststellung: 15. 10. 1943.
- Technische Daten – siehe U 69.
- U 369 wird am 29. 5. 1945 von Kristiansand/Norwegen nach Scapa Flow zur Versenkungsoperation »Deadlight« beordert und am 30. 11. 1945 versenkt.

U 370
- VII C, Flensburger Schiffbau Gesellschaft, Kiellegung: 21. 11. 1942, Stapellauf: 24. 9. 1943, Indienststellung: 19. 11. 1943.
- Technische Daten – siehe U 69.
- Ein Schiff versenkt mit 56 tons.
- U 370 wird am 5. 5. 1945 in der Geltinger Bucht selbst versenkt, 1948 gehoben und verschrottet.

U 371
- VII C, Howaldtswerke, Kiel, Kiellegung: 17. 11. 1939, Stapellauf: 27. 1. 1941, Indienststellung: 15. 3. 1941.
- Technische Daten – siehe U 69.
- 13 Schiffe mit 67.573 BRT versenkt, sechs Schiffe mit 30.572 BRT beschädigt.
  U 371 wird am 4. 5. 1944 vor der algerischen Küste von den Zerstörern USS PRIDE und USS JOSEPH E. CAMPBELL, dem französischen Zerstörer SÉNÉGALAIS und dem britischen Zerstörer HMS BLANKNEY zum Auftauchen gezwungen und versenkt – drei Tote, 52 Überlebende.

U 372
- VII C, Howaldtswerke, Kiel, Kiellegung: 17. 11. 1939, Stapellauf: 8. 3. 1941, Indienststellung: 19. 4. 1941.
- Technische Daten – siehe U 69.
- Vier Schiffe versenkt mit 26.401 BRT.
  U 372 wird am 4. 8. 1942 im Mittelmeer vor Haifa von den britischen Zerstörern HMS CROOME, HMS SIKH, HMS TETTCOTT und HMS ZULU und einem britischen Bomber zum Auftauchen gezwungen und versenkt sich selbst – alle 46 Besatzungsmitglieder überleben.

U 373
- VII C, Howaldtswerke, Kiel, Kiellegung: 8. 12. 1939, Stapellauf: 5. 4. 1941, Indienststellung: 22. 5. 1941.
- Technische Daten – siehe U 69.
- Drei Schiffe versenkt mit 10.263 BRT.
  U 373 wird am 8. 6. 1944 westlich von Brest/Frankreich von einem britischen Kampfflugzeug versenkt – vier Tote, 47 Überlebende.

U 374
- VII C, Howaldtswerke, Kiel, Kiellegung: 18. 12. 1939, Stapellauf: 10. 5. 1941, Indienststellung: 21. 6. 1941.
- Technische Daten – siehe U 69.
- Drei Schiffe mit 4.341 BRT versenkt.
  U 374 wird am 12. 1. 1942 im Mittelmeer vom britischen Unterseeboot HMS UNBEATEN versenkt – 42 Tote, ein Überlebender.

U 375
- VII C, Howaldtswerke, Kiel, Kiellegung: 14. 3. 1940, Stapellauf: 7. 6. 1941, Indienststellung: 19. 7. 1941.
- Technische Daten – siehe U 69.
- Acht Schiffe versenkt mit 22.989 BRT, ein Schiff versenkt mit 2.650 BRT.
  U 375 wird am 30. 7. 1943 nordwestlich von Malta vom amerikanischen U-Boot-Jäger PC 624 mit 46 Mann Besatzung versenkt.

U 376
- VII C, Howaldtswerke, Kiel, Kiellegung: 3. 4. 1940, Stapellauf: 10. 7. 1941, Indienststellung: 21. 8. 1941.
- Technische Daten – siehe U 69.
- Zwei Schiffe versenkt mit 10.146 BRT.
  U 376 wird nach dem 6. 4. 1943 mit 47 Mann Besatzung in der Biskaya vermisst.

U 377
- VII C, Howaldtswerke, Kiel, Kiellegung: 8. 4. 1940, Stapellauf: 15. 8. 1941, Indienststellung: 2. 10. 1941.
- Technische Daten – siehe U 69.
- U 377 wird am 15. 1. 1944 im Nordatlantik wahrscheinlich durch seinen eigenen Akustiktorpedo mit 52 Mann Besatzung versenkt.

U 378
- VII C, Howaldtswerke, Kiel, Kiellegung: 3. 5. 1940, Stapellauf: 13. 9. 1941, Indienststellung: 30. 10. 1941.
- Technische Daten – siehe U 69.
- Ein Schiff versenkt mit 1.920 BRT.
  U 378 wird am 20. 10. 1943 im Nordatlantik durch Kampfflugzeuge des Geleitträgers USS CORE mit 48 Mann Besatzung versenkt.

U 379
- VII C, Howaldtswerke, Kiel, Kiellegung: 27. 5. 1940, Stapellauf: 15. 10. 1941, Indienststellung: 29. 11. 1941.
- Technische Daten – siehe U 69.
- Zwei Schiffe versenkt mit 8.904 BRT.
  U 379 wird am 8. 8. 1942 südöstlich von Grönland am Konvoi SC.94 nach vier Rammstößen der britischen Korvette HMS DIANTHUS versenkt – 40 Tote, fünf Überlebende.

U 380
- VII C, Howaldtswerke, Kiel, Kiellegung: 1. 10. 1940, Stapellauf: 5. 11. 1941, Indienststellung: 22. 12. 1941.
- Technische Daten – siehe U 69.
- Drei Schiffe mit 21.241 BRT versenkt, ein Schiff mit 7.191 BRT beschädigt.
- Am 10. 5. 1943 rettet U 380 fünf deutsche Soldaten, die in einem kleinen Boot auf der Flucht aus Tunesien sind, und bringt sie wohlbehalten nach La Spezia/Italien.
  U 380 wird am 11. 3. 1944 im Hafen von Toulon/Frankreich durch amerikanische Kampfflugzeuge versenkt – ein Toter. Das Boot wird 1944 gehoben und verschrottet.

U 381
- VII C, Howaldtswerke, Kiel, Kiellegung: 26. 4. 1941, Stapellauf: 14. 1. 1942, Indienststellung: 25. 2. 1942.
- Technische Daten – siehe U 69.
- U 381 wird nach dem 18. 5. 1943 mit 47 Mann Besatzung südlich von Grönland vermisst.

U 382
- VII C, Howaldtswerke, Kiel, Kiellegung: 30. 7. 1941, Stapellauf: 21. 3. 1942, Indienststellung: 25. 4. 1942.
- Technische Daten – siehe U 69.
- Ein Schiff mit 9.811 BRT beschädigt.
- Am 24. 10. 1944 kollidieren U 382 und U 673 nördlich von Stavanger/Norwegen.
  U 673 läuft auf Grund und sinkt. Das Boot wird am 9. 11. 1944 gehoben und später in Norwegen verschrottet.
  U 382 wird im 1. 1945 in Wilhelmshaven von britischen Bombern versenkt, am 20. 3. gehoben und am 8. 5. 1945 von der eigenen Besatzung versenkt.

U 383
- VII C, Howaldtswerke, Kiel, Kiellegung: 29. 3. 1941, Stapellauf: 22. 4. 1942, Indienststellung: 6. 6. 1942.
- Technische Daten – siehe U 69.
- Ein Schiff versenkt mit 423 tons.

U 383 wird am 1. 8. 1943 westlich von Brest/Frankreich von einem britischen Kampfflugzeug mit 52 Mann Besatzung versenkt.

U 384
- VII C, Howaldtswerke, Kiel, Kiellegung: 29. 3. 1941, Stapellauf: 28. 5. 1942, Indienststellung: 18. 7. 1942.
- Technische Daten – siehe U 69.
- Zwei Schiffe versenkt mit 13.407 BRT.
  U 384 wird am 19. 3. 1943 von einem britischen Kampfflugzeug südwestlich von Island am Konvoi HX.229 mit 47 Mann Besatzung versenkt.

U 385
- VII C, Howaldtswerke, Kiel, Kiellegung: 16. 5. 1941, Stapellauf: 8. 7. 1942, Indienststellung: 29. 8. 1942.
- Technische Daten – siehe U 69.
- U 385 wird am 11. 8. 1944 westlich von La Rochelle/ Frankreich von der britischen Sloop HMS STARLING und einem australischen Bomber zum Auftauchen gezwungen und versenkt sich selbst – ein Toter, 42 Überlebende.

U 386
- VII C, Howaldtswerke, Kiel, Kiellegung: 16. 5. 1941, Stapellauf: 19. 8. 1942, Indienststellung: 10. 10. 1942.
- Technische Daten – siehe U 69.
- Ein Schiff versenkt mit 1.997 BRT.
  U 386 wird am 19. 2. 1944 im Nordatlantik von der britischen Fregatte HMS SPEY versenkt – 33 Tote, 16 Überlebende.

U 387
- VII C, Howaldtswerke, Kiel, Kiellegung: 5. 9. 1941, Stapellauf: 1. 10. 1942, Indienststellung: 24. 11. 1942.
- Technische Daten – siehe U 69.
- U 387 wird am 9. 12. 1944 vor Murmansk/Sowjetunion von der britischen Korvette HMS BAMBOROUGH CASTLE mit 51 Mann Besatzung versenkt.

U 388
- VII C, Howaldtswerke, Kiel, Kiellegung: 12. 9. 1941, Stapellauf: 12. 11. 1942, Indienststellung: 31. 12. 1942.
- Technische Daten – siehe U 69.
- U 388 wird am 20. 6. 1943 südöstlich von Grönland von einem US-Kampfflugzeug mit 47 Mann Besatzung versenkt.

U 389
- VII C, Howaldtswerke, Kiel, Kiellegung: 3. 12. 1941, Stapellauf: 19. 12. 1942, Indienststellung: 6. 2. 1943.
- Technische Daten – siehe U 69.
- U 389 wird am 5. 10. 1943 südwestlich von Island von einem britischen Kampfflugzeug mit 50 Mann Besatzung versenkt.

U 390
- VII C, Howaldtswerke, Kiel, Kiellegung: 6. 12. 1941, Stapellauf: 23. 1. 1943, Indienststellung: 13. 3. 1943.
- Technische Daten – siehe U 69.
- Ein Schiff mit 545 BRT versenkt, ein Schiff mit 7.934 BRT beschädigt.
  U 390 wird am 5. 7. 1944 im Ärmelkanal vom britischen Zerstörer HMS WANDERER und der Fregatte HMS TAVY versenkt – 48 Tote, ein Überlebender.

U 391
- VII C, Howaldtswerke, Kiel, Kiellegung: 9. 1. 1942, Stapellauf: 5. 3. 1943, Indienststellung: 24. 4. 1943.
- Technische Daten – siehe U 69.
- U 391 wird am 13. 12. 1943 nordwestlich von Kap Ortegal/Spanien von einem britischen Kampfflugzeug mit 51 Mann Besatzung versenkt.

U 392
- VII C, Howaldtswerke, Kiel, Kiellegung: 10. 1. 1942, Stapellauf: 10. 4. 1943, Indienststellung: 29. 5. 1943.
- Technische Daten – siehe U 69.
- U 392 wird am 16. 3. 1944 in der Straße von Gibraltar von der britischen Fregatte HMS AFFLECK, dem Zerstörer HMS VANOC und drei amerikanischen Bombern mit 52 Mann Besatzung versenkt.

U 393
- VII C, Howaldtswerke, Kiel, Kiellegung: 8. 4. 1942, Stapellauf: 15. 5. 1943, Indienststellung: 3. 7. 1943.
- Technische Daten – siehe U 69.
- U 393 wird am 4. 5. 1945 in der Geltinger Bucht von amerikanischen Bombern angegriffen und beschädigt. Das Boot wird am 5. 5. 1945 in der Flensburger Förde von seiner Besatzung selbst versenkt.

U 394
- VII C, Howaldtswerke, Kiel, Kiellegung: 31. 3. 1942, Stapellauf: 19. 6. 1943, Indienststellung: 7. 8. 1943.
- Technische Daten – siehe U 69.
- U 394 wird am 2. 9. 1944 im Nordmeer von Kampffliegern des britischen Flugzeugträgers HMS VINDEX, den Zerstörern HMS KEPPEL und HMS WHITEHALL sowie den Sloops HMS MERID und HMS PEACOCK mit 50 Mann Besatzung versenkt.

U 395
- VII C, Howaldtswerke, Kiel, Kiellegung: 10. 6. 1942.
- Technische Daten – siehe U 69.
- U 395 wird während der Werftausrüstung am 29. 7. 1943 durch Bombentreffer beschädigt und verschrottet.

U 396
- VII C, Howaldtswerke, Kiel, Kiellegung: 6. 6. 1942, Stapellauf: 27. 8. 1943, Indienststellung: 16. 10. 1943.
- Technische Daten – siehe U 69.
- U 396 wird nach Mitte April 1945 auf einer Wettererkundungsfahrt mit 45 Mann Besatzung vermisst.

U 397
- VII C, Howaldtswerke, Kiel, Kiellegung: 29. 8. 1942, Stapellauf: 6. 10. 1943, Indienststellung: 20. 11. 1943.
- Technische Daten – siehe U 69.
- U 397 wird am 5. 5. 1945 in der Geltinger Bucht selbst versenkt.

U 398
- VII C, Howaldtswerke, Kiel, Kiellegung: 26. 8. 1942, Stapellauf: 6. 11. 1943, Indienststellung: 18. 12. 1943.
- Technische Daten – siehe U 69.
- U 398 wird mit 43 Mann Besatzung nach dem 17. 4. 1945 in der Nordsee vermisst.

U 399
- VII C, Howaldtswerke, Kiel, Kiellegung: 12. 11. 1942, Stapellauf: 4. 12. 1943, Indienststellung: 22. 1. 1944.
- Technische Daten – siehe U 69.
- Zwei Schiffe versenkt mit 7.538 BRT.
  U 399 wird am 26. 3. 1945 im Ärmelkanal von der britischen Fregatte HMS DUCKWORTH versenkt – 46 Tote, ein Überlebender.

U 400
- VII C, Howaldtswerke, Kiel, Kiellegung: 18. 11. 1942, Stapellauf: 8. 1. 1944, Indienststellung: 18. 3. 1944.
- Technische Daten – siehe U 69.
- U 400 wird am 17. 12. 1944 südlich von Cork/Irland von der britischen Fregatte HMS NYASALAND mit 50 Mann Besatzung versenkt.

U 401
- VII C, Danziger Werft, Danzig, Kiellegung: 8. 4. 1940, Stapellauf: 16. 12. 1940, Indienststellung: 10. 4. 1941.
- Technische Daten – siehe U 69.
- U 401 wird am 3. 8. 1941 südwestlich von Irland am Konvoi SL.81 von der britischen Korvette HMS HYDRANGEA, dem britischen Zerstörer HMS WANDERER und dem norwegischen Zerstörer ST. ALBANS mit 45 Mann Besatzung versenkt.

U 402
- VII C, Danziger Werft, Danzig, Kiellegung: 22. 4. 1940, Stapellauf: 28. 12. 1940, Indienststellung: 21. 5. 1941.
- Technische Daten – siehe U 69.
- 15 Schiffe mit 71.036 BRT versenkt, drei Schiffe mit 28.784 BRT beschädigt.
  U 402 wird am 13. 10. 1943 im Nordatlantik von einem Kampfflugzeug des Geleitträgers USS CARD mit 50 Mann Besatzung versenkt.

U 403
- VII C, Danziger Werft, Danzig, Kiellegung: 20. 5. 1940, Stapellauf: 26. 2. 1941, Indienststellung: 25. 6. 1941.
- Technische Daten – siehe U 69.
- Zwei Schiffe mit 12.946 BRT versenkt.
  U 403 wird am 17. 8. 1943 vor Dakar von einem französischen Bomber mit 49 Mann Besatzung versenkt.

U 404
- VII C, Danziger Werft, Danzig, Kiellegung: 14. 6. 1940, Stapellauf: 4. 6. 1941, Indienststellung: 6. 8. 1941.
- Technische Daten – siehe U 69.
- 15 Schiffe mit 72.570 BRT versenkt, zwei Schiffe mit 16.689 BRT beschädigt.
  U 404 wird am 28. 7. 1943 nordwestlich von Kap Ortegal/Spanien von zwei US- und einem britischen Kampfflugzeug mit 51 Mann Besatzung versenkt.

U 405
- VII C, Danziger Werft, Danzig, Kiellegung: 8. 7. 1940, Stapellauf: 4. 6. 1941, Indienststellung: 17. 9. 1941.
- Technische Daten – siehe U 69.
- Fünf Schiffe mit 12.054 BRT versenkt.
  U 405 wird am 1. 11. 1943 im Nordatlantik durch Wasserbomben und Rammstoß des amerikanischen Zerstörers USS BORRIE, der in diesem Gefecht ebenfalls vernichtet wird, mit 49 Mann Besatzung versenkt.

U 406
- VII C, Danziger Werft, Danzig, Kiellegung: 6. 9. 1940, Stapellauf: 16. 6. 1941, Indienststellung: 22. 10. 1941.
- Technische Daten – siehe U 69.
- Ein Schiff mit 7.452 BRT versenkt, drei Schiffe mit 13.285 BRT beschädigt.
  Am 5. 5. 1943 kollidieren U 406 und U 600 im Nordatlantik. Beide Boote werden so schwer beschädigt, dass sie in ihre Stützpunkte zurückkehren müssen.

In der zweiten Hälfte des Krieges laufen Unterseeboote, wie hier bei HDW in Kiel, wie am Fließband vom Stapel – insgesamt werden zwischen 1935 und 1945 1.157 Unterseeboote auf deutschen Werften gebaut.

U 406 wird am 18. 2. 1944 im Nordatlantik von der britischen Fregatte HMS SPEY zum Auftauchen gezwungen und versenkt sich selbst – 12 Tote, 45 Überlebende.

U 407
- VII C, Danziger Werft, Danzig, Kiellegung: 12. 9. 1940, Stapellauf: 16. 8. 1941, Indienststellung: 18. 12. 1941.
- Technische Daten – siehe U 69.
- Vier Schiffe mit 34.068 BRT versenkt, drei Schiffe mit 24.107 BRT beschädigt.
  U 407 wird am 19. 9. 1944 im Mittelmeer von den britischen Zerstörern HMS TERPSICHORE, HMS BRECON, HMS ZETLAND und HMS TROUBRIDGE sowie dem polnischen Zerstörer GARLAND zum Auftauchen gezwungen und mit Rammstoß versenkt – fünf Tote, 48 Überlebende.

U 408
- VII C, Danziger Werft, Danzig, Kiellegung: 30. 9. 1940, Stapellauf: 16. 7. 1941, Indienststellung: 19. 11. 1941.
- Technische Daten – siehe U 69.
- Drei Schiffe mit 19.689 BRT versenkt.
  U 408 wird am 6. 11. 1942 nördlich von Island von einem US-Kampfflugzeug mit 45 Mann Besatzung versenkt.

U 409
- VII C, Danziger Werft, Danzig, Kiellegung: 26. 10. 1940, Stapellauf: 23. 9. 1941, Indienststellung: 21. 1. 1942.
- Technische Daten – siehe U 69.
- Drei Schiffe mit 16.199 BRT versenkt, ein Schiff mit 7.519 BRT beschädigt.
  U 409 wird am 12. 7. 1943 nordöstlich von Algier am Konvoi MKF.19 vom britischen Zerstörer HMS INCONSTANT zum Auftauchen gezwungen und versenkt sich selbst – 11 Tote, 37 Überlebende.

U 410
- VII C, Danziger Werft, Danzig, Kiellegung: 9. 1. 1941, Stapellauf: 14. 10. 1941, Indienststellung: 23. 2. 1942.
- Technische Daten – siehe U 69.
- Zehn Schiffe mit 57.861 BRT versenkt, ein Schiff mit 7.134 BRT beschädigt.
  U 410 wird am 11. 3. 1944 im Hafen von Toulon/Frankreich von US-Bombern vernichtet.

U 411
- VII C, Danziger Werft, Danzig, Kiellegung: 28. 1. 1941, Stapellauf: 15. 11. 1941, Indienststellung: 18. 3. 1942.
- Technische Daten – siehe U 69.

U 411 wird am 13. 11. 1942 westlich von Gibraltar von einem britischen Kampfflugzeug mit 46 Mann Besatzung versenkt.

U 412
- VII C, Danziger Werft, Danzig, Kiellegung: 7. 3. 1941, Stapellauf: 15. 12. 1941, Indienststellung: 29. 4. 1942.
- Technische Daten – siehe U 69.
- U 412 wird am 22. 10. 1942 nordöstlich der Färöer von einem britischen Kampfflugzeug mit 47 Mann Besatzung versenkt.

U 413
- VII C, Danziger Werft, Danzig, Kiellegung: 25. 4. 1941, Stapellauf: 15. 1. 1942, Indienststellung: 3. 6. 1942.
- Technische Daten – siehe U 69.
- Sechs Schiffe mit 37.985 BRT versenkt.
  U 413 wird am 20. 8. 1944 im Ärmelkanal von den britischen Zerstörern HMS FORESTER, HMS VIDETTE und HMS WENSLEYDALE versenkt – 45 Tote, ein Überlebender.

U 414
- VII C, Danziger Werft, Danzig, Kiellegung: 14. 6. 1941, Stapellauf: 25. 3. 1942, Indienststellung: 1. 7. 1942.
- Technische Daten – siehe U 69.
- Ein Schiff mit 5.979 BRT versenkt, ein Schiff mit 7.134 BRT beschädigt.
  U 414 wird am 25. 5. 1943 im Mittelmeer am Konvoi UGS.8/KMS.14 von der britischen Korvette HMS VETCH mit 47 Mann Besatzung versenkt.

U 415
- VII C, Danziger Werft, Danzig, Kiellegung: 12. 7. 1941, Stapellauf: 9. 5. 1942, Indienststellung: 5. 8. 1942.
- Technische Daten – siehe U 69.
- Zwei Schiffe mit 6.257 BRT versenkt, ein Schiff mit 5.486 BRT beschädigt.
  U 415 sinkt am 14. 7. 1944 vor Brest/Frankreich nach einem Minentreffer – zwei Tote, 45 Überlebende.

U 416
- VII C, Danziger Werft, Danzig, Kiellegung: 11. 8. 1941, Stapellauf: 9. 5. 1942, Indienststellung: 4. 11. 1942.
- Technische Daten – siehe U 69.
- U 416 sinkt am 30. 3. 1943 vor Bornholm/Dänemark nach einem Minentreffer, wird am 8. 4. 1943 gehoben und als Schulboot eingesetzt. Das Boot sinkt erneut am 12. 12. 1944 nordwestlich von Pillau nach einer Kollision mit dem deutschen Minenräumboot M 203 – 36 Tote, fünf Überlebende.

U 417
- VII C, Danziger Werft, Danzig, Kiellegung: 16. 9. 1941, Stapellauf: 6. 6. 1942, Indienststellung: 26. 9. 1942.
- Technische Daten – siehe U 69.
- U 417 wird am 11. 6. 1943 südöstlich von Island von einem britischen Kampfflugzeug mit 46 Mann Besatzung versenkt.

U 418
- VII C, Danziger Werft, Danzig, Kiellegung: 21. 10. 1941, Stapellauf: 11. 7. 1942, Indienststellung: 21. 10. 1942.
- Technische Daten – siehe U 69.
- U 418 wird am 1. 6. 1943 nordwestlich von Kap Ortegal/Spanien von einem britischen Kampfflugzeug mit 48 Mann Besatzung versenkt.

U 419
- VII C, Danziger Werft, Danzig, Kiellegung: 7. 11. 1941, Stapellauf: 22. 8. 1942, Indienststellung: 18. 11. 1942.
- Technische Daten – siehe U 69.
- U 419 wird am 8. 10. 1943 im Nordatlantik am Konvoi SC.143 von einem britischen Kampfflugzeug versenkt – 48 Tote, ein Überlebender.

U 420
- VII C, Danziger Werft, Danzig, Kiellegung: 3. 12. 1941, Stapellauf: 18. 8. 1942, Indienststellung: 16. 12. 1942.
- Technische Daten – siehe U 69.
- U 420 wird nach dem 20. 10. 1943 mit 49 Mann Besatzung im Nordatlantik vermisst.

U 421
- VII C, Danziger Werft, Danzig, Kiellegung: 20. 1. 1942, Stapellauf: 24. 9. 1942, Indienststellung: 13. 1. 1943.
- Technische Daten – siehe U 69.
- U 421 wird am 29 4. 1944 vor Toulon/Frankreich von US-Kampfflugzeugen versenkt.

U 422
- VII C, Danziger Werft, Danzig, Kiellegung: 11. 2. 1942, Stapellauf: 10.10. 1942, Indienststellung: 10. 2. 1943.
- Technische Daten – siehe U 69.
- Am 4. 10. 1943 werden nördlich der Azoren das Versorgungs-U-Boot U 460 (»Milchkuh«) und U 422 (49 Mann Besatzung gehen verloren) von Kampffliegern des amerikanischen Geleitträgers USS CARD angegriffen und versenkt.

U 423
- VII C, Danziger Werft, Danzig, Kiellegung: 16. 3. 1942, Stapellauf: 7. 11. 1942, Indienststellung: 3. 3. 1943.
- Technische Daten – siehe U 69.

U 423 wird am 17. 6. 1944 nordöstlich der Färöer von einem norwegischen Kampfflugzeug mit 53 Mann Besatzung versenkt.

U 424
- VII C, Danziger Werft, Danzig, Kiellegung: 16. 4. 1942, Stapellauf: 28. 11. 1942, Indienststellung: 7. 4. 1943.
- Technische Daten – siehe U 69.
- U 424 wird am 11. 2. 1944 südwestlich von Irland von den britischen Sloops HMS WILD GOOSE und HMS WOODPECKER mit 50 Mann Besatzung versenkt.

U 425
- VII C, Danziger Werft, Danzig, Kiellegung: 23. 5. 1942, Stapellauf: 19. 12. 1942, Indienststellung: 21. 4. 1943.
- Technische Daten – siehe U 69.
- U 425 wird am 17. 2. 1945 vor Murmansk/Sowjetunion von der britischen Sloop HMS LARK und der Korvette HMS ALNWICK CASTLE zum Auftauchen gezwungen und versenkt sich selbst – 52 Tote, ein Überlebender.

U 426
- VII C, Danziger Werft, Danzig, Kiellegung: 20. 6. 1942, Stapellauf: 6. 2. 1943, Indienststellung: 12. 5. 1943.
- Technische Daten – siehe U 69.
- Ein Schiff versenkt mit 6.625 BRT.
  U 426 wird am 8. 1. 1944 westlich von Nantes/Frankreich von einem australischen Kampfflugzeug mit 51 Mann Besatzung versenkt.

U 427
- VII C, Danziger Werft, Danzig, Kiellegung: 27. 7. 1942, Stapellauf: 6. 2. 1943, Indienststellung: 2. 6. 1943.
- Technische Daten – siehe U 69.
- U 427 wird von Narvik/Norwegen nach Loch Eriboll/Schottland zur Versenkungsoperation »Deadlight« beordert und am 21. 12. 1945 versenkt.

U 428
- VII C, Danziger Werft, Danzig, Kiellegung: 13. 8. 1942, Stapellauf: 11. 3. 1943, Indienststellung: 26. 6. 1943.
- Technische Daten – siehe U 69.
- U 428 wird an Italien als S 1 abgetreten, nach der italienischen Kapitulation wieder an Deutschland zurückgegeben und als U 428 eingesetzt. Das Boot wird am 4. 5. 1945 im Audorfer See bei Rendsburg von seiner Besatzung versenkt.

U 429
- VII C, Danziger Werft, Danzig, Kiellegung: 14. 9. 1942, Stapellauf: 30. 3. 1943, Indienststellung: 14. 7. 1943.

- Technische Daten – siehe U 69.
- U 429 wird an Italien als S 4 abgetreten, nach der italienischen Kapitulation wieder an Deutschland zurückgegeben und als U 429 eingesetzt. Das Boot wird am 30. 3. 1945 vor Wilhelmshaven von US-Kampfflugzeugen versenkt.

U 430
- VII C, Danziger Werft, Danzig, Kiellegung: 5. 10. 1942, Stapellauf: 22. 4. 1943, Indienststellung: 4. 8. 1943.
- Technische Daten – siehe U 69.
- U 430 wird an Italien als S 6 abgetreten, nach der italienischen Kapitulation wieder an Deutschland zurückgegeben und als U 430 eingesetzt. Das Boot wird am 30. 3. 1944 in der Wesermündung von US-Kampfflugzeugen versenkt – ein Toter.

U 431
- VII C, Schichau, Danzig, Kiellegung: 4. 1. 1940, Stapellauf: 2. 2. 1941, Indienststellung: 5. 4. 1941.
- Technische Daten – siehe U 69.
- Zwölf Schiffe mit 20.154 BRT versenkt, ein Schiff mit 3.560 BRT beschädigt.
  U 431 wird am 21. 10. 1943 vor Algier mit 52 Mann Besatzung von einem britischen Kampfflugzeug versenkt.

U 432
- VII C, Schichau, Danzig, Kiellegung: 14. 1. 1940, Stapellauf: 3. 2. 1942, Indienststellung: 26. 4. 1942.
- Technische Daten – siehe U 69.
- 20 Schiffe mit 66.005 BRT versenkt, zwei Schiffe mit 15.666 BRT beschädigt.
  U 432 wird am 11. 3. 1943 im Nordatlantik am Konvoi HX.228 von der französischen Korvette ACONIT zum Auftauchen gezwungen und versenkt sich selbst – 26 Tote, 20 Überlebende.

U 433
- VII C, Schichau, Danzig, Kiellegung: 4. 1. 1940, Stapellauf: 15. 3. 1941, Indienststellung: 24. 5. 1941.
- Technische Daten – siehe U 69.
- Ein Schiff mit 2.215 BRT beschädigt.
  U 433 wird am 16. 11. 1941 südlich von Malaga/Spanien von der britischen Fregatte HMS MARIGOLD zum Auftauchen gezwungen und versenkt sich selbst – sechs Tote, 38 Überlebende.

U 434
- VII C, Schichau, Danzig, Kiellegung: 20. 1. 1940, Stapellauf: 15. 3. 1941, Indienststellung: 21. 6. 1941.

- Technische Daten – siehe U 69.
- U 434 wird am 18. 12. 1941 nördlich von Madeira/Portugal von den britischen Zerstörern HMS BLANKNEY und HMS STANLEY zum Auftauchen gezwungen und versenkt sich selbst – zwei Tote, 42 Überlebende.

U 435
- VII C, Schichau, Danzig, Kiellegung: 11. 4. 1940, Stapellauf: 31. 5. 1941, Indienststellung: 30. 8. 1941.
- Technische Daten – siehe U 69.
- 13 Schiffe mit 57.023 BRT versenkt.
  U 435 wird am 9. 7. 1943 westlich von Figueira/Portugal von einem britischen Kampfflugzeug mit 48 Mann Besatzung versenkt.

U 436
- VII C, Schichau, Danzig, Kiellegung: 25. 4. 1940, Stapellauf: 21. 6. 1941, Indienststellung: 27. 9. 1941.
- Technische Daten – siehe U 69.
- Sechs Schiffe mit 35.774 BRT versenkt, zwei Schiffe mit 15.575 BRT beschädigt.
  U 436 wird am 26. 5. 1943 westlich von Kap Ortegal/Spanien am Konvoi KX.10 von der britischen Fregatte HMS TEST und der Korvette HMS HYDERABAD mit 47 Mann Besatzung versenkt.

U 437
- VII C, Schichau, Danzig, Kiellegung: 16. 4. 1940, Stapellauf: 26. 7. 1941, Indienststellung: 25. 10. 1941.
- Technische Daten – siehe U 69.
- U 437 wird am 4. 10. 1944 von britischen Bombern in Bergen/Norwegen schwer beschädigt, außer Dienst gestellt und 1946 verschrottet.

U 438
- VII C, Schichau, Danzig, Kiellegung: 25. 4. 1940, Stapellauf: 6. 9. 1941, Indienststellung: 22. 11. 1941.
- Technische Daten – siehe U 69.
- Vier Schiffe mit 19.502 BRT versenkt, ein Schiff mit 5.496 BRT beschädigt.
- U 438 wird am 6. 5. 1943 nordöstlich von Neufundland am Konvoi ONS.5 von der britischen Sloop HMS PELICAN mit 48 Mann Besatzung versenkt.

U 439
- VII C, Schichau, Danzig, Kiellegung: 1. 10. 1940, Stapellauf: 11. 10. 1941, Indienststellung: 20. 12. 1941.
- Technische Daten – siehe U 69.
- U 439 (40 Tote, neun Überlebende) kollidiert am 3. 5. 1943 westlich von Kap Ortegal/Spanien mit U 659 (44 Tote, drei Überlebende) – beide Boote sinken.

U 440
- VII C, Schichau, Danzig, Kiellegung: 1. 10. 1940, Stapellauf: 8. 11. 1941, Indienststellung: 24. 1. 1942.
- Technische Daten – siehe U 69.
- U 440 wird am 31. 5. 1943 nordwestlich von Kap Ortegal/Spanien von einem britischen Kampfflugzeug mit 46 Mann Besatzung versenkt.

U 441 (U-Flak 1)
- VII C, Schichau, Danzig, Kiellegung: 15. 10. 1940, Stapellauf: 13. 12. 1941, Indienststellung: 21. 2. 1942.
- Technische Daten – siehe U 69.
- Ein Schiff mit 7.051 BRT versenkt.
- 1943 wird U 441 unter der Bezeichnung U-Flak 1 als erste von drei Einheiten zum Flak-U-Boot umgerüstet. Das Boot erhält erheblich verstärkte Flugabwehr-Geschütze, darunter eine vierfache 2,2-cm-Schnellfeuer-Kanone. Ca. 20 Mann zusätzliches Geschützpersonal verstärken die Besatzung. Diese Boote operieren ohne die gewünschten Erfolge – aus U-Flak 1 wird wieder U 441. Das Boot wird am 8. 6. 1944 im Ärmelkanal von einem britischen Kampfflugzeug mit 51 Mann Besatzung versenkt.

U 442
- VII C, Schichau, Danzig, Kiellegung: 19. 10. 1940, Stapellauf: 17. 1. 1942, Indienststellung: 21. 3. 1942.
- Technische Daten – siehe U 69.
- Vier Schiffe mit 25.417 BRT versenkt.
  U 442 wird am 12. 2. 1943 westlich von Kap St. Vincent von einem britischen Kampfflugzeug mit 48 Mann Besatzung versenkt.

U 443
- VII C, Schichau, Danzig, Kiellegung: 10. 2. 1941, Stapellauf: 31. 1. 1942, Indienststellung: 18. 4. 1942.
- Technische Daten – siehe U 69.
- Vier Schiffe mit 20.522 BRT versenkt.
  U 443 wird am 23. 2. 1943 vor Algier von den britischen Zerstörern HMS BICESTER, HMS LAMERTON und HMS WHEATLAND mit 48 Mann Besatzung versenkt.

U 444
- VII C, Schichau, Danzig, Kiellegung: 10. 2. 1941, Stapellauf: 26. 2. 1942, Indienststellung: 9. 5. 1942.
- Technische Daten – siehe U 69.
- U 444 wird am 11. 3. 1943 im Nordatlantik am Konvoi HX.228 vom Zerstörer HMS HARVESTER gerammt. Das Schiff klemmt sich dabei am U-Boot fest. Das sinkende Boot wird anschließend von der französischen

Korvette ACONIT nochmals gerammt und mit Wasserbomben versenkt – 41 Tote, vier Überlebende.

U 445
- VII C, Schichau, Danzig, Kiellegung: 9. 4. 1941, Stapellauf: 19. 3. 1942, Indienststellung: 30. 5. 1942.
- Technische Daten – siehe U 69.
- U 445 wird am 24. 8. 1944 westlich von Saint-Nazaire von der britischen Fregatte HMS LOUIS mit 52 Mann Besatzung versenkt.

U 446
- VII C, Schichau, Danzig, Kiellegung: 9. 4. 1941, Stapellauf: 11. 4. 1942, Indienststellung: 20. 6. 1942.
- Technische Daten – siehe U 69.
- U 446 sinkt am 21. 9. 1942 in der Danziger Bucht nach einem Minentreffer, wird am 8. 11. 1942 gehoben und am 3. 5. 1945 vor Kiel selbst versenkt. Das Boot wird 1947 erneut gehoben und verschrottet.

U 447
- VII C, Schichau, Danzig, Kiellegung: 1. 7. 1941, Stapellauf: 30. 4. 1942, Indienststellung: 11. 7. 1942.
- Technische Daten – siehe U 69.
- U 447 wird am 7. 5. 1943 westlich von Gibraltar von zwei britischen Kampfflugzeugen mit 48 Mann Besatzung versenkt.

U 448
- VII C, Schichau, Danzig, Kiellegung: 1. 7. 1941, Stapellauf: 23. 5. 1942, Indienststellung: 1. 8. 1942.
- Technische Daten – siehe U 69.
- U 448 wird am 14. 4. 1944 nordöstlich der Azoren von der kanadischen Fregatte HMCS SWANSEA und der britischen Sloop HMS PELICAN zum Auftauchen gezwungen und versenkt sich selbst – neun Tote, 42 Überlebende.

U 449
- VII C, Schichau, Danzig, Kiellegung: 17. 7. 1941, Stapellauf: 13. 6. 1942, Indienststellung: 22. 8. 1942.
- Technische Daten – siehe U 69.
- U 449 wird am 24. 6. 1943 nordwestlich von Kap Ortegal/Spanien von den britischen Sloops HMS KITE, HMS WILD GOOSE, HMS WOODPECKER und HMS WREN mit 49 Mann Besatzung versenkt.

U 450
- VII C, Schichau, Danzig, Kiellegung: 22. 7. 1941, Stapellauf: 4. 7. 1942, Indienststellung: 12. 9. 1942.
- Technische Daten – siehe U 69.

- U 450 wird am 10. 3. 1944 südlich von Ostia/Italien von den britischen Zerstörern HMS BLANKNEY, HMS BLENCATHRA, HMS BRECON, HMS EXMOOR und dem amerikanischen Zerstörer USS MADISON zum Auftauchen gezwungen und versenkt sich selbst – alle 42 Besatzungsmitglieder überleben.

U 451
- VII C, Deutsche Werke, Kiel, Kiellegung: 18. 5. 1940, Stapellauf: 5. 3. 1941, Indienststellung: 3. 5. 1941.
- Technische Daten – siehe U 69.
- Ein Schiff mit 441 BRT versenkt.
  U 451 wird am 21. 12. 1941 vor Tanger von einem britischen Kampfflugzeug versenkt – 44 Tote, ein Überlebender.

U 452
- VII C, Deutsche Werke, Kiel, Kiellegung: 25. 5. 1940, Stapellauf: 29. 3. 1941, Indienststellung: 29. 5. 1941.
- Technische Daten – siehe U 69.
- U 452 wird am 25. 8. 1941 südlich von Island vom britischen U-Jagd-Trawler VASCAMA und einem Kampfflugzeug mit 42 Mann Besatzung versenkt.

U 453
- VII C, Deutsche Werke, Kiel, Kiellegung: 4. 7. 1940, Stapellauf: 30. 4. 1941, Indienststellung: 26. 6. 1941.
- Technische Daten – siehe U 69.
- Elf Schiffe mit 25.829 BRT versenkt, zwei Schiffe mit 16.610 BRT beschädigt.
  U 453 wird am 21. 5. 1944 im Ionischen Meer von den britischen Zerstörern HMS LIDDLESDALE, HMS TENACIOUS und HMS TERMAGANT zum Auftauchen gezwungen und versenkt sich selbst – ein Toter, 51 Überlebende.

U 454
- VII C, Deutsche Werke, Kiel, Kiellegung: 4. 7. 1940, Stapellauf: 30. 4. 1941, Indienststellung: 24. 7. 1941.
- Technische Daten – siehe U 69.
- Zwei Schiffe mit 2.427 BRT versenkt, ein Schiff mit 5.395 BRT beschädigt.
  U 454 wird am 1. 8. 1943 nordwestlich von Kap Ortegal/Spanien von einem australischen Kampfflugzeug versenkt – 32 Tote, 14 Überlebende.

U 455
- VII C, Deutsche Werke, Kiel, Kiellegung: 3. 9. 1940, Stapellauf: 21. 6. 1941, Indienststellung: 21. 8. 1941.
- Technische Daten – siehe U 69.
- Drei Schiffe mit 17.685 BRT versenkt.

Nahe der Kanarischen Inseln wird U 167 am 6. 4. 1943 so schwer von Kampfflugzeugen beschädigt, dass der Kommandant das Boot vor der Küste von Gran Canaria versenken lässt. Fischer retten die Besatzung, die auf dem deutschen Frachtschiff CORRIENTES interniert wird. Bereits einige Tage später übernimmt U 455 (48 Mann Besatzung) die 52-köpfige Besatzung von U 167. Auf dem Weg zur französischen Basis trifft U 455 die Boote U 154, U 159 und U 518 und verteilt seine »Gäste« auf diese Boote.
U 455 wird nach dem 2. 4. 1944 mit 51 Mann Besatzung im Mittelmeer vermisst.

U 456
- VII C, Deutsche Werke, Kiel, Kiellegung: 3. 9. 1940, Stapellauf: 21. 6. 1941, Indienststellung: 18. 9. 1941.
- Technische Daten – siehe U 69.
- Sechs Schiffe mit 31.699 BRT versenkt, ein Schiff mit 11.500 BRT beschädigt.
  Am 30. 4. 1942 beschädigt U 456 bei einem Angriff auf den Konvoi QP-11 den britischen Kreuzer HMS EDINBURGH (11.500 tons) mit zwei Torpedos schwer.
  U 456 geht am 12. 5. 1943 nach Angriffen eines britischen Kampfflugzeuges im Nordatlantik mit 49 Mann Besatzung verloren.

U 457
- VII C, Deutsche Werke, Kiel, Kiellegung: 26. 10. 1940, Stapellauf: 4. 10. 1941, Indienststellung: 5. 11. 1941.
- Technische Daten – siehe U 69.
- Zwei Schiffe mit 15.593 BRT versenkt, ein Schiff mit 8.939 BRT beschädigt.
  U 457 wird am 17. 9. 1942 nordöstlich von Murmansk/Sowjetunion vom britischen Zerstörer HMS IMPULSIVE mit 45 Mann Besatzung versenkt.

U 458
- VII C, Deutsche Werke, Kiel, Kiellegung: 16. 10. 1940, Stapellauf: 4. 10. 1941, Indienststellung: 12. 12. 1941.
- Technische Daten – siehe U 69.
- Zwei Schiffe mit 7.584 BRT versenkt.
  U 458 wird am 22. 8. 1943 im Mittelmeer vom britischen Zerstörer HMS EASTON, dem amerikanischen Zerstörer USS BUCK und dem griechischen Zerstörer HHMS PINDOS zum Auftauchen gezwungen und versenkt sich selbst – acht Tote, 39 Überlebende.

U 459
- XIV, Deutsche Werke, Kiel, Kiellegung: 22. 11. 1940, Stapellauf: 13. 9. 1941, Indienststellung: 15. 11. 1941.

- Technische Daten: Verdrängung an der Oberfläche: 1.668 tons, getaucht: 1.932 tons, Abmessungen: 67,1 m x 9,4 m x 6,5 m, Antrieb: 3.200-PS-Diesel, 750-PS-E-Motoren, Geschwindigkeit an der Oberfläche: 14,9 kn, getaucht: 6,2 kn, Reichweite an der Oberfläche: 12.350 sm bei 10 kn, getaucht: 55 sm bei 4 kn, Besatzung: 53–60 Mann, Tauchtiefe: 240 m.
- Das Versorgungsboot U 459 (»Milchkuh«) wird am 24. 7. 1943 von seiner Mannschaft vor Kap Ortegal/Spanien bei Angriffen von zwei britischen Kampfflugzeugen selbst versenkt – 19 Tote, 41 Überlebende.

U 460
- XIV, Deutsche Werke, Kiel, Kiellegung: 30. 11. 1940, Stapellauf: 13. 9. 1941, Indienststellung: 24. 12. 1941.
- Technische Daten – siehe U 459.
- Versorgungsboot U 460 (»Milchkuh«) und U 422 werden am 4. 10. 1943 nördlich der Azoren von Kampfflugzeugen des amerikanischen Geleitträgers USS CARD angegriffen und versenkt. Verluste U 460 – 62 Tote, zwei Überlebende.

U 461
- XIV, Deutsche Werke, Kiel, Kiellegung: 9. 12. 1940, Stapellauf: 8. 11. 1941, Indienststellung: 30. 1. 1942.
- Technische Daten – siehe U 459.
- Versorgungsboot U 461 wird am 30. 7. 1943 nordwestlich von Kap Ortegal/Spanien von einem australischen Kampfflugzeug versenkt – 53 Tote, 15 Überlebende.

U 462
- XIV, Deutsche Werke, Kiel, Kiellegung: 2. 1. 1941, Stapellauf: 29. 11. 1941, Indienststellung: 5. 3. 1942.
- Technische Daten – siehe U 459.
- U 462 wird am 30. 7. 1943 in der Biskaya von den britischen Sloops HMS KITE, HMS WILD GOOSE, HMS WOODPECKER, HMS WREN sowie einem britischen Kampfflugzeug zum Auftauchen gezwungen und versenkt sich selbst– ein Toter, 64 Überlebende.

U 463
- XIV, Deutsche Werke, Kiel, Kiellegung: 8. 3. 1941, Stapellauf: 20. 12. 1941, Indienststellung: 2. 4. 1942.
- Technische Daten – siehe U 459.
- U 463 wird am 16. 5. 1943 in der Biskaya von einem britischen Kampfflugzeug mit 57 Mann Besatzung versenkt.

U 464
- XIV, Deutsche Werke, Kiel, Kiellegung: 18. 3. 1941, Stapellauf: 20. 12. 1941, Indienststellung: 30. 4. 1942.

- Technische Daten – siehe U 459.
- U 464 wird am 20. 8. 1942 südöstlich von Island von einem US-Kampfflugzeug durch vier Wasserbomben schwer beschädigt (zwei Tote). Das tauchunfähige Boot kann an der Oberfläche mit acht Knoten weiterfahren. In Erwartung weiterer Angriffe versenkt die Besatzung U 464 selbst und wird von dem in der Nähe befindlichen isländischen Fischtrawler SKAFTFELLINGUR aufgenommen. Noch am selben Tag werden die überlebenden 52 Deutschen von zwei britischen Zerstörern übernommen.

U 465
- VII C, Deutsche Werke, Kiel, Kiellegung: 17. 5. 1941, Stapellauf: 30. 3. 1942, Indienststellung: 20. 5. 1942.
- Technische Daten – siehe U 69.
- U 465 wird am 2. 5. 1943 nördlich von Kap Finisterre/Spanien von einem australischen Kampfflugzeug mit 48 Mann Besatzung versenkt.

U 466
- VII C, Deutsche Werke, Kiel, Kiellegung: 24. 5. 1941, Stapellauf: 30. 3. 1942, Indienststellung: 17. 6. 1942.
- Technische Daten – siehe U 69.
- U 466 wird am 19. 8. 1944 während der alliierten Invasion in Toulon/Frankreich gesprengt und nach dem Krieg verschrottet.

U 467
- VII C, Deutsche Werke, Kiel, Kiellegung: 22. 6. 1941, Stapellauf: 16. 5. 1942, Indienststellung: 15. 7. 1942.
- Technische Daten – siehe U 69.
- U 467 wird am 25. 5. 1943 südöstlich von Island von einem US-Kampfflugzeug mit 46 Mann Besatzung versenkt.

U 468
- VII C, Deutsche Werke, Kiel, Kiellegung: 1. 7. 1941, Stapellauf: 16. 5. 1942, Indienststellung: 12. 8. 1942.
- Technische Daten – siehe U 69.
- Ein Schiff mit 6.537 BRT versenkt.
  U 468 wird am 11. 8. 1943 im Nordatlantik von einem britischen Kampfflugzeug versenkt – 44 Tote, sieben Überlebende.

U 469
- VII C, Deutsche Werke, Kiel, Kiellegung: 1. 10. 1941, Stapellauf: 8. 8. 1942, Indienststellung: 7. 10. 1942.
- Technische Daten – siehe U 69.
- U 469 wird am 25. 3. 1943 südlich von Island am Konvoi RU.67 von einem britischen Kampfflugzeug mit 47 Mann Besatzung versenkt.

U 470
- VII C, Deutsche Werke, Kiel, Kiellegung: 11. 10. 1941, Stapellauf: 8. 8. 1942, Indienststellung: 7. 1. 1943.
- Technische Daten – siehe U 69.
- U 470 wird am 16. 10. 1943 südwestlich von Island am Konvoi ONS.20 von einem britischen Kampfflugzeug versenkt – 46 Tote, zwei Überlebende.

U 471
- VII C, Deutsche Werke, Kiel, Kiellegung: 25. 10. 1941, Stapellauf: 6. 3. 1943, Indienststellung: 5. 5. 1943.
- Technische Daten – siehe U 69.
- U 471 wird am 6. 8. 1944 in einem Dock im Hafen von Toulon/Frankreich von einem US-Bomber versenkt. Am 20. 5. 1945 wird das Boot gehoben und ist ab 1946 in der französischen Marine als MILLÉ im Einsatz. Als Q-339 wird es am 9. 7. 1963 außer Dienst gestellt und später abgewrackt.

U 472
- VII C, Deutsche Werke, Kiel, Kiellegung: 15. 11. 1941, Stapellauf: 6. 3. 1943, Indienststellung: 26. 5. 1943.
- Technische Daten – siehe U 69.
- U 472 wird am 4. 3. 1944 im Nordmeer vom britischen Zerstörer HMS ONSLAUGHT und einem Kampfflugzeug des Flugzeugträgers HMS CHASER zum Auftauchen gezwungen und versenkt sich selbst – 23 Tote, 30 Überlebende.

U 473
- VII C, Deutsche Werke, Kiel, Kiellegung: 1. 12. 1941, Stapellauf: 17. 4. 1943, Indienststellung: 16. 6. 1943.
- Technische Daten – siehe U 69.
- Ein Schiff mit 1.400 BRT versenkt. U 473 wird am 6. 5. 1944 südwestlich von Irland von den britischen Sloops HMS STARLING, HMS WILD GOOSE und HMS WREN zum Auftauchen gezwungen und versenkt sich selbst – 23 Tote, 30 Überlebende.

U 474
- VII C, Deutsche Werke, Kiel. Kiellegung: 28. 12. 1941, Stapellauf: 17. 4. 1943,
- Technische Daten – siehe U 69.
- U 474 wird am 14. 5. 1943 in der Bauwerft bombardiert und versenkt. Das Boot wird gehoben und repariert, bis es am 3. 5. 1945 in Kiel erneut selbst versenkt wird.

U 475
- VII C, Deutsche Werke, Kiel, Kiellegung: 5. 9. 1942, Stapellauf: 28. 5. 1943, Indienststellung: 7. 7. 1943.
- Technische Daten – siehe U 69.

- Ein Schiff mit 720 BRT versenkt, ein Schiff mit 56 BRT beschädigt. U 475 wird am 3. 5. 1945 in Kiel-Wik selbst versenkt. Das Wrack wird 1947 gehoben und verschrottet.

U 476
- VII C, Deutsche Werke, Kiel, Kiellegung: 19. 9. 1942, Stapellauf: 5. 6. 1943, Indienststellung: 28. 7. 1943.
- Technische Daten – siehe U 69.
- U 476 rammt und versenkt am 18. 11. 1943 U 718 nordöstlich von Bornholm/Dänemark – 43 Tote, sieben Überlebende an Bord von U 718. U 476 wird am 24. 5. 1944 nordwestlich von Trondheim/Norwegen von einem britischen Kampfflugzeug schwer beschädigt (34 Tote, 21 Überlebende). Am Tag darauf übernimmt U 990 die Überlebenden und versenkt U 476. U 990 wird am 25. 5. von einem britischen Kampfflugzeug versenkt (20 Tote). Die 51 Überlebenden, darunter 18 Mann von U 476, werden vom deutschen Vorpostenboot V 5901 gerettet.

U 477
- VII C, Deutsche Werke, Kiel, Kiellegung: 17. 10. 1942, Stapellauf: 3. 7. 1943, Indienststellung: 18. 8. 1943.
- Technische Daten – siehe U 69.
- U 477 wird am 3. 6. 1944 westlich von Trondheim/Norwegen von einem kanadischen Kampfflugzeug mit 51 Mann Besatzung versenkt.

U 478
- VII C, Deutsche Werke, Kiel, Kiellegung: 28. 10. 1942, Stapellauf: 17. 7. 1943, Indienststellung: 8. 9. 1943.
- Technische Daten – siehe U 69.
- U 478 wird am 30. 6. 1944 nordöstlich der Färöer von einem kanadischen Kampfflugzeug mit 52 Mann Besatzung versenkt.

U 479
- VII C, Deutsche Werke, Kiel, Kiellegung: 19. 11. 1942, Stapellauf: 14. 8. 1943, Indienststellung: 27. 10. 1943.
- Technische Daten – siehe U 69.
- Ein Schiff mit 56 BRT beschädigt. U 479 wird nach dem 15. 11. 1944 mit 51 Mann Besatzung vor der finnischen Küste vermisst.

U 480
- VII C, Deutsche Werke, Kiel, Kiellegung: 8. 12. 1942, Stapellauf: 14. 8. 1943, Indienststellung: 6. 10. 1943.
- Technische Daten – siehe U 69.
- Vier Schiffe mit 14.621 BRT versenkt.

U 480 ist vermutlich zwischen dem 29. 1. und dem 20. 2. 1945 mit 48 Mann Besatzung gesunken.

U 481
- VII C, Deutsche Werke, Kiel, Kiellegung: 6. 2. 1943, Stapellauf: 25. 9. 1943, Indienststellung: 10. 11. 1943.
- Technische Daten – siehe U 69.
- Sieben Schiffe mit 1.275 BRT versenkt, ein Schiff mit 26 BRT beschädigt. U 481 kapituliert am 19. 5. 1945 in Narvik/Norwegen, wird nach Loch Eriboll/Schottland zur Versenkungsoperation »Deadlight« beordert und am 30. 11. 1945 versenkt.

U 482
- VII C, Deutsche Werke, Kiel, Kiellegung: 13. 2. 1942, Stapellauf: 25. 9. 1943, Indienststellung: 1. 12. 1943.
- Technische Daten – siehe U 69.
- Fünf Schiffe mit 32.621 BRT versenkt. U 482 wird nach dem 1. 12. 1944 in der Nordsee mit 48 Mann Besatzung vermisst.

U 483
- VII C, Deutsche Werke, Kiel, Kiellegung: 20. 3. 1943, Stapellauf: 30. 10. 1943, Indienststellung: 22. 12. 1943.
- Technische Daten – siehe U 69.
- Ein Schiff mit 1.300 BRT versenkt. U 483 wird am 29. 5. 1945 von Trondheim/Norwegen über Scapa Flow nach Loch Ryan/Schottland zur Versenkungsoperation »Deadlight« beordert und am 16. 12. 1945 versenkt.

U 484
- VII C, Deutsche Werke, Kiel, Kiellegung: 27. 3. 1943, Stapellauf: 20. 11. 1943, Indienststellung: 19. 1. 1944.
- Technische Daten – siehe U 69.
- U 484 wird am 9. 9. 1944 nordwestlich von Irland am Konvoi ONS.252 von der britischen Korvette HMS PORCHESTER CASTLE und der Fregatte HMS HELMSDALE mit 52 Mann Besatzung versenkt.

U 485
- VII C, Deutsche Werke, Kiel, Kiellegung: 3. 5. 1943, Stapellauf: 15. 1. 1944, Indienststellung: 23. 2. 1944.
- Technische Daten – siehe U 69.
- U 485 kapituliert am 8. 5. 1945 in Gibraltar, wird nach Loch Ryan/Schottland zur Versenkungsoperation »Deadlight« beordert und am 8. 12. 1945 versenkt.

U 486
- VII C, Deutsche Werke, Kiel, Kiellegung: 8. 5. 1943, Stapellauf: 12. 2. 1944, Indienststellung: 22. 3. 1944.

- Technische Daten – siehe U 69.
- Vier Schiffe mit 19.821 BRT versenkt. Am 24. 12. 1944 torpediert U 486 im Ärmelkanal den Truppentransporter LEOPOLDVILLE, fünf Seemeilen vor dem Hafen von Cherbourg mit 2.235 amerikanischen Soldaten an Bord. Obwohl das Schiff erst nach 2 ½ Stunden sinkt, sterben 763 Soldaten. Am 26. 12. 1944 versenkt das Boot die britischen Fregatten HMS AFFLECK und HMS CAPEL. U 486 wird am 12. 4. 1945 nordwestlich von Bergen/Norwegen vom britischen Unterseeboot HMS TAPIR mit 48 Mann Besatzung mit Torpedos versenkt.

U 487
- XIV, Germaniawerft, Kiel, Kiellegung: 31. 12. 1941, Stapellauf: 17. 10. 1942, Indienststellung: 21. 12. 1942.
- Technische Daten – siehe U 459.
- U 487 wird am 13. 7. 1943 im Atlantik von Kampfflugzeugen des amerikanischen Geleitträgers USS CORE versenkt – 31 Tote, 33 Überlebende.

U 488
- XIV, Germaniawerft, Kiel, Kiellegung: 3. 1. 1942, Stapellauf: 17. 10. 1942, Indienststellung: 1. 2. 1943.
- Technische Daten – siehe U 459.
- U 488 wird am 26. 4. 1944 westlich der Kapverdischen Inseln von den US-Kampfschiffen USS BARBER, USS FROST, USS HUSE und USS SNOWDEN mit 64 Mann Besatzung versenkt.

U 489
- XIV, Germaniawerft, Kiel, Kiellegung: 28. 1. 1942, Stapellauf: 24. 12. 1942, Indienststellung: 8. 3. 1943.
- Technische Daten – siehe U 459.
- U 489 wird am 4. 8. 1943 südöstlich von Island von einem kanadischen Kampfflugzeug zum Auftauchen gezwungen und versenkt sich selbst – ein Toter, 53 Überlebende.

U 490
- XIV, Germaniawerft, Kiel, Kiellegung: 21. 2. 1942, Stapellauf: 24. 12. 1942, Indienststellung: 27. 3. 1943.
- Technische Daten – siehe U 459.
- U 490 wird am 12. 6. 1944 nordwestlich der Azoren von Kampfflugzeugen des amerikanischen Geleitträgers USS CROATAN und den Kampfschiffen USS FROST, USS HUSE und USS INCH zum Auftauchen gezwungen und versenkt sich selbst – die 60-köpfige Besatzung überlebt.

U 491

- XIV, Deutsche Werke, Kiel. Kiellegung: 31. 7. 1943.
- Technische Daten – siehe U 459.
- Die Arbeiten an dem Boot, das zu drei Vierteln fertig gestellt ist, werden am 23. 9. 1944 eingestellt. Das Boot wird verschrottet.

U 492

- XIV, Deutsche Werke, Kiel. Kiellegung: 21. 8. 1943.
- Technische Daten – siehe U 459.
- Die Arbeiten an dem Boot, das zu drei Vierteln fertig gestellt ist, werden am 23. 9. 1944 eingestellt. Das Boot wird verschrottet.

U 493

- XIV, Deutsche Werke, Kiel. Kiellegung: 25. 9. 1943.
- Technische Daten – siehe U 459.
- Die Arbeiten an dem Boot, das zu drei Vierteln fertig gestellt ist, werden am 23. 9. 1944 eingestellt. Das Boot wird verschrottet.

U 494

- XIV, Germaniawerft, Kiel. Kiellegung: 1. 11. 1943.
- Technische Daten – siehe U 459.
- Die Arbeiten an dem Boot werden am 23. 9. 1944 eingestellt. Es wird verschrottet.

U 495

- XIV, Germaniawerft, Kiel. Kiellegung: 12. 11. 1943.
- Technische Daten – siehe U 459.
- Die Arbeiten an dem Boot werden am 23. 9. 1944 eingestellt. Es wird verschrottet.

U 496

- XIV, Germaniawerft, Kiel. Kiellegung: 8. 2. 1944.
- Technische Daten – siehe U 459.
- Die Arbeiten an dem Boot werden am 23. 9. 1944 eingestellt. Es wird verschrottet.

U 497

- XIV, Germaniawerft, Kiel. Kiellegung: 1944.
- Technische Daten – siehe U 459.
- Die Arbeiten an dem Boot werden am 23. 9. 1944 eingestellt. Es wird verschrottet.

U 501

- IX C, Deutsche Werft AG, Hamburg, Kiellegung: 12. 2. 1940, Stapellauf: 25. 1. 1941, Indienststellung: 30. 4. 1941.
- Technische Daten – siehe U 66.
- Ein Schiff mit 2.000 BRT versenkt.

U 501 wird am 10. 9. 1941 südlich von Grönland am Konvoi SC.42 von den kanadischen Korvetten HMCS CHAMBLY und HMCS MOOSEJAW zum Auftauchen gezwungen und versenkt sich selbst – elf Tote, 37 Überlebende.

U 502

- IX C, Deutsche Werft AG, Hamburg, Kiellegung: 2. 4. 1940, Stapellauf: 18. 2. 1941, Indienststellung: 31. 5. 1941.
- Technische Daten – siehe U 66.
- 14 Schiffe mit 78.843 BRT versenkt, zwei Schiffe mit 23.797 BRT beschädigt.
  U 502 wird am 5. 7. 1942 westlich von La Rochelle/ Frankreich von einem britischen Kampfflugzeug mit 52 Mann Besatzung versenkt.

U 503

- IX C, Deutsche Werft AG, Hamburg, Kiellegung: 29. 4. 1940, Stapellauf: 5. 4. 1941, Indienststellung: 10. 7. 1941.
- Technische Daten – siehe U 66.
- U 503 wird am 15. 3. 1942 südöstlich von Neufundland von einem US-Kampfflugzeug mit 51 Mann Besatzung versenkt.

U 504

- IX C, Deutsche Werft AG, Hamburg, Kiellegung: 29. 4. 1940, Stapellauf: 24. 4. 1941, Indienststellung: 30. 7. 1941.
- Technische Daten – siehe U 66.
- 16 Schiffe mit 82.135 BRT versenkt.
  U 504 wird am 30. 7. 1943 nordwestlich von Kap Ortegal/Spanien von den britischen Sloops HMS KITE, HMS WILD GOOSE, HMS WOODPECKER und HMS WREN mit 53 Mann Besatzung versenkt.

U 505

- IX C, Deutsche Werft AG, Hamburg, Kiellegung: 12. 6. 1940, Stapellauf: 24. 5. 1941, Indienststellung: 26. 8. 1941.
- Technische Daten – siehe U 66.
- Acht Schiffe mit 44.962 BRT versenkt.
  U 505 ist das erste Schiff im Zweiten Weltkrieg, das die amerikanische Marine auf hoher See kapern und in die USA abschleppen kann. Am 4. 6. 1944 – zwei Tage vor der alliierten Invasion in der Normandie – wird das Boot vor der westafrikanischen Küste vom US-Flugzeugträger GUADALCANAL und seiner »Hunter-Killer«- Gruppe mit sechs Zerstörern aufgebracht – ein Toter, 59 Überlebende.

U 506

- IX C, Deutsche Werft AG, Hamburg, Kiellegung: 11. 7. 1940, Stapellauf: 20. 6. 1941, Indienststellung: 15. 9. 1941.
- Technische Daten – siehe U 66.
- 15 Schiffe mit 77.909 BRT versenkt, drei Schiffe mit 23.354 BRT beschädigt.
  U 506 nimmt im 9. 1942 vor der afrikanischen Küste zusammen mit U 156, U 507, dem italienischen U-Boot CAPELLINI sowie französischen Hilfsschiffen aus Dakar an der Rettungsaktion des torpedierten Passagierschiffs LACONIA teil, bei der 1.500 Menschen gerettet werden.
  U 506 wird am 12. 7. 1943 westlich von Vigo/Spanien von einem US-Kampfflugzeug versenkt – 48 Tote, sechs Überlebende.

U 507

- IX C, Deutsche Werft AG, Hamburg, Kiellegung: 11. 9. 1940, Stapellauf: 15. 7. 1941, Indienststellung: 8. 10. 1941.
- Technische Daten – siehe U 66.
- 19 Schiffe mit 77.144 BRT versenkt, ein Schiff mit 6.561 BRT beschädigt.
  U 507 nimmt wie U 506 an der Rettungsaktion des torpedierten Passagierschiffs LACONIA teil.
  U 507 wird am 13. 1. 1943 im Südatlantik, nordwestlich von Natal, von einem US-Kampfflugzeug mit 54 Mann Besatzung versenkt.

U 508

- IX C, Deutsche Werft AG, Hamburg, Kiellegung: 24. 9. 1940, Stapellauf: 30. 7. 1941, Indienststellung: 20. 10. 1941.
- Technische Daten – siehe U 66.
- 14 Schiffe mit 74.087 BRT versenkt.
  U 508 wird am 12. 11. 1943 nördlich von Kap Ortegal/Spanien von einem US- Kampfflugzeug mit 57 Mann Besatzung versenkt.

U 509

- IX C, Deutsche Werft AG, Hamburg, Kiellegung: 1. 11. 1940, Stapellauf: 19. 8. 1941, Indienststellung: 4. 11. 1941.
- Technische Daten – siehe U 66.
- Sechs Schiffe mit 36.220 BRT versenkt, drei Schiffe mit 20.014 BRT beschädigt.
  U 509 wird am 15. 7. 1943 nordwestlich von Madeira/ Portugal von Flugzeugen des US-Geleitträgers USS SANTEE mit 54 Mann Besatzung versenkt.

U 510

- IX C, Deutsche Werft AG, Hamburg, Kiellegung: 1. 11. 1940, Stapellauf: 4. 9. 1941, Indienststellung: 25. 11. 1941.
- Technische Daten – siehe U 66.
- 15 Schiffe mit 95.687 BRT versenkt, acht Schiffe mit 53.289 BRT beschädigt.
  U 510 kapituliert am 10. 5. 1945 in Saint-Nazaire und wird 1946 als französisches U-Boot BOUAN (später Q 176) bis zum 1. 5. 1959 wieder in Dienst gestellt und 1960 verschrottet.

U 511

- IX C, Deutsche Werft AG, Hamburg, Kiellegung: 21. 2. 1941, Stapellauf: 22. 9. 1941, Indienststellung: 8. 12. 1941.
- Technische Daten – siehe U 66.
- Fünf Schiffe mit 41.373 BRT versenkt, ein Schiff mit 8.773 BRT beschädigt.
  Im Sommer 1942 wird U 511 als Versuchsboot für Raketentests (6 x 30-cm-Wurfkörper) in Zusammenarbeit mit der Versuchsstation Peenemünde eingesetzt. Es gelingt ein Abschuss aus zwölf Metern Wassertiefe.
  U 511 wird am 16. 9. 1943 an Japan übergeben und dort als RO 500 in Dienst gestellt. Das Boot kapituliert 1945 und wird dort von der US-Navy am 30. 4. 1946 versenkt.

U 512

- IX C, Deutsche Werft AG, Hamburg, Kiellegung: 24. 2. 1941, Stapellauf: 9. 10. 1941, Indienststellung: 20. 12. 1941.
- Technische Daten – siehe U 66.
- Drei Schiffe mit 20.619 BRT versenkt.
  U 512 wird am 2. 10. 1942 nördlich von Cayenne von einem US-Kampfflugzeug versenkt – 51 Tote, ein Überlebender.

U 513

- IX C, Deutsche Werft AG, Hamburg, Kiellegung: 26. 4. 1941, Stapellauf: 29. 10. 1941, Indienststellung: 10. 1. 1942.
- Technische Daten – siehe U 66.
- Sechs Schiffe mit 29.940 BRT versenkt, zwei Schiffe mit 13.177 BRT beschädigt.
  U 513 wird am 19. 7. 1943 im Südatlantik von einem US-Kampfflugzeug versenkt – 46 Tote, sieben Überlebende.

U 514
- IX C, Deutsche Werft AG, Hamburg,
Kiellegung: 29. 4. 1941, Stapellauf: 18. 11. 1941,
Indienststellung: 24. 1. 1942.
- Technische Daten – siehe U 66.
- Sechs Schiffe mit 24.531 BRT versenkt, zwei Schiffe mit
13.551 BRT beschädigt.
U 514 wird am 8. 7. 1943 nordöstlich von
Kap Finisterre/Spanien von einem britischen
Kampfflugzeug mit 54 Mann Besatzung versenkt.

U 515
- IX C, Deutsche Werft AG, Hamburg,
Kiellegung: 8. 5. 1941, Stapellauf: 2. 12. 1941,
Indienststellung: 21. 2. 1942.
- Technische Daten – siehe U 66.
- 25 Schiffe mit 157.064 BRT versenkt, zwei Schiffe mit
7.954 BRT beschädigt.
U 515 wird am 9. 4. 1944 nördlich von Madeira/
Portugal von vier Kampfflugzeugen des Geleitträgers
USS GUADALCANAL und den Zerstörern USS CHA-
TELAIN, USS FLAHERTY, USS PILLSBURY und
USS POPE zum Auftauchen gezwungen und versenkt
sich selbst – 16 Tote, 44 Überlebende.

U 516
- IX C, Deutsche Werft AG, Hamburg,
Kiellegung: 12. 5. 1941, Stapellauf: 16. 12. 1941,
Indienststellung: 21. 2. 1942.
- Technische Daten – siehe U 66.
- 16 Schiffe mit 89.385 BRT versenkt, ein Schiff mit
9.687 BRT beschädigt.
U 516 kapituliert in Lough Foyle/Nordirland am
8. 5. 1945, wird am 14. 5. 1945 nach Lisahally zur Versenkungsoperation »Deadlight« beordert und am
3. 1. 1946 versenkt.

U 517
- IX C, Deutsche Werft AG, Hamburg,
Kiellegung: 5. 6. 1941, Stapellauf: 30. 12. 1941,
Indienststellung: 21. 3. 1942.
- Technische Daten – siehe U 66.
- Neun Schiffe mit 27.283 BRT versenkt.
U 517 wird am 21. 11. 1942 südwestlich von Irland von
einem Kampfflugzeug des britischen Flugzeugträgers
HMS VICTORIOUS angegriffen und versenkt sich
selbst – ein Toter, 52 Überlebende.

U 518
- IX C, Deutsche Werft AG, Hamburg,
Kiellegung: 12. 6. 1941, Stapellauf: 11. 2. 1942,
Indienststellung: 25. 4. 1942.

- Technische Daten – siehe U 66.
- Neun Schiffe mit 55.747 BRT versenkt, drei Schiffe mit
22.616 BRT beschädigt.
U 518 wird am 22. 4. 1945 nordwestlich der Azoren
von den Zerstörern USS CARTER und USS NEAL A.
SCOTT mit 56 Mann Besatzung versenkt.

U 519
- IX C, Deutsche Werft AG, Hamburg,
Kiellegung: 23. 6. 1941, Stapellauf: 12. 2. 1942,
Indienststellung: 7. 5. 1942.
- Technische Daten – siehe U 66.
- U 519 wird nach dem 30. 1. 1943 mit 50 Mann Besat-
zung in der Biskaya vermisst.

U 520
- IX C, Deutsche Werft AG, Hamburg,
Kiellegung: 1. 7. 1941, Stapellauf: 2. 3. 1942,
Indienststellung: 19. 5. 1942.
- Technische Daten – siehe U 66.
- U 520 wird am 30. 10. 1942 östlich von Neufundland
am Konvoi SC.107 von einem kanadischen Kampfflug-
zeug mit 53 Mann Besatzung versenkt.

U 521
- IX C, Deutsche Werft AG, Hamburg,
Kiellegung: 3. 7. 1941, Stapellauf: 17. 3. 1942,
Indienststellung: 3. 6. 1942.
- Technische Daten – siehe U 66.
- Vier Schiffe mit 20.301 BRT versenkt.
U 521 wird am 2. 6. 1943 südöstlich von Baltimore/
USA vom amerikanischen U-Boot-Jäger PC-565 ver-
senkt – 51 Tote, ein Überlebender.

U 522
- IX C, Deutsche Werft AG, Hamburg,
Kiellegung: 9. 7. 1941, Stapellauf: 1. 4. 1942,
Indienststellung: 11. 6. 1942.
- Technische Daten – siehe U 66.
- Sieben Schiffe mit 45.826 BRT versenkt, zwei Schiffe
mit 12.479 BRT beschädigt.
U 522 wird am 23. 2. 1943 südwestlich von Madeira/
Portugal von der britischen Sloop HMS TOTLAND
mit 51 Mann Besatzung versenkt.

U 523
- IX C, Deutsche Werft AG, Hamburg,
Kiellegung: 4. 8. 1941, Stapellauf: 15. 4. 1942,
Indienststellung: 25. 6. 1942.
- Technische Daten – siehe U 66.
- Ein Schiff mit 5.848 BRT versenkt.

U 523 wird am 25. 8. 1943 westlich von Vigo/Portugal
am Konvoi OG.92/KM.24 vom britischen Zerstörer
HMS WANDERER und der Korvette HMS WALL-
FLOWER versenkt – 17 Tote, 37 Überlebende.

U 524
- IX C, Deutsche Werft AG, Hamburg,
Kiellegung: 7. 8. 1941, Stapellauf: 30. 4. 1942,
Indienststellung: 8. 7. 1942.
- Technische Daten – siehe U 66.
- Zwei Schiffe mit 16.256 BRT versenkt.
U 524 wird am 22. 3. 1943 südlich von Madeira/Portu-
gal von einem US-Bomber mit 52 Mann Besatzung
versenkt.

U 525
- IX C/40, Deutsche Werft AG, Hamburg,
Kiellegung: 10. 9. 1941, Stapellauf: 20. 5. 1942,
Indienststellung: 30. 7. 1942.
- Technische Daten – siehe U 167.
- Ein Schiff mit 3.454 BRT versenkt.
U 525 wird am 11. 8. 1943 nordwestlich der Azoren
von zwei Kampfflugzeugen des amerikanischen Geleit-
trägers USS CARD mit 54 Mann Besatzung versenkt.

U 526
- IX C/40, Deutsche Werft AG, Hamburg,
Kiellegung: 14. 10.1941, Stapellauf: 3. 6.1942,
Indienststellung: 12. 8. 1942.
- Technische Daten – siehe U 167.
- U 526 sinkt am 14. 4. 1943 vor Lorient/Frankreich
(Mine) – 42 Tote, 12 Überlebende.

U 527
- IX C/40, Deutsche Werft AG, Hamburg,
Kiellegung: 28. 10. 1941, Stapellauf: 17. 6. 1942,
Indienststellung: 2. 9. 1942.
- Technische Daten – siehe U 167.
- Zwei Schiffe mit 5.385 BRT versenkt, ein Schiff mit
5.848 BRT beschädigt.
U 527 wird am 23. 7. 1943 südlich der Azoren während
der Versorgung durch ein deutsches U-Boot von einem
Kampfflugzeug des amerikanischen Geleitträgers
USS BOGUE versenkt – 40 Tote, 13 Überlebende.

U 528
- IX C/40, Deutsche Werft AG, Hamburg,
Kiellegung: 10.11.1941, Stapellauf: 1. 7. 1942,
Indienststellung: 16. 9. 1942.
- Technische Daten – siehe U 167.

- U 528 wird am 11. 5. 1943 südwestlich von Irland am
Konvoi OS.47 von einem britischen Kampfflugzeug
und den britischen Korvetten HMS FLEETWOOD
und HMS MIGNONETTE zum Auftauchen gezwun-
gen und versenkt sich selbst – 11 Tote, 45 Überlebende.

U 529
- IX C/40, Deutsche Werft AG, Hamburg,
Kiellegung: 26.11.1941, Stapellauf: 15. 7.1942,
Indienststellung: 30. 9. 1942.
- Technische Daten – siehe U 167.
- U 529 wird nach dem 12. 2. 1943 im Nordatlantik mit
48 Mann Besatzung vermisst.

U 530
- IX C/40, Deutsche Werft AG, Hamburg,
Kiellegung: 8.12.1941, Stapellauf: 28. 7. 1942,
Indienststellung: 14. 10. 1942.
- Technische Daten – siehe U 167.
- Zwei Schiffe mit 12.063 BRT versenkt, ein Schiff mit
10.195 BRT beschädigt.
- Am 29. 12. 1943 wird das Boot vom Tanker ESSO
BUFFALO gerammt und muss in seinen Stützpunkt
zurückkehren.
Am 23. 6. 1944 trifft U 530 das japanische Unterseeboot I 52 auf dem Atlantik und übergibt ein Naxos-Ra-
dargerät mit drei Mann Bedienungspersonal. Während
U 530 seine Reise Richtung Trinidad fortsetzen und
nach 133 Tagen Seezeit zu seinem Stützpunkt zurückkehren kann, wird I 52 mit der gesamten Besatzung
von Kampfflugzeugen des amerikanischen Geleitträgers USS BOGUE versenkt.
U 530 kapituliert am 10. 7. 1945 in Mar del Plata/Ar-
gentinien und wird an die USA für Waffentests übergeben, bei denen das Boot am 20. 11. 1947 nordöstlich
von Cape Cod/USA durch Torpedos des U-Bootes
USS TORO versenkt wird.

U 531
- IX C/40, Deutsche Werft AG, Hamburg,
Kiellegung: 22.12.1941, Stapellauf: 12.8.1942,
Indienststellung: 28. 10. 1942.
- Technische Daten – siehe U 167.
- U 531 wird am 6. 5. 1943 nordöstlich von Neufund-
land am Konvoi ONS.5 vom britischen Zerstörer
HMS VIDETTE mit 54 Mann Besatzung versenkt.

U 532
- IX C/40, Deutsche Werft AG, Hamburg,
Kiellegung: 7.1.1942, Stapellauf: 26. 8. 1942,
Indienststellung: 11. 11. 1942.

- Technische Daten – siehe U 167.
- Acht Schiffe mit 46.895 BRT versenkt, zwei Schiffe mit 13.128 BRT beschädigt.
  U 532 kapituliert am 10. 5. 1945 in Liverpool, wird nach Loch Ryan/Schottland zur Versenkungsoperation »Deadlight« beordert und am 9. 12. 1945 vom britischen U-Boot HMS TANTIVY mit Torpedos versenkt.

U 533
- IX C/40, Deutsche Werft AG, Hamburg, Kiellegung: 17.2.1942, Stapellauf: 11. 9. 1942, Indienststellung: 25. 11. 1942.
- Technische Daten – siehe U 167.
- U 533 wird am 16. 10. 1943 im Golf von Oman von einem britischen Kampfflugzeug versenkt – 52 Tote, ein Überlebender.

U 534
- IX C/40, Deutsche Werft AG, Hamburg, Kiellegung: 20.2.1942, Stapellauf: 23. 9. 1942, Indienststellung: 23. 12. 1942.
- Technische Daten – siehe U 167.
- U 534 wird am 5. 5. 1945 von britischen Liberator-Bombern nahe der dänischen Insel Anholt versenkt. 49 Mann der Besatzung werden von Rettungsbooten eines nahen Feuerschiffs gerettet, drei ertrinken.
  1993 lässt ein dänischer Verleger das Boot heben. Nach einigen Monaten Liegezeit in einer Abwrackwerft im dänischen Grenaa wird das Boot 1996 vom »Warship Preservation Trust« übernommen.

U 535
- IX C/40, Deutsche Werft AG, Hamburg, Kiellegung: 6.3.1942, Stapellauf: 8. 10. 1942, Indienststellung: 23. 12. 1942.
- Technische Daten – siehe U 167.
- U 535 wird am 5. 7. 1943 nordöstlich von Kap Finisterre/Spanien von einem britischen Kampfflugzeug mit 55 Mann Besatzung versenkt.

U 536
- IX C/40, Deutsche Werft AG, Hamburg, Kiellegung: 13.3.1942, Stapellauf: 21.10.1942, Indienststellung: 13. 1. 1943.
- Technische Daten – siehe U 167.
- U 536 wird am 19. 11. 1943 nordöstlich der Azoren am Konvoi MKS.30/SL139 von den kanadischen Korvetten HMCS CALGARY und HMCS SNOWBERRY sowie der britischen Korvette HMS NENE zum Auftauchen gezwungen und mit Artillerie versenkt – 38 Tote, 17 Überlebende.

U 537
- IX C/40, Deutsche Werft AG, Hamburg, Kiellegung: 10.4.1942, Stapellauf: 7. 11. 1942, Indienststellung: 27. 1. 1943.
- Technische Daten – siehe U 167.
- U 537 wird am 10. 11. 1944 östlich von Surabaya vom amerikanischen Unterseeboot USS FLOUNDER mit 58 Mann Besatzung versenkt.

U 538
- IX C/40, Deutsche Werft AG, Hamburg, Kiellegung: 18.4.1942, Stapellauf: 20.11.1942, Indienststellung: 10. 2. 1943.
- Technische Daten – siehe U 167.
- U 538 wird am 21. 11. 1943 südwestlich von Irland am Konvoi MKS.30/SL.139 von der britischen Fregatte HMS FOLEY und der Sloop HMS CRANE mit 55 Mann Besatzung versenkt.

U 539
- IX C/40, Deutsche Werft AG, Hamburg, Kiellegung: 8. 5. 1942, Stapellauf: 4. 12. 1942, Indienststellung: 24. 2. 1943.
- Technische Daten – siehe U 167.
- Ein Schiff mit 1.517 BRT versenkt, zwei Schiffe mit 12.896 BRT beschädigt.
  U 539 ist das erste Boot, das am 2. 1. 1944 zu einer Feindfahrt mit dem neu entwickelten »Schnorchel« ausläuft. Das Boot kapituliert am 8. 5. 1945 in Bergen/Norwegen, wird am 30. 5. 1945 nach Loch Ryan/Schottland zur Versenkungsoperation »Deadlight« beordert und am 4. 12. 1945 versenkt.

U 540
- IX C/40, Deutsche Werft AG, Hamburg, Kiellegung: 12.5.1942, Stapellauf: 18.12.1942, Indienststellung: 10. 3. 1943.
- Technische Daten – siehe U 167.
- U 540 wird am 17. 10. 1943 östlich von Grönland am Konvoi ONS.20 von zwei britischen Kampfflugzeugen mit 55 Mann Besatzung versenkt.

U 541
- IX C/40, Deutsche Werft AG, Hamburg, Kiellegung: 5.6.1942, Stapellauf: 5. 1. 1943, Indienststellung: 24. 3. 1943.
- Technische Daten – siehe U 167.
- Ein Schiff mit 2.140 BRT versenkt.
  U 541 kapituliert am 14. 5. 1945 in Gibraltar, wird nach Lisahally/Nordirland zur Versenkungsoperation »Deadlight« beordert und am 5. 1. 1946 versenkt.

U 542
- IX C/40, Deutsche Werft AG, Hamburg, Kiellegung: 12. 6. 1942, Stapellauf: 19.1.1943, Indienststellung: 7. 4. 1943.
- Technische Daten – siehe U 167.
- U 542 wird am 27. 11. 1943 nördlich von Madeira/Portugal am Konvoi MKS.31/SL.140 von einem britischen Kampfflugzeug mit 56 Mann Besatzung versenkt.

U 543
- IX C/40, Deutsche Werft AG, Hamburg, Kiellegung: 3. 7. 1942, Stapellauf: 3. 2. 1943, Indienststellung: 21. 4. 1943.
- Technische Daten – siehe U 167.
- U 543 wird am 2. 7. 1944 südwestlich von Teneriffa von einem Kampfflugzeug des amerikanischen Geleitträgers USS WAKE ISLAND mit 58 Mann Besatzung versenkt.

U 544
- IX C/40, Deutsche Werft AG, Hamburg, Kiellegung: 8. 7. 1942, Stapellauf: 17. 2. 1943, Indienststellung: 5. 5. 1943.
- Technische Daten – siehe U 167.
- U 544 wird am 16. 1. 1944 nordwestlich der Azoren von einem Kampfflugzeug des amerikanischen Geleitträgers USS GUADALCANAL mit 57 Mann Besatzung versenkt.

U 545
- IX C/40, Deutsche Werft AG, Hamburg, Kiellegung: 1. 8. 1942, Stapellauf: 3. 3. 1943, Indienststellung: 19. 5. 1943.
- Technische Daten – siehe U 167.
- Ein Schiff mit 7.359 BRT versenkt.
  U 545 versenkt sich am 11. 2. 1944 westlich der Hebriden nach schweren Schäden durch Angriffe eines britischen Bombers selbst – ein Toter, 56 Überlebende, die von U 714 gerettet und nach Saint-Nazaire gebracht werden.

U 546
- IX C/40, Deutsche Werft AG, Hamburg, Kiellegung: 6. 8. 1942, Stapellauf: 17. 3. 1943, Indienststellung: 2. 6. 1943.
- Technische Daten – siehe U 167.
- Ein Schiff mit 1.200 BRT versenkt.
  U 546 wird am 24. 4. 1945 nordwestlich der Azoren von den amerikanischen Zerstörern USS CHATELAIN, USS FLAHERTY, USS HUBBARD, USS JANSSEN, USS KEITH, USS NEUNZER, USS PILLSBURY und

USS VARIAN zum Auftauchen gezwungen und versenkt – 26 Tote, 33 Überlebende.

U 547
- IX C/40, Deutsche Werft AG, Hamburg, Kiellegung: 30. 8. 1942, Stapellauf: 3. 4. 1943, Indienststellung: 16. 6. 1943.
- Technische Daten – siehe U 167.
- Drei Schiffe mit 9.121 BRT versenkt.
  U 547 sinkt am 13. 8. 1944 nach einem Minentreffer in der Gironde, wird gehoben, am 31. 12. 1944 in Stettin außer Dienst gestellt und später selbst versenkt.

U 548
- IX C/40, Deutsche Werft AG, Hamburg, Kiellegung: 4. 9. 1942, Stapellauf: 14. 4. 1943, Indienststellung: 30. 6. 1943.
- Technische Daten – siehe U 167.
- Ein Schiff mit 1.445 BRT versenkt.
  U 548 wird am 19. 4. 1945 südöstlich von Halifax/Kanada von den amerikanischen Zerstörern USS BUCKLEY, USS JACK W. WILKE und USS REUBEN JAMES II mit 58 Mann Besatzung versenkt.

U 549
- IX C/40, Deutsche Werft AG, Hamburg, Kiellegung: 28. 9. 1942, Stapellauf: 28. 4. 1943, Indienststellung: 14. 7. 1943.
- Technische Daten – siehe U 167.
- Ein Schiff mit 9.393 BRT versenkt, ein Schiff mit 1.300 BRT beschädigt.
  U 549 wird am 29. 5. 1944 südwestlich von Madeira/Portugal vom amerikanischen Zerstörer USS EUGENE E. ELMORE mit 57 Mann Besatzung versenkt.

U 550
- IX C/40, Deutsche Werft AG, Hamburg, Kiellegung: 2. 10. 1942, Stapellauf: 12. 5. 1943, Indienststellung: 28. 7. 1943.
- Technische Daten – siehe U 167.
- Ein Schiff mit 11.017 BRT versenkt.
  U 550 wird am 16. 4. 1944 östlich von New York/USA von den amerikanischen Zerstörern USS GANDY, USS JOYCE und USS PETERSON versenkt – 44 Tote, 12 Überlebende.

U 551
- VII C, Blohm & Voss, Hamburg, Kiellegung: 21. 11. 1939, Stapellauf: 14. 9. 1940, Indienststellung: 7. 11. 1940.
- Technische Daten – siehe U 69.

Die meistgebaute U-Boot-Klasse der Welt sind die Boote des Typs VIIC. Sie waren das Rückgrat der deutschen U-Boot-Waffe im Zweiten Weltkrieg.

- U 551 wird am 23. 3. 1941 südöstlich von Island vom britischen U-Jagd-Trawler HMS VISENDA mit 45 Mann Besatzung versenkt.

U 552
- VII C, Blohm & Voss, Hamburg, Kiellegung: 1. 12. 1939, Stapellauf: 14. 9. 1940, Indienststellung: 4. 12. 1940.
- Technische Daten – siehe U 69.
- 32 Schiffe mit 165.433 BRT versenkt, drei Schiffe mit 26.910 BRT beschädigt.
  U 552 versenkt am 31. 10. 1941 den amerikanischen Zerstörer USS REUBEN JAMES, der den ostwärts fahrenden Konvoi HX-156 begleitet – es ist das erste amerikanische Schiff, das sechs Wochen vor der offiziellen deutsch-amerikanischen Kriegserklärung im Zweiten Weltkrieg versenkt wird (100 von 144 Mann der US-Besatzung kommen ums Leben).
  U 552 wird am 5. 5. 1945 in Wilhelmshaven selbst versenkt.

U 553
- VII C, Blohm & Voss, Hamburg, Kiellegung: 21. 11. 1939, Stapellauf: 7. 11. 1940, Indienststellung: 23. 12. 1940.
- Technische Daten – siehe U 69.
- 13 Schiffe mit 64.612 BRT versenkt, zwei Schiffe mit 15.273 BRT beschädigt.
- U 553 wird nach dem 20. 1. 1943 im Nordatlantik mit 47 Mann Besatzung vermisst.

U 554
- VII C, Blohm & Voss, Hamburg, Kiellegung: 1. 12. 1939, Stapellauf: 7. 11. 1940, Indienststellung: 15. 1. 1941.
- Technische Daten – siehe U 69.
- U 554 wird am 5. 5. 1945 vor Wilhelmshaven selbst versenkt.

U 555
- VII C, Blohm & Voss, Hamburg, Kiellegung: 2. 1. 1940, Stapellauf: 7. 12. 1940, Indienststellung: 30. 1. 1941.
- Technische Daten – siehe U 69.
- U 555 wird am 1. 3. 1945 in Hamburg außer Dienst gestellt, an Großbritannien ausgeliefert und später verschrottet.

U 556
- VII C, Blohm & Voss, Hamburg, Kiellegung: 2. 1. 1940, Stapellauf: 7. 12. 1940, Indienststellung: 6. 2. 1941.
- Technische Daten – siehe U 69.
- Sechs Schiffe mit 29.552 BRT versenkt, ein Schiff mit 4.986 BRT beschädigt.

U 556 wird am 27. 6. 1941 südwestlich von Island von den britischen Korvetten HMS CELANDINE, HMS GLADIOLUS und HMS NASTURTIUM zum Auftauchen gezwungen und versenkt sich selbst – fünf Tote, 41 Überlebende.

U 557
- VII C, Blohm & Voss, Hamburg, Kiellegung: 6. 1. 1940, Stapellauf: 22. 12. 1940, Indienststellung: 13. 2. 1941.
- Technische Daten – siehe U 69.
- Sieben Schiffe mit 36.949 BRT versenkt.
  U 557 wird am 16. 12. 1941 westlich von Kreta vom italienischen Torpedoboot ORIONE in der Annahme, dass es sich um ein britisches Unterseeboot handele, gerammt und versenkt – 43 Tote.

U 558
- VII C, Blohm & Voss, Hamburg, Kiellegung: 6. 1. 1940, Stapellauf: 23. 12. 1940, Indienststellung: 20. 2. 1941.
- Technische Daten – siehe U 69.
- 20 Schiffe mit 101.696 BRT versenkt, zwei Schiffe mit 15.070 BRT beschädigt.
  U 558 wird am 20. 7. 1943 nordwestlich von Kap Ortegal/Spanien von einem britischen und einem amerikanischen Bomber versenkt – 45 Tote und fünf Überlebende.

U 559
- VII C, Blohm & Voss, Hamburg, Kiellegung: 1. 2. 1940, Stapellauf: 8. 1. 1941, Indienststellung: 27. 2. 1941.
- Technische Daten – siehe U 69.
- Fünf Schiffe mit 12.871 BRT versenkt.
  U 559 wird am 30. 10. 1942 nordöstlich von Port Said von den britischen Zerstörern HMS DULVERTON, HMS HERO, HMS HURWORTH, HMS PAKENHAM und HMS PETARD mit Luftunterstützung zum Auftauchen gezwungen. Während das Boot zu sinken beginnt (sieben Tote, 43 Überlebende), geht ein Enterkommando von HMS PETARD an Bord des U Bootes, erbeutet Codebücher und den »Wetterkurzschlüssel« (zwei Briten gehen mit dem Boot unter). Die Dokumente kommen am 24. 11. 1942 nach Bletchley Park und verhelfen den Briten zum Einbruch in den U-Boot-Schlüsselkreis »Triton«.

U 560
- VII C, Blohm & Voss, Hamburg, Kiellegung: 1. 2. 1940, Stapellauf: 10. 1. 1941, Indienststellung: 6. 3. 1941.
- Technische Daten – siehe U 69.
- U 560 wird am 3. 5. 1945 in Kiel selbst versenkt, später gehoben und 1946 verschrottet.

U 561
- VII C, Blohm & Voss, Hamburg, Kiellegung: 28. 2. 1940, Stapellauf: 23. 1. 1941, Indienststellung: 13. 3. 1941.
- Technische Daten – siehe U 69.
- Sechs Schiffe mit 22.208 BRT versenkt, ein Schiff mit 4.043 BRT beschädigt.
  U 561 wird am 12. 7. 1943 in der Straße von Messina durch Torpedos des britischen Torpedobootes MTB 81 versenkt – 42 Tote, fünf Überlebende.

U 562
- VII C, Blohm & Voss, Hamburg, Kiellegung: 7. 2. 1940, Stapellauf: 24. 1. 1941, Indienststellung: 20. 3. 1941.
- Technische Daten – siehe U 69.
- Sechs Schiffe mit 37.287 BRT versenkt, ein Schiff mit 3.359 BRT versenkt.
  U 562 wird am 18. 2. 1943 vor der libyschen Küste am Konvoi XT.3 von den britischen Zerstörern HMS HURSLEY und HMS ISIS sowie einem britischen Bomber mit 49 Mann Besatzung versenkt.

U 563
- VII C, Blohm & Voss, Hamburg, Kiellegung: 30. 3. 1940, Stapellauf: 5. 2. 1941, Indienststellung: 27. 3. 1941.
- Technische Daten – siehe U 69.
- Vier Schiffe mit 16.559 BRT versenkt, zwei Schiffe mit 16.266 BRT beschädigt.
  U 563 wird am 31. 5. 1943 südwestlich von Brest/Frankreich von drei britischen Kampfflugzeugen mit 49 Mann Besatzung versenkt.

U 564
- VII C, Blohm & Voss, Hamburg, Kiellegung: 30. 3. 1940, Stapellauf: 7. 2. 1941, Indienststellung: 3. 4. 1941.
- Technische Daten – siehe U 69.
- 19 Schiffe mit 96.444 BRT versenkt, fünf Schiffe mit 31.036 BRT beschädigt.
  U 564 wird am 14. 6. 1943 nordwestlich von Kap Ortegal/Spanien von einem britischen Kampfflugzeug versenkt – 28 Tote, 18 Überlebende, die von U 185 gerettet werden. Die deutschen Zerstörer Z 24 und Z 32 übernehmen von U 185 die Besatzung und bringen sie nach Bordeaux.

U 565
- VII C, Blohm & Voss, Hamburg, Kiellegung: 30. 3. 1940, Stapellauf: 20. 2. 1941, Indienststellung: 10. 4. 1941.
- Technische Daten – siehe U 69.
- Sechs Schiffe mit 19.052 BRT versenkt, drei Schiffe mit 33.862 BRT beschädigt.
  U 565 wird nach schweren Beschädigungen durch Angriffe von US-Bombern am 19. 9. 1944 vor Skaramanga und am 24. 9. 1944 vor Salamis von seiner Besatzung vor Skaramanga selbst versenkt – ein Toter.

U 566
- VII C, Blohm & Voss, Hamburg, Kiellegung: 30. 3. 1940, Stapellauf: 20. 2. 1941, Indienststellung: 17. 4. 1941.
- Technische Daten – siehe U 69.
- Sieben Schiffe mit 40.357 BRT versenkt.
  U 566 wird am 24. 10. 1943 westlich von Leixoes/Portugal nach Beschädigungen durch einen britischen Bomber selbst versenkt – alle 49 Mann der Besatzung werden von einem spanischen Fischkutter gerettet.

U 567
- VII C, Blohm & Voss, Hamburg, Kiellegung: 27. 4. 1940, Stapellauf: 6. 3. 1941, Indienststellung: 24. 4. 1941.
- Technische Daten – siehe U 69.
- Zwei Schiffe mit 6.809 BRT versenkt.
  U 567 wird am 20. 12. 1941 nordöstlich der Azoren von der britischen Sloop HMS DEPTFORD mit 47 Mann Besatzung versenkt.

U 568
- VII C, Blohm & Voss, Hamburg, Kiellegung: 27. 4. 1940, Stapellauf: 6. 3. 1941, Indienststellung: 1. 5. 1941.
- Technische Daten – siehe U 69.
- Drei Schiffe mit 7.873 BRT versenkt, ein Schiff mit 1.630 BRT beschädigt.
  U 568 wird am 29. 5. 1942 nordöstlich von Tobruk von den britischen Zerstörern HMS ERIDGE, HMS HERO und HMS HURWORTH zum Auftauchen gezwungen und versenkt sich selbst – alle 47 Mann der Besatzung überleben.

U 569
- VII C, Blohm & Voss, Hamburg, Kiellegung: 21. 5. 1940, Stapellauf: 20. 3. 1941, Indienststellung: 8. 5. 1941.
- Technische Daten – siehe U 69.
- Zwei Schiffe mit 5.442 BRT versenkt.
  U 569 wird am 22. 5. 1943 im Atlantik am Konvoi ON.184 von Kampfflugzeugen des amerikanischen Geleitträgers USS BOGUE versenkt – 21 Tote und 25 Überlebende.

U 570
- VII C, Blohm & Voss, Hamburg, Kiellegung: 21. 5. 1940, Stapellauf: 20. 3. 1941, Indienststellung: 15. 5. 1941.
- Technische Daten – siehe U 69.
- U 570 ergibt sich am 27. 8. 1941 nach Angriffen eines britischen Kampfflugzeuges. Das Boot treibt mehrere Stunden von dem Flugzeug umkreist in der See. Nach

Übernahme der Besatzung schleppen zwei isländische Trawler U 570 nach Thorlakshafn auf Island – 43 Überlebende. Am 19. 9. 1941 wird das Boot von den Briten als HMS GRAPH (P 715) in Dienst gestellt. Später wird es in N 46 umbenannt. Am 20. 3. 1944 strandet das Boot auf der schottischen Insel Islay, 1961 wird es verschrottet.

U 571
- VII C, Blohm & Voss, Hamburg, Kiellegung: 8. 6. 1940, Stapellauf: 4. 4. 1941, Indienststellung: 22. 5. 1941.
- Technische Daten – siehe U 69.
- Sieben Schiffe mit 47.169 BRT versenkt, ein Schiff mit 11.394 BRT beschädigt.
  U 571 wird am 21. 1. 1944 westlich von Irland von einem australischen Kampfflugzeug mit 52 Mann Besatzung versenkt.

U 572
- VII C, Blohm & Voss, Hamburg, Kiellegung: 15. 6. 1940, Stapellauf: 5. 4. 1941, Indienststellung: 29. 5. 1941.
- Technische Daten – siehe U 69.
- Sechs Schiffe mit 19.323 BRT versenkt, ein Schiff mit 6.207 BRT beschädigt.
  U 572 wird am 3. 8. 1943 nordöstlich von Trinidad von einem US-Kampfflugzeug mit 47 Mann Besatzung versenkt.

U 573
- VII C, Blohm & Voss, Hamburg, Kiellegung: 8. 6. 1940, Stapellauf: 17. 4. 1941, Indienststellung: 5. 6. 1941.
- Technische Daten – siehe U 69.
- Ein Schiff mit 5.289 BRT versenkt.
  U 573 läuft am 1. 5. 1942 nach Beschädigungen durch einen britischen Bomber nordwestlich von Algier (ein Toter, 43 Überlebende) Cartagena/Spanien an, wo es zunächst interniert wird. Gegen die von Spanien zugestandene dreimonatige Reparaturzeit protestiert die britische Botschaft in Madrid. Am 2. 8. 1942 wird das Boot (ohne Torpedos) für 1,5 Millionen Reichsmark an Spanien verkauft und als G 7 in Dienst gestellt. Es bleibt bis 1947 im aktiven Dienst, wird als S-01 am 2. 5. 1970 außer Dienst gestellt und versteigert. Als sich die Pläne, das Boot als Museum zu restaurieren zerschlagen, wird es verschrottet.

U 574
- VII C, Blohm & Voss, Hamburg, Kiellegung: 15. 6. 1940, Stapellauf: 12. 4. 1941, Indienststellung: 12. 6. 1941.
- Technische Daten – siehe U 69.
- Ein Schiff mit 1.190 BRT versenkt.

U 574 wird am 19. 12. 1941 vor den Azoren durch Rammstoß der britischen Sloop HMS STORK zum Auftauchen gezwungen und versenkt sich selbst – 28 Tote, 16 Überlebende.

U 575
- VII C, Blohm & Voss, Hamburg, Kiellegung: 1. 8. 1940, Stapellauf: 30. 4. 1941, Indienststellung: 19. 6. 1941.
- Technische Daten – siehe U 69.
- Neun Schiffe mit 37.121 BRT versenkt, ein Schiff mit 12.910 BRT beschädigt.
  U 575 wird am 13. 3. 1944 nördlich der Azoren vom amerikanischen Zerstörer USS HOBSON, dem britischen Zerstörer HMS HAVERFIELD, der kanadischen Fregatte HMCS PRINCE RUPERT sowie zwei britischen Bombern sowie Kampfflugzeugen des amerikanischen Geleitträgers USS BOGUE zum Auftauchen gezwungen und versenkt sich selbst – 18 Tote, 37 Überlebende.

U 576
- VII C, Blohm & Voss, Hamburg, Kiellegung: 1. 8. 1940, Stapellauf: 30. 4. 1941, Indienststellung: 26. 6. 1941.
- Technische Daten – siehe U 69.
- Vier Schiffe mit 15.450 BRT versenkt, zwei Schiffe mit 19.457 BRT beschädigt.
  U 576 wird am 15. 7. 1942 nahe Cape Hatteras/USA von zwei US-Kampfflugzeugen und durch Rammstoß vom US-Frachtschiff UNICOI mit 45 Mann Besatzung versenkt.

U 577
- VII C, Blohm & Voss, Hamburg, Kiellegung: 1. 8. 1940, Stapellauf: 15. 5. 1941, Indienststellung: 3. 7. 1941.
- Technische Daten – siehe U 69.
- U 577 wird am 15. 1. 1942 im Mittelmeer vor Marsa Matruk von einem britischen Kampfflugzeug mit 43 Mann Besatzung versenkt.

U 578
- VII C, Blohm & Voss, Hamburg, Kiellegung: 1. 8. 1940, Stapellauf: 15. 5. 1941, Indienststellung: 10. 7. 1941.
- Technische Daten – siehe U 69.
- Fünf Schiffe mit 24.725 BRT versenkt.
  U 578 wird nach dem 9. 8. 1942 mit 49 Mann Besatzung in der Biskaya vermisst.

U 579
- VII C, Blohm & Voss, Hamburg, Kiellegung: 31. 8. 1940, Stapellauf: 28. 5. 1941, Indienststellung: 17. 7. 1941.
- Technische Daten – siehe U 69.

- Im Oktober1941 sinkt U 579 nach einer Kollision in der Ostsee. Nach der Bergung wird das Boot im April 1942 wieder in Dienst gestellt. U 579 wird am 5. 5. 1945 östlich von Århus/Dänemark von einem britischen Kampfflugzeug versenkt – 24 Tote, 25 Überlebende.

U 580
- VII C, Blohm & Voss, Hamburg, Kiellegung: 31. 8. 1940, Stapellauf: 28. 5. 1941, Indienststellung: 24. 7. 1941.
- Technische Daten – siehe U 69.
- U 580 sinkt am 11. 11. 1941 vor Memel nach einer Kollision mit dem Zielschiff ANGELBURG – 12 Tote, 32 Überlebende.

U 581
- VII C, Blohm & Voss, Hamburg, Kiellegung: 25. 9. 1940, Stapellauf: 12. 6. 1941, Indienststellung: 31. 7. 1941.
- Technische Daten – siehe U 69.
- U 581 wird am 2. 2. 1942 südwestlich der Azoren vom britischen Zerstörer HMS WESTCOTT zum Auftauchen gezwungen und versenkt sich selbst– vier Tote, 41 Überlebende. Einem der Überlebenden gelingt es, sechs Kilometer bis zur Küste zu schwimmen und anschließend durch das neutrale Spanien nach Deutschland zurückzukehren. Die restliche Besatzung wird vom Zerstörer HMS WESTCOTT aufgenommen und geht bis 1947 in Kriegsgefangenschaft.

U 582
- VII C, Blohm & Voss, Hamburg, Kiellegung: 25. 9. 1940, Stapellauf: 12. 6. 1941, Indienststellung: 7. 8. 1941.
- Technische Daten – siehe U 69.
- Sechs Schiffe mit 38.826 BRT versenkt.
  U 582 wird am 5. 10. 1942 südwestlich von Island von einem US-Kampfflugzeug mit 46 Mann Besatzung versenkt.

U 583
- VII C, Blohm & Voss, Hamburg, Kiellegung: 1. 10. 1940, Stapellauf: 26. 6. 1941, Indienststellung: 14. 8. 1941.
- Technische Daten – siehe U 69.
- U 583 sinkt am 15. 11. 1941 in der Ostsee vor Danzig nach einer Kollision mit U 153 mit 45 Mann Besatzung.

U 584
- VII C, Blohm & Voss, Hamburg, Kiellegung: 1. 10. 1940, Stapellauf: 26. 6. 1941, Indienststellung: 21. 8. 1941.
- Technische Daten – siehe U 69.

- Vier Schiffe mit 18.684 BRT versenkt.
  Das Boot versenkt am 10. 1. 1942 das sowjetische U-Boot M 175 in der Ostsee. Am 18. 6. 1942 setzt U 584 einen vierköpfigen Spionagetrupp südlich von Jacksonville/Florida/USA an Land.
  U 584 wird am 31. 10. 1943 im Nordatlantik von drei Kampfflugzeugen des amerikanischen Geleitträgers USS CARD mit 53 Mann Besatzung versenkt.

U 585
- VII C, Blohm & Voss, Hamburg, Kiellegung: 1. 10. 1940, Stapellauf: 9. 7. 1941, Indienststellung: 28. 8. 1941.
- Technische Daten – siehe U 69.
- U 585 wird am 28. 3. 1942 nördlich von Murmansk/ Sowjetunion durch eine Mine mit 44 Mann Besatzung versenkt.

U 586
- VII C, Blohm & Voss, Hamburg, Kiellegung: 1. 10. 1940, Stapellauf: 10. 7. 1941, Indienststellung: 4. 9. 1941.
- Technische Daten – siehe U 69.
- Zwei Schiffe mit 12.716 BRT versenkt, ein Schiff mit 9.057 BRT beschädigt.
  U 586 wird am 5. 7. 1944 vor Toulon/Frankreich von einem US-Kampfflugzeug versenkt.

U 587
- VII C, Blohm & Voss, Hamburg, Kiellegung: 31. 10. 1940, Stapellauf: 23. 7. 1941, Indienststellung: 11. 9. 1941.
- Technische Daten – siehe U 69.
- Fünf Schiffe mit 23.389 BRT versenkt.
  U 587 wird am 27. 3. 1942 im Nordatlantik am Konvoi WS.17 von den britischen Zerstörern HMS ALDENHAM, HMS GROVE, HMS LEAMINGTON und HMS VOLUNTEER mit 42 Mann Besatzung versenkt.

U 588
- VII C, Blohm & Voss, Hamburg, Kiellegung: 31. 10. 1940, Stapellauf: 23. 7. 1941, Indienststellung: 18. 9. 1941.
- Technische Daten – siehe U 69.
- Sieben Schiffe mit 31.492 BRT versenkt, ein Schiff mit 7.460 BRT beschädigt.
  U 588 wird am 29. 7. 1942 im Nordatlantik von der kanadischen Korvette HMCS WETASKIWIN und dem Zerstörer HMCS SKEENA mit 46 Mann Besatzung versenkt.

U 589
- VII C, Blohm & Voss, Hamburg, Kiellegung: 31. 10. 1940, Stapellauf: 6. 8. 1941, Indienststellung: 25. 9. 1941.
- Technische Daten – siehe U 69.

Zwei Schiffe mit 3.264 BRT versenkt.
Am 13. 9. 1942 rettet U 589 vier abgestürzte deutsche Luftwaffen-Soldaten aus der See. Bereits am Tag darauf kommen diese wie die 44 Männer der Besatzung des Bootes südwestlich von Spitzbergen durch den Angriff des britischen Zerstörers HMS ONSLOW und eines Kampfflugzeuges des Flugzeugträgers HMS AVENGER beim Untergang des Bootes ums Leben.

U 590
- VII C, Blohm & Voss, Hamburg, Kiellegung: 31. 10. 1940, Stapellauf: 6. 8. 1941, Indienststellung: 2. 10. 1941.
- Technische Daten – siehe U 69.
- Ein Schiff mit 5.228 BRT versenkt, ein Schiff beschädigt mit 5.464 BRT.
  U 590 wird am 9. 7. 1943 nahe der Amazonas-Mündung/Brasilien von einem US-Kampfflugzeug mit 45 Mann Besatzung versenkt.

U 591
- VII C, Blohm & Voss, Hamburg, Kiellegung: 30. 10. 1940, Stapellauf: 20. 8. 1941, Indienststellung: 9. 10. 1941.
- Technische Daten – siehe U 69.
- Vier Schiffe mit 19.932 BRT versenkt, ein Schiff beschädigt mit 5.701 BRT.
  U 591 wird am 30. 7. 1943 vor Pernambuco von einem US-Kampfflugzeug versenkt – 19 Tote, 28 Überlebende.

U 592
- VII C, Blohm & Voss, Hamburg, Kiellegung: 30. 10. 1940, Stapellauf: 20. 8. 1941, Indienststellung: 16. 10. 1941.
- Technische Daten – siehe U 69.
- Ein Schiff mit 3.770 BRT versenkt.
  U 592 wird am 31. 1. 1944 südwestlich von Irland von den britischen Sloops HMS WILD GOOSE, HMS MAGPIE, HMS KITE, HMS WOODPECKER und HMS STARLING mit 49 Mann Besatzung versenkt.

U 593
- VII C, Blohm & Voss, Hamburg, Kiellegung: 17. 12. 1940, Stapellauf: 3. 9. 1941, Indienststellung: 23. 10. 1941.
- Technische Daten – siehe U 69.
- 14 Schiffe mit 51.243 BRT versenkt, zwei Schiffe mit 6.478 BRT beschädigt.
  U 593 versenkt am 13. 12. 1943 vor der algerischen Küste die britischen Zerstörer HMS HOLCOMBE und HMS TYNEDALE, ehe das Boot von den US-Zerstörern USS BENSON, USS NIBLACK, USS WAINWRIGHT und dem britischen Zerstörer HMS CALPE durch Wasserbomben zum Auftauchen gezwungen und von der Besatzung selbst versenkt wird – alle 51 Mann der Besatzung überleben.

U 594
- VII C, Blohm & Voss, Hamburg, Kiellegung: 17. 12. 1940, Stapellauf: 3. 9. 1941, Indienststellung: 30. 10. 1941.
- Technische Daten – siehe U 69.
- Zwei Schiffe mit 14.333 BRT versenkt.
  U 594 wird am 4. 6. 1943 westlich von Gibraltar von einem britischen Kampfflugzeug mit 50 Mann Besatzung versenkt.

U 595
- VII C, Blohm & Voss, Hamburg, Kiellegung: 4. 1. 1941, Stapellauf: 17. 9. 1941, Indienststellung: 6. 11. 1941.
- Technische Daten – siehe U 69.
- Nach schweren Bombentreffern durch britische Kampfflugzeuge wird U 595 am 14. 11. 1942 auf die algerische Küste, nordöstlich von Oran, gesetzt, was trotz schwerer Angriffe weiterer Bomber gelingt. Während 46 Mann Besatzung von US-Truppen gefangen genommen werden, sinkt das Boot.

U 596
- VII C, Blohm & Voss, Hamburg, Kiellegung: 4. 1. 1941, Stapellauf: 17. 9. 1941, Indienststellung: 13. 11. 1941.
- Technische Daten – siehe U 69.
- 13 Schiffe mit 41.791 BRT versenkt, zwei Schiffe mit 14.180 BRT beschädigt.
  U 596 wird am 24. 9. 1944 in der Bucht von Skaramanga, nahe Salamis, nach Angriffen von US-Bombern selbst versenkt – ein Toter. Das Wrack wird 1944 gesprengt.

U 597
- VII C, Blohm & Voss, Hamburg, Kiellegung: 13. 1. 1941, Stapellauf: 1. 10. 1941, Indienststellung: 20. 11. 1941.
- Technische Daten – siehe U 69.
- U 597 wird am 12. 10. 1942 südwestlich von Island am Konvoi ONS.136 von einem britischen Kampfflugzeug mit 49 Mann Besatzung versenkt.

U 598
- VII C, Blohm & Voss, Hamburg, Kiellegung: 11. 1. 1941, Stapellauf: 2. 10. 1941, Indienststellung: 27. 11. 1941.
- Technische Daten – siehe U 69.
- Zwei Schiffe mit 9.295 BRT versenkt, ein Schiff mit 6.197 BRT beschädigt.
  U 598 wird am 23. 7. 1943 vor Natal von zwei US-Bombern versenkt – 43 Tote, zwei Überlebende.

U 599
- VII C, Blohm & Voss, Hamburg, Kiellegung: 27. 1. 1941, Stapellauf: 15. 10. 1941, Indienststellung: 4. 12. 1941.
- Technische Daten – siehe U 69.
- U 599 wird am 24. 10. 1942 nordöstlich der Azoren von einem britischen Kampfflugzeug mit 44 Mann Besatzung versenkt.

U 600
- VII C, Blohm & Voss, Hamburg, Kiellegung: 25. 1. 1941, Stapellauf: 16. 10. 1941, Indienststellung: 11. 12. 1941.
- Technische Daten – siehe U 69.
- Fünf Schiffe mit 28.600 BRT versenkt, drei Schiffe beschädigt mit 19.230 BRT.
  U 600 wird am 25. 11. 1943 nördlich der Azoren am Konvoi MKS.30/OS.59 von den britischen Fregatten HMS BAZELY und HMS BLACKWOOD mit 54 Mann Besatzung versenkt.

U 601
- VII C, Blohm & Voss, Hamburg, Kiellegung: 10. 2. 1941, Stapellauf: 29. 10. 1941, Indienststellung: 18. 12. 1941.
- Technische Daten – siehe U 69.
- Drei Schiffe mit 8.819 BRT versenkt.
  U 601 wird am 25. 2. 1944 nordwestlich von Narvik/Norwegen am Konvoi JW.57 von einem britischen Kampfflugzeug mit 51 Mann Besatzung versenkt.

U 602
- VII C, Blohm & Voss, Hamburg, Kiellegung: 8. 2. 1941, Stapellauf: 30. 10. 1941, Indienststellung: 29. 12. 1941.
- Technische Daten – siehe U 69.
- Ein Schiff mit 1.540 BRT versenkt.
  U 602 wird nach dem 23. 4. 1943 nördlich von Oran mit 48 Mann Besatzung vermisst.

U 603
- VII C, Blohm & Voss, Hamburg, Kiellegung: 27. 2. 1941, Stapellauf: 16. 11. 1941, Indienststellung: 2. 1. 1942.
- Technische Daten – siehe U 69.
- Vier Schiffe mit 22.406 BRT versenkt.
  U 603 wird am 1. 3. 1944 im Nordatlantik vom amerikanischen Zerstörer USS BRONSTEIN mit 51 Mann Besatzung versenkt.

U 604
- VII C, Blohm & Voss, Hamburg, Kiellegung: 27. 2. 1941, Stapellauf: 16. 11. 1941, Indienststellung: 8. 1. 1942.
- Technische Daten – siehe U 69.
- Sechs Schiffe mit 39.791 BRT versenkt.
  U 604 wird am 11. 8. 1943 im Südatlantik von einem US-Kampfflugzeug schwer beschädigt und versenkt sich bei Ankunft des US-Zerstörers USS MOFFETT selbst – 14 Tote und 31 Überlebende.

Die Überlebenden werden von U 172 und von U 185 übernommen. U 185 wird dreizehn Tage später, am 24. 8. 1943, im Atlantik von Flugzeugen des Geleitträgers USS CORE versenkt (29 Tote, 22 Überlebende). Unter den Überlebenden befinden sich neun Besatzungsmitglieder von U 604, die von amerikanischen Zerstörern gerettet werden und in Gefangenschaft gehen. 22 Besatzungsmitglieder von U 604 laufen mit U 172 am 24. 9. 1943 in Lorient ein.

U 605
- VII C, Blohm & Voss, Hamburg, Kiellegung: 12. 3. 1941, Stapellauf: 27. 11. 1941, Indienststellung: 15. 1. 1942.
- Technische Daten – siehe U 69.
- Drei Schiffe mit 8.409 BRT versenkt.
  U 605 wird am 14. 11. 1942 vor Algier/Algerien von einem britischen Kampfflugzeug mit 46 Mann Besatzung versenkt.

U 606
- VII C, Blohm & Voss, Hamburg, Kiellegung: 12. 3. 1941, Stapellauf: 27. 11. 1941, Indienststellung: 22. 1. 1942.
- Technische Daten – siehe U 69.
- Drei Schiffe mit 20.527 BRT versenkt, zwei Schiffe mit 21.925 BRT beschädigt.
  U 606 wird am 22. 2. 1943 am Konvoi ON.166 von der kanadischen Korvette HMCS CHILLIWACK und dem polnischen Zerstörer BURZA zum Auftauchen gezwungen und durch Rammstoß des amerikanischen Küstenwachschiffes USS CAMPBELL versenkt – 36 Tote, 11 Überlebende.

U 607
- VII C, Blohm & Voss, Hamburg, Kiellegung: 27. 3. 1941, Stapellauf: 11. 12. 1941, Indienststellung: 29. 1. 1942.
- Technische Daten – siehe U 69.
- Vier Schiffe mit 28.937 BRT versenkt, zwei Schiffe mit 15.201 BRT beschädigt.
  U 607 wird am 13. 7. 1943 nordwestlich von Kap Ortegal/Spanien von einem britischen Kampfflugzeug versenkt – 45 Tote, sieben Überlebende.

U 608
- VII C, Blohm & Voss, Hamburg, Kiellegung: 27. 3. 1941, Stapellauf: 11. 12. 1941, Indienststellung: 5. 2. 1942.
- Technische Daten – siehe U 69.
- Fünf Schiffe mit 35.682 BRT versenkt.
  U 608 wird am 10. 8. 1944 vor La Rochelle/Frankreich von der britischen Sloop HMS WREN und einem britischen Kampfflugzeug versenkt – alle 52 Mann der Besatzung überleben.

U 609
- VII C, Blohm & Voss, Hamburg, Kiellegung: 7. 4. 1941, Stapellauf: 23. 12. 1941, Indienststellung: 12. 2. 1942.
- Technische Daten – siehe U 69.
- Zwei Schiffe mit 10.288 BRT versenkt.
  U 609 wird am 7. 2. 1943 im Nordatlantik am Konvoi SC.118 von der französischen Korvette LOBELIA mit 47 Mann Besatzung versenkt.

U 610
- VII C, Blohm & Voss, Hamburg, Kiellegung: 5. 4. 1941, Stapellauf: 24. 12. 1941, Indienststellung: 19. 2. 1942.
- Technische Daten – siehe U 69.
- Vier Schiffe mit 21.273 BRT versenkt, ein Schiff mit 9.551 BRT beschädigt.
  U 610 wird am 8. 10. 1943 im Nordatlantik am Konvoi SC.143 von einem kanadischen Kampfflugzeug mit 51 Mann Besatzung versenkt.

U 611
- VII C, Blohm & Voss, Hamburg, Kiellegung: 22. 4. 1941, Stapellauf: 8. 1. 1942, Indienststellung: 26. 2. 1942.
- Technische Daten – siehe U 69.
- U 611 wird am 11. 12. 1942 südöstlich von Kap Farewell am Konvoi HX.217 von einem britischen Kampfflugzeug mit 45 Mann Besatzung versenkt.

U 612
- VII C, Blohm & Voss, Hamburg, Kiellegung: 21. 4. 1941, Stapellauf: 9. 1. 1942, Indienststellung: 5. 3. 1942.
- Technische Daten – siehe U 69.
- U 612 sinkt nach einer Kollision mit U 444 am 6. 8. 1942 vor Gotenhafen – zwei Tote, 43 Überlebende. Das Boot wird im 8. 1942 gehoben und am 31. 5. 1943 wieder in Dienst gestellt. Am 1. 5. 1945 wird es von seiner Besatzung in Warnemünde versenkt, später gehoben und 1946 verschrottet.

U 613
- VII C, Blohm & Voss, Hamburg, Kiellegung: 6. 5. 1941, Stapellauf: 29. 1. 1942, Indienststellung: 12. 3. 1942.
- Technische Daten – siehe U 69.
- Zwei Schiffe mit 8.087 BRT versenkt.
  U 613 wird am 23. 7. 1943 südlich der Azoren vom amerikanischen Zerstörer USS GEORGE E. BADGER mit 48 Mann Besatzung versenkt.

U 614
- VII C, Blohm & Voss, Hamburg, Kiellegung: 6. 5. 1941, Stapellauf: 29. 1. 1942, Indienststellung: 19. 3. 1942.
- Technische Daten – siehe U 69.
- Ein Schiff mit 5.730 BRT versenkt.
  U 614 wird am 29. 7. 1943 nordwestlich von Kap Finisterre von einem britischen Kampfflugzeug mit 49 Mann Besatzung versenkt.

U 615
- VII C, Blohm & Voss, Hamburg, Kiellegung: 20. 5. 1941, Stapellauf: 8. 2. 1942, Indienststellung: 26. 3. 1942.
- Technische Daten – siehe U 69.
- Vier Schiffe mit 27.231 BRT versenkt.
  U 615 wehrt am 6. 8. 1943 in der Karibik die Angriffe von sechs Flugzeugen ab, versenkt sich danach aber bei Annäherung des US-Zerstörers USS WALKER selbst – vier Tote, 43 Überlebende.

U 616
- VII C, Blohm & Voss, Hamburg, Kiellegung: 20. 5. 1941, Stapellauf: 8. 2. 1942, Indienststellung: 2. 4. 1942.
- Technische Daten – siehe U 69.
- Zwei Schiffe mit 1.839 BRT versenkt, zwei Schiffe mit 17.754 BRT beschädigt.
  Nach dem Angriff von U 616 am Konvoi GUS.39 auf die Frachtschiffe FORT FIDLER und G.S. WALDEN am 14. 5. 1944 beginnen die Alliierten mit den sieben amerikanischen Zerstörern USS ELLYSON, USS EMMONS, USS GLEAVES, USS HAMBLETON, USS MACOMB, USS NIELDS, USS RODMAN und einer Vielzahl von Kampfflugzeugen massive Attacken gegen das Boot, das nach drei Tagen, am 17. 5. 1944, wegen seiner schweren Beschädigungen östlich von Cartagena/Spanien von seiner Mannschaft aufgegeben werden muss – alle 53 Mann der Besatzung überleben.
  Am selben Tag greift U 960 den Zerstörer USS ELLYSON vor Oran an – an Bord die Überlebenden von U 616. Der Angriff schlägt fehl, die Jagd der Amerikaner auf U 960 setzt ein, und das Boot wird zwei Tage später, am 19. 5. 1944, versenkt.

U 617
- VII C, Blohm & Voss, Hamburg, Kiellegung: 31. 5. 1941, Stapellauf: 14. 2. 1942, Indienststellung: 9. 4. 1942.
- Technische Daten – siehe U 69.
- Elf Schiffe mit 30.389 BRT versenkt.
  U 617 wird am 12. 9. 1943 nach Luftangriffen und Verfolgung durch die britische Korvette HMS HYACINTH, den australischen Minensucher HMAS WOOLONGONG und den Trawler HAARLEM an der Küste vor Melilla/Spanien auf Grund gesetzt und gesprengt – alle 49 Männer der Besatzung überleben.

U 618
- VII C, Blohm & Voss, Hamburg, Kiellegung: 29. 5. 1941, Stapellauf: 20. 2. 1942, Indienststellung: 16. 4. 1942.
- Technische Daten – siehe U 69.
- Drei Schiffe mit 15.788 BRT versenkt.
  U 618 wird am 14. 8. 1944 westlich von Saint-Nazaire/Frankreich von den britischen Fregatten HMS DUCKWORTH und HMS ESSINGTON sowie einem britischen Kampfflugzeug mit 61 Mann Besatzung versenkt.

U 619
- VII C, Blohm & Voss, Hamburg, Kiellegung: 19. 6. 1941, Stapellauf: 9. 3. 1942, Indienststellung: 23. 4. 1942.
- Technische Daten – siehe U 69.
- Zwei Schiffe mit 8.723 BRT versenkt.
  U 619 wird am 5. 10. 1942 südwestlich von Island von einem britischen Kampfflugzeug mit 44 Mann Besatzung versenkt.

U 620
- VII C, Blohm & Voss, Hamburg, Kiellegung: 19. 6. 1941, Stapellauf: 9. 3. 1942, Indienststellung: 30. 4. 1942.
- Technische Daten – siehe U 69.
- Ein Schiff mit 6.983 BRT versenkt.
  U 620 wird am 14. 2. 1943 nordwestlich von Lissabon/Portugal am Konvoi KMS.6 von einem britischen Kampfflugzeug mit 47 Mann Besatzung versenkt.

U 621 (U-Flak 3)
- VII C, Blohm & Voss, Hamburg, Kiellegung: 1. 7. 1941, Stapellauf: 19. 3. 1942, Indienststellung: 7. 5. 1942.
- Technische Daten – siehe U 69.
- Fünf Schiffe mit 23.097 BRT versenkt, zwei Schiffe mit 11.538 BRT beschädigt.
  U 621 wird als U-Flak 3 am 7. 7. 1943 in Dienst gestellt. Als die Strategie der Flak-U-Boote wieder aufgegeben wird, wird U 621 wieder als Kampfboot eingesetzt. Das Boot wird am 18. 8. 1944 mit 56 Mann Besatzung vor La Rochelle/Frankreich von den kanadischen Zerstörern HMCS CHAUDIERE, HMCS KOOTENAY und HMCS OTTAWA versenkt.

U 622
- VII C, Blohm & Voss, Hamburg, Kiellegung: 1. 7. 1941, Stapellauf: 19. 3. 1942, Indienststellung: 14. 5. 1942.
- Technische Daten – siehe U 69.
- U 622 wird am 24. 7. 1943 in Trondheim/Norwegen bei einem amerikanischen Luftangriff auf die Hafenanlagen versenkt.

U 623
- VII C, Blohm & Voss, Hamburg, Kiellegung: 15. 7. 1941, Stapellauf: 31. 3. 1942, Indienststellung: 21. 5. 1942.
- Technische Daten – siehe U 69.
- U 623 wird am 21. 2. 1943 im Atlantik am Konvoi ON.166 von einem britischen Kampfflugzeug mit 46 Mann Besatzung versenkt.

U 624
- VII C, Blohm & Voss, Hamburg, Kiellegung: 15. 7. 1941, Stapellauf: 31. 3. 1942, Indienststellung: 28. 5. 1942.
- Technische Daten – siehe U 69.
- Acht Schiffe mit 40.284 BRT versenkt, ein Schiff mit 5.432 BRT beschädigt.
  U 624 wird am 7. 2. 1943 im Nordatlantik am Konvoi SC.118 von einem britischen Kampfflugzeug mit 45 Mann Besatzung versenkt.

U 625
- VII C, Blohm & Voss, Hamburg, Kiellegung: 28. 7. 1941, Stapellauf: 15. 4. 1942, Indienststellung: 4. 6. 1942.
- Technische Daten – siehe U 69.
- Fünf Schiffe mit 19.690 BRT versenkt.
  U 625 wird am 10. 3. 1944 westlich von Irland von einem kanadischen Kampfflugzeug mit 53 Mann Besatzung versenkt.

U 626
- VII C, Blohm & Voss, Hamburg, Kiellegung: 28. 7. 1941, Stapellauf: 15. 4. 1942, Indienststellung: 11. 6. 1942.
- Technische Daten – siehe U 69.
- U 626 rammt und versenkt am 2. 9. 1942 in der Ostsee vor Pillau U 222 – 42 Tote, drei Überlebende auf U 222. Das Boot wird am 15. 12. 1942 im Nordatlantik am Konvoi ON.126 vom amerikanischen Küstenwachkutter USS INGHAM mit 47 Mann Besatzung versenkt.

U 627
- VII C, Blohm & Voss, Hamburg, Kiellegung: 8. 8. 1941, Stapellauf: 29. 4. 1942, Indienststellung: 18. 6. 1942.
- Technische Daten – siehe U 69.
- U 627 wird am 27. 10. 1942 südlich von Island am Konvoi SC.105 von einem britischen Kampfflugzeug mit 44 Mann Besatzung versenkt.

U 628
- VII C, Blohm & Voss, Hamburg, Kiellegung: 7. 8. 1941, Stapellauf: 29. 4. 1942, Indienststellung: 25. 6. 1942.
- Technische Daten – siehe U 69.
- Vier Schiffe mit 21.765 BRT versenkt, drei Schiffe mit 20.450 BRT beschädigt.

U 628 wird am 3. 7. 1943 nordwestlich von Kap Ortegal/Spanien von einem britischen Kampfflugzeug mit 49 Mann Besatzung versenkt.

U 629

- VII C, Blohm & Voss, Hamburg, Kiellegung: 23. 8. 1941, Stapellauf: 12. 5. 1942, Indienststellung: 2. 7. 1942.
- Technische Daten – siehe U 69.
- U 629 rettet am 21. 12. 1943 vor Grönland die Besatzung von U 284 (49 Mann), die ihr Boot nach einem Unfall selbst versenkt hat, und bringt sie nach Brest/Frankreich zurück.
  Das Boot wird am 7. 6. 1944 westlich von Brest von einem britischen Kampfflugzeug mit 51 Mann Besatzung versenkt.

U 630

- VII C, Blohm & Voss, Hamburg, Kiellegung: 23. 8. 1941, Stapellauf: 12. 5. 1942, Indienststellung: 9. 7. 1942.
- Technische Daten – siehe U 69.
- Zwei Schiffe mit 14.894 BRT versenkt.
  U 630 wird am 6. 5. 1943 nordöstlich von Neufundland am Konvoi ONS.5 vom britischen Zerstörer HMS VIDETTE mit 47 Mann Besatzung versenkt.

U 631

- VII C, Blohm & Voss, Hamburg, Kiellegung: 5. 9. 1941, Stapellauf: 27. 5. 1942, Indienststellung: 16. 7. 1942.
- Technische Daten – siehe U 69.
- Zwei Schiffe mit 9.136 BRT versenkt.
  U 631 wird am 17. 10. 1943 südöstlich von Kap Farewell/Grönland am Konvoi ONS.20 von der britischen Korvette HMS SUNFLOWER mit 54 Mann Besatzung versenkt.

U 632

- VII C, Blohm & Voss, Hamburg, Kiellegung: 4. 9. 1941, Stapellauf: 27. 5. 1942, Indienststellung: 23. 7. 1942.
- Technische Daten – siehe U 69.
- Zwei Schiffe mit 15.255 BRT versenkt.
  U 632 wird am 6. 4. 1943 südwestlich von Island am Konvoi HX.231 von einem britischen Kampfflugzeug mit 48 Mann Besatzung versenkt.

U 633

- VII C, Blohm & Voss, Hamburg, Kiellegung: 22. 9. 1941, Stapellauf: 10. 6. 1942, Indienststellung: 30. 7. 1942.
- Technische Daten – siehe U 69.
- Ein Schiff mit 3.921 BRT versenkt.
  U 633 wird am 10. 3. 1943 im Nordatlantik am Konvoi SC.121durch Rammstoß des britischen Frachtschiffs SCORTON mit 43 Mann Besatzung versenkt.

U 634

- VII C, Blohm & Voss, Hamburg, Kiellegung: 23. 9. 1941, Stapellauf: 10. 6. 1942, Indienststellung: 6. 8. 1942.
- Technische Daten – siehe U 69.
- Ein Schiff mit 7.176 BRT versenkt.
  U 634 wird am 30. 8. 1943 östlich der Azoren von der britischen Sloop HMS STORK und der Korvette HMS STONECROP mit 47 Mann Besatzung versenkt.

U 635

- VII C, Blohm & Voss, Hamburg, Kiellegung: 3. 10. 1941, Stapellauf: 24. 6. 1942, Indienststellung: 13. 8. 1942.
- Technische Daten – siehe U 69.
- Zwei Schiffe mit 14.894 BRT versenkt.
  U 635 wird am 5. 4. 1943 südwestlich von Island am Konvoi HX.231 von einem britischen Kampfflugzeug mit 47 Mann Besatzung versenkt.

U 636

- VII C, Blohm & Voss, Hamburg, Kiellegung: 2 .10. 1941, Stapellauf: 25. 6. 1942, Indienststellung: 20. 8. 1942.
- Technische Daten – siehe U 69.
- Zwei Schiffe mit 7.727 BRT versenkt.
  U 636 wird am 21. 4. 1945 westlich von Irland von den britischen Fregatten HMS BAZELY, HMS BENTINCK und HMS DRURY mit 42 Mann Besatzung versenkt.

U 637

- VII C, Blohm & Voss, Hamburg, Kiellegung: 17. 10. 1941, Stapellauf: 7. 7. 1942, Indienststellung: 27. 8. 1942.
- Technische Daten – siehe U 69.
- Ein Schiff mit 39 BRT versenkt.
  U 637 kapituliert am 8. 5. 1945 in Stavanger/Norwegen, wird nach Loch Ryan/Schottland zur Versenkungsoperation »Deadlight« beordert und sinkt während der Schlepppreise.

U 638

- VII C, Blohm & Voss, Hamburg, Kiellegung: 16. 10. 1941, Stapellauf: 8. 7. 1942, Indienststellung: 3. 9. 1942.
- Technische Daten – siehe U 69.
- Ein Schiff mit 5.507 BRT versenkt, ein Schiff mit 6.537 BRT beschädigt.
  U 638 wird am 5. 5. 1943 nordöstlich von Neufundland am Konvoi ONS.5 von der britischen Korvette HMS SUNFLOWER mit 44 Mann Besatzung versenkt.

U 639

- VII C, Blohm & Voss, Hamburg, Kiellegung: 31. 10. 1941, Stapellauf: 22. 7. 1942, Indienststellung: 10. 9. 1942.
- Technische Daten – siehe U 69.

- U 639 wird am 28. 8. 1943 in der Karasee durch einen Torpedotreffer des sowjetischen U-Bootes S 101 mit 47 Mann Besatzung versenkt.

U 640

- VII C, Blohm & Voss, Hamburg, Kiellegung: 30. 10. 1941, Stapellauf: 23. 7. 1942, Indienststellung: 17. 9. 1942.
- Technische Daten – siehe U 69.
- U 640 wird am 13. 5. 1943 östlich von Kap Farewell/Grönland am Konvoi ONS.7 von einem amerikanischen Kampfflugzeug mit 49 Mann Besatzung versenkt.

U 641

- VII C, Blohm & Voss, Hamburg, Kiellegung: 19. 11. 1941, Stapellauf: 6. 8. 1942, Indienststellung: 24. 9. 1942.
- Technische Daten – siehe U 69.
- U 641 wird am 19. 1. 1944 südwestlich von Irland am Konvoi OS.65/KMS.39 von der britischen Korvette HMS VIOLET mit 50 Mann Besatzung versenkt.

U 642

- VII C, Blohm & Voss, Hamburg, Kiellegung: 19. 11. 1941, Stapellauf: 6. 8. 1942, Indienststellung: 1. 10. 1942.
- Technische Daten – siehe U 69.
- Ein Schiff mit 2.125 BRT versenkt.
  U 642 wird am 5. 7. und am 6. 8. 1944 im Hafen von Toulon/Frankreich bei amerikanischen Luftangriffen beschädigt und versenkt. Das Boot wird 1945 gehoben und 1946 verschrottet.

U 643

- VII C, Blohm & Voss, Hamburg, Kiellegung: 1. 12. 1941, Stapellauf: 20. 8. 1942, Indienststellung: 8. 10. 1942.
- Technische Daten – siehe U 69.
- U 643 wird am 8. 10. 1943 im Nordatlantik am Konvoi SC.143 von zwei britischen Kampfflugzeugen angegriffen und versenkt sich selbst – 30 Tote, 18 Überlebende.

U 644

- VII C, Blohm & Voss, Hamburg, Kiellegung: 1. 12. 1941, Stapellauf: 20. 8. 1942, Indienststellung: 15. 10. 1942.
- Technische Daten – siehe U 69.
- U 644 wird am 7. 4. 1943 nordwestlich von Narvik/Norwegen durch einen Torpedotreffer des britischen U-Boots HMS TUNA mit 45 Mann Besatzung versenkt.

U 645

- VII C, Blohm & Voss, Hamburg, Kiellegung: 17. 12. 1941, Stapellauf: 3. 9. 1942, Indienststellung: 22. 10. 1942.
- Technische Daten – siehe U 69.

- Zwei Schiffe mit 12.788 BRT versenkt.
  U 645 wird am 24. 12. 1943 nordöstlich der Azoren vom amerikanischen Zerstörer USS SCHENK mit 55 Mann Besatzung versenkt.

U 646

- VII C, Blohm & Voss, Hamburg, Kiellegung: 23. 12. 1941, Stapellauf: 3. 9. 1942, Indienststellung: 29. 10. 1942.
- Technische Daten – siehe U 69.
- U 646 wird am 17. 5. 1943 südöstlich von Island am Konvoi ONS.7 von einem britischen Kampfflugzeug mit 46 Mann Besatzung versenkt.

U 647

- VII C, Blohm & Voss, Hamburg, Kiellegung: 29. 12. 1941, Stapellauf: 16. 9. 1942, Indienststellung: 5. 11. 1942.
- Technische Daten – siehe U 69.
- U 647 geht am 28. 7. 1943 mit 48 Mann Besatzung nördlich der Shetland-Inseln durch einen Minentreffer verloren.

U 648

- VII C, Blohm & Voss, Hamburg, Kiellegung: 24. 12. 1941, Stapellauf: 16. 9. 1942, Indienststellung: 12. 11. 1942.
- Technische Daten – siehe U 69.
- U 648 wird am 22. 11. 1943 nordöstlich der Azoren am Konvoi KMS.30/OS.59 von den britischen Fregatten HMS BAZELY, HMS BLACKWOOD und HMS DRURY mit 50 Mann Besatzung versenkt.

U 649

- VII C, Blohm & Voss, Hamburg, Kiellegung: 12. 1. 1942, Stapellauf: 30. 9. 1942, Indienststellung: 19. 11. 1942.
- Technische Daten – siehe U 69.
- U 649 wird am 24. 2. 1943 in der Ostsee nach einer Kollision mit U 232, das sich auf einer Ausbildungsfahrt befindet, versenkt – 35 Tote, elf Überlebende.

U 650

- VII C, Blohm & Voss, Hamburg, Kiellegung: 9. 1. 1942, Stapellauf: 6. 10. 1942, Indienststellung: 26. 11. 1942.
- Technische Daten – siehe U 69.
- U 650 wird nach dem 9. 12. 1944 mit 47 Mann Besatzung im Nordatlantik vermisst.

U 651

- VII C, Howaldtswerke, Hamburg, Kiellegung: 16. 1. 1940, Stapellauf: 21. 12. 1940, Indienststellung: 12. 2. 1941.
- Technische Daten – siehe U 69.
- Zwei Schiffe mit 11.639 BRT versenkt.

U 651 wird am 29. 6. 1941 südlich von Island nach der Versenkung des Dampfers GRAYBURN am Konvoi HX.133 mit Wasserbomben von den britischen Zerstörern HMS MALCOLM und HMS SCIMITAR, den britischen Korvetten HMS ARABIS, HMS VIOLET und dem Minensucher HMS SPEEDWELL verfolgt und zum Auftauchen gezwungen. U 651 wird von der Besatzung selbst versenkt – 45 Überlebende.

U 652

- VII C, Howaldtswerke, Hamburg, Kiellegung: 5. 2. 1940, Stapellauf: 7. 2. 1941, Indienststellung: 3. 4. 1941.
- Technische Daten – siehe U 69.
- Fünf Schiffe mit 11.450 BRT versenkt, drei Schiffe mit 20.835 BRT beschädigt.
  U 652 wird am 2. 6. 1942 nach schweren Beschädigungen durch Bomben eines britischen Kampfflugzeuges im Mittelmeer von U 81 mit Torpedos versenkt – alle 45 Mann der Besatzung überleben.

U 653

- VII C, Howaldtswerke, Hamburg, Kiellegung: 9. 4. 1940, Stapellauf: 22. 3. 1941, Indienststellung: 25. 5. 1941.
- Technische Daten – siehe U 69.
- Vier Schiffe mit 15.823 BRT versenkt, ein Schiff mit 9.382 BRT beschädigt.
  U 653 wird am 13. 3. 1944 im Nordatlantik von einem Kampfflugzeug des britischen Geleitträgers HMS VINDEX und den britischen Sloops HMS STARLING und HMS WILD GOOSE mit 51 Mann Besatzung versenkt.

U 654

- VII C, Howaldtswerke, Hamburg, Kiellegung: 1. 6. 1940, Stapellauf: 3. 5. 1941, Indienststellung: 5. 7. 1941.
- Technische Daten – siehe U 69.
- Vier Schiffe mit 18.655 BRT versenkt.
  U 654 wird am 22. 8. 1942 in der Karibik von einem US-Kampfflugzeug mit 44 Mann versenkt.

U 655

- VII C, Howaldtswerke, Hamburg, Kiellegung: 10. 8. 1940, Stapellauf: 5. 6. 1941, Indienststellung: 11. 8. 1941.
- Technische Daten – siehe U 69.
- U 655 wird am 24. 3. 1942 in der Barentssee durch einen Rammstoß des britischen Minensuchbootes HMS SHARPSHOOTER mit 45 Mann Besatzung versenkt.

U 656

- VII C, Howaldtswerke, Hamburg, Kiellegung: 4. 9. 1940, Stapellauf: 8. 7. 1941, Indienststellung: 17. 9. 1941.
- Technische Daten – siehe U 69.
- U 656 wird am 1. 3. 1942 südlich von Kap Raz/Frankreich von einem US-Kampfflugzeug mit 45 Mann Besatzung versenkt.

U 657

- VII C, Howaldtswerke, Hamburg, Kiellegung: 5. 10. 1940, Stapellauf: 12. 8. 1941, Indienststellung: 8. 10. 1941.
- Technische Daten – siehe U 69.
- Ein Schiff mit 5.196 BRT versenkt.
  U 657 wird am 16. 5. 1943 östlich von Kap Farewell/Grönland von der britischen Korvette HMS SWALE mit 47 Mann Besatzung versenkt.

U 658

- VII C, Howaldtswerke, Hamburg, Kiellegung: 15. 11. 1940, Stapellauf: 11. 9. 1941, Indienststellung: 5. 11. 1941.
- Technische Daten – siehe U 69.
- Drei Schiffe mit 12.146 BRT versenkt, ein Schiff mit 6.466 BRT beschädigt.
  U 658 wird am 30. 10. 1942 östlich von Neufundland von einem kanadischen Kampfflugzeug mit 48 Mann Besatzung versenkt.

U 659

- VII C, Howaldtswerke, Hamburg, Kiellegung: 12. 2. 1941, Stapellauf: 14. 10. 1941, Indienststellung: 9. 12. 1941.
- Technische Daten – siehe U 69.
- Ein Schiff mit 7.519 BRT versenkt, drei Schiffe mit 21.565 BRT beschädigt.
  U 659 (44 Tote, drei Überlebende) kollidiert am 4. 5. 1943 westlich von Kap Ortegal/Spanien mit U 439 (40 Tote, neun Überlebende) – beide Boote sinken.

U 660

- VII C, Howaldtswerke, Hamburg, Kiellegung: 15. 2. 1941, Stapellauf: 17. 11. 1941, Indienststellung: 8. 1. 1942.
- Technische Daten – siehe U 69.
- Zwei Schiffe mit 10.066 BRT versenkt, zwei Schiffe mit 10.447 BRT beschädigt.
  U 660 wird am 12. 11. 1942 vor Oran nach Beschädigungen durch Wasserbomben der britischen Korvetten HMS LOTUS und HMS STARWORD von der Besatzung selbst versenkt – zwei Tote, 45 Überlebende.

U 661

- VII C, Howaldtswerke, Hamburg, Kiellegung: 12. 3. 1941, Stapellauf: 11. 12. 1941, Indienststellung: 12. 2. 1942.
- Technische Daten – siehe U 69.
- Ein Schiff mit 3.672 BRT versenkt.
  U 661 wird am 15. 10. 1942 im Nordatlantik am Konvoi SC.104 nach Rammstoß des britischen Zerstörers HMS VISCOUNT mit 44 Mann Besatzung versenkt.

U 662

- VII C, Howaldtswerke, Hamburg, Kiellegung: 7. 5. 1941, Stapellauf: 22. 1. 1942, Indienststellung: 9. 4. 1942.
- Technische Daten – siehe U 69.
- Drei Schiffe mit 18.609 BRT versenkt, ein Schiff mit 7.174 BRT beschädigt.
  U 662 wird am 21. 7. 1943 im Südatlantik, vor der Amazonasmündung am Konvoi TF.2 von US-Kampfflugzeugen versenkt – 44 Tote, drei Überlebende.

U 663

- VII C, Howaldtswerke, Hamburg, Kiellegung: 31. 3. 1941, Stapellauf: 26. 3. 1942, Indienststellung: 14. 5. 1942.
- Technische Daten – siehe U 69.
- Zwei Schiffe mit 10.924 BRT versenkt.
  U 663 wird am 7. 5. 1943 westlich von Brest/Frankreich am Konvoi ONS.5 von einem australischen Kampfflugzeug mit 49 Mann Besatzung versenkt.

U 664

- VII C, Howaldtswerke, Hamburg, Kiellegung: 11. 7. 1941, Stapellauf: 28. 4. 1942, Indienststellung: 17. 6. 1942.
- Technische Daten – siehe U 69.
- Drei Schiffe mit 19.325 BRT versenkt.
  U 664 wird am 9. 8. 1943 im Nordatlantik von Kampfflugzeugen des amerikanischen Geleitträgers USS CARD angegriffen und versenkt sich selbst – sieben Tote, 44 Überlebende.

U 665

- VII C, Howaldtswerke, Hamburg, Kiellegung: 10. 6. 1941, Stapellauf: 9. 6. 1942, Indienststellung: 22. 7. 1942.
- Technische Daten – siehe U 69.
- Ein Schiff mit 7.134 BRT versenkt.
  U 665 wird am 22. 3. 1943 westlich von Irland von einem britischen Kampfflugzeug mit 46 Mann Besatzung versenkt.

U 666

- VII C, Howaldtswerke, Hamburg, Kiellegung: 16. 9. 1941, Stapellauf: 18. 7. 1942, Indienststellung: 26. 8. 1942.
- Technische Daten – siehe U 69.
- Ein Schiff mit 1.370 BRT versenkt, ein Schiff mit 5.234 BRT beschädigt.
  U 666 wird nach dem 10. 2. 1944 mit 51 Mann Besatzung im Nordatlantik vermisst.

U 667

- VII C, Howaldtswerke, Hamburg, Kiellegung: 16. 8. 1941, Stapellauf: 29. 8. 1942, Indienststellung: 21. 10. 1942.
- Technische Daten – siehe U 69.
- Vier Schiffe mit 10.500 BRT versenkt.
  U 667 sinkt am 25. 8. 1944 vor La Rochelle/Frankreich nach einem Minentreffer mit 45 Mann Besatzung.

U 668

- VII C, Howaldtswerke, Hamburg, Kiellegung: 11. 10. 1941, Stapellauf: 5. 10. 1942, Indienststellung: 16. 11. 1942.
- Technische Daten – siehe U 69.
- U 668 kapituliert am 8. 5. 1945 in Narvik/Norwegen, wird nach Loch Eriboll/Schottland zur Versenkungsoperation »Deadlight« beordert und am 1. 1. 1946 versenkt.

U 669

- VII C, Howaldtswerke, Hamburg, Kiellegung: 3. 11. 1941, Stapellauf: 5. 10. 1942, Indienststellung: 16. 12. 1942.
- Technische Daten – siehe U 69.
- U 669 wird nach dem 29. 8. 1943 mit 52 Mann Besatzung in der Biskaya vermisst.

U 670

- VII C, Howaldtswerke, Hamburg, Kiellegung: 25. 11. 1941, Stapellauf: 15. 12. 1942, Indienststellung: 26. 1. 1943.
- Technische Daten – siehe U 69.
- U 670 sinkt am 20. 8. 1943 vor Danzig nach einer Kollision mit dem Zielschiff BOLKOBURG – 21 Tote, 22 Überlebende.

U 671

- VII C, Howaldtswerke, Hamburg, Kiellegung: 2. 12. 1941, Stapellauf: 15. 12. 1942, Indienststellung: 3. 3. 1943.
- Technische Daten – siehe U 69.

- U 671 wird am 5. 8. 1944 südlich von Brighton/Großbritannien von den britischen Korvetten HMS STAYNER und HMS WENSLEYDALE versenkt – 47 Tote, 5 Überlebende.

U 672
- VII C, Howaldtswerke, Hamburg, Kiellegung: 24. 12. 1941, Stapellauf: 27. 2. 1943, Indienststellung: 6. 4. 1943.
- Technische Daten – siehe U 69.
- U 672 wird am 18. 7. 1944 nördlich von Guernsey von der britischen Fregatte HMS BALFOUR zum Auftauchen gezwungen und versenkt sich selbst – alle 54 Mann der Besatzung überleben.

U 673
- VII C, Howaldtswerke, Hamburg, Kiellegung: 20. 1. 1942, Stapellauf: 27. 2. 1943, Indienststellung: 8. 5. 1943.
- Technische Daten – siehe U 69.
- U 673 wird am 24. 10. 1944 nördlich von Stavanger/Norwegen nach einer Kollision mit U 382 auf Grund gesetzt und sinkt. Das Boot wird am 9. 11. 1944 gehoben und in Norwegen verschrottet.

U 674
- VII C, Howaldtswerke, Hamburg, Kiellegung: 7. 4. 1942, Stapellauf: 8. 5. 1943, Indienststellung: 15. 6. 1943.
- Technische Daten – siehe U 69.
- U 674 wird am 2. 5. 1944 nordwestlich von Narvik/Norwegen von einem Kampfflugzeug des britischen Geleitträgers HMS FENCER mit 49 Mann Besatzung versenkt.

U 675
- VII C, Howaldtswerke, Hamburg, Kiellegung: 9. 4. 1942, Stapellauf: 8. 5. 1943, Indienststellung: 14. 7. 1943.
- Technische Daten – siehe U 69.
- U 675 wird am 24. 5. 1944 westlich von Ålesund/Norwegen von einem britischen Kampfflugzeug mit 51 Mann Besatzung versenkt.

U 676
- VII C, Howaldtswerke, Hamburg, Kiellegung: 13. 6. 1942, Stapellauf: 6. 7. 1943, Indienststellung: 4. 8. 1943.
- Technische Daten – siehe U 69.
- U 676 sinkt nach dem 12. 2. 1945 im Bottnischen Meerbusen durch einen Minentreffer mit 57 Mann Besatzung.

U 677
- VII C, Howaldtswerke, Hamburg, Kiellegung: 13. 6. 1942, Stapellauf: 6. 7. 1943, Indienststellung: 20. 9. 1943.
- Technische Daten – siehe U 69.
- U 677 wird am 5. 4. 1945 während eines Werftaufenthalts bei den Howaldtswerken in Hamburg durch einen britischen Bombenangriff beschädigt und am 9. 4. 1945 gesprengt.

U 678
- VII C, Howaldtswerke, Hamburg, Kiellegung: 3. 9. 1942, Stapellauf: 18. 9. 1943, Indienststellung: 25. 10. 1943.
- Technische Daten – siehe U 69.
- U 678 wird am 6. 7. 1944 im Ärmelkanal von der britischen Korvette HMS STATICE und den kanadischen Zerstörern HMCS KOOTENAY und HMCS OTTAWA mit 52 Mann Besatzung versenkt.

U 679
- VII C, Howaldtswerke, Hamburg, Kiellegung: 3. 9. 1942, Stapellauf: 18. 9. 1943, Indienststellung: 29. 11. 1943.
- Technische Daten – siehe U 69.
- Ein Schiff mit 39 BRT versenkt, ein Schiff mit 36 BRT beschädigt.
  U 679 wird am 9. 1. 1945 in der Ostsee vom sowjetischen U-Boot-Jäger MO 124 mit 51 Mann Besatzung versenkt.

U 680
- VII C, Howaldtswerke, Hamburg, Kiellegung: 12. 10. 1942, Stapellauf: 20. 11. 1943, Indienststellung: 23. 12. 1943.
- Technische Daten – siehe U 69.
- U 689 kapituliert am 8. 5. 1945 in Wilhelmshaven, wird nach Loch Ryan/Schottland zur Versenkungsoperation »Deadlight« beordert und am 28. 12. 1945 durch den britischen Zerstörer HMS ONSLOW versenkt.

U 681
- VII C, Howaldtswerke, Hamburg, Kiellegung: 21. 10. 1942, Stapellauf: 20. 11. 1943, Indienststellung: 3. 2. 1944.
- Technische Daten – siehe U 69.
- U 681 muss nach einer Grundberührung am 10. 3. 1945 bei Bishops Rock/Großbritannien auftauchen, wird von einem US-Kampfflugzeug geortet und versenkt sich selbst – 11 Tote, 38 Überlebende.

U 682
- VII C, Howaldtswerke, Hamburg, Kiellegung: 21. 12. 1942, Stapellauf: 7. 3. 1944, Indienststellung: 17. 4. 1944.
- Technische Daten – siehe U 69.
- U 682 wird am 11. 3. 1945 während eines Werftaufenthalts bei den Howaldtswerken in Hamburg durch einen US-Bomberangriff zerstört.

U 683
- VII C, Howaldtswerke, Hamburg, Kiellegung: 23. 12. 1942, Stapellauf: 7. 3. 1944, Indienststellung: 30. 5. 1944.
- Technische Daten – siehe U 69.
- U 683 wird nach dem 20. 2. 1945 südwestlich von Irland mit 49 Mann Besatzung vermisst.

U 684
- VII C, Howaldtswerke, Hamburg, Kiellegung: 4. 3. 1943, Stapellauf: 4. 1944.
- Technische Daten – siehe U 69.
- U 684 wird am 23. 9. 1944 aus der Bauliste gestrichen und nicht mehr fertig gestellt. Das Boot wird am 3. 5. 1945 vor dem U-Boot-Bunker Elbe II in Hamburg versenkt.

U 685
- VII C, Howaldtswerke, Hamburg, Kiellegung: 8. 3. 1943, Stapellauf: 4. 1944.
- Technische Daten – siehe U 69.
- U 685 wird am 23. 9. 1944 aus der Bauliste gestrichen und nicht mehr fertig gestellt. Das Boot wird am 3. 5. 1945 vor dem U-Boot-Bunker Elbe II in Hamburg versenkt.

U 686
- VII C, Howaldtswerke, Hamburg. Kiellegung: 13. 5. 1943.
- Technische Daten – siehe U 69.
- U 686 wird am 23. 9. 1944 aus der Bauliste gestrichen und nicht mehr fertig gestellt.

U 687
- VII C/41, Howaldtswerke, Hamburg. Kiellegung: 13. 5. 1943.
- Technische Daten – siehe U 292.
- U 687 wird am 6. 11. 1943 aus der Bauliste gestrichen und nicht mehr fertig gestellt.

U 688
- VII C/41, Howaldtswerke, Hamburg. Kiellegung: 12. 7. 1943.

- Technische Daten – siehe U 292.
- U 688 wird am 22. 7. 1944 aus der Bauliste gestrichen und nicht mehr fertig gestellt.

U 689
- VII C/41, Howaldtswerke, Hamburg. Kiellegung: 13. 7. 1943.
- Technische Daten – siehe U 292.
- U 689 wird am 22. 7. 1944 aus der Bauliste gestrichen und nicht mehr fertig gestellt.

U 690–U 698
- VII C/41, Howaldtswerke, Hamburg.
- Am 6. 11. 1943 storniert.

U 699–U 700
- VII C/42, Howaldtswerke, Hamburg.
- Am 6. 11. 1943 annulliert.

U 701
- VII C, Stülcken, Hamburg, Kiellegung: 3. 5. 1940, Stapellauf: 16. 4. 1941, Indienststellung: 16. 7. 1941.
- Technische Daten – siehe U 69.
- Neun Schiffe mit 27.669 BRT versenkt, fünf Schiffe mit 38.283 BRT beschädigt.
  U 701 wird am 7. 7. 1942 vor Cape Hatteras/USA von einem amerikanischen Kampfflugzeug versenkt – 39 Tote, sieben Überlebende.

U 702
- VII C, Stülcken, Hamburg, Kiellegung: 8. 7. 1940, Stapellauf: 24. 5. 1941, Indienststellung: 3. 9. 1941.
- Technische Daten – siehe U 69.
- U 702 wird nach dem 30. 3. 1942 in der Nordsee mit 44 Mann Besatzung vermisst. 1987 wird vor Norwegen ein U-Boot-Wrack entdeckt, bei dem es sich wahrscheinlich um U 702 handelt.

U 703
- VII C, Stülcken, Hamburg, Kiellegung: 9. 8. 1940, Stapellauf: 18. 7. 1941, Indienststellung: 16. 10. 1941.
- Technische Daten – siehe U 69.
- Sieben Schiffe mit 31.952 BRT versenkt.
  U 703 wird nach dem 22. 9. 1944 mit 54 Mann Besatzung östlich von Island vermisst.

U 704
- VII C, Stülcken, Hamburg, Kiellegung: 26. 8. 1940, Stapellauf: 28. 8. 1941, Indienststellung: 18. 11. 1941.
- Technische Daten – siehe U 69.

- Ein Schiff mit 6.942 BRT versenkt.
  U 704 wird am 3. 5. 1945 vor Vegesack/Weser selbst versenkt, später gehoben und 1947 verschrottet.

U 705
- VII C, Stülcken, Hamburg, Kiellegung: 11. 10. 1940, Stapellauf: 13. 10. 1941, Indienststellung: 30. 12. 1941.
- Technische Daten – siehe U 69.
- Ein Schiff mit 3.279 BRT versenkt.
  U 705 wird am 3. 9. 1942 westlich von Brest/Frankreich von einem britischen Kampfflugzeug mit 45 Mann Besatzung versenkt.

U 706
- VII C, Stülcken, Hamburg, Kiellegung: 22. 11. 1940, Stapellauf: 24. 11. 1941, Indienststellung: 16. 3. 1942.
- Technische Daten – siehe U 69.
- Drei Schiffe mit 18.650 BRT versenkt.
  U 706 wird am 2. 8. 1943 nordwestlich von Kap Ortegal/Spanien von einem amerikanischen und einem kanadischen Kampfflugzeug versenkt – 42 Tote, vier Überlebende.

U 707
- VII C, Stülcken, Hamburg, Kiellegung: 2. 1. 1941, Stapellauf: 18. 12. 1941, Indienststellung: 1. 7. 1942.
- Technische Daten – siehe U 69.
- Zwei Schiffe mit 11.811 BRT versenkt.
  U 707 wird am 9. 11. 1943 östlich der Azoren am Konvoi MKS.29 von einem britischen Kampfflugzeug mit 51 Mann Besatzung versenkt.

U 708
- VII C, Stülcken, Hamburg, Kiellegung: 31. 3. 1941, Stapellauf: 24. 3. 1942, Indienststellung: 24. 7. 1942.
- Technische Daten – siehe U 69.
- U 708 wird am 5. 5. 1945 in Wilhelmshaven selbst versenkt, später gehoben und 1947 verschrottet.

U 709
- VII C, Stülcken, Hamburg, Kiellegung: 5. 5. 1941, Stapellauf: 14. 4. 1942, Indienststellung: 12. 8. 1942.
- Technische Daten – siehe U 69.
- U 709 wird am 1. 3. 1944 nördlich der Azoren von den amerikanischen Zerstörern USS BOSTWICK, USS BRONSTEIN und USS THOMAS mit 52 Mann Besatzung versenkt.

U 710
- VII C, Stülcken, Hamburg, Kiellegung: 4. 6. 1941, Stapellauf: 12. 5. 1942, Indienststellung: 2. 9. 1942.
- Technische Daten – siehe U 69.

- U 710 wird am 24. 4. 1943 südlich von Island von einem britischen Kampfflugzeug mit 49 Mann Besatzung versenkt.

U 711
- VII C, Stülcken, Hamburg, Kiellegung: 31. 7. 1941, Stapellauf: 25. 6. 1942, Indienststellung: 26. 9. 1942.
- Technische Daten – siehe U 69.
- Drei Schiffe mit 15.301 BRT versenkt, ein Schiff mit 20 BRT beschädigt.
  U 711 wird am 4. 5. 1945 vor Harstad/Norwegen von Kampfflugzeugen der britischen Geleitträger HMS QUEEN, HMS SEARCHER und HMS TRUMPETER angegriffen, während das Boot längsseits des Depotschiffes BLACK WATCH liegt. Zwölf Mann der Besatzung versuchen vergeblich mit U 711 zu entkommen. Das Boot wird versenkt, die Männer können sich retten. Die anderen 40 Besatzungsmitglieder von U 711 werden an Bord des Depotschiffes bei dessen Vernichtung getötet. Das U-Boot-Wrack liegt in 45 Metern Wassertiefe.

U 712
- VII C, Stülcken, Hamburg, Kiellegung: 4. 9. 1941, Stapellauf: 10. 8. 1942, Indienststellung: 5. 11. 1942.
- Technische Daten – siehe U 69.
- U 712 kapituliert am 8. 5. 1945 in Kristiansand/Norwegen, wird nach Loch Ryan/Schottland beordert, zu Testfahrten eingesetzt und 1950 in Hayle verschrottet.

U 713
- VII C, Stülcken, Hamburg, Kiellegung: 21. 10. 1941, Stapellauf: 24. 9. 1942, Indienststellung: 29. 12. 1942.
- Technische Daten – siehe U 69.
- U 713 wird am 24. 2. 1944 nordwestlich von Narvik/Norwegen am Konvoi JW.57 vom britischen Zerstörer HMS KEPPEL mit 50 Mann Besatzung versenkt.

U 714
- VII C, Stülcken, Hamburg, Kiellegung: 29. 12. 1941, Stapellauf: 13. 11. 1942, Indienststellung: 10. 2. 1943.
- Technische Daten – siehe U 69.
- Zwei Schiffe mit 1.651 BRT versenkt.
  U 714 rettet im Februar 1944 die Besatzung von U 545, das von einem britischen Kampfflugzeug versenkt worden ist.
  Das Boot wird am 14. 3. 1945 vor dem Firth of Forth/Großbritannien vom britischen Zerstörer HMS WIVERN und der südafrikanischen Fregatte HMSAS NATAL mit 50 Mann Besatzung versenkt.

U 715
- VII C, Stülcken, Hamburg, Kiellegung: 28. 3. 1942, Stapellauf: 24. 12. 1942, Indienststellung: 17. 3. 1943.
- Technische Daten – siehe U 69.
- U 715 wird am 13. 6. 1944 nordöstlich der Färöer von einem kanadischen Kampfflugzeug versenkt – 36 Tote, 16 Überlebende.

U 716
- VII C, Stülcken, Hamburg, Kiellegung: 16. 4. 1942, Stapellauf: 15. 1. 1943, Indienststellung: 15. 4. 1943.
- Technische Daten – siehe U 69.
- Ein Schiff mit 7.200 BRT versenkt.
  U 716 kapituliert am 8. 5. 1945 in Narvik/Norwegen, wird nach Loch Ryan/Schottland zur Versenkungsoperation »Deadlight« beordert und am 11. 12. 1945 versenkt.

U 717
- VII C, Stülcken, Hamburg, Kiellegung: 24. 4. 1942, Stapellauf: 20. 2. 1943, Indienststellung: 19. 5. 1943.
- Technische Daten – siehe U 69.
- U 717 wird am 5. 5. 1945 in der Wasserslebener Bucht/Flensburger Förde nach Bombenschäden selbst versenkt.

U 718
- VII C, Stülcken, Hamburg, Kiellegung: 18. 5. 1942, Stapellauf: 26. 3. 1943, Indienststellung: 25. 6. 1943.
- Technische Daten – siehe U 69.
- U 718 sinkt am 18. 11. 1943 nordöstlich von Bornholm/Dänemark nach einer Kollision mit U 476 – 43 Tote, sieben Überlebende.

U 719
- VII C, Stülcken, Hamburg, Kiellegung: 3. 7. 1942, Stapellauf: 28. 4. 1943, Indienststellung: 27. 7. 1943.
- Technische Daten – siehe U 69.
- U 719 wird am 25. 6. 1944 nordwestlich von Irland vom britischen Zerstörer HMS BULLDOG mit 52 Mann Besatzung versenkt.

U 720
- VII C, Stülcken, Hamburg, Kiellegung: 17. 8. 1942, Stapellauf: 5. 6. 1943, Indienststellung: 17. 9. 1943.
- Technische Daten – siehe U 69.
- U 720 kapituliert am 8. 5. 1945 in Wilhelmshaven, wird nach Loch Ryan/Schottland zur Versenkungsoperation »Deadlight« beordert und am 21. 12. 1945 versenkt.

U 721
- VII C, Stülcken, Hamburg, Kiellegung: 16. 11. 1942, Stapellauf: 23. 7. 1943, Indienststellung: 8. 11. 1943.
- Technische Daten – siehe U 69.
- U 721 wird am 5. 5. 1945 in der Geltinger Bucht selbst versenkt, später gehoben und verschrottet.

U 722
- VII C, Stülcken, Hamburg, Kiellegung: 21. 12. 1942, Stapellauf: 21. 9. 1943, Indienststellung: 15. 12. 1943.
- Technische Daten – siehe U 69.
- Ein Schiff mit 2.190 BRT versenkt.
  U 722 wird am 27. 3. 1945 bei den Hebriden von den britischen Fregatten HMS BYRON, HMS FITZROY und HMS REDMILL mit 44 Mann Besatzung versenkt.

U 723
- VII C/41, Stülcken, Hamburg. Kiellegung: 9. 6. 1943.
- Technische Daten – siehe U 292.
- Der Bauauftrag wird 1943 storniert.

U 724
- VII C/41, Stülcken, Hamburg. Kiellegung: 25. 7. 1943.
- Technische Daten – siehe U 292.
- Der Bauauftrag wird 1943 storniert.

U 731
- VII C, Schichau, Danzig, Kiellegung: 1. 10. 1941, Stapellauf: 25. 7. 1942, Indienststellung: 3. 10. 1942.
- Technische Daten – siehe U 69.
- U 732 wird am 15. 5. 1944 vor Gibraltar vom britischen Zerstörer HMS DOUGLAS und dem U-Boot-Jäger HMS IMPERIALIST angegriffen, das Boot wird von der Besatzung selbst versenkt – 31 Tote, 18 Überlebende.

U 732
- VII C, Schichau, Danzig, Kiellegung: 6. 10. 1941, Stapellauf: 18. 8. 1942, Indienststellung: 24. 10. 1942.
- Technische Daten – siehe U 69.
- U 732 wird am 31. 10. 1943 vor Tanger vom britischen Zerstörer HMS DOUGLAS und dem U-Boot-Jäger HMS IMPERIALIST versenkt – 31 Tote, 18 Überlebende.

U 733
- VII C, Schichau, Danzig, Kiellegung: 13. 10. 1941, Stapellauf: 5. 9. 1942, Indienststellung: 14. 11. 1942.
- Technische Daten – siehe U 69.
- U 733 sinkt am 9. 4. 1943 nach einer Kollision in Gotenhafen und wird gehoben. Das Boot wird am 5. 5. 1945 in der Flensburger Förde nach Bombentref-

fern selbst versenkt, später erneut gehoben und 1948 verschrottet.

U 734

- VII C, Schichau, Danzig, Kiellegung: 20. 10. 1941, Stapellauf: 19. 9. 1942, Indienststellung: 5. 12. 1942.
- Technische Daten – siehe U 69.
- U 734 wird am 9. 2. 1944 südwestlich von Irland am Konvoi SL.147/MKS.38 von den britischen Sloops HMS STARLING und HMS WILD GOOSE versenkt (49 Tote).

U 735

- VII C, Schichau, Danzig, Kiellegung: 29. 11. 1941, Stapellauf: 10. 10. 1942, Indienststellung: 28. 12. 1942.
- Technische Daten – siehe U 69.
- U 735 wird am 28. 12. 1944 im Oslofjord nahe Horten/Norwegen bei einem britischen Luftangriff versenkt – 39 Tote, elf Überlebende. Im September 1999 wird das Wrack von U 735 in einer Tiefe von 195 Metern geortet und von einem Tauchfahrzeug gefilmt.

U 736

- VII C, Schichau, Danzig, Kiellegung: 29. 11. 1941, Stapellauf: 31. 10. 1942, Indienststellung: 16. 1. 1943.
- Technische Daten – siehe U 69.
- U 736 wird am 6. 8. 1944 westlich von Saint-Nazaire von der britischen Fregatte HMS LOCH KILLIN und der Sloop HMS STARLING versenkt – 28 Tote, 19 Überlebende.

U 737

- VII C, Schichau, Danzig, Kiellegung: 14. 2. 1942, Stapellauf: 21. 11. 1942, Indienststellung: 30. 1. 1943.
- Technische Daten – siehe U 69.
- U 737 sinkt am 19. 12. 1944 im norwegischen Vestfjord nach einer Kollision mit dem Minenräumer MRS 25 – 31 Tote, 20 Überlebende.

U 738

- VII C, Schichau, Danzig, Kiellegung: 25. 2. 1942, Stapellauf: 12. 12. 1942, Indienststellung: 20. 2. 1943.
- Technische Daten – siehe U 69.
- U 738 sinkt am 14. 2. 1944 vor Gotenhafen nach einer Kollision mit dem Dampfer ERNA – 22 Tote, 24 Überlebende. Das Boot wird am 3. 3. 1944 gehoben und verschrottet.

U 739

- VII C, Schichau, Danzig, Kiellegung: 17. 4. 1942, Stapellauf: 23. 12. 1942, Indienststellung: 6. 3. 1943.

- Technische Daten – siehe U 69.
- Ein Schiff mit 625 tons versenkt.
  U 739 kapituliert am 8. 5. 1945 in Wilhelmshaven, wird nach Loch Ryan/Schottland zur Versenkungsoperation »Deadlight« beordert und am 16. 12. 1945 versenkt.

U 740

- VII C, Schichau, Danzig, Kiellegung: 26. 4. 1942, Stapellauf: 23. 12. 1942, Indienststellung: 27. 3. 1943.
- Technische Daten – siehe U 69.
- U 740 wird nach dem 6. 6. 1944 im Ärmelkanal mit 51 Mann Besatzung vermisst.

U 741

- VII C, Schichau, Danzig, Kiellegung: 30. 4. 1942, Stapellauf: 4. 2. 1943, Indienststellung: 10. 4. 1943.
- Technische Daten – siehe U 69.
- U 741 wird am 15. 8. 1944 nordwestlich von Le Havre/Frankreich am Konvoi FTC.68 von der britischen Korvette HMS ORCHIS versenkt – 48 Tote, ein Überlebender.

U 742

- VII C, Schichau, Danzig, Kiellegung: 12. 5. 1942, Stapellauf: 4. 2. 1943, Indienststellung: 1. 5. 1943.
- Technische Daten – siehe U 69.
- U 742 wird am 18. 7. 1944 westlich von Narvik/Norwegen von einem britischen Kampfflugzeug mit 52 Mann Besatzung versenkt.

U 743

- VII C, Schichau, Danzig, Kiellegung: 30. 5. 1942, Stapellauf: 11. 3. 1943, Indienststellung: 15. 5. 1943.
- Technische Daten – siehe U 69.
- U 743 wird nach dem 21. 8. 1944 vor Irland mit 50 Mann Besatzung vermisst. Am 16. 7. 2001 entdeckt ein Taucherteam das Wrack in 69 Metern Wassertiefe.

U 744

- VII C, Schichau, Danzig, Kiellegung: 5. 6. 1942, Stapellauf: 12. 3. 1943, Indienststellung: 5. 6. 1943.
- Technische Daten – siehe U 69.
- Zwei Schiffe mit 8.984 BRT versenkt, ein Schiff mit 1.625 BRT beschädigt.
  U 744 wird am 6. 3. 1944 im Nordatlantik vom britischen Zerstörer HMS ICARUS, den das Boot zuvor angegriffen hat, von der Korvette HMS KENILWORTH CASTLE, der kanadischen Fregatte HMCS ST. CATHERINES, den Korvetten HMCS FENNEL, HMCS CHILLIWACK, den Zerstörern HMCS CHAUDIERE und HMCS GATINEAU angegriffen, ein Kommando von

HMCS CHILLIWACK entert das sinkende Boot und stellt Geheimmaterial sicher. Später wird U 744 mit einem Torpedo von HMS ICARUS versenkt – 12 Tote, 40 Überlebende.

U 745

- VII C, Schichau, Danzig, Kiellegung: 8. 7. 1942, Stapellauf: 16. 4. 1943, Indienststellung: 19. 6. 1943.
- Technische Daten – siehe U 69.
- Zwei Schiffe mit 740 tons versenkt.
  U 745 wird bei Übergabe an Italien in S 11 umbenannt. Nach der italienischen Kapitulation erhält das Boot wieder die Bezeichnung U 745. Das Boot wird nach dem 30. 1. 1945 im Bottnischen Meerbusen mit 48 Mann Besatzung vermisst.

U 746

- VII C, Schichau, Danzig, Kiellegung: 15. 7. 1942, Stapellauf: 16. 4. 1943, Indienststellung: 4. 7. 1943.
- Technische Daten – siehe U 69.
- U 746 wird nach der Übergabe an Italien in S 2 umbenannt. Nach der italienischen Kapitulation wird das Boot wieder als U 746 eingesetzt. Am 5. 5. 1945 wird U 746 in der Geltinger Bucht selbst versenkt, später gehoben und 1948 verschrottet.

U 747

- VII C, Schichau, Danzig, Kiellegung: 19. 8. 1942, Stapellauf: 13. 5. 1943, Indienststellung: 17. 7. 1943.
- Technische Daten – siehe U 69.
- U 747 wird nach der Übergabe an Italien in S 3 umbenannt. Nach der italienischen Kapitulation wird das Boot wieder als U 747 eingesetzt. Das Boot wird am 1. 4. 1945 im Hamburger Hafen bei einem US-Luftangriff schwer beschädigt und am 3. 5. 1945 gesprengt.

U 748

- VII C, Schichau, Danzig, Kiellegung: 20. 8. 1942, Stapellauf: 13. 5. 1943, Indienststellung: 31. 7. 1943.
- Technische Daten – siehe U 69.
- U 748 wird nach der Übergabe an Italien in S 5 umbenannt. Nach der italienischen Kapitulation wird das Boot wieder als U 748 eingesetzt und am 3. 5. 1945 in Rendsburg selbst versenkt.

U 749

- VII C, Schichau, Danzig, Kiellegung: 28. 9. 1942, Stapellauf: 10. 6. 1943, Indienststellung: 14. 8. 1943.
- Technische Daten – siehe U 69.
- U 749 wird nach der Übergabe an Italien in S 7 umbenannt. Nach der italienischen Kapitulation wird das

Boot wieder als U 749 eingesetzt und am 4. 4. 1945 auf der Kieler Germaniawerft bei einem Bombenangriff versenkt – zwei Tote.

U 750

- VII C, Schichau, Danzig, Kiellegung: 29. 9. 1942, Stapellauf: 10. 6. 1943, Indienststellung: 26. 8. 1943.
- Technische Daten – siehe U 69.
- U 750 wird nach der Übergabe an Italien in S 9 umbenannt. Nach der italienischen Kapitulation wird das Boot wieder als U 750 eingesetzt und am 5. 5. 1945 auf der Flensburger Förde selbst versenkt.

U 751

- VII C, Kriegsmarinewerft, Wilhelmshaven, Kiellegung: 2. 1. 1940, Stapellauf: 16. 11. 1940, Indienststellung: 31. 1. 1941.
- Technische Daten – siehe U 69.
- Sechs Schiffe mit 32.412 BRT versenkt, ein Schiff mit 8.096 BRT beschädigt.
  U 751 wird am 17. 7. 1942 nordwestlich von Kap Ortegal/Spanien von britischen Kampfflugzeugen mit 48 Mann Besatzung versenkt.

U 752

- VII C, Kriegsmarinewerft, Wilhelmshaven, Kiellegung: 5. 1. 1940, Stapellauf: 29. 3. 1941, Indienststellung: 24. 5. 1941.
- Technische Daten – siehe U 69.
- Acht Schiffe mit 33.572 BRT versenkt, ein Schiff mit 4.799 BRT beschädigt.
  U 752 wird am 23. 5. 1943 im Nordatlantik am Konvoi HX.239 von Kampfflugzeugen des britischen Geleitträgers HMS ARCHER mit Raketen angegriffen und muss sich bei Annäherung der Zerstörer HMS KEPPEL und HMS ESCAPADE selbst versenken – 29 Tote, 17 Überlebende.

U 753

- VII C, Kriegsmarinewerft, Wilhelmshaven, Kiellegung: 3. 1. 1940, Stapellauf: 26. 4. 1941, Indienststellung: 18. 6. 1941.
- Technische Daten – siehe U 69.
- Drei Schiffe mit 23.117 BRT versenkt, zwei Schiffe mit 6.908 BRT beschädigt.
  U 753 wird am 13. 5. 1943 im Nordatlantik am Konvoi HX.237 von der britischen Fregatte HMS LAGAN, der kanadischen Korvette HMCS DRUMHELLER und einem kanadischen Kampfflugzeug mit 47 Mann Besatzung versenkt.

U 754
- VII C, Kriegsmarinewerft, Wilhelmshaven, Kiellegung: 8. 1. 1940, Stapellauf: 5. 7. 1941, Indienststellung: 28. 8. 1941.
- Technische Daten – siehe U 69.
- 13 Schiffe mit 55.659 BRT versenkt, ein Schiff mit 490 BRT beschädigt.
  U 754 wird am 31. 7. 1942 nördlich von Boston/USA von einem kanadischen Kampfflugzeug mit 43 Mann Besatzung versenkt.

U 755
- VII C, Kriegsmarinewerft, Wilhelmshaven, Kiellegung: 11. 1. 1940, Stapellauf: 23. 8. 1941, Indienststellung: 3. 11. 1941.
- Technische Daten – siehe U 69.
- Drei Schiffe mit 3.902 BRT versenkt.
  U 755 wird am 28. 5. 1943 nordwestlich von Mallorca/Spanien von britischen Kampfflugzeugen versenkt – 40 Tote, neun Überlebende.

U 756
- VII C, Kriegsmarinewerft, Wilhelmshaven, Kiellegung: 18. 1. 1940, Stapellauf: 18. 10. 1941, Indienststellung: 30. 12. 1941.
- Technische Daten – siehe U 69.
- U 756 wird am 1. 9. 1942 im Nordatlantik am Konvoi SC.97 von der kanadischen Korvette HMCS MORDEN mit 43 Mann Besatzung versenkt.

U 757
- VII C, Kriegsmarinewerft, Wilhelmshaven, Kiellegung: 18. 5. 1940, Stapellauf: 14. 12. 1941, Indienststellung: 28. 2. 1942.
- Technische Daten – siehe U 69.
- Drei Schiffe mit 11.456 BRT versenkt.
  U 757 wird am 8. 1. 1944 südwestlich von Island von den britischen Fregatten HMS BAYNTUN, HMS EDMUNSTON, HMS SNOWBERRY und der kanadischen Korvette HMCS CAMROSE mit 49 Mann Besatzung versenkt.

U 758
- VII C, Kriegsmarinewerft, Wilhelmshaven, Kiellegung: 18. 5. 1940, Stapellauf: 1. 3. 1942, Indienststellung: 5. 5. 1942.
- Technische Daten – siehe U 69.
- Zwei Schiffe mit 13.989 BRT versenkt.
  U 758 wird am 16. 3. 1945 bei einem Luftangriff auf Kiel beschädigt, außer Dienst gestellt und 1946 verschrottet.

U 759
- VII C, Kriegsmarinewerft, Wilhelmshaven, Kiellegung: 15.11.1940, Stapellauf: 30.5.1942, Indienststellung: 15. 8. 1942.
- Technische Daten – siehe U 69.
- Zwei Schiffe mit 12.764 BRT versenkt.
  U 759 wird am 15. 7. 1943 östlich von Jamaica/Karibik von einem US-Kampfflugzeug mit 47 Mann Besatzung versenkt.

U 760
- VII C, Kriegsmarinewerft, Wilhelmshaven, Kiellegung: 5. 8. 1940, Stapellauf: 21. 6. 1942, Indienststellung: 15. 10. 1942.
- Technische Daten – siehe U 69.
- U 760 und U 262 fahren am 8. 9. 1943 aufgetaucht vor Kap Finisterre, als sie von britischen Kampfflugzeugen angegriffen werden. U 760 kann den Hafen von Vigo erreichen, wo das Boot unter Arrest des spanischen Kreuzers NAVARRA gestellt wird. Da U 760 binnen 24 Stunden nicht wieder auslaufbereit ist, wird das Boot in El Ferrol bis Kriegsende interniert, am 23. 7. 1945 zur Versenkungsoperation »Deadlight« beordert und am 13. 12. 1945 versenkt.

U 761
- VII C, Kriegsmarinewerft, Wilhelmshaven, Kiellegung: 16. 12. 1940, Stapellauf: 26. 9. 1942, Indienststellung: 3. 12. 1942.
- Technische Daten – siehe U 69.
- U 761 wird beim Versuch, die Straße von Gibraltar zu durchqueren, am 24. 2. 1944 von amerikanischen und britischen Kampfflugzeugen angegriffen. Das Boot muss von seiner Besatzung vor Tanger selbst versenkt werden – neun Tote, 48 Überlebende.

U 762
- VII C, Kriegsmarinewerft, Wilhelmshaven, Kiellegung: 2. 1. 1941, Stapellauf: 21. 11. 1942, Indienststellung: 30. 1. 1943.
- Technische Daten – siehe U 69.
- U 762 wird am 8. 2. 1944 im Nordatlantik am Konvoi SL.147/MKS.38 von den britischen Sloops HMS WILD GOOSE und HMS WOODPECKER mit 51 Mann Besatzung versenkt.

U 763
- VII C, Kriegsmarinewerft, Wilhelmshaven, Kiellegung: 21. 1. 1941, Stapellauf: 16. 1. 1943, Indienststellung: 13. 3. 1943.
- Technische Daten – siehe U 69.
- Ein Schiff mit 1.499 BRT versenkt.
  U 763 wird am 29. 1. 1945 in der Königsberger Schichau-Werft bei sowjetischen Bombenangriffen beschädigt und später gesprengt.

U 764
- VII C, Kriegsmarinewerft, Wilhelmshaven, Kiellegung: 1. 2. 1941, Stapellauf: 13. 3. 1943, Indienststellung: 6. 5. 1943.
- Technische Daten – siehe U 69.
- Zwei Schiffe mit 1.723 BRT versenkt, ein Schiff mit 453 BRT beschädigt.
  U 764 kapituliert am 14. 5. 1945 in Lisahally/Nordirland, wird nach Loch Foyle zur Versenkungsoperation »Deadlight« beordert und am 3. 1. 1946 versenkt.

U 765
- VII C, Kriegsmarinewerft, Wilhelmshaven, Kiellegung: 15.2.1941, Stapellauf: 22. 4. 1943, Indienststellung: 19. 6. 1943.
- Technische Daten – siehe U 69.
- U 765 wird am 6. 5. 1944 im Nordatlantik von Kampfflugzeugen des britischen Geleitträgers HMS VINDEX und die Fregatten HMS AYLMER, HMS BICKERTON und HMS BLIGH zum Auftauchen gezwungen und selbst versenkt – 37 Tote, elf Überlebende.

U 766
- VII C, Kriegsmarinewerft, Wilhelmshaven, Kiellegung: 1. 3. 1941, Stapellauf: 29. 5. 1943, Indienststellung: 30. 7. 1943.
- Technische Daten – siehe U 69.
- U 766 wird am 24. 8. 1944 in La Pallice außer Dienst gestellt, an Frankreich ausgeliefert und als LAUBIE 1947 wieder in Dienst gestellt. Als Q 335 wird das Boot am 11. 3. 1963 wieder außer Dienst gestellt und verschrottet.

U 767
- VII C, Kriegsmarinewerft, Wilhelmshaven, Kiellegung: 5. 4. 1941, Stapellauf: 10. 7. 1943, Indienststellung: 11. 9. 1943.
- Technische Daten – siehe U 69.
- Ein Schiff mit 1.370 BRT versenkt.
  U 767 wird am 18. 6. 1944 südwestlich von Guernsey von den britischen Zerstörern HMS FAME, HMS HAVELOCK und HMS INCONSTANT versenkt – 49 Tote, ein Überlebender.

U 768
- VII C, Kriegsmarinewerft, Wilhelmshaven, Kiellegung: 5. 4. 1941, Stapellauf: 22. 8. 1943, Indienststellung: 14. 10. 1943.
- Technische Daten – siehe U 69.
- U 768 sinkt am 20. 11. 1943 vor Danzig nach einer Kollision mit U 745 – alle 44 Besatzungsmitglieder überleben.

U 769–U 770
- Bei Bombenangriffen auf Wilhelmshaven werden U 769 und U 770 schwer beschädigt und unfertig abgebrochen.

U 771
- VII C, Kriegsmarinewerft, Wilhelmshaven, Kiellegung: 5. 4. 1941, Stapellauf: 26. 9. 1943, Indienststellung: 18. 11. 1943.
- Technische Daten – siehe U 69.
- U 771 wird am 11. 11. 1944 vor Harstad/Norwegen vom britischen U-Boot HMS VENTURER mit 51 Mann Besatzung versenkt.

U 772
- VII C, Kriegsmarinewerft, Wilhelmshaven, Kiellegung: 21. 9. 1942, Stapellauf: 31. 10. 1942, Indienststellung: 23. 12. 1943.
- Technische Daten – siehe U 69.
- Fünf Schiffe mit 28.229 BRT versenkt.
  U 772 wird am 30. 12. 1944 südlich von Weymouth/Großbritannien von einem kanadischen Kampfflugzeug mit 48 Mann Besatzung versenkt.

U 773
- VII C, Kriegsmarinewerft, Wilhelmshaven, Kiellegung: 13. 10. 1942, Stapellauf: 8. 12. 1943, Indienststellung: 20. 1. 1944.
- Technische Daten – siehe U 69.
- U 733 kapituliert am 8. 5. 1945 in Trondheim/Norwegen, wird nach Loch Ryan/Schottland zur Versenkungsoperation »Deadlight« beordert und am 8. 12. 1945 versenkt.

U 774
- VII C, Kriegsmarinewerft, Wilhelmshaven, Kiellegung: 17. 12. 1942, Stapellauf: 23. 12. 1943, Indienststellung: 17. 2. 1944.
- Technische Daten – siehe U 69.
- U 774 wird am 8. 4. 1945 südwestlich von Irland von den britischen Fregatten HMS BENTINCK und HMS CALDER mit 44 Mann Besatzung versenkt.

U 775
- VII C, Kriegsmarinewerft, Wilhelmshaven, Kiellegung: 22. 1. 1943, Stapellauf: 11. 2. 1944, Indienststellung: 23. 3. 1944.

- Technische Daten – siehe U 69.
- Zwei Schiffe mit 3.226 BRT versenkt, ein Schiff mit 6.991 BRT beschädigt.
  U 775 kapituliert am 8. 5. 1945 in Trondheim/Norwegen, wird nach Loch Ryan/Schottland zur Versenkungsoperation »Deadlight« beordert und am 8. 12. 1945 versenkt.

U 776
- VII C, Kriegsmarinewerft, Wilhelmshaven, Kiellegung: 4. 3. 1943, Stapellauf: 4. 3. 1944, Indienststellung: 13. 4. 1944.
- Technische Daten – siehe U 69.
- U 776 kapituliert am 20. 5. 1945 in Weymouth/Großbritannien und wird von den Briten unter der Bezeichnung N 65 für Tests wieder in Dienst gestellt.
  Im Mai 1945 wird das Boot in London am Westminsterpier zur öffentlichen Besichtigung freigegeben, am 3. 12. 1945 bei der Versenkungsoperation »Deadlight« versenkt.

U 777
- VII C, Kriegsmarinewerft, Wilhelmshaven, Kiellegung: 5. 6. 1943, Stapellauf: 25. 3. 1944, Indienststellung: 9. 5. 1944.
- Technische Daten – siehe U 69.
- U 777 wird am 15. 10. 1944 in Wilhelmshaven bei einem britischen Bombenangriff versenkt.

U 778
- VII C, Kriegsmarinewerft, Wilhelmshaven, Kiellegung: 3. 7. 1943, Stapellauf: 6. 5. 1944, Indienststellung: 7. 7. 1944.
- Technische Daten – siehe U 69.
- U 778 kapituliert am 8. 5. 1945 in Bergen/Norwegen, wird nach Loch Ryan/Schottland zur Versenkungsoperation »Deadlight« beordert und ist auf der Schleppreise dorthin am 4. 12. 1945 gesunken.

U 779
- VII C, Kriegsmarinewerft, Wilhelmshaven, Kiellegung: 21. 7. 1943, Stapellauf: 17. 6. 1944, Indienststellung: 24. 8. 1944.
- Technische Daten – siehe U 69.
- U 779 kapituliert am 8. 5. 1945 in Wilhelmshaven, wird nach Loch Ryan/Schottland zur Versenkungsoperation »Deadlight« beordert und am 17. 12. 1945 vom britischen Zerstörer HMS ONSLOW und der britischen Fregatte HMS CUBITT versenkt.

U 780
- VII C, Kriegsmarinewerft, Wilhelmshaven.
- Technische Daten – siehe U 69.
- Auftrag am 22. 7. 1944 annulliert.

U 781
- VII C, Kriegsmarinewerft, Wilhelmshaven. Kiellegung: 10. 9. 1943.
- Technische Daten – siehe U 69.
- Auftrag am 22. 7. 1944 annulliert.

U 782
- VII C, Kriegsmarinewerft, Wilhelmshaven. Kiellegung: 9. 1943.
- Technische Daten – siehe U 69.
- Auftrag am 22. 7. 1944 annulliert.

U 783–U 788
- Aufträge am 22. 7. 1944 annulliert.

U 789–U 790
- Aufträge am 6. 11. 1943 annulliert.

U 791 (V 300)
- Walter-Versuchsboot.
- Der Auftrag wird am 7. 8. 1942 annulliert.

U 792
- XVII A (Wa 201), Blohm & Voss, Hamburg, Kiellegung: 1. 12. 1942, Stapellauf: 28. 9. 1943, Indienststellung: 16. 11. 1943.
- Technische Daten: Verdrängung an der Oberfläche: 277 tons, getaucht: 309 tons, Abmessungen: 39,0 m x 4,5 m x 4,3 m, Antrieb: 230-PS-Diesel, 78-PS-E-Motoren, 5.000-PS-Walter-Turbine, Geschwindigkeit an der Oberfläche: 9,0 kn, getaucht: 5,0 kn, Walter-Turbine: 25 kn, Reichweite an der Oberfläche: 2.910 sm bei 8,5 kn, getaucht: 50 sm bei 2 kn, Walter-Turbine: 127 sm mit 20 kn, Besatzung: 22–24 Mann, Bewaffnung: 4 Torpedos.
- U 792 (Walter-Versuchsboot) wird am 4. 5. 1945 im Audorfer See bei Rendsburg selbst versenkt, später von den Briten gehoben und für eigene Versuche genutzt.

U 793
- XVII A (Wa 201), Blohm & Voss, Hamburg, Kiellegung: 1. 12. 1942, Stapellauf: 4. 3. 1944, Indienststellung: 24. 4. 1944.
- Technische Daten – siehe U 792.
- U 793 (Walter-Versuchsboot) wird am 4. 5. 1945 im Audorfer See bei Rendsburg selbst versenkt, später von den Briten gehoben und für eigene Versuche genutzt.

U 794
- XVII A (Wa 201), Germaniawerft, Kiel, Kiellegung: 1. 2. 1943, Stapellauf: 7. 10. 1943, Indienststellung: 14. 11. 1943.
- Technische Daten – siehe U 792.
- U 794 (Walter-Versuchsboot) wird am 5. 5. 1945 in der Geltinger Bucht versenkt, später gehoben und verschrottet.

U 795
- XVII A (Wa 201), Germaniawerft, Kiel, Kiellegung: 2. 2. 1943, Stapellauf: 21. 3. 1944, Indienststellung: 22. 4. 1944.
- Technische Daten – siehe U 792.
- U 795 (Walter-Versuchsboot) wird am 3. 5. 1945 auf der Germaniawerft in Kiel durch eine Explosion zerstört.

U 796–U 797
- XVIII, Germaniawerft, Kiel, Kiellegung: 27. 12. 1943.
- Aufträge am 27. 3. 1944 annulliert.

U 798
- XVII, Germaniawerft, Kiel, Kiellegung: 23. 4. 1944.
- Vor Kriegsende nicht fertig gestellt.

U 799
- XVII, Germaniawerft, Kiel.
- Kein Bauauftrag erteilt.

U 800
- Kein Bauauftrag erteilt.

U 801
- IX C/40, Seebeck, Bremen, Kiellegung: 30. 9. 1941, Stapellauf: 31. 10. 1942, Indienststellung: 24. 3. 1943.
- Technische Daten – siehe U 167.
- U 801 wird am 17. 3. 1944 bei den Kapverdischen Inseln von Kampfflugzeugen des amerikanischen Geleitträgers USS BLOCK ISLAND und den amerikanischen Zerstörern USS BRONSTEIN und USS CORRY angegriffen und versenkt sich selbst – zehn Tote, 47 Überlebende.

U 802
- IX C/40, Seebeck, Bremen, Kiellegung: 1. 12. 1941, Stapellauf: 30. 10. 1942, Indienststellung: 12. 6. 1943.
- Technische Daten – siehe U 167.
- Ein Schiff versenkt mit 1.621 BRT.
  U 802 kapituliert am 11. 5. 1945 in Loch Eriboll/Schottland, wird nach Lisahally/Nordirland zur Ver-

senkungsoperation »Deadlight« beordert und am 31. 12. 1945 versenkt.

U 803
- IX C/40, Seebeck, Bremen, Kiellegung: 30. 6. 1942, Stapellauf: 1. 4. 1943, Indienststellung: 7. 9. 1943.
- Technische Daten – siehe U 167.
- U 803 sinkt am 27. 4. 1944 vor Swinemünde durch einen Minentreffer – neun Tote, 35 Überlebende. Das Boot wird am 9. 8. 1944 gehoben und außer Dienst gestellt.

U 804
- IX C/40, Seebeck, Bremen, Kiellegung: 1. 12. 1942, Stapellauf: 1. 4. 1943, Indienststellung: 4. 12. 1943.
- Technische Daten – siehe U 167.
- Ein Schiff versenkt mit 1.300 BRT.
  Auf dem Weg von Kiel nach Norwegen werden U 804 und U 1065 am 9. 4. 1945 von dreizehn britischen Kampfflugzeugen im Kattegat versenkt. Beide Besatzungen kommen ums Leben – 55 Mann auf U 804, 45 Mann auf U 1065.

U 805
- IX C/40, Seebeck, Bremen, Kiellegung: 24. 12. 1942, Indienststellung: 12. 2. 1944.
- Technische Daten – siehe U 167.
- U 805 kapituliert am 14. 5. 1945 vor Portsmouth/USA und wird am 4. 2. 1946 von der US-Navy versenkt.

U 806
- IX C/40, Seebeck, Bremen, Kiellegung: 27. 4. 1943, Indienststellung: 29. 4. 1944.
- Technische Daten – siehe U 167.
- Ein Schiff mit 672 BRT versenkt, ein Schiff mit 7.219 BRT beschädigt.
  U 806 kapituliert am 8. 5. 1945 in Wilhelmshaven, wird nach Loch Ryan/Schottland am 22. 6. 1945 zur Versenkungsoperation »Deadlight« beordert und am 21. 12. 1945 versenkt.

U 807–U 812
- IX C/40, Seebeck, Bremen, Kiellegung: September 1943.
- Technische Daten – siehe U 167.
- Auftäge am 22. 7. 1944 annulliert.

U 813–U 816
- IX C/40, Seebeck, Bremen, Kiellegung: September 1943.
- Technische Daten – siehe U 167.
- Aufträge am 6. 11. 1943 annulliert.

U 817–U 820
- IX C/40, Seebeck, Bremen.
- Keine Bauaufträge erteilt.

U 821
- VII C, Oderwerke, Stettin, Kiellegung: 2. 10. 1941, Stapellauf: 26. 6. 1943, Indienststellung: 11. 10. 1943.
- Technische Daten – siehe U 69.
- U 821 wird am 10. 6. 1944 vor Brest/Frankreich von einem britischen Kampfflugzeug versenkt – 50 Tote, ein Überlebender.

U 822
- VII C, Oderwerke, Stettin, Kiellegung: 29. 10. 1941, Stapellauf: 20. 2. 1944, Indienststellung: 1. 7. 1944.
- Technische Daten – siehe U 69.
- U 822 wird am 3. 5. 1945 vor Wesermünde selbst versenkt, später gehoben und 1948 verschrottet.

U 823
- VII C, Oderwerke, Stettin, Kiellegung: 11. 11. 1941.
- Technische Daten – siehe U 69.
- Auftrag am 22. 7. 1944 storniert.

U 824
- VII C, Oderwerke, Stettin, Kiellegung: 24. 11. 1941.
- Technische Daten – siehe U 69.
- Auftrag am 22. 7. 1944 storniert.

U 825
- VII C, Schichau, Danzig, Kiellegung: 19. 7. 1943, Stapellauf: 16. 2. 1944, Indienststellung: 4. 5. 1944.
- Technische Daten – siehe U 69.
- Ein Schiff mit 8.262 BRT versenkt, ein Schiff mit 7.198 BRT beschädigt.
  U 825 kapituliert am 10. 5. 1945 in Portland, wird nach Lisahally zur Versenkungsoperation »Deadlight« beordert und am 3. 1. 1946 versenkt.

U 826
- VII C, Schichau, Danzig, Kiellegung: 6. 8. 1943, Stapellauf: 9. 3. 1944, Indienststellung: 11. 5. 1944.
- Technische Daten – siehe U 69.
- U 826 kapituliert am 11. 5. 1945 in Loch Eriboll/Schottland, wird nach Loch Ryan/Schottland zur Versenkungsoperation »Deadlight« beordert und am 1. 12. 1945 versenkt.

U 827
- VII C/41, Schichau, Danzig, Kiellegung: 7. 8. 1943, Stapellauf: 9. 3. 1944, Indienststellung: 25. 5. 1944.
- Technische Daten – siehe U 292.
- U 827 wird am 5. 5. 1945 in der Flensburger Förde selbst versenkt, später gehoben und 1948 verschrottet.

U 828
- VII C/41, Schichau, Danzig, Kiellegung: 16. 8. 1943, Stapellauf: 16. 3. 1944, Indienststellung: 17. 6. 1944.
- Technische Daten – siehe U 292.
- U 828 wird am 3. 5. 1945 vor Wesermünde selbst versenkt, später gehoben und 1948 verschrottet.

U 829–U 840
- IX C/40, Seebeck, Bremen, Kiellegung: September 1943.
- Technische Daten – siehe U 167.
- Aufträge am 22. 7. 1944 storniert.

U 841
- IX C/40, AG Weser, Bremen, Kiellegung: 21. 3. 1942, Stapellauf: 21. 10. 1942, Indienststellung: 6. 2. 1943.
- Technische Daten – siehe U 167.
- U 841 wird am 17. 10. 1943 östlich von Kap Farewell/Grönland am Konvoi ONS.20 von der britischen Fregatte HMS BYARD versenkt – 27 Tote, 27 Überlebende.

U 842
- IX C/40, AG Weser, Bremen, Kiellegung: 6. 4. 1942, Stapellauf: 14. 11. 1942, Indienststellung: 1. 3. 1943.
- Technische Daten – siehe U 167.
- U 842 wird am 6. 11. 1943 im westlichen Nordatlantik von den britischen Sloops HMS STARLING und HMS WILD GOOSE mit 56 Mann Besatzung versenkt.

U 843
- IX C/40, AG Weser, Bremen, Kiellegung: 21. 4. 1942, Stapellauf: 15. 12. 1942, Indienststellung: 24. 3. 1943.
- Technische Daten – siehe U 167.
- Ein Schiff versenkt mit 8.261 BRT.
  U 843 wird am 9. 4. 1945 westlich von Göteborg/Schweden von einem britischen Kampfflugzeug versenkt – 44 Tote, 12 Überlebende. Das Boot wird 1958 gehoben und verschrottet.

U 844
- IX C/40, AG Weser, Bremen, Kiellegung: 21. 5. 1942, Stapellauf: 30. 12. 1942, Indienststellung: 7. 4. 1943.
- Technische Daten – siehe U 167.
- U 844 wird am 16. 10. 1943 südwestlich von Island am Konvoi ONS.20 von zwei britischen Kampfflugzeugen mit 53 Mann Besatzung versenkt.

U 845
- IX C/40, AG Weser, Bremen, Kiellegung: 20. 6. 1942, Stapellauf: 18. 1. 1943, Indienststellung: 1. 5. 1943.
- Technische Daten – siehe U 167.
- Ein Schiff versenkt mit 7.039 BRT.
  U 845 wird am 10. 3. 1944 im Nordatlantik am Konvoi SC.154 von der kanadischen Fregatte HMCS SWAN-SEA, der kanadischen Korvette HMCS OWEN-SOUND, dem kanadischen Zerstörer HMCS ST. LAU-RENT sowie dem britischen Zerstörer HMS FORESTER nach einem schweren Artilleriegefecht selbst versenkt – zehn Tote, 45 Überlebende.

U 846
- IX C/40, AG Weser, Bremen, Kiellegung: 21. 7. 1942, Stapellauf: 17. 2. 1943, Indienststellung: 29. 5. 1943.
- Technische Daten – siehe U 167.
- U 846 wird am 4. 5. 1944 nördlich von Kap Ortegal/Spanien von einem kanadischen Kampfflugzeug mit 57 Mann Besatzung versenkt.

U 847
- IX D2, AG Weser, Bremen, Kiellegung: 23. 11. 1941, Stapellauf: 5. 9. 1942, Indienststellung: 23. 1. 1943.
- Technische Daten – siehe U 177.
- U 847 wird am 27. 8. 1943 in der Sargasso-See von Kampfflugzeugen des amerikanischen Geleitträgers USS CARD mit 62 Mann Besatzung versenkt.

U 848
- IX D2, AG Weser, Bremen, Kiellegung: 6. 1. 1942, Stapellauf: 6. 10. 1942, Indienststellung: 20. 2. 1943.
- Technische Daten – siehe U 177.
- Ein Schiff versenkt mit 4.573 BRT.
  U 848 wird am 2. 11. 1943 südwestlich von Ascension von fünf US-Kampfflugzeugen mit 63 Mann Besatzung versenkt.

U 849
- IX D2, AG Weser, Bremen, Kiellegung: 20. 1. 1942, Stapellauf: 31. 10. 1942, Indienststellung: 11. 3. 1943.
- Technische Daten – siehe U 177.
- U 849 wird am 25. 11. 1943 im Südatlantik, vor der Kongo-Mündung, von einem US-Kampfflugzeug mit 63 Mann Besatzung versenkt.

U 850
- IX D2, AG Weser, Bremen, Kiellegung: 17. 3. 1942, Stapellauf: 7. 12. 1942, Indienststellung: 17. 4. 1943.
- Technische Daten – siehe U 177.
- U 850 wird am 20. 12. 1943 westlich von Madeira/Portugal von fünf Kampfflugzeugen des amerikanischen Geleitträgers USS BOGUE mit 66 Mann Besatzung versenkt.

U 851
- IX D2, AG Weser, Bremen, Kiellegung: 18. 3. 1942, Stapellauf: 15. 1. 1943, Indienststellung: 21. 5. 1943.
- Technische Daten – siehe U 177.
- U 851 wird nach dem 8. 6. 1944 mit 70 Mann Besatzung im Nordatlantik vermisst.

U 852
- IX D2, AG Weser, Bremen, Kiellegung: 15. 4. 1942, Stapellauf: 28. 1. 1943, Indienststellung: 15. 6. 1943.
- Technische Daten – siehe U 177.
- Zwei Schiffe versenkt mit 9.972 BRT.
  U 852 wird am 3. 5. 1944 östlich von Somalia nach einer Grundberührung und während eines britischen Luftangriffs mit sechs Kampfflugzeugen von der Besatzung gesprengt – sieben Tote, 59 Überlebende.

U 853
- IX C/40, AG Weser, Bremen, Kiellegung: 21. 8. 1942, Stapellauf: 11. 3. 1943, Indienststellung: 25. 6. 1943.
- Technische Daten – siehe U 167.
- Zwei Schiffe versenkt mit 5.783 BRT.
  U 853 wird am 6. 5. 1945 südöstlich von New London/USA von der amerikanischen Fregatte USS MOBERLY und dem Zerstörer USS ATHERTON mit 55 Mann Besatzung versenkt.

U 854
- IX C/40, AG Weser, Bremen, Kiellegung: 21. 9. 1942, Stapellauf: 5. 4. 1943, Indienststellung: 19. 7. 1943.
- Technische Daten – siehe U 167.
- U 854 ist am 4. 2. 1944 nördlich von Swinemünde nach einem Minentreffer gesunken – 51 Tote, sieben Überlebende. Das Boot wird am 18. 11. 1968 gehoben und verschrottet.

U 855
- IX C/40, AG Weser, Bremen, Kiellegung: 21. 10. 1942, Stapellauf: 17. 4. 1943, Indienststellung: 2. 8. 1943.
- Technische Daten – siehe U 167.
- U 855 wird nach dem 11. 9. 1944 vor Bergen/Norwegen mit 56 Mann Besatzung vermisst.

U 856
- IX C/40, AG Weser, Bremen, Kiellegung: 31. 10. 1942, Stapellauf: 11. 5. 1943, Indienststellung: 19. 8. 1943.

- Technische Daten – siehe U 167.
- U 856 wird am 7. 4. 1944 östlich von New York/USA von den amerikanischen Zerstörern USS CHAMPLIN und USS HUSE versenkt – 27 Tote, 28 Überlebende.

U 857

- IX C/40, AG Weser, Bremen, Kiellegung: 16. 11. 1942, Stapellauf: 25. 5. 1943, Indienststellung: 16. 9. 1943.
- Technische Daten – siehe U 167.
- Zwei Schiffe mit 15.259 BRT versenkt, ein Schiff mit 6.825 BRT beschädigt.
  U 857 wird seit 4. 1945 vor der amerikanischen Ostküste mit 59 Mann Besatzung vermisst.

U 858

- IX C/40, AG Weser, Bremen, Kiellegung: 11. 12. 1942, Stapellauf: 17. 6. 1943, Indienststellung: 30. 9. 1943.
- Technische Daten – siehe U 167.
- U 858 kapituliert am 14. 5. 1945 in Delaware/USA als erstes deutsches Schiff gegenüber amerikanischen Truppen. Bei US-Torpedotests wird das Boot am 20. 11. 1947 versenkt.

U 859

- IX D2, AG Weser, Bremen, Kiellegung: 15. 5. 1942, Stapellauf: 2. 3. 1943, Indienststellung: 8. 7. 1943.
- Technische Daten – siehe U 177.
- Drei Schiffe versenkt mit 20.853 BRT.
  U 859 wird am 23. 9. 1944 vor Penang vom britischen U-Boot HMS TRENCHANT versenkt – 47 Tote, 20 Überlebende.

U 860

- IX D2, AG Weser, Bremen, Kiellegung: 15. 6. 1942, Stapellauf: 23. 3. 1943, Indienststellung: 12. 8. 1943.
- Technische Daten – siehe U 177.
- U 860 wird am 13. 6. 1944 südlich von St. Helena/Südatlantik von sieben Kampfflugzeugen des amerikanischen Geleitträgers USS SOLOMONS versenkt – 42 Tote, 20 Überlebende.

U 861

- IX D2, AG Weser, Bremen, Kiellegung: 15. 7. 1942, Stapellauf: 29. 4. 1943, Indienststellung: 2. 9. 1943.
- Technische Daten – siehe U 177.
- Vier Schiffe mit 22.048 BRT versenkt, ein Schiff mit 8.139 BRT beschädigt.
  U 861 wird am 6. 5. 1945 in Trondheim/Norwegen außer Dienst gestellt, nach Lisahally/Nordirland am 29. 5. 1945 zur Versenkungsoperation »Deadlight« beordert und am 31. 12. 1945 versenkt.

U 862

- IX D2, AG Weser, Bremen, Kiellegung: 15. 8. 1942, Stapellauf: 8. 6. 1943, Indienststellung: 7. 10. 1943.
- Technische Daten – siehe U 177.
- Sieben Schiffe versenkt mit 42.374 BRT.
  U 862 wird am 6. 5. 1945 von der japanischen Marine in Singapur übernommen und unter der Bezeichnung I-502 am 15. 7. 1945 in Dienst gestellt. Das Boot kapituliert im August 1945 in Singapur und wird am 13. 2. 1946 von den britischen Fregatten HMS LOCH GLENDHU und HMS LOCH LOMOND versenkt.

U 863

- IX D2, AG Weser, Bremen, Kiellegung: 15. 9. 1942, Stapellauf: 29. 6. 1943, Indienststellung: 3. 11. 1943.
- Technische Daten – siehe U 177.
- U 863 wird am 29. 9. 1944 südöstlich von Recife/Brasilien von zwei US-Kampfflugzeugen mit 69 Mann Besatzung versenkt.

U 864

- IX D2, AG Weser, Bremen, Kiellegung: 15. 10. 1942, Stapellauf: 12. 8. 1943, Indienststellung: 9. 12. 1943.
- Technische Daten – siehe U 177.
- U 864 wird am 9. 2. 1945 westlich von Bergen/Norwegen vom britischen Unterseeboot HMS VENTURER mit 73 Mann Besatzung versenkt – allein durch AS-DIC-Peilung gelingt es diesem Boot, das auch U 771 versenkte, in getauchtem Zustand das deutsche Unterseeboot zu vernichten.
  Am 22. 10. 2003 meldet die Deutsche Presse Agentur: »Versenktes deutsches U-Boot mit Quecksilber-Ladung an Bord entdeckt.«
  Die norwegische Marine hat nach mehr als fünfjähriger Suche vor der Westküste bei Bergen ein deutsches U-Boot mit vermutlich 65 bis 70 Tonnen Quecksilber an Bord geortet. Es wurde festgestellt, dass das U-Boot in zwei Teile zerbrochen, aber sonst gut erhalten ist. Zur ungewöhnlichen Ladung des Bootes sollen 1.857 gusseiserne Flaschen mit Quecksilber gehören.
  Das U-Boot war in der Schlussphase des Krieges auf einer Fahrt von Kiel nach Japan und sollte unter anderem Experten der Raketen- und Düsenflugzeug-Forschung nach Fernost bringen. Auch Teile der in der Entwicklung stehenden Flugzeuge Messerschmitt Me 163 und Me 262 sollen mitgeführt worden sein. An Bord befanden sich statt der üblichen 50-köpfigen Besatzung 73 Personen. Es soll sich dabei um deutsche Flugzeugingenieure gehandelt haben.
  Neben dem Quecksilber und den zerlegten Flugzeugen wurden mit U 864 bereits unterschriebene Verträge

nach Japan verschifft, die den Japanern den Nachbau dieser technisch weltweit führenden Flugzeuge gestattete. Ebenfalls wurden Pläne von modernen Siemens-Radargeräten mitgeführt.

U 865

- IX C/40, AG Weser, Bremen, Kiellegung: 5. 1. 1943, Stapellauf: 12. 7. 1943, Indienststellung: 25. 10. 1943.
- Technische Daten – siehe U 167.
- U 865 wird nach dem 8. 9. 1944 im Nordmeer mit 59 Mann Besatzung vermisst.

U 866

- IX C/40, AG Weser, Bremen, Kiellegung: 23. 1. 1943, Stapellauf: 29. 7. 1943, Indienststellung: 17. 11. 1943.
- Technische Daten – siehe U 167.
- U 866 wird am 18. 3. 1945 nordöstlich von Boston/USA von den amerikanischen Zerstörern USS LOWE, USS MENGES, USS MOSLEY und USS PRIDE mit 55 Mann Besatzung versenkt.

U 867

- IX C/40, AG Weser, Bremen, Kiellegung: 5 2. 1943, Stapellauf: 24. 8. 1943, Indienststellung: 12. 12. 1943.
- Technische Daten – siehe U 167.
- U 867 wird am 19. 9. 1944 nordwestlich von Bergen/Norwegen von britischen Kampfflugzeugen mit 60 Mann Besatzung versenkt.

U 868

- IX C/40, AG Weser, Bremen, Kiellegung: 11. 3. 1943, Stapellauf: 18. 8. 1943, Indienststellung: 23. 12. 1943.
- Technische Daten – siehe U 167.
- Ein Schiff versenkt mit 672 tons.
  U 868 wird am 5. 5. 1945 in Bergen/Norwegen außer Dienst gestellt, nach Loch Ryan/Schottland am 30. 5. 1945 zur Versenkungsoperation »Deadlight« beordert und am 30. 11. 1945 versenkt.

U 869

- IX C/40, Deschimag, Bremen, Kiellegung: 5. 4. 1943, Stapellauf: 5. 10. 1943, Indienststellung: 26. 1. 1944.
- Technische Daten – siehe U 167.
- U 869 ist am 17. 2. 1945 aus unbekannten Gründen mit 56 Mann Besatzung verloren gegangen. Im September 1991 wird U 869 von Tauchern in 70 Metern Wassertiefe vor New Jersey/USA entdeckt. Es ist anzunehmen, dass das Boot seinen Befehl zum Marsch nach Gibraltar nie erhalten hat. Vermutlich ist U 869 durch einen Torpedounfall wie U 377 und U 972 vernichtet worden.

U 870

- IX C/40, AG Weser, Bremen, Kiellegung: 29. 4. 1943, Stapellauf: 29. 10. 1943, Indienststellung: 3. 2. 1944.
- Technische Daten – siehe U 167.
- Vier Schiffe mit 13.804 BRT versenkt, ein Schiff mit 1.400 BRT beschädigt.
  U 870 wird am 30. 3. 1945 in Bremen bei einem amerikanischen Luftangriff zerstört.

U 871

- IX D2, AG Weser, Bremen, Kiellegung: 14. 11. 1942, Stapellauf: 7. 9. 1943, Indienststellung: 15. 1. 1944.
- Technische Daten – siehe U 177.
- U 871 wird am 26. 9. 1944 nordwestlich der Azoren von einem britischen Kampfflugzeug mit 69 Mann Besatzung versenkt.

U 872

- IX D2, AG Weser, Bremen, Kiellegung: 23. 12. 1942, Stapellauf: 20. 10. 1943, Indienststellung: 10. 2. 1944.
- Technische Daten – siehe U 177.
- U 872 wird am 29. 7. 1944 in Bremen bei einem amerikanischen Luftangriff schwer beschädigt (ein Toter), am 10. 8. 1944 außer Dienst gestellt und verschrottet.

U 873

- IX D2, AG Weser, Bremen, Kiellegung: 17. 2. 1943, Stapellauf: 11. 11. 1943, Indienststellung: 1. 3. 1944.
- Technische Daten – siehe U 177.
- U 873 kapituliert am 17. 5. 1945 in Portsmouth/USA. Das Boot wird am 10. 3. 1948 verschrottet.

U 874

- IX D2, AG Weser, Bremen, Kiellegung: 17. 3. 1943, Stapellauf: 21. 12. 1943, Indienststellung: 8. 4. 1944.
- Technische Daten – siehe U 177.
- U 874 kapituliert am 8. 5. 1945 in Horten/Norwegen, wird nach Lisahally/Nordirland am 29. 5. 1945 zur Versenkungsoperation »Deadlight« beordert und am 31. 12. 1945 versenkt.

U 875

- IX D2, AG Weser, Bremen, Kiellegung: 11. 5. 1943, Stapellauf: 16. 2. 1944, Indienststellung: 21. 4. 1944.
- Technische Daten – siehe U 177.
- U 875 kapituliert am 8. 5. 1945 in Bergen/Norwegen, wird nach Lisahally/Nordirland am 30. 5. 1945 zur Versenkungsoperation »Deadlight« beordert und am 31. 12. 1945 versenkt.

U 876
- IX D2, AG Weser, Bremen, Kiellegung: 5. 6. 1943, Stapellauf: 29. 2. 1944, Indienststellung: 24. 5. 1944.
- Technische Daten – siehe U 177.
- U 876 wird am 9. 4. 1945 bei einem britischen Luftangriff beschädigt, am 4. 5. 1945 vor Eckernförde versenkt und 1947 verschrottet.

U 877
- IX C/40, AG Weser, Bremen, Kiellegung: 22. 5. 1943, Stapellauf: 10. 12. 1943, Indienststellung: 24. 3. 1944.
- Technische Daten – siehe U 167.
- U 877 wird am 27. 12. 1944 nordwestlich der Azoren von der kanadischen Korvette HMCS ST. THOMAS zum Auftauchen gezwungen und versenkt sich selbst – alle 56 Mann der Besatzung überleben.

U 878
- IX C/40, AG Weser, Bremen, Kiellegung: 16. 6. 1943, Stapellauf: 6. 1. 1944, Indienststellung: 14. 4. 1944.
- Technische Daten – siehe U 167.
- U 878 wird am 10. 4. 1945 westlich von Saint-Nazaire/Frankreich am Konvoi ONA.265 von der britischen Korvette HMS TINTANGEL CASTLE und vom Zerstörer HMS VANQUISHER mit 51 Mann Besatzung versenkt.

U 879
- IX C/40, AG Weser, Bremen, Kiellegung: 26. 6. 1943, Stapellauf: 11. 1. 1944, Indienststellung: 19. 4. 1944.
- Technische Daten – siehe U 167.
- Ein Schiff mit 8.537 BRT versenkt. U 879 wird am 30. 4. 1945 östlich von Cape Hatteras/USA am Konvoi KN.382 von den amerikanischen Zerstörern USS BOSTWICK, USS COFFMAN und USS THOMAS sowie der Fregatte USS NATCHEZ mit 52 Mann Besatzung versenkt.

U 880
- IX C/40, AG Weser, Bremen, Kiellegung: 17. 7. 1943, Stapellauf: 10. 2. 1944, Indienststellung: 11. 5. 1944.
- Technische Daten – siehe U 167.
- U 880 wird am 16. 4. 1945 im Nordatlantik von den amerikanischen Zerstörern USS FROST und USS STANTON mit 49 Mann Besatzung versenkt.

U 881
- IX C/40, AG Weser, Bremen, Kiellegung: 7. 8. 1943, Stapellauf: 4. 3. 1944, Indienststellung: 27. 5. 1944.
- Technische Daten – siehe U 167.

- U 881 wird am 6. 5. 1945 südöstlich von Neufundland/Kanada vom amerikanischen Zerstörer USS FARQUHAR mit 53 Mann Besatzung versenkt.

U 882
- IX D/42, AG Weser, Bremen, Kiellegung: 21. 8. 1943, Stapellauf: 29. 4. 1944.
- Technische Daten – siehe U 177.
- Der Bau wird am 29. 7. 1944 eingestellt.

U 883
- IX D/42, AG Weser, Bremen, Kiellegung: 27. 7. 1943, Stapellauf: 28. 4. 1944, Indienststellung: 27. 3. 1945.
- Technische Daten – siehe U 177.
- U 883 kapituliert am 8. 5. 1945 in Wilhelmshaven, wird nach Lisahally/Nordirland am 21. 6. 1945 zur Versenkungsoperation »Deadlight« beordert und am 31. 12. 1945 versenkt.

U 884
- IX D/42, AG Weser, Bremen. Kiellegung: 29. 8. 1943, Stapellauf: 17. 5. 1944.
- Das unfertige Boot wird auf der Werft nach Luftangriffen am 30. 3. 1945 versenkt.

U 885–U 888
- IX D/42, AG Weser, Bremen.
- Aufträge am 22. 7. 1944 storniert.

U 889
- IX C/40, AG Weser, Bremen, Kiellegung: 13. 9. 1943, Stapellauf: 5. 4. 1944, Indienststellung: 4. 8. 1944.
- Technische Daten – siehe U 167.
- U 889 kapituliert am 13. 5. 1945 in Shelburne/Kanada, wird in Halifax/Kanada am 10. 1. 1946 an die US-Navy übergeben und am 20. 11. 1947 versenkt.

U 890
- IX C/40, AG Weser, Bremen. Kiellegung: 20. 9. 1943, Stapellauf: 24. 4. 1944.
- Technische Daten – siehe U 167.
- Auftrag am 22. 7. 1944 storniert. Der unfertige Rumpf wird am 29. 7. 1944 bei einem Bombenangriff vernichtet.

U 891
- IX C/40, AG Weser, Bremen. Kiellegung: 11. 10. 1943, Stapellauf: 4. 5. 1944.
- Technische Daten – siehe U 167.
- U 891 wird am 30. 3. 1945 bei einem Bombenangriff auf der Werft versenkt.

U 892–U 894
- IX C/40, AG Weser, Bremen, Kiellegung: 23. 10. 1943.
- Technische Daten – siehe U 167.
- Aufträge am 23. 9. 1944 storniert.

U 895–U 900
- IX C/40, AG Weser, Bremen.
- Aufträge am 6. 11. 1943 storniert.

U 901
- VII C, Vulcan, Stettin, Kiellegung: 1. 1. 1942, Stapellauf: 9. 10. 1943, Indienststellung: 29. 4. 1944.
- Technische Daten – siehe U 69.
- U 901 kapituliert am 8. 5. 1945 in Stavanger/Norwegen, wird nach Lisahally/Nordirland am 29. 5. 1945 zur Versenkungsoperation »Deadlight« beordert und am 6. 1. 1946 versenkt.

U 902
- VII C, Vulcan, Stettin. Kiellegung: 24. 1. 1942, Stapellauf: 24. 12. 1943.
- Technische Daten – siehe U 69.
- U 902 wird während des Baus zwei Mal von Bomben beschädigt, der Bauauftrag wird am 22. 7. 1944 storniert.

U 903
- VII C, Flender-Werke, Lübeck, Kiellegung: 25. 8. 1942, Stapellauf: 17. 7. 1943, Indienststellung: 4. 9. 1943.
- Technische Daten – siehe U 69.
- U 903 wird am 3. 5. 1945 in Kiel selbst versenkt, später gehoben und 1947 verschrottet.

U 904
- VII C, Flender-Werke, Lübeck, Kiellegung: 10. 9. 1942, Stapellauf: 7. 8. 1943, Indienststellung: 25. 9. 1943.
- Technische Daten – siehe U 69.
- U 904 wird am 5. 5. 1945 im Eckernförder U-Boot-Hafen selbst versenkt.

U 905
- VII C, Stülcken, Hamburg, Kiellegung: 26. 1. 1943, Stapellauf: 20. 11. 1943, Indienststellung: 8. 3. 1944.
- Technische Daten – siehe U 69.
- U 905 wird am 27. 3. 1945 im Nordatlantik von den britischen Fregatten HMS CONN, HMS DEANE und HMS RUPERT mit 45 Mann Besatzung versenkt.

U 906
- VII C, Stülcken, Hamburg. Kiellegung: 27. 2. 1943, Stapellauf: 1. 4. 1944.

- Technische Daten – siehe U 69.
- U 906 wird bei einem Bombenangriff auf die Werft am 31. 12. 1944 versenkt.

U 907
- VII C, Stülcken, Hamburg, Kiellegung: 1. 4. 1943, Stapellauf: 1. 3. 1944, Indienststellung: 18. 5. 1944.
- Technische Daten – siehe U 69.
- U 907 kapituliert am 8. 5. 1945 in Bergen/Norwegen, wird nach Loch Ryan/Schottland am 29. 5. 1945 zur Versenkungsoperation »Deadlight« beordert und am 7. 12. 1945 versenkt.

U 908
- VII C, Stülcken, Hamburg, Kiellegung: 3. 5. 1943.
- Technische Daten – siehe U 69.
- U 908 wird bei einem Bombenangriff auf Hamburg versenkt. Der Bauauftrag wird am 22. 7. 1944 annulliert.

U 909–U 912
- VII C, Stülcken, Hamburg.
- Aufträge am 22. 7. 1944 storniert.

U 913–U 918
- Aufträge am 6. 11. 1943 annulliert.

U 919–U 920
- Es werden keine Bauaufträge vergeben.

U 921
- VII C, Neptun Werft AG, Rostock, Kiellegung: 15. 10. 1941, Stapellauf: 3. 4. 1943, Indienststellung: 30. 5. 1943.
- Technische Daten – siehe U 69.
- U 921 wird nach dem 24. 9. 1944 nördlich von Narvik/Norwegen mit 51 Mann Besatzung vermisst.

U 922
- VII C, Neptun Werft AG, Rostock, Kiellegung: 15. 12. 1941, Stapellauf: 1. 6. 1943, Indienststellung: 1. 8. 1943.
- Technische Daten – siehe U 69.
- U 922 wird am 3. 5. 1945 in Kiel selbst versenkt, später gehoben und 1947 verschrottet.

U 923
- VII C, Neptun Werft AG, Rostock, Kiellegung: 21. 2. 1942, Stapellauf: 7. 8. 1943, Indienststellung: 4. 10. 1943.
- Technische Daten – siehe U 69.

- U 923 sinkt am 9. 2. 1945 vor Kiel durch einen Minentreffer mit 48 Mann Besatzung. Das Boot wird im Januar 1953 gehoben und verschrottet.

U 924
- VII C, Neptun Werft AG, Rostock, Kiellegung: 15. 4. 1942, Stapellauf: 25. 9. 1943, Indienststellung: 20. 11. 1943.
- Technische Daten – siehe U 69.
- U 924 wird am 3. 5. 1945 in Kiel selbst versenkt, 1947 gehoben und verschrottet.

U 925
- VII C, Neptun Werft AG, Rostock, Kiellegung: 15. 6. 1942, Stapellauf: 6. 11. 1943, Indienststellung: 30. 12. 1943.
- Technische Daten – siehe U 69.
- U 925 wird nach dem 24. 8. 1944 nördlich von Großbritannien mit 51 Mann Besatzung vermisst.

U 926
- VII C, Neptun Werft AG, Rostock, Kiellegung: 1. 7. 1942, Stapellauf: 28. 12. 1943, Indienststellung: 29. 2. 1944.
- Technische Daten – siehe U 69.
- U 926 wird am 5. 5. 1945 in Bergen/Norwegen außer Dienst gestellt, nach Großbritannien geschleppt und im Oktober 1948 an Norwegen abgegeben, wo es unter der Bezeichnung KNM KYA bis 1964 wieder in Dienst gestellt wird. Das Boot wird im März 1964 verschrottet.

U 927
- VII C, Neptun Werft AG, Rostock, Kiellegung: 1. 12. 1942, Stapellauf: 3. 5. 1944, Indienststellung: 27. 6. 1944.
- Technische Daten – siehe U 69.
- U 927 wird am 24. 2. 1945 im Ärmelkanal von einem britischen Kampfflugzeug mit 47 Mann Besatzung versenkt.

U 928
- VII C, Neptun Werft AG, Rostock, Kiellegung: 5. 1. 1943, Stapellauf: 15. 4. 1944, Indienststellung: 11. 7. 1944.
- Technische Daten – siehe U 69.
- U 928 kapituliert am 8. 5. 1945 in Bergen/Norwegen, wird nach Loch Ryan/Schottland am 30. 5. 1945 zur Versenkungsoperation »Deadlight« beordert und am 16. 12. 1945 versenkt.

U 929
- VII C/41, Neptun Werft AG, Rostock, Kiellegung: 20. 3. 1943, Indienststellung: 6. 9. 1944.
- Technische Daten – siehe U 292.
- U 929 wird am 1. 5. 1945 in Warnemünde selbst versenkt, 1956 gehoben und verschrottet.

U 930
- VII C/41, Neptun Werft AG, Rostock, Kiellegung: 20. 4. 1943, Indienststellung: 6. 12. 1944.
- Technische Daten – siehe U 292.
- U 930 kapituliert am 8. 5. 1945 in Kiel, wird nach Loch Ryan/Schottland am 30. 5. 1945 zur Versenkungsoperation »Deadlight« beordert und am 28. 12. 1945 durch den britischen Zerstörer HMS ONSLOW versenkt.

U 931
- VII C/41, Neptun Werft AG, Rostock, Kiellegung: 26. 6. 1943.
- Technische Daten – siehe U 292.
- Der Bauauftrag wird am 23. 9. 1944 storniert. Das Boot wird auf der Helling abgebrochen.

U 932–U 936
- VII C/41, Neptun Werft AG, Rostock, Kiellegung: 21. 8. 1943.
- Technische Daten – siehe U 292.
- Aufträge am 22. 7. 1944 storniert.

U 937–U 942
- VII C/41, Neptun Werft AG, Rostock.
- Aufträge am 6. 11. 1943 storniert.

U 943–U 950
- Es werden keine Bauaufträge erteilt.

U 951
- VII C, Blohm & Voss, Hamburg, Kiellegung: 31. 1. 1942, Stapellauf: 14. 10. 1942, Indienststellung: 3. 12. 1942.
- Technische Daten – siehe U 69.
- U 951 wird am 7. 7. 1943 nordwestlich von Kap St. Vincent von einem US-Kampfflugzeug mit 46 Mann Besatzung versenkt.

U 952
- VII C, Blohm & Voss, Hamburg, Kiellegung: 1. 2. 1942, Stapellauf: 14. 10. 1942, Indienststellung: 10. 12. 1942.
- Technische Daten – siehe U 69.
- Drei Schiffe mit 14.299 BRT versenkt, ein Schiff mit 7.176 BRT beschädigt. U 952 wird am 5. 7. und am 6. 8. 1944 im Hafen von Toulon/Frankreich bei US-Luftangriffen beschädigt

und versenkt. Das Boot wird 1945 gehoben und 1946 verschrottet.

U 953
- VII C, Blohm & Voss, Hamburg, Kiellegung: 10. 2. 1942, Stapellauf: 28. 10. 1942, Indienststellung: 17. 12. 1942.
- Technische Daten – siehe U 69.
- Ein Schiff versenkt mit 1.927 BRT. U 953 (U-Flak 4) kapituliert am 8. 5. 1945 in Trondheim/Norwegen, wird nach England zu Versuchsfahrten beordert und im Juni 1949 verschrottet.

U 954
- VII C, Blohm & Voss, Hamburg, Kiellegung: 10. 2. 1942, Stapellauf: 28. 10. 1942, Indienststellung: 23. 12. 1942.
- Technische Daten – siehe U 69.
- U 954 wird am 18. 5. 1943 südöstlich von Kap Farewell/Grönland am Konvoi SC.130 von der britischen Korvette HMS JED und der Sloop HMS SENNEN mit 47 Mann Besatzung versenkt.

U 955
- VII C, Blohm & Voss, Hamburg, Kiellegung: 23. 2. 1942, Stapellauf: 14. 11. 1942, Indienststellung: 31. 12. 1942.
- Technische Daten – siehe U 69.
- Am 30. 4. 1944 setzt U 955 drei Spione auf Island ab. U 955 wird am 7. 6. 1944 nördlich von Kap Ortegal/Spanien von einem britischen Kampfflugzeug mit 50 Mann Besatzung versenkt.

U 956
- VII C, Blohm & Voss, Hamburg, Kiellegung: 20. 2. 1942, Stapellauf: 14. 11. 1942, Indienststellung: 6. 1. 1943.
- Technische Daten – siehe U 69.
- Ein Schiff versenkt mit 7.176 BRT. U 956 kapituliert am 13. 5. 1945 in Loch Eriboll/Schottland und wird bei der Operation »Deadlight« am 17. 12. 1945 versenkt.

U 957
- VII C, Blohm & Voss, Hamburg, Kiellegung: 11. 3. 1942, Stapellauf: 21. 11. 1942, Indienststellung: 7. 1. 1943.
- Technische Daten – siehe U 69.
- Drei Schiffe versenkt mit 7.903 BRT. U 957 wird am 18. 10. 1944 nach schweren Beschädigungen in Trondheim/Norwegen außer Dienst gestellt und nach Kriegsende verschrottet.

U 958
- VII C, Blohm & Voss, Hamburg, Kiellegung: 10. 3. 1942, Stapellauf: 21. 11. 1942, Indienststellung: 14. 1. 1943.

- Technische Daten – siehe U 69.
- Zwei Schiffe mit 40 BRT versenkt. U 958 wird am 3. 5. 1945 in Kiel selbst versenkt, später gehoben und 1947 verschrottet.

U 959
- VII C, Blohm & Voss, Hamburg, Kiellegung: 21. 3. 1942, Stapellauf: 3. 12. 1942, Indienststellung: 21. 1. 1943.
- Technische Daten – siehe U 69.
- U 959 wird am 2. 5. 1944 südöstlich der Insel Jan Mayen von einem Kampfflugzeug des britischen Geleitträgers HMS FENCER mit 53 Mann Besatzung versenkt.

U 960
- VII C, Blohm & Voss, Hamburg, Kiellegung: 20. 3. 1942, Stapellauf: 3. 12. 1942, Indienststellung: 28. 1. 1943.
- Technische Daten – siehe U 69.
- Drei Schiffe mit 10.267 BRT versenkt. Nachdem U 616 am 14. 5. 1944 am Konvoi GUS.39 zwei Frachtschiffe angegriffen hat, beginnen die Alliierten mit massiven Attacken gegen das Boot, das wegen seiner schweren Beschädigungen östlich von Cartagena/Spanien von seiner Mannschaft aufgegeben wird – alle 53 Mann der Besatzung überleben. Am selben Tag greift U 960 den Zerstörer USS ELLYSON vor Oran an – ohne dass bekannt war, dass das Schiff die Überlebenden von U 616 an Bord genommen hatte. Der Angriff schlägt fehl, die Jagd der Amerikaner auf U 960 setzt ein und das Boot wird am 19. 5. 1944 nordwestlich von Algier von den amerikanischen Zerstörern USS LUDLOW und USS NIBLACK zum Auftauchen gezwungen und versenkt – 31 Tote, 20 Überlebende.

U 961
- VII C, Blohm & Voss, Hamburg, Kiellegung: 7. 4. 1942, Stapellauf: 17. 12. 1942, Indienststellung: 4. 2. 1943.
- Technische Daten – siehe U 69.
- U 961 wird am 29. 3. 1944 östlich von Island von der britischen Sloop HMS STARLING mit 49 Mann Besatzung versenkt.

U 962
- VII C, Blohm & Voss, Hamburg, Kiellegung: 7. 4. 1942, Stapellauf: 17. 12. 1942, Indienststellung: 11. 2. 1943.
- Technische Daten – siehe U 69.
- U 962 wird am 8. 4. 1944 nordwestlich von Kap Finisterre/Spanien von den britischen Fregatten HMS CRANE und HMS CYGNET mit 50 Mann Besatzung versenkt.

U 963
- VII C, Blohm & Voss, Hamburg, Kiellegung: 20. 4. 1942, Stapellauf: 30. 12. 1942, Indienststellung: 17. 2. 1943.
- Technische Daten – siehe U 69.
- U 963 versenkt sich am 20. 5. 1945 vor der portugiesischen Küste selbst, 48 Mann Besatzung werden interniert.

U 964
- VII C, Blohm & Voss, Hamburg, Kiellegung: 20. 4. 1942, Stapellauf: 30. 12. 1942, Indienststellung: 18. 2. 1943.
- Technische Daten – siehe U 69.
- U 964 wird am 16. 10. 1943 südwestlich von Island am Konvoi ONS.20 von einem britischen Kampfflugzeug mit 47 Mann Besatzung versenkt.

U 965
- VII C, Blohm & Voss, Hamburg, Kiellegung: 4. 5. 1942, Stapellauf: 14. 1. 1943, Indienststellung: 25. 2. 1943.
- Technische Daten – siehe U 69.
- U 965 wird am 30. 3. 1945 nördlich von Schottland von den britischen Fregatten HMS CONN und HMS RUPERT mit 51 Mann Besatzung versenkt.

U 966
- VII C, Blohm & Voss, Hamburg, Kiellegung: 1. 5. 1942, Stapellauf: 14. 1. 1943, Indienststellung: 4. 3. 1943.
- Technische Daten – siehe U 69.
- U 966 wird am 10. 11. 1943 vor Kap Ortegal/Spanien von britischen und amerikanischen Kampfflugzeugen zum Auftauchen gezwungen und versenkt sich selbst – acht Tote, 42 Überlebende.

U 967
- VII C, Blohm & Voss, Hamburg, Kiellegung: 16. 5. 1942, Stapellauf: 4. 2. 1943, Indienststellung: 11. 3. 1943.
- Technische Daten – siehe U 69.
- Ein Schiff versenkt mit 1.300 BRT.
  U 967 wird am 19. 8. 1944 vor Toulon/Frankreich selbst versenkt.

U 968
- VII C, Blohm & Voss, Hamburg, Kiellegung: 14. 5. 1942, Stapellauf: 4. 2. 1943, Indienststellung: 18. 3. 1943.
- Technische Daten – siehe U 69.
- Fünf Schiffe versenkt mit 25.215 BRT.
  U 968 kapituliert am 16. 5. 1945 in Loch Eriboll/Schottland. Das Boot wird in der Operation »Deadlight« am 29. 11. 1945 versenkt.

U 969
- VII C, Blohm & Voss, Hamburg, Kiellegung: 29. 5. 1942, Stapellauf: 11. 2. 1943, Indienststellung: 24. 3. 1943.
- Technische Daten – siehe U 69.
- Zwei Schiffe versenkt mit 14.352 BRT.
  U 969 wird am 6. 8. 1944 in Toulon/Frankreich bei einem amerikanischen Bombenangriff zerstört.

U 970
- VII C, Blohm & Voss, Hamburg, Kiellegung: 29. 5. 1942, Stapellauf: 11. 2. 1943, Indienststellung: 25. 3. 1943.
- Technische Daten – siehe U 69.
- U 970 wird am 8. 6. 1944 westlich von Bordeaux/Frankreich von einem britischen Kampfflugzeug versenkt – 38 Tote, 14 Überlebende.

U 971
- VII C, Blohm & Voss, Hamburg, Kiellegung: 15. 6. 1942, Stapellauf: 22. 2. 1943, Indienststellung: 1. 4. 1943.
- Technische Daten – siehe U 69.
- U 971 wird am 24. 6. 1944 nördlich von Brest/Frankreich vom britischen Zerstörer HMS ESKIMO, dem kanadischen Zerstörer HMCS HAIDA und einem Kampfflugzeug zum Auftauchen gezwungen und versenkt sich selbst – ein Toter, 51 Überlebende.

U 972
- VII C, Blohm & Voss, Hamburg, Kiellegung: 15. 6. 1942, Stapellauf: 22. 2. 1943, Indienststellung: 8. 4. 1943.
- Technische Daten – siehe U 69.
- U 972 wird nach dem 15. 12. 1943 mit 49 Mann Besatzung im Nordatlantik vermisst.

U 973
- VII C, Blohm & Voss, Hamburg, Kiellegung: 26. 6. 1942, Stapellauf: 10. 3. 1943, Indienststellung: 15. 4. 1943.
- Technische Daten – siehe U 69.
- U 973 wird am 6. 3. 1944 nordwestlich von Narvik/Norwegen am Konvoi RA.57 von einem Kampfflugzeug des britischen Geleitträgers HMS CHASER versenkt – 51 Tote, zwei Überlebende.

U 974
- VII C, Blohm & Voss, Hamburg, Kiellegung: 26. 6. 1942, Stapellauf: 11. 3. 1943, Indienststellung: 22. 4. 1943.
- Technische Daten – siehe U 69.
- U 974 wird am 19. 4. 1944 vor Stavanger/Norwegen vom norwegischen Unterseeboot ULA mit einem Fächer von vier Torpedos angegriffen, durch einen Treffer am Turm schwer beschädigt – 42 Tote, acht Überlebende. In zwei Teile zerbrochene Wrack wird 1996 in 190 Metern Tiefe geortet.

U 975
- VII C, Blohm & Voss, Hamburg, Kiellegung: 10. 7. 1942, Stapellauf: 24. 3. 1943, Indienststellung: 29. 4. 1943.
- Technische Daten – siehe U 69.
- U 975 kapituliert am 8. 5. 1945 in Horten/Norwegen, wird am 29. 5. 1945 nach England zur Versenkungsoperation »Deadlight« beordert und am 10. 2. 1946 versenkt.

U 976
- VII C, Blohm & Voss, Hamburg, Kiellegung: 9. 7. 1942, Stapellauf: 25. 3. 1943, Indienststellung: 5. 5. 1943.
- Technische Daten – siehe U 69.
- U 976 wird am 25. 3. 1944 vor Saint-Nazaire/Frankreich von zwei britischen Kampfflugzeugen versenkt – vier Tote, 49 Überlebende.

U 977
- VII C, Blohm & Voss, Hamburg, Kiellegung: 24. 7. 1942, Stapellauf: 31. 3. 1943, Indienststellung: 6. 5. 1943.
- Technische Daten – siehe U 69.
- U 977 setzt am 10. 5. 1945 in norwegischen Gewässern 16 Besatzungsmitglieder in Rettungsbooten ab, die sich nicht an einer Flucht nach Argentinien beteiligen wollen. Nach einer 66-tägigen Fahrt – tagsüber wird getaucht gefahren, nachts zum Laden der Batterien geschnorchelt – wird die Besatzung am 17. 8. 1945 in Mar del Plata/Argentinien interniert, das Boot wird an die USA ausgeliefert und am 30. 11. 1946 vor Massachusetts von USS ATULE versenkt.

U 978
- VII C, Blohm & Voss, Hamburg, Kiellegung: 24. 7. 1942, Stapellauf: 1. 4. 1943, Indienststellung: 12. 5. 1943.
- Technische Daten – siehe U 69.
- Ein Schiff versenkt mit 7.176 BRT.
  Mit 68 Tagen absolviert U 978 die längste geschnorchelte Feindfahrt und übertrifft damit noch die 66-tägige Reise von U 977 nach Argentinien. U 978 kapituliert am 8. 5. 1945 in Trondheim/Norwegen, wird nach Loch Ryan/Schottland am 29. 5. 1945 zur Versenkungsoperation »Deadlight« beordert und am 11. 12. 1945 versenkt.

U 979
- VII C, Blohm & Voss, Hamburg, Kiellegung: 10. 8. 1942, Stapellauf: 15. 4. 1943, Indienststellung: 20. 5. 1943.
- Technische Daten – siehe U 69.
- Ein Schiff mit 348 BRT versenkt, zwei Schiffe mit 12.133 BRT beschädigt.
  U 979 befindet sich auf dem Rückmarsch von Island, als das Boot am 24. 5. 1945 vor Amrum nach einer Grundberührung selbst versenkt werden muss.

U 980
- VII C, Blohm & Voss, Hamburg, Kiellegung: 10. 8. 1942, Stapellauf: 15. 4. 1943, Indienststellung: 27. 5. 1943.
- Technische Daten – siehe U 69.
- U 980 wird am 11. 6. 1944 nordwestlich von Bergen/Norwegen von einem kanadischen Kampfflugzeug mit 52 Mann Besatzung versenkt.

U 981
- VII C, Blohm & Voss, Hamburg, Kiellegung: 24. 8. 1942, Stapellauf: 29. 4. 1943, Indienststellung: 3. 6. 1943.
- Technische Daten – siehe U 69.
- U 981 wird am 12. 8. 1944 vor La Rochelle/Frankreich von einem britischen Kampfflugzeug versenkt – 12 Tote, 40 Überlebende, die von U 309 gerettet werden.

U 982
- VII C, Blohm & Voss, Hamburg, Kiellegung: 24. 8. 1942, Stapellauf: 29. 4. 1943, Indienststellung: 10. 6. 1943.
- Technische Daten – siehe U 69.
- U 982 wird am 9. 4. 1945 in Hamburg bei einem Bombenangriff zerstört.

U 983
- VII C, Blohm & Voss, Hamburg, Kiellegung: 7. 9. 1942, Stapellauf: 12. 5. 1943, Indienststellung: 16. 6. 1943.
- Technische Daten – siehe U 69.
- U 983 sinkt am 8. 9. 1943 in der Ostsee nach einer Kollision mit U 988 – fünf Tote, 38 Überlebende.

U 984
- VII C, Blohm & Voss, Hamburg, Kiellegung: 7. 9. 1942, Stapellauf: 12. 5. 1943, Indienststellung: 17. 6. 1943.
- Technische Daten – siehe U 69.
- Vier Schiffe mit 22.850 BRT versenkt, ein Schiff mit 7.240 BRT beschädigt.
  U 984 wird am 20. 8. 1944 westlich von Brest/Frankreich von den kanadischen Zerstörern HMCS CHAUDIERE, HMCS KOOTENAY und HMCS OTTAWA mit 45 Mann Besatzung versenkt.

U 985
- VII C, Blohm & Voss, Hamburg, Kiellegung: 18. 9. 1942, Stapellauf: 20. 5. 1943, Indienststellung: 24. 6. 1943.
- Technische Daten – siehe U 69.
- Ein Schiff versenkt mit 1.735 BRT.
  U 985 wird am 23. 10. 1944 nach schweren Beschädigungen durch einen Minentreffer in Kristiansand/Norwegen außer Dienst gestellt und später verschrottet.

U 986

- VII C, Blohm & Voss, Hamburg, Kiellegung: 18. 9. 1942, Stapellauf: 20. 5. 1943, Indienststellung: 1. 7. 1943.
- Technische Daten – siehe U 69.
- U 986 wird am 17. 4. 1944 südwestlich von Irland vom britischen Zerstörer HMS SWIFT und dem U-Boot-Jäger PC-619 mit 50 Mann Besatzung versenkt.

U 987

- VII C, Blohm & Voss, Hamburg, Kiellegung: 2. 10. 1942, Stapellauf: 2. 6. 1943, Indienststellung: 8. 7. 1943.
- Technische Daten – siehe U 69.
- U 987 wird am 13. 6. 1944 westlich von Narvik/Norwegen vom britischen Unterseeboot HMS SATYR mit 53 Mann Besatzung versenkt.

U 988

- VII C, Blohm & Voss, Hamburg, Kiellegung: 2. 10. 1942, Stapellauf: 3. 6. 1943, Indienststellung: 15. 7. 1943.
- Technische Daten – siehe U 69.
- Drei Schiffe versenkt mit 10.368 BRT.
  U 988 kollidiert am 8. 9. 1943 mit U 983 in der Ostsee – U 983 sinkt (fünf Tote). U 988 wird am 30. 6. 1944 westlich von Guernsey von den britischen Zerstörern HMS COOKE, HMS DOMETT, HMS DUCKWORTH und HMS ESSINGTON mit 50 Mann Besatzung versenkt.

U 989

- VII C, Blohm & Voss, Hamburg, Kiellegung: 17. 10. 1942, Stapellauf: 16. 6. 1943, Indienststellung: 22. 7. 1943.
- Technische Daten – siehe U 69.
- Ein Schiff mit 1.791 BRT versenkt, ein Schiff mit 7.176 BRT beschädigt.
  U 989 wird am 14. 2. 1945 vor den Färöern von den britischen Zerstörern HMS BYNTUN und HMS BRAITHWAITE, den Fregatten HMS LOCH DUNVEGAN und HMS LOCH ECK mit 47 Mann Besatzung versenkt.

U 990

- VII C, Blohm & Voss, Hamburg, Kiellegung: 17. 10. 1942, Stapellauf: 16. 6. 1943, Indienststellung: 28. 7. 1943.
- Technische Daten – siehe U 69.
- Ein Schiff versenkt mit 1.920 BRT.
  U 990 übernimmt am 24. 5. 1944 21 Überlebende von U 476 nordwestlich von Trondheim/Norwegen, das von einem britischen Kampfflugzeug schwer beschädigt (34 Tote) wird. Anschließend versenkt U 990 das Boot mit Torpedos.

Am 25. 5. 1944 wird U 990 westlich von Bodø/Norwegen von einem britischen Kampfflugzeug versenkt – 20 Tote, 33 Überlebende. Das deutsche Vorpostenboot V 5901 rettet 51 Männer, darunter 18 von U 476.

U 991

- VII C, Blohm & Voss, Hamburg, Kiellegung: 30. 10. 1942, Stapellauf: 24. 6. 1943, Indienststellung: 29. 7. 1943.
- Technische Daten – siehe U 69.
- U 991 kapituliert am 8. 5. 1945 in Bergen/Norwegen, wird nach Loch Ryan/Schottland am 29. 5. 1945 zur Versenkungsoperation »Deadlight« beordert und am 11. 12. 1945 versenkt.

U 992

- VII C, Blohm & Voss, Hamburg, Kiellegung: 30. 10. 1942, Stapellauf: 24. 6. 1943, Indienststellung: 2. 8. 1943.
- Technische Daten – siehe U 69.
- Zwei Schiffe versenkt mit 1.685 BRT.
  U 992 kapituliert am 8. 5. 1945 in Narvik/Norwegen, wird nach Loch Ryan/Schottland am 19. 5. 1945 zur Versenkungsoperation »Deadlight« beordert und am 16. 12. 1945 versenkt.

U 993

- VII C, Blohm & Voss, Hamburg, Kiellegung: 16. 11. 1942, Stapellauf: 8. 7. 1943, Indienststellung: 19. 8. 1943.
- Technische Daten – siehe U 69.
- U 993 sinkt am 4. 10. 1944 in Bergen/Norwegen nach Bombentreffern (siehe U 228), das Boot wird anschließend außer Dienst gestellt und verschrottet.

U 994

- VII C, Blohm & Voss, Hamburg, Kiellegung: 14. 11. 1942, Stapellauf: 8. 7. 1943, Indienststellung: 2. 9. 1943.
- Technische Daten – siehe U 69.
- U 994 kapituliert am 8. 5. 1945 in Trondheim/Norwegen, wird nach Loch Ryan/Schottland am 19. 5. 1945 zur Versenkungsoperation »Deadlight« beordert und ist am 5. 12. 1945 auf der Schlepppreise dorthin gesunken.

U 995

- VII C/41, Blohm & Voss, Hamburg, Kiellegung: 25. 11. 1942, Stapellauf: 22. 7. 1943, Indienststellung: 16. 9. 1943.
- Technische Daten – siehe U 292.
- Fünf Schiffe versenkt mit 9.062 BRT.
  U 995 wird im Seegebiet vor Norwegen eingesetzt. Bei neun Angriffsfahrten auf Nordmeer-Geleitzüge versenkt U 995 fünf Handelsschiffe. Bei Kriegsende liegt

das Boot in Trondheim zum Einbau eines Schnorchels. Es wird von Norwegen – zusammen mit U 926 und U 1212 – übernommen, an Großbritannien abgeliefert, im 10. 1948 zurückgegeben und vom 1. 12. 1952 bis 1962 unter dem Namen KAURA (S 309) als Schulboot verwendet. Die Rückgabe – gegen eine symbolische Mark – dieses letzten existierenden VII C-Bootes an Deutschland erfolgt im Jahr 1965. Nach seiner Instandsetzung wird der Veteran am 13. 3. 1972 vor dem Marineehrenmal in Laboe (bei Kiel) aufgestellt und für Besichtigungen freigegeben.

U 996

- VII C/41, Blohm & Voss, Hamburg. Kiellegung: 25. 11. 1942, Stapellauf: 22. 7. 1943.
- Technische Daten – siehe U 292.
- U 996 wird im 7. 1943 in Hamburg auf der Werft schwer beschädigt. Der Bauauftrag wird am 22. 7. 1944 storniert.

U 997

- VII C/41, Blohm & Voss, Hamburg, Kiellegung: 7. 12. 1942, Stapellauf: 18. 8. 1943, Indienststellung: 23. 9. 1943.
- Technische Daten – siehe U 292.
- Zwei Schiffe mit 1.708 BRT versenkt, ein Schiff mit 4.287 BRT beschädigt.
  U 997 kapituliert am 8. 5. 1945 in Narvik/Norwegen, wird nach Lisahally/Nordirland am 19. 5. 1945 zur Versenkungsoperation »Deadlight« beordert und am 13. 12. 1945 versenkt.

U 998

- VII C/41, Blohm & Voss, Hamburg, Kiellegung: 5. 12. 1942, Stapellauf: 18. 8. 1943, Indienststellung: 7. 10. 1943.
- Technische Daten – siehe U 292.
- U 998 wird am 16. 6. 1944 in Bergen/Norwegen von einem norwegischen Kampfflugzeug beschädigt, am 27. 6. 1944 außer Dienst gestellt und im selben Jahr verschrottet.

U 999

- VII C/41, Blohm & Voss, Hamburg, Kiellegung: 19. 12. 1942, Stapellauf: 17. 9. 1943, Indienststellung: 21. 10. 1943.
- Technische Daten – siehe U 292.
- U 999 wird am 5. 5. 1945 in der Flensburger Förde selbst versenkt.

U 1000

- VII C/41, Blohm & Voss, Hamburg, Kiellegung: 18. 12. 1942, Stapellauf: 17. 9. 1943, Indienststellung: 4. 11. 1943.
- Technische Daten – siehe U 292.
- U 1000 wird am 15. 8. 1944 in der Ostsee durch einen Minentreffer schwer beschädigt, am 29. 9. 1944 außer Dienst gestellt und verschrottet.

U 1001

- VII C/41, Blohm & Voss, Hamburg, Kiellegung: 31. 12. 1942, Stapellauf: 6. 10. 1943, Indienststellung: 18. 11. 1943.
- Technische Daten – siehe U 292.
- U 1001 wird am 8. 4. 1945 südwestlich von Land's End/Großbritannien von den britischen Fregatten HMS BYRON und HMS FITZROY mit 45 Mann Besatzung versenkt.

U 1002

- VII C/41, Blohm & Voss, Hamburg, Kiellegung: 4. 1. 1943, Stapellauf: 6. 10. 1943, Indienststellung: 30. 11. 1943.
- Technische Daten – siehe U 292.
- U 1002 kapituliert am 8. 5. 1945 in Bergen/Norwegen, wird am 30. 5. 1945 nach Loch Ryan/Schottland zur Versenkungsoperation »Deadlight« beordert und am 13. 12. 1945 versenkt.

U 1003

- VII C/41, Blohm & Voss, Hamburg, Kiellegung: 18. 1. 1943, Stapellauf: 27. 10. 1943, Indienststellung: 9. 12. 1943.
- Technische Daten – siehe U 292.
- U 1003 wird am 23. 3. 1945 vor Schottland nach Rammstoß der kanadischen Fregatte HMCS NEW GLASGOW selbst versenkt – 17 Tote, 31 Überlebende.

U 1004

- VII C/41, Blohm & Voss, Hamburg, Kiellegung: 15. 1. 1943, Stapellauf: 27. 10. 1943, Indienststellung: 16. 12. 1943.
- Technische Daten – siehe U 292.
- Zwei Schiffe versenkt mit 2.293 BRT.
  U 1004 kapituliert am 8. 5. 1945 in Bergen/Norwegen, wird am 30. 5. 1945 nach Loch Ryan/Schottland zur Versenkungsoperation »Deadlight« beordert und am 1. 12. 1945 versenkt.

U 1005

- VII C/41, Blohm & Voss, Hamburg, Kiellegung: 29. 1. 1943, Stapellauf: 17. 11. 1943, Indienststellung: 30. 12. 1943.

U 995 wird im Jahr 1972 in Laboe vor dem Marine-Ehrenmal an Land gesetzt und als einziges VII-C-Boot vom Deutschen Marine Bund erhalten.

- Technische Daten – siehe U 292.
- U 1005 kapituliert am 30. 5. 1945 in Bergen/Norwegen, wird nach Loch Ryan/Schottland zur Versenkungsoperation »Deadlight« beordert und sinkt während der Schlepppreise am 5. 12. 1945.

U 1006
- VII C/41, Blohm & Voss, Hamburg, Kiellegung: 30. 1. 1943, Stapellauf: 17. 11. 1943, Indienststellung: 11. 1. 1944.
- Technische Daten – siehe U 292.
- U 1006 wird am 16. 10. 1944 südwestlich der Färöer von der kanadischen Fregatte HMCS ANNAN versenkt – sechs Tote, 44 Überlebende.

U 1007
- VII C/41, Blohm & Voss, Hamburg, Kiellegung: 15. 2. 1943, Stapellauf: 8. 12. 1943, Indienststellung: 18. 1. 1944.
- Technische Daten – siehe U 292.
- U 1007 wird am 2. 5. 1945 in Lübeck nach schweren Beschädigungen durch Raketenbeschuss britischer Kampfflugzeuge selbst versenkt – zwei Tote.

U 1008
- VII C/41, Blohm & Voss, Hamburg, Kiellegung: 12. 2. 1943, Stapellauf: 8. 12. 1943, Indienststellung: 1. 2. 1944.
- Technische Daten – siehe U 292.
- U 1008 wird am 6. 5. 1945 im Kattegat von einem britischen Kampfflugzeug versenkt – die 44 Männer der Besatzung überleben.

U 1009
- VII C/41, Blohm & Voss, Hamburg, Kiellegung: 24. 2. 1943, Stapellauf: 5. 1. 1944, Indienststellung: 10. 2. 1944.
- Technische Daten – siehe U 292.
- U 1009 wird am 10. 5. 1945 nach Loch Eriboll/Schottland zur Versenkungsoperation »Deadlight« beordert und am 15. 12. 1945 versenkt.

U 1010
- VII C/41, Blohm & Voss, Hamburg, Kiellegung: 23. 2. 1943, Stapellauf: 5. 1. 1944, Indienststellung: 22. 2. 1944.
- Technische Daten – siehe U 292.
- U 1010 wird am 14. 5. 1945 nach Loch Eriboll/Schottland zur Versenkungsoperation »Deadlight« beordert und am 7. 1. 1946 vom polnischen Zerstörer GARLAND versenkt.

U 1011
- VII C/41, Blohm & Voss, Hamburg. Kiellegung: 12. 3. 1943.
- Technische Daten – siehe U 292.
- U 1011 wird während eines britischen Luftangriffs am 25. 7. 1943 auf der Werft beschädigt, der Bauauftrag wird am 22. 7. 1944 annulliert.

U 1012
- VII C/41, Blohm & Voss, Hamburg, Kiellegung: 11. 3. 1943.
- Technische Daten – siehe U 292.
- U 1012 wird während eines britischen Luftangriffs am 25. 7. 1943 auf der Werft beschädigt, der Bauauftrag wird am 22. 7. 1944 annulliert.

U 1013
- VII C/41, Blohm & Voss, Hamburg, Kiellegung: 26. 3. 1943, Stapellauf: 19. 1. 1944, Indienststellung: 2. 3. 1944.
- Technische Daten – siehe U 292.
- U 1013 sinkt am 17. 3. 1944 östlich von Rügen nach einer Kollision mit U 286 – 25 Tote, 26 Überlebende.

U 1014
- VII C/41, Blohm & Voss, Hamburg, Kiellegung: 25. 3. 1943, Stapellauf: 30. 1. 1944, Indienststellung: 14. 3. 1944.
- Technische Daten – siehe U 292.
- U 1014 rammt am 19. 5. 1944 das Schwesterboot U 1015 westlich von Pillau und versenkt es – 36 Tote, 14 Überlebende.
  U 1014 wird am 4. 2. 1945 vor den Hebriden von den britischen Zerstörern HMS LOCH SCAVAIG, HMS LOCH SHIN, HMS NYASALAND und HMS PAPUA mit 48 Mann Besatzung versenkt.

U 1015
- VII C/41, Blohm & Voss, Hamburg, Kiellegung: 5. 4. 1943, Stapellauf: 7. 2. 1944, Indienststellung: 23. 3. 1944.
- Technische Daten – siehe U 292.
- U 1015 sinkt am 19. 5. 1944 westlich von Pillau nach einer Kollision mit U 1014 – 36 Tote, 14 Überlebende.

U 1016
- VII C/41, Blohm & Voss, Hamburg, Kiellegung: 2. 4. 1943, Stapellauf: 8. 2. 1944, Indienststellung: 4. 4. 1944.
- Technische Daten – siehe U 292.
- U 1016 wird am 9. 5. 1945 in der Lübecker Bucht selbst versenkt.

U 1017
- VII C/41, Blohm & Voss, Hamburg, Kiellegung: 19. 4. 1943, Stapellauf: 1. 3. 1944, Indienststellung: 13. 4. 1944.
- Technische Daten – siehe U 292.
- Ein Schiff versenkt mit 5.222 BRT.
  U 1017 wird am 29. 4. 1945 nordwestlich von Irland von einem britischen Kampfflugzeug versenkt – 34 Tote.

U 1018
- VII C/41, Blohm & Voss, Hamburg, Kiellegung: 16. 4. 1943, Stapellauf: 1.3. 1944, Indienststellung: 24. 4. 1944.
- Technische Daten – siehe U 292.
- Zwei Schiffe versenkt mit 6.699 BRT.
  U 1018 wird am 27. 2. 1945 südlich von Penzance/Großbritannien vom britischen Zerstörer HMS LOCH FADA versenkt – 51 Tote, zwei Überlebende.

U 1019
- VII C/41, Blohm & Voss, Hamburg, Kiellegung: 28. 4. 1943, Stapellauf: 22. 3. 1944, Indienststellung: 4. 5. 1944.
- Technische Daten – siehe U 292.
- U 1019 kapituliert am 8. 5. 1945 in Trondheim/Norwegen, wird nach Loch Ryan/Schottland am 29. 5. 1945 zur Versenkungsoperation »Deadlight« beordert und am 7. 12. 1945 versenkt.

U 1020
- VII C/41, Blohm & Voss, Hamburg, Kiellegung: 30. 4. 1943, Stapellauf: 22. 3. 1944, Indienststellung: 17. 5. 1944.
- Technische Daten – siehe U 292.
- Ein Schiff versenkt mit 1.710 BRT.
  U 1020 wird nach dem 31. 12. 1944 mit 52 Mann Besatzung nördlich der Hebriden vermisst.

U 1021
- VII C/41, Blohm & Voss, Hamburg, Kiellegung: 6. 5. 1943, Stapellauf: 13. 4. 1944, Indienststellung: 25. 5. 1944.
- Technische Daten – siehe U 292.
- U 1021 wird nach dem 14. 3. 1945 im Nordatlantik mit 43 Mann Besatzung vermisst.

U 1022
- VII C/41, Blohm & Voss, Hamburg, Kiellegung: 6. 5. 1943, Stapellauf: 13. 4. 1944, Indienststellung: 7. 6. 1944.
- Technische Daten – siehe U 292.
- Zwei Schiffe versenkt mit 1.720 BRT.
  U 1022 kapituliert am 8. 5. 1945 in Bergen/Norwegen, wird nach Loch Ryan/Schottland am 30. 5. 1945 zur Versenkungsoperation »Deadlight« beordert und am 29. 12. 1945 versenkt.

U 1023
- VII C/41, Blohm & Voss, Hamburg, Kiellegung: 20. 5. 1943, Stapellauf: 3. 5. 1944, Indienststellung: 15. 6. 1944.
- Technische Daten – siehe U 292.
- Ein Schiff mit 335 BRT versenkt, ein Schiff mit 7.345 BRT beschädigt.
  U 1023 kapituliert am 10. 5. 1945 in Weymouth/Großbritannien, wird zur Versenkungsoperation »Deadlight« nach Lisahally/Irland beordert und am 7. 1. 1946 versenkt.

U 1024
- VII C/41, Blohm & Voss, Hamburg, Kiellegung: 20. 5. 1943, Stapellauf: 3. 5. 1944, Indienststellung: 28. 6. 1944.
- Technische Daten – siehe U 292.
- Ein Schiff versenkt mit 7.176 BRT, ein Schiff beschädigt mit 7.200 BRT.
  U 1024 wird am 12. 4. 1945 südlich der Isle of Man von den britischen Fregatten HMS LOCH GLENDHU und HMS LOCH MORE aufgebracht und in Schlepp genommen, wobei das Boot sinkt – neun Tote, 37 Überlebende.

U 1025
- VII C/41, Blohm & Voss, Hamburg, Kiellegung: 3. 6. 1943, Stapellauf: 24. 5. 1944. Das Boot wird nach dem Stapellauf zum Fertigbau an die FSG (Flensburger Schiffbau Gesellschaft), Flensburg, abgegeben, Indienststellung: 12. 4. 1945.
- Technische Daten – siehe U 292.
- U 1025 wird nach technischen Defekten am 30. 4. 1945 außer Dienst gestellt, am 5. 5. 1945 in der Flensburger Förde selbst versenkt, nach dem Krieg gehoben und verschrottet.

U 1026
- VII C/41, Blohm & Voss, Hamburg. Kiellegung: 3. 6. 1943, Stapellauf: 25. 5. 1944.
- Technische Daten – siehe U 292.
- Das Boot wird nach dem Stapellauf zum Fertigbau an die FSG, Flensburg, abgegeben, bis Kriegsende nicht mehr fertig gestellt und am 5. 5. 1945 in der Flensburger Förde selbst versenkt.

U 1027
- VII C/41, Blohm & Voss, Hamburg. Kiellegung: 17. 6. 1943, Stapellauf: 27. 11. 1944.
- Technische Daten – siehe U 292.
- Das Boot wird nach dem Stapellauf zum Fertigbau an die FSG, Flensburg, abgegeben. U 1027 wird bis Mai 1945 nicht fertiggestellt und in Kiel am 3. 5. 1945 selbst versenkt.

U 1028
- VII C/41, Blohm & Voss, Hamburg. Kiellegung: 17. 6. 1943, Stapellauf: 28. 11.1944.
- Technische Daten – siehe U 292.
- Das Boot wird nach dem Stapellauf zum Fertigbau an die FSG, Flensburg, abgegeben. U 1028 wird im Mai 1945 nicht fertig gestellt und in Kiel am 3. 5. 1945 selbst versenkt.

U 1029
- VII C/41, Blohm & Voss, Hamburg. Kiellegung: 28. 6. 1943, Stapellauf: 5. 7. 1944.
- Technische Daten – siehe U 292.
- U 1029 wird im Mai 1945 nicht fertig gestellt.

U 1030
- VII C/41, Blohm & Voss, Hamburg. Kiellegung: 28. 6. 1943, Stapellauf: 5. 7. 1944.
- Technische Daten – siehe U 292.
- Das Boot wird danach zum Fertigbau an die FSG, Flensburg, abgegeben. U 1030 wird nicht fertig gestellt und am 3. 5. 1945 in Kiel selbst versenkt.

U 1031
- VII C/41, Blohm & Voss, Hamburg. Kiellegung: 12. 7. 1943.
- Technische Daten – siehe U 292.
- Auftrag am 22. 7. 1944 annulliert.

U 1032
- VII C/41, Blohm & Voss, Hamburg. Kiellegung: 12. 7. 1943.
- Technische Daten – siehe U 292.
- Auftrag am 22. 7. 1944 annulliert.

U 1033–U 1050
- VII C/41, Blohm & Voss, Hamburg.
- Aufträge am 22. 7. 1944 storniert.

U 1051
- VII C, Germaniawerft, Kiel, Kiellegung: 8. 2. 1943, Stapellauf: 4. 3. 1944, Indienststellung: 3. 2. 1944.
- Technische Daten – siehe U 69.
- Zwei Schiffe versenkt mit 2.452 BRT. U 1051 wird am 26. 1. 1945 südlich der Isle of Man durch Rammstoß und Wasserbomben der britischen Fregatten HMS AYLMER, HMS BENTNINCK, HMS CALDER und HMS MANNERS mit 47 Mann Besatzung versenkt.

U 1052
- VII C, Germaniawerft, Kiel, Kiellegung: 8. 2. 1943, Stapellauf: 16. 12. 1943, Indienststellung: 20. 1. 1944.
- Technische Daten – siehe U 69.
- U 1052 kollidiert am 13. 11. 1944 mit dem Dampfer SAUDE südlich von Bergen/Norwegen. Das Boot kapituliert in Bergen/Norwegen am 8. 5. 1945, wird nach Loch Ryan/Schottland am 29. 5. 1945 zur Versenkungsoperation »Deadlight« beordert und am 9. 12. 1945 versenkt.

U 1053
- VII C, Germaniawerft, Kiel, Kiellegung: 8. 2. 1943, Stapellauf: 13. 1. 1944, Indienststellung: 12. 2. 1944.
- Technische Daten – siehe U 69.
- U 1053 sinkt am 15. 2. 1945 vor Bergen/Norwegen mit 45 Mann Besatzung (Unfall).

U 1054
- VII C, Germaniawerft, Kiel, Kiellegung: 30. 3. 1943, Stapellauf: 24. 2. 1944, Indienststellung: 25. 3. 1944.
- Technische Daten – siehe U 69.
- U 1054 wird nach einer Kollision mit dem Hospitalschiff PETER WESSEL vor Danzig am 15. 9. 1944 in Kiel außer Dienst gestellt, bei Kriegsende den Briten ausgeliefert und später verschrottet.

U 1055
- VII C, Germaniawerft, Kiel, Kiellegung: 30. 3. 1943, Stapellauf: 9. 3. 1944, Indienststellung: 8. 4. 1944.
- Technische Daten – siehe U 69.
- Vier Schiffe versenkt mit 19.413 BRT. U 1055 wird nach dem 23. 4. 1945 im Nordatlantik mit 49 Mann Besatzung vermisst.

U 1056
- VII C, Germaniawerft, Kiel, Kiellegung: 21. 6. 1943, Stapellauf: 30. 3. 1944, Indienststellung: 29. 4. 1944.
- Technische Daten – siehe U 69.
- U 1056 wird am 5. 5. 1945 in der Geltinger Bucht selbst versenkt, später gehoben und verschrottet.

U 1057
- VII C, Germaniawerft, Kiel, Kiellegung: 21. 6. 1943, Stapellauf: 20. 4. 1944, Indienststellung: 20. 5. 1944.
- Technische Daten – siehe U 69.
- U 1057 kapituliert am 8. 5. 1945 in Bergen/Norwegen, wird nach Loch Ryan/Schottland am 30. 5. 1945 beordert. Im November 1945 wird das Boot an die Sowjetunion übergeben und als N-22, später als S-81 wieder in Dienst gestellt, am 30. 12. 1955 der Reserve überstellt, am 16. 10. 1957 aus der Flottenliste gestrichen und verschrottet.

U 1058
- VII C, Germaniawerft, Kiel, Kiellegung: 2. 8. 1943, Stapellauf: 11. 5. 1944, Indienststellung: 10. 6. 1944.
- Technische Daten – siehe U 69.
- U 1058 kapituliert am 10. 5. 1945 in Lough Eriboll/Nordirland. Im November 1945 wird das Boot an die Sowjetunion übergeben und als N-23, später S-82 wieder in Dienst gestellt. Das Boot wird am 29. 12. 1955 der Reserve übergeben, dort unter der Bezeichnung PZS-32 eingesetzt, am 25. 3. 1958 aus der Flottenliste gestrichen und verschrottet.

U 1059
- VII F, Germaniawerft, Kiel, Kiellegung: 4. 6. 1942, Stapellauf: 12. 3. 1943, Indienststellung: 1. 5. 1943.
- Technische Daten: Verdrängung an der Oberfläche: 1.084 tons, getaucht: 1.181 tons, Abmessungen: 77,6 m x 7,3 m x 4,9 m, Antrieb: 3.200-PS-Diesel, 750-PS-E-Motoren, Geschwindigkeit an der Oberfläche: 17,6 kn, getaucht: 7,9 kn, Reichweite an der Oberfläche: 14.700 sm bei 10 kn, getaucht: 75 sm bei 4 kn, Tauchtiefe: 200 m, Besatzung: 46–50 Mann, Bewaffnung: 14 Torpedos (vier Bug-, ein Hecktorpedorohr).
- U 1059 sollte die deutschen Fernostboote mit Torpedos versorgen. Das Boot erreicht sein Ziel jedoch nicht und wird am 19. 3. 1944 südwestlich der Kapverdischen Inseln von Kampfflugzeugen des amerikanischen Geleitträgers USS BLOCK ISLAND versenkt – 47 Tote, acht Überlebende.

U 1060
- VII F, Germaniawerft, Kiel, Kiellegung: 7. 7. 1942, Stapellauf: 8. 3. 1943, Indienststellung: 15. 5. 1943.
- Technische Daten – siehe U 1060.
- U 1060 wird südlich von Brønnøysund/Norwegen am 27. 10. 1944 nach schweren Beschädigungen durch britische Kampfflugzeuge auf Grund gesetzt – 12 Tote und 43 Überlebende.

U 1061
- VII F, Germaniawerft, Kiel, Kiellegung: 21. 8. 1942, Stapellauf: 8. 5. 1943, Indienststellung: 25. 8. 1943.
- Technische Daten – siehe U 1060.
- U 1061 kapituliert am 8. 5. 1945 in Bergen/Norwegen, wird nach Loch Ryan/Schottland zur Versenkungsoperation »Deadlight« beordert und am 1. 12. 1945 versenkt.

U 1062
- VII F, Germaniawerft, Kiel, Kiellegung: 12. 8. 1942, Stapellauf: 8. 5. 1943, Indienststellung: 19. 6. 1943.
- Technische Daten – siehe U 1060.
- U 1062 verlässt Bergen/Norwegen am 3. 1. 1944 mit 39 Torpedos für die deutschen Fernostboote. Im Gegensatz zu U 1059 erreicht das Boot den Hafen von Penang am 19. 4. 1944, von wo es am 6. 7. 1944 wieder Richtung Europa ausläuft. U 1062 wird am 30. 9. 1944 im Atlantik vom amerikanischen Zerstörer USS FESSENDEN mit 55 Mann Besatzung versenkt.

U 1063
- VII C/41, Germaniawerft, Kiel, Kiellegung: 17. 8. 1943, Stapellauf: 8. 6. 1944, Indienststellung: 8. 7. 1944.
- Technische Daten – siehe U 292.
- U 1063 wird am 15. 4. 1945 westlich von Lands End/Großbritannien von der britischen Fregatte HMS LOCH KILLIN versenkt – 29 Tote, 17 Überlebende.

U 1064
- VII C/41, Germaniawerft, Kiel, Kiellegung: 23. 9. 1943, Stapellauf: 22. 6. 1944, Indienststellung: 29. 7. 1944.
- Technische Daten – siehe U 292.
- Ein Schiff versenkt mit 1.564 BRT. U 1064 kapituliert am 8. 5. 1945 in Trondheim/Norwegen, wird nach Loch Ryan/Schottland beordert. Im November 1945 wird das Boot an die Sowjetunion ausgeliefert und als N-24, später S-83 wieder in Dienst gestellt. Nach der Versetzung in die Reserve am 29. 12. 1955 wird U 1064 unter den Bezeichnungen PZS-33 und UTS-49 geführt. Am 12. 3. 1974 wird das Boot aus der Flottenliste gestrichen und verschrottet.

U 1065
- VII C/41, Germaniawerft, Kiel, Kiellegung: 23. 9. 1943, Stapellauf: 3. 8. 1944, Indienststellung: 23. 9. 1944.
- Technische Daten – siehe U 292.
- U 1065 und U 804 werden am 9. 4. 1945 nordwestlich von Göteborg/Schweden von dreizehn britischen Kampfflugzeugen versenkt. Auf U 1065 verlieren 45 Mann ihr Leben, auf U 804 sterben 55 Mann.

U 1066–1068
- Aufträge am 22. 7. 1944 storniert.

U 1069–U 1080
- Aufträge am 30. 9. 1943 storniert.

U 1081–U 1092
- Aufträge am 22. 7. 1944 storniert.

U 1093–U 1100
- Aufträge am 30. 9. 1943 storniert.

U 1101
- VII C, Nordseewerke, Emden, Kiellegung: 13. 9. 1943, Stapellauf: 18. 3. 1943, Indienststellung: 10. 11. 1943.
- Technische Daten – siehe U 69.
- U 1101 wird am 5. 5. 1945 in der Geltinger Bucht selbst versenkt, später gehoben und verschrottet.

U 1102
- VII C, Nordseewerke, Emden, Kiellegung: 16. 4. 1943, Stapellauf: 15. 1. 1944, Indienststellung: 22. 2. 1944.
- Technische Daten – siehe U 69.
- U 1102 sinkt am 24. 3. 1944 vor Pillau bei einem Tauchunfall (ein Toter). Das Boot wird im Mai 1944 gehoben und im August 1944 als Schulboot wieder in Dienst gestellt.
  U 1102 kapituliert am 8. 5. 1945 in Kiel, wird nach Loch Ryan/Schottland am 23. 6. 1945 zur Versenkungsoperation »Deadlight« beordert und am 21. 12. 1945 versenkt.

U 1103
- VII C/41, Nordseewerke, Emden, Kiellegung: 26. 5. 1943, Stapellauf: 12. 10. 1943, Indienststellung: 8. 1. 1944.
- Technische Daten – siehe U 292.
- U 1103 kapituliert am 8. 5. 1945 in Kiel, wird nach Loch Ryan/Schottland am 23. 6. 1945 zur Versenkungsoperation »Deadlight« beordert und am 30. 12. 1945 versenkt.

U 1104
- VII C/41, Nordseewerke, Emden, Kiellegung: 29. 6. 1943, Stapellauf: 7. 12. 1943, Indienststellung: 15. 3. 1944.
- Technische Daten – siehe U 292.
- U 1104 kapituliert am 8. 5. 1945 in Bergen/Norwegen, wird nach Loch Ryan/Schottland am 30. 5. 1945 zur Versenkungsoperation »Deadlight« beordert und am 15. 12. 1945 versenkt.

U 1105
- VII C/41, Blohm & Voss, Hamburg, Kiellegung: 29. 1. 1943, Stapellauf: 20. 4. 1944, Indienststellung: 3. 6. 1944.
- Technische Daten – siehe U 292.
- U 1105 kapituliert am 10. 5. 1945 in Loch Eriboll/Schottland, wird am 4. 8. 1946 als N-16 von den Briten wieder in Dienst gestellt, am 2. 1. 1946 an die USA übergeben und am 18. 11. 1948 bei Sprengversuchen versenkt, gehoben und am 21. 10. 1949 bei weiteren Sprengversuchen erneut versenkt.

U 1106
- VII C/41, Nordseewerke, Emden, Kiellegung: 28. 7. 1943, Stapellauf: 26. 5. 1944, Indienststellung: 5. 7. 1944.
- Technische Daten – siehe U 292.
- U 1106 wird am 29. 3. 1945 nordöstlich der Färöer von einem britischen Kampfflugzeug mit 46 Mann Besatzung versenkt.

U 1107
- VII C/41, Nordseewerke, Emden, Kiellegung: 20. 8. 1943, Stapellauf: 30. 6. 1944, Indienststellung: 8. 8. 1944.
- Technische Daten – siehe U 292.
- Zwei Schiffe mit 15.209 BRT versenkt.
  U 1107 wird am 30. 4. 1945 westlich von Brest/Frankreich von amerikanischen Kampfflugzeugen versenkt – 37 Tote.

U 1108
- VII C/41, Nordseewerke, Emden, Kiellegung: 20. 9. 1943, Stapellauf: 5. 9. 1944, Indienststellung: 18. 11. 1944.
- Technische Daten – siehe U 292.
- U 1108 kapituliert am 8. 5. 1945 in Horten/Norwegen, wird nach Lisahally/Nordirland am 31. 5. 1945 beordert und an die Engländer übergeben, die das Boot für Versuchsfahrten einsetzen und es am 12. 5. 1949 verschrotten.

U 1109
- VII C/41, Nordseewerke, Emden, Kiellegung: 20. 9. 1943, Stapellauf: 19. 6. 1944, Indienststellung: 31. 8. 1944.
- Technische Daten – siehe U 292.
- U 1109 kapituliert am 8. 5. 1945 in Bergen/Norwegen, wird nach Lisahally/Nordirland am 31. 5. 1945 zur Versenkungsoperation »Deadlight« beordert und am 6. 1. 1946 vom britischen U-Boot HMS TEMPLAR versenkt.

U 1110
- VII C/41, Nordseewerke, Emden, Kiellegung: 18. 12. 1943, Stapellauf: 21. 7. 1944, Indienststellung: 24. 9. 1944.

- Technische Daten – siehe U 292.
- U 1110 kapituliert am 8. 5. 1945 in Wilhelmshaven, wird nach Loch Ryan/Schottland am 24. 6. 1945 zur Versenkungsoperation »Deadlight« beordert und am 21. 12. 1945 versenkt.

U 1111–U 1114
- Aufträge am 22. 7. 1944 storniert.

U 1115–U 1120
- Aufträge am 6. 11. 1943 storniert.

U 1121–U 1130
- Es werden keine Bauaufträge vergeben.

U 1131
- VII C, Howaldtswerke, Kiel, Kiellegung: 6. 2. 1943, Stapellauf: 3. 4. 1944, Indienststellung: 20. 5. 1944.
- Technische Daten – siehe U 69.
- U 1131 wird am 29. 3. und 30. 3. 1945 in Hamburg-Finkenwerder bei Bombenangriffen vernichtet.

U 1132
- VII C, Howaldtswerke, Kiel, Kiellegung: 15. 2. 1943, Stapellauf: 29. 4. 1944, Indienststellung: 24. 6. 1944.
- Technische Daten – siehe U 69.
- U 1132 wird am 5. 5. 1945 in der Flensburger Förde, vor Kupfermühle, selbst versenkt, später gehoben und verschrottet.

U 1133–U 1140
- VII C/41.
- Technische Daten – siehe U 292.
- Aufträge am 22. 7. 1944 storniert.

U 1141–U 1146
- VII C/41.
- Technische Daten – siehe U 292.
- Aufträge am 30. 9. 1943 storniert.

U 1147–U 1154
- Aufträge am 6. 11. 1943 storniert.

U 1155–U 1160
- Es werden keine Bauaufträge vergeben.

U 1161
- VII C, Danziger Werft, Danzig, Kiellegung: 27. 10. 1942, Stapellauf: 8. 5. 1943, Indienststellung: 25. 8. 1943.
- Technische Daten – siehe U 69.

- U 1161 wird als S 8 an Italien abgegeben. Nach der Rückgabe an Deutschland erhält das Boot wieder seine alte Bezeichnung.
  U 1161 wird am 4. 5. 1945 in der Flensburger Förde, vor Kupfermühle, selbst versenkt, später gehoben und verschrottet.

U 1162
- VII C, Danziger Werft, Danzig, Kiellegung: 14. 11. 1942, Stapellauf: 29. 5. 1943, Indienststellung: 15. 9. 1943.
- Technische Daten – siehe U 69.
- U 1162 wird als S 10 an Italien abgegeben. Nach der Rückgabe an Deutschland erhält das Boot wieder seine alte Bezeichnung. U 1162 wird am 5. 5. 1945 in der Geltinger Bucht selbst versenkt, später gehoben und verschrottet.

U 1163
- VII C/41, Danziger Werft, Danzig, Kiellegung: 5. 12. 1942, Stapellauf: 12. 6. 1943, Indienststellung: 6. 10. 1943.
- Technische Daten – siehe U 292.
- Ein Schiff versenkt mit 433 BRT.
  U 1163 kapituliert am 8. 5. 1945 in Kristiansand/Norwegen, wird nach Loch Ryan/Schottland am 29. 5. 1945 zur Versenkungsoperation »Deadlight« beordert und am 11. 12. 1945 versenkt.

U 1164
- VII C/41, Danziger Werft, Danzig, Kiellegung: 11. 12. 1942, Stapellauf: 3. 7. 1943, Indienststellung: 27. 10. 1943.
- Technische Daten – siehe U 292.
- U 1164 wird am 24. 7. 1944 in Kiel nach schweren Bombenschäden außer Dienst gestellt und verschrottet.

U 1165
- VII C/41, Danziger Werft, Danzig, Kiellegung: 31. 12. 1942, Stapellauf: 20. 7. 1943, Indienststellung: 17. 11. 1943.
- Technische Daten – siehe U 292.
- Ein Schiff versenkt mit 39 BRT.
  U 1165 kapituliert am 8. 5. 1945 in Narvik/Norwegen, wird nach Loch Eriboll/Schottland am 19. 5. 1945 zur Versenkungsoperation »Deadlight« beordert und am 31. 12. 1945 versenkt.

U 1166
- VII C/41, Danziger Werft, Danzig, Kiellegung: 4. 2. 1943, Stapellauf: 28. 8. 1943, Indienststellung: 8. 12. 1943.
- Technische Daten – siehe U 292.

- U 1166 wird am 28. 7. 1944 in Eckernförde durch eine Torpedoexplosion beschädigt und am 28. 8. 1944 in Kiel außer Dienst gestellt. Das Boot wird am 5. 5. 1945 in Kiel selbst versenkt.

U 1167
- VII C/41, Danziger Werft, Danzig, Kiellegung: 2. 3. 1943, Stapellauf: 28. 8. 1943, Indienststellung: 29. 12. 1943.
- Technische Daten – siehe U 292.
- U 1167 wird am 30. 3. 1945 in Hamburg-Finkenwerder bei einem britischen Bombenangriff versenkt – ein Toter.

U 1168
- VII C/41, Danziger Werft, Danzig, Kiellegung: 16. 3. 1943, Stapellauf: 2. 10. 1943, Indienststellung: 19. 1. 1944.
- Technische Daten – siehe U 292.
- U 1168 wird am 5. 5. 1945 in der Geltinger Bucht nach Grundberührung selbst versenkt.

U 1169
- VII C/41, Danziger Werft, Danzig, Kiellegung: 9. 4. 1943, Stapellauf: 2. 10. 1943, Indienststellung: 9. 2. 1944.
- Technische Daten – siehe U 292.
- U 1169 wird am 29. 3. 1945 im Ärmelkanal von der britischen Fregatte HMS DUCKWORTH mit 49 Mann Besatzung versenkt.

U 1170
- VII C/41, Danziger Werft, Danzig, Kiellegung: 30. 4. 1943, Stapellauf: 14. 10. 1943, Indienststellung: 1. 3. 1944.
- Technische Daten – siehe U 292.
- U 1170 wird am 2. 5. 1945 in Travemünde selbst versenkt, später gehoben und verschrottet.

U 1171
- VII C/41, Danziger Werft, Danzig, Kiellegung: 5. 5. 1943, Stapellauf: 23. 11. 1943, Indienststellung: 22. 3. 1944.
- Technische Daten – siehe U 292.
- U 1108 kapituliert am 8. 5. 1945 in Horten/Norwegen, wird nach Lisahally/Nordirland am 31. 5. 1945 beordert und an die Engländer übergeben, die das Boot für Versuchsfahrten einsetzen und es am 12. 5. 1949 verschrotten.

U 1172
- VII C/41, Danziger Werft, Danzig, Kiellegung: 7. 6. 1943, Stapellauf: 3. 12. 1943, Indienststellung: 20. 4. 1944.
- Technische Daten – siehe U 292.
- Zwei Schiffe mit 12.999 BRT versenkt, ein Schiff mit 7.429 BRT beschädigt.

U 1172 wird am 27. 1. 1945 zwischen Großbritannien und Irland von den britischen Fregatten HMS BLIGH, HMS KEATS und HMS TYLER mit 52 Mann Besatzung versenkt.

U 1173
- VII C/41, Danziger Werft, Danzig, Kiellegung: 22. 5. 1943, Stapellauf: 18. 12. 1943.
- Technische Daten – siehe U 292.
- Der Bau wird am 18. 12. 1943 abgebrochen, das Boot nach Kriegsende verschrottet.

U 1174
- VII C/41, Danziger Werft, Danzig, Kiellegung: 25. 6. 1943, Stapellauf: 21. 10. 1943.
- Technische Daten – siehe U 292.
- Der Bau wird am 21. 10. 1943 abgebrochen, das Boot nach Kriegsende verschrottet.

U 1175
- VII C/41, Danziger Werft, Danzig, Kiellegung: 2. 7. 1943, Stapellauf: 28. 10. 1943.
- Technische Daten – siehe U 292.
- Der Bau wird am 28. 10. 1943 abgebrochen, das Boot nach Kriegsende verschrottet.

U 1176
- VII C/41, Danziger Werft, Danzig, Kiellegung: 29. 7. 1943, Stapellauf: 6. 11. 1943.
- Technische Daten – siehe U 292.
- Der Bau wird am 28. 10. 1943 abgebrochen, das Boot nach Kriegsende verschrottet.

U 1177–U 1190
- VII C/41, Danziger Werft, Danzig.
- Technische Daten – siehe U 292.
- Aufträge am 22. 7. 1944 storniert.

U 1191
- VII C, Schichau, Danzig, Kiellegung: 4. 11. 1942, Stapellauf: 6. 7. 1943, Indienststellung: 9. 9. 1943.
- Technische Daten – siehe U 69.
- U 1191 wird nach dem 12. 6. 1944 im Ärmelkanal mit 50 Mann Besatzung vermisst.

U 1192
- VII C, Schichau, Danzig, Kiellegung: 4. 11. 1942, Stapellauf: 16. 7. 1943, Indienststellung: 23. 9. 1943.
- Technische Daten – siehe U 69.
- U 1192 wird am 3. 5. 1945 in Kiel selbst versenkt, später gehoben und verschrottet.

U 1193
- VII C, Schichau, Danzig, Kiellegung: 28. 12. 1942, Stapellauf: 5. 8. 1943, Indienststellung: 7. 10. 1943.
- Technische Daten – siehe U 69.
- U 1193 wird am 5. 5. 1945 in der Geltinger Bucht selbst versenkt, später gehoben und verschrottet.

U 1194
- VII C, Schichau, Danzig, Kiellegung: 29. 12. 1942, Stapellauf: 5. 8. 1943, Indienststellung: 21. 10. 1943.
- Technische Daten – siehe U 69.
- U 1194 kapituliert am 8. 5. 1945 in Narvik/Norwegen, wird nach Loch Ryan/Schottland am 24. 6. 1945 zur Versenkungsoperation »Deadlight« beordert und am 22. 12. 1945 gesunken.

U 1195
- VII C, Schichau, Danzig, Kiellegung: 6. 2. 1943, Stapellauf: 2. 9. 1943, Indienststellung: 4. 11. 1943.
- Technische Daten – siehe U 69.
- Zwei Schiffe versenkt mit 18.614 BRT. U 1195 wird am 6. 4. 1945 im Ärmelkanal vom britischen Zerstörer HMS WATCHMAN versenkt – 32 Tote, 18 Überlebende.

U 1196
- VII C, Schichau, Danzig, Kiellegung: 8. 2. 1943, Stapellauf: 2. 9. 1943, Indienststellung: 18. 11. 1943.
- Technische Daten – siehe U 69.
- U 1196 wird nach einer Torpedoexplosion im August 1944 außer Dienst gestellt und am 3. 5. 1945 in Travemünde selbst versenkt, später gehoben und verschrottet.

U 1197
- VII C, Schichau, Danzig, Kiellegung: 13. 3. 1943, Stapellauf: 30. 9. 1943, Indienststellung: 2. 12. 1943.
- Technische Daten – siehe U 69.
- U 1197 wird bei einem Bombenangriff in Bremen beschädigt, am 25. 4. 1945 in Warnemünde außer Dienst gestellt und nach der Kapitulation von englischen Truppen übernommen. Das Boot wird im Februar 1946 von der US-Navy in der Nordsee versenkt.

U 1198
- VII C, Schichau, Danzig. Kiellegung: 13. 3. 1943, Stapellauf: 30. 9. 1943, Indienststellung: 9. 12. 1943.
- Technische Daten – siehe U 69.
- U 1198 kapituliert am 8. 5. 1945 in Wilhelmshaven, wird nach Loch Ryan/Schottland am 24. 6. 1945 zur Versenkungsoperation »Deadlight« beordert und ist am 17. 12. 1945 gesunken.

U 1199
- VII C, Schichau, Danzig, Kiellegung: 23. 3. 1943, Stapellauf: 12. 10. 1943, Indienststellung: 23. 12. 1943.
- Technische Daten – siehe U 69.
- Ein Schiff versenkt mit 7.176 BRT. U 1199 wird am 21. 1. 1945 im Ärmelkanal vom britischen Zerstörer HMS ICARUS und der Korvette HMS MIGNONETTE versenkt – 48 Tote, ein Überlebender.

U 1200
- VII C, Schichau, Danzig, Kiellegung: 17. 4. 1943, Stapellauf: 4. 11. 1943, Indienststellung: 5. 1. 1944.
- Technische Daten – siehe U 69.
- U 1200 wird am 11. 11. 1944 südlich von Irland von der britischen Korvette HMS KENILWORTH CASTLE mit 53 Mann Besatzung versenkt.

U 1201
- VII C, Schichau, Danzig, Kiellegung: 18. 4. 1943, Stapellauf: 4. 11. 1943, Indienststellung: 13. 1. 1944.
- Technische Daten – siehe U 69.
- U 1201 wird nach einem Bombentreffer am 3. 5. 1945 in Hamburg-Finkenwerder selbst versenkt.

U 1202
- VII C, Schichau, Danzig, Kiellegung: 28. 4. 1943, Stapellauf: 11. 11. 1943, Indienststellung: 27. 1. 1944.
- Technische Daten – siehe U 69.
- Ein Schiff versenkt mit 7.176 BRT. U 1202 gehört neben U 324 und U 926 zu den drei Booten, die bei Kriegsende für eine Überführung nach Großbritannien nicht seetüchtig genug waren. Nachdem das Boot am 10. 5. 1945 in Bergen/Norwegen kapitulierte, wird es im 10. 1948 an Norwegen übergeben, wo das Boot am 1. 7. 1951 als KNM KINN (bis zum 1. 6. 1961) in Dienst gestellt wird. Das Boot wird 1963 in Hamburg verschrottet.

U 1203
- VII C, Schichau, Danzig, Kiellegung: 15. 5. 1943, Stapellauf: 9. 12. 1943, Indienststellung: 10. 2. 1944.
- Technische Daten – siehe U 69.
- U 1203 wird am 29. 5. 1945 aus Trondheim über Scapa Flow nach Loch Ryan zur Versenkungsaktion »Deadlight« verlegt. Das Boot wird am 8. 12. 1945 von zwei britischen Kampfflugzeugen des Geleitträgers HMS NAIRANA versenkt.

U 1204
- VII C, Schichau, Danzig, Kiellegung: 15. 5. 1943, Stapellauf: 9. 12. 1943, Indienststellung: 17. 2. 1944.

- Technische Daten – siehe U 69.
- U 1204 wird am 4. 5. 1945 in der Geltinger Bucht selbst versenkt, 1948 gehoben und 1953 verschrottet.

U 1205
- VII C, Schichau, Danzig, Kiellegung: 12. 6. 1943, Stapellauf: 30. 12. 1943, Indienststellung: 2. 3. 1944.
- Technische Daten – siehe U 69.
- U 1205 wird am 3. 5. 1945 in Kiel selbst versenkt, später gehoben und verschrottet.

U 1206
- VII C, F. Schichau, Danzig, Kiellegung: 12. 6. 1943, Stapellauf: 30. 12. 1943, Indienststellung: 16. 3. 1944.
- Technische Daten – siehe U 69.
- U 1206 ist am 14. 4. 1945 vor Peterhead/Schottland gesunken (Unfall) – vier Tote, 46 Überlebende.

U 1207
- VII C, Schichau, Danzig, Kiellegung: 26. 6. 1943, Stapellauf: 6. 1. 1944, Indienststellung: 23. 3. 1944.
- Technische Daten – siehe U 69.
- U 1207 wird am 5. 5. 1945 in der Geltinger Bucht selbst versenkt, später gehoben und verschrottet.

U 1208
- VII C, Schichau, Danzig, Kiellegung: 30. 6. 1943, Stapellauf: 13. 1. 1944, Indienststellung: 6. 4. 1944.
- Technische Daten – siehe U 69.
- Ein Schiff versenkt mit 1.644 BRT.
  U 1208 wird am 27. 2. 1945 im Ärmelkanal von den britischen Fregatten HMS DUCKWORTH und HMS ROWLY mit 49 Mann Besatzung versenkt.

U 1209
- VII C, Schichau, Danzig, Kiellegung: 14. 7. 1943, Stapellauf: 9. 2. 1944, Indienststellung: 13. 4. 1944.
- Technische Daten – siehe U 69.
- U 1209 wird am 18. 12. 1944 im Ärmelkanal nach Grundberührung selbst versenkt – neun Tote, 44 Überlebende.

U 1210
- VII C, Schichau, Danzig, Kiellegung: 14. 7. 1943, Stapellauf: 9. 2. 1944, Indienststellung: 22. 4. 1944.
- Technische Daten – siehe U 69.
- U 1210 wird am 2. 5. 1945 vor Eckernförde von US-Kampfflugzeugen versenkt.

U 1211–U 1214
- Aufträge am 22. 7. 1944 storniert.

U 1215–U 1220
- Aufträge am 6. 11. 1943 storniert.

U 1221
- IX C/40, Deutsche Werft AG, Hamburg, Kiellegung: 28. 10. 1942, Stapellauf: 26. 5. 1943, Indienststellung: 11. 8. 1943.
- Technische Daten – siehe U 167.
- U 1221 wird am 3. 4. 1945 auf der Kieler Förde von US-Kampfflugzeugen versenkt – sieben Tote, elf Überlebende.

U 1222
- IX C/40, Deutsche Werft AG, Hamburg, Kiellegung: 2. 11. 1942, Stapellauf: 9. 6. 1943, Indienststellung: 1. 9. 1943.
- Technische Daten – siehe U 167.
- U 1222 wird am 11. 7. 1944 westlich von La Rochelle/Frankreich von einem britischen Kampfflugzeug mit 56 Mann Besatzung versenkt.

U 1223
- IX C/40, Deutsche Werft AG, Hamburg, Kiellegung: 25. 11. 1942, Stapellauf: 23. 6. 1943, Indienststellung: 6. 10. 1943.
- Technische Daten – siehe U 167.
- Ein Schiff mit 1.370 BRT versenkt, ein Schiff mit 7.134 BRT beschädigt.
  U 1223 wird am 14. 4. 1945 außer Dienst gestellt und am 5. 5. 1945 westlich von Wesermünde selbst versenkt.

U 1224
- IX C/40, Deutsche Werft AG, Hamburg, Kiellegung: 30. 11. 1942, Stapellauf: 7. 7. 1943, Indienststellung: 20. 10. 1943.
- Technische Daten – siehe U 167.
- U 1224 wird vom 15. 2. 1944 unter der Bezeichnung RO 501 in der japanischen Marine eingesetzt. Am 13. 5. 1944 wird es nordwestlich der Kapverdischen Inseln vom amerikanischen Zerstörer USS FRANCIS M. ROBINSON versenkt.

U 1225
- IX C/40, Deutsche Werft AG, Hamburg, Kiellegung: 28. 12. 1942, Stapellauf: 21. 7. 1943, Indienststellung: 10. 11. 1943.
- Technische Daten – siehe U 167.
- U 1225 wird am 24. 6. 1944 nordwestlich von Bergen/Norwegen von einem US-Kampfflugzeug mit 56 Mann Besatzung versenkt.

U 1226
- IX C/40, Deutsche Werft AG, Hamburg, Kiellegung: 11. 1. 1943, Stapellauf: 21. 8. 1943, Indienststellung: 24. 11. 1943.
- Technische Daten – siehe U 167.
- U 1226 wird nach dem 23. 10. 1944 im Atlantik mit 56 Mann Besatzung vermisst. Das Boot meldet in seinem letzten Funkspruch Probleme mit dem Schnorchel. Das gesunkene Boot soll vor Cape Cod/USA geortet worden sein.

U 1227
- IX C/40, Deutsche Werft AG, Hamburg, Kiellegung: 1. 2. 1942, Stapellauf: 18. 9. 1943, Indienststellung: 8. 12. 1943.
- Technische Daten – siehe U 167.
- Ein Schiff versenkt mit 1.370 BRT.
  U 1227 wird am 9. 4. 1945 bei britischen Bombenangriffen auf Kiel beschädigt, am 3. 5. 1945 gesprengt.

U 1228
- IX C/40, Deutsche Werft AG, Hamburg, Kiellegung: 16. 2. 1943, Stapellauf: 2. 10. 1943, Indienststellung: 22. 12. 1943.
- Technische Daten – siehe U 167.
- Ein Schiff versenkt mit 900 BRT.
  U 1228 kapituliert am 17. 5. 1945 in Portsmouth/USA und wird am 5. 2. 1946 vor der amerikanischen Ostküste versenkt.

U 1229
- IX C/40, Deutsche Werft AG, Hamburg, Kiellegung: 2. 3. 1943, Stapellauf: 22. 10. 1943, Indienststellung: 13. 1. 1944.
- Technische Daten – siehe U 167.
- U 1229 soll einen deutschen Spion in den USA absetzen. Noch auf der Reise in das Einsatzgebiet wird das Boot am 20. 8. 1944 südöstlich von Neufundland von Kampfflugzeugen des amerikanischen Geleitträgers USS BOGUE versenkt – 18 Tote, 41 Überlebende, unter ihnen der Spion.

U 1230
- IX C/40, Deutsche Werft AG, Hamburg, Kiellegung: 15. 3. 1943, Stapellauf: 8. 11. 1943, Indienststellung: 26. 1. 1944.
- Technische Daten – siehe U 167.
- Ein Schiff versenkt mit 5.458 BRT.
  Am 29. 11. 1944 setzt U 1230 zwei deutsche Spione an der US-Ostküste ab.
  U 1230 kapituliert am 8. 5. 1945 in Wilhelmshaven, wird nach Loch Ryan/Schottland am 24. 6. 1945 zur Versenkungsoperation »Deadlight« beordert und am 17. 12. 1945 von der britischen Fregatte HMS CUBITT versenkt.

U 1231
- IX C/40, Deutsche Werft AG, Hamburg, Kiellegung: 31. 3. 1943, Stapellauf: 18. 11. 1943, Indienststellung: 9. 2. 1944.
- Technische Daten – siehe U 167.
- U 1231 kapituliert am 14. 5. 1945 in Lough Foyle/Nordirland, wird als britisches N-26 wieder in Dienst gestellt und später an die Sowjetunion ausgeliefert, wo das Boot unter der Bezeichnung B-26 eingesetzt wird. Am 17. 8. 1953 wird es der Reserve übergeben, als KPB-31 weiter verwendet, als UTS-23 zu Schulungszwecken eingesetzt und 1968 in Riga verschrottet.

U 1232
- IX C/40, Deutsche Werft AG, Hamburg, Kiellegung: 14. 4. 1943, Stapellauf: 20. 12. 1943, Indienststellung: 8. 3. 1944.
- Technische Daten – siehe U 167.
- .Vier Schiffe mit 24.535 BRT versenkt, ein Schiff mit 2.373 BRT beschädigt.
  U 1232 wird am 27. 4. 1945 in Wesermünde außer Dienst gestellt und sinkt am 4. 3. 1946 bei der Schlepppreise zur Versenkungsoperation.

U 1233
- IX C/40, Deutsche Werft AG, Hamburg, Kiellegung: 29. 4. 1943, Stapellauf: 23. 12. 1943, Indienststellung: 22. 3. 1944.
- Technische Daten – siehe U 167.
- U 1233 kapituliert am 8. 5. 1945 in Wilhelmshaven, wird nach Loch Ryan/Schottland am 24. 6. 1945 zur Versenkungsoperation »Deadlight« beordert und am 29. 12. 1945 vom britischen Zerstörer HMS ONSLOW versenkt.

U 1234
- IX C/40, Deutsche Werft AG, Hamburg, Kiellegung: 11. 5. 1943, Stapellauf: 7. 1. 1944, Indienststellung: 19. 4. 1944.
- Technische Daten – siehe U 167.
- U 1234 sinkt am 14. 5. 1944 in Gotenhafen nach einer Kollision mit dem Schlepper ANTON. Das Boot wird gehoben, repariert und am 17. 10. 1944 wieder in Dienst gestellt.
  U 1234 wird am 5. 5. 1945 in der Flensburger Förde, vor Høruphav, selbst versenkt, später gehoben und verschrottet.

U 1235

- IX C/40, Deutsche Werft AG, Hamburg, Kiellegung: 25. 5. 1943, Stapellauf: 25. 1. 1944, Indienststellung: 17. 5. 1944.
- Technische Daten – siehe U 167.
- U 1235 wird am 15. 4. 1945 im Nordatlantik von den amerikanischen Zerstörern USS FROST und USS STANTON mit 57 Mann Besatzung versenkt.

U 1236

- IX C/40, Deutsche Werft AG, Hamburg. Kiellegung: 7. 6. 1943, Stapellauf: 7. 2. 1944.
- Technische Daten – siehe U 167.
- Der Bau wird am 23. 9. 1944 abgebrochen, das Boot am 3. 5. 1945 in Hamburg versenkt, im August 1945 gehoben und verschrottet.

U 1237

- IX C/40, Deutsche Werft AG, Hamburg, Kiellegung: 22. 6. 1943, Stapellauf: 22. 2. 1944.
- Technische Daten – siehe U 167.
- Der Bauauftrag wird am 23. 9. 1944 storniert, das Boot am 3. 5. 1945 in Hamburg selbst versenkt.

U 1238

- IX C/40, Deutsche Werft AG, Hamburg. Kiellegung: 6. 7. 1943, Stapellauf: 16. 3. 1944.
- Technische Daten – siehe U 167.
- Der Bauauftrag wird am 23. 9. 1944 storniert, das Boot sinkt am 30. 3. 1945 nach einem Bombentreffer im Hamburger Hafen.

U 1239

- IX C/40, Deutsche Werft AG, Hamburg, Kiellegung: 20. 7. 1943.
- Technische Daten – siehe U 167.
- Der Bauauftrag wird am 23. 9. 1944 storniert.

U 1240

- IX C/40, Deutsche Werft AG, Hamburg, Kiellegung: 21. 8. 1943.
- Technische Daten – siehe U 167.
- Der Bauauftrag wird am 23. 9. 1944 storniert.

U 1241

- IX C/40, Deutsche Werft AG, Hamburg, Kiellegung: 29. 9. 1943.
- Technische Daten – siehe U 167.
- Der Bauauftrag wird am 23. 9. 1944 storniert.

U 1242

- IX C/40, Deutsche Werft AG, Hamburg, Kiellegung: 10. 1943.
- Technische Daten – siehe U 167.
- Der Bauauftrag wird am 23. 9. 1944 storniert.

U 1243–U 1244

- Die Bauaufträge werden am 23. 9. 1944 storniert.

U 1245–U 1250

- Aufträge am 22. 7. 1944 storniert.

U 1251–U 1262

- Aufträge am 6. 11. 1943 storniert.

U 1271

- VII C/41, Bremer Vulkan, Bremen-Vegesack, Kiellegung: 17. 4. 1943, Stapellauf: 8. 12. 1943, Indienststellung: 12. 1. 1944.
- Technische Daten – siehe U 292.
- U 1271 kapituliert am 8. 5. 1945 in Bergen/Norwegen, wird nach Loch Ryan/Schottland am 30. 5. 1945 zur Versenkungsoperation »Deadlight« beordert und am 8. 12. 1945 versenkt.

U 1272

- VII C/41, Bremer Vulkan, Bremen-Vegesack, Kiellegung: 31. 5. 1943, Stapellauf: 23. 12. 1943, Indienststellung: 28. 1. 1944.
- Technische Daten – siehe U 292.
- U 1272 kapituliert am 8. 5. 1945 in Bergen/Norwegen, wird nach Loch Ryan/Schottland am 30. 5. 1945 zur Versenkungsoperation »Deadlight« beordert und am 8. 12. 1945 versenkt.

U 1273

- VII C/41, Bremer Vulkan, Bremen-Vegesack, Kiellegung: 7. 6. 1943, Stapellauf: 10. 1. 1944, Indienststellung: 16. 2. 1944.
- Technische Daten – siehe U 292.
- U 1273 wird am 17. 2. 1945 im Oslofjord vor Horten durch eine Mine versenkt – 43 Tote, acht Überlebende. Das Boot wird 1946 teilweise gehoben und verschrottet, der Rest unter Wasser gesprengt.

U 1274

- VII C/41, Bremer Vulkan, Bremen-Vegesack, Kiellegung: 21. 6. 1943, Stapellauf: 25. 1. 1944, Indienststellung: 1. 3. 1944.
- Technische Daten – siehe U 292.
- Ein Schiff versenkt mit 8.966 BRT. U 1274 wird am 16. 4. 1945 nördlich von Newcastle/Großbritannien vom britischen Zerstörer HMS VICEROY mit 44 Mann Besatzung versenkt.

U 1275

- VII C/41, Bremer Vulkan, Bremen-Vegesack, Kiellegung: 7. 7. 1943, Stapellauf: 8. 2. 1944, Indienststellung: 22. 3. 1944.
- Technische Daten – siehe U 292.
- U 1275 wird am 3. 5. 1945 in Kiel selbst versenkt und später verschrottet.

U 1276

- VII C/41, Bremer Vulkan, Bremen-Vegesack, Kiellegung: 13. 7. 1943, Stapellauf: 25. 2. 1944, Indienststellung: 6. 4. 1944.
- Technische Daten – siehe U 292.
- Ein Schiff versenkt mit 925 tons. U 1276 wird am 20. 2. 1945 im Nordatlantik von der britischen Sloop HMS AMETHYST mit 49 Mann Besatzung versenkt.

U 1277

- VII C/41, Bremer Vulkan, Bremen-Vegesack, Kiellegung: 6. 8. 1943, Stapellauf: 18. 3. 1944, Indienststellung: 3. 5. 1944.
- Technische Daten – siehe U 292.
- U 1277 wird am 3. 6. 1945 vor Oporto/Portugal selbst versenkt – 47 Mann Besatzung retten sich mit Gummibooten an die portugiesische Küste, wo sie interniert werden. Danach werden sie an Großbritannien ausgeliefert, wo sie für drei Jahre in ein Kriegsgefangenenlager kommen.

U 1278

- VII C/41, Bremer Vulkan, Bremen-Vegesack, Kiellegung: 12. 8. 1943, Stapellauf: 15. 4. 1944, Indienststellung: 31. 5. 1944.
- Technische Daten – siehe U 292.
- U 1278 wird am 17. 2. 1945 nordwestlich von Bergen/Norwegen von den britischen Fregatten HMS BAYNTUN und HMS LOCH ECK mit 48 Mann Besatzung versenkt.

U 1279

- VII C/41, Bremer Vulkan, Bremen-Vegesack, Kiellegung: 26. 8. 1943, Stapellauf: 1. 5. 1944, Indienststellung: 5. 7. 1944.
- Technische Daten – siehe U 292.
- U 1279 wird am 3. 2. 1945 nordwestlich von Bergen/Norwegen von den britischen Fregatten HMS BAYNTUN, HMS BRAITHWAITE und HMS LOCH ECK mit 48 Mann Besatzung versenkt.

U 1280

- VII C/41, Bremer Vulkan, Bremen-Vegesack, Kiellegung: 17. 9. 1943.
- Technische Daten – siehe U 292.
- Auftrag am 23. 9. 1944 storniert.

U 1281

- VII C/41, Bremer Vulkan, Bremen-Vegesack, Kiellegung: 17. 9. 1943.
- Technische Daten – siehe U 292.
- Auftrag wird am 23. 9. 1944 storniert.

U 1282

- VII C/41, Bremer Vulkan, Bremen-Vegesack, Kiellegung: 20. 10. 1943.
- Technische Daten – siehe U 292.
- Auftrag am 23. 9. 1944 storniert.

U 1283–U 1285

- Aufträge am 23. 7. 1944 storniert.

U 1286–U 1291

- Aufträge am 6. 11. 1943 storniert.

U 1292–U 1297

- Aufträge am 6. 11. 1943 storniert.

U 1298–U 1300

- Es werden keine Bauaufträge vergeben.

U 1301

- VII C/41, Flensburger Schiffbau Gesellschaft, Kiellegung: 20. 1. 1943, Stapellauf: 22. 12. 1943, Indienststellung: 11. 2. 1944.
- Technische Daten – siehe U 292.
- U 1301 kapituliert am 8. 5. 1945 in Bergen/Norwegen, wird nach Loch Ryan/Schottland am 30. 5. 1945 zur Versenkungsoperation »Deadlight« beordert und am 16. 12. 1945 versenkt.

U 1302

- VII C/41, Flensburger Schiffbau Gesellschaft, Kiellegung: 6. 3. 1943, Stapellauf: 4. 4. 1944, Indienststellung: 25. 5. 1944.
- Technische Daten – siehe U 292.
- Drei Schiffe versenkt mit 8.386 BRT. U 1302 wird am 7. 3. 1945 zwischen England und Irland von den kanadischen Fregatten HMCS LA

HULLOISE, HMCS STRATHADAM und HMCS THETFORD MINES mit 48 Mann Besatzung versenkt.

U 1303
- VII C/41, Flensburger Schiffbau Gesellschaft, Kiellegung: 8. 4. 1943, Stapellauf: 10. 2. 1944, Indienststellung: 5. 4. 1944.
- Technische Daten – siehe U 292.
- U 1303 wird am 5. 5. 1945 in der Flensburger Förde, vor Kupfermühle, selbst versenkt, später gehoben und verschrottet.

U 1304
- VII C/41, Flensburger Schiffbau Gesellschaft, Kiellegung: 17. 5. 1943, Stapellauf: 4. 8. 1944, Indienststellung: 6. 9. 1944.
- Technische Daten – siehe U 292.
- U 1304 wird am 5. 5. 1945 in der Flensburger Förde, vor Kupfermühle, selbst versenkt, später gehoben und verschrottet.

U 1305
- VII C/41, Flensburger Schiffbau Gesellschaft, Kiellegung: 30. 7. 1943, Stapellauf: 11. 7. 1944, Indienststellung: 13. 9. 1944.
- Technische Daten – siehe U 292.
- Ein Schiff versenkt mit 878 BRT.
  U 1305 kapituliert am 10. 5. 1945 in Loch Eriboll/Schottland und wird an die Sowjetunion ausgeliefert, die das Boot unter der Bezeichnung N-25 und später als S-84 im 11. 1945 in Dienst stellt. Das Boot wird am 30. 12. 1955 an die Reserve überstellt, bei Atombombenversuchen in der Barentssee verwendet, am 1. 3. 1958 aus der Flottenliste gestrichen und verschrottet.

U 1306
- VII C/41, Flensburger Schiffbau Gesellschaft, Kiellegung: 23. 9. 1943, Stapellauf: 25. 10. 1944, Indienststellung: 20. 12. 1944.
- Technische Daten – siehe U 292.
- U 1306 wird am 5. 5. 1945 in der Flensburger Förde vor Kupfermühle selbst versenkt, später gehoben und verschrottet.

U 1307
- VII C/41, Flensburger Schiffbau Gesellschaft, Kiellegung: 2. 12. 1943, Stapellauf: 29. 9. 1944, Indienststellung: 17. 11. 1944.
- Technische Daten – siehe U 292.
- U 1307 kapituliert am 8. 5. 1945 in Bergen/Norwegen, wird nach Loch Ryan/Schottland am 30. 5. 1945 zur

Versenkungsoperation »Deadlight« beordert und am 9. 12. 1945 von einem britischen Kampfflugzeug des Geleitträgers HMS NAIRANA versenkt.

U 1308
- VII C/41, Flensburger Schiffbau Gesellschaft, Kiellegung: 16. 2. 1944, Stapellauf: 22. 11. 1944, Indienststellung: 17. 1. 1945.
- Technische Daten – siehe U 292.
- U 1308 wird am 1. 5. 1945 nordwestlich von Warnemünde selbst versenkt, im 10. 1952 gehoben, soll der neu entstehenden U-Boot-Schule der DDR zur Verfügung gestellt werden und wird schließlich 1953 auf der Rostocker Neptun-Werft verschrottet.

U 1309–U 1312
- Aufträge am 22. 7. 1944 storniert.

U 1313–U 1318
- Aufträge am 6. 11. 1943 storniert.

U 1319–U 1330
- Es werden keine Bauaufträge vergeben.

U 1331–U 1338
- Aufträge am 22. 7. 1944 storniert.

U 1339–U 1350
- Aufträge am 30. 9. 1943 storniert.

U 1351–U 1400
- Es werden keine Bauaufträge vergeben.

U 1401–U 1404
- Aufträge am 22. 7. 1944 storniert.

U 1405
- XVII B, Blohm & Voss, Hamburg, Kiellegung: 15. 10. 1943, Stapellauf: 1. 12. 1944, Indienststellung: 21. 12. 1944.
- Technische Daten: Verdrängung an der Oberfläche: 312 tons, getaucht: 337 tons, Abmessungen: 41,5 m x 4,5 m x 4,3 m, Antrieb: 230-PS-Diesel, 78-PS-E-Motoren, Reichweite an der Oberfläche: 3.000 sm bei 8 kn, getaucht: 76 sm bei 2 kn, Geschwindigkeit an der Oberfläche: 8,8 kn, getaucht: 5,0 kn, Bewaffnung: 4 Torpedos.
- U 1405 wird am 5. 5. 1945 in der Eckernförder Bucht selbst versenkt, später gehoben und verschrottet.

U 1406
- XVII B, Blohm & Voss, Hamburg, Kiellegung: 30. 10. 1943, Stapellauf: 2. 1. 1945, Indienststellung: 8. 2. 1945.
- Technische Daten – siehe U 1405.
- U 1406 wird am 7. 5. 1945 in Cuxhaven selbst versenkt, später gehoben und am 15. 9. 1945 in die USA verschifft. Nach Versuchsfahrten wird das Boot 1948 in New York verschrottet.

U 1407
- XVII B, Blohm & Voss, Hamburg, Kiellegung: 13. 11. 1943, Stapellauf: 1. 2. 1945, Indienststellung: 13. 3. 1945.
- Technische Daten – siehe U 1405.
- U 1407 wird am 5. 5. 1945 in Cuxhaven selbst versenkt, später gehoben und an Großbritannien ausgeliefert, wo das Boot unter dem Namen METEORITE von 1946 bis 1949 wieder in Dienst gestellt und anschließend verschrottet wird.

U 1408
- XVII B, Blohm & Voss, Hamburg, Kiellegung: 27. 11. 1943.
- Technische Daten – siehe U 1405.
- U 1408 wird bei einem Bombenangriff am 30. 3. 1945 in Hamburg beschädigt und anschließend verschrottet.

U 1409
- XVII B, Blohm & Voss, Hamburg, Kiellegung: 15. 12. 1943.
- Technische Daten – siehe U 1405.
- U 1409 wird bei einem Bombenangriff am 30. 3. 1945 in Hamburg beschädigt und anschließend verschrottet.

U 1410
- XVII B, Blohm & Voss, Hamburg, Kiellegung: 31. 12. 1943.
- Technische Daten – siehe U 1405.
- U 1410 wird bei einem Bombenangriff am 30. 3. 1945 in Hamburg beschädigt und anschließend verschrottet.

U 1411–U 1422
- Aufträge am 22. 7. 1944 storniert.

U 1423–U 1434
- Aufträge am 6. 11. 1943 storniert.

U 1435–U 1439
- Aufträge am 22. 7. 1944 storniert.

U 1440–U 1463
- Aufträge am 6. 11. 1943 storniert.

U 1464–U 1500
- Es werden keine Bauaufträge vergeben.

U 1501–U 1506
- Aufträge am 22. 7. 1944 storniert.

U 1507–U 1512
- Aufträge am 6. 11. 1943 storniert.

U 1513–U 1515
- Aufträge am 22. 7. 1944 storniert.

U 1516–U 1542
- Aufträge am 6. 11. 1943 storniert.

U 1543–U 1600
- Es werden keine Bauaufträge vergeben.

U 1601–U 1615
- Aufträge am 23. 9. 1944 storniert.

U 1616–U 1700
- Es werden keine Bauaufträge erteilt.

U 1701–U 1715
- Baustopp am 27. 5. 1944.

U 1716–U 1800
- Keine Bauaufträge mehr erteilt.

U 1801–U 1828
- Aufträge am 6. 11. 1943 bzw. 22. 7. 1944 storniert.

U 1829–U 1900
- Kein Bauauftrag erteilt.

U 1901–U 1904
- Aufträge am 6. 11. 1943 storniert.

U 1905–U 2000
- Es werden keine Bauaufträge erteilt.

U 2001–U 2004
- Aufträge am 6. 11. 1943 storniert.

U 2005–U 2100
- Es werden keine Bauaufträge erteilt.

U 2101–U 2104
- Bauaufträge werden 1943 storniert.

U 2105–U 2110
- Es werden keine Bauaufträge erteilt.

U 2111–U 2113
- Bootsklasse XXVII A (Klein-U-Boot Hecht)
Indienststellung U 2111: 23. 5. 1944,
U 2112: 7. 6. 1944, U 2113: 9. 6. 1944.

U 2114–U 2200
- Es werden keine Bauaufträge erteilt.

U 2201–U 2250
- Aufträge werden am 23. 9. 1944 storniert.

U 2251
- Bootsklasse XXVII A (Hecht)
Indienststellung: 15. 7. 1944.

U 2252
- Bootsklasse XXVII A (Hecht)
Indienststellung: 17. 7. 1944.

U 2253
- Bootsklasse XXVII A (Hecht)
Indienststellung: 19. 7. 1944.

U 2254
- Bootsklasse XXVII A (Hecht)
Indienststellung: 20. 7. 1944.

U 2255
- Bootsklasse XXVII A (Hecht)
Indienststellung: 21. 7. 1944.

U 2256
- Bootsklasse XXVII A (Hecht)
Indienststellung: 22. 7. 1944.

U 2257
- Bootsklasse XXVII A (Hecht)
Indienststellung: 28. 7. 1944.

U 2258
- Bootsklasse XXVII A (Hecht)
Indienststellung: 2. 8. 1944.

U 2259
- Bootsklasse XXVII A (Hecht)
Indienststellung: 4. 8. 1944.

U 2260
- Bootsklasse XXVII A (Hecht)
Indienststellung: 4. 8. 1944.

U 2261
- Bootsklasse XXVII A (Hecht)
Indienststellung: 5. 8. 1944.

U 2262
- Bootsklasse XXVII A (Hecht)
Indienststellung: 4. 8. 1944.

U 2263
- Bootsklasse XXVII A (Hecht)
Indienststellung: 5. 8. 1944.

U 2264
- Bootsklasse XXVII A (Hecht)
Indienststellung: 7. 8. 1944.

U 2265
- Bootsklasse XXVII A (Hecht)
Indienststellung: 8. 8. 1944.

U 2266
- Bootsklasse XXVII A (Hecht)
Indienststellung: 5. 8. 1944.

U 2267
- Bootsklasse XXVII A (Hecht)
Indienststellung: 7. 8. 1944.

U 2268
- Bootsklasse XXVII A (Hecht)
Indienststellung: 8. 8. 1944.

U 2269
- Bootsklasse XXVII A (Hecht)
Indienststellung: 9. 8. 1944.

U 2270
- Bootsklasse XXVII A (Hecht)
Indienststellung: 9. 8. 1944.

U 2271
- Bootsklasse XXVII A (Hecht)
Indienststellung: 9. 8. 1944.

U 2272
- Bootsklasse XXVII A (Hecht)
Indienststellung: 10. 8. 1944.

U 2273
- Bootsklasse XXVII A (Hecht)
Indienststellung: 11. 8. 1944.

U 2274
- Bootsklasse XXVII A (Hecht)
Indienststellung: 12. 8. 1944.

U 2275
- Bootsklasse XXVII A (Hecht)
Indienststellung: 14. 8. 1944.

U 2276
- Bootsklasse XXVII A (Hecht)
Indienststellung: 12. 8. 1944.

U 2277
- Bootsklasse XXVII A (Hecht)
Indienststellung: 14. 8. 1944.

U 2278
- Bootsklasse XXVII A (Hecht)
Indienststellung: 15. 8. 1944.

U 2279
- Bootsklasse XXVII A (Hecht)
Indienststellung: 16. 8. 1944.

U 2280
- Bootsklasse XXVII A (Hecht)
Indienststellung: 17. 8. 1944.

U 2281
- Bootsklasse XXVII A (Hecht)
Indienststellung: 15. 8. 1944.

U 2282
- Bootsklasse XXVII A (Hecht)
Indienststellung: 15. 8. 1944.

U 2283
- Bootsklasse XXVII A (Hecht)
Indienststellung: 16. 8. 1944.

U 2284
- Bootsklasse XXVII A (Hecht)
Indienststellung: 16. 8. 1944.

U 2285
- Bootsklasse XXVII A (Hecht)
Indienststellung: 17. 8. 1944.

U 2286
- Bootsklasse XXVII A (Hecht)
Indienststellung: 20. 8. 1944.

U 2287
- Bootsklasse XXVII A (Hecht)
Indienststellung: 22. 8. 1944.

U 2288
- Bootsklasse XXVII A (Hecht)
Indienststellung: 25. 8. 1944.

U 2289
- Bootsklasse XXVII A (Hecht)
Indienststellung: 25. 8. 1944.

U 2290
- Bootsklasse XXVII A (Hecht)
Indienststellung: 25. 8. 1944.

U 2291
- Bootsklasse XXVII A (Hecht)
Indienststellung: 19. 8. 1944.

U 2292
- Bootsklasse XXVII A (Hecht)
Indienststellung: 23. 8. 1944.

U 2293
- Bootsklasse XXVII A (Hecht)
Indienststellung: 21. 8. 1944.

U 2294
- Bootsklasse XXVII A (Hecht)
Indienststellung: 22. 8. 1944.

U 2295
- Bootsklasse XXVII A (Hecht)
Indienststellung: 25. 8. 1944.

U 2296
- Bootsklasse XXVII A (Hecht)
Indienststellung: 24. 8. 1944.

U 2297
- Bootsklasse XXVII A (Hecht)
Indienststellung: 25. 8. 1944.

U 2298
- Bootsklasse XXVII A (Hecht)
Indienststellung: 23. 8. 1944.

U 2299
- Bootsklasse XXVII A (Hecht)
Indienststellung: 23. 8. 1944.

U 2300
- Bootsklasse XXVII A (Hecht)
  Indienststellung: 25. 8. 1944.

U 2301–U 2318
- Bootsklasse VII C/42
- Aufträge am 6. 11. 1943 storniert.

U 2319–U 2320
- Es werden keine Bauaufträge erteilt.

U 2321
- XXIII, Deutsche Werft AG, Hamburg,
  Kiellegung: 10. 3. 1944, Stapellauf: 17. 4. 1944,
  Indienststellung: 12. 6. 1944.
- Technische Daten: Verdrängung an der Oberfläche:
  234 tons, getaucht: 258 tons, Abmessungen: 34,7 m x
  3,0 m x 3,7 m, Antrieb: 630-PS-Diesel, 580-PS-Elektro-
  motoren, Geschwindigkeit an der Oberfläche: 9,7 kn,
  getaucht: 12,5 kn, Reichweite an der Oberfläche:
  2.600 sm bei 8 kn, getaucht: 194 sm bei 4 kn, Besatzung: 14–18 Mann, Tauchtiefe: 180 m, Bewaffnung:
  zwei Torpedos, zwei Bugtorpedorohre.
- Ein Schiff versenkt mit 1.406 BRT.
  U 2321 kapituliert am 8. 5. 1945 in Kristiansand/Nor-
  wegen, wird nach Loch Ryan/Schottland am 29. 5. 1945
  zur Versenkungsoperation »Deadlight« beordert und
  am 25. 11. 1945 durch Artillerie des britischen Zerstörers HMS ONSLOW und des polnischen Zerstörers
  BLYSKAWICA versenkt.

U 2322
- XXIII, Deutsche Werft AG, Hamburg,
  Kiellegung: 22.3.1944, Stapellauf: 30. 4. 1944,
  Indienststellung: 1. 7. 1944.
- Technische Daten – U 2321.
- Ein Schiff mit 1.317 BRT versenkt.
  U 2322 kapituliert am 8. 5. 1945 in Stavanger/Norwe-
  gen, wird am 31. 5. 1945 nach Loch Ryan/Schottland
  zur Versenkungsoperation »Deadlight« beordert und
  am 25. 11. 1945 durch Artillerie des britischen Zerstö-
  rers HMS ONSLOW und des polnischen Zerstörers
  BLYSKAWICA versenkt.

U 2323
- XXIII, Deutsche Werft AG, Hamburg,
  Kiellegung: 11. 4. 1944, Stapellauf: 31. 5. 1944,
  Indienststellung: 18. 7. 1944.

- Technische Daten – U 2321.
- U 2323 wird am 26. 7. 1944 auf der Kieler Förde, westlich von Möltenort, durch einen Minentreffer versenkt
  – zwei Tote, 12 Überlebende.

U 2324
- XXIII, Deutsche Werft AG, Hamburg,
  Kiellegung: 21. 4. 1944, Stapellauf: 16. 6. 1944,
  Indienststellung: 25. 7. 1944.
- Technische Daten – U 2321.
- U 2324 kapituliert am 8. 5. 1945 in Stavanger/Norwe-
  gen, wird am 29. 5. 1945 nach Loch Ryan/Schottland
  zur Versenkungsoperation »Deadlight« beordert und
  am 25. 11. 1945 durch Artillerie des britischen Zerstö-
  rers HMS ONSLOW und des polnischen Zerstörers
  BLYSKAWICA versenkt.

U 2325
- XXIII, Deutsche Werft AG, Hamburg,
  Kiellegung: 29. 4. 1944, Stapellauf: 13. 7. 1944,
  Indienststellung: 3. 8. 1944.
- Technische Daten – U 2321.
- U 2325 kapituliert am 8. 5. 1945 in Kristiansand/Nor-
  wegen, wird am 29. 5. 1945 nach Loch Ryan/Schottland
  zur Versenkungsoperation »Deadlight« beordert und
  am 28. 11. 1945 durch Artillerie des britischen Zerstö-
  rers HMS ONSLOW und des polnischen Zerstörers
  BLYSKAWICA versenkt.

U 2326
- XXIII, Deutsche Werft AG, Hamburg,
  Kiellegung: 8. 5. 1944, Stapellauf: 17. 7. 1944,
  Indienststellung: 10. 8. 1944.
- Technische Daten – U 2321.
- U 2326 kapituliert am 14. 5. 1945 in Dundee/Schott-
  land, wird als britisches Unterseeboot N 35 wieder in
  Dienst gestellt und später an Frankreich übergeben.
  Am 6. 12. 1946 sinkt das Boot vor Toulon mit seiner
  französischen Besatzung (17 Tote), wird später geho-
  ben und verschrottet.

U 2327
- XXIII, Deutsche Werft AG, Hamburg,
  Kiellegung: 16. 5. 1944, Stapellauf: 29. 7. 1944,
  Indienststellung: 19. 8. 1944.
- Technische Daten – U 2321.
- U 2327 wird am 3. 5. 1945 in Hamburg selbst versenkt,
  später gehoben und verschrottet.

U 2328
- XXIII, Deutsche Werft AG, Hamburg,
  Kiellegung: 19. 5. 1944, Stapellauf: 7. 8. 1944,
  Indienststellung: 25. 8. 1944.
- Technische Daten – U 2321.
- U 2328 kapituliert am 8. 5. 1945 in Bergen/Norwegen,
  wird am 30. 5. 1945 nach Loch Ryan/Schottland zur
  Versenkungsoperation »Deadlight« beordert. Das Boot
  sinkt auf der Schleppreise dorthin am 27. 11. 1945.

U 2329
- XXIII, Deutsche Werft AG, Hamburg,
  Kiellegung: 2. 6. 1944, Stapellauf: 11. 8. 1944,
  Indienststellung: 1. 9. 1944.
- Technische Daten – U 2321.
- U 2329 kapituliert am 8. 5. 1945 in Stavanger/Norwe-
  gen, wird im Juni 1945 nach Loch Ryan/Schottland
  zur Versenkungsoperation »Deadlight« beordert und
  am 28. 11. 1945 durch Artillerie des britischen Zerstö-
  rers HMS ONSLOW und des polnischen Zerstörers
  PIORUN versenkt.

U 2330
- XXIII, Deutsche Werft AG, Hamburg,
  Kiellegung: 12. 6. 1944, Stapellauf: 19. 8. 1944,
  Indienststellung: 7. 9. 1944.
- Technische Daten – U 2321.
- U 2330 wird am 3. 5. 1945 in Kiel selbst versenkt, spä-
  ter gehoben und verschrottet.

U 2331
- XXIII, Deutsche Werft AG, Hamburg,
  Kiellegung: 30. 6. 1944, Stapellauf: 22. 8. 1944,
  Indienststellung: 12. 9. 1944.
- Technische Daten – U 2321.
- U 2331 sinkt am 10. 10. 1944 in der Ostsee nahe Hela
  (15 Tote, vier Überlebende), wird später gehoben und
  nach Gotenhafen verlegt.

U 2332
- XXIII, Germaniawerft, Kiel, Kiellegung: 20. 9. 1944,
  Stapellauf: 18. 10. 1944, Indienststellung: 13. 11. 1944.
- Technische Daten – U 2321.
- U 2332 wird am 3. 5. 1945 in Hamburg selbst versenkt,
  später gehoben und verschrottet.

U 2333
- XXIII, Germaniawerft, Kiel, Kiellegung: 27. 9. 1944,
  Stapellauf: 16. 11. 1944, Indienststellung: 18. 12. 1944.
- Technische Daten – U 2321.
- U 2333 wird am 5. 5. 1945 in der Geltinger Bucht selbst
  versenkt, später gehoben und verschrottet.

U 2334
- XXIII, Deutsche Werft AG, Hamburg,
  Kiellegung: 14. 7. 1944, Stapellauf: 26. 8. 1944,
  Indienststellung: 21. 9. 1944.
- Technische Daten – U 2321.
- U 2334 kapituliert am 8. 5. 1945 in Kristiansand/Nor-
  wegen, wird am 29. 5. 1945 nach Loch Ryan/Schottland
  zur Versenkungsoperation »Deadlight« beordert und
  am 28. 11. 1945 durch Artillerie des britischen Zerstö-
  rers HMS ONSLOW und des polnischen Zerstörers
  PIORUN versenkt.

U 2335
- XXIII, Deutsche Werft AG, Hamburg,
  Kiellegung: 20. 7. 1944, Stapellauf: 31. 8. 1944,
  Indienststellung: 27. 9. 1944.
- Technische Daten – U 2321.
- U 2335 kapituliert am 8. 5. 1945 in Kristiansand/Nor-
  wegen, wird am 29. 5. 1945 nach Loch Ryan/Schottland
  zur Versenkungsoperation »Deadlight« beordert und
  am 28. 11. 1945 durch Artillerie des britischen Zerstö-
  rers HMS ONSLOW und des polnischen Zerstörers
  PIORUN versenkt.

U 2336
- XXIII, Deutsche Werft AG, Hamburg,
  Kiellegung: 27. 7. 1944, Stapellauf: 10. 9. 1944,
  Indienststellung: 30. 9. 1944.
- Technische Daten – U 2321.
- Zwei Schiffe versenkt mit 4.669 BRT.
  U 2336 sinkt am 18. 2. 1945 in der Ostsee nördlich von
  Heiligendamm nach einer Kollision mit U 2344 – elf
  Tote, drei Überlebende. Es wird anschließend gehoben
  und kapituliert am 8. 5. 1945 in Wilhelmshaven, wird
  am 21. 6. 1945 nach Lisahally/Nordirland zur Versen-
  kungsoperation »Deadlight« beordert und am
  3. 1. 1946 durch Artillerie des britischen Zerstörers
  HMS OFFA versenkt.

U 2337
- XXIII, Deutsche Werft AG, Hamburg,
  Kiellegung: 2. 8. 1944, Stapellauf: 15. 9. 1944,
  Indienststellung: 4. 10. 1944.
- Technische Daten – U 2321.
- U 2337 kapituliert am 8. 5. 1945 in Kristiansand/Nor-
  wegen, wird am 29. 5. 1945 nach Loch Ryan/Schottland
  zur Versenkungsoperation »Deadlight« beordert und
  am 28. 11. 1945 durch Artillerie des britischen Zerstö-
  rers HMS ONSLOW und des polnischen Zerstörers
  PIORUN versenkt.

U 2338

- XXIII, Deutsche Werft AG, Hamburg, Kiellegung: 10. 8. 1944, Stapellauf: 18. 9. 1944, Indienststellung: 9. 10. 1944.
- Technische Daten – U 2321.
- U 2338 wird am 4. 5. 1945 nordöstlich von Fredericia/Dänemark von einem britischen Kampfflugzeug versenkt – zwölf Tote, ein Überlebender. Das Boot wird 1952 gehoben und verschrottet.

U 2339

- XXIII, Deutsche Werft AG, Hamburg, Kiellegung: 15. 8. 1944, Stapellauf: 22. 9. 1944, Indienststellung: 16. 11. 1944.
- Technische Daten – U 2321.
- U 2339 wird am 5. 5. 1945 in der Geltinger Bucht selbst versenkt, später gehoben und verschrottet.

U 2340

- XXIII, Deutsche Werft AG, Hamburg, Kiellegung: 18. 8. 1944, Stapellauf: 28. 9. 1944, Indienststellung: 16. 10. 1944.
- Technische Daten – U 2321.
- U 2340 wird am 30. 3. 1945 in Hamburg von britischen Kampfflugzeugen versenkt, später gehoben und verschrottet.

U 2341

- XXIII, Deutsche Werft AG, Hamburg, Kiellegung: 23. 8. 1944, Stapellauf: 3. 10. 1944, Indienststellung: 21. 10. 1944.
- Technische Daten – U 2321.
- U 2341 kapituliert am 8. 5. 1945 in Wilhelmshaven, wird am 21. 6. 1945 nach Lisahally/Nordirland zur Versenkungsoperation »Deadlight« beordert und am 31. 12. 1945 durch Artillerie des britischen Zerstörers HMS ONSLOW und des polnischen Zerstörers BLYSKAWICA versenkt.

U 2342

- XXIII, Deutsche Werft AG, Hamburg, Kiellegung: 29. 8. 1944, Stapellauf: 13. 10. 1944, Indienststellung: 1. 11. 1944.
- Technische Daten – U 2321.
- U 2342 sinkt am 26. 12. 1944 vor Swinemünde nach einem Minentreffer – acht Tote, fünf Überlebende. 1954 wird das Wrack gesprengt.

U 2343

- XXIII, Deutsche Werft AG, Hamburg, Kiellegung: 31. 8. 1944, Stapellauf: 18. 10. 1944, Indienststellung: 6. 11. 1944.

- Technische Daten – U 2321.
- U 2343 wird am 5. 5. 1945 in der Geltinger Bucht selbst versenkt, später gehoben und verschrottet.

U 2344

- XXIII, Deutsche Werft AG, Hamburg, Kiellegung: 4. 9. 1944, Stapellauf: 24. 10. 1944, Indienststellung: 10. 11. 1944.
- Technische Daten – U 2321.
- U 2344 sinkt am 18. 2. 1945 in der Ostsee nördlich von Heiligendamm nach einer Kollision mit U 2336 – elf Tote, drei Überlebende. Das Boot wird 1956 gehoben und 1958 in Rostock verschrottet.

U 2345

- XXIII, Deutsche Werft AG, Hamburg, Kiellegung: 7. 9. 1944, Stapellauf: 28. 10. 1944, Indienststellung: 15. 11. 1944.
- Technische Daten – U 2321.
- U 2345 kapituliert am 8. 5. 1945 in Stavanger/Norwegen, wird am 30. 6. 1945 nach Loch Ryan/Schottland zur Versenkungsoperation »Deadlight« beordert und am 25. 11. 1945 versenkt.

U 2346

- XXIII, Deutsche Werft AG, Hamburg, Kiellegung: 14. 9. 1944, Stapellauf: 31. 10. 1944, Indienststellung: 20. 11. 1944.
- Technische Daten – U 2321.
- U 2346 wird am 5. 5. 1945 in der Geltinger Bucht selbst versenkt, später gehoben und verschrottet.

U 2347

- XXIII, Deutsche Werft AG, Hamburg, Kiellegung: 19. 9. 1944, Stapellauf: 6. 11. 1944, Indienststellung: 2. 12. 1944.
- Technische Daten – U 2321.
- U 2347 wird am 5. 5. 1945 in der Geltinger Bucht selbst versenkt, später gehoben und verschrottet.

U 2348

- XXIII, Deutsche Werft AG, Hamburg, Kiellegung: 22. 9. 1944, Stapellauf: 11. 11. 1944, Indienststellung: 4. 12. 1944.
- Technische Daten – U 2321.
- U 2348 kapituliert am 8. 5. 1945 in Stavanger/Norwegen und wird am 27. 5. 1945 nach Loch Ryan/Schottland beordert. Das Boot wird von den Briten als N-22 wieder in Dienst gestellt und im Frühjahr 1949 in Belfast/Nordirland verschrottet.

U 2349

- XXIII, Deutsche Werft AG, Hamburg, Kiellegung: 25. 9. 1944, Stapellauf: 20. 11. 1944, Indienststellung: 11. 12. 1944.
- Technische Daten – U 2321.
- U 2349 wird am 5. 5. 1945 in der Geltinger Bucht selbst versenkt, später gehoben und verschrottet.

U 2350

- XXIII, Deutsche Werft AG, Hamburg, Kiellegung: 28. 9. 1944, Stapellauf: 22. 11. 1944, Indienststellung: 23. 12. 1944.
- Technische Daten – U 2321.
- U 2350 kapituliert am 8. 5. 1945 in Kristiansand/Norwegen, wird am 29. 5. 1945 nach Loch Ryan/Schottland zur Versenkungsoperation »Deadlight« beordert und am 28. 11. 1945 durch Artillerie des britischen Zerstörers HMS ONSLOW und des polnischen Zerstörers PIORUN versenkt.

U 2351

- XXIII, Deutsche Werft AG, Hamburg, Kiellegung: 3. 10. 1944, Stapellauf: 25. 11. 1944, Indienststellung: 30. 12. 1944.
- Technische Daten – U 2321.
- U 2351 wird im 4. 1945 in Kiel nach Bombentreffern außer Dienst gestellt, nach der Kapitulation nach Lisahally/Nordirland zur Versenkungsoperation »Deadlight« geschleppt und am 3. 1. 1946 vom britischen Zerstörer HMS OFFA versenkt.

U 2352

- XXIII, Deutsche Werft AG, Hamburg, Kiellegung: 9. 10. 1944, Stapellauf: 5. 12. 1944, Indienststellung: 11. 1. 1945.
- Technische Daten – U 2321.
- U 2352 wird am 5. 5. 1945 auf der Flensburger Förde vor Höruphav selbst versenkt, später gehoben und verschrottet.

U 2353

- XXIII, Deutsche Werft AG, Hamburg, Kiellegung: 10. 10. 1944, Stapellauf: 6. 12. 1944, Indienststellung: 9. 1. 1945.
- Technische Daten – U 2321.
- U 2353 wird nach der Kapitulation am 8. 5. 1945 in Kristiansand/Norwegen am 29. 5. 1945 nach Loch Ryan/Schottland beordert und dort unter britischer Flagge als N-31 wieder in Dienst gestellt, später an die Sowjetunion abgegeben, als M-31 eingesetzt und 1963 verschrottet.

U 2354

- XXIII, Deutsche Werft AG, Hamburg, Kiellegung: 14. 10. 1944, Stapellauf: 10. 12. 1944, Indienststellung: 11. 1. 1945.
- Technische Daten – U 2321.
- U 2354 wird nach der Kapitulation am 8. 5. 1945 in Kristiansand/Norwegen am 29. 5. 1945 nach Loch Ryan/Schottland zur Versenkungsoperation »Deadlight« beordert und am 22. 12. 1945 vom britischen Zerstörer HMS ONSLOW versenkt.

U 2355

- XXIII, Deutsche Werft AG, Hamburg, Kiellegung: 18. 10. 1944, Stapellauf: 13. 12. 1944, Indienststellung: 12. 1. 1945.
- Technische Daten – U 2321.
- U 2355 wird am 3. 5. 1945 auf der Kieler Förde nordwestlich von Laboe selbst versenkt.

U 2356

- XXIII, Deutsche Werft AG, Hamburg, Kiellegung: 21. 10. 1944, Stapellauf: 19. 12. 1944, Indienststellung: 12. 1. 1945.
- Technische Daten – U 2321.
- U 2356 wird nach der Kapitulation am 8. 5. 1945 in Wilhelmshaven am 21. 6. 1945 nach Lisahally/Nordirland zur Versenkungsoperation »Deadlight« beordert und am 6. 1. 1946 vom britischen Zerstörer HMS ONSLOW versenkt.

U 2357

- XXIII, Deutsche Werft AG, Hamburg, Kiellegung: 21. 10. 1944, Stapellauf: 20. 12. 1944, Indienststellung: 12. 1. 1945.
- Technische Daten – U 2321.
- U 2357 wird am 5. 5. 1945 in der Geltinger Bucht selbst versenkt, später gehoben und verschrottet.

U 2358

- XXIII, Deutsche Werft AG, Hamburg, Kiellegung: 1. 11. 1944, Stapellauf: 22. 12. 1944, Indienststellung: 16. 1. 1945.
- Technische Daten – U 2321.
- U 2358 wird am 5. 5. 1945 in der Geltinger Bucht selbst versenkt, später gehoben und verschrottet.

U 2359

- XXIII, Deutsche Werft AG, Hamburg, Kiellegung: 3. 11. 1944, Stapellauf: 23. 12. 1944, Indienststellung: 16. 1. 1945.
- Technische Daten – U 2321.

- U 2359 wird am 2. 5. 1945 im Kattegat von britischen, kanadischen und norwegischen Kampfflugzeugen mit 12 Mann Besatzung versenkt.

U 2360
- XXIII, Deutsche Werft AG, Hamburg, Kiellegung: 7. 11. 1944, Stapellauf: 29. 12. 1944, Indienststellung: 23. 1. 1945.
- Technische Daten – U 2321.
- U 2360 wird am 5. 5. 1945 in der Geltinger Bucht selbst versenkt, später gehoben und verschrottet.

U 2361
- XXIII, Deutsche Werft AG, Hamburg, Kiellegung: 12. 11. 1944, Stapellauf: 3. 1. 1945, Indienststellung: 3. 2. 1945.
- Technische Daten – U 2321.
- U 2361 wird nach der Kapitulation am 8. 5. 1945 in Kristiansand/Norwegen am 29. 5. 1945 nach Loch Ryan/Schottland zur Versenkungsoperation »Deadlight« beordert und am 25. 11. 1945 vom britischen Zerstörer HMS ONSLOW und dem polnischen Zerstörer BLYSKAWICA versenkt.

U 2362
- XXIII, Deutsche Werft AG, Hamburg, Kiellegung: 22. 11. 1944, Stapellauf: 11. 1. 1945, Indienststellung: 5. 2. 1945.
- Technische Daten – U 2321.
- U 2362 wird am 5. 5. 1945 in der Geltinger Bucht selbst versenkt, später gehoben und verschrottet.

U 2363
- XXIII, Deutsche Werft AG, Hamburg, Kiellegung: 22. 11. 1944, Stapellauf: 18. 1. 1945, Indienststellung: 5. 2. 1945.
- Technische Daten – U 2321.
- U 2363 wird nach der Kapitulation am 8. 5. 1945 in Kristiansand/Norwegen am 29. 5. 1945 nach Loch Ryan/Schottland zur Versenkungsoperation »Deadlight« beordert und am 28. 11. 1945 vom britischen Zerstörer HMS ONSLOW und dem polnischen Zerstörer PIORUN versenkt.

U 2364
- XXIII, Deutsche Werft AG, Hamburg, Kiellegung: 27. 11. 1944, Stapellauf: 23. 1. 1945, Indienststellung: 14. 2. 1945.
- Technische Daten – U 2321.
- U 2364 wird am 5. 5. 1945 in der Geltinger Bucht selbst versenkt, später gehoben und verschrottet.

U 2365
- XXIII, Deutsche Werft AG, Hamburg, Kiellegung: 6. 12. 1944, Stapellauf: 26. 1. 1945, Indienststellung: 2. 3. 1945.
- Technische Daten – U 2321.
- U 2365 wird am 8. 5. 1945 nordwestlich von Anholt selbst versenkt, 1956 gehoben und als U HAI (S 170) am 15. 8. 1957 in der Bundesmarine wieder in Dienst gestellt.
  Das Boot sinkt am 14. 9. 1966 in der Nordsee vor Helgoland nach einem Wassereinbruch – 19 Tote. Es wird am 19. 9. 1966 aus 47 Metern Wassertiefe gehoben und verschrottet.

U 2366
- XXIII, Deutsche Werft AG, Hamburg, Kiellegung: 6. 12. 1944, Stapellauf: 17. 2. 1945, Indienststellung: 10. 3. 1945.
- Technische Daten – U 2321.
- U 2366 wird am 5. 5. 1945 in der Geltinger Bucht selbst versenkt, später gehoben und verschrottet.

U 2367
- XXIII, Deutsche Werft AG, Hamburg, Kiellegung: 11. 12. 1944, Stapellauf: 23. 2. 1945, Indienststellung: 17. 3. 1945.
- Technische Daten – U 2321.
- U 2367 wird am 9. 5. 1945 nahe Schleimünde selbst versenkt. Im August 1956 gehoben und als U HECHT (S 171) am 1. 10. 1957 in der Bundesmarine wieder in Dienst gestellt. Das Boot wird am 30. 9. 1968 außer Dienst gestellt und 1969 in Kiel verschrottet.

U 2368
- XXIII, Deutsche Werft AG, Hamburg, Kiellegung: 15. 12. 1944, Stapellauf: 19. 3. 1945, Indienststellung: 11. 4. 1945.
- Technische Daten – U 2321.
- U 2368 wird am 5. 5. 1945 in der Geltinger Bucht selbst versenkt, später gehoben und verschrottet.

U 2369
- XXIII, Deutsche Werft AG, Hamburg, Kiellegung: 20. 12. 1944, Stapellauf: 24. 3. 1945, Indienststellung: 18. 4. 1945.
- Technische Daten – U 2321.
- U 2369 wird am 5. 5. 1945 in der Geltinger Bucht selbst versenkt, später gehoben und verschrottet.

U 2370
- XXIII, Deutsche Werft AG, Hamburg, Kiellegung: 20. 12. 1944, Stapellauf: 4. 1945.

- Technische Daten – U 2321.
- U 2370 (nicht fertig gestellt) wird am 3. 5. 1945 im Hamburger U-Boot-Bunker Fink II selbst versenkt.

U 2371
- XXIII, Deutsche Werft AG, Hamburg, Kiellegung: 19. 1. 1945, Stapellauf: 18. 4. 1945, Indienststellung: 24. 4. 1945.
- Technische Daten – U 2321.
- U 2371 wird am 3. 5. 1945 in Hamburg selbst versenkt, später gehoben und verschrottet.

U 2372–U 2389
- Vor Kriegsende nicht mehr fertig gestellt.

U 2390–U 2400
- Aufträge am 1. 12. 1944 storniert.

U 2401
- XXIII, Ansaldo, Genua/Italien, Kiellegung: Juni 1944.
- Technische Daten – U 2321.
- Bau am 24. 8. 1944 eingestellt.

U 2402
- XXIII, Ansaldo, Genua/Italien, Kiellegung: Juni 1944.
- Technische Daten – U 2321.
- Bau am 24. 8. 1944 eingestellt.

U 2403
- XXIII, Ansaldo, Genua/Italien, Kiellegung: Juli 1944.
- Technische Daten – U 2321.
- Bau am 24. 8. 1944 eingestellt.

U 2404
- XXIII, Ansaldo, Genua/Italien, Kiellegung: Juli 1944.
- Technische Daten – U 2321.
- Bau am 24. 8. 1944 eingestellt.

U 2405–U 2430
- Nicht mehr auf Kiel gelegt.

U 2431–U 2432
- XXIII, C.R.D.A. Monfalcone/Italien, Kiellegung: Juni 1944.
- Technische Daten – U 2321.
- Der Bau wird vor Kriegsende eingestellt.

U 2433–U 2460
- Diese Boote werden nicht gebaut.

U 2461–U 2500
- Es wird kein Bauauftrag erteilt.

U 2501
- XXI, Blohm & Voss, Hamburg, Kiellegung: 3. 4. 1944, Stapellauf: 12. 5. 1944, Indienststellung: 27. 6. 1944.
- Technische Daten: Verdrängung an der Oberfläche: 1.621 tons, getaucht: 1.819 tons, Abmessungen: 76,7 m x 8,0 m x 6,3 m, Antrieb: 4.000-PS-Diesel, 4.400-PS-E-Motoren, Geschwindigkeit an der Oberfläche: 15,6 kn, getaucht: 17,2 kn, Reichweite an der Oberfläche: 15.500 sm bei 10 kn, getaucht: 340 sm bei 5 kn, Besatzung: 57–61 Mann, Tauchtiefe: 280 m, Bewaffnung: 23 Torpedos, sechs Bugtorpedorohre, 12 Minen.
- U 2501 wird am 3. 5. 1945 in Hamburg selbst versenkt, später gehoben und verschrottet.

U 2502
- XXI, Blohm & Voss, Hamburg, Kiellegung: 25. 4. 1944, Stapellauf: 15. 6. 1944, Indienststellung: 19. 7. 1944.
- Technische Daten – U 2501.
- U 2502 kapituliert am 8. 5. 1945 in Horten/Norwegen, wird am 7. 6. 1945 nach Lisahally/Nordirland zur Versenkungsoperation »Deadlight« beordert und am 2. 1. 1946 versenkt.

U 2503
- XXI, Blohm & Voss, Hamburg, Kiellegung: 2. 5. 1944, Stapellauf: 29. 6. 1944, Indienststellung: 1. 8. 1944.
- Technische Daten – U 2501.
- U 2503 wird am 2. 5. 1945 im Kleinen Belt vor der Insel Fünen/Dänemark von zwei britischen Kampfflugzeugen schwer beschädigt und am 4. 5. 1945 selbst versenkt – 13 Tote.

U 2504
- XXI, Blohm & Voss, Hamburg, Kiellegung: 20. 5. 1944, Stapellauf: 18. 7. 1944, Indienststellung: 12. 8. 1944.
- Technische Daten – U 2501.
- U 2504 wird am 3. 5. 1945 in Hamburg selbst versenkt, später gehoben und verschrottet.

U 2505
- XXI, Blohm & Voss, Hamburg, Kiellegung: 23. 5. 1944, Stapellauf: 27. 7. 1944, Indienststellung: 7. 11. 1944.
- Technische Daten – U 2501.
- U 2505 ist eines der drei XXI-Boote (neben U 3004 und U 3506), die unter dem nach Bombcnangriffen eingestürzten Bunker Elbe II in Hamburg liegen.

U 2506
- XXI, Blohm & Voss, Hamburg, Kiellegung: 29. 5. 1944, Stapellauf: 5. 8. 1944, Indienststellung: 31. 8. 1944.
- Technische Daten – U 2501.
- U 2506 kapituliert am 8. 5. 1945 in Bergen/Norwegen, wird nach Lisahally/Nordirland zur Versenkungsoperation »Deadlight« beordert und am 5. 1. 1946 versenkt.

U 2507
- XXI, Blohm & Voss, Hamburg, Kiellegung: 4. 6. 1944, Stapellauf: 14. 8. 1944, Indienststellung: 8. 9. 1944.
- Technische Daten – U 2501.
- U 2507 wird am 5. 5. 1945 in der Geltinger Bucht selbst versenkt, später gehoben und verschrottet.

U 2508
- XXI, Blohm & Voss, Hamburg, Kiellegung: 13. 6. 1944, Stapellauf: 19. 8. 1944, Indienststellung: 26. 9. 1944.
- Technische Daten – U 2501.
- U 2508 wird am 3. 5. 1945 in Kiel selbst versenkt, später gehoben und verschrottet.

U 2509
- XXI, Blohm & Voss, Hamburg, Kiellegung: 17. 6. 1944, Stapellauf: 27. 8. 1944, Indienststellung: 21. 9. 1944.
- Technische Daten – U 2501.
- U 2509 wird am 8. 4. 1945 auf der Bauwerft durch Bomben eines britischen Kampfflugzeugs zerstört.

U 2510
- XXI, Blohm & Voss, Hamburg, Kiellegung: 5. 7. 1944, Stapellauf: 29. 8. 1944, Indienststellung: 27. 9. 1944.
- Technische Daten – U 2501.
- U 2510 wird am 2. 5. 1945 in Travemünde selbst versenkt, später gehoben und verschrottet.

U 2511
- XXI, Blohm & Voss, Hamburg, Kiellegung: 7. 7. 1944, Stapellauf: 2. 9. 1944, Indienststellung: 29. 9. 1944.
- Technische Daten – U 2501.
- U 2511 ist das erste Boot vom Typ XXI, das zum Einsatz kommt: Am 30 1. 1945 verlässt U 2511 Danzig, wo das Boot ausgerüstet und die Besatzung ausgebildet worden ist. Am 16. 3. 1945 läuft U 2511 aus Kiel ins norwegische Horten zu Tieftauchtests aus. Am 30. 4. 1945 nimmt das Boot Kurs Richtung Karibik. Am 4. 5. 1945 erhält der Kommandant den Kapitulationsbefehl und nimmt Kontakt mit dem britischen Kreuzer HMS NORFOLK auf. Am 5. 5. 1945 kehrt U 2511 nach Bergen/Norwegen zurück, von wo es am 14. 6. 1945 nach Lisahally/Nordirland zur Versenkungsoperation »Deadlight« beordert und am 7. 1. 1946 versenkt wird.

U 2512
- XXI, Blohm & Voss, Hamburg, Kiellegung: 13. 7. 1944, Stapellauf: 7. 9. 1944, Indienststellung: 10. 10. 1944.
- Technische Daten – U 2501.
- U 2512 wird am 8. 5. 1945 in Eckernförde selbst versenkt, später gehoben und verschrottet.

U 2513
- XXI, Blohm & Voss, Hamburg, Kiellegung: 19. 7. 1944, Stapellauf: 14. 9. 1944, Indienststellung: 12. 10. 1944.
- Technische Daten – U 2501.
- U 2513 kapituliert am 8. 5. 1945 in Horten/Norwegen und wird nach Lisahally/Nordirland beordert. Im August 1945 wird das Boot zu Tests an die USA abgegeben und am 8. 10. 1951 vom Zerstörer USS ROBERT A. OWENS vor Florida versenkt.

U 2514
- XXI, Blohm & Voss, Hamburg, Kiellegung: 24. 7. 1944, Stapellauf: 17. 9. 1944, Indienststellung: 17. 10. 1944.
- Technische Daten – U 2501.
- U 2514 wird am 8. 4. 1945 in Hamburg bei Bombenangriffen zerstört, anschließend verschrottet.

U 2515
- XXI, Blohm & Voss, Hamburg, Kiellegung: 28. 7. 1944, Stapellauf: 22. 9. 1944, Indienststellung: 19. 10. 1944.
- Technische Daten – U 2501.
- U 2515 wird im Dezember 1944 in der Ostsee von einer Mine schwer beschädigt, am 17. 1. 1945 bei Reparaturarbeiten in Hamburg von Bombentreffern zerstört und anschließend verschrottet.

U 2516
- XXI, Blohm & Voss, Hamburg, Kiellegung: 3. 8. 1944, Stapellauf: 27. 9. 1944, Indienststellung: 24. 10. 1944.
- Technische Daten – U 2501.
- U 2516 wird am 9. 4. 1945 in Kiel durch Bombentreffer versenkt und anschließend verschrottet.

U 2517
- XXI, Blohm & Voss, Hamburg, Kiellegung: 8. 8. 1944, Stapellauf: 4. 10. 1944, Indienststellung: 31. 10. 1944.
- Technische Daten – U 2501.
- U 2517 wird am 5. 5. 1945 in der Geltinger Bucht selbst versenkt, später gehoben und verschrottet.

U 2518
- XXI, Blohm & Voss, Hamburg, Kiellegung: 16. 8. 1944, Stapellauf: 4. 10. 1944, Indienststellung: 4. 11. 1944.
- Technische Daten – U 2501.
- U 2518 kapituliert am 8. 5. 1945 in Horten/Norwegen, wird nach Lisahally/Nordirland beordert, am 14. 2. 1946 an Frankreich abgegeben und als ROLAND MORILLOT in Dienst gestellt. Am 17. 10. 1967 wird das Boot als Q-426 außer Dienst gestellt und 1969 in La Spezia/Italien verschrottet.

U 2519
- XXI, Blohm & Voss, Hamburg, Kiellegung: 24. 8. 1944, Stapellauf: 13. 10. 1944, Indienststellung: 15. 11. 1944.
- Technische Daten – U 2501.
- U 2519 wird am 3. 5. 1945 in Kiel selbst versenkt, später gehoben und verschrottet.

U 2520
- XXI, Blohm & Voss, Hamburg, Kiellegung: 24. 8. 1944, Stapellauf: 16. 10. 1944, Indienststellung: 25. 12. 1944.
- Technische Daten – U 2501.
- U 2520 wird am 3. 5. 1945 in Kiel selbst versenkt, später gehoben und verschrottet.

U 2521
- XXI, Blohm & Voss, Hamburg, Kiellegung: 31. 8. 1944, Stapellauf: 18. 10. 1944, Indienststellung: 21. 11. 1944.
- Technische Daten – U 2501.
- U 2521 wird am 3. 5. 1945 in der Flensburger Förde von einem britischen Kampfflugzeug versenkt – 44 Tote.

U 2522
- XXI, Blohm & Voss, Hamburg, Kiellegung: 28. 8. 1944, Stapellauf: 22. 10. 1944, Indienststellung: 22. 11. 1944.
- Technische Daten – U 2501.
- U 2522 wird am 5. 5. 1945 in der Geltinger Bucht selbst versenkt, später gehoben und verschrottet.

U 2523
- XXI, Blohm & Voss, Hamburg, Kiellegung: 6. 9. 1944, Stapellauf: 25. 10. 1944, Indienststellung: 26. 12. 1944.
- Technische Daten – U 2501.
- U 2523 wird am 17. 1. 1945 auf der Bauwerft durch Bombentreffer zerstört und anschließend verschrottet.

U 2524
- XXI, Blohm & Voss, Hamburg, Kiellegung: 6. 9. 1944, Stapellauf: 30. 10. 1944, Indienststellung: 16. 1. 1945.
- Technische Daten – U 2501.
- U 2524 versenkt sich am 3. 5. 1945 südöstlich von Fehmarn nach schweren Raketentreffern von einem britischen Kampfflugzeug selbst – ein Toter.

U 2525
- XXI, Blohm & Voss, Hamburg, Kiellegung: 13. 9. 1944, Stapellauf: 30. 10. 1944, Indienststellung: 12. 12. 1944.
- Technische Daten – U 2501.
- U 2525 wird am 5. 5. 1945 in der Geltinger Bucht selbst versenkt, später gehoben und verschrottet.

U 2526
- XXI, Blohm & Voss, Hamburg, Kiellegung: 16. 9. 1944, Stapellauf: 27. 11. 1944, Indienststellung: 15. 12. 1944.
- Technische Daten – U 2501.
- U 2526 wird am 2. 5. 1945 in Travemünde selbst versenkt, später gehoben und verschrottet.

U 2527
- XXI, Blohm & Voss, Hamburg, Kiellegung: 20. 9. 1944, Stapellauf: 7. 11. 1944, Indienststellung: 23. 12. 1944.
- Technische Daten – U 2501.
- U 2527 wird am 2. 5. 1945 in Travemünde selbst versenkt, später gehoben und verschrottet.

U 2528
- XXI, Blohm & Voss, Hamburg, Kiellegung: 25. 9. 1944, Stapellauf: 13. 11. 1944, Indienststellung: 9. 12. 1944.
- Technische Daten – U 2501.
- U 2528 wird am 2. 5. 1945 in Travemünde selbst versenkt, später gehoben und verschrottet.

U 2529
- XXI, Blohm & Voss, Hamburg, Kiellegung: 29. 9. 1944, Stapellauf: 13. 11. 1944, Indienststellung: 22. 2. 1945.
- Technische Daten – U 2501.
- U 2529 wird am 8. 5. 1945 nach der Kapitulation in Kristiansand/Norwegen am 3. 6. 1945 nach Loch Eriboll/Schottland und am 7. 6. 1945 nach Lisahally/Nordirland beordert. Dort stellt die Royal Navy das Boot als N-27 wieder in Dienst. Später wird es an die Sowjetunion weitergegeben, die es als B-27 bis zum 19. 9. 1955 in Dienst stellt. Das Boot wird 1972 verschrottet.

U 2530
- XXI, Blohm & Voss, Hamburg, Kiellegung: 1. 10. 1944, Stapellauf: 25. 11. 1944, Indienststellung: 30. 12. 1944.
- Technische Daten – U 2501.
- U 2530 sinkt am 31. 12. 1944 in Hamburg nach Bombentreffern, wird im Januar 1945 gehoben und wird er-

neut am 17. 1. 1945 versenkt. Das Wrack wird gehoben und verschrottet.

U 2531
- XXI, Blohm & Voss, Hamburg, Kiellegung: 3. 10. 1944, Stapellauf: 5. 12. 1944, Indienststellung: 10. 1. 1945.
- Technische Daten – U 2501.
- U 2531 wird am 2. 5. 1945 in Travemünde selbst versenkt, später gehoben und verschrottet.

U 2532
- XXI, Blohm & Voss, Hamburg. Kiellegung: 10. 10. 1944, Stapellauf: 7. 12. 1944.
- Technische Daten – U 2501.
- U 2532 sinkt am 31. 12. 1944 auf seiner Bauwerft in Hamburg nach Bombentreffern, wird im Januar 1945 gehoben und wird erneut am 17. 1. 1945 von Bomben beschädigt. Das Wrack wird verschrottet.

U 2533
- XXI, Blohm & Voss, Hamburg, Kiellegung: 13. 10. 1944, Stapellauf: 7. 12. 1944, Indienststellung: 18. 1. 1945.
- Technische Daten – U 2501.
- U 2533 wird am 3. 5. 1945 in Travemünde selbst versenkt, später gehoben und verschrottet.

U 2534
- XXI, Blohm & Voss, Hamburg, Kiellegung: 23. 10. 1944, Stapellauf: 11. 12. 1944, Indienststellung: 17. 1. 1945.
- Technische Daten – U 2501.
- U 2534 wird am 8. 5. 1945 in Travemünde selbst versenkt, später gehoben und verschrottet.

U 2535
- XXI, Blohm & Voss, Hamburg, Kiellegung: 19. 10. 1944, Stapellauf: 16. 12. 1944, Indienststellung: 28. 1. 1945.
- Technische Daten – U 2501.
- U 2535 wird am 2. 5. 1945 in Travemünde selbst versenkt, später gehoben und verschrottet.

U 2536
- XXI, Blohm & Voss, Hamburg, Kiellegung: 21. 10. 1944, Stapellauf: 16. 12. 1945, Indienststellung: 6. 2. 1945.
- Technische Daten – U 2501.
- U 2536 wird am 2. 5. 1945 in Travemünde selbst versenkt, später gehoben und verschrottet.

U 2537
- XXI, Blohm & Voss, Hamburg, Kiellegung: 22. 10. 1944, Stapellauf: 22. 12. 1944.
- Technische Daten – U 2501.

- Am 31. 12. 1944 wird das nicht fertig gestellte Boot auf der Bauwerft zerstört.

U 2538
- XXI, Blohm & Voss, Hamburg, Kiellegung: 24. 10. 1944, Stapellauf: 6. 1. 1945, Indienststellung: 16. 2. 1945.
- Technische Daten – U 2501.
- U 2538 wird am 8. 5. 1945 vor der dänischen Insel Ærø selbst versenkt, später gehoben und 1950 verschrottet.

U 2539
- XXI, Blohm & Voss, Hamburg, Kiellegung: 27. 10. 1944, Stapellauf: 6. 1. 1945, Indienststellung: 21. 2. 1945.
- Technische Daten – U 2501.
- U 2539 wird am 3. 5. 1945 in Kiel selbst versenkt, später gehoben und verschrottet.

U 2540
- XXI, Blohm & Voss, Hamburg, Kiellegung: 28. 10. 1944, Stapellauf: 13. 1. 1945, Indienststellung: 24. 2. 1945.
- Technische Daten – U 2501.
- U 2540 wird als eines der letzten deutschen Unterseeboote im Zweiten Weltkrieg am 13. 1. 1945 fertig und Ende 2. in Dienst gestellt. Es wird jedoch nicht mehr eingesetzt und am 4. 5. 1945 von seiner Besatzung nahe dem Flensburger Feuerschiff versenkt. Die Bergung aus 18 Metern Wassertiefe erfolgt im Juni 1957. Nach der Instandsetzung bei HDW in Kiel setzt die Bundesmarine U 2540 vom 1. 9. 1960 bis zum 15. 3. 1982 unter dem Namen WILHELM BAUER als Ausbildungs- und Erprobungsboot ein. Auf private Initiative wird das Boot am 27. 4. 1984 im Alten Hafen von Bremerhaven als schwimmendes Technikmuseum für die Öffentlichkeit geöffnet: Seitdem haben über drei Millionen Menschen U 2540 besichtigt.

U 2541
- XXI, Blohm & Voss, Hamburg, Kiellegung: 31. 10. 1944, Stapellauf: 13. 1. 1945, Indienststellung: 1. 3. 1945.
- Technische Daten – U 2501.
- U 2541 wird am 5. 5. 1945 in der Geltinger Bucht selbst versenkt, später gehoben und verschrottet.

U 2542
- XXI, Blohm & Voss, Hamburg, Kiellegung: 10. 11. 1944, Stapellauf: 22. 1. 1945, Indienststellung: 5. 3. 1945.
- Technische Daten – U 2501.
- U 2542 sinkt durch Bombentreffer am 3. 4. 1945 in Kiel am Hindenburg-Ufer und wird später gehoben und verschrottet.

U 2543
- XXI, Blohm & Voss, Hamburg, Kiellegung: 13. 11. 1944, Stapellauf: 9. 2. 1945, Indienststellung: 7. 3. 1945.
- Technische Daten – U 2501.
- U 2543 wird am 3. 5. 1945 in Kiel selbst versenkt, später gehoben und verschrottet.

U 2544
- XXI, Blohm & Voss, Hamburg, Kiellegung: 15. 11. 1944, Stapellauf: 9. 2. 1945, Indienststellung: 10. 3. 1945.
- Technische Daten – U 2501.
- U 2544 wird am 5. 5. 1945 südöstlich von Århus/Dänemark selbst versenkt, 1950 gehoben und verschrottet.

U 2545
- XXI, Blohm & Voss, Hamburg, Kiellegung: 20. 11. 1944, Stapellauf: 22. 2. 1945, Indienststellung: 8. 4. 1945.
- Technische Daten – U 2501.
- U 2545 wird am 3. 5. 1945 in Kiel selbst versenkt, später gehoben und verschrottet.

U 2546
- XXI, Blohm & Voss, Hamburg, Kiellegung: 22. 11. 1944, Stapellauf: 19. 2. 1945, Indienststellung: 21. 3. 1945.
- Technische Daten – U 2501.
- U 2546 wird am 3. 5. 1945 in Kiel selbst versenkt, später gehoben und verschrottet.

U 2547
- XXI, Blohm & Voss, Hamburg, Kiellegung: 27. 11. 1944, Stapellauf: 9. 3. 1945.
- Technische Daten – U 2501.
- U 2547 wird am 11. 3. 1945 auf der Bauwerft bei einem Bombenangriff zerstört.

U 2548
- XXI, Blohm & Voss, Hamburg, Kiellegung: 30. 11. 1944, Stapellauf: 9. 3. 1945, Indienststellung: 9. 4. 1945.
- Technische Daten – U 2501.
- U 2548 wird am 3. 5. 1945 in Kiel selbst versenkt, später gehoben und verschrottet.

U 2549
- XXI, Blohm & Voss, Hamburg, Kiellegung: 3. 12. 1944.
- Technische Daten – U 2501.
- In der Bauwerft verschrottet.

U 2550
- XXI, Blohm & Voss, Hamburg, Kiellegung: 5. 12. 1944.
- Technische Daten – U 2501.
- U 2550 wird am 20. 3. und am 8. 4. 1945 auf der Bauwerft bei Bombenangriffen zerstört.

U 2551
- XXI, Blohm & Voss, Hamburg, Kiellegung: 8. 12. 1944, Stapellauf: 31. 3. 1945, Indienststellung: 24. 4. 1945.
- Technische Daten – U 2501.
- U 2551 wird am 5. 5. 1945 in Flensburg selbst versenkt, später gehoben und verschrottet.

U 2552
- XXI, Blohm & Voss, Hamburg, Kiellegung: 10. 12. 1944, Stapellauf: 31. 3. 1945, Indienststellung: 21. 4. 1945.
- Technische Daten – U 2501.
- U 2552 wird am 3. 5. 1945 in Kiel selbst versenkt, später gehoben und verschrottet.

U 2553–U 2564
- XXI, Blohm & Voss, Hamburg.
- Nicht fertig gestellt und verschrottet.

U 2565–U 2608
- XXI, Blohm & Voss, Hamburg.
- Die Boote gehen nicht mehr in Bau.

U 2609–U 2762
- XXI, Blohm & Voss, Hamburg.
- Aufträge am 1. 12. 1944 storniert.

U 2763–U 3000
- Es werden keine Bauaufträge erteilt.

U 3001
- XXI, AG Weser, Bremen, Kiellegung: 15. 4. 1944, Stapellauf: 30. 5. 1944, Indienststellung: 20. 7. 1944.
- Technische Daten – siehe U 2501.
- U 3001 wird aufgrund konstruktiver Mängel vom 11. 1944 an nur als Schulboot eingesetzt. Das Boot wird am 3. 5. 1945 nordwestlich von Wesermünde selbst versenkt, später gehoben und verschrottet.

U 3002
- XXI, AG Weser, Bremen, Kiellegung: 23. 5. 1944, Stapellauf: 9. 7. 1944, Indienststellung: 6. 8. 1944.
- Technische Daten – siehe U 2501.
- U 3002 wird am 2. 5. 1945 in Travemünde selbst versenkt, später gehoben und verschrottet.

U 3003
- XXI, AG Weser, Bremen, Kiellegung: 27. 5. 1944, Stapellauf: 18. 7. 1944, Indienststellung: 22. 8. 1944.
- Technische Daten – siehe U 2501.
- U 3003 wird bei einem Bombenangriff am 4. 4. 1945 in Kiel versenkt, später gehoben und verschrottet.

U 3004
- XXI, AG Weser, Bremen, Kiellegung: 4. 6. 1944, Stapellauf: 26. 7. 1944, Indienststellung: 30. 8. 1944.
- Technische Daten – siehe U 2501.
- U 3004 ist eines der drei XXI-Boote (neben U 2505 und U 3506), die unter dem nach Bombenangriffen eingestürzten Bunker Elbe II in Hamburg liegen.

U 3005
- XXI, AG Weser, Bremen, Kiellegung: 21. 6. 1944, Stapellauf: 29. 8. 1944, Indienststellung: 20. 9. 1944.
- Technische Daten – siehe U 2501.
- U 3005 wird am 3. 5. 1945 in Kiel selbst versenkt, später gehoben und verschrottet.

U 3006
- XXI, AG Weser, Bremen, Kiellegung: 12. 6. 1944, Stapellauf: 25. 8. 1944, Indienststellung: 5. 10. 1944.
- Technische Daten – siehe U 2501.
- U 3006 wird am 5. 5. 1945 in Wilhelmshaven selbst versenkt, später gehoben und verschrottet.

U 3007
- XXI, AG Weser, Bremen, Kiellegung: 9. 7. 1944, Stapellauf: 4. 9. 1944, Indienststellung: 22. 10. 1944.
- Technische Daten – siehe U 2501.
- U 3007 wird bei einem Bombenangriff am 24. 2. 1945 nahe Bremen versenkt, später gehoben und verschrottet.

U 3008
- XXI, AG Weser, Bremen, Kiellegung: 2. 7. 1944, Stapellauf: 14. 9. 1944, Indienststellung: 19. 10. 1944.
- Technische Daten – siehe U 2501.
- U 3008 kapituliert in Kiel, wird am 21. 6. 1945 von Wilhelmshaven nach Loch Ryan/Schottland beordert und im August 1945 für Versuchsfahrten in die USA gebracht. Das Boot wird am 18. 6. 1948 außer Dienst gestellt und 1956 verschrottet.

U 3009
- XXI, AG Weser, Bremen, Kiellegung: 21. 7. 1944, Stapellauf: 29. 9. 1944, Indienststellung: 10. 11. 1944.
- Technische Daten – siehe U 2501.
- U 3009 wird am 5. 5. 1945 nahe Wesermünde versenkt, später gehoben und verschrottet.

U 3010
- XXI, AG Weser, Bremen, Kiellegung: 13. 7. 1944, Stapellauf: 10. 10. 1944, Indienststellung: 11. 11. 1944.
- Technische Daten – siehe U 2501.
- U 3010 wird am 3. 5. 1945 in Kiel selbst versenkt, später gehoben und verschrottet.

U 3011
- XXI, AG Weser, Bremen, Kiellegung: 14. 8. 1944, Stapellauf: 20. 10. 1944, Indienststellung: 21. 12. 1944.
- Technische Daten – siehe U 2501.
- U 3011 wird am 3. 5. 1945 in Travemünde selbst versenkt, später gehoben und verschrottet.

U 3012
- XXI, AG Weser, Bremen, Kiellegung: 26. 8. 1944, Stapellauf: 18. 10. 1944, Indienststellung: 4. 12. 1944.
- Technische Daten – siehe U 2501.
- U 3012 wird am 3. 5. 1945 in der Ostsee von einem US-Kampfflugzeug versenkt.

U 3013
- XXI, AG Weser, Bremen, Kiellegung: 18. 8. 1944, Stapellauf: 19. 10. 1944, Indienststellung: 22. 11. 1944.
- Technische Daten – siehe U 2501.
- U 3013 wird am 3. 5. 1945 in Travemünde selbst versenkt, später gehoben und verschrottet.

U 3014
- XXI, AG Weser, Bremen, Kiellegung: 28. 8. 1944, Stapellauf: 25. 10. 1944, Indienststellung: 17. 12. 1944.
- Technische Daten – siehe U 2501.
- U 3014 wird am 3. 5. 1945 nahe Neustadt/Holstein selbst versenkt, später gehoben und verschrottet.

U 3015
- XXI, AG Weser, Bremen, Kiellegung: 25. 8. 1944, Stapellauf: 27. 10. 1944, Indienststellung: 17. 12. 1944.
- Technische Daten – siehe U 2501.
- U 3015 wird am 5. 5. 1945 in der Geltinger Bucht selbst versenkt, später gehoben und verschrottet.

U 3016
- XXI, AG Weser, Bremen, Kiellegung: 6. 9. 1944, Stapellauf: 2. 11. 1944, Indienststellung: 5. 1. 1945.
- Technische Daten – siehe U 2501.
- U 3016 wird am 2. 5. 1945 in Travemünde selbst versenkt, später gehoben und verschrottet.

U 3017
- XXI, AG Weser, Bremen, Kiellegung: 2. 9. 1944, Stapellauf: 5. 11. 1944, Indienststellung: 5. 1. 1945.
- Technische Daten – siehe U 2501.
- U 3017 kapituliert am 8. 5. 1945 in Horten/Norwegen und wird nach Großbritannien beordert. Als britisches Unterseeboot N-41 wird das Boot zu Testzwecken verwendet und im 10. 1949 in Newport verschrottet.

U 3018
- XXI, AG Weser, Bremen, Kiellegung: 2. 9. 1944, Stapellauf: 9. 11. 1944, Indienststellung: 7. 1. 1945.
- Technische Daten – siehe U 2501.
- U 3018 wird am 2. 5. 1945 in Travemünde selbst versenkt, später gehoben und verschrottet.

U 3019
- XXI, AG Weser, Bremen, Kiellegung: 2. 9. 1944, Stapellauf: 7. 11. 1944, Indienststellung: 23. 12. 1944.
- Technische Daten – siehe U 2501.
- U 3019 wird am 3. 5. 1945 in Travemünde selbst versenkt, später gehoben und verschrottet.

U 3020
- XXI, AG Weser, Bremen, Kiellegung: 2. 9. 1944, Stapellauf: 16. 11. 1944, Indienststellung: 23. 12. 1944.
- Technische Daten – siehe U 2501.
- U 3020 wird am 3. 5. 1945 in Travemünde selbst versenkt, später gehoben und verschrottet.

U 3021
- XXI, AG Weser, Bremen, Kiellegung: 26. 9. 1944, Stapellauf: 27. 11. 1944, Indienststellung: 12. 1. 1945.
- Technische Daten – siehe U 2501.
- U 3021 wird am 3. 5. 1945 in Travemünde selbst versenkt, später gehoben und verschrottet.

U 3022
- XXI, AG Weser, Bremen, Kiellegung: 6. 10. 1944, Stapellauf: 30. 11. 1944, Indienststellung: 25. 1. 1945.
- Technische Daten – siehe U 2501.
- U 3022 wird am 3. 5. 1945 in Kiel selbst versenkt, später gehoben und verschrottet.

U 3023
- XXI, AG Weser, Bremen, Kiellegung: 3. 10. 1944, Stapellauf: 2. 12. 1944, Indienststellung: 22. 1. 1945.
- Technische Daten – siehe U 2501.
- U 3023 wird am 3. 5. 1945 in Travemünde selbst versenkt, später gehoben und verschrottet.

U 3024
- XXI, AG Weser, Bremen, Kiellegung: 14. 10. 1944, Stapellauf: 6. 12. 1944, Indienststellung: 13. 1. 1945.
- Technische Daten – siehe U 2501.
- U 3024 wird am 3. 5. 1945 nahe Neustadt/Holstein selbst versenkt, später gehoben und verschrottet.

U 3025
- XXI, AG Weser, Bremen, Kiellegung: 12. 10. 1944, Stapellauf: 9. 12. 1944, Indienststellung: 20. 1. 1945.
- Technische Daten – siehe U 2501.
- U 3025 wird am 3. 5. 1945 in Travemünde selbst versenkt, später gehoben und verschrottet.

U 3026
- XXI, AG Weser, Bremen, Kiellegung: 19. 10. 1944, Stapellauf: 14. 12. 1944, Indienststellung: 22. 1. 1945.
- Technische Daten – siehe U 2501.
- U 3026 wird am 3. 5. 1945 in Travemünde selbst versenkt, später gehoben und verschrottet.

U 3027
- XXI, AG Weser, Bremen, Kiellegung: 18. 10. 1944, Stapellauf: 18. 12. 1944, Indienststellung: 25. 1. 1945.
- Technische Daten – siehe U 2501.
- U 3027 wird am 3. 5. 1945 in Travemünde selbst versenkt, später gehoben und verschrottet.

U 3028
- XXI, AG Weser, Bremen, Kiellegung: 26. 10. 1944, Stapellauf: 22. 12. 1944, Indienststellung: 27. 1. 1945.
- Technische Daten – siehe U 2501.
- U 3028 wird am 3. 5. 1945 in Kiel selbst versenkt, später gehoben und verschrottet.

U 3029
- XXI, AG Weser, Bremen, Kiellegung: 24. 10. 1944, Stapellauf: 28. 12. 1944, Indienststellung: 5. 2. 1945.
- Technische Daten – siehe U 2501.
- U 3029 wird am 3. 5. 1945 in der Kieler Außenförde selbst versenkt, später gehoben und verschrottet.

U 3030
- XXI, AG Weser, Bremen, Kiellegung: 2. 11. 1944, Stapellauf: 31. 12. 1944, Indienststellung: 14. 2. 1945.
- Technische Daten – siehe U 2501.
- U 3030 wird am 9. 5. 1945 in der Eckernförder Bucht selbst versenkt, später gehoben und verschrottet.

U 3031
- XXI, AG Weser, Bremen, Kiellegung: 30. 10. 1944, Stapellauf: 6. 1. 1945, Indienststellung: 28. 2. 1945.
- Technische Daten – siehe U 2501.
- U 3031 wird am 3. 5. 1945 in Kiel selbst versenkt, später gehoben und verschrottet.

U 3032
- XXI, AG Weser, Bremen, Kiellegung: 9. 11. 1944, Stapellauf: 10. 1. 1945, Indienststellung: 12. 2. 1945.

- Technische Daten – siehe U 2501.
- U 3032 wird am 3. 5. 1945 östlich von Fredericia/ Dänemark durch Raketenbeschuss eines britischen Kampfflugzeuges versenkt – 36 Tote, 24 Überlebende.

U 3033
- XXI, AG Weser, Bremen, Kiellegung: 6. 11. 1944, Stapellauf: 20. 1. 1945, Indienststellung: 27. 2. 1945.
- Technische Daten – siehe U 2501.
- U 3033 wird am 5. 5. 1945 auf der Flensburger Förde vor Wassersleben selbst versenkt, später gehoben und verschrottet.

U 3034
- XXI, AG Weser, Bremen, Kiellegung: 14. 11. 1944, Stapellauf: 21. 1. 1945, Indienststellung: 31. 3. 1945.
- Technische Daten – siehe U 2501.
- U 3034 wird am 5. 5. 1945 auf der Flensburger Förde vor Wassersleben selbst versenkt, später gehoben und verschrottet.

U 3035
- XXI, AG Weser, Bremen, Kiellegung: 14. 11. 1944, Stapellauf: 24. 1. 1945, Indienststellung: 1. 3. 1945.
- Technische Daten – siehe U 2501.
- U 3035 kapituliert am 8. 5. 1945 in Stavanger/Norwegen, wird am 1. 6. 1945 nach Loch Ryan/Schottland beordert. Danach wird das Boot zunächst als N-28 unter britischer Flagge und vom Februar 1946 bis zum 12. 1955 in der Sowjetmarine als B-28 eingesetzt. Es wird am 29. 12. 1955 der Reserve übergeben, dort unter der Bezeichnung PZS-34 eingesetzt, am 25. 3. 1958 aus der Flottenliste gestrichen und 1958 verschrottet.

U 3036
- XXI, AG Weser, Bremen. Kiellegung: 22. 11. 1944, Stapellauf: 27. 1. 1945.
- Technische Daten – siehe U 2501.
- U 3036 sinkt bei einem Bombenangriff auf die Werft am 30. 3. 1945.

U 3037
- XXI, AG Weser, Bremen, Kiellegung: 18. 11. 1944, Stapellauf: 31. 1. 1945, Indienststellung: 3. 3. 1945.
- Technische Daten – siehe U 2501.
- U 3037 wird am 3. 5. 1945 in Travemünde selbst versenkt, später gehoben und verschrottet.

U 3038
- XXI, AG Weser, Bremen, Kiellegung: 1. 12. 1944, Stapellauf: 7. 2. 1945, Indienststellung: 4. 3. 1945.

- Technische Daten – siehe U 2501.
- U 3038 wird am 3. 5. 1945 in Kiel selbst versenkt, später gehoben und verschrottet.

U 3039
- XXI, AG Weser, Bremen, Kiellegung: 29. 11. 1944, Stapellauf: 14. 2. 1945, Indienststellung: 8. 3. 1945.
- Technische Daten – siehe U 2501.
- U 3039 wird am 3. 5. 1945 in Kiel selbst versenkt, später gehoben und verschrottet.

U 3040
- XXI, AG Weser, Bremen, Kiellegung: 9. 12. 1944, Stapellauf: 10. 2. 1945, Indienststellung: 8. 3. 1945.
- Technische Daten – siehe U 2501.
- U 3040 wird am 3. 5. 1945 in Kiel selbst versenkt, später gehoben und verschrottet.

U 3041
- XXI, AG Weser, Bremen, Kiellegung: 7. 12. 1944, Stapellauf: 13. 2. 1945, Indienststellung: 10. 3. 1945.
- Technische Daten – siehe U 2501.
- U 3041 kapituliert am 8. 5. 1945 in Horten/Norwegen, wird nach Loch Ryan/Schottland am 29. 5. 1945 beordert und als britisches Unterseeboot N-29 wieder in Dienst gestellt, später an die Sowjetunion abgegeben und von Februar 1946 bis Dezember 1955 als B-29, später als PZS-31 eingesetzt. Das Boot wird am 25. 3. 1958 aus der Flottenliste gestrichen und verschrottet.

U 3042
- XXI, AG Weser, Bremen, Kiellegung: 15. 12. 1944.
- Technische Daten – siehe U 2501.
- U 3042 wird bei einem Bombenangriff auf die Werft am 22. 2. 1945 zerstört.

U 3043
- XXI, AG Weser, Bremen, Kiellegung: 14. 12. 1944.
- Technische Daten – siehe U 2501.
- U 3043 wird bei einem Bombenangriff auf die Werft am 22. 2. 1945 zerstört.

U 3044
- XXI, AG Weser, Bremen, Kiellegung: 21. 12. 1944, Stapellauf: 1. 3. 1945, Indienststellung: 27. 3. 1945.
- Technische Daten – siehe U 2501.
- U 3044 wird am 5. 5. 1945 in der Geltinger Bucht selbst versenkt, später gehoben und verschrottet.

U 3045
- XXI, AG Weser, Bremen. Kiellegung: 20. 12. 1944, Stapellauf: 6. 3. 1945.

- Technische Daten – siehe U 2501.
- U 3045 wird am 30. 3. 1945 bei einem Bombenangriff auf die Werft zerstört.

U 3046
- XXI, AG Weser, Bremen. Kiellegung: 29. 12. 1944, Stapellauf: 10. 3. 1945.
- Technische Daten – siehe U 2501.
- U 3046 wird am 30. 3. 1945 bei einem Bombenangriff auf die Werft zerstört.

U 3047
- XXI, AG Weser, Bremen, Kiellegung: 3. 1. 1945, Stapellauf: 11. 4. 1945.
- Technische Daten – siehe U 2501.
- 3047 wird nicht fertig gestellt und am 5. 5. 1945 vor Wesermünde selbst versenkt.

U 3048
- XXI, AG Weser, Bremen, Kiellegung: 31. 12. 1944.
- Technische Daten – siehe U 2501.
- U 3048 wird am 22. 2. 1945 bei einem Bombenangriff auf die Werft zerstört.

U 3049
- XXI, AG Weser, Bremen, Kiellegung: 30. 12. 1944.
- Technische Daten – siehe U 2501.
- U 3049 wird am 22. 2. 1945 bei einem Bombenangriff auf die Werft zerstört.

U 3050
- XXI, AG Weser, Bremen, Kiellegung: 9. 1. 1945, Stapellauf: 18. 4. 1945.
- Technische Daten – siehe U 2501.
- U 3050 wird am 5. 5. 1945 vor Wesermünde selbst versenkt.

U 3051
- XXI, AG Weser, Bremen, Kiellegung: 8. 1. 1945, Stapellauf: 20. 4. 1945.
- Technische Daten – siehe U 2501.
- U 3051 wird am 5. 5. 1945 vor Wesermünde selbst versenkt.

U 3052
- XXI, AG Weser, Bremen, Kiellegung: 22. 1. 1945.
- Technische Daten – siehe U 2501.
- Nicht fertig gestellt und verschrottet.

U 3053
- XXI, AG Weser, Bremen, Kiellegung: 25. 1. 1945.
- Technische Daten – siehe U 2501.
- Nicht fertig gestellt und verschrottet.

U 3054
- XXI, AG Weser, Bremen, Kiellegung: 27. 1. 1945.
- Technische Daten – siehe U 2501.
- U 3054 wird am 11. 3. 1945 bei einem Bombenangriff auf die Werft zerstört und nach Kriegsende verschrottet.

U 3055
- XXI, AG Weser, Bremen, Kiellegung: 25. 1. 1945.
- Technische Daten – siehe U 2501.
- Nicht fertig gestellt und verschrottet.

U 3056
- XXI, AG Weser, Bremen, Kiellegung: 7. 2. 1945.
- Technische Daten – siehe U 2501.
- Nicht fertig gestellt und verschrottet.

U 3057
- XXI, AG Weser, Bremen, Kiellegung: 4. 2. 1945.
- Technische Daten – siehe U 2501.
- Nicht fertig gestellt und verschrottet.

U 3058
- XXI, AG Weser, Bremen, Kiellegung: 17. 2. 1945.
- Technische Daten – siehe U 2501.
- Nicht fertig gestellt und verschrottet.

U 3059
- XXI, AG Weser, Bremen, Kiellegung: 15. 2. 1945.
- Technische Daten – siehe U 2501.
- Nicht fertig gestellt und verschrottet.

U 3060
- XXI, AG Weser, Bremen, Kiellegung: 25. 2. 1945.
- Technische Daten – siehe U 2501.
- U 3060 wird am 11. 3. 1945 bei einem Bombenangriff auf die Werft zerstört und nach Kriegsende verschrottet.

U 3061
- XXI, AG Weser, Bremen, Kiellegung: 24. 2. 1945.
- Technische Daten – siehe U 2501.
- U 3061 wird bei einem Bombenangriff auf die Werft am 11. 3. 1945 beschädigt und nach Kriegsende verschrottet.

U 3062
- XXI, AG Weser, Bremen, Kiellegung: 9. 3. 1945.
- Technische Daten – siehe U 2501.
- Nicht fertig gestellt und verschrottet.

U 3063
- XXI, AG Weser, Bremen, Kiellegung: 7. 3. 1945.
- Technische Daten – siehe U 2501.
- Nicht fertig gestellt und verschrottet.

U 3064–U 3100

- XXI, AG Weser, Bremen.
- Der Bau wird nicht mehr begonnen.

U 3101 – U 3295

- XXI, Bremer Vulcan, Bremen
- Der Bau wird nicht mehr begonnen.

U 3296–U 3500

- Es werden keine Bauaufträge erteilt.

U 3501

- XXI, Schichau, Danzig, Kiellegung: 20. 3. 1944, Stapellauf: 19. 4. 1944, Indienststellung: 29. 7. 1944.
- Technische Daten – siehe U 2501.
- U 3501 wird am 5. 5. 1945 auf der Weser selbst versenkt, später gehoben und verschrottet.

U 3502

- XXI, Schichau, Danzig, Kiellegung: 16. 4. 1944, Stapellauf: 6. 7. 1944, Indienststellung: 19. 8. 1944.
- Technische Daten – siehe U 2501.
- U 3502 wird nach Bombenschäden am 3. 5. 1945 in Hamburg außer Dienst gestellt und später verschrottet.

U 3503

- XXI, Schichau, Danzig, Kiellegung: 17. 6. 1944, Stapellauf: 27. 7. 1944, Indienststellung: 9. 9. 1944.
- Technische Daten – siehe U 2501.
- U 3503 läuft am 6. 5. 1945 wegen technischer Probleme in schwedische Gewässer ein. Am 7. 5. befehlen die Schweden, das Boot in das Flachwasser vor der Hafeneinfahrt von Göteborg zu legen. Am Tag darauf öffnet die Besatzung die Seeventile und das Boot beginnt zu sinken. Bergungsversuche der schwedischen Marine werden von den Deutschen sabotiert. Gegen Abend verlässt die Besatzung U 3503 und wird von den Schweden interniert. Das Boot sinkt auf 15 Meter Wassertiefe. U 3503 wird am 24. 8. 1946 mit Pressluft gehoben, in ein Göteborger Dock geschleppt, bis zum August 1946 von der schwedischen Marine als Übungsboot genutzt und nach intensiven Untersuchungen abgewrackt.

U 3504

- XXI, Schichau, Danzig, Kiellegung: 30. 6. 1944, Stapellauf: 15. 8. 1944, Indienststellung: 23. 9. 1944.
- Technische Daten – siehe U 2501.
- U 3504 wird am 6. 5. 1945 in Wilhelmshaven selbst versenkt, später gehoben und verschrottet.

U 3505

- XXI, Schichau, Danzig, Kiellegung: 9. 7. 1944, Stapellauf: 25. 8. 1944, Indienststellung: 7. 10. 1944.
- Technische Daten – siehe U 2501.
- U 3505 wird am 30. 3. 1945 in Wilhelmshaven bei Bombenangriffen versenkt, später gehoben und verschrottet.

U 3506

- XXI, Schichau, Danzig, Kiellegung: 14. 7. 1944, Stapellauf: 28. 8. 1944, Indienststellung: 16. 10. 1944.
- Technische Daten – siehe U 2501.
- U 3506 ist eines der drei XXI-Boote (neben U 2505 und U 3004), die unter dem nach Bombenangriffen eingestürzten Bunker Elbe II in Hamburg liegen.

U 3507

- XXI, Schichau, Danzig, Kiellegung: 19. 7. 1944, Stapellauf: 16. 9. 1944, Indienststellung: 19. 10. 1944.
- Technische Daten – siehe U 2501.
- U 3507 wird am 3. 5. 1945 in Travemünde selbst versenkt, später gehoben und verschrottet.

U 3508

- XXI, Schichau, Danzig, Kiellegung: 25. 7. 1944, Stapellauf: 22. 9. 1944, Indienststellung: 2. 11. 1944.
- Technische Daten – siehe U 2501.
- U 3508 wird am 4. 3. 1945 in Wilhelmshaven bei einem Bombenangriff versenkt.

U 3509

- XXI, Schichau, Danzig, Kiellegung: 29. 7. 1944, Stapellauf: 27. 9. 1944, Indienststellung: 29. 1. 1945.
- Technische Daten – siehe U 2501.
- U 3509 wird bei einem Bombenangriff auf die Werft im September 1944 beschädigt, repariert und fertig gestellt. Das Boot wird am 3. 5. 1945 auf der Weser selbst versenkt.

U 3510

- XXI, Schichau, Danzig, Kiellegung: 6. 8. 1944, Stapellauf: 4. 10. 1944, Indienststellung: 11. 11. 1944.
- Technische Daten – siehe U 2501.
- U 3510 wird am 5. 5. 1945 in der Geltinger Bucht selbst versenkt, später gehoben und verschrottet.

U 3511

- XXI, Schichau, Danzig, Kiellegung: 14. 8. 1944, Stapellauf: 11. 10. 1944, Indienststellung: 18. 11. 1944.
- Technische Daten – siehe U 2501.
- U 3511 wird am 3. 5. 1945 in Travemünde selbst versenkt, später gehoben und verschrottet.

U 3512

- XXI, Schichau, Danzig, Kiellegung: 15. 8. 1944, Stapellauf: 11. 10. 1944, Indienststellung: 27. 11. 1944.
- Technische Daten – siehe U 2501.
- U 3512 wird am 8. 4. 1945 bei einem Bombenangriff auf Kiel versenkt, später gehoben und verschrottet.

U 3513

- XXI, Schichau, Danzig, Kiellegung: 20. 8. 1944, Stapellauf: 21. 10. 1944, Indienststellung: 2. 12. 1944.
- Technische Daten – siehe U 2501.
- U 3513 wird am 3. 5. 1945 in Travemünde selbst versenkt, später gehoben und verschrottet.

U 3514

- XXI, Schichau, Danzig, Kiellegung: 21. 8. 1944, Stapellauf: 21. 10. 1944, Indienststellung: 9. 12. 1944.
- Technische Daten – siehe U 2501.
- U 3514 kapituliert am 8. 5. 1945 in Bergen/Norwegen, wird am 29. 5. 1945 nach Loch Ryan/Schottland zur Versenkungsoperation »Deadlight« beordert und am 12. 2. 1946 als letztes Unterseeboot der Operation versenkt.

U 3515

- XXI, Schichau, Danzig, Kiellegung: 27. 8. 1944, Stapellauf: 4. 11. 1944, Indienststellung: 14. 12. 1944.
- Technische Daten – siehe U 2501.
- U 3515 kapituliert am 8. 5. 1945 in Horten/Norwegen, wird am 19. 5. 1945 nach Loch Ryan/Schottland beordert. Dort wird das Boot unter der Kennung N-30 von der Royal Navy wieder in Dienst gestellt und später an die Sowjetunion übergeben, die es vom Februar 1946 bis zum 29. 12. 1959 unter den Bezeichnungen B-30 und B-100 und danach als PZS-35 einsetzt. Das Boot wird am 25. 9. 1959 aus der Flottenliste gestrichen und verschrottet.

U 3516

- XXI, Schichau, Danzig, Kiellegung: 28. 8. 1944, Stapellauf: 4. 11. 1944, Indienststellung: 18. 12. 1944.
- Technische Daten – siehe U 2501.
- U 3516 wird am 2. 5. 1945 in Travemünde selbst versenkt, später gehoben und verschrottet.

U 3517

- XXI, Schichau, Danzig, Kiellegung: 12. 9. 1944, Stapellauf: 11. 11. 1944, Indienststellung: 22. 12. 1944.
- Technische Daten – siehe U 2501.
- U 3517 wird am 2. 5. 1945 in Travemünde selbst versenkt, später gehoben und verschrottet.

U 3518

- XXI, Schichau, Danzig, Kiellegung: 12. 9. 1944, Stapellauf: 11. 11. 1944, Indienststellung: 29. 12. 1944.
- Technische Daten – siehe U 2501.
- U 3518 wird am 3. 5. 1945 in Kiel selbst versenkt, später gehoben und verschrottet.

U 3519

- XXI, AG Weser, Bremen, Kiellegung: 10. 9. 1944, Stapellauf: 23. 11. 1944, Indienststellung: 23. 12. 1944.
- Technische Daten – siehe U 2501.
- U 3519 sinkt am 3. 3. 1945 vor Warnemünde nach einem Minentreffer – drei Überlebende, 65 Tote. Das Wrack wird 1950 gesprengt.

U 3520

- XXI, Schichau, Danzig, Kiellegung: 20. 9. 1944, Stapellauf: 23. 11. 1944, Indienststellung: 12. 1. 1945.
- Technische Daten – siehe U 2501.
- U 3520 wird am 31. 1. 1945 nordöstlich vom Leuchtturm Bülk/Kieler Förde nach einem Minentreffer mit 85 Mann versenkt.

U 3521

- XXI, Schichau, Danzig, Kiellegung: 24. 9. 1944, Stapellauf: 3. 12. 1944, Indienststellung: 14. 1. 1945.
- Technische Daten – siehe U 2501.
- U 3521 wird am 2. 5. 1945 in Travemünde selbst versenkt, später gehoben und verschrottet.

U 3522

- XXI, Schichau, Danzig, Kiellegung: 25. 9. 1944, Stapellauf: 3. 12. 1944, Indienststellung: 21. 1. 1945.
- Technische Daten – siehe U 2501.
- U 3522 wird am 2. 5. 1945 in Travemünde selbst versenkt, später gehoben und verschrottet.

U 3523

- XXI, Schichau, Danzig, Kiellegung: 7. 10. 1944, Stapellauf: 14. 12. 1944, Indienststellung: 23. 1. 1945.
- Technische Daten – siehe U 2501.
- U 3523 wird am 6. 5. 1945 im Skagerrak, östlich von Århus/Dänemark, von einem britischen Kampfflugzeug mit 58 Mann Besatzung versenkt.

U 3524

- XXI, Schichau, Danzig, Kiellegung: 8. 10. 1944, Stapellauf: 14. 12. 1944, Indienststellung: 26. 1. 1945.
- Technische Daten – siehe U 2501.
- U 3524 wird am 5. 5. 1945 in der Geltinger Bucht selbst versenkt, später gehoben und verschrottet.

U 3525
- XXI, Schichau, Danzig, Kiellegung: 17. 10. 1944, Stapellauf: 23. 12. 1944, Indienststellung: 31. 1. 1945.
- Technische Daten – siehe U 2501.
- U 3525 wird nach Bombentreffern in der westlichen Ostsee in Kiel am 3. 5. 1945 selbst versenkt, später gehoben und verschrottet.

U 3526
- XXI, Schichau, Danzig, Kiellegung: 18. 10. 1944, Stapellauf: 23. 12. 1944, Indienststellung: 2. 3. 1945.
- Technische Daten – siehe U 2501.
- Der unfertige Rumpf wird vor der Besetzung Danzigs durch die Sowjets nach Bremen geschleppt und dort fertig gestellt. U 3526 wird am 5. 5. 1945 in der Geltinger Bucht selbst versenkt, später gehoben und verschrottet.

U 3527
- XXI, Schichau, Danzig, Kiellegung: 25. 10. 1944, Stapellauf: 10. 1. 1945, Indienststellung: 10. 3. 1945.
- Technische Daten – siehe U 2501.
- Der unfertige Rumpf wird vor der Besetzung Danzigs durch die Sowjets nach Bremen geschleppt und dort fertig gestellt. U 3527 wird am 5. 5. 1945 auf der Weser selbst versenkt, später gehoben und verschrottet.

U 3528
- XXI, Schichau, Danzig, Kiellegung: 26. 10. 1944, Stapellauf: 10. 1. 1945, Indienststellung: 18. 3. 1945.
- Technische Daten – siehe U 2501.
- Der unfertige Rumpf wird vor der Besetzung Danzigs durch die Sowjets nach Bremen geschleppt und dort fertig gestellt. U 3528 wird am 5. 5. 1945 auf der Weser selbst versenkt, später gehoben und verschrottet.

U 3529
- XXI, Schichau, Danzig, Kiellegung: 2. 11. 1944, Stapellauf: 26. 1. 1945, Indienststellung: 22. 3. 1945.
- Technische Daten – siehe U 2501.
- Der unfertige Rumpf wird vor der Besetzung Danzigs durch die Sowjets nach Bremen geschleppt und dort fertig gestellt. U 3529 wird am 8. 5. 1945 in der Geltinger Bucht selbst versenkt, später gehoben und verschrottet.

U 3530
- XXI, Schichau, Danzig, Kiellegung: 3. 11. 1944, Stapellauf: 26. 1. 1945, Indienststellung: 22. 3. 1945.
- Technische Daten – siehe U 2501.
- Der unfertige Rumpf wird vor der Besetzung Danzigs durch die Sowjets nach Bremen geschleppt und dort fertig gestellt. U 3530 wird am 3. 5. 1945 in Kiel selbst versenkt, später gehoben und verschrottet.

U 3531
- XXI, Schichau, Danzig, Kiellegung: 9. 11. 1944, Stapellauf: 3. 2. 1945.
- Technische Daten – siehe U 2501.
- U 3531 wird annähernd fertig gestellt, nach Bremen geschleppt und später verschrottet.

U 3532
- XXI, Schichau, Danzig, Kiellegung: 9. 11. 1944, Stapellauf: 3. 2. 1945.
- Technische Daten – siehe U 2501.
- U 3532 wird annähernd fertig gestellt, nach Brunsbüttel geschleppt und später verschrottet.

U 3533
- XXI, Schichau, Danzig, Kiellegung: 16. 11. 1944, Stapellauf: 14. 2. 1945.
- Technische Daten – siehe U 2501.
- U 3533 wird annähernd fertig gestellt, nach Kiel geschleppt und dort gesprengt.

U 3534
- XXI, Schichau, Danzig, Kiellegung: 17. 11. 1944, Stapellauf: 14. 2. 1945.
- Technische Daten – siehe U 2501.
- U 3534 wird annähernd fertig gestellt, nach Bremerhaven geschleppt und dort später verschrottet.

U 3535
- XXI, Schichau, Danzig, Kiellegung: 26. 11. 1944.
- Technische Daten – siehe U 2501.
- U 3535 wird annähernd fertig gestellt, nach Bremerhaven geschleppt und dort später verschrottet.

U 3536
- XXI, Schichau, Danzig, Kiellegung: 27. 11. 1944.
- Technische Daten – siehe U 2501.
- U 3536 wird annähernd fertig gestellt, nach Bremen geschleppt und später verschrottet.

U 3537
- XXI, Schichau, Danzig, Kiellegung: 20. 12. 1944.
- Technische Daten – siehe U 2501.
- U 3537 wird annähernd fertig gestellt, nach Bremerhaven geschleppt und dort später verschrottet.

U 3538
- XXI, Schichau, Danzig.
- U 3538 ist bei Kriegsende zu 80 Prozent fertig gestellt und wird Kriegsbeute der Sowjetunion. Das Boot wird als R 1 in Dienst gestellt und 1947 versenkt.

U 3539
- XXI, Schichau, Danzig.
- U 3539 ist bei Kriegsende zu 65 Prozent fertig gestellt und wird Kriegsbeute der Sowjetunion. Das Boot wird als R 2 in Dienst gestellt und 1947 versenkt.

U 3540
- XXI, Schichau, Danzig.
- U 3540 ist bei Kriegsende zu 65 Prozent fertig gestellt und wird Kriegsbeute der Sowjetunion. Das Boot wird als R 3 in Dienst gestellt und 1947 versenkt.

U 3541
- XXI, Schichau, Danzig.
- U 3541 ist bei Kriegsende zu 65 Prozent fertig gestellt und wird Kriegsbeute der Sowjetunion. Das Boot wird als R 4 in Dienst gestellt und 1947 versenkt.

U 3542
- XXI, Schichau, Danzig.
- U 3542 ist bei Kriegsende zu 65 Prozent fertig gestellt und wird Kriegsbeute der Sowjetunion. Das Boot wird als R 5 in Dienst gestellt und 1947 versenkt.

U 3543
- XXI, Schichau, Danzig.
- Das unfertige Boot U 3543 wird Kriegsbeute der Sowjetunion. Das Boot wird als R 6 in Dienst gestellt.

U 3544
- XXI, Schichau, Danzig.
- Das unfertige Boot U 3544 wird Kriegsbeute der Sowjetunion. Das Boot wird als R 7 in Dienst gestellt.

U 3545
- XXI, Schichau, Danzig.
- Das unfertige Boot wird Kriegsbeute der Sowjetunion. Das Boot wird als R 8 in Dienst gestellt.

U 3546
- XXI, Schichau, Danzig.
- Das unfertige Boot wird Kriegsbeute der Sowjetunion.

U 3547
- XXI, Schichau, Danzig.
- Das unfertige Boot wird Kriegsbeute der Sowjetunion.

U 3548
- XXI, Schichau, Danzig.
- Das unfertige Boot wird Kriegsbeute der Sowjetunion.

U 3549
- XXI, Schichau, Danzig.
- Das unfertige Boot wird Kriegsbeute der Sowjetunion.

U 3550
- XXI, Schichau, Danzig.
- Das unfertige Boot wird Kriegsbeute der Sowjetunion.

U 3551–U 3571
- XXI, Schichau, Danzig.
- Kein Baubeginn mehr vor Kriegsende. Die Sektionen werden von sowjetischen Truppen erbeutet.

U 3572–U 4000
- Keine Bauaufträge mehr erteilt.

U 4001–U 4120
- XXIII, Deutsche Werft, Hamburg.
- Keine Bauaufträge mehr erteilt.

U 4121–U 4500
- Keine Bauaufträge mehr erteilt.

U 4501–U 4504
- XXVI (Walter-U-Boote), Blohm & Voss, Hamburg.
- Technische Daten: Verdrängung an der Oberfläche: 842 tons, getaucht: 926 tons, Abmessungen: 56,2 m x 5,5 m x 5,9 m, Geschwindigkeit an der Oberfläche: 11,0 kn, getaucht: 24,0 kn, Reichweite an der Oberfläche: 7.300 sm bei 10 kn, getaucht: 158 sm bei 22 kn, Tauchtiefe: 270 m, Besatzung: 33 Mann, Bewaffnung: 4 Bugtorpedorohre, 2 x 3 Seitenrohre, 12 Minen.
- Die Boote sind bei Kriegsende unfertig (Sektionen).

U 4505–U 4600
- XXVI (Walter-U-Boote), Blohm & Voss, Hamburg.
- Aufträge am 24. 3. 1945 storniert.

U 4601–U 4700
- Keine Bauaufträge mehr erteilt.

U 4701
- XXIII, Germaniawerft, Kiel, Kiellegung: 19. 10. 1944, Stapellauf: 14. 12. 1944, Indienststellung: 10. 1. 1945.
- Technische Daten – siehe U 2321.
- U 4701 wird am 5. 5. 1945 auf der Flensburger Förde selbst versenkt, später gehoben und verschrottet.

U 4702
- XXIII, Germaniawerft, Kiel, Kiellegung: 28. 10. 1944, Stapellauf: 20. 12. 1944, Indienststellung: 12. 1. 1945.

- Technische Daten – siehe U 2321.
- U 4702 wird am 5. 5. 1945 in der Geltinger Bucht selbst versenkt, später gehoben und verschrottet.

U 4703
- XXIII, Germaniawerft, Kiel, Kiellegung: 1. 11. 1944, Stapellauf: 3. 1. 1945, Indienststellung: 21. 1. 1945.
- Technische Daten – siehe U 2321.
- U 4703 wird am 5. 5. 1945 in der Geltinger Bucht selbst versenkt, später gehoben und verschrottet.

U 4704
- XXIII, Germaniawerft, Kiel, Kiellegung: 9. 11. 1944, Stapellauf: 13. 2. 1945, Indienststellung: 14. 3. 1945.
- Technische Daten – siehe U 2321.
- U 4704 wird am 5. 5. 1945 in der Flensburger Förde vor Höruphav selbst versenkt, später gehoben und verschrottet.

U 4705
- XXIII, Germaniawerft, Kiel, Kiellegung: 10. 11. 1944, Stapellauf: 11. 1. 1945, Indienststellung: 2. 2. 1945.
- Technische Daten – siehe U 2321.
- U 4705 wird am 3. 5. 1945 in Kiel selbst versenkt, später gehoben und verschrottet.

U 4706
- XXIII, Germaniawerft, Kiel, Kiellegung: 14. 11. 1944, Stapellauf: 19. 1. 1945, Indienststellung: 7. 2. 1945.
- Technische Daten – siehe U 2321.
- U 4706 kapituliert am 8. 5. 1945 in Kristiansand/Norwegen und wird am 29. 5. 1945 nach Loch Ryan/Schottland beordert. An Norwegen übergeben, soll das Boot als KNM KNERTER in Dienst gestellt werden, was aber durch ein Feuer im Boot undurchführbar wird. U 4706 wird vom 14. 4. 1950 an als schwimmendes Lager des Königlichen Yachtclubs eingesetzt und später verschrottet.

U 4707
- XXIII, Germaniawerft, Kiel, Kiellegung: 5. 12. 1944, Stapellauf: 25. 1. 1945, Indienststellung: 20. 2. 1945.
- Technische Daten – siehe U 2321.
- U 4707 wird am 5. 5. 1945 in der Geltinger Bucht selbst versenkt, später gehoben und verschrottet.

U 4708
- XXIII, Germaniawerft, Kiel. Kiellegung: 1. 12. 1944, Stapellauf: 24. 3. 1945.
- Technische Daten – siehe U 2321.
- U 4708 wird kurz vor seiner Indienststellung im Kieler U-Boot-Bunker Kilian bei Bombenangriffen zerstört.

U 4709
- XXIII, Germaniawerft, Kiel, Kiellegung: 1. 12. 1944, Stapellauf: 8. 2. 1945, Indienststellung: 3. 3. 1945.
- Technische Daten – siehe U 2321.
- U 4709 wird am 4. 5. 1945 auf der Germaniawerft in Kiel selbst versenkt, später gehoben und verschrottet.

U 4710
- XXIII, Germaniawerft, Kiel, Kiellegung: 1. 3. 1945, Stapellauf: 14. 4. 1945, Indienststellung: 1. 5. 1945.
- Technische Daten – siehe U 2321.
- U 4710 wird als letztes deutsches Unterseeboot im Zweiten Weltkrieg in Dienst gestellt und nach nur vier Tagen am 5. 5. 1945 in der Geltinger Bucht selbst versenkt, später gehoben und verschrottet.

U 4711
- XXIII, Germaniawerft, Kiel, Kiellegung: 1. 12. 1944, Stapellauf: 21. 2. 1945, Indienststellung: 21. 3. 1945.
- Technische Daten – siehe U 2321.
- U 4711 wird am 4. 5. 1945 auf der Germaniawerft in Kiel selbst versenkt, später gehoben und verschrottet.

U 4712
- XXIII, Germaniawerft, Kiel, Kiellegung: 3. 1. 1945, Stapellauf: 1. 3. 1945, Indienststellung: 3. 4. 1945.
- Technische Daten – siehe U 2321.
- U 4712 wird am 3. 5. 1945 auf der Germaniawerft in Kiel selbst versenkt, später gehoben und verschrottet.

U 4713
- XXIII, Germaniawerft, Kiel, Kiellegung: 1. 1945, Stapellauf: 19. 4. 1945.
- Technische Daten – siehe U 2321.
- U 4713 wird vor Kriegsende nicht mehr fertig gestellt und am 3. 5. 1945 in Kiel selbst versenkt.

U 4714
- XXIII, Germaniawerft, Kiel, Kiellegung: 1. 1945, Stapellauf: 26. 4. 1945.
- Technische Daten – siehe U 2321.
- U 4714 wird vor Kriegsende nicht mehr fertig gestellt und am 3. 5. 1945 in Kiel selbst versenkt.

U 4715–U 4718
- XXIII, Germaniawerft, Kiel.
- Technische Daten – siehe U 2321.
- Die Boote U 4715 bis U 4718 werden zwischen Januar und März 1945 auf Kiel gelegt, aber nicht mehr vor Kriegsende fertig gestellt und verschrottet.

U 4719–U 4723
- XXIII, Germaniawerft, Kiel.
- Technische Daten – siehe U 2321.
- Der Zusammenbau der Bootssektionen wird vor Kriegsende nicht mehr begonnen.

U 4724–U 4748
- XXIII, Germaniawerft, Kiel.
- Technische Daten – siehe U 2321.
- Aufträge am 14. 2. storniert.

U 4749–U 4750
- XXIII, Germaniawerft, Kiel.
- Es werden keine Aufträge erteilt.

U 4751–U 4870
- XXIII, Germaniawerft, Kiel.
- Technische Daten – siehe U 2321.
- Der Bau wird nicht mehr begonnen.

U 4871–U 5000
- XXIII, Germaniawerft, Kiel.
- Technische Daten – siehe U 2321.
- Keine Aufträge mehr erteilt.

U 5001–U 5003
- XXVII B (Seehund), Germaniawerft, Kiel.
- Der Auftrag wird an die Howaldtswerke, Kiel, abgegeben.

U 5004
- XXVII B (Seehund), Germaniawerft, Kiel, Indienststellung: 30. 10. 1944.

U 5005
- XXVII B (Seehund), Germaniawerft, Kiel, Indienststellung: 23. 10. 1944.

U 5006
- XXVII B (Seehund), Germaniawerft, Kiel, Indienststellung: 30. 10. 1944.

U 5007
- XXVII B (Seehund), Germaniawerft, Kiel, Indienststellung: 21. 10. 1944.

U 5008
- XXVII B (Seehund), Germaniawerft, Kiel, Indienststellung: 27. 10. 1944.

U 5009
- XXVII B (Seehund), Germaniawerft, Kiel, Indienststellung: 27. 10. 1944.

U 5010
- XXVII B (Seehund), Germaniawerft, Kiel, Indienststellung: 31. 10. 1944.

U 5011
- XXVII B (Seehund), Germaniawerft, Kiel, Indienststellung: 31. 10. 1944.

U 5012
- XXVII B (Seehund), Germaniawerft, Kiel, Indienststellung: 24. 10. 1944.

U 5013
- XXVII B (Seehund), Germaniawerft, Kiel, Indienststellung: 20. 10. 1944.

U 5014
- XXVII B (Seehund), Germaniawerft, Kiel, Indienststellung: 21. 10. 1944.

U 5015
- XXVII B (Seehund), Germaniawerft, Kiel, Indienststellung: 23. 10. 1944.

U 5016
- XXVII B (Seehund), Germaniawerft, Kiel, Indienststellung: 24. 10. 1944.

U 5017
- XXVII B (Seehund), Germaniawerft, Kiel, Indienststellung: 3. 11. 1944.

U 5018
- XXVII B (Seehund), Germaniawerft, Kiel, Indienststellung: 4. 11. 1944.

U 5019
- XXVII B (Seehund), Germaniawerft, Kiel, Indienststellung: 15. 11. 1944.

U 5020
- XXVII B (Seehund), Germaniawerft, Kiel, Indienststellung: 17. 11. 1944.

U 5021
- XXVII B (Seehund), Germaniawerft, Kiel, Indienststellung: 8. 11. 1944.

U 5022
- XXVII B (Seehund), Germaniawerft, Kiel, Indienststellung: 12. 11. 1944.

U 5023
- XXVII B (Seehund), Germaniawerft, Kiel, Indienststellung: 28. 11. 1944.

U 5024
- XXVII B (Seehund), Germaniawerft, Kiel, Indienststellung: 30. 11. 1944.

U 5025
- XXVII B (Seehund), Germaniawerft, Kiel, Indienststellung: 17. 11. 1944.

U 5026
- XXVII B (Seehund), Germaniawerft, Kiel, Indienststellung: 17. 11. 1944.

U 5027
- XXVII B (Seehund), Germaniawerft, Kiel, Indienststellung: 11. 11. 1944.

U 5028
- XXVII B (Seehund), Germaniawerft, Kiel, Indienststellung: 19. 11. 1944.

U 5029
- XXVII B (Seehund), Germaniawerft, Kiel, Indienststellung: 22. 11. 1944.

U 5030
- XXVII B (Seehund), Germaniawerft, Kiel, Indienststellung: 20. 11. 1944.

U 5031
- XXVII B (Seehund), Germaniawerft, Kiel, Indienststellung: 17. 11. 1944.

U 5032
- XXVII B (Seehund), Germaniawerft, Kiel, Indienststellung: 18. 11. 1944.

U 5033
- XXVII B (Seehund), Germaniawerft, Kiel, Indienststellung: 14. 11. 1944.

U 5034
- XXVII B (Seehund), Germaniawerft, Kiel, Indienststellung: 15. 11. 1944.

U 5035
- XXVII B (Seehund), Germaniawerft, Kiel, Indienststellung: 17. 11. 1944.

U 5036
- XXVII B (Seehund), Germaniawerft, Kiel, Indienststellung: 18. 11. 1944.

U 5037
- XXVII B (Seehund), Germaniawerft, Kiel, Indienststellung: 20. 11. 1944.

U 5038
- XXVII B (Seehund), Germaniawerft, Kiel, Indienststellung: 23. 11. 1944.

U 5039
- XXVII B (Seehund), Germaniawerft, Kiel, Indienststellung: 24. 11. 1944.

U 5040
- XXVII B (Seehund), Germaniawerft, Kiel, Indienststellung: 25. 11. 1944.

U 5041
- XXVII B (Seehund), Germaniawerft, Kiel, Indienststellung: 27. 11. 1944.

U 5042
- XXVII B (Seehund), Germaniawerft, Kiel, Indienststellung: 29. 11. 1944.

U 5043
- XXVII B (Seehund), Germaniawerft, Kiel, Indienststellung: 30. 11. 1944.

U 5044
- XXVII B (Seehund), Germaniawerft, Kiel, Indienststellung: 13. 12. 1944.

U 5045
- XXVII B (Seehund), Germaniawerft, Kiel, Indienststellung: 2. 12. 1944.

U 5046
- XXVII B (Seehund), Germaniawerft, Kiel, Indienststellung: 7. 12. 1944.

U 5047
- XXVII B (Seehund), Germaniawerft, Kiel, Indienststellung: 7. 12. 1944.

U 5048
- XXVII B (Seehund), Germaniawerft, Kiel, Indienststellung: 16. 12. 1944.

U 5049
- XXVII B (Seehund), Germaniawerft, Kiel, Indienststellung: 8. 12. 1944.

U 5050
- XXVII B (Seehund), Germaniawerft, Kiel, Indienststellung: 8. 12. 1944.

U 5051
- XXVII B (Seehund), Germaniawerft, Kiel, Indienststellung: 9. 12. 1944.

U 5052
- XXVII B (Seehund), Germaniawerft, Kiel, Indienststellung: 12. 12. 1944.

U 5053
- XXVII B (Seehund), Germaniawerft, Kiel, Indienststellung: 13. 12. 1944.

U 5054
- XXVII B (Seehund), Germaniawerft, Kiel, Indienststellung: 15. 12. 1944.

U 5055
- XXVII B (Seehund), Germaniawerft, Kiel, Indienststellung: 15. 12. 1944.

U 5056
- XXVII B (Seehund), Germaniawerft, Kiel, Indienststellung: 21. 12. 1944.

U 5057
- XXVII B (Seehund), Germaniawerft, Kiel, Indienststellung: 20. 12. 1944.

U 5058
- XXVII B (Seehund), Germaniawerft, Kiel, Indienststellung: 21. 12. 1944.

U 5059
- XXVII B (Seehund), Germaniawerft, Kiel, Indienststellung: 22. 12. 1944.

U 5060
- XXVII B (Seehund), Germaniawerft, Kiel, Indienststellung: 23. 12. 1944.

U 5061
- XXVII B (Seehund), Germaniawerft, Kiel, Indienststellung: 26. 12. 1944.

U 5062
- XXVII B (Seehund), Germaniawerft, Kiel, Indienststellung: 28. 12. 1944.

U 5063
- XXVII B (Seehund), Germaniawerft, Kiel, Indienststellung: 29. 12. 1944.

U 5064
- XXVII B (Seehund), Germaniawerft, Kiel, Indienststellung: 30. 12. 1944.

U 5065
- XXVII B (Seehund), Germaniawerft, Kiel, Indienststellung: 30. 12. 1944.

U 5066
- XXVII B (Seehund), Germaniawerft, Kiel, Indienststellung: 3. 1. 1945.

U 5067
- XXVII B (Seehund), Germaniawerft, Kiel, Indienststellung: 4. 1. 1945.

U 5068
- XXVII B (Seehund), Germaniawerft, Kiel, Indienststellung: 5. 1. 1945.

U 5069
- XXVII B (Seehund), Germaniawerft, Kiel, Indienststellung: 6. 1. 1945.

U 5070
- XXVII B (Seehund), Germaniawerft, Kiel, Indienststellung: 7. 1. 1945.

U 5071
- XXVII B (Seehund), Germaniawerft, Kiel, Indienststellung: 9. 1. 1945.

U 5072
- XXVII B (Seehund), Germaniawerft, Kiel, Indienststellung: 10. 1. 1945.

U 5073
- XXVII B (Seehund), Germaniawerft, Kiel, Indienststellung: 11. 1. 1945.

U 5074
- XXVII B (Seehund), Germaniawerft, Kiel, Indienststellung: 12. 1. 1945.

U 5075
- XXVII B (Seehund), Germaniawerft, Kiel, Indienststellung: 13. 1. 1945.

U 5076
- XXVII B (Seehund), Germaniawerft, Kiel, Indienststellung: 15. 1. 1945.

U 5077
- XXVII B (Seehund), Germaniawerft, Kiel, Indienststellung: 16. 1. 1945.

U 5078
- XXVII B (Seehund), Germaniawerft, Kiel, Indienststellung: 18. 1. 1945.

U 5079
- XXVII B (Seehund), Germaniawerft, Kiel, Indienststellung: 18. 1. 1945.

U 5080
- XXVII B (Seehund), Germaniawerft, Kiel, Indienststellung: 19. 1. 1945.

U 5081
- XXVII B (Seehund), Germaniawerft, Kiel, Indienststellung: 20. 1. 1945.

U 5082
- XXVII B (Seehund), Germaniawerft, Kiel, Indienststellung: 22. 1. 1945.

U 5083
- XXVII B (Seehund), Germaniawerft, Kiel, Indienststellung: 23. 1. 1945.

U 5084
- XXVII B (Seehund), Germaniawerft, Kiel, Indienststellung: 24. 1. 1945.

U 5085
- XXVII B (Seehund), Germaniawerft, Kiel, Indienststellung: 25. 1. 1945.

U 5086
- XXVII B (Seehund), Germaniawerft, Kiel, Indienststellung: 26. 1. 1945.

U 5087
- XXVII B (Seehund), Germaniawerft, Kiel, Indienststellung: 27. 1. 1945.

U 5088
- XXVII B (Seehund), Germaniawerft, Kiel, Indienststellung: 28. 1. 1945.

U 5089
- XXVII B (Seehund), Germaniawerft, Kiel, Indienststellung: 30. 1. 1945.

U 5090
- XXVII B (Seehund), Germaniawerft, Kiel, Indienststellung: 31. 1. 1945.

U 5091
- XXVII B (Seehund), Germaniawerft, Kiel, Indienststellung: 1. 2. 1945.

U 5092
- XXVII B (Seehund), Germaniawerft, Kiel, Indienststellung: 2. 2. 1945.

U 5093
- XXVII B (Seehund), Germaniawerft, Kiel, Indienststellung: 3. 2. 1945.

U 5094
- XXVII B (Seehund), Germaniawerft, Kiel, Indienststellung: 5. 2. 1945.

U 5095
- XXVII B (Seehund), Germaniawerft, Kiel, Indienststellung: 6. 2. 1945.

U 5096
- XXVII B (Seehund), Germaniawerft, Kiel, Indienststellung: 7. 2. 1945.

U 5097
- XXVII B (Seehund), Germaniawerft, Kiel, Indienststellung: 8. 2. 1945.

U 5098
- XXVII B (Seehund), Germaniawerft, Kiel, Indienststellung: 9. 2. 1945.

U 5099
- XXVII B (Seehund), Germaniawerft, Kiel, Indienststellung: 10. 2. 1945.

U 5100
- XXVII B (Seehund), Germaniawerft, Kiel, Indienststellung: 13. 2. 1945.

U 5101
- XXVII B (Seehund), Germaniawerft, Kiel, Indienststellung: 14. 2. 1945.

U 5102
- XXVII B (Seehund), Germaniawerft, Kiel, Indienststellung: 15. 2. 1945.

U 5103
- XXVII B (Seehund), Germaniawerft, Kiel, Indienststellung: 16. 2. 1945.

U 5104
- XXVII B (Seehund), Germaniawerft, Kiel, Indienststellung: 19. 2. 1945.

U 5105
- XXVII B (Seehund), Germaniawerft, Kiel, Indienststellung: 20. 2. 1945.

U 5106
- XXVII B (Seehund), Germaniawerft, Kiel, Indienststellung: 21. 2. 1945.

U 5107
- XXVII B (Seehund), Germaniawerft, Kiel, Indienststellung: 21. 2. 1945.

U 5108
- XXVII B (Seehund), Germaniawerft, Kiel, Indienststellung: 22. 2. 1945.

U 5109
- XXVII B (Seehund), Germaniawerft, Kiel, Indienststellung: 22. 2. 1945.

U 5110
- XXVII B (Seehund), Germaniawerft, Kiel, Indienststellung: 24. 2. 1945.

U 5111
- XXVII B (Seehund), Germaniawerft, Kiel, Indienststellung: 26. 2. 1945.

U 5112
- XXVII B (Seehund), Germaniawerft, Kiel, Indienststellung: 27. 2. 1945.

U 5113
- XXVII B (Seehund), Germaniawerft, Kiel, Indienststellung: 28. 2. 1945.

U 5114
- XXVII B (Seehund), Germaniawerft, Kiel, Indienststellung: 28. 2. 1945

U 5115
- XXVII B (Seehund), Germaniawerft, Kiel, Indienststellung: 2. 3. 1945.

U 5116
- XXVII B (Seehund), Germaniawerft, Kiel, Indienststellung: 5. 3. 1945.

U 5117
- XXVII B (Seehund), Germaniawerft, Kiel, Indienststellung: 6. 3. 1945.

U 5118
- XXVII B (Seehund), Germaniawerft, Kiel, Indienststellung: 7. 3. 1945.

U 5119–U 5121
- XXVII B (Seehund), Germaniawerft, Kiel.
- Die Bauaufträge werden storniert.

U 5122–U 5187
- XXVII B (Seehund), Germaniawerft, Kiel.
- Diese Boote werden nicht mehr fertig gestellt.

U 5188–U 5193
- XXVII B (Seehund), Germaniawerft, Kiel.
- Diese Boote werden nicht mehr fertig gestellt.

U 5194–U 5250
- XXVII B (Seehund), Germaniawerft, Kiel.
- Der Bau wird nicht mehr begonnen.

U 5251
- XXVII B (Seehund), Schichau, Elbing, Indienststellung: 10. 10. 1944.

U 5252
- XXVII B (Seehund), Schichau, Elbing, Indienststellung: 3. 10. 1944.

U 5253
- XXVII B (Seehund), Schichau, Elbing, Indienststellung: 11. 10. 1944.

U 5254
- XXVII B (Seehund), Schichau, Elbing, Indienststellung: 18. 10. 1944.

U 5255
- XXVII B (Seehund), Schichau, Elbing, Indienststellung: 13. 10. 1944.

U 5256
- XXVII B (Seehund), Schichau, Elbing, Indienststellung: 21. 10. 1944.

U 5257
- XXVII B (Seehund), Schichau, Elbing, Indienststellung: 15. 10. 1944.

U 5258
- XXVII B (Seehund), Schichau, Elbing, Indienststellung: 15. 10. 1944.

U 5259
- XXVII B (Seehund), Schichau, Elbing, Indienststellung: 17. 10. 1944.

U 5260
- XXVII B (Seehund), Schichau, Elbing, Indienststellung: 19. 10. 1944.

U 5261
- XXVII B (Seehund), Schichau, Elbing, Indienststellung: 20. 10. 1944.

U 5262
- XXVII B (Seehund), Schichau, Elbing, Indienststellung: 22. 10. 1944.

U 5263
- XXVII B (Seehund), Schichau, Elbing, Indienststellung: 24. 10. 1944.

U 5264
- XXVII B (Seehund), Schichau, Elbing, Indienststellung: 25. 10. 1944.

U 5265
- XXVII B (Seehund), Schichau, Elbing, Indienststellung: 31. 10. 1944.

U 5266
- XXVII B (Seehund), Schichau, Elbing, Indienststellung: 31. 10. 1944.

U 5267
- XXVII B (Seehund), Schichau, Elbing, Indienststellung: 1. 11. 1944.

U 5268
- XXVII B (Seehund), Schichau, Elbing, Indienststellung: 3. 11. 1944.

U 5269
- XXVII B (Seehund), Schichau, Elbing, Indienststellung: 3. 11. 1944.

U 5270–U 5304
- XXVII B (Seehund), Schichau, Elbing, Indienststellung: 11. 1944.

U 5305–U 5352
- XXVII B (Seehund), Schichau, Elbing, Indienststellung: Dezember 1944.

U 5353–U 5394
- XXVII B (Seehund), Schichau, Elbing, Indienststellung: Januar 1945.

U 5395–U 5750
- XXVII B (Seehund), Schichau, Elbing.
- Diese Boote werden nicht mehr fertig gestellt.

U 5751–U 6200
- Es werden keine Bauaufträge erteilt.

U 6201–U 6248
- XXVII B (Seehund), Germaniawerft, Kiel.
- Diese Boote werden nicht mehr fertig gestellt.

U 6249–U 6250
- Es werden keine Bauaufträge erteilt.

U 6251–U 6442
- XXVII B (Seehund), Schichau, Elbing.
- Diese Boote werden vor Kriegsende nicht mehr fertig gestellt.

V 80
- Walter-Versuchsboot, Germaniawerft, Kiel, Stapellauf: Januar 1940, Indienststellung: April 1940.
- Technische Daten: Verdrängung an der Oberfläche: 73 tons, getaucht: 76 tons, Abmessungen: 22,05 m x 2,1 m x 3,2 m, Antrieb: 2.500-PS-Elektromotoren, Geschwindigkeit getaucht: 28 kn, Reichweite getaucht: 50 sm bei 28 kn, Besatzung: 4 Mann, keine Bewaffnung.
- Dieses Versuchsboot bricht mit 28 kn alle Unterwasser-Geschwindigkeitsrekorde seiner Zeit. Es wird Ende 1942 außer Dienst gestellt und im März 1945 auf Hela verschrottet.

VS 5
- Engelmann-Versuchsboot, Deschimag, Bremen, Indienststellung: 4. 1941

Von Deutschland erbeutete Unterseeboote im Zweiten Weltkrieg:

UA (ex BATIRAY)
- IvS, Germaniawerft, Kiel, Kiellegung: 10. 2. 1937, Stapellauf: 28. 9. 1938, Indienststellung: 20. 9. 1939.
- Technische Daten: Verdrängung an der Oberfläche: 1.044 tons, getaucht: 1.357 tons, Abmessungen: 86,0 m x 6,8 m x 4,1 m, Antrieb: 3.400-PS-Diesel, 1.300-PS-Elektromotoren, Geschwindigkeit an der Oberfläche: 18,0 kn, getaucht: 8,4 kn, Reichweite an der Oberfläche: 13.100 sm bei 10 kn, getaucht: 146 sm bei 2 kn, Bewaffnung: 6 Torpedorohre, Geschütz, Minen.
- Sieben Schiffe versenkt mit 40.707 BRT, ein Schiff beschädigt mit 7.524 BRT. UA wird von der türkischen Marine als BATIRAY bestellt, aber wegen des Kriegsausbruchs nicht ausgeliefert und von Deutschland übernommen. UA wird im Mai 1944 in Neustadt/Holstein außer Dienst gestellt, am 3. 5. 1945 im Kieler Arsenal versenkt, später gehoben und verschrottet.

UB (ex HMS SEAL)
- Porpoise (Großbritannien), Marinewerft Chatham, Stapellauf: 27. 9. 1938, Indienststellung: 28. 1. 1939, Indienststellung UB: 30. 11. 1940.
- Technische Daten: Verdrängung an der Oberfläche: 1.782 tons, getaucht: 2.053 tons, Abmessungen: 89,1 m x 7,7 m x 5,1 m, Antrieb: 3.300-PS-Diesel, 1.630-PS-Elektromotoren, Geschwindigkeit an der Oberfläche: 15,0 kn, getaucht: 8,7 kn, Reichweite an der Oberfläche: 6.300 sm bei 10,6 kn, getaucht: 64 sm bei 4 kn, Besatzung: 59 Mann, Bewaffnung: 6 Torpedorohre, 12 Torpedos, Geschütz, Minen.
- Das britische U-Boot HMS SEAL wird am 5. 5. 1940 nach deutschen Fliegerangriffen und einem Minentreffer vom deutschen U-Boot-Jäger UJ 128 vor der Insel Læsø übernommen und nach Frederikshavn geschleppt. Das Boot wird am 31. 7. 1941 außer Dienst gestellt und im Mai 1945 in der Kieler Förde selbst versenkt.

UC 1 (ex B 5, Norwegen)
- Holland-Typ, Marinewerft Horten, Norwegen, Kiellegung: 1915, Indienststellung: 10. 1929, Indienststellung UC 1: 20. 11. 1940.
- Technische Daten: Verdrängung an der Oberfläche: 420 tons, getaucht: 545 tons, Abmessungen: 51,0 m x 5,3 m x 3,5 m, Antrieb: 900-PS-Diesel, 700-PS-Elektromotoren, Geschwindigkeit an der Oberfläche: 14,7 kn, getaucht: 11 kn, Besatzung: 23 Mann, Bewaffnung: 4 Torpedorohre, Geschütz.

- Das Boot wird von der deutschen Kriegsmarine am 9. 4. 1940 in Kristiansand übernommen. Da es nicht einsetzbar ist, wird es bereits 1942 wieder außer Dienst gestellt und verschrottet.

UC 2 (ex B 6, Norwegen)
- Holland-Typ, Horten, Norwegen, Kiellegung: 1919, Indienststellung: 1. 5. 1930, Indienststellung UC 2: 20. 11. 1941.
- Technische Daten siehe UC 1.
- Das Boot wird von der deutschen Kriegsmarine am 4. 5. 1940 in Florö übernommen. Es wird 1944 in Bergen wieder außer Dienst gestellt, am 3. 5. 1945 vor Kiel selbst versenkt, gehoben und später verschrottet.

UC 3 (ex A 3, Norwegen)
- A-Klasse, Germaniawerft, Kiel, 1914.
- Technische Daten: Verdrängung an der Oberfläche: 250 tons, getaucht: 340 tons, Abmessungen: 46,0 m x 5,0 m x 2,9 m, Antrieb: 700-PS-Diesel, 380-PS-Elektromotoren, Geschwindigkeit an der Oberfläche: 14,0 kn, getaucht: 9 kn, Reichweite an der Oberfläche: 900 sm bei 10 kn, getaucht: 75 sm bei 3 kn, Besatzung: 15 Mann, Bewaffnung: 3 Torpedorohre, 4 Torpedos.
- Das Boot wird 1914 in Deutschland gebaut, 1940 erbeutet und nicht wieder in Dienst gestellt.

UD 1 (ex O 8, Niederlande)
- O 8 (Holland-Entwurf), Vickers (Großbritannien), Indienststellung: 1915.
- Technische Daten: Verdrängung an der Oberfläche: 343 tons, getaucht: 443 tons, Abmessungen: 46,0 m x 4,9 m x 3,9 m, Antrieb: 480-PS-Diesel, 320-PS-Elektromotoren, Geschwindigkeit an der Oberfläche: 11,5 kn, getaucht: 8 kn, Reichweite an der Oberfläche: 1.350 sm bei 8 kn, Besatzung: 26 Mann, Bewaffnung: 4 Torpedorohre, Geschütz.
- Das in Großbritannien gebaute Boot (ex H 6) wird von der deutschen Kriegsmarine am 14. 5. 1940 in Den Helder übernommen und als Schulboot eingesetzt. Das Boot versenkt sich im Mai 1945 vor Kiel selbst.

UD 2 (ex O 12, Niederlande)
- O 12-Typ, De Schelde, Vlissingen, Niederlande, Kiellegung: 1930, Indienststellung UD 2: 30. 1. 1943.
- Technische Daten: Verdrängung an der Oberfläche: 546 tons, getaucht: 704 tons, Abmessungen: 60,0 m x 5,8 m x 3,8 m, Antrieb: 1.800-PS-Diesel, 600-PS-Elektromotoren, Geschwindigkeit an der Oberfläche: 15 kn, getaucht: 8 kn, Reichweite an der Oberfläche: 3.500 sm bei 10 kn, getaucht: 120 sm bei 4 kn. Besatzung: 31 Mann, Bewaffnung: 5 Torpedorohre, Geschütz.

- Das Boot wird von der niederländischen Marine am 14. 5. 1940 in Den Helder selbst versenkt. Es wird von der deutschen Kriegsmarine gehoben und im Januar 1943 in Dienst gestellt, am 3. 5. 1945 vor Kiel selbst versenkt, gehoben und später verschrottet.

UD 3 (ex O 25, Niederlande)
- O 21-Typ, Wilton Feyenoord, Schiedam, Kiellegung: 1939, Stapellauf: 23. 5. 1940, Indienststellung UD 3: 8. 6. 1941.
- Technische Daten: Verdrängung an der Oberfläche: 881 tons, getaucht: 1.186 tons, Abmessungen: 77,5 m x 6,5 m x 4,0 m, Antrieb: 5.000-PS-Diesel, 1.000-PS-Elektromotoren, Geschwindigkeit an der Oberfläche: 19,5 kn, getaucht: 9 kn, Reichweite an der Oberfläche: 6.150 sm bei 12 kn, Besatzung: 55 Mann, Bewaffnung: 8 Torpedorohre, 14 Torpedos, Geschütz.
- Ein Schiff mit 5.041 BRT versenkt. Das Boot wird am 14. 5. 1940 von der deutschen Kriegsmarine auf der Werft in Schiedam übernommen und am 8. 6. 1941 in Dienst gestellt, am 3. 5. 1945 vor Kiel selbst versenkt, gehoben und später verschrottet.

UD 4 (O 26, Niederlande)
- O 21-Typ, Rotterdam, Kiellegung: 1938, Stapellauf: 23. 11. 1940, Indienststellung UD 4: 28. 1. 1941.
- Technische Daten siehe UD 3.
- Das Boot wird am 14. 5. 1940 im unfertigen Zustand von der deutschen Kriegsmarine auf der Werft in Rotterdam übernommen und am 28. 1. 1941 in Dienst gestellt, am 3. 5. 1945 vor Kiel selbst versenkt, gehoben und später verschrottet.

UD 5 (O 27, Niederlande)
- O 21-Typ, Rotterdam, Indienststellung UD 5: 1. 11. 1941.
- Technische Daten siehe UD 3.
- Das Boot wird am 14. 5. 1940 im unfertigen Zustand von der deutschen Kriegsmarine auf der Werft in Rotterdam übernommen und in Dienst gestellt. Es kapituliert am 8. 5. 1945 in Bergen/Norwegen, wird an die Niederlande zurückgegeben und als O 27 in Dienst gestellt. Am 14. 11. 1959 wird das Boot außer Dienst gestellt und 1961 verschrottet.

UF 1 (L'AFRICAINE, Frankreich)
- Aurore-Klasse, Chantier Worms, Le Trait, Stapellauf: 9. 1937, Indienststellung UF 1: 5. 11. 1941.
- Technische Daten: Verdrängung an der Oberfläche: 893 tons, getaucht: 1.170 tons, Abmessungen 73,5 m x 6,5 m x 4,2 m, Antrieb: 3.000-PS-Diesel, 1.400-PS-

Elektromotoren, Geschwindigkeit an der Oberfläche: 15 kn, getaucht: 9 kn, Reichweite an der Oberfläche: 5.600 sm bei 10 kn, getaucht: 80 sm bei 5 kn, Besatzung: 44 Mann, Bewaffnung: 9 Torpedorohre, Geschütz.
- Das Boot wird im Juni 1940 im unfertigen Zustand von der deutschen Kriegsmarine auf der Werft übernommen und am 5. 11. 1942 in UF 1 umbenannt. Das Boot wird bis 1945 nicht fertig gestellt. Im Oktober 1949 wird das Boot von Frankreich als L'AFRICAINE bis 1961 in Dienst gestellt (bis 1963: Q 334).

UF 2 (LA FAVORITE, Frankreich)
- Chantier Worms, Le Trait, Worms Indienststellung UF 2: 5. 11. 1941.
- Technische Daten siehe UF 1.
- Das Boot wird im Juni 1940 im unfertigen Zustand von der deutschen Kriegsmarine auf der Werft übernommen und am 5. 11. 1942 als Schulboot in Dienst gestellt, im Mai 1945 vor Gotenhafen selbst versenkt, gehoben und später verschrottet.

UF 3 (L'ASTREE, Frankreich)
- Aurore-Klasse, Dubigeon.
- Technische Daten siehe UF 1.
- Das Boot wird im Juni 1940 im unfertigen Zustand von der deutschen Kriegsmarine auf der Werft übernommen und am 13. 5. 1941 in UF 3 umbenannt. Das Boot wird bis 1945 nicht fertig gestellt. Im Oktober 1949 wird das Boot von Frankreich als L'ASTREE bis 1962 in Dienst gestellt (bis 1965: Q 404).

UIT 1 (ex R 10, Italien)
- R-Klasse, OTO, La Spezia.
- Technische Daten: Verdrängung an der Oberfläche: 2.210 tons, getaucht: 2.606 tons, Abmessungen: 70,7 m x 7,8 m x 5,3 m, Antrieb: 2.600-PS-Diesel, 900-PS-Elektromotoren, Geschwindigkeit an der Oberfläche: 13 kn, getaucht: 6 kn, Reichweite an der Oberfläche: 12.000 sm bei 9 kn, getaucht: 110 sm bei 4 kn, Bewaffnung: 2 Torpedorohre, Geschütz.
- Das Boot wird am 9. 9. 1943 im unfertigen Zustand von der deutschen Kriegsmarine auf der Werft in Genua übernommen. Der Bau wird am 13. 9. 1944 eingestellt.

UIT 2 (ex R 11, Italien)
- R-Klasse, OTO, La Spezia, Stapellauf: 6. 8. 1943.
- Technische Daten siehe UIT 1.
- Das Boot wird am 9. 9. 1943 im unfertigen Zustand von der deutschen Kriegsmarine auf der Werft in Genua übernommen. Der Bau wird am 13. 9. 1944 eingestellt.

UIT 3 (ex R 12, Italien)
- R-Klasse, OTO, La Spezia, Stapellauf: 29. 9. 1943.
- Technische Daten siehe UIT 1.
- Das Boot wird am 9. 9. 1943 im unfertigen Zustand von der deutschen Kriegsmarine auf der Werft in Genua übernommen. Der Bau wird am 13. 9. 1944 eingestellt.

UIT 4 (ex R 7, Italien)
- R-Klasse, CRDA, Monfalcone, Stapellauf: 21. 10. 1943.
- Technische Daten siehe UIT 1.
- Das Boot wird am 9. 9. 1943 im unfertigen Zustand von der deutschen Kriegsmarine auf der Werft in Genua übernommen. Das Boot wird am 25. 5. 1944 bei einem britischen Fliegerangriff zerstört.

UIT 5 (ex R 8, Italien)
- R-Klasse, CRDA, Monfalcone, Stapellauf: 23. 12. 1943.
- Technische Daten siehe UIT 1.
- Das Boot wird am 9. 9. 1943 im unfertigen Zustand von der deutschen Kriegsmarine auf der Werft in Genua übernommen. Das Boot wird am 20. 4. 1944 bei einem britischen Fliegerangriff zerstört.

UIT 6 (ex R 9, Italien)
- R-Klasse, CRDA, Monfalcone, Stapellauf: 27. 2. 1944.
- Technische Daten siehe UIT1.
- Das Boot wird am 9. 9. 1943 im unfertigen Zustand von der deutschen Kriegsmarine auf der Werft in Genua übernommen. Der Bau wird am 13. 9. 1944 eingestellt.

UIT 7 (ex BARIO, Italien)
- Flutto-Klasse, CRDA, Monfalcone, Stapellauf: 23. 1. 1944.
- Technische Daten: Verdrängung an der Oberfläche: 958 tons, getaucht: 1.170 tons, Abmessungen: 64,5 m x 6,9 m x 4,9 m, Antrieb: 2.400-PS-Diesel, 800-PS-Elektromotoren, Geschwindigkeit an der Oberfläche: 16 kn, getaucht: 7 kn, Reichweite an der Oberfläche: 5.400 sm bei 8 kn, getaucht: 80 sm bei 4 kn, Besatzung: 49 Mann, Bewaffnung: 6 Torpedorohre, 12 Torpedos, Geschütze.
- Das Boot wird am 9. 9. 1943 im unfertigen Zustand von der deutschen Kriegsmarine auf der Werft in Genua übernommen. Der Bau wird am 16. 3. 1943 auf der Werft zerstört.

UIT 8 (ex LITIO, Italien)
- Flutto-Klasse, CRDA, Monfalcone, Stapellauf: 19. 2. 1944.

UIT 3 (ex R 12, Italien)
- Technische Daten siehe UIT 7.
- Das Boot wird am 9. 9. 1943 im unfertigen Zustand von der deutschen Kriegsmarine auf der Werft in Genua übernommen. Das Boot wird bei einem britischen Fliegerangriff zerstört.

UIT 9 (ex SODIO, Italien)
- Flutto-Klasse, CRDA, Monfalcone.
- Technische Daten siehe UIT 7.
- Das Boot wird am 9. 9. 1943 im unfertigen Zustand von der deutschen Kriegsmarine auf der Werft in Genua übernommen. Der Bau wird eingestellt.

UIT 10 (ex POTASSIO, Italien)
- Flutto-Klasse, CRDA, Monfalcone.
- Technische Daten siehe UIT 7.
- Das Boot wird am 9. 9. 1943 im unfertigen Zustand von der deutschen Kriegsmarine auf der Werft übernommen. Der Bau wird am 1. 5. 1945 in Monfalcone selbst versenkt.

UIT 11 (ex RAME, Italien)
- Flutto-Klasse, CRDA, Monfalcone.
- Technische Daten siehe UIT 7.
- Das Boot wird am 9. 9. 1943 im unfertigen Zustand von der deutschen Kriegsmarine auf der Werft übernommen. Der Bau wird am 1. 5. 1945 in Monfalcone selbst versenkt.

UIT 12 (ex FERRO, Italien)
- Flutto-Klasse, CRDA, Monfalcone.
- Technische Daten siehe UIT 7.
- Das Boot wird am 9. 9. 1943 im unfertigen Zustand von der deutschen Kriegsmarine auf der Werft übernommen. Der Bau wird am 1. 5. 1945 in Monfalcone selbst versenkt.

UIT 13 (ex PIOMBO, Italien)
- Flutto-Klasse, CRDA, Monfalcone.
- Technische Daten siehe UIT 7.
- Das Boot wird am 9. 9. 1943 im unfertigen Zustand von der deutschen Kriegsmarine auf der Werft übernommen. Der Bau wird am 1. 5. 1945 in Monfalcone selbst versenkt.

UIT 14 (ex ZINCO, Italien)
- Flutto-Klasse, CRDA, Monfalcone.
- Technische Daten siehe UIT 7.
- Das Boot wird am 9. 9. 1943 im unfertigen Zustand von der deutschen Kriegsmarine auf der Werft übernommen. Der Bau wird am 1. 5. 1945 in Monfalcone selbst versenkt.

UIT 15 (ex SPARIDE, Italien)

- Flutto-Klasse, OTO, La Spezia, Stapellauf: 21. 2. 1943, Indienststellung: 7. 8. 1943.
- Technische Daten siehe UIT 7.
- Das Boot wird am 9. 9. 1943 von der deutschen Kriegsmarine in La Spezia übernommen. Der Bau wird am 6. 9. 1944 in Genua bei einem britischen Fliegerangriff zerstört.

UIT 16 (ex MURENA, Italien)

- Flutto-Klasse, OTO, La Spezia, Stapellauf: 11. 4. 1943, Indienststellung: 25. 8. 1943.
- Technische Daten siehe UIT 7.
- Das Boot wird am 9. 9. 1943 von der eigenen Besatzung versenkt, von der deutschen Kriegsmarine gehoben und übernommen. Der Bau wird am 4. 9. 1944 in Genua bei einem britischen Fliegerangriff zerstört.

UIT 17 (ex CM 1, Italien)

- CM-Klasse (Klein-U-Boot), Monfalcone, Stapellauf: 5. 9. 1943, Indienststellung: 4. 1. 1945.
- Technische Daten: Verdrängung an der Oberfläche: 92 tons, getaucht: 114 tons, Abmessungen: 32,5 m x 2,9 m x 2,9 m, Antrieb: 600-PS-Diesel, 120-PS-Elektromotoren, Geschwindigkeit an der Oberfläche: 14 kn, getaucht: 6 kn, Reichweite an der Oberfläche: 2.000 sm bei 9 kn, getaucht: 70 sm bei 4 kn, Besatzung: 8 Mann, Bewaffnung: 2 Torpedorohre, Geschütz.
- Das Boot wird am 9. 9. 1943 im unfertigen Zustand von der deutschen Kriegsmarine auf der Werft übernommen. Das Boot wird im 4. 1945 von italienischen Partisanen erbeutet.

UIT 18 (ex CM 2, Italien)

- CM-Klasse, Monfalcone, Stapellauf: Februar 1944.
- Technische Daten siehe UIT 17.
- Das Boot wird am 9. 9. 1943 im unfertigen Zustand von der deutschen Kriegsmarine auf der Werft übernommen. Der Bau wird am 25. 5. 1944 auf der Werft bei einem britischen Fliegerangriff zerstört.

UIT 19 (ex NAUTILO, Italien)

- Flutto-Klasse, CRDA, Monfalcone, Stapellauf: 20. 3. 1943, Indienststellung: 26. 7. 1943.
- Technische Daten siehe UIT 7.
- Das Boot wird am 9. 9. 1943 im unfertigen Zustand von der deutschen Kriegsmarine auf der Werft übernommen. Der Bau wird am 9. 1. 1944 auf der Werft in Pola bei einem britischen Fliegerangriff zerstört.

UIT 20 (ex GRONGO, Italien)

- Flutto-Klasse, OTO, La Spezia, Stapellauf: 6. 5. 1943.
- Technische Daten siehe UIT 7.
- Das Boot wird am 9. 9. 1943 von der deutschen Kriegsmarine übernommen. Das Boot wird am 4. 9. 1944 in Genua bei einem britischen Fliegerangriff zerstört.

UIT 21 (ex GIUSEPPE FINZI, Italien)

- Calvi-Klasse, OTO, La Spezia, Stapellauf: 29. 6. 1935, Indienststellung: 8. 1. 1936.
- Technische Daten: Verdrängung an der Oberfläche: 1.550 tons, getaucht: 2.060 tons, Abmessungen: 84,3 m x 7,7 m x 5,2 m, Antrieb: 4.400-PS-Diesel, 1.800-PS-Elektromotoren, Geschwindigkeit an der Oberfläche: 16,8 kn, getaucht: 7,4 kn, Reichweite an der Oberfläche: 5.600 sm bei 14 kn, getaucht: 120 sm bei 3 kn, Besatzung: 72 Mann, Bewaffnung: 8 Torpedorohre, 16 Torpedos, Geschütze, Minen.

- Das Boot wird am 9. 9. 1943 von der deutschen Kriegsmarine in Bordeaux übernommen. Das Boot wird am 25. 8. 1944 in Bordeaux selbst versenkt.

UIT 22 (ex ALPINO BAGNOLI, Italien)

- Liuzzi-Klasse, Cantiere Tosi, Tarrent, Stapellauf: 28. 10. 1939, Indienststellung: 22. 12. 1939, Indienststellung UIT 22: 10. 9. 1943.
- Technische Daten: Verdrängung an der Oberfläche: 1.187 tons, getaucht: 1.510 tons, Abmessungen: 76,3 m x 6,9 m x 4,5 m, Antrieb: 3.500-PS-Diesel, 1.500-PS-Elektromotoren, Geschwindigkeit an der Oberfläche: 17,8 kn, getaucht: 8,4 kn, Reichweite an der Oberfläche: 13.000 sm bei 8 kn, getaucht: 110 sm bei 4 kn, Besatzung: 58 Mann, Bewaffnung: 8 Torpedorohre, 12 Torpedos, Geschütze.
- Das Boot wird nach der italienischen Kapitulation am 9. 9. 1943 von der deutschen Kriegsmarine im U-Boot-Stützpunkt Bordeaux übernommen. UIT 22 sinkt am 11. 3. 1944 nach Angriffen eines südafrikanischen Kampfflugzeuges vor dem Kap der Guten Hoffnung – alle 43 Mann der Besatzung kommen ums Leben.

UIT 23 (ex REGINALDO GIULIANO, Italien)

- Liuzzi-Klasse, Cantiere Tosi, Tarrent, Stapellauf: 13. 3. 1939, Indienststellung: 3. 2. 1940, Indienststellung UIT 23: 10. 9. 1943.
- Technische Daten siehe UIT 22.
- Das Boot wird nach der italienischen Kapitulation am 10. 9. 1943 von der deutschen Kriegsmarine in Singapur übernommen.
  UIT 23 sinkt am 14. 2. 1944 nach einem Torpedotreffer des britischen U-Bootes HMS TALLY-HO in der Straße von Malacca – 26 Tote, 14 Überlebende.

UIT 24 (ex CAPELLINI, Italien)

- Marcello-Klasse, OTO, La Spezia, Indienststellung UIT 24: 10. 9. 1943.
- Technische Daten: Verdrängung an der Oberfläche: 1.063 tons, getaucht: 1.317 tons, Abmessungen: 73,3 m x 7,2 m x 5,1 m, Antrieb: 3.600-PS-Diesel, 1.100-PS-Elektromotoren, Geschwindigkeit an der Oberfläche: 17,4 kn, getaucht: 8 kn, Reichweite an der Oberfläche: 7.500 sm bei 9,4 kn, getaucht: 120 sm bei 3 kn, Besatzung: 58 Mann, Bewaffnung: 8 Torpedorohre, 16 Torpedos, Geschütze.
- Das Boot wird nach der italienischen Kapitulation am 10. 9. 1943 von der deutschen Kriegsmarine in Sabang übernommen. Das Boot wird am 10. 5. 1945 als I 503 in Dienst gestellt und am 16. 4. 1946 nach der japanischen Kapitulation von der US-Navy versenkt.

UIT 25 (ex LUIGI TORELLI, Italien)

- Marconi-Klasse, Odero-Terni-Orlando, La Spezia, Kiellegung: 1938, Indienststellung UIT 24: 6. 12. 1943.
- Technische Daten: Verdrängung an der Oberfläche: 1.190 tons, getaucht: 1.490 tons, Abmessungen: 76,3 m x 6,8 m x 4,7 m, Antrieb: 3.600-PS-Diesel, 1.500-PS-Elektromotoren, Geschwindigkeit an der Oberfläche: 17,8 kn, getaucht: 8,2 kn, Reichweite an der Oberfläche: 10.500 sm bei 8 kn, getaucht: 110 sm bei 3 kn, Besatzung: 57 Mann, Bewaffnung: 8 Torpedorohre, 16 Torpedos, Geschütze.
- Das Boot wird nach der italienischen Kapitulation am 10. 9. 1943 in Sabang von der deutschen Kriegsmarine übernommen. Das Boot wird am 10. 5. 1945 I 504 in Dienst gestellt und nach der japanischen Kapitulation von der US-Navy versenkt.

Anfang Mai 1945 werden 225 der meist modernsten U-Boote an den Küsten von Nord- und Ostsee in der Aktion »Regenbogen« von ihren eigenen Mannschaften versenkt, um sie dem Zugriff alliierter Truppen zu entziehen. Wie hier im Flensburger Hafen beginnt bereits kurz nach Kriegsende die Beseitigung der Wracks, um Schifffahrtswege freizuräumen und vor allem um wertvolles Altmetall zu »versilbern«. Bis zum Sommer 1953 werden die meisten Boote geborgen und verschrottet.

U-Boote der Klasse 206A im Stützpunkt Eckernförde.

U HAI (S 170, ex U 2365)

- 240, ehemals XXIII, Deutsche Werft AG, Hamburg, Kiellegung: 6. 12. 1944, Indienststellung: 2. 3. 1945, bei HDW, Kiel: 15. 8. 1957, Außerdienststellung: 14. 9. 1966.
- Technische Daten: Verdrängung an der Oberfläche: 234 tons, getaucht: 275 tons, Abmessungen: 36,0 m x 3,0 m x 3,7 m, Antrieb: 600-PS-Diesel, 600-PS-Elektromotoren, Geschwindigkeit an der Oberfläche: 9,7 kn, getaucht: 12,5 kn, Reichweite an der Oberfläche: 1.350 sm bei 8 kn, getaucht: 194 sm bei 4 kn, Besatzung: 19 Mann, Tauchtiefe: 180 m, Bewaffnung: zwei Torpedos, zwei Bugtorpedorohre.
- Das Boot (U 2365) wird am 8. 5. 1945 nordwestlich von Anholt von seiner Besatzung selbst versenkt, im Juni 1956 gehoben und nach einer Grundüberholung als erstes »neues« Unterseeboot der Bundesmarine mit der Bezeichnung U HAI am 15. 8. 1957 wieder in Dienst gestellt. Am 14. 9. 1966 sinkt das Boot im Sturm bei einer Überwasserfahrt in der Nordsee vor Helgoland nach einem Wassereinbruch (19 Tote, ein Überlebender). Es wird am 19. 9. 1966 aus 47 Metern Wassertiefe gehoben und 1968 verschrottet.

U 2540 wird bei Kriegsende von seiner Besatzung versenkt, 1957 gehoben und von 1960 bis 1982 von der Bundesmarine als WILHELM BAUER eingesetzt.

U-Boot-Register Bundesmarine/Deutsche Marine

U HECHT (S 171, ex U 2367)

- 240, ehemals XXIII, Deutsche Werft AG, Hamburg, Kiellegung: 11. 12. 1944, Indienststellung: 17. 3. 1945 und 1. 10. 1957, Außerdienststellung: 19. 10. 1962 und Wieder-Indienststellung Mai 1963, Außerdienststellung: 30. 9. 1968.
- Technische Daten – siehe U HAI.
- U 2367 wird am 5. 5. 1945 nahe Schleimünde nach einer Kollision mit einem unbekannten deutschen U-Boot selbst versenkt. Das Boot wird im August 1956 gehoben und als U HECHT am 1. 10. 1957 in der Bundesmarine wieder in Dienst gestellt. Es wird am 30. 9. 1968 außer Dienst gestellt und 1969 in Kiel verschrottet.

WILHELM BAUER (Y 880, ex U 2540)

- 241, ehemals XXI, Blohm & Voss, Hamburg, Kiellegung: 28. 10. 1944, Indienststellung: 24. 2. 1945 und bei HDW, Kiel: 1. 9. 1960. Außerdienststellung: 26. 4. 1968.
- Technische Daten: Verdrängung an der Oberfläche: 1.621 tons, getaucht: 1.819 tons, Abmessungen: 76,7 m x 6,6 m x 6,3 m, Antrieb: ursprünglich 4.000-PS-Diesel, 4.400-PS-E-Motoren, nach 1960: 1.200-PS-Diesel- und 1.200-PS-E-Motoren, Geschwindigkeit an der Oberfläche: ursprünglich 15,6 kn, getaucht: 17,2 kn, nach 1960: 10,0 kn/12,5 kn, Reichweite an der Oberfläche: 15.500 sm bei 10 kn, getaucht: 340 sm bei 5 kn, Besatzung: ursprünglich 57–61 Mann, nach 1960: 21 Mann, Tauchtiefe: 280 m, Bewaffnung: 23 Torpedos, sechs/acht Bugtorpedorohre, 12 Minen.
- Die U-Boote dieses Typs (Baukosten: 5,7 Mio. RM) stellten eine Umkehrung der bis dahin geltenden Konstruktionsphilosophie dar. Zum ersten Mal waren es »echte« U-Boote – konsequent für die Tauchfahrt konstruiert. Alle ihre Vorgänger waren lediglich tauchfähige Überwasserschiffe. U 2540 wird als eines der letzten deutschen Unterseeboote im Zweiten Weltkrieg am 13. 1. fertig und am 24. 2. 1945 in Dienst gestellt, aber nicht mehr eingesetzt und am 4. 5. 1945 von seiner Besatzung nahe des Flensburger Feuerschiffs versenkt. Die Bergung aus 18 Metern Wassertiefe erfolgt im Juni 1957. Nach der Wiederherstellung bei HDW in Kiel setzt die Bundesmarine U 2540 vom 1. 9. 1960 bis zum 15. 3. 1982 unter dem Namen WILHELM BAUER als Ausbildungs- und Erprobungsboot ein. Von 1970 bis 1980 kommt das Boot als Versuchsboot mit ziviler Besatzung zum Einsatz. Am 27. 4. 1976 kollidiert es mit dem Zerstörer LÜTJENS. Am 28. 11. 1982 wird WILHELM BAUER in Wilhelmshaven aufgelegt und am 15. 3. 1983 außer Dienst gestellt. Auf private Initiative wird das Boot am 27. 4. 1984 im Alten Hafen von Bremerhaven als schwimmendes Technikmuseum für die Öffentlichkeit geöffnet: Seitdem haben über drei Millionen Menschen U 2540 WILHELM BAUER besichtigt.

U 1 (S 180)

- 201, HDW, Kiel, Taufe: 21.10.1961, Indienststellung: 20. 3. 1962, Außerdienststellung: 22. 6. 1963, Indienststellung: 3. 4. 1965, Außerdienststellung: 15. 3. 1966, Wieder-Indienststellung Klasse 205: 26. 6. 1967, Außerdienststellung: 29. 11. 1991.
- Technische Daten Klasse 201: Verdrängung an der Wasseroberfläche: 395 tons, getaucht: 433 tons, Abmessungen: 42,4 m x 4,6 m x 3,8 m, Antrieb: 1.200-PS-Diesel, 1.200-PS-Elektromotoren, Geschwindigkeit an der Wasseroberfläche: 10,7 kn, getaucht: 18 kn, Reichweite an der Wasseroberfläche: 3.800 sm bei 6,0 kn, Besatzung: 21 Mann, Bewaffnung: acht Bugtorpedorohre, acht Torpedos (Erprobungen für ein Heckablaufrohr).
- Technische Daten Klasse 205: Verdrängung an der Wasseroberfläche: 370 tons, getaucht: 450 tons, Abmessungen: 45,0 m x 4,6 m x 3,8 m, Antrieb: 1.200-PS-Diesel, 1.500-PS-Elektromotoren, Reichweite an der Wasseroberfläche: 400 sm bei 10,0 kn, Geschwindigkeit an der Wasseroberfläche: 10,0 kn, getaucht: 18,0 kn, Besatzung: 21 Mann, Bewaffnung: acht Bugtorpedorohre, acht Torpedos.
- U 1 wird zwischen 1963 und 1966 als Versuchsboot für eine Hecktorpedorohr-Bewaffnung eingesetzt. Danach erfolgt die Umrüstung zur Klasse 205. Ab 1988 wird das Boot als Erprobungsträger für den Brennstoffzellen-Antrieb umgebaut (Rumpfverlängerung um 3,8 Meter). Nach der Außerdienststellung bei der Marine 1991 nutzen die TNSW, Emden, das Boot als zivilen Erprobungsträger für ihren Kreislaufantrieb unter der Bezeichnung EX U 1. Das Boot wird 1993 verschrottet.

U 2 (S 181)

- 201, HDW, Kiel, Indienststellung: 5. 5. 1962, Außerdienststellung: 15. 8. 1963, Wieder-Indienststellung Klasse 205: 11. 10. 1966, Außerdienststellung: 19. 3. 1992.
- Technische Daten – siehe U 1/II.

U 3 (S 182)

- 201, HDW, Kiel, Indienststellung: 20. 6. 1964, Außerdienststellung: 15. 9. 1967.
- Technische Daten – siehe U 1.
- U 3 wird vom 10. 7. 1962 bis zum 20. 6. 1964 an Norwegen ausgeliehen und unter dem Namen KOBBEN eingesetzt. Danach wird das Boot bis zum 15. 9. 1967 wieder in der Bundesmarine in Dienst gestellt und 1971 verschrottet.

HANS TECHEL (S 172)

- 202, Atlaswerke, Bremen, Stapellauf: 15. 3. 1965, Werftprobefahrt: 27. 4. 1965, Indienststellung: 14. 10. 1965, Außerdienststellung: 15. 12. 1966.
- Technische Daten: Verdrängung an der Wasseroberfläche: 100 tons, getaucht: 137 tons, Abmessungen:

23,1 m x 3,4 m x 2,7 m, Antrieb: 350-PS-Diesel, 350-PS-Elektromotoren, Reichweite an der Wasseroberfläche: 400 sm bei 10,0 kn, getaucht: 270 sm bei 5,0 kn, Geschwindigkeit an der Wasseroberfläche: 6,0 kn, getaucht: 13,0 kn, Besatzung: 6 Mann, Bewaffnung: zwei Bugtorpedorohre, zwei Torpedos.
• Die Klasse 202 sind Versuchsboote als Vorstufe zum Kampfboot. Das Boot erlitt auf der Ablieferungsfahrt einen Wassereinbruch (Säurefraß der Batterieinhalte an der Außenhaut).

FRIEDRICH SCHÜRER (S 173)
• 202, Atlaswerke, Bremen, Indienststellung: 6. 4. 1966, Außerdienststellung: 15. 12. 1966.
• Technische Daten – siehe HANS TECHEL.

U 4 (S 183)
• 205, HDW, Kiel, Indienststellung: 19. 11. 1962, Außerdienststellung: 1. 8. 1974.
• Technische Daten: Verdrängung an der Wasseroberfläche: 370 tons, getaucht: 450 tons, Abmessungen: 43,5 m x 4,6 m x 3,8 m, Antrieb: 1.200-PS-Diesel, 1.500-PS-Elektromotoren, Reichweite an der Wasseroberfläche: 400 sm bei 10,0 kn, 3.000 sm bei 5 kn, Geschwindigkeit an der Wasseroberfläche: 10,0 kn, getaucht: 18,0 kn, Besatzung: 21 Mann, Bewaffnung: acht Bugtorpedorohre, acht Torpedos.
• U 4 wird 1976 verkauft und 1977 verschrottet.

U 5 (S 184)
• 205, HDW, Kiel. Taufe: 20. 11. 1962, Indienststellung: 4. 7. 1963, Außerdienststellung: 17. 5. 1974.
• Technische Daten – siehe U 4.
• U 5 erhält am 19. 5. 1963 bei einem – unbemannten – Absenkversuch einen Wassereinbruch durch ein undichtes Ventil.
Das Boot wird 1976 verschrottet.

U 6 (S 185)
• 205, HDW, Kiel. Taufe: 22. 4. 1963, Indienststellung: 4. 7. 1963, Außerdienststellung: 22. 8. 1974.
• Technische Daten – siehe U 4.
• Das Boot wird 1976 verschrottet.

U 7 (S 186)
• 205, HDW, Kiel. Taufe: 30. 5. 1963, Indienststellung: 16. 3. 1964, Außerdienststellung: 12. 7. 1974.
• Technische Daten – siehe U 4.

• Im September 1965 kommt es zu einer Knallgasexplosion an Bord. U 7 wird bis zum 5. 1968 repariert und nach seiner Außerdienststellung 1976 verschrottet.

U 8 (S 187)
• 205, HDW, Kiel. Taufe: 11.10. 1963, Indienststellung: 22. 7. 1964, Außerdienststellung: 9. 10. 1974.
• Technische Daten – siehe U 4.
• Einsatz für die WTD 71 vom 1. bis 10. 1975, 1977 verschrottet.

U 9 (S 188)
• 205, später umgerüstet zu 205 A, HDW, Kiel. Baubeginn: 10. 12. 1964, Stapellauf: 20. 10. 1966, Indienststellung: 11. 4. 1967, Außerdienststellung: 3. 6. 1993.
• Technische Daten: Verdrängung an der Wasseroberfläche: 370 tons, getaucht: 450 tons, Abmessungen: 43,5 m x 4,6 m x 4,0 m, Antrieb: 1.200-PS-Diesel/1.500-PS-Elektromotoren, Aktionsradius an der Oberfläche: 4.100 sm bei 5 kn, getaucht: 228 sm bei 4 kn, Geschwindigkeit an der Wasseroberfläche: 10 kn, getaucht: 18 kn, Tauchtiefe: 100 m, Besatzung: 21 Mann, Bewaffnung: 8 Bugtorpedorohre, 8 Torpedos, Seeminen.

• U 9 legt in seiner Dienstzeit 174.850 Seemeilen zurück, wobei es 16.478 Stunden auf Tauchfahrt verbringt. 1993 wird das Boot als Museumsschiff an das Technikmuseum in Speyer abgegeben. Die Reise ins Binnenland führt über die Nordsee nach Rotterdam, wo das Boot auf einen Ponton gesetzt wird. Die 606 Kilometer lange Schleppfahrt über den Rhein dauert vier Tage. Tausende von Schaulustigen säumen die Flussufer. Der anschließende Straßentransport des 529 Tonnen schweren Konvois auf einem Zwanzig-Achsen-Tieflader am 21. 8. 1993 gleicht einem Festumzug.

U 10 (S 189)
• 205, später umgerüstet zu 205 A, HDW, Kiel. Stapellauf: 20. 7. 1967, Indienststellung: 28. 11. 1967, Außerdienststellung: 4. 3. 1993.
• Technische Daten – siehe U 9.
• U 10 wird seit Juni 1996 in Wilhelmshaven im Deutschen Marinemuseum ausgestellt.

U 11 (S 190)
• 205, später umgerüstet zu 205 A, HDW, Kiel, Stapellauf: 9. 2. 1968, Indienststellung: 21. 6. 1968, Außerdienststellung: 30. 10. 2003.
• Technische Daten – siehe U 9.

U 11 wird seit Mai 2005 auf der Ostsee-Insel Fehmarn als Museumsboot ausgestellt.

• U 11 legt an 2.140 Tagen in See 177.898 Seemeilen zurück. Dabei werden 15.530 Stunden getaucht. Das Boot wird 1987 zum Zweihüllenboot umgebaut, um als Unterwasserzielboot für Torpedo- und Waffensystemerprobung eingesetzt zu werden. Im Februar 1997 hat das Boot eine Kollision mit einem finnischen Tankschiff. Seit Mai 2005 wird es auf der Ostseeinsel Fehmarn in einem maritimen Museum ausgestellt.

U 12 (S 191)
• 205, später umgerüstet zu 205 A, HDW, Kiel, Stapellauf: 10. 9. 1968, Indienststellung: 14. 1. 1969.
• Technische Daten – siehe U 9.
• U 12 kollidiert am 2. 4. 1971 mit dem DDR-Frachter FRITZ REUTER. Das Boot wird im rechten Winkel überlaufen und so schwer beschädigt, dass es für zwei Jahre in die Werft muss. Danach wird es als Versuchsboot für Waffen- und Ortungsanlagen (Sonar) eingesetzt.

U 13 (S 192)
• 206, HDW, Kiel, Taufe: 28. 9. 1971, Probefahrt: 14. 3. 1972, Indienststellung: 19. 4. 1973, Außerdienststellung: 26. 3. 1997.
• Technische Daten: Verdrängung an der Wasseroberfläche: 450 tons, getaucht: 498 tons, Abmessungen: 48,6 m x 4,6 m x 4,3 m, Antrieb: 1.500-PS-Diesel/1.800-PS-Elektromotoren, Aktionsradius an der Oberfläche: 4.500 sm bei 6 kn, Geschwindigkeit an der Wasseroberfläche: 10 kn, getaucht: 18 kn, Tauchtiefe: 100 m, Besatzung: 22 Mann, Bewaffnung: 8 Bugtorpedorohre, 8 Torpedos, 2 x 12 Seeminen.

U 14 (S 193)
• 206, Thyssen-Nordseewerke, Emden, Indienststellung: 19. 4. 1973, Außerdienststellung: 26. 3. 1997.

Mit einer spektakulären Überführungsfahrt wird U 9 im Jahr 1993 über den Rhein zu seinem letzten Liegeplatz in das Technikmuseum Speyer transportiert.

- Technische Daten – siehe U 13.
- U 14 wird 2001 in Wewelsfleth auf der Peterswerft verschrottet.

U 15 (S 194)
- 206, zwischen 1986 und 1993 zur Klasse 206 A umgerüstet, HDW, Kiel, Indienststellung: 17. 7. 1974.
- Technische Daten – siehe U 13.

U 16 (S 195)
- 206, zwischen 1986 und 1993 zur Klasse 206 A umgerüstet, Thyssen-Nordseewerke, Emden, Indienststellung: 9. 11. 1973.
- Technische Daten – siehe U 13.
- U 16 wird auch als Versuchsboot für Waffen- und Ortungsanlagen (Sonar) eingesetzt.

U 17 (S 196)
- 206, zwischen 1986 und 1993 zur Klasse 206 A umgerüstet, HDW, Kiel, Indienststellung: 28. 11. 1973.
- Technische Daten – siehe U 13.

U 18 (S 197)
- 206, zwischen 1986 und 1993 zur Klasse 206 A umgerüstet, Thyssen-Nordseewerke, Emden, Indienststellung: 19. 12. 1973.
- Technische Daten – siehe U 13.

U 19 (S 198)
- 206, HDW, Kiel, Indienststellung: 9. 11. 1973, Außerdienststellung: 3. 6. 1998.
- Technische Daten – siehe U 13.

Ein bemerkenswertes Schicksal ist dem Turm des verschrotteten Bootes U 20 beschert: Er verziert in Stockach/Bodensee den Vorgarten der örtlichen Kreissparkasse.

U 20 (S 199)
- 206, Thyssen-Nordseewerke, Emden, Indienststellung: 24. 5. 1974, Außerdienststellung: 26. 9. 1996.
- Technische Daten – siehe U 13.
- Das Boot wird am 26. September 1996 außer Dienst gestellt und 2001 in Emden verschrottet. Allein der Turm von U 20 »überlebt« und ziert zunächst eine Verkehrsinsel der Bodenseegemeinde Stockach. Nach lokalen Protesten wird der Turm schließlich in den Vorgarten der örtlichen Kreissparkasse umgebettet.

U 21 (S 170)
- 206, HDW, Kiel, Indienststellung: 16. 8. 1974, Außerdienststellung: 3. 6. 1998.
- Technische Daten – siehe U 13.
- U 21 wird von seiner Bauwerft HDW 2003 als Museumsboot von der Marine zurückgekauft und anschließend der Eckernförder Initiative »Unterwasser-Technologie-Zentrum« zur Verfügung gestellt. Da sich die Kommunalpolitiker der Ostseekleinstadt nicht auf einen Liegeplatz und ein wirtschaftliches Konzept einigen können, wird das Boot schließlich an eine niederländische Abwrackwerft verkauft und im Sommer 2005 verschrottet.

U 22 (S 171)
- 206, zwischen 1986 und 1993 zur Klasse 206 A umgerüstet, Thyssen-Nordseewerke, Emden, Indienststellung: 26. 7. 1974.
- Technische Daten – siehe U 13.

U 23 (S 172)
- 206, zwischen 1986 und 1993 zur Klasse 206 A umgerüstet, Thyssen-Nordseewerke, Emden, Indienststellung: 2. 5. 1975.
- Technische Daten – siehe U 13.

U 24 (S 173)
- 206, zwischen 1986 und 1993 zur Klasse 206 A umgerüstet, Thyssen-Nordseewerke, Emden, Indienststellung: 16. 10. 1974.
- Technische Daten – siehe U 13.

U 25 (S 174)
- 206, zwischen 1986 und 1993 zur Klasse 206 A umgerüstet, HDW, Kiel, Indienststellung: 14. 6. 1974.
- Technische Daten – siehe U 13.

U 21 schwebt über das HDW-Trockendock, um im Jahr 2004 auf seine letzte Reise zu gehen: Zunächst nach Eckernförde, wo Politiker eine Ausstellung des Bootes ablehnen, und dann nach Holland zum Verschrotten.

U 26 (S 175)

- 206, zwischen 1986 und 1993 zur Klasse 206 A umgerüstet, Thyssen-Nordseewerke, Emden, Indienststellung: 13. 3. 1975.
- Technische Daten – siehe U 13.

U 27 (S 176)

- 206, HDW, Kiel, Indienststellung: 16. 10. 1974. Außerdienststellung: 13. 6. 1998.
- Technische Daten – siehe U 13.

U 28 (S 177)

- 206, zwischen 1986 und 1993 zur Klasse 206 A umgerüstet, Thyssen-Nordseewerke, Emden, Indienststellung: 18. 12. 1974.
- Technische Daten – siehe U 13.

U 29 (S 178)

- 206, zwischen 1986 und 1993 zur Klasse 206 A umgerüstet, HDW, Kiel, Indienststellung: 27. 11. 1974.
- Technische Daten – siehe U 13.

U 30 (S 179)

- 206, zwischen 1986 und 1993 zur Klasse 206 A umgerüstet, Thyssen-Nordseewerke, Emden, Indienststellung: 13. 3. 1975.
- Technische Daten – siehe U 13.

U 31 (S 181)

- 212 A, HDW, Kiel/Thyssen-Nordseewerke, Emden, Baubeginn: 1. 7. 1998, Stapellauf und Taufe: 20. 3. 2003, Erste Werftprobefahrt: 7. 4. 2003, Indienststellung: 19. 10. 2005.
- Technische Daten: Verdrängung an der Wasseroberfläche 1.450 tons, getaucht: 1.830 tons, Abmessungen: 56,0 m x 7,0 m x 6,0 m, Antrieb: Dieselmotoren 4.200 PS, Permasyn-Motor, 1.440 PS, Brennstoffzelle, Geschwindigkeit über die Wasseroberfläche: 12 kn, getaucht: 20 kn, Reichweite: ca. 8.000 sm bei 8 kn, Tauchtiefe: über 350 m, Besatzung: 27 Mann, Bewaffnung: 6 Bugtorpedorohre, 12 Torpedos, Baukosten: 450 Mio. Euro.

Der Beginn einer neuen Ära: Das erste deutsche U-Boot mit außenluftunabhängigem Antrieb, U 31, wird im Frühjahr 2003 bei HDW mit »großem Bahnhof« getauft.

U 32 (S 182)

- 212 A, HDW, Kiel/Thyssen-Nordseewerke, Emden, Taufe und Stapellauf: 4. 12. 2003, Indienststellung: 19. 10. 2005.
- Technische Daten – siehe U 31.
- Vom 11. bis 25. 4. 2006 absolviert U 32 mit 27 Mann Besatzung vom britischen Kanal bis nach Spanien eine dreizehntägige Tauchfahrt – Weltrekord für ein konventionell angetriebenes U-Boot.

U 33 (S 183)

- 212 A, HDW, Kiel/Thyssen-Nordseewerke, Emden, Taufe: 13. 9. 2004, Ablieferung: 20. 4. 2006, Indienststellung: 13. 6. 2006.
- Technische Daten – siehe U 31.

U 34 (S 184)

- 212 A, HDW, Kiel/Thyssen-Nordseewerke, Emden, Taufe: 1. 7. 2005, geplante Ablieferung: Ende 2006.
- Technische Daten – siehe U 31.

U 35 (S 185)

- Bootsklasse 212A, Bauwerft: HDW, Kiel/Thyssen-Nordseewerke, Emden, geplante Ablieferung: Ende 2010.

U 36 (S186)

- Bootsklasse 212A, Bauwerft: HDW, Kiel/Thyssen-Nordseewerke, Emden, geplante Ablieferung: Ende 2012.

Ein Boot wird zu Wasser gelassen: U 31 wird umfangreichen Tests unterzogen, die erheblich mehr Zeit in Anspruch nehmen als ursprünglich geplant.

Das Boot in seinem Element: U 31 läuft aus der Kieler Förde Richtung Kristiansand (Norwegen) aus, wo es viele Wochen lang Tieftauch-Tests und Erprobungen aller Aggregate vornimmt.

Quellenverzeichnis

Bagnasco, Erminio
Uboote im 2. Weltkrieg,
Motorbuch-Verlag, Stuttgart, 1994

Bendert, Harald
U-Boote im Duell,
Verlag E.S. Mittler & Sohn, Hamburg, 1996

Bendert, Harald
Die UB-Boote der Kaiserlichen Marine 1914–1918
Verlag E.S. Mittler & Sohn, Hamburg, 2000

Bendert, Harald
Die UC-Boote der Kaiserlichen Marine 1914–1918
Verlag E.S. Mittler & Sohn, Hamburg, 2001

Blair, Clay
Der U-Boot Krieg (2 Bände)
Bechtermünz, 1996

Blocksdorf, Helmut
Das Kommando der Kleinkampfverbände der Kriegsmarine
Motorbuch-Verlag, Stuttgart, 2003

Buchheim, Lothar-Günther
Das Boot
Piper, München, 1978

Busch, Rainer/Röll, Hans-Joachim
Der U-Boot-Krieg 1939–1945
Verlag E.S. Mittler & Sohn, Hamburg,1996
(Fünf Bände)

Compton-Hall, Richard
Submarine Boats,
Conway Marine Press, London, 1983

Dönitz, Karl
Zehn Jahre und zwanzig Tage
Bernhard & Graefe Verlag, Koblenz, 1997
(11. Auflage)

**Elchlepp, Friedrich/Jablonsky, Walter/
Minow Fritz/Röseberg, Manfred**
Volksmarine der DDR
Verlag E.S. Mittler & Sohn, Hamburg, 1999

Ewerth, Hannes
Die Ubootflottille der Deutschen Marine,
Koehlers Verlagsgesellschaft, Hamburg, 2001

Ewerth, Hannes/Neumann, Peter
Silent Fleet,
HDW, Kiel, 1995/1999/2003

Fock, Harald
Flottenchronik,
Koehlers Verlagsgesellschaft, Hamburg, 1995

Fock, Harald
Marine-Kleinkampfmittel,
Koehlers Verlagsgesellschaft, Hamburg, 1996

Gabler, Ulrich
Unterseebootbau,
Bernard & Graefe Verlag, Koblenz, 1997

Gannon, Michael
Operation Paukenschlag
Ullstein, Berlin,1990

Gröner, Erich
Die deutschen Kriegsschiffe
1815–1945,
Bernard & Graefe Verlag, Koblenz, 1985

Hadley, Michael L.
Der Mythos der deutschen U-Bootwaffe
Verlag E.S. Mittler & Sohn, Hamburg, 2001

Harper, Stephen
Kampf um Enigma –
Die Jagd auf U-559
Verlag E.S. Mittler & Sohn, Hamburg, 2001

Harris, Brayton
Book of Submarines,
Berkley Books, New York, 1997

Herzog, Bodo
Deutsche U-Boote 1906–1966,
Karl Müller Verlag, Erlangen, 1993

Kemp, Paul
Bemannte Torpedos und Klein-U-Boote,
Motorbuch-Verlag, Stuttgart, 1999

Lakowski, Richard
Deutsche U-Boote Geheim
1939–1945,
Brandenburgisches Verlagshaus, Berlin, 1991

Lawrenz, Hans-Joachim
Die Entstehungsgeschichte der U-Boote
Bernhard & Graefe Verlag, Koblenz, 2003

Lipsky, Florian/Lipsky Stefan
Faszination U-Boot
Koehlers Verlagsgesellschaft, Hamburg, 2000

Mallmann-Showell, Jak P.
Deutsche U-Boot-Stützpunkte und Bunkeranlagen
Motorbuch-Verlag, Stuttgart, 2003

Mason, David
Deutsche U-Boote
Moewig, Rastatt, 1983

Mattes, Klaus
Die Seehunde,
Verlag E.S. Mittler & Sohn, Hamburg, 1995

Mayer, Horst Friedrich/Winkler, Dieter
Als die Schiffe tauchen lernten
Verlag Österreich, Wien, 1998

Michelsen, Andreas
Der U-Bootskrieg 1914–1918
v. Hase & Koehler, Leipzig, 1925

Möller, Eberhard/Brack, Werner
Enzyklopädie deutscher U-Boote
Motorbuch-Verlag, Stuttgart, 2002

Moulin, Jean
Les Sous-marins Francais
Marines editions, 2006

Neitzel, Sönke
Die deutschen Ubootbunker und Bunkerwerften
Bernhard & Graefe Verlag, Koblenz,1991

Nørby, Søren
Danske Ubåde 1909–2004
Statens Forsvarshistoriske Museum, 2005

Normann, Gert
Wracks an der Westküste,
Bollerup Boghandels Verlag, Ringkøbing, 1987

Preston, Antony
Die Geschichte der U-Boote,
Karl Müller Verlag, Erlangen

Rössler, Eberhard
Geschichte des deutschen
U-Bootbaus, Band 1 und 2,
Bernard & Graefe Verlag, Koblenz, 1996

Rössler, Eberhard
Die Unterseeboote der Kaiserlichen Marine
Bernhard & Graefe Verlag, Koblenz, 1997

Rössler, Eberhard
Die neuen deutschen U-Boote
Bernhard & Graefe Verlag, Koblenz, 2004

Rössler, Eberhard/Scholl, Lars U.
Hellmuth Walter (1900–1980)
Deutsches Schiffahrtsmuseum, Bremerhaven, 2000

Rohwer, Jürgen
Der Krieg zur See 1939–1945
Urbes/Flechsig, 1992

Schröder, Joachim
Die U-Boote des Kaisers
Europa-Forumverlag, 2001

Smith, Michael
ENIGMA entschlüsselt
Heyne, München, 2000

Tarrant, V. E.
Kurs West
Motorbuch-Verlag, Stuttgart,1998

Weyers Flottentaschenbuch, Sonderausgabe 1985
Bernard & Graefe Verlag, Koblenz,

Weyers Flottentaschenbuch, Ausgabe 2005/2007
Bernard & Graefe Verlag, Koblenz,

White, John F.
U-Boot-Tanker 1941 – 1945
Ullstein, Berlin, 2004

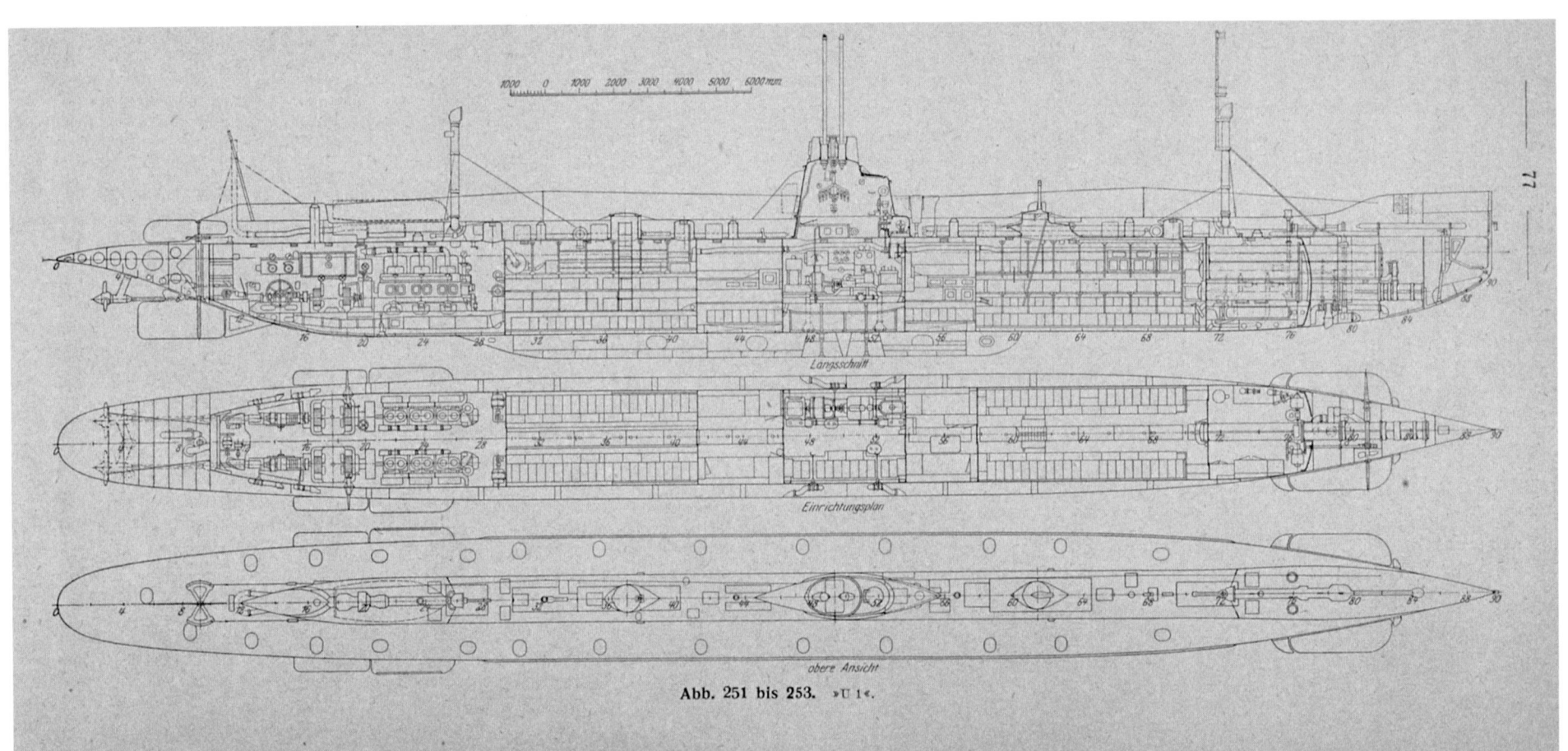

1000   0   1000   2000   3000   4000   5000   6000 mm.

Langsschnitt

Einrichtungsplan

obere Ansicht

Abb. 251 bis 253. »U 1«.